Studienbücher Chemie

Herausgegeben von
Jürgen Heck
Burkhard König
Roland Winter

Die Studienbücher der Reihe Chemie sollen in Form einzelner Bausteine grundlegende und weiterführende Themen aus allen Gebieten der Chemie umfassen. Sie streben nicht unbedingt die Breite eines umfassenden Lehrbuchs oder einer umfangreichen Monographie an, sondern sollen den Studierenden der Chemie – durch ihren Praxisbezug aber auch den bereits im Berufsleben stehenden Chemiker – kompakt und dennoch kompetent in aktuelle und sich in rascher Entwicklung befindende Gebiete der Chemie einführen. Die Bücher sind zum Gebrauch neben der Vorlesung, aber auch anstelle von Vorlesungen geeignet. Es wird angestrebt, im Laufe der Zeit alle Bereiche der Chemie in derartigen Texten vorzustellen. Die Reihe richtet sich auch an Studierende anderer Naturwissenschaften, die an einer exemplarischen Darstellung der Chemie interessiert sind.

Joachim Reinhold

Quantentheorie der Moleküle

Eine Einführung

5., überarbeitete Auflage

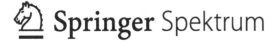

Joachim Reinhold
Universität Leipzig
Leipzig, Deutschland

Die Reihe Studienbücher für Chemie wurde bis 2013 herausgegeben von:

Prof. Dr. Christoph Elschenbroich, Universität Marburg
Prof. Dr. Friedrich Hensel, Universität Marburg
Prof. Dr. Henning Hopf, Universität Braunschweig

Studienbücher Chemie
ISBN 978-3-658-09409-6   ISBN 978-3-658-09410-2 (eBook)
DOI 10.1007/978-3-658-09410-2

Die Deutsche Nationalbibliothek verzeichnet diese Publikation in der Deutschen Nationalbibliografie; detaillierte bibliografische Daten sind im Internet über http://dnb.d-nb.de abrufbar.

Springer Spektrum
© Springer Fachmedien Wiesbaden 1994, 2004, 2006, 2012, 2015

Gedruckt auf säurefreiem und chlorfrei gebleichtem Papier

Springer Fachmedien Wiesbaden ist Teil der Fachverlagsgruppe Springer Science+Business Media
(www.springer.com)

Vorwort zur ersten Auflage

Das vorliegende Buch ist aus Vorlesungen entstanden, die ich seit vielen Jahren an der Universität Leipzig für Anfänger und etwas Fortgeschrittene auf dem Gebiet der Theoretischen Chemie halte. Wohl existieren zu diesem Gebiet eine Reihe umfassender Darstellungen, und es gibt eine Vielzahl von Lehrbüchern bzw. Monografien, die sich ausführlich und mehr oder weniger tiefgründig mit speziellen Problemen befassen. Von den Studenten wurde aber immer wieder beklagt, dass kaum eine das einführende Studium begleitende komprimierte und handliche Einführung in die Theoretische Chemie zur Verfügung steht.

Dieses Buch versucht, dem genannten Anspruch gerecht zu werden, zumindest für ein Teilgebiet der Theoretischen Chemie, die Quantentheorie der Moleküle. Es wendet sich an Chemiestudenten mittlerer Semester, unabhängig von ihrer späteren Spezialisierungsrichtung. Auch Publikationen zur Synthesechemie und zur Analytischen Chemie enthalten heute oft Bezüge zur Theorie; ohne Kenntnisse über mikroskopische Moleküleigenschaften ist die moderne „experimentelle" Fachliteratur kaum und zunehmend weniger zu verstehen. Andererseits sind Teile des Buchs so angelegt, dass sie bei interessierten Studenten Appetit wecken sollen, sich intensiver mit der Thematik zu beschäftigen. Aus diesen beiden Ansprüchen resultiert eine gewisse Inhomogenität im theoretischen Niveau der Darstellung.

. . .

Die Darstellung enthält nicht mehr, aber auch nicht weniger „Mathematik" als nach meiner Auffassung für die beabsichtigten Ziele erforderlich ist. Auf Beweise wird im allgemeinen verzichtet. Die mathematische Formulierung der Sachverhalte wird aber nicht umgangen. Darstellungen, die fast gänzlich „ohne Mathematik" auskommen wollen, führen kaum zu einem tieferen Verständnis der Zusammenhänge. Vom Leser des vorliegenden Buchs wird also erwartet, dass er Formeln nicht überliest, sondern ein Mindestmaß an Bereitschaft zeigt, sich mit ihnen „auseinanderzusetzen". Vorkenntnisse werden aus der Differenzial- und Integralrechnung sowie im Umgang mit Vektoren, Determinanten und Matrizen benötigt. In weitere mathematische Teildisziplinen (Lösung spezieller Differenzialgleichungen, Umgang mit speziellen Funktionen, lineare Räume und lineare Operatoren, Variationsrechnung, Gruppentheorie) wird der Leser eingeführt.

Übungsaufgaben habe ich nicht aufgenommen. Erfahrungsgemäß werden sie von der Mehrheit der Leser ignoriert. An ihrer Stelle werden Beispiele ausführlicher im Text behandelt.

. . .

Ich danke dem Verlag B.G. Teubner für die unkomplizierte Zusammenarbeit. Meiner Frau danke ich für ihr Verständnis und ihre Geduld.

Leipzig, im März 1994   J. Reinhold

Vorwort zur vierten, überarbeiteten und erweiterten Auflage

Die „Quantentheorie der Moleküle" sollte eine „das einführende Studium begleitende komprimierte und handliche Einführung" sein. Dieses Ziel wurde offenbar erreicht, denn das Buch ist von Studenten und Kollegen freundlich aufgenommen worden, und auch ein Nachdruck der dritten Auflage ist vergriffen. Eine vergleichbare Darstellung der Thematik in deutscher Sprache ist nicht auf den Markt gekommen. Deshalb erscheint jetzt eine überarbeitete und erweiterte Auflage der „Quantentheorie der Moleküle".

Das Buch wurde an verschiedenen Stellen überarbeitet und umgeordnet. Neu aufgenommen wurden grundlegende Aspekte der zeitabhängigen Dichtefunktionaltheorie und der ab-initio-Moleküldynamik. Die Behandlung der π-Elektronensysteme und der Allvalenzelektronensysteme wurde gekürzt, so dass sich der Umfang des Buches nicht erhöht hat.

Kapitel 1 umfasst Grundlagen: eine kurze allgemeine Einführung in die Quantentheorie, die Lösung der zeitfreien Schrödinger-Gleichung für einfache Systeme, insbesondere Einelektronenatome, qualitative Aspekte der Theorie der Mehrelektronenatome und das Phänomen der kovalenten chemischen Bindung sowie Modelle und Methoden zu deren Beschreibung. Kapitel 2 führt etwas tiefgründiger in die Quantenmechanik ein und behandelt die grundlegenden Näherungsmethoden; das erfordert eine abstraktere Darstellungsweise. Kapitel 3 umfasst die qualitative MO-Theorie typischer Verbindungsklassen: π-Elektronensysteme, allgemeine Allvalenzelektronensysteme, Koordinationsverbindungen sowie unendlich ausgedehnte Systeme. In Kapitel 4 wird die Theorie der Mehrelektronensysteme ausführlich dargestellt und die quantitative Behandlung solcher Systeme skizziert und kommentiert.

Der beabsichtigten ersten Einführung in das Gebiet entsprechen die Kapitel 1 und 3. Kapitel 2 wird dafür nicht benötigt; es wird für ein vertieftes Studium empfohlen und ist Voraussetzung für Kapitel 4. In Kapitel 3 wird die Darstellungstheorie der Symmetriepunktgruppen extensiv genutzt; eine (unabhängig lesbare) Einführung in diese Thematik ist im Anhang enthalten.

Bei den Literaturempfehlungen, die am Beginn jedes Kapitels auf weiterführende und vertiefende Literatur hinweisen, wurde der Schwerpunkt auf jetzt aktuelle Lehrbücher gelegt. Es wurden aber weiterhin auch empfehlenswerte ältere und insbesondere deutschsprachige Darstellungen aufgenommen, da diese in vielen Universitätsbibliotheken verfügbar sind.

Leipzig, im Juli 2012 J. Reinhold

Vorwort zur fünften Auflage

In der vorliegenden Auflage wurden einige Verbesserungen angebracht und die bekannt gewordenen Fehler berichtigt.

Leipzig, im März 2015 J. Reinhold

Inhalt

1	**Grundlagen**	**13**
1.1	Einführung	13
1.1.1	Notwendigkeit der Quantentheorie	13
1.1.2	Historie I	16
1.1.3	Klassisches Eigenwertproblem – Die schwingende Saite	18
1.1.4	Die zeitunabhängige Schrödinger-Gleichung	20
1.1.5	Historie II	22
1.2	Einfache Systeme	24
1.2.1	Das Elektron im Potenzialkasten	24
1.2.2	Der harmonische Oszillator	27
1.3	Operatoren und Eigenwertgleichungen	31
1.3.1	Operatoren	31
1.3.2	Eigenwertgleichungen	33
1.3.3	Das Eigenwertproblem für l_z	34
1.3.4	Das Eigenwertproblem für l^2	36
1.3.5	Der starre Rotator	38
1.4	Einelektronenatome	40
1.4.1	Das Zentralfeldproblem	40
1.4.2	Das Coulomb-Potenzial	42
1.4.3	Das Wasserstoffatom	44
1.4.4	Wasserstoffähnliche Atome	49
1.4.5	Der Elektronenspin	50
1.5	Mehrelektronenatome	51
1.5.1	Die Schrödinger-Gleichung für Atome	51
1.5.2	Das allgemeine Zentralfeld	52
1.5.3	Mehrere Elektronen, Aufbauprinzip	53
1.5.4	Mehrelektronenzustände, Atomterme	55
1.5.5	Kopplung von Drehimpulsen	58
1.6	Chemische Bindung	59
1.6.1	Die Schrödinger-Gleichung für Moleküle	59
1.6.2	Qualitative Aspekte der chemischen Bindung	60
1.6.3	Physikalische Ursachen der Bindung	62
1.6.4	Das Wasserstoffmolekülion	63

1.6.5   Die LCAO-MO-Methode 70
1.6.6   Hybridisierung 73

2   Elemente der Quantenmechanik **79**

2.1   Quantenmechanische Zustände und Operatoren 79
2.1.1   Quantenmechanische Zustände 79
2.1.2   Der n-dimensionale Vektorraum 80
2.1.3   Der Hilbert-Raum 82
2.1.4   Realisierungen des Hilbert-Raums 83
2.1.5   Orthonormalbasen 84
2.1.6   Lineare Operatoren 86
2.1.7   Die Operatoren für die Observablen 88
2.1.8   Adjungierter Operator, hermitesche Operatoren 90
2.1.9   Inverser Operator, unitäre Operatoren 92
2.1.10   Projektionsoperatoren 93

2.2   Messung von Observablen 94
2.2.1   Messung einer Observablen 94
2.2.2   Mittelwerte 95
2.2.3   Impulsmessung und Ortsmessung 97
2.2.4   Messung mehrerer Observabler 100
2.2.5   Die Unschärferelation 101
2.2.6   Vollständige Sätze kommutierender Operatoren 103
2.2.7   Messung als Projektion 104

2.3   Störungstheorie 105
2.3.1   Der Grundgedanke 105
2.3.2   Störungstheorie ohne Entartung 105
2.3.3   Ein Beispiel 109
2.3.4   Störungstheorie bei Entartung 110
2.3.5   Ein Beispiel 112

2.4   Variationsrechnung 114
2.4.1   Der Grundgedanke 114
2.4.2   Das Variationsverfahren 115
2.4.3   Ein Beispiel 116
2.4.4   Der lineare Variationsansatz 117

2.5   Zeitabhängige Theorie 119
2.5.1   Die zeitabhängige Schrödinger-Gleichung 119
2.5.2   Stationäre Zustände 120
2.5.3   Zeitabhängige Störungstheorie 122
2.5.4   Übergangsmomente und Auswahlregeln 124

3   Qualitative MO-Theorie **127**

3.1 π-Elektronensysteme 128
3.1.1   Beschränkung auf π-Elektronen 128

3.1.2   Die HMO-Methode 129
3.1.3   Informationen aus Eigenvektoren und Eigenwerten 134
3.1.4   Symmetriekennzeichnung der Molekülorbitale 138
3.1.5   Symmetriekennzeichnung der Mehrelektronenzustände 141
3.1.6   Unverzweigte lineare π-Elektronensysteme 142
3.1.7   Unverzweigte zyklische π-Elektronensysteme 143
3.1.8   Erhaltung der Orbitalsymmetrie 146
3.1.9   Elektronenanregung 148

3.2   Allvalenzelektronensysteme 151
3.2.1   Beschränkung auf Valenzelektronen 151
3.2.2   Die EHT-Methode 152
3.2.3   Ein Beispiel 156
3.2.4   Typen der Orbitalwechselwirkung 160
3.2.5   Zweiatomige Moleküle 162
3.2.6   Lokalisierte Orbitale 165
3.2.7   Fragmentorbitale 168
3.2.8   Elektronenanregung 170
3.2.9   Elektronenmangel- und -überschussverbindungen 173
3.2.10 Walsh-Diagramme 175

3.3   Koordinationsverbindungen 177
3.3.1   Der Grundgedanke der Ligandenfeldtheorie 177
3.3.2   Qualitative Aufspaltung der Orbitale 178
3.3.3   Das Ligandenfeldpotenzial 181
3.3.4   Quantitative Aufspaltung der d-Orbitale 184
3.3.5   Ein d-Elektron im Ligandenfeld 186
3.3.6   Mehrere d-Elektronen im Ligandenfeld 188
3.3.7   Elektronenanregung 194
3.3.8   high-spin- und low-spin-Komplexe 196
3.3.9   Symmetrieerniedrigung 198
3.3.10 Einbeziehung von σ-bindenden Ligandorbitalen 200
3.3.11 Einbeziehung von π-bindenden Ligandorbitalen 206
3.3.12 Komplexfragmente, Isolobalität 208

3.4   Vom Molekül zum Festkörper 211
3.4.1   Von Molekülorbitalen zu Kristallorbitalen 211
3.4.2   Vom diskreten Energieniveauschema zum Energieband 213
3.4.3   Zustandsdichten 216
3.4.4   Ein Beispiel 217
3.4.5   Mehrere Dimensionen 219

4   Quantitative Theorie der Mehrelektronensysteme   223

4.1   Allgemeine Mehrteilchensysteme 223
4.1.1   Die Schrödinger-Gleichung für Mehrteilchensysteme 223
4.1.2   Systeme unabhängiger Teilchen 225
4.1.3   Systeme identischer Teilchen 227

4.1.4   Antisymmetrische Zustandsfunktionen 228
4.1.5   Entwicklung nach Slater-Determinanten 230

4.2   Der Hartree-Fock-Formalismus 233
4.2.1   Das Modell der unabhängigen Teilchen 233
4.2.2   Der Energiemittelwert für eine Slater-Determinante 234
4.2.3   Ableitung der Hartree-Fock-Gleichung 238
4.2.4   Energiegrößen im Hartree-Fock-Formalismus 241
4.2.5   Der Hartree-Formalismus 243
4.2.6   Systeme mit abgeschlossenen Schalen 244
4.2.7   Beschränkte und unbeschränkte Hartree-Fock-Theorie 246
4.2.8   Die Korrelationsenergie 247

4.3   Atome und Moleküle 250
4.3.1   Atome 250
4.3.2   Der Roothaan-Hall-Formalismus 252
4.3.3   Zur Lösung der Roothaan-Hall-Gleichungen 254
4.3.4   Effektive Rumpfpotenziale 258
4.3.5   Berücksichtigung der Korrelationsenergie 260
4.3.6   Semiempirische Methoden 262

4.4   Dichtefunktionaltheorie 264
4.4.1   Der Grundgedanke 264
4.4.2   Das Thomas-Fermi-Energiefunktional 266
4.4.3   Die Hohenberg-Kohn-Theoreme 268
4.4.4   Der Kohn-Sham-Formalismus 269
4.4.5   Zur Lösung der Kohn-Sham-Gleichungen 271
4.4.6   Zeitabhängige Dichtefunktionaltheorie 273

4.5   Berücksichtigung der Kernbewegung 276
4.5.1   Trennung von Kern- und Elektronenbewegung 276
4.5.2   Potenzialflächen, Geometrieoptimierung 279
4.5.3   Moleküldynamik 282

A   Molekülsymmetrie   285

A.1   Symmetriepunktgruppen 285
A.1.1   Symmetrieelemente und Symmetrieoperationen 285
A.1.2   Produkte von Symmetrieoperationen 289
A.1.3   Die Punktgruppen 290
A.1.4   Systematische Bestimmung der Punktgruppe 293

A.2   Elemente der Gruppentheorie 296
A.2.1   Allgemeine Definitionen, Rechenregeln 296
A.2.2   Beispiele 297
A.2.3   Die Gruppenmultiplikationstafel 298
A.2.4   Untergruppen 299
A.2.5   Konjugierte Elemente, Klassen konjugierter Elemente 300
A.2.6   Isomorphie, Homomorphie 302

A.2.7   Direkte Produkte von Gruppen 304

A.3   Darstellungen 304
A.3.1   Einführung 304
A.3.2   Definitionen 308
A.3.3   Äquivalente und inäquivalente Darstellungen 309
A.3.4   Reduzible und irreduzible Darstellungen 310
A.3.5   Charaktere 312
A.3.6   Die Charaktertafeln der Punktgruppen 315
A.3.7   Direkte Produkte von Darstellungen 316

A.4   Anwendungen 318
A.4.1   Symmetriekennzeichnung molekularer Elektronenzustände 318
A.4.2   Bestimmung der Symmetrie aller MOs eines Moleküls 320
A.4.3   Bestimmung der Symmetrie aller Schwingungen eines Moleküls 322
A.4.4   Auswahlregeln 324

B   Charaktertafeln   329

Literaturverzeichnis   339

Sachverzeichnis   341

1   Grundlagen

Die phänomenologischen Eigenschaften der Stoffe werden seit Jahrtausenden beobachtet und erforscht. Ihr mikroskopischer Aufbau dagegen wird erst seit vergleichsweise kurzer Zeit systematisch untersucht. Erst auf der Grundlage der Quantentheorie wurde es möglich, die Bindungseigenschaften und die spektroskopischen Eigenschaften der Atome, Moleküle und Festkörper zu verstehen. In den einführenden Abschnitten werden Aspekte der historischen Entwicklung angegeben, die zur Formulierung der (zeitunabhängigen) Schrödinger-Gleichung geführt haben. Dabei wird auf prinzipielle Unterschiede zwischen klassischer Physik und Quantenphysik hingewiesen. Die Bedeutung von Eigenwertgleichungen wird hervorgehoben.

Wir behandeln einfache Systeme, für die die Schrödinger-Gleichung geschlossen lösbar ist: das Elektron im Potenzialkasten, den harmonischen Oszillator, den starren Rotator sowie Einelektronenatome. Bei Mehrelektronenatomen beschränken wir uns zunächst auf qualitative Aspekte, insbesondere auf Elektronenkonfigurationen und die daraus resultierenden Atomterme.

Das Phänomen der kovalenten chemischen Bindung erläutern wir am konkreten Beispiel des Wasserstoffmolekülions. Danach werden wichtige Hilfsmittel zur qualitativen Beschreibung und Systematisierung der Bindungseigenschaften dargestellt (LCAO-MO-Methode, Hybridisierung).

Literaturempfehlungen: [1] bis [8] (auch [9] bis [13b] und [14]) - speziell [15] und [16] für Abschnitt 1.1 sowie [11] für Abschnitt 1.6.

1.1   Einführung

1.1.1   Notwendigkeit der Quantentheorie

Bis zum Ende des 19. Jahrhunderts konnte die klassische Physik die relevanten physikalischen Fragestellungen bis auf wenige Ausnahmen zufriedenstellend beschreiben. Basisgleichung für alle Probleme der Mechanik war die *Newtonsche Bewegungsgleichung*, die in ihrer verbalen Form „Kraft = Masse · Beschleunigung" allgemein bekannt ist. Vektoriell schreibt man sie als

$$\vec{K} = m \, \frac{\mathrm{d}^2 \vec{r}}{\mathrm{d}t^2}. \tag{1.1}$$

Der Ortsvektor $\vec{r}$ beschreibt die Lage des betrachteten Körpers, etwa eines Massenpunktes, $\vec{K}$ die Kraft, die auf diesen Massenpunkt wirkt, und m seine Masse. (1.1) steht für drei Differenzialgleichungen zweiter Ordnung, jeweils eine für die drei Komponenten. Ihre Lösung liefert den funktionellen Zusammenhang $\vec{r} = \vec{r}(t)$, der die zeitliche Änderung der Lage des Massenpunktes angibt, aber noch von konkreten *Anfangsbedingungen* abhängt. Gibt man Anfangslage und Anfangsgeschwindigkeit vor, so ist seine Lage für alle späteren Zeitpunkte *eindeutig* festgelegt, d.h., er bewegt sich auf einer eindeutig festgelegten *Bahnkurve* (*Trajektorie*). Beispiel hierfür ist etwa die Wurfparabel. Aus $\vec{r} = \vec{r}(t)$ ergibt sich die Geschwindigkeit $\vec{v} = \mathrm{d}\vec{r}/\mathrm{d}t$ und der Impuls $\vec{p} = m\vec{v}$ sowie die Beschleunigung $\vec{a} = \mathrm{d}^2\vec{r}/\mathrm{d}t^2$.

Verallgemeinerungen der Newtonschen Formulierung der klassischen Mechanik, etwa der *Lagrange-Formalismus* oder der *Hamilton-Formalismus* führen auf verallgemeinerte, aber prinzipiell gleichwertige Bewegungsgleichungen, können jedoch für die Formulierung und Lösung spezifischer Probleme zweckmäßiger sein. Im Lagrange-Formalismus ist jedes mechanische System mit s Freiheitsgraden durch eine Funktion der s Koordinaten und der s Geschwindigkeiten, die *Lagrange-Funktion* $L(q_1, \ldots, q_s, \dot{q}_1, \ldots, \dot{q}_s, t)$, charakterisiert.[1] L ist durch die *Differenz* aus kinetischer und potenzieller Energie gegeben: $L = T - V$. Die Bewegung des Systems zwischen zwei Zeitpunkten t_1 und t_2 erfolgt so, dass das Wirkungsintegral[2]

$$S = \int\limits_{t_1}^{t_2} L(q_1, \ldots, q_s, \dot{q}_1, \ldots, \dot{q}_s, t)\, \mathrm{d}t$$

den kleinstmöglichen Wert annimmt (*Hamilton-Prinzip, Prinzip der kleinsten Wirkung*). Dazu muss die Variation von S verschwinden: $\delta S = 0$.[3] Die Ausführung dieser Variationsprozedur führt auf die *Lagrangeschen Bewegungsgleichungen*[4]

$$\frac{\mathrm{d}}{\mathrm{d}t}\frac{\partial L}{\partial \dot{q}_i} = \frac{\partial L}{\partial q_i} \qquad (i = 1, \ldots, s). \tag{1.2}$$

Sie beschreiben die Bewegung des Systems durch seine Koordinaten und Geschwindigkeiten. Für einen Massenpunkt mit drei Freiheitsgraden geht (1.2) in (1.1) über, wenn man seine Lagrange-Funktion als $L = (m/2)v^2 - V$ schreibt und $\partial V/\partial \vec{r} = -\vec{K}$ berücksichtigt. Im Hamilton-Formalismus wird das mechanische System durch eine Funktion der Koordinaten und der Impulse, die *Hamilton-Funktion* $H(q_1, \ldots, q_s, p_1, \ldots, p_s, t)$, charakterisiert. Die Transformation erfolgt durch $p_i = \partial L/\partial \dot{q}_i$ und $H = 2T - L$, d.h., H ist die *Summe* aus kinetischer und potenzieller Energie: $H = T + V$. Man erhält die *Hamiltonschen Bewegungsgleichungen*

$$\dot{q}_i = \frac{\partial H}{\partial p_i} \quad \text{und} \quad \dot{p}_i = -\frac{\partial H}{\partial q_i} \qquad (i = 1, \ldots, s). \tag{1.3}$$

---

[1]Die zeitliche Ableitung einer Größe bezeichnen wir meist kurz mit einem Punkt über der Größe. Die q_i und $\dot{q}_i$ können gewöhnliche, aber auch verallgemeinerte Koordinaten und Geschwindigkeiten sein.

[2]S hat die Dimension einer Wirkung (Energie · Zeit).

[3]S muss einen extremalen Wert haben, nicht unbedingt einen minimalen. Entscheidend ist, dass die Variation verschwindet.

[4]In der Mechanik heißen sie *Lagrangesche Gleichungen (zweiter Art)*, in der Variationsrechnung *Eulersche Gleichungen*; üblich ist auch die Bezeichnung *Euler-Lagrange-Gleichungen*.

Sie beschreiben die Bewegung des Systems durch seine Koordinaten und Impulse. Für einen Massenpunkt mit der Hamilton-Funktion $H = p^2/2m + V$ ergeben sich aus dem rechten Ausdruck in (1.3) wieder die Newtonschen Gleichungen (1.1), der linke liefert $\vec{v} = \vec{p}/m$. Lagrange- bzw. Hamilton-Formalismus sind von Vorteil, wenn es einfacher oder zweckmäßiger ist, die (skalare) potenzielle Energie für das betrachtete System zu formulieren, als die (vektoriellen) Kräfte, die auf das bzw. in dem System wirken.[5]

In der klassischen Mechanik lassen sich die *Observablen* (d.h. die „beobachtbaren" Größen) als Funktionen vom Ort $\vec{r}$ (mit den Komponenten x, y, z, wenn man kartesische Koordinaten wählt) und vom Impuls $\vec{p}$ (mit den Komponenten p_x, p_y, p_z) darstellen.[6] Etwa für die z-Komponente des Drehimpulses $\vec{l} = \vec{r} \times \vec{p}$ hat man $l_z = xp_y - yp_x$, und für die kinetische Energie gilt $T = p^2/2m = (p_x^2 + p_y^2 + p_z^2)/2m$. Da Ort und Impuls nach der Lösung der Bewegungsgleichungen bekannt sind, sind auch die anderen Observablen eindeutig bestimmt. Innerhalb gewisser Grenzen sind für die Observablen *alle* reellen *kontinuierlichen* Messwerte möglich. So treten etwa bei einem Pendel mit der Gesamtenergie E für die potenzielle Energie V alle Werte zwischen V_{max} (am höchsten Punkt, dem Umkehrpunkt) und V_{min} (am tiefsten Punkt) und für die kinetische Energie T alle Werte zwischen 0 (am Umkehrpunkt) und $T_{max} = E - V_{min}$ (am tiefsten Punkt) auf.

Zu Beginn des 20. Jahrhunderts kam es zu zwei Verallgemeinerungen, die über die klassische Mechanik hinausgingen. Auf Grund theoretischer Überlegungen entwickelte Einstein die *relativistische Mechanik*, sie beschreibt die Bewegung von Teilchen bei sehr großen (d.h. mit der Lichtgeschwindigkeit vergleichbaren) Geschwindigkeiten. Bei solchen Geschwindigkeiten wird die Teilchenmasse geschwindigkeits- und damit zeitabhängig. Die Bewegungsgleichung (1.1) bleibt aber, in relativistisch verallgemeinerter Form, gültig:[7]

$$\vec{K} = \frac{d\vec{p}}{dt}. \tag{1.4}$$

Ihre Lösung liefert Bahnkurven für die Teilchen, und für die Observablen sind weiterhin innerhalb gewisser Grenzen alle reellen Werte möglich.

Zu einer anderen Verallgemeinerung der klassischen Mechanik kam Planck in dem Bemühen, eine konsistente Theorie für die Strahlung eines *schwarzen Körpers* zu entwickeln. Die sich in der Folge daraus entwickelnde *Quantenmechanik* beschreibt die Bewegung von Teilchen in sehr kleinen Raumbereichen. Dazu gehört die für die Chemie relevante Bewegung der Elektronen in Atomen und Molekülen. Die Ausarbeitung einer in sich konsistenten Quantenmechanik dauerte über 30 Jahre. Man brauchte eine qualitativ neue Bewegungsgleichung, die *zeitabhängige Schrödinger-Gleichung*. Ihre Lösung liefert *keine* Bahnkurven mehr, d.h. *keine* eindeutig bestimmten Werte für Ort und Impuls eines Teilchens, sondern nur *Wahrscheinlichkeitsaussagen* (*statistische Aussagen*) über die Lage des Teilchens und deren Änderung bei der Bewegung. Ort und Impuls eines Teilchens sind nicht mehr „gleichzeitig scharf messbar" (*Unschärferelation*), und ein Teil der Observablen (z.B. die Energie der Elektronen in Atomen und Molekülen) kann nur noch *diskrete* Werte annehmen. Diese „Quantisierung"

---

[5] Der Hamilton-Operator ist die quantenmechanische Form der Hamilton-Funktion. Die Lagrangeschen Gleichungen spielen in der Moleküldynamik eine wichtige Rolle.
[6] Dies entspricht dem Hamilton-Formalismus.
[7] (1.4) geht in (1.1) über, wenn in $\vec{p} = m\vec{v}$ die Masse zeitunabhängig ist.

stand in krassem Widerspruch zu den bis dahin üblichen Grundannahmen der Physik, und es dauerte einige Zeit, bis sich die neuen Vorstellungen durchsetzten. Schließlich ließen sich aber nur mit der „Quantentheorie" die experimentellen Befunde über den Atombau und die Spektroskopie sowie das Phänomen der kovalenten chemischen Bindung befriedigend beschreiben.

1.1.2   Historie I

Zur Beschreibung der Strahlung eines schwarzen Körpers gab es vor Planck verschiedene Gesetze, die jeweils nur spezielle Aspekte bzw. Grenzfälle erfassten. Eine konsistente Beschreibung gelang Planck (1900) durch die unkonventionelle Annahme, dass ein *harmonischer Oszillator*[8] nur *diskrete* Energiewerte annehmen kann, nämlich ganzzahlige Vielfache von $h\nu$:[9]

$$E = nh\nu \qquad (n = 1, 2, 3, \ldots). \tag{1.5}$$

Darin bedeutet ν die Schwingungsfrequenz des Oszillators und h eine Konstante von der Dimension einer Wirkung. Es stellte sich später heraus, dass die *Plancksche Konstante* (das *Wirkungsquantum*) eine fundamentale Naturkonstante ist.[10] Diese Annahme diskreter Energiewerte war ein Bruch mit den bis dahin üblichen Vorstellungen und wurde zunächst mit großer Skepsis aufgenommen.

Unter „Verwendung" der Planckschen Konstante führte Einstein (1905) die *Lichtquanten* ein. Damit ließ sich der *fotoelektrische Effekt* erklären. Bei Bestrahlung mit Licht werden aus bestimmten Substanzen (Alkalimetalle) Elektronen „herausgeschlagen", es fließt ein elektrischer Strom. Ob dieser Effekt auftritt, hängt nicht von der Intensität, sondern nur von der Frequenz des eingestrahlten Lichts ab. Mit $E = h\nu$ für die Energie des Lichts gilt

$$h\nu = \frac{m}{2} v^2 + A. \tag{1.6}$$

Ist die Frequenz des Lichts hoch genug, so dass ein gewisser Energiebetrag A (die *Ablöseenergie*) überschritten wird, so werden Elektronen abgelöst, die dann die überschüssige Energie als kinetische Energie erhalten. Das wird durch (1.6) ausgedrückt. Aus diesem Sachverhalt muss man auf *korpuskulare* Eigenschaften des Lichts schließen, denn bei einer Welle ist die Energie proportional zur Intensität. Das Licht hat also *auch* korpuskulare Natur, es besteht aus Lichtquanten. Sie haben die Energie $E = h\nu$, und mit der Einsteinschen Energie-Masse-Beziehung $E = mc^2$ (c ist die Lichtgeschwindigkeit) ergibt sich ihr Impuls zu $p = mc = E/c = h\nu/c$.

Franck und Hertz führten Elektronenstoßversuche an Quecksilberatomen durch (1914). Sie maßen die kinetische Energie der Elektronen vor (E_1) und nach (E_2) dem Durchgang durch Hg-Dampf. Wenn E_1 kleiner als ein kritischer Energiewert ist, $E_1 < E_{krit}^{(1)}$, so ist $E_2 = E_1$, für $E_1 \geq E_{krit}^{(1)}$ dagegen ist $E_2 = E_1 - E_{krit}^{(1)}$. Der Energiebetrag $E_{krit}^{(1)}$ wird von den Atomen

---

[8]Der schwarze Strahler „besteht" aus einem System von strahlenden harmonischen Oszillatoren.
[9]Wir behandeln den harmonischen Oszillator in Abschnitt 1.2.2.
[10]Ihr Wert beträgt $h = 6.626 \cdot 10^{-34}$Js. Meist verwendet man die Form $\hbar = h/2\pi$.

aufgenommen, sie gehen aus dem Grundzustand in einen angeregten Zustand über. Durch Abstrahlung von Licht der Frequenz $\nu = E_{krit}^{(1)}/h$ gehen die Atome wieder in den Grundzustand über. Wird E_1 weiter erhöht, bis $E_1 \geq E_{krit}^{(2)}$, so gehen die Atome in einen zweiten, höher angeregten Zustand über usw. Die Atome können also nur diskrete Energiewerte aufnehmen und abgeben.

Bohr wandte die bis dahin entwickelte Quantentheorie auf das Rutherfordsche Planetenmodell der Atome an (1914). Er postulierte, dass – wie ein harmonischer Oszillator – auch die Elektronen in Atomen nur diskrete Energiewerte annehmen können. Sie laufen – ohne Energie abzustrahlen – auf *stationären* „Bahnen", denen eine bestimmte Energie zugeordnet werden kann, um.[11] Bei einem „Elektronensprung" von einer Bahn auf eine andere wird die Energiedifferenz ΔE als Licht der Frequenz $\nu = \Delta E/h$ absorbiert bzw. emittiert. Durch eine geeignete *Quantisierungsvorschrift* erhielt Bohr für das Wasserstoffatom die diskreten Energiewerte[12]

$$E_n = -\frac{m_e e^4}{2\hbar^2}\frac{1}{n^2} \qquad (n = 1, 2, 3, \ldots). \tag{1.7}$$

m_e bezeichnet dabei die Elektronenmasse, die als vernachlässigbar klein gegenüber der Kernmasse angenommen wurde, und $-e$ die Elektronenladung.[13] Aus den „Elektronensprüngen" zwischen den Bahnen ließen sich die bekannten Frequenzen

$$\nu = R\left(\frac{1}{n_1^2} - \frac{1}{n_2^2}\right) \tag{1.8}$$

des Wasserstoff-Linienspektrums berechnen (R bezeichnet dabei die *Rydberg-Konstante* $R = 2\pi^2 m_e e^4/h^3$).

In Umkehrung der sich aus der Deutung des fotoelektrischen Effekts ergebenden Folgerung, dass Licht auch korpuskulare Eigenschaften haben kann, postulierte de Broglie (1924), dass auch Korpuskeln Welleneigenschaften haben sollten. Für Licht gilt $E = h\nu$ und $p = h\nu/c = h/\lambda$,[14] also $\lambda = h/p$. Die letzte Beziehung müsste dann nicht nur für Licht, sondern auch für Korpuskeln gelten:

$$\lambda = \frac{h}{mv}. \tag{1.9}$$

So ließe sich jeder Korpuskel, deren Masse und Geschwindigkeit nicht Null ist, eine Wellenlänge zuordnen. Der experimentelle Beweis dieser Hypothese erfolgte durch Davisson und Germer (1927). Analog zur *Röntgen*beugung konnten sie auch *Elektronen*beugung an Kristallen nachweisen.[15] Beugungserscheinungen sind aber nur zu erklären, wenn die verwendete Strahlung Wellennatur hat. Damit war der *Dualismus von Wellen und Korpuskeln* nachgewiesen.

---

[11]Klassisch ist das nicht möglich: ein Elektron, das – als geladenes Teilchen – um den Kern kreist, müsste ständig Energie abstrahlen und schließlich in den Kern stürzen.

[12]Wir verwenden die heute üblichen Bezeichnungen. Ausführlich werden wir das H-Atom in Abschnitt 1.4 behandeln.

[13]e sei die (positive) *Elementarladung*. Der Kürze wegen verwenden wir in diesem Buch e anstelle von $e/\sqrt{4\pi\varepsilon_0}$ mit der Vakuum-Dielektrizitätskonstanten ε_0.

[14]Frequenz ν und Wellenlänge λ sind durch $\nu\lambda = c$ miteinander verknüpft.

[15]Sie beschleunigten Elektronen auf solche Geschwindigkeiten, dass sich gemäß (1.9) Wellenlängen ergaben, die vergleichbar sind mit den Wellenlängen der Röntgenstrahlen.

Schrödinger baute die Wellenvorstellungen von de Broglie mathematisch aus. Er erarbeitete eine zusammenhängende und in sich konsistente Theorie, die „Wellenmechanik". Er forderte nicht von vornherein, dass bestimmte Größen (etwa die Energie) nur ganzzahlige Werte annehmen dürfen, wie bei den „alten" Quantisierungsvorschriften (Planck, Bohr). Der grundlegende Gedanke von Schrödinger kommt am besten in der Einleitung zu seinen vier Mitteilungen in den „Annalen der Physik" (1926) mit dem Titel „Quantisierung als Eigenwertproblem" zum Ausdruck. Die erste Mitteilung beginnt: „In dieser Mitteilung möchte ich zunächst an dem einfachsten Fall des Wasserstoffatoms zeigen, daß die übliche Quantisierungsvorschrift sich durch eine andere Forderung ersetzen läßt, in der kein Wort von 'ganzen Zahlen' mehr vorkommt. Vielmehr ergibt sich die Ganzzahligkeit auf dieselbe natürliche Art, wie etwa die Ganzzahligkeit der Knotenzahl einer schwingenden Saite."

Schrödinger ging davon aus, dass Differenzialgleichungen, die gewisse Parameter enthalten und an deren Lösungen bestimmte „Randbedingungen" gestellt werden, im allgemeinen nur für spezielle Werte der enthaltenen Parameter lösbar sind. Anschauliches Beispiel für ein solches Problem ist, wie Schrödinger anführte, die schwingende Saite.

1.1.3   Klassisches Eigenwertproblem – Die schwingende Saite

Es ist für die Einführung in das Begriffssystem der Quantentheorie außerordentlich nützlich, das klassische Eigenwertproblem für die *schwingende Saite* ausführlich zu behandeln. Wir betrachten eine Saite, die an $x = 0$ und $x = a$ eingespannt sein soll. Die Funktion $f = f(x, t)$ beschreibt die Auslenkung der Saite. Die Zeitabhängigkeit lässt sich durch $f(x, t) = y(x)\, z(t)$ „abseparieren". Für die Amplitudenfunktion $y(x)$ der Auslenkung (Bild 1.1) gilt die Schwingungsgleichung

$$\frac{\mathrm{d}^2 y(x)}{\mathrm{d}x^2} + k^2\, y(x) = 0. \tag{1.10}$$

Dies ist eine gewöhnliche Differenzialgleichung zweiter Ordnung, die den Parameter k enthält. Die allgemeine Lösung dieser Gleichung ist, wie man durch Einsetzen sofort nachprüft,

$$y(x) = A \sin kx + B \cos kx. \tag{1.11}$$

A und B sind beliebige Konstante. Stellt man keine besonderen Bedingungen an die Lösungsfunktionen $y(x)$, so ist (1.11) Lösung von (1.10) für *alle* Werte des Parameters k (dies entspräche einer Saite mit losen Enden). Da aber die Saite an den „Rändern" $x = 0$ und

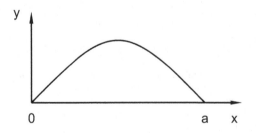

Bild 1.1
Amplitudenfunktion einer an $x = 0$ und $x = a$ eingespannten schwingenden Saite (Grundschwingung).

$x = a$ eingespannt sein soll, müssen die Lösungsfunktionen $y(x)$ den *Randbedingungen*

$$y(0) = 0 \quad \text{und} \quad y(a) = 0 \tag{1.12}$$

genügen. Aus (1.11) ergibt sich $y(0) = B$. Dies soll Null sein, daraus folgt $B = 0$. Im weiteren brauchen wir also anstelle von (1.11) nur noch $y(x) = A \sin kx$ zu betrachten. An $x = a$ haben wir $y(a) = A \sin ka$. Dies soll ebenfalls Null sein. $A = 0$ würde auf den trivialen Fall $y(x) \equiv 0$, d.h. eine nicht ausgelenkte Saite führen. Also muss $A \neq 0$ angenommen werden. Für $A \neq 0$ ist $A \sin ka$ nur dann Null, wenn das Argument der sin-Funktion ein Vielfaches von π ist: $ka = n\pi$ mit $n = 0, 1, 2, \ldots$ Wir lösen nach k auf, schließen $n = 0$ aus (das wäre wieder der triviale Fall) und versehen k mit einem Zählindex:

$$k_n = n \frac{\pi}{a} \qquad (n = 1, 2, 3, \ldots). \tag{1.13}$$

Es ergibt sich also: Durch die Randbedingungen (1.12) wird die Vielfalt der möglichen Lösungen (1.11) der Differenzialgleichung (1.10) eingeschränkt. Nur wenn der Parameter k in (1.10) einen der Werte (1.13) annimmt, existieren Lösungen, die die Randbedingungen (1.12) erfüllen. Diese Lösungen haben die Form

$$y_n(x) = A_n \sin n \frac{\pi}{a} x \qquad (n = 1, 2, 3, \ldots). \tag{1.14}$$

Für jedes k_n existiert eine Lösung, die wir mit $y_n(x)$ bezeichnen. Jede Funktion $y_n(x)$ enthält noch einen beliebigen Faktor A_n. Die Lösungsfunktionen (1.14) heißen *Eigenfunktionen*, die Parameterwerte (1.13) *Eigenwerte* der Differenzialgleichung (1.10) unter den Randbedingungen (1.12).

Wir stellen die Eigenfunktionen (1.14) in Bild 1.2 grafisch dar. Die Funktionen sind Sinus-Schwingungen, zusammen mit dem zeitabhängigen Anteil ergeben sie „stehende Wellen". *Knoten* (d.h. Nullstellen) treten auf, wenn das Argument der sin-Funktion ein Vielfaches von π ist:

$$n \frac{\pi}{a} x = 0, \pi, 2\pi, \ldots \tag{1.15}$$

Dabei können wir uns auf das Intervall $0 \leq x \leq a$ beschränken. Für $y_1(x)$ liegen Nullstellen an $x = 0$ und $x = a$ vor, für $y_2(x)$ an $x = 0$, $x = a/2$ und $x = a$, für $y_3(x)$ an $x = 0$, $x = a/3$,

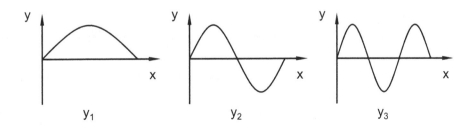

Bild 1.2 Knotenverhalten der Eigenfunktionen einer schwingenden Saite.

$x = 2a/3$ und $x = a$ usw. gemäß (1.15). Allgemein ist die Anzahl der Knoten $n + 1$. $y_1(x)$ heißt *Grundschwingung*, $y_2(x)$ *erste Oberschwingung*, $y_3(x)$ *zweite Oberschwingung* usw.

Die Eigenfunktionen (1.14) haben eine Reihe interessanter Eigenschaften. Wir betrachten zunächst das Integral über das Produkt zweier Funktionen y_n und y_m in den Grenzen von 0 bis a. Für $n \neq m$ erhält man

$$\int_0^a y_n(x)\,y_m(x)\,\mathrm{d}x = A_n A_m \int_0^a \sin n\frac{\pi}{a}x \, \sin m\frac{\pi}{a}x\,\mathrm{d}x = 0, \tag{1.16}$$

wie man mit Hilfe einfacher trigonometrischer Beziehungen leicht nachprüft. Zwei Funktionen, die diese Bedingung erfüllen, heißen *orthogonal*. Für $n = m$ ergibt sich

$$\int_0^a [y_n(x)]^2\,\mathrm{d}x = A_n^2 \int_0^a \sin^2 n\frac{\pi}{a}x\,\mathrm{d}x = A_n^2\frac{a}{2}. \tag{1.17}$$

Gibt man dem Faktor A_n den (von n unabhängigen) Wert $\sqrt{2/a}$, so wird (1.17) zu

$$\int_0^a [y_n(x)]^2\,\mathrm{d}x = 1. \tag{1.18}$$

Eine Funktion, die diese Eigenschaft hat, heißt („auf 1") *normiert*, ein solcher Faktor *Normierungsfaktor*. Die Eigenfunktionen

$$y_n(x) = \sqrt{\frac{2}{a}}\sin n\frac{\pi}{a}x \qquad (n = 1, 2, 3, \ldots) \tag{1.19}$$

sind also zueinander orthogonal und normiert. Man fasst beide Eigenschaften zusammen zum Begriff *orthonormiert* und schreibt für (1.16) und (1.18) kurz

$$\int_0^a y_n(x)\,y_m(x)\,\mathrm{d}x = \delta_{nm}, \tag{1.20}$$

wobei δ_{nm} das *Kronecker-Symbol* darstellt mit der Bedeutung $\delta_{nm} = 1$ für $n = m$ und $\delta_{nm} = 0$ für $n \neq m$.

Der Begriff „Orthogonalität von Funktionen" ist eine Verallgemeinerung des Orthogonalitätsbegriffs für Vektoren. Zwei Vektoren $\vec{a}$ und $\vec{b}$ mit n Komponenten sind orthogonal, wenn ihr Skalarprodukt Null ist: $\sum_{k=1}^n a_k b_k = 0$. Das Integral (1.16) ist eine Verallgemeinerung dieser Summe. Wir gehen auf diesen Zusammenhang in Abschnitt 2.1 näher ein.

1.1.4   Die zeitunabhängige Schrödinger-Gleichung

Schrödinger baute auf diesen Überlegungen auf. Er führte eine „Wellenfunktion" ψ ein, deren Bedeutung zunächst weitgehend unklar war. Sie sollte einer Differenzialgleichung genügen, die die Energie E als Parameter enthält. Werden an die gesuchten Lösungsfunktionen ψ geeignete „Randbedingungen" gestellt, so ist zu erwarten, dass für den Parameter E, die Energie, nur diskrete Werte auftreten können. Genau dies sollte die zu schaffende Theorie liefern.

Die konkrete Gestalt dieser Differenzialgleichung erhielt Schrödinger durch Verallgemeinerung der *Hamilton-Jacobi-Gleichung* der klassischen Mechanik.[16] Für das Wasserstoffatom ergab sich die Form[17]

$$-\frac{\hbar^2}{2m_e}\left(\frac{\partial^2\psi}{\partial x^2} + \frac{\partial^2\psi}{\partial y^2} + \frac{\partial^2\psi}{\partial z^2}\right) - \left(\frac{e^2}{r} + E\right)\psi = 0. \tag{1.21}$$

Dies ist eine partielle Differenzialgleichung zweiter Ordnung für die gesuchte Wellenfunktion $\psi = \psi(x, y, z)$. An die Funktion ψ werden die folgenden „Randbedingungen" gestellt:[18]

$$\begin{array}{ll} & \text{1. } \psi \text{ sei } \textit{eindeutig,} \\ & \text{2. } \psi \text{ sei } \textit{stetig,} \\ & \text{3. } \psi \text{ sei } \textit{normierbar.} \end{array} \tag{1.22}$$

Unter den Bedingungen (1.22) ist die Differenzialgleichung (1.21) nur dann lösbar (d.h., nur dann existieren Funktionen ψ, die die Randbedingungen (1.22) erfüllen), wenn der „Parameter" E die diskreten Werte

$$E_n = -\frac{m_e e^4}{2\hbar^2}\frac{1}{n^2} \qquad (n = 1, 2, 3, \ldots) \tag{1.23}$$

annimmt.[19] Schrödinger erhielt also – in gewissem Sinne „zwanglos" – die Energiewerte (1.7), die Bohr mit seiner Quantisierungsvorschrift erhalten hatte und die zur Erklärung der Wasserstoffatomspektren führten.

Wir formen die „Schrödinger-Gleichung" (1.21) um und bringen sie in eine allgemeinere Form. Zunächst schreiben wir

$$-\frac{\hbar^2}{2m_e}\left(\frac{\partial^2}{\partial x^2} + \frac{\partial^2}{\partial y^2} + \frac{\partial^2}{\partial z^2}\right)\psi - \frac{e^2}{r}\psi = E\psi. \tag{1.24}$$

Der Klammerausdruck wird als *Laplace-Operator* Δ bezeichnet:

$$\Delta = \frac{\partial^2}{\partial x^2} + \frac{\partial^2}{\partial y^2} + \frac{\partial^2}{\partial z^2}. \tag{1.25}$$

Oft wird statt Δ auch ∇^2 mit dem *Nabla-Operator* ∇ verwendet.[20] Mit (1.25) nimmt (1.24) die Form

$$-\frac{\hbar^2}{2m_e}\Delta\psi - \frac{e^2}{r}\psi = E\psi \tag{1.26}$$

---

[16]Wir kommen darauf in Abschnitt 2.5.1 zurück.

[17]Wir verwenden eine der vorliegenden Darstellung angepasste Schreibweise.

[18]Auf die physikalische Bedeutung dieser Bedingungen kommen wir im folgenden mehrfach zurück.

[19]Wir behandeln dies in Abschnitt 1.4 ausführlich.

[20]*Operatoren* sind Rechenvorschriften, die auf die rechts von ihnen stehende Funktion wirken. Mit Operatoren beschäftigen wir uns in Kapitel 2 intensiv. Wir werden sie im allgemeinen mit Fettbuchstaben bezeichnen (Δ und ∇ sind dabei Ausnahmen). ∇ ist ein Vektoroperator mit den Komponenten $(\partial/\partial x)$, $(\partial/\partial y)$, $(\partial/\partial z)$.

an, wofür wir

$$\mathbf{T}\psi + \mathbf{V}\psi = E\psi \tag{1.27}$$

schreiben. **V** ist der *Operator der potenziellen Energie*, $-e^2/r$ ist nämlich die potenzielle Energie eines Elektrons mit der Ladung $-e$ im Feld des Protons mit der Ladung $+e$. Man fasst also auch die bloße Multiplikation von ψ mit $-e^2/r$ als Wirkung eines Operators auf (*multiplikativer Operator*). **T** ist wegen (1.25) ein *Differenzialoperator*. **T** ist der *Operator der kinetischen Energie*, wir behandeln später (Abschn. 1.3.1), warum **T** die Form $-(\hbar^2/2m_e)\Delta$ hat.

In der klassischen Mechanik wird die Summe aus der kinetischen Energie T und der potenziellen Energie V als *Hamilton-Funktion* H bezeichnet: $H = T + V$ (vgl. Abschn. 1.1.1). H beschreibt die Gesamtenergie des betrachteten Systems.[21] In Analogie dazu bezeichnet man die Summe **T**+**V** als *Hamilton-Operator* **H**, und **H** ist der *Operator der Gesamtenergie*. (1.27) wird damit zu

$$\mathbf{H}\psi = E\psi. \tag{1.28}$$

Dies ist die übliche Kurzform der *zeitunabhängigen* oder *zeitfreien Schrödinger-Gleichung*. Völlig gleichwertig ist die Form

$$(\mathbf{H} - E)\psi = 0. \tag{1.29}$$

Prinzipiell löst man die Schrödinger-Gleichung (1.28) bzw. (1.29) wie folgt: Man setzt den (für jedes konkrete System gleichen) Operator der kinetischen Energie **T** und den (für jedes System unterschiedlichen) Operator der potenziellen Energie **V** als **T**+**V** in die Schrödinger-Gleichung ein und löst die Differenzialgleichung unter den Randbedingungen (1.22) für die Lösungsfunktionen ψ. Dies ist – im allgemeinen – nur für diskrete Energiewerte möglich. Diese Werte heißen *Eigenwerte*, die zugehörigen Lösungen *Eigenfunktionen* der Schrödinger-Gleichung.

1.1.5   Historie II

Schrödinger ging von der klassischen Wellenmechanik aus. Der Energie und den anderen physikalischen Observablen werden *Differenzialoperatoren* zugeordnet, „sie werden durch Differenzialoperatoren dargestellt". Durch Lösung von (1.28) bzw. analoger Gleichungen für die anderen Observablen erhält man die *Eigenwerte* für diese Observablen und die zugehörigen *Eigenfunktionen*. Letztlich hat man bei diesem Vorgehen immer *Differenzialgleichungen* zu lösen. Konkrete Beispiele behandeln wir insbesondere in den Abschnitten 1.3 und 1.4.

Der Eigenwertbegriff tritt aber in der Mathematik nicht nur bei Differenzialgleichungen, sondern auch bei Matrizen auf: eine quadratische n-reihige Matrix hat n Eigenwerte. Dies führte zu einem ganz anderen Herangehen. Heisenberg, Born und Jordan (1925) stellten die

---

[21] Dies trifft streng genommen nur für sog. *konservative* Systeme zu, das sind Systeme, für die sich die Kraft als negativer Gradient einer Potenzialfunktion darstellen lässt: $\vec{K} = -\partial V/\partial\vec{r}$. Wir können das für die von uns betrachteten Systeme stets annehmen.

Operatoren als *quadratische Matrizen* dar. Die Schrödinger-Gleichung (1.28) bzw. (1.29) ist dann keine Differenzialgleichung mehr, sondern ein *lineares Gleichungssystem*. Da im allgemeinen (wie etwa beim H-Atom, s. (1.23)) unendlich viele Eigenwerte auftreten, besteht das System aus unendlich vielen Gleichungen. Das erfordert die Einführung von Matrizen mit unendlich vielen Zeilen und Spalten. In (1.28) bzw. (1.29) ist **H** dann eine solche Matrix, und die Eigenfunktionen ψ sind Spaltenvektoren (*Eigenvektoren*) mit unendlich vielen Komponenten.

Schrödinger zeigte in seiner Arbeit „Über das Verhältnis der Heisenberg-Born-Jordanschen Quantenmechanik zu der meinen" (1926), dass beide Herangehensweisen (und eventuell weitere) prinzipiell gleichwertig sind. Sie unterscheiden sich nur „in der verwendeten Mathematik", physikalisch führen sie auf die gleichen Resultate. Man spricht deshalb zweckmäßigerweise nicht von „Wellenmechanik" bzw. von „Matrizenmechanik", sondern von *Quantenmechanik*, wenn es auf die konkrete Darstellung nicht ankommt. Ebenso verwendet man besser *Zustandsfunktion* anstelle von „Wellenfunktion".

Die Entwicklung der Quantenmechanik im Hinblick auf die Anwendungen in Physik und Chemie erfolgte anfangs im wesentlichen in der von Schrödinger entwickelten Methodik. Bei der Arbeit mit Differenzialgleichungen konnte man auf die umfangreiche „Vorarbeit" der Mathematiker zurückgreifen. Dagegen waren Matrizen mit unendlich vielen Zeilen und Spalten ungewöhnlich und unhandlich. Später jedoch wurde es – durch die Entwicklung und Verbreitung der elektronischen Rechentechnik – möglich, große (auch sehr große) lineare Gleichungssysteme schnell und effektiv maschinell zu lösen. Das führte zur Erarbeitung geeigneter Näherungsverfahren zur Lösung der Schrödinger-Gleichung, insbesondere auch für chemische Spezies, die auf der Matrixdarstellung beruhen. Die Schrödinger-Gleichung (1.28) bzw. (1.29) ist dann ein lineares Gleichungssystem aus endlich vielen Gleichungen. Die Entwicklung der Quantenchemie war damit eng an die Entwicklung der rechentechnischen Möglichkeiten geknüpft.

Von Born (1926) stammt die *statistische Interpretation* der Zustandsfunktion: ψ macht nur Aussagen über die *Wahrscheinlichkeit* der Bewegung. Wir betrachten das Quadrat ψ^2 der Zustandsfunktion bzw. für den allgemeinen Fall, dass ψ eine komplexwertige Funktion ist, das Produkt $\psi^*\psi$ (ψ^* bezeichne die konjugiert komplexe Funktion zu ψ). Dann gibt die Größe

$$\psi^*\psi \, \mathrm{d}\vec{r} \tag{1.30}$$

die Wahrscheinlichkeit an, das betreffende System (etwa ein Elektron) mit der Zustandsfunktion ψ in dem differenziellen Volumenelement $\mathrm{d}\vec{r}$ (in kartesischen Koordinaten ist $\mathrm{d}\vec{r} = \mathrm{d}x \, \mathrm{d}y \, \mathrm{d}z$) zu finden (*Aufenthaltswahrscheinlichkeit*). Dividiert man (1.30) durch das Volumenelement, so erhält man die *Wahrscheinlichkeitsdichte* $\psi^*\psi$.

Mit dieser Interpretation der Zustandsfunktion ψ werden die Randbedingungen (1.22) plausibel: Die Wahrscheinlichkeit, etwa ein Elektron an einem bestimmten Raumpunkt zu finden, muss *eindeutig* sein und darf sich bei einer infinitesimalen Änderung der Koordinaten nicht sprunghaft ändern (*Stetigkeit*). *Normierbarkeit* von ψ bedeutet, dass das Integral von (1.30) über den gesamten Definitionsbereich der Funktion ψ endlich bleibt. Dann kann ψ mit einem Normierungsfaktor multipliziert werden, so dass das Integral 1 ergibt. Die Bildung des

Integrals entspricht einer Aufsummation der Wahrscheinlichkeiten bezüglich aller Volumenelemente $d\vec{r}$. Da sich das Elektron mit Sicherheit *irgendwo* im Gesamtraum aufhält, muss sich bei dieser Aufsummation (Integration) 1 ergeben.

1.2   Einfache Systeme

1.2.1   Das Elektron im Potenzialkasten

Wir lösen im folgenden exemplarisch die (zeitunabhängige) Schrödinger-Gleichung für zwei einfache, aber wichtige Systeme. Zunächst betrachten wir das einfachste quantenmechanische System, ein Elektron in einem *Potenzialkasten* mit unendlich hohen Wänden. Dies ist das direkte quantenmechanische Analogon zur schwingenden Saite (Abschn. 1.1.3), die zugehörige Schrödinger-Gleichung lässt sich leicht lösen. Das Beispiel ist von hohem didaktischem Wert, wir behandeln den eindimensionalen Fall ausführlich.[22]

Das Elektron befinde sich in einem eindimensionalen Potenzialkasten der Ausdehnung $0 \le x \le a$ (Bild 1.3). Im Kasten sei das Potenzial konstant, wir setzen es willkürlich

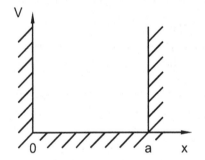

Bild 1.3
Eindimensionaler Potenzialkasten mit unendlich hohen Wänden an $x = 0$ und $x = a$.

Null. Die Wände des Kastens seien unendlich hoch, dies bedeutet, dass sich das Elektron nur *innerhalb* des Kastens aufhalten kann. Für $V(x)$ gilt also

$$V(x) = \begin{cases} \infty & (x < 0), \\ 0 & (0 \le x \le a), \\ \infty & (x > a). \end{cases} \qquad (1.31)$$

Da sich das Elektron nur innerhalb des Kastens aufhalten kann, ist seine Aufenthaltswahrscheinlichkeit $\psi^*(x)\psi(x)\,dx$ (vgl. Abschn. 1.1.5) außerhalb Null, d.h., die gesuchten Zustandsfunktionen $\psi(x)$ selbst müssen für $x < 0$ und $x > a$ verschwinden. Wegen der zweiten Bedingung in (1.22), der die Zustandsfunktionen genügen müssen, darf $\psi(x)$ an den Rändern $x = 0$ und $x = a$ keinen Sprung haben, d.h., es muss gelten:

$$\psi(0) = 0 \quad \text{und} \quad \psi(a) = 0. \qquad (1.32)$$

Diese Randbedingungen werden sich als Ursache der Quantisierung erweisen.

---

[22]Die Resultate für einen würfelförmigen Potenzialkasten (dreidimensionaler Fall) sind in Abschnitt 4.4.2 angegeben.

Wir formulieren jetzt die Schrödinger-Gleichung für das Problem. Allgemein gilt $\mathbf{H}\psi = E\psi$ mit $\mathbf{H} = \mathbf{T} + \mathbf{V}$. Den Operator der kinetischen Energie für den eindimensionalen Fall entnehmen wir (1.24), für die potenzielle Energie gilt (1.31). Damit haben wir[23]

$$-\frac{\hbar^2}{2m_e}\frac{\mathrm{d}^2\psi(x)}{\mathrm{d}x^2} = E\psi(x) \qquad (0 \leq x \leq a). \tag{1.33}$$

Die allgemeine Lösung dieser Differenzialgleichung ist

$$\psi(x) = A\sin\sqrt{\frac{2m_eE}{\hbar^2}}\,x + B\cos\sqrt{\frac{2m_eE}{\hbar^2}}\,x \tag{1.34}$$

mit beliebigen Konstanten A und B, wie man sich durch Einsetzen leicht überzeugt. (1.34) ist Lösung von (1.33) für alle Werte des „Parameters" E. Die Berücksichtigung der Randbedingungen (1.32) wird aber die Lösungsvielfalt (1.34) einschränken. Wir gehen wie in Abschnitt 1.1.3 vor: Aus (1.34) ergibt sich $\psi(0) = B$. Soll $\psi(0) = 0$ sein, so muss $B = 0$ sein. Mit anderen Worten: für $B \neq 0$ lässt sich die Bedingung $\psi(0) = 0$ nicht erfüllen. Wir brauchen also nur noch den ersten Term in (1.34) zu berücksichtigen. $\psi(a) = A\sin\sqrt{2m_eE/\hbar^2}a$ ist Null, wenn entweder $A = 0$ ist (dies wäre der triviale Fall, dass $\psi(x)$ überall Null ist) oder wenn das Argument der sin-Funktion ein ganzzahliges Vielfaches von π ist:

$$\sqrt{\frac{2m_eE}{\hbar^2}}\,a = n\pi \qquad (n = 1, 2, 3, \ldots)$$

($n = 0$ ergäbe ebenfalls den trivialen Fall). Wir lösen nach E auf und versehen E mit einem Zählindex:

$$E_n = \frac{\pi^2\hbar^2}{2m_ea^2}\,n^2 \qquad (n = 1, 2, 3, \ldots). \tag{1.35}$$

Lösungen der Schrödinger-Gleichung (1.33), die den Randbedingungen (1.32) genügen, existieren also nur, wenn der „Parameter" E in (1.33) einen der diskreten Werte (1.35) annimmt. Das Elektron im Potenzialkasten (1.31) kann also nur die Energiewerte (1.35) annehmen, die Energie ist *quantisiert*, n heißt *Quantenzahl*. Die diskreten Werte (1.35) sind die *Energieeigenwerte*, die zugehörigen Lösungsfunktionen

$$\psi_n(x) = \sqrt{\frac{2}{a}}\sin n\frac{\pi}{a}\,x \qquad (n = 1, 2, 3, \ldots) \tag{1.36}$$

sind die *Energieeigenfunktionen* des betrachteten Systems. Die Funktionen (1.36) haben die gleichen Eigenschaften wie die Eigenfunktionen (1.19) der schwingenden Saite. Ihr Knotenverhalten kann Bild 1.2 entnommen werden. Je zwei Funktionen sind orthogonal zueinander, und mit dem Faktor $\sqrt{2/a}$ sind sie (auf 1) normiert. Zusammengefasst gilt

$$\int_0^a \psi_n(x)\,\psi_m(x)\,\mathrm{d}x = \delta_{nm}$$

---

[23]Im eindimensionalen Fall schreiben wir statt der partiellen Ableitung die gewöhnliche.

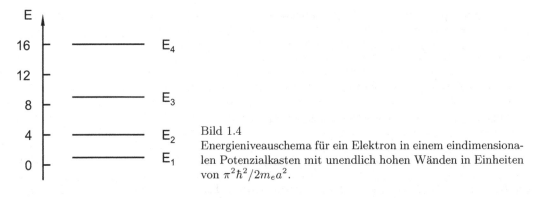

Bild 1.4
Energieniveauschema für ein Elektron in einem eindimensionalen Potenzialkasten mit unendlich hohen Wänden in Einheiten von $\pi^2 \hbar^2 / 2 m_e a^2$.

(Orthonormierungsrelation, vgl. (1.20)). Die Analogie zur schwingenden Saite ist offensichtlich. Allerdings beschränkt sie sich auf die Formulierung des Randwertproblems und auf den mathematischen Lösungsalgorithmus. Die physikalische Interpretation ist eine völlig andere, sie ist „typisch quantenmechanisch".

ψ_1 ist die Zustandsfunktion und E_1 die Energie des Grundzustands, ψ_2 die Zustandsfunktion und E_2 die Energie des ersten angeregten Zustands usw. In Bild 1.4 ist das *Energieniveauschema* dargestellt. Das System kann nur die angegebenen Energiewerte annehmen. Wird ein Energiebetrag E_a zugeführt (etwa durch Absorption von Licht), der mit einer Energiedifferenz $\Delta E = E_n - E_m$ übereinstimmt, so kann ein Übergang in einen höher angeregten Zustand erfolgen.[24]

Für $a \to \infty$ (Ausdehnung des Kastens bis ins Unendliche) gehen die Differenzen ΔE zwischen den Energieeigenwerten (1.35) gegen Null, d.h., das *diskrete Eigenwertspektrum* geht in ein *kontinuierliches* über. Dies entspricht dem Fall eines *freien* Elektrons. Man sieht, dass die Energie für freie Teilchen kontinuierliche Werte annehmen kann; nur wenn die Teilchen *gebunden* sind, treten diskrete, d.h. quantisierte Energieeigenwerte auf.

Man kann keinen eindeutigen x-Wert für die Lage des Elektrons im Intervall $0 \leq x \leq a$ angeben. Aus (1.36) lassen sich nur Wahrscheinlichkeitsaussagen über den Aufenthalt des Elektrons ableiten. Gemäß Abschnitt 1.1.5 bilden wir die Quadrate der Zustandsfunktionen (1.36) (Bild 1.5). Im Grundzustand befindet sich das Elektron mit der größten Wahrscheinlichkeit in der Mitte des Potenzialkastens. In Richtung der Ränder nimmt die Aufenthaltswahrscheinlichkeit monoton ab. Im ersten angeregten Zustand ist die Aufenthaltswahrscheinlichkeit in der Mitte Null, sie hat Maxima bei $a/4$ und $3a/4$; das weitere ist klar.

Wir fügen einige Bemerkungen zur Verdeutlichung des Begriffs „Aufenthaltswahrscheinlichkeit" an: Für ein einzelnes System „Elektron im Potenzialkasten" (etwa im Grundzustand) wird man bei einer Ortsmessung einen festen x-Wert ($0 < x < a$) für die Lage des Elektrons finden. Dieser Wert kann nicht vorausberechnet werden. Man kann mit Hilfe von $[\psi_1(x)]^2 \, \mathrm{d}x$ lediglich die Wahrscheinlichkeit angeben, das Elektron am Ort x (in einem differenziellen

---

[24] $E_a = \Delta E$ ist eine notwendige, aber keine hinreichende Bedingung für den Übergang. Ob er tatsächlich stattfindet, hängt davon ab, ob er „erlaubt" oder „verboten" ist. Auswahlregeln, die darüber Auskunft geben, werden wir später behandeln.

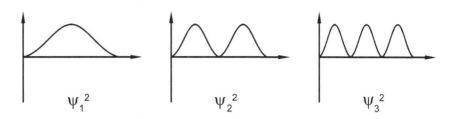

Bild 1.5 Aufenthaltswahrscheinlichkeitsdichte eines Elektrons in einem eindimensionalen Potenzialkasten für die niedrigsten Zustände ($n = 1, 2, 3$).

Längenelement dx) zu finden. Trotzdem ist ein einzelnes Elektron ein Punktteilchen mit
einer definierten Lagekoordinate. Vorstellungen von „verschmierten Elektronen" oder „verschmierten Ladungen" sind irreführend und zu vermeiden. Allerdings ist die Formulierung
üblich, an Orten mit hoher Aufenthaltswahrscheinlichkeitsdichte sei die „Ladungsdichte"
hoch. Dies kann so gerechtfertigt werden: Stellt man sich eine sehr große Anzahl von Systemen „Elektron im Potenzialkasten" vor, so wird man bei einer großen Zahl dieser Systeme
das Elektron in der Mitte finden (da dort im Grundzustand die Aufenthaltswahrscheinlichkeitsdichte am größten ist). Nach den Seiten zu wird man das Elektron seltener finden. In
diesem Sinne erscheint die Verwendung des Begriffs *Ladungsdichte* oder *Elektronendichte*
berechtigt.

1.2.2   Der harmonische Oszillator

Die quantenmechanische Behandlung des *harmonischen Oszillators* ist die Grundlage für
alle Probleme, die mit Molekülschwingungen verknüpft sind, so etwa für die Berechnung
thermodynamischer Größen aus mikroskopischen Daten über die Zustandssumme und für
die gesamte Schwingungsspektroskopie. Das Problem ist exakt lösbar, wir skizzieren diesen
Lösungsweg im folgenden.

Ein „klassischer" Oszillator ist ein Teilchen (etwa ein Massenpunkt), das längs einer geraden Linie unter dem Einfluss einer rückführenden Kraft um eine stabile Gleichgewichtslage
schwingt (Bild 1.6). Willkürlich legen wir die Bewegung auf die x-Achse und die Gleichgewichtslage in $x = 0$. Der Oszillator ist *harmonisch*, wenn die rückführende Kraft K_x
linear von der Auslenkung abhängt: $K_x = -kx$ (k ist eine Proportionalitätskonstante, die

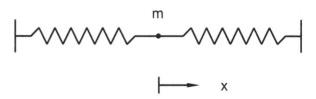

Bild 1.6 Modell für einen klassischen eindimensionalen Oszillator.

Kraftkonstante; das Minuszeichen weist darauf hin, dass die Kraft rückführend ist). Für das Potenzial einer solchen Kraft ergibt sich $V = (k/2)x^2$.[25] Zweckmäßigerweise verwendet man die Form

$$V = \frac{m\omega^2}{2}\, x^2, \tag{1.37}$$

wobei mit $\omega^2 = k/m$ die *Kreisfrequenz* $\omega = 2\pi\nu$ eingeführt wurde.

Für die quantenmechanische Behandlung haben wir zunächst den Hamilton-Operator zu formulieren:

$$\mathbf{H} = -\frac{\hbar^2}{2m}\,\frac{\mathrm{d}^2}{\mathrm{d}x^2} + \frac{m\omega^2}{2}\, x^2. \tag{1.38}$$

Mit (1.38) erhält die Schrödinger-Gleichung die Form

$$-\frac{\hbar^2}{2m}\,\frac{\mathrm{d}^2\psi(x)}{\mathrm{d}x^2} + \frac{m\omega^2}{2}\, x^2\,\psi(x) = E\,\psi(x). \tag{1.39}$$

Diese Differenzialgleichung lässt sich exakt lösen. Zur Vereinfachung wird zunächst

$$\sqrt{\frac{m\omega}{\hbar}}\, x = \xi \quad \text{und} \quad \frac{2E}{\hbar\omega} = \varepsilon \tag{1.40}$$

substituiert. Das ergibt nach etwas Umformung

$$\frac{\mathrm{d}^2\psi(\xi)}{\mathrm{d}\xi^2} + (\varepsilon - \xi^2)\,\psi(\xi) = 0. \tag{1.41}$$

Mit dem Ansatz

$$\psi(\xi) = \mathrm{e}^{-\xi^2/2}\,\varphi(\xi) \tag{1.42}$$

lässt sich (1.41) in eine Differenzialgleichung für $\varphi(\xi)$ umformen:

$$\frac{\mathrm{d}^2\varphi(\xi)}{\mathrm{d}\xi^2} - 2\xi\,\frac{\mathrm{d}\varphi(\xi)}{\mathrm{d}\xi} + (\varepsilon - 1)\,\varphi(\xi) = 0. \tag{1.43}$$

Das ist eine Differenzialgleichung vom Typ

$$\varphi''(\xi) - 2\xi\,\varphi'(\xi) + 2\alpha\,\varphi(\xi) = 0. \tag{1.44}$$

(1.44) ist die in der Mathematik wohlbekannte *Hermitesche Differenzialgleichung*. Lösungen $\varphi(\xi)$, die nach Multiplikation mit $\exp(-\xi^2/2)$ (vgl. (1.42)) im Intervall $-\infty < \xi < \infty$ quadratisch integrierbar sind (d.h. die Randbedingungen (1.22) erfüllen), existieren nur dann, wenn der Parameter α eine nichtnegative ganze Zahl ist, das heißt für (1.43), wenn ε einen der Werte

$$\varepsilon_n = 2n + 1 \qquad (n = 0, 1, 2, \ldots) \tag{1.45}$$

---

[25]Man erhält es als negatives Wegintegral der Kraft; im vorliegenden Fall verifiziert man leicht, dass die Ableitung von V nach x gerade $-K_x$ ergibt.

annimmt. Für jedes solche ε_n existiert eine Lösung $\varphi_n(\xi)$ der Gleichung (1.43). Sie hat die Form

$$\varphi_n(\xi) = H_n(\xi) = (-1)^n \, \mathrm{e}^{\xi^2} \left[\frac{\mathrm{d}^n}{\mathrm{d}\xi^n} \, \mathrm{e}^{-\xi^2} \right] \qquad (n = 0, 1, 2, \ldots). \tag{1.46}$$

$H_n(\xi)$ bezeichnet die *Hermiteschen Polynome*. Sie sind Polynome vom Grad n, d.h., sie haben n Nullstellen. Die Polynome zu den niedrigsten n-Werten sind[26]

$$\begin{aligned} H_0 &= 1, \quad H_1 = 2\xi, \quad H_2 = 4\xi^2 - 2, \\ H_3 &= 8\xi^3 - 12\xi, \quad H_4 = 16\xi^4 - 48\xi^2 + 12, \quad \ldots \end{aligned} \tag{1.47}$$

Man sieht, dass die $H_n(\xi)$ gerade oder ungerade Funktionen sind, je nachdem, ob n gerade oder ungerade ist, d.h., es gilt $H_n(-\xi) = (-1)^n H_n(\xi)$. Wegen (1.42) haben die Lösungsfunktionen von (1.41) nach dem Einfügen eines Normierungsfaktors schließlich die Form

$$\psi_n(\xi) = \sqrt{\frac{1}{2^n n! \sqrt{\pi}}} \, \mathrm{e}^{-\xi^2/2} H_n(\xi) \qquad (n = 0, 1, 2, \ldots). \tag{1.48}$$

Diese Funktionen sind orthogonal zueinander und mit dem eingefügten Normierungsfaktor auch normiert:

$$\int_{-\infty}^{\infty} \psi_n(\xi) \, \psi_m(\xi) \, \mathrm{d}\xi = \delta_{nm}.$$

Die Funktionen (1.48) sind die Energieeigenfunktionen des harmonischen Oszillators.[27] Aus (1.45) ergeben sich mit (1.40) die Energieeigenwerte

$$E_n = \left(n + \frac{1}{2}\right) \hbar\omega = \left(n + \frac{1}{2}\right) h\nu \qquad (n = 0, 1, 2, \ldots) \tag{1.49}$$

(wir erinnern an $\omega = 2\pi\nu$ und $\hbar = h/2\pi$, die Verwendung von $\hbar\omega$ bzw. $h\nu$ ist hier gleichermaßen üblich). Die Menge der Werte (1.49) bildet das diskrete Eigenwertspektrum des harmonischen Oszillators. Nur diese Energiewerte kann ein solcher Oszillator annehmen.

Bild 1.7 zeigt das Energieniveauschema des harmonischen Oszillators. Die Differenz zwischen zwei Eigenwerten ist ein Vielfaches von $\hbar\omega$ bzw. $h\nu$, d.h., nur Vielfache dieses „Energiequants" können aufgenommen oder abgegeben werden. Dies ist die quantenmechanische Ableitung des Sachverhalts, den Planck postuliert hatte (vgl. Abschn. 1.1.2). Zusätzlich zu (1.5) liefert aber die exakte Behandlung, dass sich für den Grundzustand ($n = 0$) der Energiewert

$$E_0 = \frac{1}{2} \hbar\omega = \frac{1}{2} h\nu \tag{1.50}$$

---

[26]Man erhält die Polynome (1.47) sehr leicht aus dem allgemeinen Ausdruck (1.46). Für $n = 0$ entfällt die Ableitung.

[27]Man verzichtet meist auf die Rücksubstitution $\xi \to x$ und bleibt zweckmäßigerweise bei der dimensionslosen Größe ξ.

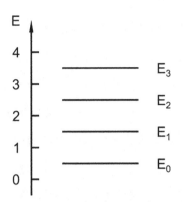

Bild 1.7
Energieniveauschema für einen quantenmechanischen harmonischen Oszillator in Einheiten von $h\nu = \hbar\omega$.

(und nicht etwa Null) ergibt. Man hat also die wichtige Aussage: Auch wenn sich der Oszillator im Grundzustand befindet (im klassischen Sinne „nicht schwingt"), hat seine Schwingungsenergie einen von Null verschiedenen Wert. Dieser Wert (1.50) wird als *Nullpunktsschwingungsenergie* bezeichnet.

Wir betrachten die Eigenfunktionen (1.48) zu den niedrigsten Werten der Quantenzahl n (Bild 1.8). Durch Quadrieren ergeben sich die zugehörigen Aufenthaltswahrscheinlichkeitsdichten. Im Grundzustand (Gaußsche Glockenkurve) ist die Auslenkung des Oszillators mit großer Wahrscheinlichkeit Null. Aber auch im Grundzustand können mit gewisser Wahrscheinlichkeit Auslenkungen $|\xi| > 0$ auftreten (dies ist letztlich die Ursache für die Nullpunktsschwingungsenergie). Im ersten angeregten Zustand liegt die wahrscheinlichste Auslenkung bei $\xi = \pm 1$ (dort liegen die beiden Maxima), $\xi = 0$ kann nicht auftreten. Für höhere Quantenzahlen ergeben sich entsprechende Aussagen. Wesentlich ist, dass für alle Zustände ψ_n die Auslenkung (wenn auch mit schnell sehr klein werdender Wahrscheinlichkeit) bis gegen Unendlich gehen kann.

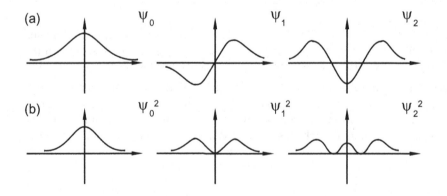

Bild 1.8 Eigenfunktionen (a) des harmonischen Oszillators für $n = 0, 1, 2$ und zugehörige Aufenthaltswahrscheinlichkeitsdichten (b).

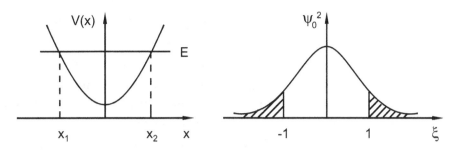

Bild 1.9 Potenzialverlauf und Umkehrpunkte eines klassischen harmonischen Oszillators und Aufenthaltswahrscheinlichkeitsdichte eines quantenmechanischen Oszillators im Grundzustand.

Interessant ist folgender Vergleich zwischen klassischem und quantenmechanischem Oszillator. Bild 1.9 zeigt den Verlauf der potenziellen Energie $V(x)$ für den klassischen Oszillator (vgl. (1.37)). Für die Bewegung gilt der Energieerhaltungssatz $E = T + V = const.$ Da T immer positiv ist ($T = (m/2)v^2 = p^2/2m > 0$), muss bei der Bewegung stets $V \leq E$ bleiben. Daraus ergeben sich die Umkehrpunkte x_1 und x_2. An diesen Punkten gilt $E = V = (m\omega^2/2)x^2$. Ein quantenmechanischer Oszillator im Grundzustand hat die Energie $E = (1/2)\hbar\omega$. Würde man diesen Oszillator als klassischen Oszillator auffassen, so würde also an den Umkehrpunkten $(1/2)\hbar\omega = (m\omega^2/2)x^2$ gelten. Substituiert man x durch ξ gemäß (1.40), so ergibt sich $\xi = \pm 1$. Ein „klassischer" Oszillator der Energie $E = (1/2)\hbar\omega$ hätte also an $\xi = \pm 1$ Umkehrpunkte. Die Aufenthaltswahrscheinlichkeit des quantenmechanischen Oszillators dagegen ist auch außerhalb dieser Punkte von Null verschieden.

1.3   Operatoren und Eigenwertgleichungen

1.3.1   Operatoren

In unserer bisherigen Darstellung blieb offen, warum der Hamilton-Operator gerade die in Abschnitt 1.1.4 angegebene Form hat. Dazu müssen wir uns etwas näher mit dem Operatorbegriff befassen. Für das folgende genügt es zunächst, *Operatoren* als „Rechenvorschriften" aufzufassen, die auf die rechts von ihnen stehende Funktion wirken.[28] Im Ergebnis dieser Wirkung erhält man eine andere (im speziellen Falle auch die gleiche) Funktion. So bedeutet

$$\mathbf{A}\, f(x) = g(x), \tag{1.51}$$

dass bei der Wirkung des Operators $\mathbf{A}$ auf $f(x)$ die Funktion $g(x)$ entsteht. Beispiele für Operatoren sind: die Differenziationsvorschrift $\mathrm{d}/\mathrm{d}x$, die Integrationsvorschrift $\int \mathrm{d}x$, der Wurzelausdruck $\sqrt{\ }$, die Bildung von Potenzen $(\ )^n$, die Multiplikation mit einer Konstanten c oder einer Funktion $h(x)$. Die Multiplikation mit der Konstanten $c = 1$ wird als *Einsoperator* bezeichnet; dabei geht $f(x)$ in $f(x)$ über. Entsprechend wird die Multiplikation mit

---

[28]In Kapitel 2 werden wir ausführlicher auf Operatoren eingehen.

$c = 0$ als *Nulloperator* bezeichnet; dabei wird jede Funktion $f(x)$ in die Funktion $g(x) \equiv 0$ überführt.[29]

In der Quantenmechanik wird jeder *Observablen* (d.h. jeder messbaren Größe) ein Operator zugeordnet. Man geht dabei von den Observablen *Ort* $\vec{r}$ (mit den Komponenten x, y, z) und *Impuls* $\vec{p}$ (mit den Komponenten p_x, p_y, p_z) aus. *Eine* Möglichkeit besteht darin, den Ortskomponenten *multiplikative* und den Impulskomponenten *Differenzialoperatoren* zuzuordnen (*Ortsdarstellung*),[30] etwa für die Komponenten x und p_x:

$$x \rightarrow \mathbf{x} = x \quad \text{und} \quad p_x \rightarrow \mathbf{p}_x = \frac{\hbar}{i}\frac{\partial}{\partial x}. \tag{1.52}$$

Die Wirkung des *Ortsoperators* $\mathbf{x}$ auf eine Funktion f besteht also in einer Multiplikation mit x, die Wirkung des *Impulsoperators* $\mathbf{p}_x$ in der partiellen Ableitung von f nach x und Multiplikation mit der Konstanten $\hbar/i$. Entsprechendes gilt für die anderen Komponenten.

Hat man sich für die Orts- und Impulsoperatoren festgelegt, dann ist alles weitere klar: Die Observablen der klassischen Mechanik lassen sich als Funktionen von Ort und Impuls ausdrücken (vgl. Abschn. 1.1.1). Der gleiche funktionelle Zusammenhang gilt für die Operatoren. So ergibt sich für die kinetische Energie

$$T \rightarrow \mathbf{T} = \frac{\mathbf{p}^2}{2m} = \frac{1}{2m}(\mathbf{p}_x^2 + \mathbf{p}_y^2 + \mathbf{p}_z^2) = -\frac{\hbar^2}{2m}\left(\frac{\partial^2}{\partial x^2} + \frac{\partial^2}{\partial y^2} + \frac{\partial^2}{\partial z^2}\right) = -\frac{\hbar^2}{2m}\Delta$$

(den Laplace-Operator Δ hatten wir bereits in (1.25) eingeführt). Die potenzielle Energie ist im allgemeinen nur eine Funktion der Ortskoordinaten: $V(x, y, z)$. Das bedeutet, dass der Operator der potenziellen Energie lediglich ein multiplikativer Operator ist:

$$V \rightarrow \mathbf{V}(x, y, z) = V(x, y, z).$$

Für die Gesamtenergie, die klassische Hamilton-Funktion $H = T + V$, erhalten wir also den *Hamilton-Operator* $\mathbf{H}$ in der uns aus Abschnitt 1.1.4 bereits bekannten Form:

$$H \rightarrow \mathbf{H} = \mathbf{T} + \mathbf{V} = -\frac{\hbar^2}{2m}\Delta + V(x, y, z).$$

In dieser Form wird er in die Schrödinger-Gleichung eingesetzt (vgl. (1.33) und (1.39)).

Neben der Energie ist der Drehimpuls eine wichtige Observable in der Quantentheorie. Der klassische Drehimpuls ist ebenfalls eine Funktion von Ort und Impuls: $\vec{l} = \vec{r} \times \vec{p}$. Für die Komponenten gilt: $l_x = yp_z - zp_y$, $l_y = zp_x - xp_z$ und $l_z = xp_y - yp_x$. Damit erhält man

$$
\begin{aligned}
l_x &\rightarrow \mathbf{l}_x = \mathbf{y}\mathbf{p}_z - \mathbf{z}\mathbf{p}_y = \frac{\hbar}{i}\left(y\frac{\partial}{\partial z} - z\frac{\partial}{\partial y}\right), \\
l_y &\rightarrow \mathbf{l}_y = \mathbf{z}\mathbf{p}_x - \mathbf{x}\mathbf{p}_z = \frac{\hbar}{i}\left(z\frac{\partial}{\partial x} - x\frac{\partial}{\partial z}\right), \\
l_z &\rightarrow \mathbf{l}_z = \mathbf{x}\mathbf{p}_y - \mathbf{y}\mathbf{p}_x = \frac{\hbar}{i}\left(x\frac{\partial}{\partial y} - y\frac{\partial}{\partial x}\right).
\end{aligned}
\tag{1.53}
$$

---

[29]Dies ist nur *eine* Möglichkeit, den Eins- bzw. den Nulloperator zu definieren.
[30]Es gibt auch andere Möglichkeiten; wir kommen darauf in Abschnitt 2.1.7 zurück.

Sehr wichtig ist der Übergang von kartesischen zu Kugelkoordinaten gemäß

$$x = r \sin \vartheta \cos \varphi, \quad y = r \sin \vartheta \sin \varphi, \quad z = r \cos \vartheta,$$
$$\mathrm{d}\vec{r} = r^2 \, \mathrm{d}r \, \sin \vartheta \, \mathrm{d}\vartheta \, \mathrm{d}\varphi, \tag{1.54}$$

da man atomare Probleme zweckmäßig in Kugelkoordinaten behandelt. Ohne Beweis geben wir an:

$$\mathbf{l}_x = \frac{\hbar}{i} \left(- \sin \varphi \frac{\partial}{\partial \vartheta} - \cot \vartheta \, \cos \varphi \frac{\partial}{\partial \varphi} \right),$$
$$\mathbf{l}_y = \frac{\hbar}{i} \left(\cos \varphi \frac{\partial}{\partial \vartheta} - \cot \vartheta \, \sin \varphi \frac{\partial}{\partial \varphi} \right), \tag{1.55}$$
$$\mathbf{l}_z = \frac{\hbar}{i} \frac{\partial}{\partial \varphi}.$$

Von Bedeutung ist auch der Operator $\mathbf{l}^2$ des Quadrats des Drehimpulses. Für ihn gilt

$$\mathbf{l}^2 = \mathbf{l}_x^2 + \mathbf{l}_y^2 + \mathbf{l}_z^2 = -\hbar^2 \left(\frac{1}{\sin \vartheta} \frac{\partial}{\partial \vartheta} (\sin \vartheta \frac{\partial}{\partial \vartheta}) + \frac{1}{\sin^2 \vartheta} \frac{\partial^2}{\partial \varphi^2} \right). \tag{1.56}$$

Energie- und Drehimpulsoperatoren sind ohne Zweifel die wichtigsten Operatoren für die Quantentheorie atomarer und molekularer Systeme.

1.3.2 Eigenwertgleichungen

Für jeden quantenmechanischen Operator $\mathbf{A}$ lässt sich eine *Eigenwertgleichung* formulieren:

$$\mathbf{A}\psi = a\psi. \tag{1.57}$$

Vorgegeben ist im allgemeinen der Operator $\mathbf{A}$, gesucht sind die Zahlenwerte a und die Funktionen ψ. Wenn wir in der Ortsdarstellung arbeiten, ist $\mathbf{A}$ ein Differenzialoperator, der Ableitungen nach den Ortskoordinaten enthält, d.h., (1.57) ist eine Differenzialgleichung.[31] Die konkrete Gestalt der Orts-, Impuls-, Drehimpuls- und Energieoperatoren haben wir im vorigen Abschnitt angegeben. Die Lösungsfunktionen in (1.57) sind Funktionen der Ortskoordinaten. Werden an diese Lösungsfunktionen *Randbedingungen* gestellt, so ist die Eigenwertgleichung (1.57) im allgemeinen nur noch für spezielle Werte des „Parameters" a lösbar. Diese speziellen Werte von a heißen *Eigenwerte*, die zugehörigen Lösungsfunktionen ψ *Eigenfunktionen* des Operators $\mathbf{A}$. Oft gehört zu einem Eigenwert a nicht nur *eine* Eigenfunktion ψ. Gehören zu einem Eigenwert mehrere, etwa k verschiedene Eigenfunktionen, so spricht man von *k-facher Entartung*.

Wesentlich für die Quantentheorie ist die Tatsache, dass eine physikalische Observable nur diejenigen Werte als *Messwerte* haben kann, die sich als Eigenwerte der zugehörigen Eigenwertgleichung ergeben. Andere Messwerte sind für diese Observable nicht möglich.

Wichtigster Fall einer Eigenwertgleichung vom Typ (1.57) ist die zeitunabhängige Schrödinger-Gleichung $\mathbf{H}\psi = E\psi$. Sie liefert die Eigenwerte, d.h. die möglichen Messwerte, für

---

[31]Multiplikationen mit Ortsfunktionen lassen sich als „Ableitungen 0-ter Ordnung" mit einschließen.

die Energie und die zugehörigen Eigenfunktionen. Erste Beispiele für ihre Lösung haben wir in Abschnitt 1.2 behandelt, weitere Fälle folgen. Insbesondere für die Behandlung atomarer Probleme sind auch Drehimpulseigenwertgleichungen von großer Bedeutung. Wir werden sie in den nächsten beiden Abschnitten behandeln.

Bei der Schrödinger-Gleichung für gebundene Systeme (etwa für die „Bewegung" der Elektronen in Atomen und Molekülen) und bei den Drehimpulseigenwertgleichungen sollen die Lösungsfunktionen die Randbedingungen (1.22) erfüllen. Dann treten nur diskrete Eigenwerte auf, man spricht von einem *diskreten Eigenwertspektrum*. Bei der Schrödinger-Gleichung für freie Elektronen oder für Elektronen in periodischen Potenzialen (etwa in Festkörpern, Abschn. 3.4) sowie bei den Orts- und Impulseigenwertproblemen (Abschn. 2.2.3) lassen sich nicht alle Randbedingungen (1.22) erfüllen. Es treten spezielle Besonderheiten auf, mit denen wir uns zunächst nicht näher beschäftigen wollen. In diesen Fällen erhält man ein *kontinuierliches Eigenwertspektrum*, d.h., es sind – gegebenenfalls innerhalb gewisser Grenzen – alle Messwerte möglich. Im allgemeinsten Fall schließlich, wenn etwa bei der Elektronenbewegung gebundene und freie Zustände auftreten können,[32] hat man ein *gemischtes Eigenwertspektrum*.

1.3.3   Das Eigenwertproblem für l_z

Die Lösung des *Drehimpulseigenwertproblems* ist eine notwendige Voraussetzung für die Behandlung atomarer Systeme. So unterscheiden sich die Elektronen innerhalb einer Schale gerade in ihren Drehimpulseigenschaften. Zunächst lösen wir die Eigenwertgleichung für eine *Komponente des Drehimpulsvektors*, d.h. für die Projektion des Drehimpulses auf eine vorgegebene Achse. Willkürlich wählen wir die z-Komponente, in Kugelkoordinaten hat der Operator l_z die in (1.55) angegebene einfache Form. Die Eigenwertgleichung (1.57) wird damit zu

$$\frac{\hbar}{i}\frac{\partial}{\partial\varphi}\psi(\varphi) = a\,\psi(\varphi). \tag{1.58}$$

Die Lösung dieser Differenzialgleichung ist

$$\psi(\varphi) = N\,e^{(i/\hbar)a\varphi}, \tag{1.59}$$

wie man durch Einsetzen leicht überprüft. N ist dabei ein beliebiger Faktor. (1.59) ist Lösung von (1.58) für alle Werte des Parameters a. Die Funktionen (1.59) sollen die Randbedingungen (1.22) erfüllen. Die Forderung nach Eindeutigkeit wird die Vielfalt der Lösungen einschränken. $\psi(\varphi)$ ist nur dann eine eindeutige Funktion von φ, wenn $\psi(\varphi)$ mit $\psi(\varphi + 2\pi)$ übereinstimmt:

$$N\,e^{(i/\hbar)a\varphi} = N\,e^{(i/\hbar)a(\varphi+2\pi)},$$

d.h. für

$$1 = e^{(i/\hbar)2\pi a}.$$

---

[32] Ein solcher Fall liegt etwa bei der Untersuchung von Ionisationsprozessen vor.

Dies ist nur dann erfüllt, wenn der Exponent der Exponentialfunktion ein ganzzahliges Vielfaches von $2\pi i$ ist:

$$\frac{i}{\hbar} 2\pi a = 2\pi i m \qquad (m = 0, \pm 1, \pm 2, \ldots).$$

Wir lösen nach a auf und führen einen Zählindex m ein:

$$a_m = m\hbar \qquad (m = 0, \pm 1, \pm 2, \ldots). \tag{1.60}$$

Als Eigenwerte von $\mathbf{l}_z$ erhält man also alle ganzzahligen Vielfachen von $\hbar$. Nur diese Werte können als Projektion des Drehimpulses auf die z-Achse auftreten. Die zugehörigen Eigenfunktionen ergeben sich durch Einsetzen von (1.60) in (1.59):

$$\psi_m(\varphi) = N_m \, e^{im\varphi} \qquad (m = 0, \pm 1, \pm 2, \ldots). \tag{1.61}$$

Wir zeigen, dass die Eigenfunktionen (1.61) zueinander orthogonal und mit dem für alle Funktionen gleichen Faktor $N_m = N = \sqrt{1/2\pi}$ normiert sind. Da die Funktionen

$$\psi_m(\varphi) = \frac{1}{\sqrt{2\pi}} \, e^{im\varphi} \qquad (m = 0, \pm 1, \pm 2, \ldots) \tag{1.62}$$

komplexwertig sind, hat man anstelle von (1.20) die allgemeinere *Orthonormierungsrelation*

$$\int_0^{2\pi} \psi_n^*(\varphi) \, \psi_m(\varphi) \, d\varphi = \delta_{nm} \tag{1.63}$$

zu betrachten, wobei $\psi^*(\varphi)$ die zu $\psi(\varphi)$ konjugiert komplexe Funktion bezeichnet.[33] Für $n \neq m$ gilt

$$N^2 \int_0^{2\pi} e^{-in\varphi} \, e^{im\varphi} \, d\varphi = \frac{N^2}{i(m-n)} \left(e^{i(m-n)2\pi} - e^0 \right) = 0,$$

wegen $\exp[i(m-n)2\pi] = \cos(m-n)2\pi + i\sin(m-n)2\pi = 1$. Für $n = m$ ergibt sich

$$\frac{1}{2\pi} \int_0^{2\pi} e^{-im\varphi} \, e^{im\varphi} \, d\varphi = \frac{1}{2\pi} \int_0^{2\pi} d\varphi = 1;$$

so wurde der Normierungsfaktor gewählt.

Abschließend setzen wir die Eigenwerte (1.60) und die Eigenfunktionen (1.62) in (1.57) ein. Die Eigenwertgleichung (1.58) für $\mathbf{l}_z$ nimmt damit die Form

$$\mathbf{l}_z \frac{1}{\sqrt{2\pi}} e^{im\varphi} = m\hbar \frac{1}{\sqrt{2\pi}} e^{im\varphi} \tag{1.64}$$

an.

---

[33]Für reellwertige Funktionen gilt $\psi^*(\varphi) = \psi(\varphi)$, und (1.63) geht in (1.20) über.

1.3.4   Das Eigenwertproblem für l^2

Neben den möglichen Messwerten für die Projektion des Drehimpulses auf eine vorgegebene Achse fragen wir nach denen für seinen Betrag. Dazu betrachten wir das Eigenwertproblem für den Operator l^2. Die Wurzel aus dessen Eigenwerten liefert die möglichen Messwerte für den *Betrag des Drehimpulses.*

Für die Eigenwertgleichung des Operators l^2 schreiben wir ganz allgemein

$$l^2\,\psi(\vartheta,\varphi) = a\,\psi(\vartheta,\varphi). \tag{1.65}$$

Die Form des Operators kann (1.56) entnommen werden. Da er Ableitungen nach ϑ und φ enthält, ist (1.65) eine partielle Differenzialgleichung, und die Eigenfunktionen sind abhängig von ϑ und φ. Das Eigenwertproblem (1.65) ist exakt lösbar. Den Lösungsalgorithmus geben wir aber nicht im einzelnen an, er führt auf eine *Legendresche Differenzialgleichung,* deren Eigenschaften wir aus der Mathematik übernehmen. Lösungsfunktionen von (1.65), die die Randbedingungen (1.22) erfüllen, existieren nur dann, wenn der Parameter a die Werte

$$a_l = l(l+1)\,\hbar^2 \qquad (l = 0,1,2,\ldots) \tag{1.66}$$

annimmt. Die Werte (1.66) sind also die Eigenwerte des Operators l^2. Folglich können nur die Werte $0, \sqrt{2}\,\hbar, \sqrt{6}\,\hbar, \sqrt{12}\,\hbar, \ldots$ als Messwerte für den Betrag des Drehimpulses erhalten werden.

Die zu den Eigenwerten (1.66) gehörenden Eigenfunktionen $\psi(\vartheta,\varphi)$ haben die Form

$$Y_l^m(\vartheta,\varphi) = N_l^m\,P_l^m(\cos\vartheta)\,\mathrm{e}^{im\varphi} \qquad (l = 0,1,2,3,\ldots) \tag{1.67}$$
$$(m = -l, -l+1, \ldots, l).$$

Sie heißen *Kugelflächenfunktionen,* da sie auf der Oberfläche einer Kugel vom Radius 1 (*Einheitskugel*) definiert sind: $0 \le \vartheta \le \pi$, $0 \le \varphi \le 2\pi$. In (1.67) ist N_l^m der Normierungsfaktor

$$N_l^m = \sqrt{\frac{2l+1}{4\pi}\,\frac{(l-|m|)\,!}{(l+|m|)\,!}}. \tag{1.68}$$

Die P_l^m heißen *zugeordnete Legendresche Polynome,* sie sind definiert durch

$$P_l^m(x) = \frac{(-1)^{l+|m|}}{2^l\,l!}\,(1-x^2)^{|m|/2}\,\frac{\mathrm{d}^{l+|m|}}{\mathrm{d}x^{l+|m|}}\,(1-x^2)^l; $$

das sind Polynome l-ten Grades in x mit dem Definitionsbereich $-1 \le x \le 1$. In unserem Fall haben wir

$$P_l^m(\cos\vartheta) = \frac{(-1)^{l+|m|}}{2^l\,l!}\,\sin^{|m|}\vartheta\,\frac{\mathrm{d}^{l+|m|}}{\mathrm{d}(\cos\vartheta)^{l+|m|}}\,\sin^{2l}\vartheta. \tag{1.69}$$

ϑ nimmt in (1.69) die Werte $0 \le \vartheta \le \pi$ an. In Tabelle 1.1 geben wir die Funktionen $Y_l^m(\vartheta,\varphi)$ für $l \le 2$ an.

Tab. 1.1 Komplexe Kugelflächenfunktionen $Y_l^m(\vartheta, \varphi)$ für $l \leq 2$ in Kugelkoordinaten und in kartesischen Koordinaten

$$Y_0^0 = \sqrt{\frac{1}{4\pi}}$$

$$Y_1^0 = \sqrt{\frac{3}{4\pi}} \cos \vartheta \qquad = \sqrt{\frac{3}{4\pi}} \frac{z}{r}$$

$$Y_1^{\pm 1} = -\sqrt{\frac{3}{8\pi}} \sin \vartheta \, e^{\pm i\varphi} \qquad = -\sqrt{\frac{3}{8\pi}} \frac{x \pm iy}{r}$$

$$Y_2^0 = \sqrt{\frac{5}{4\pi}} \frac{1}{2} (3\cos^2 \vartheta - 1) \qquad = \sqrt{\frac{5}{4\pi}} \frac{1}{2} \frac{3z^2 - r^2}{r^2}$$

$$Y_2^{\pm 1} = -\sqrt{\frac{15}{8\pi}} \sin \vartheta \, \cos \vartheta \, e^{\pm i\varphi} \qquad = -\sqrt{\frac{15}{8\pi}} \frac{z(x \pm iy)}{r^2}$$

$$Y_2^{\pm 2} = \sqrt{\frac{15}{8\pi}} \frac{1}{2} \sin^2 \vartheta \, e^{\pm 2i\varphi} \qquad = \sqrt{\frac{15}{8\pi}} \frac{1}{2} \frac{(x \pm iy)^2}{r^2}$$

Die Kugelflächenfunktionen (1.67) sind (wegen des Faktors $e^{im\varphi}$) komplexwertige Funktionen. Sie sind zueinander orthogonal und mit dem Faktor (1.68) normiert:

$$\int\limits_0^{2\pi} \int\limits_0^{\pi} Y_l^{m*}(\vartheta, \varphi) \, Y_{l'}^{m'}(\vartheta, \varphi) \, \sin \vartheta \, \mathrm{d}\vartheta \, \mathrm{d}\varphi = \delta_{l\,l'} \, \delta_{mm'}. \tag{1.70}$$

Als Integrationselement hat man $\sin \vartheta \, \mathrm{d}\vartheta \, \mathrm{d}\varphi$ zu setzen, das Flächenelement auf der Oberfläche der Einheitskugel (bzw. den Winkelanteil des Volumenelements $\mathrm{d}\vec{r}$ in Kugelkoordinaten, s. (1.54)).

Wir weisen darauf hin, dass zu einem Eigenwert (1.66) mehrere Eigenfunktionen (1.67) gehören, die sich durch die Quantenzahl m unterscheiden. m kann für ein vorgegebenes l alle Werte in Schritten von 1 zwischen $-l$ und $+l$ annehmen, das sind $2l + 1$ verschiedene m-Werte. Es liegt $(2l + 1)$-fache Entartung vor.

Die Kugelflächenfunktionen sind also die Eigenfunktionen des Operators l^2, d.h., (1.65) lässt sich mit (1.66) und (1.67) als

$$\mathrm{l}^2 \, Y_l^m(\vartheta, \varphi) = l(l + 1) \, \hbar^2 \, Y_l^m(\vartheta, \varphi) \tag{1.71}$$

schreiben. Sie sind aber auch Eigenfunktionen des Operators l_z, da der Faktor $P_l^m(\cos \vartheta)$ für den Operator l_z (vgl. (1.64)) nur eine Konstante ist:

$$\begin{aligned} \mathrm{l}_z \, Y_l^m(\vartheta, \varphi) &= N_l^m \, P_l^m(\cos \vartheta) \, \mathrm{l}_z \, e^{im\varphi} = N_l^m \, P_l^m(\cos \vartheta) \, m\hbar \, e^{im\varphi} \\ &= m\hbar \, Y_l^m(\vartheta, \varphi), \end{aligned}$$

d.h., man hat kurz

$$\mathrm{l}_z \, Y_l^m(\vartheta, \varphi) = m\hbar \, Y_l^m(\vartheta, \varphi). \tag{1.72}$$

Die Quantisierung des Drehimpulses lässt sich grafisch veranschaulichen. Die „Länge" des Drehimpulsvektors kann nur die Werte $0, \sqrt{2}\,\hbar, \sqrt{6}\,\hbar, \ldots$ annehmen, und er hat nach dem

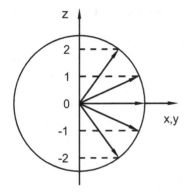

Bild 1.10
Richtungsquantisierung des Drehimpulses zur Quantenzahl
$l = 2$ (Ordinatenwerte in Einheiten von $\hbar$).

vorigen Abschnitt nur diskrete Orientierungsmöglichkeiten im Raum, denn seine Projektion auf eine beliebige Achse, etwa die z-Achse, kann nur ganzzahlige Vielfache von $\hbar$ betragen: $m\hbar$ mit $\mid m \mid \leq l$. Man spricht von „Richtungsquantisierung" des Drehimpulses. Der Sachverhalt ist in Bild 1.10 für $l = 2$ dargestellt. Wir bemerken, dass sich der Vektor $\vec{l}$ nicht „genau", sondern nur „annähernd" parallel bzw. antiparallel zu einer vorgegebenen Richtung einstellen kann. Ursache dafür ist, dass die „Länge" des Vektors $\sqrt{l(l+1)}\,\hbar$ und nicht etwa $l\,\hbar$ ist.

1.3.5 Der starre Rotator

Die quantenmechanische Behandlung des *starren Rotators* ist zum einen wesentliche Voraussetzung für die Behandlung aller atomaren Probleme, zum anderen ist sie die theoretische Grundlage der Rotationsspektroskopie. Das Problem ist exakt lösbar, wir skizzieren den Lösungsweg.

Ein "klassischer" starrer Rotator ist ein Teilchen der Masse m (etwa ein Massenpunkt), das sich im festen Abstand a („an einer masselosen Stange") um einen ortsfesten Punkt bewegen kann (Bild 1.11). Die Bewegung erfolgt also auf der Oberfläche einer Kugel mit dem Radius a. Zweckmäßig ist deshalb die Verwendung von Kugelkoordinaten. Wir legen den festen Punkt in den Koordinatenursprung und setzen das auf der Kugeloberfläche ($r = a = const.$) konstante Potenzial willkürlich Null:

$$V(a, \vartheta, \varphi) = 0. \tag{1.73}$$

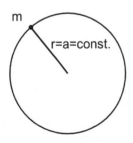

Bild 1.11
Modell für einen klassischen starren Rotator.

Wegen (1.73) gilt für den Hamilton-Operator also $\mathbf{H} = \mathbf{T}$, und in der Schrödinger-Gleichung $\mathbf{H}\psi = E\psi$ sind die gesuchten Energieeigenfunktionen ψ nur abhängig von ϑ und φ (wegen $r = a = const.$). Das vereinfacht die allgemeine Gleichung

$$-\frac{\hbar^2}{2m}\Delta\,\psi(\vartheta,\varphi) = E\,\psi(\vartheta,\varphi). \tag{1.74}$$

Wir gehen vom *Laplace-Operator* in Kugelkoordinaten aus:

$$\Delta = \frac{1}{r^2}\frac{\partial}{\partial r}\left(r^2\frac{\partial}{\partial r}\right) + \frac{1}{r^2\sin\vartheta}\frac{\partial}{\partial\vartheta}\left(\sin\vartheta\frac{\partial}{\partial\vartheta}\right) + \frac{1}{r^2\sin^2\vartheta}\frac{\partial^2}{\partial\varphi^2}. \tag{1.75}$$

Der Winkelanteil dieses Operators kann mit dem Operator $\mathbf{l}^2$ des Drehimpulsquadrats ausgedrückt werden. Setzt man (1.56) ein, dann lässt sich (1.75) als

$$\Delta = \frac{1}{r^2}\frac{\partial}{\partial r}\left(r^2\frac{\partial}{\partial r}\right) - \frac{\mathbf{l}^2}{r^2\hbar^2} \tag{1.76}$$

schreiben. (1.75) bzw. (1.76) sind zunächst noch für variables r formuliert. Für den starren Rotator wird (1.76) wegen $r = a = const.$ zu

$$\Delta = -\frac{\mathbf{l}^2}{a^2\hbar^2}. \tag{1.77}$$

Mit dem Ausdruck (1.77) für den Laplace-Operator erhält die Schrödinger-Gleichung (1.74) die Form

$$\frac{\mathbf{l}^2}{2ma^2}\,\psi(\vartheta,\varphi) = E\psi(\vartheta,\varphi). \tag{1.78}$$

Lässt man links nur $\mathbf{l}^2\,\psi$ stehen, so wird aus (1.78)

$$\mathbf{l}^2\,\psi(\vartheta,\varphi) = 2ma^2E\,\psi(\vartheta,\varphi). \tag{1.79}$$

Die Schrödinger-Gleichung für den starren Rotator ist damit auf die Eigenwertgleichung (1.71) für den Operator $\mathbf{l}^2$ zurückgeführt worden, und wir können die in Abschnitt 1.3.4 angegebenen Resultate übernehmen. Lösungsfunktionen ψ von (1.79), die die Randbedingungen (1.22) erfüllen, existieren nur dann, wenn der „Parameter" $2ma^2E$ die Werte $l(l+1)\,\hbar^2$ mit $l = 0, 1, 2, \ldots$ annimmt:

$$2ma^2E = l(l+1)\,\hbar^2 \qquad (l = 0, 1, 2, \ldots).$$

Für die Energieeigenwerte ergibt sich daraus

$$E_l = \frac{\hbar^2}{2ma^2}\,l(l+1) \qquad (l = 0, 1, 2, \ldots). \tag{1.80}$$

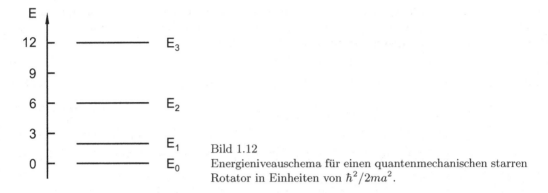

Bild 1.12
Energieniveauschema für einen quantenmechanischen starren
Rotator in Einheiten von $\hbar^2/2ma^2$.

Die Energieeigenwerte des starren Rotators bilden also ein diskretes Eigenwertspektrum. Energieeigenfunktionen sind die Kugelflächenfunktionen $Y_l^m(\vartheta, \varphi)$, so dass die Schrödinger-Gleichung in folgender Weise erfüllt wird:

$$\mathbf{H}\, Y_l^m(\vartheta, \varphi) = \frac{\hbar^2}{2ma^2}\, l(l+1)\, Y_l^m(\vartheta, \varphi).$$

In Bild 1.12 ist das Energieniveauschema dargestellt. Die Eigenwerte sind $(2l+1)$-fach entartet. Für den Rotationsgrundzustand Y_0^0 gilt $E_0 = 0$ (d.h., es existiert keine „Nullpunktsenergie" wie beim harmonischen Oszillator, vgl. Abschn. 1.2.2). Für $a \to \infty$ gehen die Differenzen zwischen den Energieeigenwerten (1.80) gegen Null, d.h., das diskrete Eigenwertspektrum geht in ein kontinuierliches über. Dies entspricht dem Fall des freien, nicht mehr gebundenen Teilchens. Man vergleiche hierzu den analogen Sachverhalt für das Elektron im Potenzialkasten (s. Abschn. 1.2.1). In diesem Sinne ist die Kugeloberfläche ein zweidimensionaler Potenzialkasten, das Teilchen kann sich nur auf dieser Fläche aufhalten.

1.4   Einelektronenatome

1.4.1   Das Zentralfeldproblem

Die Schrödinger-Gleichung für ein einzelnes Elektron im Feld eines als punktförmig angenommenen Atomkerns ist geschlossen lösbar. Zur Behandlung des Problems betrachten wir zunächst die Bewegung eines Teilchens, das sich in alle Raumrichtungen bewegen kann und dessen – nicht näher spezifizierte – potenzielle Energie nur vom Abstand r von einem festen Zentrum (etwa dem Koordinatenursprung) abhängt, nicht aber von der Raumrichtung (d.h. nicht von den Winkelkoordinaten ϑ und φ):

$$V = V(r). \tag{1.81}$$

Hat die potenzielle Energie für die Bewegung eines Teilchens die Form (1.81), so sagt man, das Teilchen bewegt sich in einem *Zentralfeld*. Für eine solche Bewegung hat also die Schrödinger-Gleichung die Form

$$\left[-\frac{\hbar^2}{2m} \Delta + V(r) \right] \psi(r, \vartheta, \varphi) = E \, \psi(r, \vartheta, \varphi). \tag{1.82}$$

Der Laplace-Operator Δ ist in der Form (1.75) bzw. (1.76) einzusetzen. (1.82) ist damit eine partielle Differenzialgleichung. Sie lässt sich separieren, d.h. in zwei gewöhnliche Differenzialgleichungen zerlegen. Wir erläutern dieses Vorgehen etwas ausführlicher. Man macht zunächst für die gesuchten Funktionen $\psi(r, \vartheta, \varphi)$ einen *Separationsansatz*:

$$\psi(r, \vartheta, \varphi) = R(r) \, W(\vartheta, \varphi), \tag{1.83}$$

d.h., die Lösung wird als Produkt einer Radialfunktion $R(r)$ und einer Winkelfunktion $W(\vartheta, \varphi)$ gesucht. Wir setzen Δ in der Form (1.76) sowie den Ansatz (1.83) in (1.82) ein. Das ergibt nach etwas Umformung und Multiplikation mit $(-2mr^2)$

$$(-2mr^2) \left[-\frac{\hbar^2}{2m} \frac{1}{r^2} \frac{\partial}{\partial r} \left(r^2 \frac{\partial}{\partial r} \right) + V(r) - E \right] R(r) \, W(\vartheta, \varphi)$$
$$= \mathbf{l}^2 R(r) \, W(\vartheta, \varphi). \tag{1.84}$$

Da der Operator auf der linken Seite keine Winkelkoordinaten enthält, ist die Funktion $W(\vartheta, \varphi)$ für diesen Operator eine Konstante, sie kann vor den Operator gezogen werden. Rechts wirkt $\mathbf{l}^2$ nicht auf $R(r)$, $R(r)$ kann vor den Operator $\mathbf{l}^2$ gezogen werden. Dividiert man nun (1.84) durch das Produkt $R(r) \, W(\vartheta, \varphi)$, so fällt links $W(\vartheta, \varphi)$ und rechts $R(r)$ weg. Es bleibt

$$\frac{(-2mr^2)[\ldots] R(r)}{R(r)} = \frac{\mathbf{l}^2 \, W(\vartheta, \varphi)}{W(\vartheta, \varphi)}. \tag{1.85}$$

Damit haben wir die Variablen separiert: links ist nur noch r, rechts sind nur noch ϑ und φ vorhanden. Die linke Seite soll also für beliebiges r gleich einem Ausdruck sein, der r gar nicht enthält. Die rechte Seite soll ihrerseits für beliebige ϑ und φ gleich einem Ausdruck sein, der ϑ und φ nicht enthält. Beide Seiten der Gleichung (1.85) müssen daher gleich einer (gemeinsamen) Konstanten sein, wir bezeichnen diese Konstante mit c. Damit zerfällt (1.85) in zwei einzelne Differenzialgleichungen. Wir betrachten zunächst die rechte Seite von (1.85). Es gilt also $\mathbf{l}^2 \, W(\vartheta, \varphi)/W(\vartheta, \varphi) = c$. Wir schreiben dies als

$$\mathbf{l}^2 \, W(\vartheta, \varphi) = c \, W(\vartheta, \varphi). \tag{1.86}$$

In (1.86) erkennen wir die Eigenwertgleichung für den Operator des Drehimpulsquadrats, die uns aus den Abschnitten 1.3.4 und 1.3.5 bereits bekannt ist. Als gesuchte Separationskonstanten c ergeben sich also die Eigenwerte von $\mathbf{l}^2$:

$$c_l = l(l + 1) \hbar^2 \qquad (l = 0, 1, 2, \ldots). \tag{1.87}$$

Für die gesuchten Winkelfunktionen im Separationsansatz (1.83) ergeben sich wegen (1.71) die Kugelflächenfunktionen $Y_l^m(\vartheta, \varphi)$.

Die linke Seite von (1.85) ist gleich den Konstanten (1.87). Wir multiplizieren mit $R(r)$ durch und erhalten die radiale Differenzialgleichung

$$(-2mr^2)\left[-\frac{\hbar^2}{2m}\frac{1}{r^2}\frac{\partial}{\partial r}\left(r^2\frac{\partial}{\partial r}\right)+V(r)-E\right]R(r)=l(l+1)\,\hbar^2\,R(r),$$

die man auch als

$$\left[-\frac{\hbar^2}{2m}\frac{1}{r^2}\frac{\partial}{\partial r}\left(r^2\frac{\partial}{\partial r}\right)+V(r)+\frac{l(l+1)\,\hbar^2}{2mr^2}\right]R(r)=E\,R(r) \qquad (1.88)$$

schreiben kann. (1.88) hat die Form einer Eigenwertgleichung (für den links von R(r) stehenden Operator). Ihre Lösung liefert die Energieeigenwerte E und die Radialanteile $R(r)$ für die gesuchten Energieeigenfunktionen (1.83).

Die Differenzialgleichung (1.88) lässt sich für beliebiges $V(r)$, d.h. für beliebige Zentralfelder, nicht analytisch geschlossen lösen. Im nächsten Abschnitt betrachten wir das spezielle Zentralfeld, für das dies möglich ist.

1.4.2   Das Coulomb-Potenzial

Beim Wasserstoffatom bewegt sich ein Elektron im Feld eines Protons. Das Elektron ist ein geladenes Punktteilchen mit der Masse m_e und der Ladung $-e$. Auch das Proton wird in der „gewöhnlichen" Quantenmechanik als Punktladung (Ladung $+e$) angesehen.[34] Das elektrostatische Potenzial einer solchen Punktladung ist e/r. Das *Punktladungspotenzial* wird auch als *Coulomb-Potenzial* bezeichnet. Ein Elektron, das sich in diesem Potenzial bewegt, hat die potenzielle Energie

$$V(r)=-\frac{e^2}{r}. \qquad (1.89)$$

Für das spezielle Zentralfeld (1.89) lässt sich die Radialgleichung (1.88) auf eine *Laguerresche Differenzialgleichung* zurückführen. Diese Gleichung lässt sich analytisch geschlossen lösen, mit Lösungsfunktionen, die die Bedingungen (1.22) erfüllen. Dies ist aber nur dann der Fall, wenn E einen der Werte

$$E_n=-\frac{m_e e^4}{2\hbar^2}\frac{1}{n^2} \qquad (n=1,2,3,\ldots) \qquad (1.90)$$

annimmt. Die Werte (1.90) bilden das diskrete Eigenwertspektrum des Wasserstoffatoms. Nur diese Energiewerte kann das Atom annehmen.

Die zu (1.90) gehörenden Lösungsfunktionen der Radialgleichung (1.88) haben die Form

$$R_{nl}(r)=N_{nl}\,L_{n+l}^{2l+1}(\varrho)\,\varrho^l\,\mathrm{e}^{-\varrho/2} \qquad (n=1,2,3,\ldots) \qquad (1.91)$$
$$(l=0,1,2,\ldots,n-1).$$

---

[34]Wir nehmen vereinfachend an, dass das Proton fest im Koordinatenursprung verankert ist. Korrekterweise erfolgt die Bewegung von Elektron und Proton um den gemeinsamen Massenschwerpunkt. Man hätte in allen folgenden Formeln die Elektronenmasse m_e durch die *reduzierte Masse* $\mu=m_e m_p/(m_e+m_p)$ aus Elektronenmasse m_e und Protonenmasse m_p zu ersetzen. Qualitativ ergibt das keinen Unterschied, da wegen $m_p\approx 1836 m_e$ in guter Näherung $\mu\approx m_e$ gilt.

Tab. 1.2 Radialanteile $R_{nl}(r)$ der Wasserstoffeigenfunktionen für $n \leq 3$

$$R_{10} = \sqrt{\frac{1}{a_0^3}}\, 2\, \mathrm{e}^{-\frac{r}{a_0}} \qquad\qquad 1s$$

$$R_{20} = \sqrt{\frac{1}{a_0^3}}\, \frac{1}{2\sqrt{2}}\left(2 - \frac{r}{a_0}\right) \mathrm{e}^{-\frac{1}{2}\frac{r}{a_0}} \qquad\qquad 2s$$

$$R_{21} = \sqrt{\frac{1}{a_0^3}}\, \frac{1}{2\sqrt{6}}\, \frac{r}{a_0}\, \mathrm{e}^{-\frac{1}{2}\frac{r}{a_0}} \qquad\qquad 2p$$

$$R_{30} = \sqrt{\frac{1}{a_0^3}}\, \frac{2}{81\sqrt{3}}\left(27 - 18\frac{r}{a_0} + 2\frac{r^2}{a_0^2}\right) \mathrm{e}^{-\frac{1}{3}\frac{r}{a_0}} \qquad\qquad 3s$$

$$R_{31} = \sqrt{\frac{1}{a_0^3}}\, \frac{4}{81\sqrt{6}}\left(6\frac{r}{a_0} - \frac{r^2}{a_0^2}\right) \mathrm{e}^{-\frac{1}{3}\frac{r}{a_0}} \qquad\qquad 3p$$

$$R_{32} = \sqrt{\frac{1}{a_0^3}}\, \frac{4}{81\sqrt{30}}\, \frac{r^2}{a_0^2}\, \mathrm{e}^{-\frac{1}{3}\frac{r}{a_0}} \qquad\qquad 3d$$

In (1.91) ist N_{nl} der Normierungsfaktor

$$N_{nl} = -\sqrt{\left(\frac{2}{na_0}\right)^3 \frac{(n-l-1)!}{2n[(n+l)!]^3}}, \tag{1.92}$$

und die L_{n+l}^{2l+1} sind die *zugeordneten Laguerreschen Polynome*

$$L_{n+l}^{2l+1}(\varrho) = \sum_{k=0}^{n-l-1} (-1)^{k+1} \frac{[(n+l)!]^2}{(n-l-1-k)!(2l+1+k)!\,k!}\, \varrho^k. \tag{1.93}$$

Dabei haben wir

$$a_0 = \frac{\hbar^2}{m_e e^2} \qquad \text{und} \qquad \varrho = \frac{2}{n}\frac{r}{a_0} \tag{1.94}$$

verwendet. a_0 hat die Dimension einer Länge und wird als *atomare Längeneinheit* (auch „Bohr") verwendet, $a_0 = \hbar^2/m_e e^2 = 0.5292\,\text{Å}$. ϱ ist dimensionslos. Die Funktionen R_{nl} sind Polynome in ϱ, die mit einem Exponentialfaktor $\mathrm{e}^{-\varrho/2}$ multipliziert sind. Wir geben sie für $n \leq 3$ in Tabelle 1.2 an und veranschaulichen sie in Bild 1.13 für $n \leq 2$.

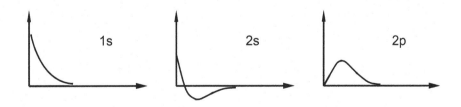

Bild 1.13 Radialanteile der Wasserstoffeigenfunktionen für $n \leq 2$.

Die Radialfunktionen sind orthogonal bezüglich der Quantenzahl n (nicht aber bezüglich l) und mit dem Faktor (1.92) auf 1 normiert:

$$\int_0^\infty R_{nl}(r)\, R_{n'l}(r)\, r^2\, \mathrm{d}r = \delta_{nn'}. \tag{1.95}$$

Dabei haben wir das Integrationselement $r^2\, \mathrm{d}r$ verwendet, den Radialanteil des Volumenelements $\mathrm{d}\vec{r}$ in Kugelkoordinaten (s. (1.54)).

1.4.3   Das Wasserstoffatom

Für das Wasserstoffatom mit der Schrödinger-Gleichung

$$\left[-\frac{\hbar^2}{2m_e}\Delta - \frac{e^2}{r} \right] \psi(r,\vartheta,\varphi) = E\psi(r,\vartheta,\varphi) \tag{1.96}$$

(vgl. auch (1.26)) haben wir also die Energieeigenwerte (1.90) und gemäß dem Separationsansatz (1.83) die Energieeigenfunktionen

$$\psi_{nlm}(r,\vartheta,\varphi) = R_{nl}(r)\, Y_l^m(\vartheta,\varphi) \qquad (n = 1,2,3,\ldots) \tag{1.97}$$
$$(l = 0,1,2,\ldots,n-1)$$
$$(m = -l, -l+1, \ldots, l).$$

Für diese Einelektronen-Zustandsfunktionen hat sich der Begriff „Atomorbitale" eingebürgert. Die Funktionen ψ_{nlm} sind also aus den Radialanteilen R_{nl} (s. Tab. 1.2) und den Winkelanteilen Y_l^m, den Kugelflächenfunktionen (s. Tab. 1.1), zusammengesetzt. Gemäß (1.70) und (1.95) sind sie orthonormiert:

$$\int_0^{2\pi} \int_0^\pi \int_0^\infty \psi_{nlm}^*(r,\vartheta,\varphi)\, \psi_{n'l'm'}(r,\vartheta,\varphi)\, r^2\mathrm{d}r\, \sin\vartheta\, \mathrm{d}\vartheta\, \mathrm{d}\varphi = \delta_{nn'}\, \delta_{ll'}\, \delta_{mm'}. \tag{1.98}$$

Für die Integrationen in (1.98) ist jetzt das komplette Volumenelement in Kugelkoordinaten zu verwenden (s. (1.54)).

Die Eigenwerte E_n (die „Orbitalenergien") werden nur durch die Quantenzahl n, die *Hauptquantenzahl*, charakterisiert, die Eigenfunktionen ψ_{nlm} dagegen durch drei Quantenzahlen, durch n, die *Nebenquantenzahl* l und die *Magnetquantenzahl* m. Zu einem Energieeigenwert gehören damit

$$\sum_{l=0}^{n-1} (2l+1) = 1 + 3 + 5 + \ldots + (2n-1) = [1 + (2n-1)]\frac{n}{2} = n^2$$

verschiedene Eigenfunktionen, die sich durch die Quantenzahlen l und m, d.h. ihre Drehimpulseigenschaften, unterscheiden. Die Eigenwerte sind also n^2-fach entartet.

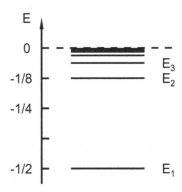

Bild 1.14
Energieniveauschema für das Wasserstoffatom in atomaren
Energieeinheiten.

Anstelle der Nebenquantenzahl l werden häufig die spektroskopischen Symbole $s, p, d, f, \ldots$ verwendet:[35]

$$l = 0, 1, 2, 3, 4, 5, \ldots \quad \rightarrow \quad s, p, d, f, g, h, \ldots$$

Statt „ψ_{100}-Zustand" sagt man dann kurz „$1s$-Zustand" („$1s$-Orbital"), statt von „ψ_{32m}-Zuständen" spricht man von „$3d$-Zuständen" („$3d$-Orbitalen") usw. Die s-, p-, d-Zustände (usw.) zur gleichen Hauptquantenzahl n sind also beim Wasserstoffatom energetisch gleichwertig, unterscheiden sich aber bezüglich des Betrags des Drehimpulses $(0, \sqrt{2}\hbar, \sqrt{6}\hbar, \ldots)$. Zustände mit unterschiedlichem m zum gleichen l unterscheiden sich nur durch die Projektion des Drehimpulsvektors auf eine vorgegebene Richtung (etwa ein Magnetfeld).

Bild 1.14 zeigt das Energieniveauschema. Als Einheit dient dabei die *atomare Energieeinheit* (*atomic unit*, auch „Hartree"), 1 a.u. $= m_e e^4/\hbar^2 = 27.2$ eV. Im $1s$-Zustand (dem Grundzustand) hat das Elektron den Energiewert E_1. Für wachsendes n rücken die Eigenwerte immer enger zusammen. Der Energiewert $E = 0$ ist Grenzwert. Befindet sich das Elektron in einem Zustand mit der Hauptquantenzahl n und regt man mit einer Energie an, die größer ist als $|E_n|$, so wird das Atom ionisiert. Das Elektron ist dann nicht mehr an das Proton gebunden, es ist frei und kann kontinuierliche Energiewerte annehmen.

Aus (1.90) lassen sich durch Differenzbildung alle Serien der Wasserstoffatom-Linienspektren bilden. Für die Frequenzen dieser Serien gilt

$$\nu = \frac{1}{h}\left(E_{n_2} - E_{n_1}\right) = R\left(\frac{1}{n_1^2} - \frac{1}{n_2^2}\right)$$

mit der *Rydberg-Konstanten* $R = 2\pi^2 m_e e^4/h^3$ (vgl. (1.8)). Innerhalb einer Serie gehen die Atome aus Zuständen mit der Energie E_{n_2} in den Zustand mit der Energie E_{n_1} ($n_2 > n_1$) über („sie springen von höheren Niveaus auf ein tieferes Niveau"). Die Formel (1.8), die Bohr aus seinen Postulaten folgerte, erhielt Schrödinger „zwanglos" durch die Lösung der Energieeigenwertgleichung für das Wasserstoffatom.

Zur grafischen Darstellung und zur Diskussion der Winkeleigenschaften der Energieeigenfunktionen des Wasserstoffatoms geht man zweckmäßigerweise von den komplexen Kugel-

---

[35]s von *sharp*, p von *principal*, d von *diffuse*, f von *fundamental*, weiter entsprechend dem Alphabet.

Tab. 1.3 Reelle Kugelflächenfunktionen $S_l^m(\vartheta, \varphi)$ für $l \leq 2$ in Kugelkoordinaten und in kartesischen Koordinaten

$$S_0^0 = \sqrt{\tfrac{1}{4\pi}} \hspace{8cm} s$$

$$S_1^0 = \sqrt{\tfrac{3}{4\pi}} \cos\vartheta \hspace{2cm} = \sqrt{\tfrac{3}{4\pi}} \tfrac{z}{r} \hspace{2.5cm} p_z$$

$$S_1^1 = \sqrt{\tfrac{3}{4\pi}} \sin\vartheta \cos\varphi \hspace{1.2cm} = \sqrt{\tfrac{3}{4\pi}} \tfrac{x}{r} \hspace{2.5cm} p_x$$

$$S_1^{-1} = \sqrt{\tfrac{3}{4\pi}} \sin\vartheta \sin\varphi \hspace{1.2cm} = \sqrt{\tfrac{3}{4\pi}} \tfrac{y}{r} \hspace{2.5cm} p_y$$

$$S_2^0 = \sqrt{\tfrac{5}{4\pi}} \tfrac{1}{2}(3\cos^2\vartheta - 1) \hspace{0.5cm} = \sqrt{\tfrac{5}{4\pi}} \tfrac{1}{2}\tfrac{3z^2 - r^2}{r^2} \hspace{1cm} d_{z^2}$$

$$S_2^1 = \sqrt{\tfrac{15}{4\pi}} \cos\vartheta \sin\vartheta \cos\varphi \hspace{0.3cm} = \sqrt{\tfrac{15}{4\pi}} \tfrac{xz}{r^2} \hspace{2cm} d_{xz}$$

$$S_2^{-1} = \sqrt{\tfrac{15}{4\pi}} \cos\vartheta \sin\vartheta \sin\varphi \hspace{0.3cm} = \sqrt{\tfrac{15}{4\pi}} \tfrac{yz}{r^2} \hspace{2cm} d_{yz}$$

$$S_2^2 = \sqrt{\tfrac{15}{4\pi}} \tfrac{1}{2}\sin^2\vartheta \cos 2\varphi \hspace{0.5cm} = \sqrt{\tfrac{15}{4\pi}} \tfrac{1}{2}\tfrac{x^2 - y^2}{r^2} \hspace{1cm} d_{x^2 - y^2}$$

$$S_2^{-2} = \sqrt{\tfrac{15}{4\pi}} \tfrac{1}{2}\sin^2\vartheta \sin 2\varphi \hspace{0.5cm} = \sqrt{\tfrac{15}{4\pi}} \tfrac{xy}{r^2} \hspace{2cm} d_{xy}$$

flächenfunktionen Y_l^m zu reellen Funktionen S_l^m über:

$$S_l^0 = Y_l^0, \quad S_l^{|m|} = \frac{1}{\sqrt{2}}\left(Y_l^{|m|} + Y_l^{-|m|}\right), \quad S_l^{-|m|} = \frac{1}{i\sqrt{2}}\left(Y_l^{|m|} - Y_l^{-|m|}\right). \quad (1.99)$$

Y_l^0 war bereits reell (vgl. Tab. 1.1), und da Y_l^m und Y_l^{-m} konjugiert komplex zueinander sind, hat man mit $S_l^{|m|}$ den Realteil und mit $S_l^{-|m|}$ den Imaginärteil dieser Funktionen gebildet.[36] Die reellen Kugelflächenfunktionen S_l^m sind für $l \leq 2$ in Tabelle 1.3 angegeben. An die spektroskopischen Symbole ist ein Index angefügt, der die Abhängigkeit von den kartesischen Koordinaten ausdrückt.[37]

In Bild 1.15 sind die reellen Kugelflächenfunktionen grafisch veranschaulicht. Die Darstellungen ergeben sich, wenn man die Funktionswerte auf Strahlen abträgt, die den Winkel ϑ mit der z-Achse bilden und deren Projektion in die xy-Ebene den Winkel φ mit der x-Achse einschließt. Etwa für S_1^0, d.h. p_z, trägt man die Funktionswerte $\cos\vartheta$ (konstante Faktoren sind unwesentlich) auf Strahlen mit dem Winkel ϑ zur z-Achse ab (Bild 1.16a).[38] Für $0 \leq \vartheta < \pi/2$ ergeben sich positive, für $\pi/2 < \vartheta \leq \pi$ negative Funktionswerte. Man erhält zwei Kugeln (eine „positive" und eine „negative"), die rotationssymmetrisch bezüglich der z-Achse sind und sich im Koordinatenursprung berühren. Oberhalb der xy-Ebene sind alle Funktionswerte positiv, unterhalb negativ, d.h., die xy-Ebene ist Knotenebene. Allgemein haben die Funktionen S_l^m l Knotenflächen (es müssen nicht immer Ebenen sein, etwa bei S_2^0 sind es Kegelflächen).

---

[36] Man beachte die *Eulersche Formel* $\exp(\pm im\varphi) = \cos m\varphi \pm i\sin m\varphi$.

[37] Der Übergang von Kugelkoordinaten zu kartesischen Koordinaten erfolgt gemäß (1.54). Man verwendet $\cos 2\varphi = \cos^2\varphi - \sin^2\varphi$ und $\sin 2\varphi = 2\sin\varphi \cos\varphi$.

[38] Ein solches Diagramm heißt *Polardiagramm*.

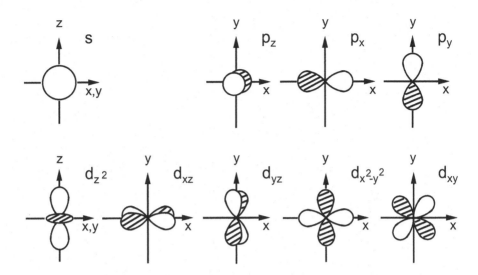

Bild 1.15 Grafische Darstellung der reellen Kugelflächenfunktionen.

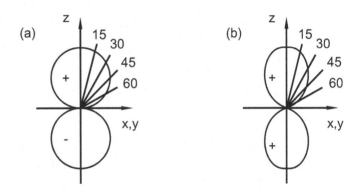

Bild 1.16 Polardiagramm für die p_z-Funktion (a) und für ihr Quadrat (b).

Anstelle von (1.97) sind also auch die Funktionen

$$R_{nl}(r)\, S_l^m(\vartheta, \varphi) \tag{1.100}$$

Energieeigenfunktionen des Wasserstoffatoms. Allerdings ist m in den reellen Kugelflächen-funktionen S_l^m keine Quantenzahl mehr, sondern nur noch ein Index.[39] In Tabelle 1.4 sind die (gemäß der Tabellen 1.2 und 1.3) gebildeten reellen Wasserstoffeigenfunktionen für $n \leq 3$ zusammengestellt.

---

[39]Die S_l^m sind für $m \neq 0$ keine Eigenfunktionen von $\mathbf{l}_z$, denn gemäß (1.99) werden sie durch Linearkombi-nation zweier komplexer Kugelflächenfunktionen mit unterschiedlichen m-Werten gebildet.

Tab. 1.4 Reelle Wasserstoff-Energieeigenfunktionen für $n \leq 3$

$$\psi_{1s} = \sqrt{\frac{1}{\pi a_0^3}}\; e^{-\frac{r}{a_0}}$$

$$\psi_{2s} = \sqrt{\frac{1}{\pi a_0^3}}\; \frac{1}{4\sqrt{2}}\left(2 - \frac{r}{a_0}\right) e^{-\frac{1}{2}\frac{r}{a_0}}$$

$$\psi_{2p_z} = \sqrt{\frac{1}{\pi a_0^3}}\; \frac{1}{4\sqrt{2}}\frac{r}{a_0} e^{-\frac{1}{2}\frac{r}{a_0}}\cos\vartheta \qquad = \sqrt{\frac{1}{\pi a_0^3}}\; \frac{1}{4\sqrt{2}}\frac{r}{a_0} e^{-\frac{1}{2}\frac{r}{a_0}}\frac{z}{r}$$

$$\psi_{2p_x} = \sqrt{\frac{1}{\pi a_0^3}}\; \frac{1}{4\sqrt{2}}\frac{r}{a_0} e^{-\frac{1}{2}\frac{r}{a_0}}\sin\vartheta\cos\varphi \qquad = \sqrt{\frac{1}{\pi a_0^3}}\; \frac{1}{4\sqrt{2}}\frac{r}{a_0} e^{-\frac{1}{2}\frac{r}{a_0}}\frac{x}{r}$$

$$\psi_{2p_y} = \sqrt{\frac{1}{\pi a_0^3}}\; \frac{1}{4\sqrt{2}}\frac{r}{a_0} e^{-\frac{1}{2}\frac{r}{a_0}}\sin\vartheta\sin\varphi \qquad = \sqrt{\frac{1}{\pi a_0^3}}\; \frac{1}{4\sqrt{2}}\frac{r}{a_0} e^{-\frac{1}{2}\frac{r}{a_0}}\frac{y}{r}$$

$$\psi_{3s} = \sqrt{\frac{1}{\pi a_0^3}}\; \frac{1}{81\sqrt{3}}\left(27 - 18\frac{r}{a_0} + 2\frac{r^2}{a_0^2}\right) e^{-\frac{1}{3}\frac{r}{a_0}}$$

$$\psi_{3p_z} = \sqrt{\frac{1}{\pi a_0^3}}\; \frac{\sqrt{2}}{81}\left(6\frac{r}{a_0} - \frac{r^2}{a_0^2}\right) e^{-\frac{1}{3}\frac{r}{a_0}}\cos\vartheta \qquad = \sqrt{\frac{3}{\pi a_0^3}}\; \frac{\sqrt{2}}{81}\left(6\frac{r}{a_0} - \frac{r^2}{a_0^2}\right) e^{-\frac{1}{3}\frac{r}{a_0}}\frac{z}{r}$$

$$\psi_{3p_x} = \sqrt{\frac{1}{\pi a_0^3}}\; \frac{\sqrt{2}}{81}\left(6\frac{r}{a_0} - \frac{r^2}{a_0^2}\right) e^{-\frac{1}{3}\frac{r}{a_0}}\sin\vartheta\cos\varphi \qquad = \sqrt{\frac{1}{\pi a_0^3}}\; \frac{\sqrt{2}}{81}\left(6\frac{r}{a_0} - \frac{r^2}{a_0^2}\right) e^{-\frac{1}{3}\frac{r}{a_0}}\frac{x}{r}$$

$$\psi_{3p_y} = \sqrt{\frac{1}{\pi a_0^3}}\; \frac{\sqrt{2}}{81}\left(6\frac{r}{a_0} - \frac{r^2}{a_0^2}\right) e^{-\frac{1}{3}\frac{r}{a_0}}\sin\vartheta\sin\varphi \qquad = \sqrt{\frac{1}{\pi a_0^3}}\; \frac{\sqrt{2}}{81}\left(6\frac{r}{a_0} - \frac{r^2}{a_0^2}\right) e^{-\frac{1}{3}\frac{r}{a_0}}\frac{y}{r}$$

$$\psi_{3d_{z^2}} = \sqrt{\frac{1}{\pi a_0^3}}\; \frac{\sqrt{2}}{81\sqrt{3}}\frac{r^2}{a_0^2} e^{-\frac{1}{3}\frac{r}{a_0}}\frac{1}{2}(3\cos^2\vartheta - 1) \qquad = \sqrt{\frac{1}{\pi a_0^3}}\; \frac{1}{81\sqrt{6}}\frac{r^2}{a_0^2} e^{-\frac{1}{3}\frac{r}{a_0}}\frac{1}{2}\frac{3z^2 - r^2}{r^2}$$

$$\psi_{3d_{xz}} = \sqrt{\frac{1}{\pi a_0^3}}\; \frac{\sqrt{2}}{81}\frac{r^2}{a_0^2} e^{-\frac{1}{3}\frac{r}{a_0}}\cos\vartheta\sin\vartheta\cos\varphi \qquad = \sqrt{\frac{1}{\pi a_0^3}}\; \frac{\sqrt{2}}{81}\frac{r^2}{a_0^2} e^{-\frac{1}{3}\frac{r}{a_0}}\frac{xz}{r^2}$$

$$\psi_{3d_{yz}} = \sqrt{\frac{1}{\pi a_0^3}}\; \frac{\sqrt{2}}{81}\frac{r^2}{a_0^2} e^{-\frac{1}{3}\frac{r}{a_0}}\cos\vartheta\sin\vartheta\sin\varphi \qquad = \sqrt{\frac{1}{\pi a_0^3}}\; \frac{\sqrt{2}}{81}\frac{r^2}{a_0^2} e^{-\frac{1}{3}\frac{r}{a_0}}\frac{yz}{r^2}$$

$$\psi_{3d_{x^2-y^2}} = \sqrt{\frac{1}{\pi a_0^3}}\; \frac{\sqrt{2}}{81}\frac{r^2}{a_0^2} e^{-\frac{1}{3}\frac{r}{a_0}}\frac{1}{2}\sin^2\vartheta(\cos^2\varphi - \sin^2\varphi) = \sqrt{\frac{1}{\pi a_0^3}}\; \frac{\sqrt{2}}{81}\frac{r^2}{a_0^2} e^{-\frac{1}{3}\frac{r}{a_0}}\frac{1}{2}\frac{x^2 - y^2}{r^2}$$

$$\psi_{3d_{xy}} = \sqrt{\frac{1}{\pi a_0^3}}\; \frac{\sqrt{2}}{81}\frac{r^2}{a_0^2} e^{-\frac{1}{3}\frac{r}{a_0}}\sin^2\vartheta\cos\varphi\sin\varphi \qquad = \sqrt{\frac{1}{\pi a_0^3}}\; \frac{\sqrt{2}}{81}\frac{r^2}{a_0^2} e^{-\frac{1}{3}\frac{r}{a_0}}\frac{xy}{r^2}$$

Um die Aufenthaltswahrscheinlichkeit des Elektrons im Wasserstoffatom in den verschiedenen Zuständen zu untersuchen, haben wir mit (1.100) die Größe $\psi^*\psi\, \mathrm{d}\vec{r}$ zu bilden (vgl. (1.30)). Wir trennen Radial- und Winkelanteil. $R_{nl}^2\, r^2\, \mathrm{d}r$ beschreibt die *radiale* Aufenthaltswahrscheinlichkeit.[40] In Bild 1.17 ist der Verlauf der Funktionen $R_{nl}^2(r)\, r^2$ mit $R_{nl}(r)$ aus Tabelle 1.2 dargestellt. Im $1s$-Zustand (dem Grundzustand) hat die radiale Aufenthaltswahrscheinlichkeit ein Maximum bei $r = a_0 = 0.5292\,\text{Å}$.[41] Das ist gerade der Wert, den Bohr für den Radius der innersten „Elektronenbahn" ermittelt hatte. Es ergibt sich also folgender Vergleich: Aus den Bohrschen Postulaten folgt, dass sich das Elektron im Grundzustand auf einer Kreisbahn mit dem Radius $r = a_0$ um den Kern bewegt; aus der Quantenmechanik folgt, dass für diesen Abstand vom Kern die Aufenthaltswahrscheinlichkeit des Elektrons am größten ist, das Elektron kann aber – zwar mit schnell abnehmender Wahrscheinlichkeit – auch größere oder kleinere Werte für den Abstand vom Kern einnehmen. Die Darstellungen in Bild 1.17 sind in gewisser Weise die quantenmechanische Verallgemeinerung der Schalenstruktur des Atoms.[42]

---

[40] Das ist die Wahrscheinlichkeit, das Elektron auf der Oberfläche einer Kugel mit dem Radius r zu finden.

[41] Dies prüft man leicht durch Extremwertbestimmung für die Funktion $r^2 e^{-2r/a_0}$ nach.

[42] Wir bemerken, dass für $n > 1$ das Maximum der Aufenthaltswahrscheinlichkeit nicht mehr mit dem

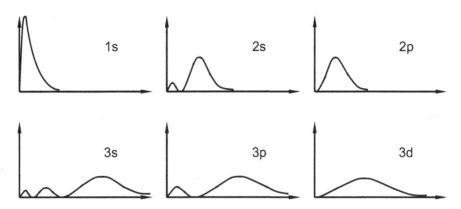

Bild 1.17 Verlauf der radialen Aufenthaltswahrscheinlichkeitsdichte $R_{nl}^2(r)\,r^2$ für ein Elektron im Zustand $\psi_{nlm}(r,\vartheta,\varphi)$.

Die Radialfunktionen R_{nl} haben $n-l-1$ Knotenflächen („Knotenkugeln", vgl. Bild 1.13). Daraus resultiert, dass für diese Funktionen die Aufenthaltswahrscheinlichkeit neben dem „Hauptmaximum" noch $n-l-1$ „Vormaxima" hat. Ist $(n-l-1)>0$, so kann sich also ein Elektron in einem solchen Zustand mit „gewisser" Wahrscheinlichkeit auch sehr weit innen, in Kernnähe, aufhalten.[43] Dies führt dazu, dass bei Mehrelektronensystemen für äußere Elektronen die Kernladung durch die inneren Elektronen nicht gleichwertig abgeschirmt wird (s. Abschn. 1.5.2).

Bei der Diskussion des Winkelanteils der Aufenthaltswahrscheinlichkeit geht man zweckmäßigerweise von den reellen Funktionen S_l^m aus (Bild 1.15). Qualitativ ergeben sich beim Quadrieren ähnliche Gebilde, die lediglich etwas „schlanker" sind, aber überall positive Funktionswerte haben (s. Bild 1.16b). Für ein Elektron in einem s-Zustand ist jede Raumrichtung gleichwahrscheinlich. Ein Elektron in einem p_k-Zustand ($k=x,y,z$) hat in Richtung der k-Achse die größte Aufenthaltswahrscheinlichkeit; in der Ebene, die orthogonal dazu durch den Koordinatenursprung geht, ist sie Null. Für d_{z^2} und $d_{x^2-y^2}$ ist sie ebenfalls in Richtung der Koordinatenachsen am größten, für d_{xz}, d_{yz} und d_{xy} dagegen zwischen diesen Achsen.

1.4.4 Wasserstoffähnliche Atome

Als „wasserstoffähnlich" bezeichnet man $He^+, Li^{2+}, Be^{3+}, \ldots$ In diesen Systemen bewegt sich ein einzelnes Elektron im Feld einer Z-fach positiv geladenen Punktladung (Ladung $+Ze$). Es liegt also ein Coulomb-Potenzial vor. Statt (1.89) hat man jetzt die potenzielle Energie

$$V(r) = -\frac{Ze^2}{r} \tag{1.101}$$

Bohrschen Bahnradius übereinstimmt.

[43]Dies ist ein Sachverhalt, den die „naive" Bohrsche Quantentheorie nicht erfassen kann.

in die Schrödinger-Gleichung einzusetzen. Der Lösungsalgorithmus bleibt mit (1.101) der gleiche wie für (1.96). Anstelle der Energieeigenwerte (1.90) ergibt sich

$$E_n = -\frac{m_e Z^2 e^4}{2\hbar^2}\frac{1}{n^2} \qquad (n = 1, 2, 3, \ldots). \tag{1.102}$$

Der Winkelanteil der Energieeigenfunktionen bleibt unbeeinflusst. Der Radialanteil behält die Form (1.91) mit (1.92) und (1.93), lediglich in (1.94) hat man jetzt

$$a_0 = \frac{\hbar^2}{m_e Z e^2} \tag{1.103}$$

zu setzen. Dies bedeutet etwa, dass ein $1s$-Elektron – im Vergleich zum Wasserstoffatom – im He$^+$ viermal stärker an den Kern gebunden ist und dass es seine maximale Aufenthaltswahrscheinlichkeit beim halben Abstand hat.

1.4.5   Der Elektronenspin

Die Elektronen haben neben ihrer Masse und ihrer Ladung noch eine weitere fundamentale Eigenschaft, den *Spin*. Aus verschiedenen experimentellen Befunden[44] folgt, dass die Elektronen ein magnetisches Moment haben, das nicht von der Bahnbewegung der Elektronen im Atom herrührt. Nach klassischen Gesetzen müssten sie also einen *Eigendrehimpuls* haben, d.h. sich selbst um eine Achse drehen. Die Elektronen sind aber „strukturlose" Teilchen, eine solche klassische Vorstellung ist unzulässig. Man vermeidet deshalb den Begriff „Eigendrehimpuls" und bezeichnet diese Eigenschaft als „Spin". Der Spin ist also eine typisch quantenmechanische Eigenschaft, er hat keine klassische Entsprechung.

Die exakte Behandlung der Spineigenschaften erfordert eine relativistische Quantenmechanik. Sie wurde in den dreißiger Jahren des vorigen Jahrhunderts von Dirac ausgearbeitet. Für die Anwendungen der Quantenmechanik auf die Eigenschaften der Atome und Moleküle genügt es aber meist, den Spin etwas „künstlich" nachträglich in die nichtrelativistische Quantenmechanik einzuführen. Wir werden in diesem Buch so verfahren.

Aus den Experimenten ergibt sich, dass der Spin eines Elektrons zwei Messwerte bezüglich einer ausgezeichneten Richtung (etwa der z-Achse) hat: $\pm\hbar/2$. Wir erinnern an den in Abschnitt 1.3.2 dargestellten Sachverhalt: Eine „klassische" Observable lässt sich als Funktion von Ort und Impuls schreiben. Man ordnet ihr einen Operator zu, indem in dieser Funktion anstelle der klassischen Größen Orts- und Impulsoperatoren eingesetzt werden. Die Eigenwerte, die man durch Lösung der Eigenwertgleichung für diesen Operator erhält, sind die möglichen Messwerte für die betrachtete Observable. Jetzt argumentieren wir umgekehrt: Für die „nichtklassische" Spinobservable gibt es zwei Messwerte, demzufolge muss es einen Spinoperator $\mathbf{s}_z$ geben, dessen Eigenwertgleichung diese beiden Werte als Eigenwerte hat. Für einen Operator mit zwei Eigenwerten wählt man zweckmäßigerweise eine „Darstellung" als quadratische zweireihige Matrix. Die Eigenfunktionen haben dann die Form von Spaltenvektoren mit zwei Komponenten, die Eigenwertgleichung ist ein lineares Gleichungssystem aus zwei Gleichungen.

---

[44]Dazu gehört insbesondere die Multiplettstruktur der Spektrallinien (s. Abschn. 1.5.5).

Auf die konkrete Gestalt der Spinoperatoren und -eigenfunktionen gehen wir nicht ein. Wir benötigen nur die Eigenwerte. Spinoperatoren sind Drehimpulsoperatoren, sie haben die in den Abschnitten 1.3.3 und 1.3.4 beschriebenen Eigenschaften. Wir bezeichnen von nun an die Bahndrehimpulsquantenzahlen mit l und m_l, die Spinquantenzahlen mit s und m_s. Die Eigenwerte des Quadrats des Bahndrehimpulses waren $l(l+1)\,\hbar^2$ ($l = 0, 1, 2, \ldots$), die seiner Projektion auf eine beliebige Achse $m_l \hbar$ ($m_l = -l, -l+1, \ldots, +l$). Die Eigenwerte der Spinprojektion lassen sich als $m_s \hbar$ ($m_s = -1/2, +1/2$) schreiben, d.h., der Operator des Spinquadrats muss den Eigenwert $s(s+1)\,\hbar^2$ mit $s = 1/2$ haben, weil sich dann die beiden m_s-Werte nach dem Schema $-s, -s+1 = +s$ ergeben.

Wesentlich ist, dass die Werte für die Bahndrehimpulsquantenzahlen stets ganzzahlig sind, während die Werte der Spinquantenzahlen für ein einzelnes Elektron halbzahlig sind. Der „Spinvektor" hat die Länge $\sqrt{3/4}\,\hbar$, er ist im Raum so orientiert, dass seine Projektion auf eine beliebige Richtung nur die Werte $\pm\hbar/2$ annimmt. Für den Spin des Elektrons resultiert also eine zu Bild 1.10 analoge Richtungsquantisierung.

Durch die Funktionen (1.97) wird also der Zustand eines Elektrons im Wasserstoffatom noch nicht eindeutig (d.h. ausreichend) beschrieben. Das Elektron im Zustand ψ_{nlm_l} kann noch zwei verschiedene „Spinwerte" (Projektionen des „Spinvektors" auf eine vorgegebene Richtung) annehmen: $\pm\hbar/2$. Man benötigt also noch eine vierte Quantenzahl, die *Spinquantenzahl* m_s, die nur die beiden Werte $\pm 1/2$ annehmen kann. Entsprechend ist zu den drei Ortskoordinaten r, ϑ, φ noch eine *Spinkoordinate* σ hinzuzufügen. Diese Koordinate ist keine stetige Variable wie die Ortskoordinaten, sondern diskret. Willkürlich wählt man für σ die Werte $\pm 1/2$. Kurz sagt man aber meist, das Elektron habe „α-Spin" bzw. „β-Spin". In Abschnitt 1.4.3 hatten wir festgestellt, dass zu einem Energieeigenwert E_n n^2 verschiedene Eigenfunktionen ψ_{nlm_l} gehören. Dies bezog sich aber nur auf den Ortsanteil der Zustandsfunktionen. Wir haben nun den Spinanteil hinzuzufügen, d.h., wir schreiben $\psi_{nlm_l m_s}$, und die Entartung der Eigenwerte E_n ist $2n^2$-fach.

1.5   Mehrelektronenatome

1.5.1   Die Schrödinger-Gleichung für Atome

Mehrelektronenatome sind komplizierte Mehrteilchensysteme; wir gehen in Kapitel 4 ausführlicher auf solche Systeme ein. Zunächst beschränken wir uns auf qualitative Aspekte der Atomtheorie. Für ein Atom mit N Elektronen hat der Hamilton-Operator die Form[45]

$$\mathbf{H} = \sum_{i=1}^{N} \left[-\frac{\hbar^2}{2m_e}\Delta_i - \frac{Ze^2}{r_i} \right] + \sum_{i=1}^{N} \sum_{\substack{j=1 \\ j>i}}^{N} \frac{e^2}{r_{ij}}. \tag{1.104}$$

Der erste Term enthält additiv für alle Elektronen die Operatoren der kinetischen Energie und der potenziellen Energie im Feld des Z-fach positiv geladenen Kerns. Der zweite Term enthält die potenzielle Energie der elektrostatischen Wechselwirkung zwischen den Elektronen (das Produkt zweier negativer Elementarladungen geteilt durch ihren Abstand).

---

[45]Wieder sei der Atomkern fest im Koordinatenursprung verankert (vgl. dazu Abschn. 1.4.2).

Summiert wird über alle Elektronenpaare; $j > i$ ist nötig, da sonst die Wechselwirkung zwischen i-tem und j-tem Elektron doppelt gezählt würde. Mit dem Hamilton-Operator (1.104) hat man die Schrödinger-Gleichung

$$\mathbf{H}\,\Psi = E\,\Psi \tag{1.105}$$

zu lösen. Dabei sind die Zustandsfunktionen Ψ abhängig von den Orts- und Spinkoordinaten aller N Elektronen, d.h., Ψ ist eine Funktion von $4N$ Variablen.

Wir haben an dieser Stelle auf die Nomenklaturvereinbarung für Mehrelektronensysteme hinzuweisen: Operatoren, Zustandsfunktionen, Quantenzahlen und Eigenwerte für Mehrelektronensysteme werden mit großen Buchstaben bezeichnet, die entsprechenden Größen für Einelektronensysteme mit kleinen Buchstaben. Wir haben dies bisher nicht beachtet. Bei der Behandlung allgemeiner theoretischer Probleme spielte das keine Rolle. Die Schrödinger-Gleichung für das Wasserstoffatom hätte nach dieser Vereinbarung aber als

$$\mathbf{h}\,\psi = \varepsilon\,\psi \tag{1.106}$$

geschrieben werden sollen ($\mathbf{h}$ bezeichnet den Hamilton-Operator in (1.96), ε verwendet man anstelle von e, um Verwechslungen mit der irrationalen Zahl e und der Elementarladung auszuschließen). Meist vermeidet man dies aber bei der einführenden Behandlung des Wasserstoffatoms. Im folgenden wollen wir uns jedoch an die obige Nomenklatur halten.[46]

Ohne den Wechselwirkungsterm in (1.104), d.h. bei Vernachlässigung der Elektronenwechselwirkung, wäre die Schrödinger-Gleichung (1.105) leicht lösbar. Die Variablen für die einzelnen Elektronen ließen sich separieren, und die Gleichung (1.105) würde in N Gleichungen vom Typ (1.106) zerfallen, deren Eigenwerte und Eigenfunktionen uns aus Abschnitt 1.4 bekannt sind. Ohne Beweis (wir holen ihn in Abschnitt 4.1.2 nach) geben wir an, dass sich dann die Mehrelektronen-Zustandsfunktionen Ψ als *Produkt* aus N Einelektronen-Zustandsfunktionen ψ und die Mehrelektronen-Energieeigenwerte E als *Summe* aus N Einelektronen-Energieeigenwerten ε ergeben.

Bei Berücksichtigung des Wechselwirkungsterms in (1.104) ist (1.105) eine sehr komplizierte Gleichung, die sich nur näherungsweise lösen lässt. Dazu sind aufwendige Algorithmen nötig, auf die wir erst später eingehen (s. Kap. 4). Für eine ganze Reihe wesentlicher Aspekte der Theorie der Atome ist jedoch die Lösung der Schrödinger-Gleichung gar nicht erforderlich. Dies gilt etwa für Fragen, die mit der Elektronenkonfiguration der Atome zusammenhängen. Insbesondere aus den Drehimpulseigenschaften der Ein- und Mehrelektronenzustände lassen sich – ohne eigentliche „Rechnung" – bereits viele Informationen über Atomzustände und Atomspektren ableiten.

1.5.2   Das allgemeine Zentralfeld

Wir betrachten ein einzelnes Valenzelektron „über" einer abgeschlossenen Schale (oder mehreren). Dies lässt sich in guter Näherung als Einelektronenproblem behandeln. Das Elektron bewegt sich also im Feld des Kerns und der „kugelsymmetrischen" inneren Schalen. Damit liegt kein Punktladungspotenzial (Coulomb-Potenzial) mehr vor, sondern ein *allgemeines*

---

[46]Eine Ausnahme macht dabei noch einmal das Wasserstoffmolekülion (Abschn. 1.6).

Zentralfeld, für das die Funktion $V = V(r)$ (s. (1.81)) nicht explizit angegeben werden kann. Die Schrödinger-Gleichung lässt sich trotzdem separieren (s. Abschn. 1.4.1). Die Winkelanteile der Eigenfunktionen behalten damit ihre bekannte Form (s. Tab. 1.1 bzw. 1.3), und man kann weiterhin von s-, p-, d-Zuständen (usw.) sprechen. Die Radialgleichung (1.88) aber ist nicht mehr geschlossen lösbar. Damit sind die Energieeigenwerte (1.90) und die Radialfunktionen (1.91) nicht mehr gültig. Man kann aber die Radialgleichung numerisch oder näherungsweise analytisch lösen. Dadurch ergeben sich Radialfunktionen, die punktweise vorliegen bzw. etwa als Linearkombinationen von Exponentialfunktionen angenähert sind. Für die Energie erhält man keine geschlossene Formel vom Typ (1.90), sondern numerische Werte. Dabei ergibt sich, dass die Energiewerte nicht mehr unabhängig von l sind, sondern von n und l abhängen: $\varepsilon = \varepsilon_{nl}$. Es gilt dabei

$$\varepsilon_{ns} < \varepsilon_{np} < \varepsilon_{nd} < \dots \qquad (1.107)$$

Für festes n sind also die s-Elektronen am festesten an den Kern gebunden, ihre Ionisation erfordert den größten Energieaufwand. Dies lässt sich anhand der radialen Aufenthaltswahrscheinlichkeiten für die Elektronen verstehen, die qualitativ mit denen für das Elektron im Wasserstoffatom übereinstimmen (s. Bild 1.17). Etwa im Li-Atom ist der Rumpf (Kern und 1s-Schale) einmal geladen. Auf ein 2p-Elektron wirkt im wesentlichen diese eine positive Ladung. Ein 2s-Elektron dagegen „spürt" durch das „Vormaximum" der radialen Aufenthaltswahrscheinlichkeit den dreifach positiv geladenen Kern innerhalb der 1s-Schale. Exakter gesprochen: die 1s-Schale schirmt die dreifach positive Kernladung für ein 2p-Elektron wirkungsvoller ab als für ein 2s-Elektron. Daraus resultiert die Abstufung (1.107), und man erhält das in Bild 1.18 dargestellte qualitative Energieniveauschema.

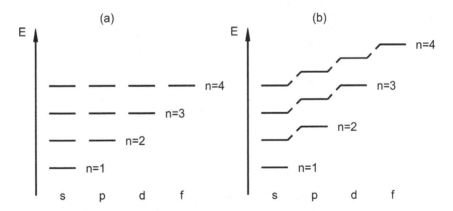

Bild 1.18 Qualitativer Vergleich der Energieniveauschemata (a) für das Coulomb-Potenzial (Einelektronenatome) und (b) für ein allgemeines Zentralfeld (Mehrelektronenatome).

1.5.3 Mehrere Elektronen, Aufbauprinzip

Die einfachste, aber bereits außerordentlich nützliche Beschreibung der Elektronenstruktur der Mehrelektronenatome gewinnt man mit dem *Aufbauprinzip*. Dies ist ein qualitatives

Konzept, das insbesondere zum prinzipiellen Verständnis des Periodensystems der Elemente führt. Die explizite Wechselwirkung zwischen den Elektronen wird vernachlässigt. Jedes Elektron wird in gewissem Sinne als „einzelnes" Elektron betrachtet, das sich im Feld des Kerns und der übrigen Elektronen bewegt. Dieses Gesamtfeld wird als Zentralfeld angenommen (was eine sehr grobe Näherung ist, wir werden in den nächsten beiden Abschnitten davon abgehen). Damit haben wir die im vorigen Abschnitt beschriebenen Verhältnisse. Die Drehimpulseigenschaften der Elektronen sind bekannt (d.h. die Winkelanteile ihrer Zustandsfunktionen), und sie können als s-, p-, d-, f-Elektronen bezeichnet werden. Die Radialfunktionen sind im Detail nicht bekannt, von ihnen werden nur die unterschiedlichen Eigenschaften bezüglich der Abschirmung benötigt, die zur Beziehung (1.107) führen.

Die Elektronen eines Atoms nehmen Zustände mit möglichst geringen Energiewerten ε ein. Dabei gilt das *Pauli-Prinzip*: Jeder Einelektronzustand $\psi_{nlm_l m_s}$ darf nur von einem Elektron eingenommen ("besetzt") werden, oder – was dasselbe bedeutet – je zwei Elektronen dürfen nicht in allen vier Quantenzahlen n, l, m_l, m_s übereinstimmen. Für jedes feste n gibt es also maximal zwei s-Elektronen ($l = 0; m_l = 0; m_s = \pm 1/2$), sechs p-Elektronen ($l = 1; m_l = -1, 0, +1; m_s = \pm 1/2$), zehn d-Elektronen ($l = 2; m_l = -2, \ldots, +2; m_s = \pm 1/2$), vierzehn f-Elektronen ($l = 3; m_l = -3, \ldots, +3; m_s = \pm 1/2$) usw. Dabei ist zu beachten, dass für festes n nur die Werte $l = 0, 1, \ldots, n-1$ auftreten. Die Einelektronenenergien (die Orbitalenergien) steigen nach folgender Beziehung an:

$$\varepsilon_{1s} < \varepsilon_{2s} < \varepsilon_{2p} < \varepsilon_{3s} < \varepsilon_{3p} < \varepsilon_{3d} \approx \varepsilon_{4s} < \varepsilon_{4p} < \ldots \qquad (1.108)$$

Gemäß dieser Beziehung und dem Pauliprinzip erfolgt die sukzessive Zuordnung der Elektronen zu den Einelektronenzuständen, die „Besetzung" der Einelektronenniveaus („Aufbauprinzip"). Für die sich daraus ergebenden *Elektronenkonfigurationen* wählt man folgende Schreibweise: Die Elektronenkonfiguration für H ist $(1s)^1$, für He ist sie $(1s)^2$, für Li $(1s)^2(2s)^1, \ldots$, für F $(1s)^2(2s)^2(2p)^5$ usw. Die Exponenten sind die *Besetzungszahlen* der jeweiligen, durch die Quantenzahlen n und l charakterisierten Niveaus. Zur Abkürzung fasst man die Rumpfelektronen zusammen und gibt nur die äußeren Elektronen explizit an. Etwa für Na bezeichnet man den „Edelgasrumpf" mit [Ne] und schreibt $[\text{Ne}](3s)^1$, für Mg analog $[\text{Ne}](4s)^2$. Das ganze eignet sich auch für Ionen, etwa für Cl^- hat man $[\text{Ne}](3s)^2(3p)^6$.

Beginnend mit der Ordnungszahl 19 tritt eine wichtige Besonderheit auf, da näherungsweise $\varepsilon_{3d} \approx \varepsilon_{4s}$ gilt (s. (1.108) und Bild 1.18b). Beim Auffüllen hat man $\varepsilon_{4s} < \varepsilon_{3d}$ anzunehmen, so dass zunächst die $4s$-Schale vollständig aufgefüllt wird und dann erst die $3d$-Schale. Analoges gilt für die zweite und dritte Übergangsmetallreihe. Beim „Entfernen" der Elektronen, d.h. bei der Ionisation, hat man dagegen $\varepsilon_{4s} > \varepsilon_{3d}$ anzunehmen, denn es werden zunächst die $4s$-Elektronen und dann erst die $3d$-Elektronen entfernt. Analoges gilt für die zweite und dritte Übergangsmetallreihe. So ist die Elektronenkonfiguration für K $[\text{Ar}](4s)^1$ und für Sc $[\text{Ar}](4s)^2(3d)^1$, dagegen für Ag^+ $[\text{Kr}](3d)^{10}$ und für Ti^{3+} $[\text{Ar}](3d)^1$.

Diese unterschiedliche Abstufung der Einelektronenenergien zeigt die Unzulänglichkeit der Einelektronennäherung. Die Elektronen in einem Mehrelektronenatom befinden sich eben *nicht* in Einelektronenzuständen, die Vernachlässigung der Elektronenwechselwirkung führt zu Schwierigkeiten bei der Interpretation der experimentellen Sachverhalte. Dies zeigt sich zum Beispiel auch an den experimentellen Grundzustandskonfigurationen für Ni, Pd und

Pt. Bei voll aufgefüllten Schalen kommt es (durch die Elektronenwechselwirkung) zu besonderen stabilisierenden Verhältnissen, die aber in den verschiedenen Übergangsmetallreihen unterschiedlich sind. So ist die Elektronenkonfiguration des Grundzustands von Ni $[\text{Ar}](3d)^8(4s)^2$, von Pd $[\text{Kr}](4d)^{10}$ und von Pt $[\text{Xe}](4f)^{14}(5d)^9(6s)^1$. Für diese Unterschiede gibt es im Einelektronenbild keine Erklärung.

1.5.4 Mehrelektronenzustände, Atomterme

Die exakte Berechnung atomarer Mehrelektronenzustände ist ein relativ kompliziertes quantenmechanisches Problem.[47] Viele wichtige Informationen über die Zustände lassen sich aber bereits qualitativ gewinnen. Das betrifft die Anzahl der Zustände, ihre relative energetische Lage und ihre Drehimpulseigenschaften. Die absolute energetische Lage dagegen ist auf diese Weise nicht zugänglich.

Die Kenntnis der Mehrelektronenzustände ist Voraussetzung für das Verständnis der Atomspektren und damit theoretische Grundlage der Atomspektroskopie. Die Berechnung der absoluten energetischen Lage ist dabei von geringerer Bedeutung, sie ist für die charakteristischen Übergänge experimentell bekannt. Weiterhin ist die Kenntnis der Mehrelektronen-Atomzustände oft Voraussetzung für das Verständnis gewisser Moleküleigenschaften.

Atomare Mehrelektronenzustände können durch die Quantenzahlen für ihren Gesamtbahndrehimpuls und ihren Gesamtspin beschrieben werden. Dabei erfolgt die Addition der Einelektronen-Drehimpulsvektoren zu Mehrelektronen-Drehimpulsvektoren vektoriell, d.h., es ist die Resultierende zu bilden, und zwar so, dass die Projektion der Mehrelektronen-Drehimpulsvektoren auf eine vorgegebene Richtung nur Vielfache von $\hbar$ ergibt (Richtungsquantisierung, vgl. Abschn. 1.3.4). Dies gilt sowohl für den Gesamtbahndrehimpuls (ganzzahlige Vielfache) als auch für den Gesamtspin (ganzzahlige Vielfache für gerade, halbzahlige Vielfache für ungerade Elektronenanzahl).

Wir erläutern die Ermittlung der Mehrelektronenzustände ausführlich am Beispiel der Elektronenkonfiguration $(np)^2$, wofür wir kurz p^2 schreiben, da die Hauptquantenzahl unwesentlich ist. Diese Konfiguration liegt etwa beim C-Atom vor (wir werden später sehen, dass die abgeschlossenen Schalen nicht berücksichtigt zu werden brauchen). Für p-Elektronen ist $l = 1$, jedes Elektron kann einen der Werte $m_l = -1, 0, +1$ und einen der Werte $m_s = \pm 1/2$ annehmen, d.h., es gibt sechs verschiedene Kombinationen m_l, m_s. Mit anderen Worten: np-Elektronen können einen der sechs Einelektronzustände $\psi_{n2m_lm_s}$ besetzen. Es gibt nur $\binom{6}{2} = 6 \cdot 5/1 \cdot 2 = 15$ Möglichkeiten, zwei (ununterscheidbare!) Elektronen auf sechs Einelektronzustände zu verteilen, wenn keiner doppelt besetzt werden darf (um das Pauli-Prinzip nicht zu verletzen).[48]

Wir bezeichnen die 15 Möglichkeiten kurz durch Symbole wie zum Beispiel $(0^+, 1^-)$. Dies soll bedeuten, dass für ein Elektron $m_l = 0$ und $m_s = +1/2$, für das andere $m_l = 1$ und $m_s = -1/2$ gilt. Alle 15 Möglichkeiten sind in Tabelle 1.5 eingetragen.[49] Sie sind nach den Quantenzahlen M_L und M_S geordnet. M_L kann die Werte $-2, \ldots, +2$ annehmen, je

---

[47]Wir gehen darauf – zumindest im Prinzip – in Kapitel 4 näher ein.

[48]In der Kombinatorik ist $\binom{n}{k}$ die Anzahl der *Kombinationen* von n Elementen zur k-ten Klasse.

[49]Man bezeichnet solche Bilanzen zuweilen als „Elektronenbuchhaltung".

Tab. 1.5 Ermittlung der Mehrelektronenzustände für die Konfiguration p^2

	$M_S = 1$	$M_S = 0$	$M_S = -1$
$M_L = 2$		$(1^+, 1^-)$	
$M_L = 1$	$(1^+, 0^+)$	$(1^+, 0^-), (0^+, 1^-)$	$(1^-, 0^-)$
$M_L = 0$	$(1^+, -1^+)$	$(1^+, -1^-), (-1^+, 1^-), (0^+, 0^-)$	$(1^-, -1^-)$
$M_L = -1$	$(-1^+, 0^+)$	$(-1^+, 0^-), (0^+, -1^-)$	$(-1^-, 0^-)$
$M_L = -2$		$(-1^+, -1^-)$	

nachdem, welche m_l-Werte die beiden Elektronen haben. M_S kann die Werte $-1, 0, +1$ annehmen, je nachdem, welche m_s-Werte sie haben. Aus den auftretenden Werten M_L und M_S (d.h. den Eigenwerten $M_L\hbar$ und $M_S\hbar$ für die Projektion von Gesamtbahndrehimpuls und Gesamtspin) lässt sich auf die möglichen Eigenwerte $L(L+1)\hbar^2$ und $S(S+1)\hbar^2$ für die Betragsquadrate schließen. Wenn es die Quantenzahl $M_L = 2$ gibt, muss es Zustände mit der Drehimpulsquantenzahl $L = 2$ geben, sonst gäbe es nicht $M_L = 2$. Zu $L = 2$ gehört aber nicht nur $M_L = 2$, sondern $M_L = -2, \ldots, +2$. Der zugehörige M_S-Wert ist 0, daraus folgt $S = 0$. Es gibt also einen *Atomterm* mit $L = 2$ und $S = 0$. Man bezeichnet einen solchen Term mit ^1D. Allgemein verwendet man für Atomterme das Symbol

$$^{2S+1}L. \tag{1.109}$$

Für $L = 0$ schreibt man S, für $L = 1$ P usw., $2S + 1$ bezeichnet die *Multiplizität*, d.h. die Anzahl der verschiedenen M_S-Werte. Der Term ^1D umfasst also fünf Mehrelektronenzustände, die alle die gleichen Quantenzahlen $S = 0, M_S = 0, L = 2$ haben, sich aber in den M_L-Werten unterscheiden. Für $M_L = 2$ ist dies die Konfiguration $(1^+, 1^-)$, für $M_L = -2$ die Konfiguration $(-1^+, -1^-)$. Für $M_L = 1$ ist es eine Mischung (Linearkombination) aus $(1^+, 0^-)$ und $(0^+, 1^-)$, für $M_L = -1$ aus $(-1^+, 0^-)$ und $(0^+, -1^-)$. Für $M_L = 0$ hat man eine Linearkombination aus $(1^+, -1^-), (-1^+, 1^-)$ und $(0^+, 0^-)$. Symbolisch, d.h. im Sinne eines Abzählens, kann man aus der Spalte zu $M_S = 0$ in jeder Zeile eine Konfiguration streichen. Als nächstes geht man etwa von $(1^+, 0^+)$ aus. Wenn es die Quantenzahlen $M_L = 1$ und $M_S = 1$ gibt, muss es also einen Atomterm mit $L = 1$ und $S = 1$ geben: ^3P. Dieser Term besteht aus neun Zuständen, die sich durch $M_L = -1, 0, +1$ und $M_S = -1, 0, +1$ unterscheiden. Sechs von ihnen können einzelnen Konfigurationen zugeordnet werden, für die anderen sind Linearkombinationen zu bilden. Schließlich bleibt eine Linearkombination der drei Konfigurationen zu $M_L = 0$ und $M_S = 0$ übrig. Es muss also noch einen Term ^1S (mit $L = 0$ und $S = 0$) geben. Wir haben damit die drei Atomterme ^1D, ^3P und ^1S ermittelt, die aus insgesamt 15 Mehrelektronenzuständen bestehen. Diese Zustände werden durch die vier Quantenzahlen L, M_L, S, M_S charakterisiert.

Nach dem beschriebenen Verfahren lassen sich die Atomterme für beliebige Elektronenkonfigurationen ermitteln. In Tabelle 1.6 geben wir das Verfahren für die Konfiguration d^2 an. Es gibt zehn verschiedene d-Einelektronenzustände ($m_l = -2, \ldots, +2; m_s = \pm 1/2$). Daraus resultieren $\binom{10}{2} = 45$ verschiedene Mehrelektronenzustände. Es genügt, in dem Schema

Tab. 1.6 Ermittlung der Mehrelektronenzustände für die Konfiguration d^2

	$M_S = 1$	$M_S = 0$
$M_L = 4$		$(2^+, 2^-)$
$M_L = 3$	$(2^+, 1^+)$	$(2^+, 1^-), (1^+, 2^-)$
$M_L = 2$	$(2^+, 0^+)$	$(2^+, 0^-), (0^+, 2^-), (1^+, 1^-)$
$M_L = 1$	$(2^+, -1^+), (1^+, 0^+)$	$(2^+, -1^-), (-1^+, 2^-), (1^+, 0^-), (0^+, 1^-)$
$M_L = 0$	$(2^+, -2^+), (1^+, -1^+)$	$(2^+, -2^-), (-2^+, 2^-), (1^+, -1^-), (-1^+, 1^-), (0^+, 0^-)$

Tab. 1.7 Ermittlung der Mehrelektronenzustände für die Konfiguration p^3

	$M_S = 3/2$	$M_S = 1/2$
$M_L = 3$		
$M_L = 2$		$(1^+, 0^+, 1^-)$
$M_L = 1$		$(1^+, 0^+, 0^-), (1^+, -1^+, 1^-)$
$M_L = 0$	$(1^+, 0^+, -1^+)$	$(1^+, 0^+, -1^-), (1^+, -1^+, 0^-), (-1^+, 0^+, 1^-)$

nur den Teil mit $M_L \geq 0$ und $M_S \geq 0$ anzugeben, der Rest ergänzt sich leicht. Es resultieren die Atomterme ^1G, ^3F, ^1D, ^3P und ^1S. Für die Elektronenkonfiguration p^3 hat man $\binom{6}{3} = 20$ Konfigurationen des Typs $(1^+, 0^+, 1^-)$ (Tab. 1.7). Die daraus resultierenden Mehrelektronenzustände lassen sich in den Termen ^2D, ^2P und ^4S zusammenfassen.[50]

Für „abgeschlossene" Schalen (s^2, p^6, d^{10}) ergibt sich stets ^1S. Daraus folgt, dass nur „offene" Schalen berücksichtigt werden müssen. Bei mehr als halbbesetzten Schalen braucht man nicht neu zu rechnen. *Löcher*, (d.h. „fehlende" Elektronen) verhalten sich bezüglich ihrer Drehimpulseigenschaften wie Elektronen. Auch für einzelne Elektronen kann die Mehrelektronen-Nomenklatur angewandt werden. Für s^1 hat man ^2S, für p^1 ^2P, für d^1 ^2D usw. Tabelle 1.8 enthält alle Terme, die sich aus den Konfigurationen s^n, p^n und d^n ergeben.

Die Konfigurationen in den Tabellen 1.5 bis 1.7 haben wir durch Zuordnung der Elektronen zu entarteten (d.h. energetisch gleichwertigen) Einelektronzuständen erhalten. Bei völliger Vernachlässigung der Elektronenwechselwirkung hätten jeweils alle sich ergebenden Atomterme die gleiche Energie. Bei Berücksichtigung der Wechselwirkung ergeben sich Energieunterschiede. Zwei wichtige Resultate sind allgemeingültig: Zum einen haben die Atomterme verschiedene Energie, d.h. die aus einer Elektronenkonfiguration resultierenden Terme spalten auf. Die $(2L+1)(2S+1)$ Zustände innerhalb eines Terms, die in den Quantenzahlen L und S übereinstimmen, sich aber in M_L und M_S unterscheiden, haben die gleiche

---

[50]Die von uns zunächst ganz formal eingeführten Klammersymbole zur Kennzeichnung der verschiedenen möglichen Elektronenkonfigurationen (Tab. 1.5 bis 1.7) haben eine definierte mathematische Gestalt, sie sind Determinanten aus den „beteiligten" Einelektronenfunktionen. Mit diesen *Slater-Determinanten* werden wir uns in Kapitel 4 ausführlicher beschäftigen.

Tab. 1.8 Atomterme, die sich aus den Konfigurationen s^n, p^n und d^n ergeben

s^1	^2S
s^2	^1S
p^1, p^5	^2P
p^2, p^4	$^3P, {}^1D, {}^1S$
p^3	$^4S, {}^2D, {}^2P$
p^6	^1S
d^1, d^9	^2D
d^2, d^8	$^3F, {}^3P, {}^1G, {}^1D, {}^1S$
d^3, d^7	$^4F, {}^4P, {}^2H, {}^2G, {}^2F, {}^2D, {}^2D', {}^2P$
d^4, d^6	$^5D, {}^3H, {}^3G, {}^3F, {}^3F', {}^3D, {}^3P, {}^3P', {}^1I, {}^1G, {}^1G', {}^1F, {}^1D, {}^1D', {}^1S, {}^1S'$
d^5	$^6S, {}^4G, {}^4F, {}^4D, {}^4P, {}^2I, {}^2H, {}^2G, {}^2G', {}^2F, {}^2F', {}^2D, {}^2D', {}^2D'', {}^2P, {}^2S$
d^{10}	^1S

Energie. Diese Zustände spalten erst auf, wenn äußere (elektrische oder magnetische) Felder angelegt werden oder innerhalb des Atoms auch Spin-Bahn-Wechselwirkungen berücksichtigt werden (s. nächster Abschnitt). Zum zweiten lässt sich eine Regel angeben, welcher Term die niedrigste Energie hat. Die *Hundsche Regel* besagt, dass *der* Term Grundzustand ist, für den

$$1.\ S\ \text{maximal} \quad \text{und} \quad 2.\ L\ \text{maximal} \tag{1.110}$$

ist. Unter den Termen maximaler Multiplizität ist also derjenige Grundzustand, der den größten L-Wert hat. Für die Konfiguration p^2 ist damit ^3P, für d^2 ^3F Grundzustand. Bei halbbesetzten Schalen (s^1, p^3, d^5) gilt für den Grundzustand stets $L = 0$ (^2S, ^4S, ^6S). In Tabelle 1.8 sind die Grundterme jeweils als erste angegeben.

Wir weisen darauf hin, dass die Hundsche Regel (1.110) nur Aussagen darüber macht, welcher Term Grundzustand ist. Über die relative energetische Lage der übrigen, angeregten Terme lässt sich keine allgemeingültige Aussage machen. Dazu sind detailliertere Überlegungen nötig (s. Abschn. 4.3.1).

1.5.5 Kopplung von Drehimpulsen

Berücksichtigt man nur elektrostatische Wechselwirkungen zwischen den Elektronen, so hat der Hamilton-Operator die Form (1.104). Es gibt aber weitere Wechselwirkungen, die man als *relativistische* Wechselwirkungen zusammenfassen kann. Sie erfordern eine Erweiterung des nichtrelativistischen Hamilton-Operators (1.104) durch zusätzliche Terme. Dazu gehören *Spin-Bahn-Wechselwirkungen*. Sie führen zur Kopplung zwischen Bahndrehimpuls und Spin. Diese Kopplung ist für die optischen Atomspektren von Bedeutung.

Die Kopplung von Gesamtbahndrehimpuls $\vec{L}$ und Gesamtspin $\vec{S}$ zum *Gesamtdrehimpuls $\vec{J}$* (*LS-Kopplung* oder *Russel-Saunders-Kopplung*) wird durch vektorielle Addition vorgenommen: $\vec{J} = \vec{L} + \vec{S}$. Dies erfolgt so, dass die Projektion von $\vec{J}$ nur die Werte $M_J \hbar$ annehmen kann (Richtungsquantisierung). Das Gesamtdrehimpulsquadrat kann damit nur die Werte $J(J+1)\hbar^2$ mit den Quantenzahlen

$$J = |L-S|, |L-S|+1, \ldots, L+S \tag{1.111}$$

annehmen. M_J hat dann jeweils die Werte $-J, -J+1, \ldots, J$. An die Termsymbole (1.109) wird die Quantenzahl J als Index angefügt:

$$^{2S+1}L_J. \tag{1.112}$$

Wegen der Spin-Bahn-Wechselwirkung spalten die Terme gemäß der Quantenzahl J in Multipletts auf, etwa ^3P in $^3P_2, ^3P_1, ^3P_0$ oder ^4F in $^4F_{9/2}, ^4F_{7/2}, ^4F_{5/2}, ^4F_{3/2}$ (vgl. (1.111)). Dies ist auch die Ursache für die Multiplettstruktur der Alkalispektren. Als Grundzustand hat man dort ^2S, dieser Term spaltet nicht auf ($J = 1/2$). Alle Terme mit $L \neq 0$ spalten zu Dubletts auf. Die bekannte Dublettstruktur der Emissionsspektren ergibt sich durch den Übergang von einem thermisch angeregten Zustand ^2P, aufgespalten in $^2P_{3/2}$ und $^2P_{1/2}$, in den Grundzustand.

LS-Kopplung mit Termsymbolen (1.112) liegt vor, wenn für mehrere Elektronen erst die Bahndrehimpulse für sich und die Spins für sich kombiniert werden und die Spin-Bahn-Kopplung erst in zweiter Näherung von Bedeutung ist. Dieser Fall liegt vor, wenn die Valenzelektronen „nah beieinander sind", d.h. bei „kleinen" Atomen. Bei „großen" Atomen dagegen sind die Elektronen „weit voneinander entfernt". Für diesen Grenzfall erfolgt erst die Kopplung zwischen Bahndrehimpuls $\vec{l}$ und Spin $\vec{s}$ für jedes einzelne Elektron zum Gesamtdrehimpuls $\vec{j} = \vec{l} + \vec{s}$ und dann erst in zweiter Näherung die Kopplung der einzelnen Drehimpulse $\vec{j}$ zum atomaren Gesamtdrehimpuls $\vec{J}$ (jj-Kopplung). Als Quantenzahlen für die Mehrelektronenfunktionen hat man dann nur J und M_J (die Angabe von L, M_L, S, M_S ist nicht möglich). Bis zur Hauptquantenzahl $n = 4$ ist die LS-Kopplung eine gute Näherung, ab $n = 6$ die jj-Kopplung. Dazwischen ist die Situation komplizierter.

1.6   Chemische Bindung

1.6.1   Die Schrödinger-Gleichung für Moleküle

Die Wechselwirkungen zwischen positiven und negativen Ionen sind bereits auf der Grundlage der klassischen Elektrostatik gut verständlich. Gemäß dem Coulombschen Gesetz stoßen sich gleich geladene Ionen ab, unterschiedlich geladene ziehen sich an. Das führt zur Ausbildung der Ionenkristalle. Die Bindungen zwischen *neutralen* Atomen, die zur Bildung von Molekülen (oder zur Ausbildung von Atomkristallen) führen, sind dagegen mit den Mitteln der klassischen Physik nicht verständlich. Man benötigt Kenntnisse über die innere Struktur der Atome, ihren Aufbau aus Kernen und Elektronen und über die Wechselwirkungen zwischen diesen Teilchen. Nur die Quantentheorie kann das Phänomen der kovalenten chemischen Bindung erfassen.

Für ein Molekül mit K Kernen und N Elektronen hat der Hamilton-Operator[51] die Form

$$\mathbf{H} = -\sum_{a=1}^{K} \frac{\hbar^2}{2M_a}\Delta_a - \sum_{i=1}^{N} \frac{\hbar^2}{2m_e}\Delta_i$$
$$+ \sum_{a=1}^{K}\sum_{\substack{b=1\\b>a}}^{K} \frac{Z_a Z_b e^2}{R_{ab}} + \sum_{i=1}^{N}\sum_{\substack{j=1\\j>i}}^{N} \frac{e^2}{r_{ij}} - \sum_{a=1}^{K}\sum_{i=1}^{N} \frac{Z_a e^2}{r_{ai}}. \tag{1.113}$$

Die Indizes a und b bezeichnen die Kerne, i und j die Elektronen. M_a und Z_a sind die Masse bzw. die Ladungszahl für den Kern a, m_e ist die Elektronenmasse. R_{ab}, r_{ai} und r_{ij} sind die jeweiligen Abstände zwischen den Teilchen. Anstelle von (1.113) verwenden wir im folgenden zuweilen die Kurzschreibweise

$$\mathbf{H} = \mathbf{T}_K + \mathbf{T}_e + \mathbf{V}_{KK} + \mathbf{V}_{ee} + \mathbf{V}_{eK}. \tag{1.114}$$

Die einzelnen Terme des Operators (1.113) bzw. (1.114) bedeuten (in dieser Reihenfolge): die kinetische Energie der Kerne und der Elektronen und die potenzielle Energie der Wechselwirkung zwischen den Kernen, den Elektronen sowie zwischen Kernen und Elektronen.

Mit diesem Hamilton-Operator hat man die Schrödinger-Gleichung[52]

$$\mathbf{H}\Psi = E\Psi \tag{1.115}$$

zu lösen. Im allgemeinen Fall enthalten die Mehrteilchen-Zustandsfunktionen in (1.115) als Variable die Orts- und Spinkoordinaten aller Kerne und Elektronen. Hat der Hamilton-Operator die (spinfreie) Form (1.113), so lässt sich der Spinanteil abseparieren, den verbleibenden Ortsanteil bezeichnen wir kurz durch

$$\Psi = \Psi(\vec{r}, \vec{R}), \tag{1.116}$$

wobei $\vec{r}$ und $\vec{R}$ symbolisch für die Ortsvektoren aller Elektronen bzw. Kerne stehen.

Die Schrödinger-Gleichung (1.115) ist für Moleküle nicht geschlossen lösbar. Es sind Näherungsmethoden erforderlich. Die Ausarbeitung bzw. Verbesserung solcher Methoden ist ein wesentliches Arbeitsgebiet der angewandten Quantenmechanik bzw. der Quantenchemie. Inzwischen sind ganze Näherungshierarchien erarbeitet worden. In den Kapiteln 3 und 4 machen wir mehr oder weniger extensiv davon Gebrauch.

1.6.2   Qualitative Aspekte der chemischen Bindung

Das einfachste molekulare System, bei dem kovalente chemische Bindung auftritt, ist das Wasserstoffmolekülion H_2^+. Nehmen wir das Kerngerüst, d.h. die Position der beiden Protonen, als fixiert an, dann lässt sich der Hamilton-Operator für dieses System als

$$\mathbf{H} = -\frac{\hbar^2}{2m_e}\Delta - \frac{e^2}{r_a} - \frac{e^2}{r_b} \tag{1.117}$$

---

[51]Dies ist die *nichtrelativistische* Form, sie enthält keine Spinanteile.
[52]Wir erinnern an die Vereinbarung über die Bezeichnungsweise, die in Abschnitt 1.5.1 getroffen wurde: für Mehrteilchensysteme werden Großbuchstaben verwendet.

schreiben. Dies ist der *elektronische* Hamilton-Operator für die Bewegung eines Elektrons im Feld der beiden Protonen a und b (r_a und r_b bezeichnen den Abstand des Elektrons vom Proton a bzw. b). Der Operator der kinetischen Energie der Kerne $\mathbf{T}_K$ verschwindet für ruhende Kerne, und der für die potenzielle Energie $\mathbf{V}_{KK}$ wird zu $V_{KK} = e^2/R$ (wenn R den Abstand zwischen den beiden Protonen bezeichnet) und kann aus dem Hamilton-Operator (1.114) herausgenommen werden.[53] Dann ergibt sich für die *Totalenergie* die Form

$$E_{tot} = E_e + V_{KK}, \tag{1.118}$$

wobei man $E_e = E_e(R)$, die *elektronische Energie*, aus der „elektronischen Schrödinger-Gleichung" mit dem Hamilton-Operator (1.117) erhält. Auf die näherungsweise Lösung der Schrödinger-Gleichung für das H_2^+-Ion werden wir in Abschnitt 1.6.4 zurückkommen. Zunächst diskutieren wir nur einige qualitative Aspekte.

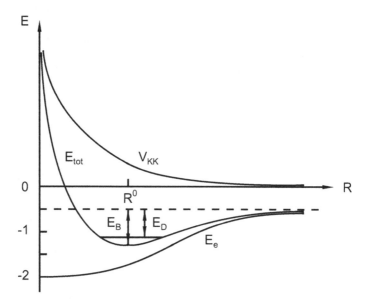

Bild 1.19 Prinzipielle energetische Verhältnisse in atomaren Einheiten (a.u.) für ein zweiatomiges Molekül am Beispiel des H_2^+-Systems.

Die prinzipiellen energetischen Verhältnisse für das betrachtete System sind in Bild 1.19 in Abhängigkeit von R dargestellt. Die *Kernabstoßungsenergie* $V_{KK} = e^2/R$ ist eine Hyperbelfunktion, man hat die beiden Grenzfälle: $V_{KK}(R) \to 0$ für $R \to \infty$ und $V_{KK}(R) \to \infty$ für $R \to 0$. Auch für $E_e(R)$ betrachten wir die beiden Grenzfälle. Für $R \to \infty$ erhält man die getrennten Spezies (in unserem Fall ein Wasserstoffatom und ein Proton), d.h. $E_e(R) \to -(m_e e^4/2\hbar^2) = -(1/2)$ a.u. (die Energie eines Wasserstoffatoms im Grundzustand, vgl. (1.90)). Für $R \to 0$ erhält man (in elektronischer Hinsicht!) ein „vereinigtes" Atom (in unserem Fall ein He$^+$-Ion), d.h. $E_e(R) \to -(4m_e e^4/2\hbar^2) = -2$ a.u. (vgl. (1.102)). Für die Totalenergie (1.118) ergibt sich damit eine *Potenzialkurve* mit einem Minimum

---

[53]Wir betrachten die Trennung von Kern- und Elektronenbewegung in Abschnitt 4.5.1 näher.

bei einem bestimmten Wert R^0, dem *Gleichgewichtsabstand*. Für $R = R^0$ hat also das H_2^+-System minimale Gesamtenergie, für diesen Abstand liegt ein stabiles molekulares System vor. Die Tiefe des Energieminimums im Vergleich zu den getrennten Spezies ist die *Bindungsenergie* E_B. Die Bindungsenergie stimmt nicht mit der *Dissoziationsenergie* E_D überein. E_D ist kleiner als E_B, da H_2^+ wie jedes molekulare System selbst im Schwingungsgrundzustand noch einen bestimmten Schwingungsenergiebetrag hat, die *Nullpunktsschwingungsenergie* $(1/2)\hbar\omega$ (vgl. Abschn. 1.2.2). Die *Kraftkonstante* k ergibt sich aus der zweiten Ableitung von $E_{tot}(R)$ nach R an der Stelle $R = R^0$:

$$k = \left.\frac{\partial^2 E_{tot}(R)}{\partial R^2}\right|_{R=R^0}. \tag{1.119}$$

Zur Ermittlung von R^0, E_B, E_D, $(1/2)\hbar\omega$ und k hat man die elektronische Schrödinger-Gleichung mit dem Hamilton-Operator (1.117) für viele Kernabstände R zu lösen. Man erhält daraus einen diskreten Grundzustandsenergiewert für jedes R. Der Funktionsverlauf $E_{tot}(R)$ lässt sich durch Näherungsfunktionen annähern; in der Nähe des Minimums ist eine quadratische Funktion, eine Parabel, ausreichend („harmonische" Näherung, vgl. Abschn. 1.2.2), für größere Abstände vom Minimum benötigt man eine asymmetrische Funktion, etwa eine Morsefunktion.

1.6.3 Physikalische Ursachen der Bindung

In diesem Abschnitt sollen einige Bemerkungen über die physikalischen Ursachen der Energieerniedrigung bei der Bindungsbildung angebracht werden. Oft wird diese Frage ganz ausgeklammert oder es wird – wenn auch unbeabsichtigt – der Eindruck erweckt, als würden sich „bindende" Elektronen (im Beispiel des H_2^+ ein einzelnes Elektron, im allgemeinen aber „Elektronenpaare") deshalb bevorzugt (d.h. mit großer Wahrscheinlichkeit) zwischen den Kernen anordnen, weil dann durch die räumliche Anordnung von negativer Ladung zwischen den beiden positiven Kernladungen die potenzielle Energie besonders niedrig ist. Diese simple, auf klassischen elektrostatischen Vorstellungen beruhende Interpretation ist jedoch nur bedingt richtig. Gründliche Analysen der Zusammenhänge ergeben ein komplexeres Bild (s. Bild 1.20). Zwar ist beim Gleichgewichtsabstand in der Tat die potenzielle Energie abgesenkt (und die kinetische Energie weniger stark erhöht), aber für die Bindungs*bildung*, d.h. die anziehende Wirkung bei der Annäherung der Atome ist die *Absenkung der kinetischen Energie* entscheidend (die potenzielle Energie wird dabei – wenn auch schwach – erhöht). Eine Erklärung dafür lässt sich aus der Unschärferelation folgern.[54]

Bei der Bindungsbildung kommt es in der Bindungsregion zu einer „Durchdringung", „Überlagerung", „Überlappung" oder „Interferenz" (hier ist das Wellenbild günstig) der atomaren Zustandsfunktionen („Wellenfunktionen"). Bei „bindenden" Verhältnissen („positive Überlappung") resultiert daraus eine Vergrößerung der Aufenthaltswahrscheinlichkeit der Elektronen in der Bindungsregion, bei „antibindenden" („negative Überlappung") eine Verringerung. Bei bindenden Verhältnissen stehen den Elektronen also größere Raumbereiche (im

---

[54]S. Abschn. 2.2.5. Wir benötigen hier nur die Tatsache, dass Ort und Impuls nicht gleichzeitig beliebig genau gemessen werden können. Je genauer die eine Größe gemessen wird, desto „unschärfer" wird die andere.

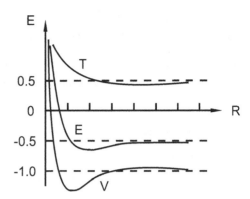

Bild 1.20
Schematische Zerlegung der Totalenergie bei der Bindungsbildung zum H_2^+-Ion in eine Summe aus kinetischer und potenzieller Energie (in a.u.).

Vergleich zum Fall getrennter Atome) zur Verfügung, ihre Ortsunschärfe wird größer. Dadurch sinkt ihre Impulsunschärfe. Da der mittlere Impuls bei gebundenen Elektronen Null ist, werden somit kleinere Impulse wahrscheinlicher. Wegen $T = p^2/2m_e$ werden damit auch kleinere Werte für die kinetische Energie wahrscheinlicher, wodurch sich die mittlere kinetische Energie der Elektronen verringert. Durch diese Verringerung wird die Vergrößerung der potenziellen Energie überkompensiert. Die kinetische Energie ist damit der entscheidende Energiebeitrag für die Bindungsbildung.

Wir bemerken, dass das Auftreten von kovalenter chemischer Bindung *nicht* ursächlich mit der Existenz von Elektronen„paaren" zusammenhängt. Das zeigt zum einen das H_2^+, zum anderen lässt sich zeigen, dass die Ausbildung von Elektronenpaaren sogar energetisch ungünstig ist. Sind zwei (oder mehrere) verschiedene Einelektronen-Ortsfunktionen (Orbitale) mit gleicher Energie (Entartung) oder nur wenig verschiedener Energie verfügbar, werden die Elektronen diese mit parallelem Spin besetzen (Hundsche Regel). Nur wenn sich die verschiedenen Einelektronenzustände energetisch deutlich unterscheiden, werden zwei Elektronen den energetisch niedrigsten mit gepaartem Spin besetzen, so dass ein Elektronenpaar gebildet wird.

1.6.4 Das Wasserstoffmolekülion

Wir wollen – wenn auch auf einem einfachen Näherungsniveau – die quantitative quantenmechanische Behandlung des H_2^+-Ions skizzieren.[55] Für ein einzelnes Elektron im Feld zweier fixierter Protonen hat man die Schrödinger-Gleichung $H\psi = E\psi$ mit dem Hamilton-Operator

$$\mathbf{H} = -\frac{\hbar^2}{2m_e}\Delta - \frac{e^2}{r_a} - \frac{e^2}{r_b} + \frac{e^2}{R} \tag{1.120}$$

(vgl. Abschn. 1.6.2) zu lösen. Ein einfacher, aber außerordentlich leistungsfähiger Näherungsansatz besteht darin, die gesuchten *Molekülorbitale* ψ (im vorliegenden Falle die Zustände, die das Elektron im H_2^+-System annehmen kann) als Linearkombinationen von

---

[55]Das Vorgehen ist exemplarisch für die in den nächsten Kapiteln behandelten quantenchemischen Näherungsverfahren.

Atomorbitalen (also Zuständen, die das Elektron in einem isolierten Wasserstoffatom annehmen kann) anzusetzen. Man bezeichnet dies als *LCAO-MO-Verfahren*.[56] Dieser Näherungsannahme liegt zugrunde, dass sich zumindest die Chemiker die Moleküle als aus Atomen zusammengesetzt vorstellen (und nicht etwa ganz formal aus einer bestimmten Anzahl von Atomkernen und Elektronen). Die Molekülorbitale ψ werden also durch Überlagerung (Linearkombination, „Superposition") von Atomorbitalen angenähert:[57]

$$\psi = c_a \chi_a + c_b \chi_b. \tag{1.121}$$

χ_a und χ_b sind vorgegebene (d.h. als bekannt vorausgesetzte) Atomfunktionen, im vorliegenden Fall die $1s$-Wasserstofffunktionen am Zentrum a bzw. b. Die Koeffizienten c_a und c_b sind zu ermitteln.

Zunächst formen wir die Schrödinger-Gleichung $\mathbf{H}\psi = E\psi$ um. Wir multiplizieren sie von links[58] mit der konjugiert komplexen Funktion ψ^* und integrieren über den Gesamtraum.[59] Umstellung nach E ergibt

$$E = \frac{\int \psi^* \mathbf{H} \psi \, d\vec{r}}{\int \psi^* \psi \, d\vec{r}}, \tag{1.122}$$

was völlig gleichwertig zur Schrödinger-Gleichung ist. In (1.122) wird (1.121) eingesetzt:

$$E = \frac{\int (c_a \chi_a + c_b \chi_b)^* \mathbf{H} (c_a \chi_a + c_b \chi_b) \, d\vec{r}}{\int (c_a \chi_a + c_b \chi_b)^* (c_a \chi_a + c_b \chi_b) \, d\vec{r}}. \tag{1.123}$$

Wir multiplizieren aus und führen folgende Abkürzungen ein:

$$H_{kl} = \int \chi_k^* \mathbf{H} \chi_l \, d\vec{r} \qquad \text{und} \qquad S_{kl} = \int \chi_k^* \chi_l \, d\vec{r}, \tag{1.124}$$

wobei $S_{kk} = 1$ gilt, da wir die Atomfunktionen als normiert annehmen können. Die Integrale S_{kl} werden als *Überlappungsintegrale* (oder *Matrixelemente der Überlappungsmatrix*) bezeichnet, die Integrale H_{kl} analog als *Matrixelemente der Hamilton-Matrix*. Beide Matrizen haben im vorliegenden Falle zwei Zeilen und zwei Spalten. Das Überlappungsintegral S_{kl} ist ein Maß für die gegenseitige Durchdringung („Überlappung") der beiden Atomfunktionen χ_k und χ_l; sein Wert ist dann groß, wenn es „große" Raumbereiche gibt, in denen sowohl χ_k als auch χ_l nicht verschwinden, wo also das Produkt $\chi_k^* \chi_l$ relativ große Werte annimmt.

Mit den Abkürzungen (1.124) nimmt (1.123) die Form

$$E = \frac{c_a^* c_a H_{aa} + c_a^* c_b H_{ab} + c_b^* c_a H_{ba} + c_b^* c_b H_{bb}}{c_a^* c_a + c_a^* c_b S_{ab} + c_b^* c_a S_{ba} + c_b^* c_b} \tag{1.125}$$

---

[56] *linear combination of atomic orbitals to molecular orbitals*
[57] Den allgemeinen Fall (mehr als zwei Atomorbitale) behandeln wir im nächsten Abschnitt.
[58] Von *links* deshalb, um deutlich zu machen, dass $\mathbf{H}$ nur auf ψ wirkt, nicht aber auf ψ^*.
[59] Zur Vereinfachung der Schreibweise schreiben wir nur ein Integralzeichen (anstelle von drei) und unterdrücken die Integrationsgrenzen.

an. Wir bestimmen nun die Koeffizienten in (1.121) so, dass (1.125) ein Minimum annimmt.[60] Wir suchen also diejenige Molekülfunktion (1.121), für die die zugehörige Energie minimal ist, um den Energiegewinn bei der Bildung des H_2^+ zu erfassen. Dies ist ein „übliches" Extremwertproblem: die ersten Ableitungen von (1.125) nach den Koeffizienten c_a und c_b sind Null zu setzen. Zweckmäßigerweise fasst man (1.125) – was völlig gleichwertig ist – als Funktion der konjugiert komplexen Koeffizienten c_a^* und c_b^* auf und leitet nach diesen ab:[61]

$$\frac{\partial E}{\partial c_k^*} = 0 \qquad (k = a, b). \tag{1.126}$$

(1.126) ist ein System aus zwei Gleichungen zur Bestimmung der gesuchten Koeffizienten. Es vereinfacht die Durchführung der Ableitungen, wenn man in (1.125) den Nenner beseitigt und von

$$E(c_a^* c_a + c_a^* c_b S_{ab} + c_b^* c_a S_{ba} + c_b^* c_b)$$
$$= c_a^* c_a H_{aa} + c_a^* c_b H_{ab} + c_b^* c_a H_{ba} + c_b^* c_b H_{bb} \tag{1.127}$$

ausgeht. Die Ableitung von (1.127) nach c_a^* und c_b^* ergibt

$$\frac{\partial E}{\partial c_a^*}(c_a^* c_a + c_a^* c_b S_{ab} + c_b^* c_a S_{ba} + c_b^* c_b) \;+\; E(c_a + c_b S_{ab}) \;=\; c_a H_{aa} + c_b H_{ab}$$
$$\frac{\partial E}{\partial c_b^*}(c_a^* c_a + c_a^* c_b S_{ab} + c_b^* c_a S_{ba} + c_b^* c_b) \;+\; E(c_a S_{ba} + c_b) \;=\; c_a H_{ba} + c_b H_{bb}.$$

Der erste Term in jeder dieser Gleichungen verschwindet wegen (1.126). Nach Umformung ergibt sich dann

$$\begin{aligned} (H_{aa} - E)c_a + (H_{ab} - ES_{ab})c_b &= 0 \\ (H_{ba} - ES_{ba})c_a + (H_{bb} - E)c_b &= 0. \end{aligned} \tag{1.128}$$

Dies ist ein homogenes lineares Gleichungssystem (*Säkulargleichungssystem*) zur Bestimmung derjenigen Koeffizienten c_a und c_b in (1.121), für die (1.125) minimal wird. Ein solches Gleichungssystem hat nur dann nichttriviale Lösungen (d.h. Lösungen, für die nicht beide Koeffizienten, c_a und c_b, Null sind), wenn die Koeffizientendeterminante (*Säkulardeterminante*) verschwindet:

$$\begin{vmatrix} H_{aa} - E & H_{ab} - ES_{ab} \\ H_{ba} - ES_{ba} & H_{bb} - E \end{vmatrix} = 0. \tag{1.129}$$

(1.129) ist eine quadratische Gleichung in E, aus der sich zwei Werte für E ermitteln lassen, für die (1.129) erfüllt ist. (1.129) lässt sich etwas vereinfachen. Man kann zeigen, dass sowohl die Überlappungsmatrix als auch die Hamilton-Matrix symmetrisch sind,[62] d.h., es

---

[60]Siehe dazu auch den nächsten Abschnitt.
[61]Würde man nach c_a und c_b ableiten, so stünden in (1.128) die konjugiert komplexen Koeffizienten. Man würde zunächst diese ermitteln und dann wieder zu c_a und c_b übergehen.
[62]Für die Überlappungsmatrix ist dies unmittelbar einsichtig, zumindest für den Fall, dass mit reellen Atomfunktionen gearbeitet wird. Für die Hamilton-Matrix ist es eine Folge der Hermitezität des Hamilton-Operators (s. Abschn. 2.1.8).

gilt $S_{ba} = S_{ab}$ und $H_{ba} = H_{ab}$. Für unseren konkreten Fall, das H_2^+-Ion, gilt überdies $H_{bb} = H_{aa}$. Setzen wir noch $S_{ab} = S$ (da nur ein Überlappungsintegral vorhanden ist), so wird (1.129) zu

$$\begin{vmatrix} H_{aa} - E & H_{ab} - ES \\ H_{ab} - ES & H_{aa} - E \end{vmatrix} = 0, \tag{1.130}$$

d.h., wir erhalten die quadratische Gleichung

$$(H_{aa} - E)^2 - (H_{ab} - ES)^2 = 0,$$

aus der sich die beiden Wurzeln

$$E_{1,2} = \frac{H_{aa} \pm H_{ab}}{1 \pm S} \tag{1.131}$$

ergeben (für E_1 gelte das Plus-Zeichen, für E_2 das Minus-Zeichen).

Jetzt könnte man die Integrale H_{aa}, H_{ab} und S berechnen. Dazu hätte man die $1s$-Funktionen des Wasserstoffatoms $\chi_a = \sqrt{1/\pi a_0^3}\, e^{-r_a/a_0}$ und $\chi_b = \sqrt{1/\pi a_0^3}\, e^{-r_b/a_0}$ (s. Tab. 1.4) sowie den Hamilton-Operator (1.120) in die Ausdrücke (1.124) einzusetzen und über den Gesamtraum zu integrieren. Wir wollen dies nicht explizit tun, sondern beschränken uns auf die verbale Diskussion. Alle Integrale sind Funktionen des Abstands R zwischen den beiden Zentren. Ihr qualitativer Verlauf ist in Bild 1.21 wiedergegeben. Für das Überlappungs-

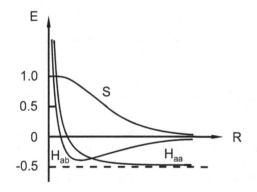

Bild 1.21
Qualitativer Verlauf der Integrale S (dimensionslos) sowie H_{aa} und H_{ab} (in a.u.) für das H_2^+-Ion.

integral gilt $S \to 0$ für $R \to \infty$, da dann keine Überlappung mehr möglich ist, und $S \to 1$ für $R \to 0$, da das Integral dann zur Normierungsrelation wird. Für das Diagonalelement der Hamilton-Matrix hat man $H_{aa} \to -(m_e e^4/2\hbar^2) = -(1/2)$ a.u. für $R \to \infty$, da sich dann das Elektron im Grundzustand ($1s$-Zustand) an einem der beiden Zentren befindet (es liegt ein Wasserstoffatom und ein Proton vor). Bei Annäherung kommt der (relativ schwache) bindende Energiebetrag der Wechselwirkung zwischen dem Elektron an einem Zentrum und dem Proton am anderen Zentrum hinzu sowie die (relativ starke) Abstoßung zwischen den beiden Protonen. Das führt zu $H_{aa} \to \infty$ für $R \to 0$. Für das Nichtdiagonalelement hat man $H_{ab} \to 0$ für $R \to \infty$, da dann die Positionen a und b, an denen die beiden Funktionen im Integranden zentriert sind, unendlich weit voneinander entfernt sind. Auch H_{ab} verschwindet also (wie S), wenn keine Überlappung der Funktionen möglich ist. Für $R \to 0$ geht die Funktion χ_b in χ_a über, d.h., der Verlauf von H_{ab} wird sich dem von H_{aa} annähern.

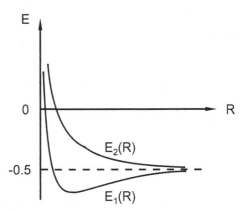

Bild 1.22
Die Potenzialkurven $E_1(R)$ und $E_2(R)$ für das
H_2^+-Ion (in a.u.).

Aus diesen Überlegungen (bzw. aus den expliziten Rechnungen) folgt, dass sowohl H_{aa} als auch H_{ab} im Bindungsbereich negative Werte annehmen. Für die beiden Energiewerte (1.131) ergibt sich in Abhängigkeit von R der in Bild 1.22 dargestellte Verlauf. $E_1(R)$ ist die – sich mit unserem Näherungsansatz ergebende – Potenzialkurve für den Grundzustand des H_2^+-Ions. Sie hat ein Minimum in der Nähe des exakten Bindungsabstandes. Die Tiefe des Minimums ist Maß für den Energiegewinn (die *Bindungsenergie*) beim Übergang von einem Wasserstoffatom und einem Proton zum Wasserstoffmolekülion. Die Potenzialkurve $E_2(R)$ beschreibt „antibindende" Verhältnisse, die Energie sinkt, wenn der Abstand zwischen den beiden Zentren steigt. Entscheidend für das Zustandekommen und die Stärke der Bindung sind also offenbar H_{ab} und S. Geht die (negative) Größe H_{ab} in (1.131) mit positivem Vorzeichen ein, so hat man bindende, bei negativem Vorzeichen antibindende Verhältnisse. Quantitativ wird dies zusätzlich durch S beeinflusst.

Da H_{ab} (außer für sehr kleine R) betragsmäßig dann groß ist, wenn auch S groß ist, wird die Bindung dann stark sein, wenn die Überlappung (Durchdringung) der beiden Atomfunktionen stark ist. Dies entspricht der Diskussion im vorigen Abschnitt.

Wir wollen nun die zu den beiden Energiewerten (1.131) gehörenden Molekülorbitale bestimmen, d.h. die jeweiligen Koeffizienten der Linearkombination (1.121). Dazu haben wir für jeden der beiden Energiewerte das Säkulargleichungssystem (1.128) zu lösen. Für den vorliegenden einfachen Fall (vgl. (1.130)) lässt sich das leicht durchführen. Wir haben

$$\left(H_{aa} - \frac{H_{aa} \pm H_{ab}}{1 \pm S}\right) c_a + \left(H_{ab} - \frac{H_{aa} \pm H_{ab}}{1 \pm S} S\right) c_b = 0$$
$$\left(H_{ab} - \frac{H_{aa} \pm H_{ab}}{1 \pm S} S\right) c_a + \left(H_{aa} - \frac{H_{aa} \pm H_{ab}}{1 \pm S}\right) c_b = 0.$$

Um die Nenner zu beseitigen, multiplizieren wir beide Gleichungen mit $(1 \pm S)$. Das ergibt

$$(H_{aa}(1 \pm S) - (H_{aa} \pm H_{ab}))\, c_a + (H_{ab}(1 \pm S) - (H_{aa} \pm H_{ab})S)\, c_b = 0$$
$$(H_{ab}(1 \pm S) - (H_{aa} \pm H_{ab})S)\, c_a + (H_{aa}(1 \pm S) - (H_{aa} \pm H_{ab}))\, c_b = 0,$$

woraus man durch Ausmultiplikation

$$(\pm H_{aa}S \mp H_{ab})c_a + (-H_{aa}S + H_{ab})c_b = 0$$
$$(-H_{aa}S + H_{ab})c_a + (\pm H_{aa}S \mp H_{ab})c_b = 0 \tag{1.132}$$

erhält. Die beiden Gleichungen in (1.132) sind linear abhängig: für das obere Vorzeichen ist die erste das (-1)-fache der zweiten, für das untere Vorzeichen stimmen beide überein. Für den ersten Fall subtrahieren wir die zweite Gleichung von der ersten, für den zweiten Fall addieren wir:

$$2(\pm H_{aa}S \mp H_{ab})c_a + 2(-H_{aa}S + H_{ab})c_b = 0.$$

Wir erhalten also

$$c_b = \pm c_a,$$

d.h., die Koeffizienten in (1.121) stimmen für beide Fälle jeweils betragsmäßig überein. Für E_1 (bindender Fall) haben sie gleiches, für E_2 (antibindender Fall) unterschiedliches Vorzeichen. Die Beträge werden festgelegt, wenn man fordert, dass die Molekülorbitale (1.121) normiert sein sollen. Dann muss nämlich

$$\int \psi^* \psi \, d\vec{r} = \int (c_a\chi_a \pm c_a\chi_b)^* (c_a\chi_a \pm c_a\chi_b) \, d\vec{r} = 2c_a^* c_a (1 \pm S) = 1$$

gelten, woraus $|c_a|^2 = 1/2(1\pm S)$ folgt. Für die beiden zu (1.131) gehörenden Molekülorbitale (1.121) haben wir also

$$\psi_{1,2} = \frac{1}{\sqrt{2(1 \pm S)}} (\chi_a \pm \chi_b) \tag{1.133}$$

erhalten.

In Bild 1.23 ist schematisch dargestellt, wie sich die beiden Molekülorbitale (1.133) aus den beiden $1s$-Orbitalen χ_a und χ_b zusammensetzen. Sie entstehen durch positive bzw. negative Überlappung („Interferenz" der Wellenfunktionen; hier ist das Wellenbild günstig). Deutlicher wird dies, wenn man die Funktionswerte $(\chi_a + \chi_b)$ und $(\chi_a - \chi_b)$ mit $\chi \approx e^{-r/a_0}$ längs der Kernverbindungslinie aufträgt.[63]

Um Aussagen über die Aufenthaltswahrscheinlichkeit des Elektrons (die „Elektronendichte") längs der Kernverbindungslinie zu erhalten, bilden wir die Quadrate $(\chi_a \pm \chi_b)^2$ (Bild 1.24):

$$(\chi_a \pm \chi_b)^2 = \chi_a^2 + \chi_b^2 \pm 2\chi_a\chi_b. \tag{1.134}$$

Gibt es keine Wechselwirkung zwischen den beiden Zentren (bei unendlichem Abstand), so befindet sich das Elektron entweder an a (χ_a^2) oder an b (χ_b^2). Durch die Interferenz der Atomfunktionen bei Annäherung tritt der gemischte Term in (1.134) auf. Im bindenden Zustand kommt es zu einer Vergrößerung (Bild 1.24a) der Aufenthaltswahrscheinlichkeit („Anhäufung von Elektronendichte") in der Bindungsregion (gegenüber $\chi_a^2 + \chi_b^2$,

---

[63]Wir haben für die beiden Molekülorbitale in Bild 1.23 auch die gruppentheoretischen Kennzeichnungen angegeben (man benötigt dazu Kenntnisse aus dem Anhang). H_2^+ gehört zur Symmetriepunktgruppe $D_{\infty h}$. Beide Orbitale sind rotationssymmetrisch bezüglich der Kernverbindungslinie, also vom σ-Typ (für ihren Charakter $\chi(C_\infty)$ gilt $\chi(C_\infty) = +1$). Sie sind symmetrisch bezüglich der Spiegelebenen σ_v: $\chi(\sigma_v) = +1$. Also hat man σ^+. ψ_1 ist symmetrisch bezüglich der Inversion ($\chi(i) = +1$), ψ_2 antisymmetrisch ($\chi(i) = -1$). ψ_1 transformiert sich also nach der irreduziblen Darstellung σ_g^+, ψ_2 nach σ_u^+. Im allgemeinen unterdrückt man den – für beide MOs gleichen – oberen Index.

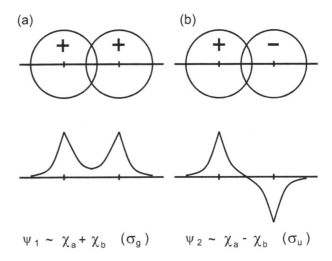

Bild 1.23 Überlagerung (Interferenz) der beiden Wasserstoffatom-1s-Orbitale im H_2^+-Ion; (a) bindender Fall, (b) antibindender Fall.

Bild 1.24c). Dies entspricht genau den im vorigen Abschnitt diskutierten Verhältnissen. Im antibindenden Zustand dagegen kommt es zu einer Verringerung (Bild 1.24b) der Aufenthaltswahrscheinlichkeit; auf einer Ebene senkrecht zur Kernverbindungslinie beim halben Kernabstand ist sie Null.

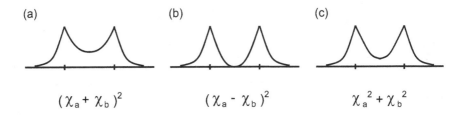

Bild 1.24 Aufenthaltswahrscheinlichkeitsdichte des Elektrons längs der Kernverbindungslinie für die beiden Molekülzustände σ_g (a) und σ_u (b) des H_2^+-Ions; Vergleich mit $\chi_a^2 + \chi_b^2$ (c).

Zur Diskussion der energetischen Verhältnisse eignet sich auch ein Energieniveauschema vom in Bild 1.25 dargestellten Typ (*MO-Schema*). Links und rechts ist der Energiewert aufgetragen, den das Elektron annehmen würde, wenn es sich (bei unendlichem Abstand der Zentren) entweder an a oder an b befände. Die Mitte enthält die Energiewerte für das molekulare System (im Rahmen des verwendeten Näherungsansatzes). Sie entspricht einem vertikalen Schnitt durch die Potenzialkurven in Bild 1.22 beim Bindungsabstand. Im Grundzustand befindet sich das Elektron im Molekülzustand σ_g (es „besetzt" das Molekülorbital σ_g). Die Energieabsenkung dieses Molekülorbitals gegenüber der Energie der Wasserstoffatom-1s-Orbitale entspricht der Bindungsenergie.

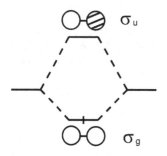

Bild 1.25
MO-Schema für das H_2^+-Ion.

1.6.5   Die LCAO-MO-Methode

Im vorigen Abschnitt haben wir an einem Beispiel ausführlich erläutert, wie die Schrödinger-Gleichung für Moleküle mit einem *LCAO-MO-Ansatz* gelöst wird. Im allgemeinen Fall werden die gesuchten *Molekülorbitale* als Linearkombinationen von n bekannten *Atomorbitalen* angesetzt:[64]

$$\psi = \sum_{k=1}^{n} c_k \chi_k. \tag{1.135}$$

Dabei können die Atome mit einem einzelnen, aber auch mit mehreren vorgegebenen Atomorbitalen in die Entwicklung (1.135) eingehen. Die Menge der χ_k ($k = 1, \ldots, n$) heißt *Basis*. Setzt man (1.135) in die zur Schrödinger-Gleichung gleichwertige Beziehung (1.122) ein, so ergibt sich anstelle von (1.123) und (1.125) jetzt

$$E = \frac{\int \left(\sum_{k=1}^{n} c_k \chi_k \right)^* \mathbf{H} \left(\sum_{l=1}^{n} c_l \chi_l \right) d\vec{r}}{\int \left(\sum_{k=1}^{n} c_k \chi_k \right)^* \left(\sum_{l=1}^{n} c_l \chi_l \right) d\vec{r}} = \frac{\sum_{k=1}^{n} \sum_{l=1}^{n} c_k^* c_l H_{kl}}{\sum_{k=1}^{n} \sum_{l=1}^{n} c_k^* c_l S_{kl}}, \tag{1.136}$$

wobei wir die Kurzbezeichnungen (1.124) für die Matrixelemente der *Hamilton-Matrix* und der *Überlappungsmatrix* verwendet haben. Die Koeffizienten der Entwicklung (1.135) sind so zu bestimmen, dass der Energieausdruck (1.136) minimal wird. Dazu schreiben wir (1.136) in der Form

$$E \sum_{k=1}^{n} \sum_{l=1}^{n} c_k^* c_l S_{kl} = \sum_{k=1}^{n} \sum_{l=1}^{n} c_k^* c_l H_{kl}$$

und leiten dies nach den konjugiert komplexen Koeffizienten c_k^* ($k = 1, \ldots, n$) ab:

$$\frac{\partial E}{\partial c_k^*} \sum_{k=1}^{n} \sum_{l=1}^{n} c_k^* c_l S_{kl} + E \sum_{l=1}^{n} c_l S_{kl} = \sum_{l=1}^{n} c_l H_{kl} \qquad (k = 1, \ldots, n).$$

Der erste Term verschwindet in jeder dieser n Gleichungen, da als notwendige Bedingung für das Vorliegen eines Minimums gerade

$$\frac{\partial E}{\partial c_k^*} = 0 \qquad (k = 1, \ldots, n)$$

---

[64]Das Vorgehen entspricht der Variationsrechnung mit linearem Variationsansatz (s. Abschn. 2.4.4).

gelten muss. Die anderen Terme ergeben nach Umstellung das *Säkulargleichungssystem*

$$\sum_{l=1}^{n}(H_{kl} - ES_{kl})c_l = 0 \qquad (k = 1, \ldots, n), \tag{1.137}$$

was wir auch ausführlich in der Form

$$
\begin{array}{lllll}
(H_{11} - E)c_1 & + & (H_{12} - ES_{12})c_2 & + \ldots + & (H_{1n} - ES_{1n})c_n & = & 0 \\
(H_{21} - ES_{21})c_1 & + & (H_{22} - E)c_2 & + \ldots + & (H_{2n} - ES_{2n})c_n & = & 0 \\
\multicolumn{7}{c}{\dotfill} \\
(H_{n1} - ES_{n1})c_1 & + & (H_{n2} - ES_{n2})c_2 & + \ldots + & (H_{nn} - E)c_n & = & 0
\end{array}
$$

schreiben wollen. Dies ist das Gleichungssystem zur Bestimmung der gesuchten Koeffizienten im Ansatz (1.135). Das homogene Gleichungssystem (1.137) hat nur dann nichttriviale Lösungen (d.h. *nicht alle* c_k gleich Null), wenn die Koeffizientendeterminante, die *Säkulardeterminante*, verschwindet:

$$|H_{kl} - ES_{kl}| = 0 \qquad (k, l = 1, \ldots, n) \tag{1.138}$$

oder ausführlich:

$$
\begin{vmatrix}
H_{11} - E & H_{12} - ES_{12} & \ldots & H_{1n} - ES_{1n} \\
H_{21} - ES_{21} & H_{22} - E & \ldots & H_{2n} - ES_{2n} \\
\multicolumn{4}{c}{\dotfill} \\
H_{n1} - ES_{n1} & H_{n2} - ES_{n2} & \ldots & H_{nn} - E
\end{vmatrix} = 0.
$$

(1.138) ist ein Polynom n-ten Grades in E, es hat n Wurzeln, d.h., es existieren n Energiewerte E, für die (1.138) erfüllt ist. Wir bezeichnen sie nach ansteigenden Werten mit

$$E_1 \leq E_2 \leq \ldots \leq E_n. \tag{1.139}$$

Für jeden dieser Werte ist das Säkulargleichungssystem (1.137) zu lösen, was einen Satz von Koeffizienten liefert. Wir führen deshalb einen zusätzlichen Index ein und schreiben

$$\psi_i = \sum_{k=1}^{n} c_{ik}\chi_k \qquad (i = 1, \ldots, n). \tag{1.140}$$

(1.140) sind die gesuchten Molekülorbitale, (1.139) die zugehörigen *Orbitalenergien*.

(1.137) stellt die Schrödinger-Gleichung für den Fall dar, dass die gesuchten Zustandsfunktionen, die Molekülorbitale, in der Form (1.135), d.h. als Linearkombinationen von Atomorbitalen angenähert werden. Die Energiewerte (1.139) sind die Eigenwerte, die Molekülorbitale (1.140) die Eigenfunktionen der Matrixeigenwertgleichung (1.137). Die Koeffizienten c_{ik} $(k = 1, \ldots, n)$ werden auch als Eigen*vektoren* des Hamilton-Operators (bzw. der Schrödinger-Gleichung (1.137)) bezeichnet.

Bei der expliziten Durchführung des Verfahrens hat man die Matrixelemente S_{kl} und H_{kl} für den Hamilton-Operator des Moleküls und die vorgegebene Basis aus Atomorbitalen zu berechnen. Die Überlappungsintegrale S_{kl} bereiten keine prinzipiellen Schwierigkeiten. Die H_{kl} dagegen sind sehr viel problematischer, sie zerfallen – in Abhängigkeit von der Struktur des Hamilton-Operators – in eine Summe mehrerer Integrale, von denen einige sehr kompliziert sein können. Je nachdem, welche der Integrale H_{kl} und S_{kl} exakt berechnet, durch empirische Formeln angenähert oder ganz vernachlässigt werden, hat man unterschiedliche Näherungsniveaus. In dieser Hinsicht unterscheiden sich die verschiedenen quantenchemischen LCAO-MO-Varianten (*ab initio* oder *semiempirisch*). Wir werden darauf in den nächsten Kapiteln zurückkommen.

Unabhängig von der gewählten Variante liefert jedes MO-Verfahren[65] einen Satz von Molekülorbitalen. Die Molekülorbitale sind Einelektronzustände, d.h. Zustände, die ein einzelnes Elektron annehmen kann. Analog zu Abschnitt 1.5 besteht die einfachste Möglichkeit, Mehrelektronensysteme zu behandeln, darin, diese Molekülorbitale sukzessive gemäß (1.139) mit den vorhandenen Elektronen zu besetzen. Dies geschieht im Sinne des Aufbauprinzips, d.h., das Pauli-Prinzip und die Hundsche Regel sind zu beachten. Dabei ist unwesentlich, von welchen Atomen die Elektronen „stammen", jetzt werden sämtliche Elektronen des Moleküls dem Kerngerüst als Ganzes sukzessive zugeordnet. Im Ergebnis erhält man Elektronenkonfigurationen analog zum atomaren Fall.

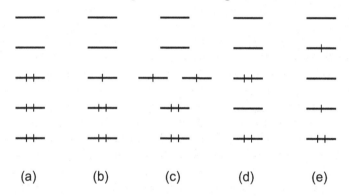

(a)   (b)   (c)   (d)   (e)

Bild 1.26 Verschiedene Elektronenkonfigurationen für molekulare Systeme: (a, b, c) Systeme im Grundzustand, (d, e) Systeme in einem angeregten Zustand, (a, d) geschlossenschalige Systeme, (b, c, e) offenschalige Systeme.

In Bild 1.26 sind einige prinzipielle Fälle schematisch dargestellt. Besetzen die Elektronen – wie eben beschrieben – die MOs gemäß (1.139), dann liegt das Molekül im Grundzustand vor. Das energetisch höchste besetzte Orbital wird als *HOMO*,[66] das niedrigste unbesetzte als *LUMO*[67] bezeichnet. Angeregte Zustände liegen vor, wenn energetisch niedrigere MOs unbesetzt und höherliegende besetzt sind. Sind alle besetzten MOs *voll* besetzt, hat man ein geschlossenschaliges System (*closed shell system*), ist ein Orbital oder sind mehrere Orbitale nur teilweise besetzt, ein offenschaliges System (*open shell system*).[68]

---

[65]Das gilt auch für Verfahren, bei denen die Molekülorbitale nicht durch Linearkombination von Atomorbitalen angenähert werden.
[66]*highest occupied molecular orbital*
[67]*lowest unoccupied molecular orbital*
[68]Ein einfach besetztes MO wird zuweilen als *SOMO* (*singly occupied molecular orbital*) bezeichnet.

1.6.6 Hybridisierung

Da Bindung etwas mit Interferenz von Atomorbitalen zu tun hat, sollten Anzahl und Richtung der von einem Atom ausgehenden Bindungen davon abhängen, in welcher Weise effektive Überlappungen seiner Orbitale mit Orbitalen von Nachbaratomen möglich sind. Betrachtet man die räumliche Orientierung der Orbitale in Bild 1.15, so eignen sich diese Orbitale wenig zum Verständnis der sterischen Vielfalt der Moleküle. Etwa bei CH_4 sollte ja das C-Atom vier gleichartige Atomorbitale haben, die in tetraedrische Richtung zeigen und mit den $1s$-Orbitalen der vier H-Atome überlappen, um vier gleichwertige Bindungen auszubilden. Solche *Hybridorbitale* lassen sich aber durch geeignete Linearkombinationen der in Bild 1.15 bzw. Tabelle 1.3 angegebenen Orbitale „erzeugen". Die verschiedenen Möglichkeiten der *Hybridisierung* führen bei einer außerordentlich großen Anzahl von Molekülen zum qualitativen Verständnis der Anzahl und des Typs der von den einzelnen Atomen ausgehenden Bindungen. Die Hybridisierungsvorstellung ist damit ohne Zweifel das leistungsfähigste Modellkonzept zur Systematisierung der sterischen Vielfalt der Moleküle.

Bei der Hybridisierung werden aus n vorgegebenen Atomorbitalen durch Linearkombination n neue, „gleichartige" Atomorbitale (Hybridorbitale) gebildet. Dabei werden nur die Valenzorbitale berücksichtigt, die Orbitale der inneren Elektronen bleiben unbeachtet. Wir betrachten zunächst die *sp-Hybridisierung*, bei der ein s- und ein p-Orbital (etwa p_z) linearkombiniert werden (Bild 1.27). Es entstehen zwei Hybridorbitale, die in Richtung der

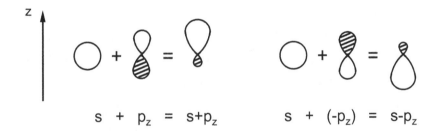

Bild 1.27 Bildung zweier *sp*-Hybridorbitale durch Linearkombination aus einem s- und einem p-Orbital.

positiven bzw. negativen z-Achse zeigen. Mit ihnen können gleichwertige Bindungen zu zwei Nachbaratomen in linearer Anordnung ausgebildet werden. Im Falle der sp^2-*Hybridisierung* entstehen drei Hybridorbitale, die in trigonal-planarer Richtung auf die Nachbarn zeigen. Bei der sp^3-*Hybridisierung* zeigen die vier Hybridorbitale auf die Ecken eines Tetraeders. Tabelle 1.9 enthält die mathematische Struktur der (normierten) Hybridorbitale für diese drei Fälle.

In Bild 1.28 ist die räumliche Orientierung der Hybridorbitale dargestellt. Aufgenommen sind auch die für die Behandlung von Koordinationsverbindungen wichtige oktaedrische d^2sp^3-*Hybridisierung* (aus d_{z^2}, $d_{x^2-y^2}$, s, p_x, p_y, p_z) und die quadratisch-planare dsp^2-*Hybridisierung* (aus $d_{x^2-y^2}$, s, p_x, p_y).

Tab. 1.9 Normierte Hybridorbitale für die sp-, die sp^2- und die sp^3-Hybridisierung

$$\psi_1(sp) = \tfrac{1}{\sqrt{2}}(s + p_z)$$

$$\psi_2(sp) = \tfrac{1}{\sqrt{2}}(s - p_z)$$

$$\psi_1(sp^2) = \tfrac{1}{\sqrt{3}}s + \tfrac{2}{\sqrt{6}}p_x$$

$$\psi_2(sp^2) = \tfrac{1}{\sqrt{3}}s - \tfrac{1}{\sqrt{6}}p_x + \tfrac{1}{\sqrt{2}}p_y$$

$$\psi_3(sp^2) = \tfrac{1}{\sqrt{3}}s - \tfrac{1}{\sqrt{6}}p_x - \tfrac{1}{\sqrt{2}}p_y$$

$$\psi_1(sp^3) = \tfrac{1}{2}(s + p_x + p_y + p_z)$$

$$\psi_2(sp^3) = \tfrac{1}{2}(s + p_x - p_y - p_z)$$

$$\psi_3(sp^3) = \tfrac{1}{2}(s - p_x + p_y - p_z)$$

$$\psi_4(sp^3) = \tfrac{1}{2}(s - p_x - p_y + p_z)$$

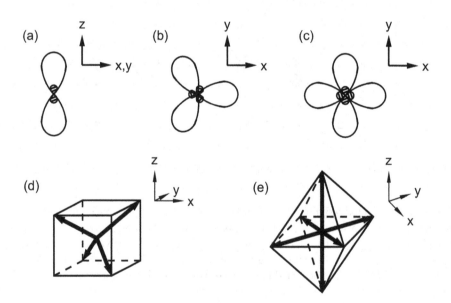

Bild 1.28 Räumliche Orientierung der Hybridorbitale für verschiedene Symmetrien: (a) sp-, (b) sp^2-, (c) dsp^2-, (d) sp^3-, (e) d^2sp^3-Hybridisierung.

Bild 1.29 zeigt schematisch die energetischen Verhältnisse beim Übergang von den vorgegebenen zu hybridisierten Atomorbitalen. Die s-, p- und d-Orbitale sind Energieeigenfunktionen des Atoms, die Hybridorbitale nicht mehr, da sie aus Funktionen zu unterschiedlichen Energieeigenwerten linearkombiniert werden.

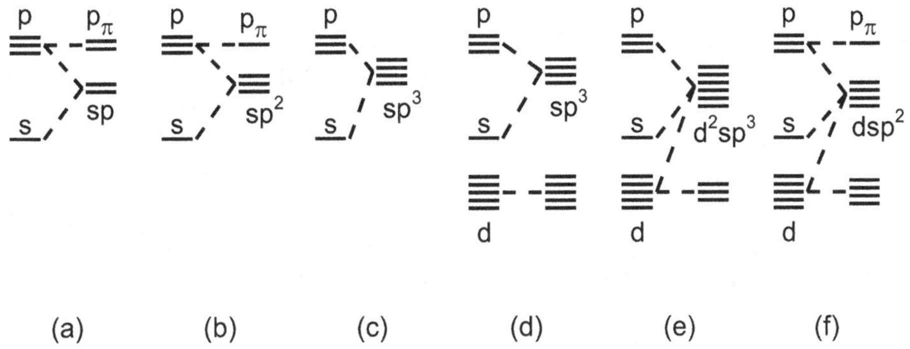

(a)   (b)   (c)   (d)   (e)   (f)

Bild 1.29 Energetische Verhältnisse beim Übergang zu Hybridorbitalen: (a, b, c) ohne, (d, e, f) mit Berücksichtigung von d-Orbitalen; (a) sp-, (b) sp^2-, (c) sp^3-, (d) sp^3-, (e) d^2sp^3-, (f) dsp^2-Hybridisierung.

Im gewählten Modellbild können über die Hybridorbitale Bindungen zu Nachbaratomen geknüpft werden. Dies sind *lokalisierte σ-Bindungen*. Elektronen, die solche Molekülorbitale besetzen, haben ihre größte Aufenthaltswahrscheinlichkeit längs der Kernverbindungslinie. Mit der Entfernung von dieser Linie nimmt sie ab. Bei symmetrischer Anordnung der Atome[69] ist diese „Elektronendichteverteilung" streng rotationssymmetrisch bezüglich der Kernverbindungslinie. Ist ein solches *Bindungsorbital* mit zwei Elektronen (einem „Elektronenpaar") besetzt, so symbolisiert man das in der chemischen Strukturformel durch einen Bindungsstrich.

Im Falle der sp^2-Hybridisierung führt die Ausbildung von drei σ-Bindungen zu einer planaren Atomanordnung. Ein Valenzatomorbital (p_z) wird nicht in die Hybridisierung einbezogen. Es kann durch Überlappung mit ebensolchen Orbitalen von Nachbaratomen π-*Bindungen* ausbilden. Da die Überlappung (Interferenz) im Falle einer π-Wechselwirkung weniger stark ist als bei einer σ-Wechselwirkung, sind π-Bindungen schwächer als σ-Bindungen. Die Aufenthaltswahrscheinlichkeit von Elektronen, die π-bindende Molekülorbitale besetzen, verschwindet in der Molekülebene, sie ist nur „oberhalb" und „unterhalb" dieser Ebene von Null verschieden. Ist ein doppelt besetztes π-bindendes Molekülorbital lokalisiert zwischen zwei Atomen (d.h. enthält es im wesentlichen nur p_z-Orbital-Beiträge von zwei Atomen), so wird auch dafür ein Bindungsstrich angegeben.[70] In Bild 1.30 haben wir am Beispiel von Ethen (C_2H_4) die fünf σ-Bindungen und die eine π-Bindung veranschaulicht. Als zweites Beispiel betrachten wir Ethin (C_2H_2). Hier liegt sp-Hybridisierung vor, d.h., zwei p-Orbitale an jedem C-Atom ($2p_x$ und $2p_y$) können π-Bindungen zum Nachbaratom eingehen, was zu einer Dreifachbindung zwischen den beiden C-Atomen führt.

---

[69]Zum Beispiel bei C_2H_2 oder CH_4.
[70]Auf den Fall delokalisierter π-Bindungen werden wir in Kapitel 3 eingehen.

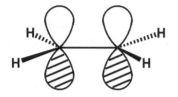 

Bild 1.30 Lokalisierte σ- und π-Bindungen in C_2H_4 und C_2H_2. Jeder Bindungsstrich symbolisiert eine lokalisierte σ-Bindung. Die lokalisierten π-Bindungen entstehen durch Überlappung benachbarter unhybridisierter π-Orbitale.

Für die Verbindungen der Elemente der vierten bis siebenten Hauptgruppe gilt im allgemeinen die *Oktettregel*, zumindest in der zweiten Periode. Wir erläutern sie am Beispiel der Hydride AH_n ($A = C, N, O, F$) (Bild 1.31). Jedes der „zentralen" Atome A ist sp^3-

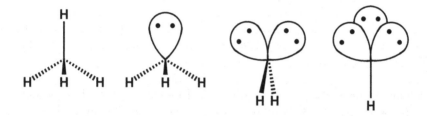

Bild 1.31 Sterische Struktur und Elektronenverteilung der Hydride AH_n. Jeder Bindungsstrich symbolisiert eine lokalisierte σ-Bindung. Die nichtbindenden Orbitale (*lone-pair*-Orbitale) sind mit je zwei Elektronen besetzt.

hybridisiert, d.h. hat vier tetraedrisch angeordnete Valenzatomorbitale. Abhängig von der Anzahl der Valenzelektronen von A werden n lokalisierte σ-Bindungen zu H-Atomen geknüpft. Jedes der n (zwischen A und H lokalisierten) *bindenden* Molekülorbitale ist mit einem Elektronenpaar besetzt (je ein Elektron von A und H). Die restlichen $4 - n$ Hybridatomorbitale kombinieren nicht mit Orbitalen von Nachbaratomen, sie bleiben an A lokalisiert. Sie sind *nichtbindende* Orbitale. Sie werden mit einem Valenzelektronenpaar von A besetzt (*nichtbindendes, freies* oder *einsames* Elektronenpaar, auch *lone pair*). Die Aufteilung in (sämtlich doppelt besetzte) bindende und nichtbindende Orbitale erfolgt so, dass das Atom A von acht Elektronen (vier Elektronenpaaren) „umgeben" ist (Oktettregel). Auf diese Weise ist die sterische Struktur der Moleküle festgelegt (Bild 1.31).[71] Die tetraedrische Anordnung der bindenden und nichtbindenden Elektronenpaare im Falle der sp^3-Hybridisierung entspricht dem *Elektronenpaar-Abstoßungs-Modell* (*VSEPR-Modell*[72]), nach dem sich die Elektronenpaare so anordnen, dass die Abstoßung zwischen ihnen minimal ist. Im Falle der sp^2- und der sp-Hybridisierung besagt die Oktettregel, dass das Atom

---

[71]So wird zum Beispiel NH_4^+ isoelektronisch und isostrukturell zu CH_4 sein. Außerdem erkennt man unmittelbar, aus welcher Richtung ein elektrophiler Angriff erfolgen sollte.

[72]*valence state electron pair repulsion*

von acht Elektronen in σ- und π-bindenden bzw. nichtbindenden Molekülorbitalen umgeben ist (vgl. Bild 1.30).

In den höheren Perioden treten Abweichungen von der Oktettregel auf, die zeigen, dass es sich um eine empirische Regel handelt, die zwar wesentliche, aber keineswegs alle Aspekte der Bindungsmöglichkeiten der Hauptgruppenelemente erfasst. Bei SF_6 ist das Zentralatom von sechs lokalisierten Bindungen, d.h. zwölf Elektronen umgeben. Dies ist ein Beispiel für die *Oktettaufweitung*. Eine Möglichkeit der Erklärung besteht darin, anzunehmen, dass die bei S (gegenüber O) relativ tief liegenden d-Orbitale ($3d$) an der Hybridisierung beteiligt sind und eine oktaedrische sp^3d^2-Hybridisierung vorliegt (aus s, p_x, p_y, p_z, d_{z^2}, $d_{x^2-y^2}$).[73] Andererseits kommt es in den höheren Perioden oft zu Einschränkungen der Hybridisierungsmöglichkeiten. Da die energetische Differenz zwischen s- und p-Valenzorbitalen (s. Bild 1.29) dort größer ist als in der zweiten Periode und die p-Orbitale sehr weit „nach außen gerichtet" („diffus") sind, beteiligt sich das s-Orbital in manchen Fällen nicht an der Hybridisierung. So ist der HPH-Winkel in PH_3 nur 94° (gegenüber 107° in NH_3), woraus man folgert, dass die PH-Bindungen im wesentlichen über Phosphor-p-Orbitale erfolgen. Ga und In sind neben drei- auch einwertig, Tl ist praktisch nur einwertig. In diesem Fall wird also nur *eine* σ-Bindung ausgebildet. Sie erfolgt über ein p-Orbital, die beiden Elektronen im s-Orbital sind „inert" (*Inert-Paar-Effekt*).[74]

Für die Verbindungen der Elemente der ersten bis dritten Hauptgruppe gilt die Oktettregel im allgemeinen nicht, es sind zuwenig Valenzelektronen vorhanden („Elektronenmangelverbindungen", s. Abschn. 3.2.9).[75] Die Stereochemie dieser Verbindungen ist komplizierter.

Für Übergangsmetallverbindungen etwa der ersten Übergangsmetallreihe betrachtet man die 3d-, 4s- und 4p-Orbitale als Valenzorbitale. Das sind neun Orbitale, die zur Hybridisierung zur Verfügung stehen. Man könnte also Koordinationszahlen bis 9 erwarten. Koordinationszahlen größer als 6 sind jedoch selten, da dann die gegenseitige Abstoßung der Liganden zu stark wird. Man wird also n bindende und $9-n$ nichtbindende Molekülorbitale haben. Maximale Besetzung dieser Orbitale durch neun Elektronenpaare führt auf ein qualitatives Verständnis der sterischen Struktur (Koordinationszahl, Geometrie) vieler diamagnetischer Koordinationsverbindungen (18-*Elektronen-Regel*).[76] Beispiele hierfür sind etwa die Carbonylkomplexe. Im oktaedrischen $Cr(CO)_6$ (d^2sp^3-Hybridisierung an Cr) hat man sechs Donor-Elektronenpaare der Carbonylliganden sowie sechs d-Elektronen am formal nullwertigen Cr, die drei Orbitale besetzen, welche im σ-Sinne nichtbindend sind (aber π-Rückbindungen zu den Carbonylen ausbilden können). Im trigonal-bipyramidalen $Fe(CO)_5$ (dsp^3-Hybridisierung an Fe) hat man fünf Donor-Elektronenpaare der Liganden und acht d-Elektronen an Fe, im tetraedrischen $Ni(CO)_4$ (sp^3-Hybridisierung an Ni) schließlich vier

---

[73]Man würde dann sechs lokalisierte σ-bindende Molekülorbitale erwarten, die mit je einem Elektronenpaar besetzt sind. Dies ist ein zwar naheliegendes, aber den tatsächlichen Bindungsverhältnissen nur bedingt entsprechendes Modell. Besser geeignet ist die Annahme, dass die zwölf Elektronen vier bindende und zwei im wesentlichen nichtbindende Molekülorbitale besetzen.

[74]Fazit neuerer quantenchemischer Untersuchungen – insbesondere zur geometrischen Struktur Siorganischer Verbindungen – ist, dass nicht die Abweichungen von den üblichen Hybridisierungsvorstellungen bei den Elementen höherer Perioden „ungewöhnlich" oder Ausnahmen sind, sondern dass vielmehr die weitgehend „konsequente" Hybridisierung für C, N, O und F eine spezielle Besonderheit dieser Elemente ist.

[75]In Fällen mit „genügend" Valenzelektronen gilt die Regel. Beispiele dafür sind etwa $AlCl_4^-$ und die AIII/BV-Verbindungen wie GaAs.

[76]Auf paramagnetische Verbindungen, d.h. Systeme mit offenen Schalen, ist die Regel nicht anwendbar.

Elektronenpaare der Liganden und zehn d-Elektronen an Ni. Bei quadratisch-planarer Anordnung ist die 18-Elektronen-Regel zu modifizieren. Das p_z-Orbital des Zentralatoms ist nicht an der Hybridisierung beteiligt. Die günstigste Elektronenkonfiguration ergibt sich, wenn dieses hochliegende Orbital frei bleibt und die übrigen acht bindenden bzw. nichtbindenden Molekülorbitale mit 16 Elektronen besetzt werden. Als Beispiel hierfür dient $[PtCl_4]^{2-}$.

Wir haben dargelegt, dass die Hybridisierungsvorstellung ein außerordentlich nützliches Modell zur Systematisierung der sterischen und elektronischen Struktur vieler Moleküle ist. Kombiniert man die Hybridorbitale mit jeweils einem geeigneten Atomorbital (eventuell einem Hybridorbital) eines Nachbaratoms, so ergeben sich *bindende* (und *antibindende*) Molekülorbitale, die jeweils nur Anteile von *zwei* Atomen enthalten (*lokalisierte* Molekülorbitale). Auf diesem Konzept baut eine der wesentlichen quantenchemischen Methoden auf, die *VB-Methode*.[77] Auch *lokalisierte* π-Bindungen können ohne Mühe einbezogen werden. Schwierig ist dagegen das Erfassen *delokalisierter* π-Bindungen. Dazu sind künstliche Zusatzannahmen zu machen („Resonanz", „Mesomerie"), die nur schwer ausreichend begründet werden können und bei unkritischer Anwendung häufig zu Fehlinterpretationen führen.

Die LCAO-MO-Methode ist der VB-Methode in soweit überlegen, als dass man die in die Basis einbezogenen Atomorbitale *aller* Atome direkt linearkombiniert, ohne den „Umweg" über die Hybridorbitale zu gehen. Das führt im Unterschied zu den *lokalisierten* Molekülorbitalen, die sich bei der VB-Methode ergeben, zu *kanonischen* Molekülorbitalen. Diese Orbitale sind im allgemeinen delokalisiert (außer etwa Orbitale von freien Elektronenpaaren, die im wesentlichen an einem Atom lokalisiert sind). Delokalisierte π-Orbitale ergeben sich auf diese Weise direkt und ohne Schwierigkeiten. Delokalisierte σ-Orbitale entsprechen allerdings wenig der üblichen chemischen Vorstellung, dass σ-Bindungen im allgemeinen zwischen zwei Atomen lokalisiert sind. Man kann aber – wenn dies gewünscht wird – durch nachträgliche Lokalisierungsprozeduren die kanonischen Molekülorbitale so linearkombinieren, dass lokalisierte Orbitale entstehen (s. Abschn. 3.2.6).

---

[77] *valence bond method*

2 Elemente der Quantenmechanik

Wie auch andere naturwissenschaftliche Teilgebiete lässt sich die Quantenmechanik aus einer kleinen Anzahl von Axiomen oder Postulaten aufbauen. Diese Postulate können nicht „abgeleitet" werden. Sie werden allein durch die Tatsache gerechtfertigt, dass sämtliche aus ihnen „mathematisch sauber" abgeleiteten Folgerungen mit der Erfahrung übereinstimmen, d.h. keinen Widerspruch ergeben. Wir geben *eine* mögliche Formulierung für die Postulate der Quantenmechanik an; in der Literatur findet man eine Reihe von Modifikationen. Zunächst führen wir den Hilbert-Raum ein, den Zustandsraum der quantenmechanischen Zustände gebundener Systeme, sowie lineare Operatoren, die auf diesem Raum definiert sind. Dann befassen wir uns mit dem Messproblem für einzelne bzw. mehrere Observable.

Nur für relativ einfache Systeme ist die Schrödinger-Gleichung geschlossen lösbar; die wesentlichsten haben wir bereits behandelt. Schon mit dem Aufbau einer konsistenten Theorie wurden deshalb *Näherungsmethoden* entwickelt (bzw. aus der Mathematik übernommen), die erst die quantenmechanische bzw. quantenchemische Behandlung komplizierterer Systeme ermöglichen. Zu diesen gehören insbesondere alle Mehrelektronenatome, Moleküle und Festkörper. Wir erläutern die zwei wesentlichen Näherungsansätze, Störungstheorie und Variationsrechnung, mit denen in den folgenden Kapiteln gearbeitet wird.

Von der zeitabhängigen Theorie stellen wir zunächst nur wenige Aspekte vor. Hauptaugenmerk liegt dabei auf der Ableitung der Übergangswahrscheinlichkeiten zwischen stationären Zuständen unter dem Einfluss zeitabhängiger Störungen, die zur Formulierung von Auswahlregeln für spektroskopische Übergänge führt.

Literaturempfehlungen: [1] bis [5] und [7] (auch [9] bis [13a], [13e], [14] und [17]).

2.1 Quantenmechanische Zustände und Operatoren

2.1.1 Quantenmechanische Zustände

Aufgabe der *klassischen Mechanik* ist es, durch Lösung der klassischen Bewegungsgleichungen und Vorgabe gewisser Anfangsbedingungen die zukünftige Bewegung $\vec{r} = \vec{r}(t)$ des betrachteten Systems zu berechnen. Alle Aussagen über das System zu einem bestimmten Zeitpunkt lassen sich daraus ableiten (vgl. Abschn. 1.1.1). Alle Aussagen über ein *quantenmechanisches* System zu einem bestimmten Zeitpunkt sind ableitbar aus der *Zustandsfunktion* bzw. dem *Zustandsvektor* ψ des Systems. Je nach der verwendeten „Darstellung" hat man es mit Zustands*funktionen* oder mit Zustands*vektoren* zu tun (vgl. Abschn. 1.1.5). Zustandsfunktionen bzw. -vektoren sind im allgemeinen komplex; für Vektoren bedeutet dies, dass die einzelnen Komponenten komplex sein können. Für die Eigenschaften der quantenmechanischen Zustände ist es unwesentlich, ob man sie durch Funktionen oder Vektoren beschreibt. Wir lösen uns im folgenden von dieser Unterscheidung: ψ bezeichne ganz abstrakt einen *Zustand*.

Die Zustände eines quantenmechanischen Systems bilden eine lineare Mannigfaltigkeit, d.h., es gilt das *Superpositionsprinzip*: Sind ψ_1 und ψ_2 Zustände des betrachteten Systems, so ist auch jede Linearkombination („Superposition") $c_1\psi_1 + c_2\psi_2$ mit beliebigen komplexen Koeffizienten c_1, c_2 Zustand des Systems. Dies gilt natürlich auch für Linearkombinationen aus mehr als zwei Zuständen.

Das Superpositionsprinzip ist Kern der Aussage von

Postulat 1: Die Zustände eines quantenmechanischen Systems sind Elemente eines komplexen *Hilbert-Raums*.

Bevor wir uns näher mit den Eigenschaften eines Hilbert-Raums befassen, betrachten wir als vorbereitendes Beispiel den n-dimensionalen Vektorraum.

2.1.2   Der n-dimensionale Vektorraum

Die Gesamtheit aller Vektoren mit n komplexen Komponenten bildet einen *Raum*, den *komplexen n-dimensionalen Vektorraum* $\mathcal{C}_n$. Der $\mathcal{C}_n$ ist die direkte Verallgemeinerung des bekannten reellen dreidimensionalen Vektorraums $\mathcal{R}_3$ aus allen Vektoren mit drei reellen Komponenten.

Der komplexe n-dimensionale Vektorraum $\mathcal{C}_n$ ist ein *linearer Raum*. Dies bedeutet:

1. Sind $\vec{a} = (a_1, \ldots, a_n)$ und $\vec{b} = (b_1, \ldots, b_n)$ Vektoren des $\mathcal{C}_n$, so ist auch die Summe $\vec{a} + \vec{b} = \vec{b} + \vec{a} = (a_1 + b_1, \ldots, a_n + b_n)$ Vektor des $\mathcal{C}_n$.
2. Ist $\vec{a} = (a_1, \ldots, a_n)$ Vektor des $\mathcal{C}_n$, so ist auch jedes Vielfache $\alpha\vec{a} = (\alpha a_1, \ldots, \alpha a_n)$ mit beliebigem komplexem α Vektor des $\mathcal{C}_n$.

1. und 2. lassen sich zum Superpositionsprinzip zusammenfassen: Sind $\vec{a}$ und $\vec{b}$ Vektoren des $\mathcal{C}_n$, so ist auch jede Linearkombination $\alpha\vec{a} + \beta\vec{b}$ mit beliebigen komplexen Koeffizienten α, β Vektor des $\mathcal{C}_n$. Weiter gelten in $\mathcal{C}_n$ die Beziehungen

$$\alpha(\vec{a} + \vec{b}) = \alpha\vec{a} + \alpha\vec{b}, \tag{2.1}$$

$$(\alpha + \beta)\vec{a} = \alpha\vec{a} + \beta\vec{a}, \tag{2.2}$$

$$(\alpha\beta)\vec{a} = \alpha(\beta\vec{a}). \tag{2.3}$$

Durch Vielfachbildung $\alpha\vec{a}$ mit $\alpha = 0$ kann man den *Nullvektor* definieren:

$$0\vec{a} = \vec{0}. \tag{2.4}$$

$\vec{0}$ ist ein Vektor, dessen Komponenten sämtlich Null sind.

In $\mathcal{C}_n$ ist ein *skalares Produkt* erklärt. Dies bedeutet, dass je zwei Vektoren $\vec{a}$ und $\vec{b}$ durch

$$\vec{a}\vec{b} = \sum_{k=1}^{n} a_k^* b_k \tag{2.5}$$

eine komplexe Zahl, das Skalarprodukt, zugeordnet ist.[1] Das Skalarprodukt hat folgende Eigenschaften:

$$\vec{a}(\vec{b}_1 + \vec{b}_2) = \vec{a}\vec{b}_1 + \vec{a}\vec{b}_2, \qquad (\vec{a}_1 + \vec{a}_2)\vec{b} = \vec{a}_1\vec{b} + \vec{a}_2\vec{b}, \tag{2.6}$$

$$\vec{a}(\beta\vec{b}) = \beta(\vec{a}\vec{b}), \qquad (\alpha\vec{a})\vec{b} = \alpha^*(\vec{a}\vec{b}), \tag{2.7}$$

$$\vec{a}\vec{b} = (\vec{b}\vec{a})^*, \tag{2.8}$$

wie man mit Hilfe von (2.5) leicht nachprüft. Da stets $\vec{a}\vec{a} \geq 0$ ist, lässt sich mit

$$\sqrt{\vec{a}\vec{a}} = \sqrt{\sum_{k=1}^{n} a_k^* a_k} = \sqrt{\sum_{k=1}^{n} |a_k|^2} = |\vec{a}| \tag{2.9}$$

der *Betrag* des Vektors $\vec{a}$ definieren.

In $\mathcal{C}_n$ gibt es maximal n *linear unabhängige Vektoren*. n linear unabhängige Vektoren bilden eine *Basis* in $\mathcal{C}_n$, d.h., jeder beliebige Vektor des $\mathcal{C}_n$ lässt sich nach dieser Basis entwickeln. Von besonderer Bedeutung sind *Orthonormalbasen*. Eine Orthonormalbasis besteht aus n zueinander orthogonalen normierten Einheitsvektoren $\vec{e}_1, \vec{e}_2, \ldots, \vec{e}_n$; $\vec{e}_k\vec{e}_l = \delta_{kl}$ $(k, l = 1, \ldots, n)$. Für die Entwicklung eines Vektors $\vec{a}$ nach einer solchen Basis hat man also

$$\vec{a} = \sum_{k=1}^{n} a_k \vec{e}_k. \tag{2.10}$$

Die Entwicklungskoeffizienten a_k $(k = 1, \ldots, n)$ sind die *Komponenten* des Vektors $\vec{a}$ bezüglich dieser Basis. Sie ergeben sich durch Multiplikation von (2.10) mit $\vec{e}_l$:

$$\vec{e}_l\vec{a} = \vec{e}_l \sum_{k=1}^{n} a_k \vec{e}_k = \sum_{k=1}^{n} a_k \vec{e}_l \vec{e}_k = \sum_{k=1}^{n} a_k \delta_{lk} = a_l. \tag{2.11}$$

Die Komponente a_k der Entwicklung (2.10) ist der *Richtungscosinus* von $\vec{a}$ bezüglich $\vec{e}_k$, denn es gilt

$$a_k = \vec{e}_k\vec{a} = |\vec{e}_k||\vec{a}| \cos(\vec{e}_k, \vec{a}) = |\vec{a}| \cos(\vec{e}_k, \vec{a}). \tag{2.12}$$

$a_k\vec{e}_k$ ist die Projektion von $\vec{a}$ auf den Einheitsvektor $\vec{e}_k$ (selbst also ein Vektor), a_k ist damit der Betrag dieser Projektion (Bild 2.1a).

---

[1] (2.5) ist die Verallgemeinerung des „üblichen" Skalarprodukts auf den Fall, dass die Komponenten komplex sein können.

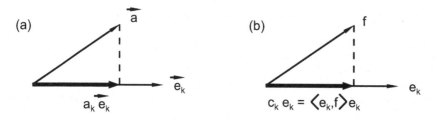

Bild 2.1 Projektion eines Vektors $\vec{a}$ auf einen Basisvektor $\vec{e}_k$ in $\mathcal{C}_n$ (a) und schematische Projektion eines Elements f auf ein Basiselement e_k in $\mathcal{H}$ (b).

2.1.3   Der Hilbert-Raum

Der Hilbert-Raum $\mathcal{H}$, der Zustandsraum der Quantenmechanik, ist eine Verallgemeinerung des komplexen n-dimensionalen Vektorraums $\mathcal{C}_n$. Wir betrachten $\mathcal{H}$ zunächst als abstrakten Raum, ohne an konkrete Realisierungen zu denken.

$\mathcal{H}$ ist ein linearer Raum. Die folgenden beiden Bedingungen sind erfüllt:[2]

1. Sind f und g Elemente aus $\mathcal{H}$, so ist auch die Summe $f + g = g + f$ Element aus $\mathcal{H}$.
2. Ist f Element aus $\mathcal{H}$, so ist auch jedes Vielfache αf mit beliebigem komplexem α Element aus $\mathcal{H}$.

Weiter gilt

$$\alpha(f + g) = \alpha f + \alpha g, \tag{2.13}$$
$$(\alpha + \beta)f = \alpha f + \beta f, \tag{2.14}$$
$$(\alpha\beta)f = \alpha(\beta f). \tag{2.15}$$

Die Vielfachbildung αf mit $\alpha = 0$ definiert das *Nullelement* O in $\mathcal{H}$:

$$0f = O. \tag{2.16}$$

In $\mathcal{H}$ ist ein skalares Produkt erklärt. Je zwei Elementen f und g aus $\mathcal{H}$ wird eine komplexe Zahl $\langle f, g \rangle$ zugeordnet[3] mit den Eigenschaften

$$\langle f, g_1 + g_2 \rangle = \langle f, g_1 \rangle + \langle f, g_2 \rangle, \quad \langle f_1 + f_2, g \rangle = \langle f_1, g \rangle + \langle f_2, g \rangle, \tag{2.17}$$
$$\langle f, \beta g \rangle = \beta \langle f, g \rangle, \quad \langle \alpha f, g \rangle = \alpha^* \langle f, g \rangle, \tag{2.18}$$
$$\langle f, g \rangle = \langle g, f \rangle^*. \tag{2.19}$$

Da stets $\langle f, f \rangle \geq 0$ ist ($\langle f, f \rangle = 0$ gilt dann und nur dann, wenn f das Nullelement ist, $f = O$), lässt sich durch

$$\sqrt{\langle f, f \rangle} = \|f\| \tag{2.20}$$

---

[2]Zusammengefasst ergeben sie das Superpositionsprinzip: Sind f und g Elemente aus $\mathcal{H}$, so ist auch jede Linearkombination $\alpha f + \beta g$ mit beliebigen komplexen Koeffizienten α, β Element aus $\mathcal{H}$.
[3]Wir verzichten in diesem Buch auf die Verwendung der für strengere Darstellungen außerordentlich praktischen Diracschen *bra-ket*-Symbolik $\langle f|g \rangle$. Wir benutzen das Symbol $\langle f, g \rangle$ lediglich als Kurzschreibweise für das allgemeine Skalarprodukt.

die *Norm* oder der *Betrag* von f definieren. Die Beziehungen (2.13) bis (2.20) sind die Verallgemeinerungen der Beziehungen (2.1) bis (2.9) für den Vektorraum.

Der Hilbert-Raum hat – wie der $\mathcal{R}_3$ bzw. der $\mathcal{C}_n$ – eine Reihe weiterer Eigenschaften.[4] Von $\mathcal{C}_n$ unterscheidet er sich durch die Dimension unendlich.

2.1.4 Realisierungen des Hilbert-Raums

In der Quantenmechanik sind zwei Realisierungen des im vorigen Abschnitt eingeführten abstrakten Hilbert-Raums von Bedeutung.

1. *Der Hilbertsche Folgenraum* l_2. Er besteht aus allen Folgen komplexer Zahlen $\{x_1, x_2, \ldots\}$, für die

$$\sum_{k=1}^{\infty} |x_k|^2 < \infty \tag{2.21}$$

gilt. Die Folgen können als Komponenten von unendlich-dimensionalen Vektoren aufgefasst werden. Summen- und Vielfachbildung erfolgen komponentenweise wie bei endlich-dimensionalen Vektoren. Das skalare Produkt zweier Folgen $\{x_1, x_2, \ldots\}$ und $\{y_1, y_2, \ldots\}$ ist durch

$$\sum_{k=1}^{\infty} x_k^* y_k \tag{2.22}$$

definiert. Die Norm ergibt sich als

$$|x| = \sqrt{\sum_{k=1}^{\infty} x_k^* x_k} = \sqrt{\sum_{k=1}^{\infty} |x_k|^2}. \tag{2.23}$$

(2.21) bedeutet also, dass nur Vektoren mit endlicher Norm (2.23) (endlichem Betrag) zugelassen sind.[5]

Der Folgenraum ist die unmittelbare Verallgemeinerung des $\mathcal{C}_n$, er wurde von Hilbert selbst eingeführt. Der Folgenraum ist der Zustandsraum der Quantenmechanik, wenn die Operatoren durch Matrizen mit unendlich vielen Zeilen und Spalten dargestellt werden. Dann hat man die Zustände als unendlich-dimensionale Vektoren darzustellen.

2. *Der Hilbertsche Funktionenraum* $\mathcal{CL}_2(a, b)$. Dieser Raum besteht aus allen stetigen komplexwertigen Funktionen $f(x)$ mit dem Definitionsbereich $a \leq x \leq b$, für die

$$\int_a^b |f(x)|^2 \, dx < \infty \tag{2.24}$$

---

[4]Die Räume sind *separabel* und *vollständig*, das sind Eigenschaften, die wir im folgenden nicht explizit benötigen.
[5]$\{1, 1, 1, \ldots\}$ wäre etwa ein Vektor mit unendlich vielen Komponenten, für den (2.21) nicht erfüllt ist.

gilt.[6] Summen- und Vielfachbildung führt auf Funktionen, die wieder die Eigenschaft (2.24) erfüllen. Das skalare Produkt zweier Funktionen $f(x)$ und $g(x)$ ist durch

$$\langle f, g \rangle = \int_a^b f^*(x)\, g(x)\, \mathrm{d}x \qquad (2.25)$$

erklärt. Für die Norm hat man dann

$$\|f\| = \sqrt{\int_a^b f^*(x)\, f(x)\, \mathrm{d}x} = \sqrt{\int_a^b |f(x)|^2\, \mathrm{d}x}. \qquad (2.26)$$

(2.24) bedeutet also, dass die Norm (2.26) der Funktionen endlich sein muss. Der Hilbertsche Funktionenraum ist der Zustandsraum der Quantenmechanik, wenn die Operatoren als Differenzialoperatoren dargestellt werden.

Beide vorgestellten Räume sind Realisierungen des gleichen abstrakten Raums $\mathcal{H}$. Alle Formeln des vorigen Abschnitts lassen sich für beide Realisierungen leicht nachprüfen. Insbesondere erkennt man die Zweckmäßigkeit des abstrakten Symbols $\langle f, g \rangle$ für das Skalarprodukt. Etwa die zweite der Beziehungen (2.18) bedeutet mit (2.22) für Folgen

$$\langle \alpha \{x_k\}, \{y_k\} \rangle = \sum_{k=1}^{\infty} (\alpha\, x_k)^* \, y_k = \alpha^* \, \langle \{x_k\}, \{y_k\} \rangle$$

und mit (2.25) für Funktionen

$$\langle \alpha f, g \rangle = \int_a^b (\alpha\, f(x))^* \, g(x)\, \mathrm{d}x = \alpha^* \, \langle f, g \rangle\,.$$

Überdies braucht bei der Schreibweise $\langle f, g \rangle$ für das Skalarprodukt von Funktionen kein expliziter Bezug auf die Bezeichnung und die Anzahl der Integrationsvariablen sowie die Integrationsgrenzen genommen zu werden. Dies reduziert den Schreibaufwand für viele Formeln und Ableitungen beträchtlich.

2.1.5   Orthonormalbasen

In Verallgemeinerung der Verhältnisse in $\mathcal{C}_n$ gibt es auch in $\mathcal{H}$ *Orthonormalbasen*. Ein Element f aus $\mathcal{H}$ heißt (auf 1) *normiert*, wenn $\|f\| = \sqrt{\langle f, f \rangle} = 1$ gilt. Zwei Elemente f und g aus $\mathcal{H}$ mit $\|f\| \neq 0$ und $\|g\| \neq 0$ heißen *orthogonal*, wenn ihr Skalarprodukt verschwindet: $\langle f, g \rangle = 0$. Eine Orthonormalbasis ist dann eine Menge von Elementen $e_1, e_2, \ldots$ aus $\mathcal{H}$ mit

---

[6] Abhängig vom konkreten Problem können die Integrationsgrenzen a und b endlich oder unendlich sein. Im allgemeinen hat man mehrere Integrationsvariable, da die zu behandelnden Systeme mehrdimensional sind. Wir bemerken, dass nicht nur die Menge aller der Funktionen, für die (2.24) im Sinne des *Riemannschen* (des „gewöhnlichen") Integralbegriffs gilt, zum Funktionenraum $\mathcal{CL}_2(a, b)$ gehört, sondern die größere Menge aller Funktionen $f(x)$, für die (2.24) mit einem verallgemeinerten, dem *Lebesgueschen* Integralbegriff gilt.

$\langle e_k, e_l \rangle = \delta_{kl}$ $(k, l = 1, 2, \ldots)$, d.h., jedes Element der Basis hat die Norm 1, und je zwei Elemente sind orthogonal zueinander.

In $\mathcal{C}_n$ ist *jedes* Orthonormalsystem aus n Elementen eine Basis, d.h., jedes Element aus $\mathcal{C}_n$ lässt sich nach diesem System entwickeln. Dieser Sachverhalt lässt sich *nicht* ohne weiteres auf den unendlich-dimensionalen Raum $\mathcal{H}$ übertragen. *Nicht jedes* Orthonormalsystem aus unendlich vielen Elementen ist Basis in $\mathcal{H}$. Als Basis können nur *vollständige* Orthonormalsysteme dienen. Ein Orthonormalsystem $e_1, e_2, \ldots$ heißt genau dann vollständig, wenn sich *jedes* Element f aus $\mathcal{H}$ nach diesem System entwickeln lässt:

$$f = \sum_{k=1}^{\infty} c_k \, e_k. \tag{2.27}$$

Die Entwicklungskoeffizienten erhält man, indem (2.27) von links skalar mit e_l multipliziert wird:[7]

$$\langle e_l, f \rangle = \left\langle e_l, \sum_{k=1}^{\infty} c_k \, e_k \right\rangle = \sum_{k=1}^{\infty} c_k \, \langle e_l, e_k \rangle = \sum_{k=1}^{\infty} c_k \delta_{lk} = c_l \tag{2.28}$$

(dabei haben wir die Beziehungen (2.17) und (2.18) verwendet). Die Entwicklungskoeffizienten c_k in (2.27) sind also die Skalarprodukte von e_k mit dem vorgegebenen Element f. (2.27) wird damit zu

$$f = \sum_{k=1}^{\infty} \langle e_k, f \rangle \, e_k. \tag{2.29}$$

Bildet man das Quadrat der Norm von f, so ergibt sich

$$\begin{aligned} ||f||^2 &= \langle f, f \rangle = \left\langle \sum_{l=1}^{\infty} c_l \, e_l, \sum_{k=1}^{\infty} c_k \, e_k \right\rangle = \sum_{l=1}^{\infty} \sum_{k=1}^{\infty} c_l^* \, c_k \, \langle e_l, e_k \rangle \\ &= \sum_{l=1}^{\infty} \sum_{k=1}^{\infty} c_l^* \, c_k \, \delta_{lk} = \sum_{k=1}^{\infty} |c_k|^2, \end{aligned}$$

also

$$||f||^2 = \sum_{k=1}^{\infty} |\langle e_k, f \rangle|^2. \tag{2.30}$$

Ist (2.30) für *jedes* f aus $\mathcal{H}$ erfüllt, so ist das System der $e_1, e_2, \ldots$ ein *vollständiges* Orthonormalsystem. Die Beziehung (2.30) heißt dann *Vollständigkeitsrelation*.

In Analogie zu den Begriffen im Vektorraum (s. Abschn. 2.1.2) bezeichnet man auch für abstrakte Räume (insbesondere also auch für Funktionenräume) den Summenterm $c_k e_k = \langle e_k, f \rangle \, e_k$ aus der Entwicklung (2.27) bzw. (2.29) als *Projektion von f auf e_k* (Bild 2.1b).

---

[7]Skalare Multiplikation von rechts würde die konjugiert komplexen Koeffizienten liefern. (2.28) ist die Verallgemeinerung von (2.11).

Der Koeffizient $c_k = \langle e_k, f \rangle$ entspricht der Komponente der Entwicklung, also dem „Richtungscosinus" (vgl. (2.12)). Damit ist (2.30) als *Satz des Pythagoras* in $\mathcal{H}$ aufzufassen.

Im Folgenraum l_2 ist durch die „Einheitsfolgen" $\{1, 0, 0, \ldots\}$, $\{0, 1, 0, \ldots\}$; $\{0, 0, 1, 0, \ldots\}, \ldots$ eine vollständige Orthonormalbasis gegeben. Ein Beispiel für einen Funktionenraum ist der Raum, der aus allen quadratisch integrierbaren stetigen Funktionen $f(x)$ mit dem Definitionsbereich $0 \leq x \leq a$ und den Randbedingungen $f(0) = f(a) = 0$ besteht. Eine vollständige Orthonormalbasis in diesem Raum wird durch die Funktionen (1.19) gebildet (s. Abschn. 1.1.3). Jede quadratisch integrierbare stetige Funktion $f(x)$, für die $f(0) = f(a) = 0$ gilt, lässt sich nach dieser Basis entwickeln, d.h. als Reihe vom Typ (2.27) darstellen. Die Reihenentwicklung kann so als Zerlegung einer vorgebenen Schwingungsfunktion $f(x)$ nach Sinus-Schwingungen aufgefasst werden („harmonische Analyse"). Den Begriff der Vollständigkeit macht man sich mit Hilfe folgender Überlegung plausibel: Würde in dem Orthonormalsystem etwa die Funktion y_2 fehlen, so würde das System zwar immer noch unendlich viele Funktionen enthalten, aber es wäre nicht mehr vollständig und könnte deshalb nicht mehr als Basis dienen. Es gäbe dann Funktionen im betrachteten Raum, die sich nicht nach diesem System entwickeln lassen.[8]

Ein weiteres Beispiel haben wir bereits kennengelernt: Die Hermiteschen Funktionen (1.48) sind Orthonormalbasis im Raum $\mathcal{CL}_2(-\infty, +\infty)$.

2.1.6   Lineare Operatoren

Eine erste Einführung des Operatorbegriffs haben wir bereits in Abschnitt 1.3.1 gegeben. Jetzt gehen wir etwas gründlicher vor. Operatoren sind Vorschriften, die die Elemente eines Raums $\mathcal{K}_1$ auf die Elemente eines Raums $\mathcal{K}_2$ abbilden. Wir schreiben dafür ganz allgemein (vgl. (1.51))

$$\mathbf{A} f = g, \tag{2.31}$$

wobei f Element aus $\mathcal{K}_1$ und g Element aus $\mathcal{K}_2$ ist. Die Menge der Elemente des Raums $\mathcal{K}_1$, für die der Operator $\mathbf{A}$ erklärt ist („auf die er wirken kann"), heißt *Definitionsbereich*, die Menge der Elemente des Raums $\mathcal{K}_2$, auf die er abbilden kann („die sich bei der Wirkung ergeben können"), heißt *Wertevorrat* von $\mathbf{A}$. Die beiden Räume können identisch sein. In unserem Fall betrachten wir meist Abbildungen des Hilbert-Raums $\mathcal{H}$ in sich. Definitionsbereich bzw. Wertevorrat kann der Gesamtraum, aber auch nur ein Teil dieses Raums sein.

Operatoren sind ihrerseits selbst Funktionen: sie ordnen den Elementen f ihres Definitionsbereichs die Elemente g ihres Wertevorrats zu. Bei Differenzialoperatoren besteht der Definitionsbereich aus allen (bezüglich dieses Operators) differenzierbaren Funktionen. Definitionsbereich eines multiplikativen Operators ist der Gesamtraum. Der Wertevorrat des Nulloperators besteht aus einem einzigen Element, dem Nullelement.

---

[8]Eine solche Funktion wäre etwa y_2, die ja die Randbedingungen erfüllt, also im betrachteten Raum liegt, sich aber nicht nach dem System $y_1, y_3, y_4, \ldots$ entwickeln lässt.

Ein Operator $\mathbf{A}$ heißt *linearer Operator*, wenn für alle Elemente f und g des Definitionsbereichs und beliebige komplexe Zahlen α, β gilt:

$$1. \quad \mathbf{A}\,(f+g) = \mathbf{A}\,f + \mathbf{A}\,g, \tag{2.32}$$

$$2. \quad \mathbf{A}\,(\alpha f) = \alpha \mathbf{A}\,f. \tag{2.33}$$

(2.32) und (2.33) lassen sich zusammenfassen zu

$$\mathbf{A}\,(\alpha f + \beta g) = \alpha\,\mathbf{A}\,f + \beta\,\mathbf{A}\,g. \tag{2.34}$$

Differenzial- und Integraloperatoren sind linear, auch Multiplikationen mit Konstanten oder Funktionen.[9] Etwa für den Operator $\mathbf{A} = \mathrm{d}/\mathrm{d}x$ bedeutet (2.34) die Gültigkeit von

$$\frac{\mathrm{d}}{\mathrm{d}x}\,(\alpha f + \beta g) = \alpha\,\frac{\mathrm{d}}{\mathrm{d}x}\,f + \beta\,\frac{\mathrm{d}}{\mathrm{d}x}\,g.$$

In der Quantentheorie hat man es praktisch ausschließlich mit linearen Operatoren zu tun. Wir betrachten im folgenden nur solche.

Wir formulieren die wichtigsten Rechenregeln für lineare Operatoren. Es sind dies die Multiplikation eines Operators $\mathbf{A}$ mit einer Konstanten c, die Summe und das Produkt zweier Operatoren $\mathbf{A}$ und $\mathbf{B}$:

$$\begin{aligned}
(c\mathbf{A})\,f &= \mathbf{A}\,(cf), \\
(\mathbf{A}+\mathbf{B})\,f &= \mathbf{A}\,f + \mathbf{B}\,f, \\
(\mathbf{A}\mathbf{B})\,f &= \mathbf{A}\,(\mathbf{B}\,f).
\end{aligned} \tag{2.35}$$

Bei der Summenbildung in (2.35) kann die Reihenfolge der Summanden vertauscht werden, d.h., es gilt das Kommutativgesetz:

$$(\mathbf{A}+\mathbf{B})\,f = \mathbf{A}\,f + \mathbf{B}\,f = \mathbf{B}\,f + \mathbf{A}\,f = (\mathbf{B}+\mathbf{A})\,f.$$

Dagegen ist die Produktbildung *nicht* kommutativ, man hat streng darauf zu achten, dass *erst* der *rechte* Faktor des Produkts auf das rechts von ihm stehende Element angewandt wird und *danach* erst der *linke* Faktor auf das Ergebnis der Wirkung des rechten Faktors. Im allgemeinen gilt

$$(\mathbf{A}\mathbf{B})\,f = \mathbf{A}\,(\mathbf{B}\,f) \neq \mathbf{B}\,(\mathbf{A}\,f) = (\mathbf{B}\mathbf{A})\,f)$$

oder

$$(\mathbf{A}\mathbf{B})\,f - (\mathbf{B}\mathbf{A})\,f = (\mathbf{A}\mathbf{B} - \mathbf{B}\mathbf{A})\,f \neq O$$

(wobei O das Nullelement bezeichnet). Spielt das Element f, auf das die Operatoren wirken, keine explizite Rolle in der jeweiligen Formel, so kann man es weglassen und sich auf kurze *Operatorengleichungen* beschränken:[10]

$$\mathbf{A} + \mathbf{B} = \mathbf{B} + \mathbf{A}, \tag{2.36}$$

$$\mathbf{A}\mathbf{B} \neq \mathbf{B}\mathbf{A}, \qquad (\mathbf{A}\mathbf{B} - \mathbf{B}\mathbf{A}) = [\mathbf{A}, \mathbf{B}] \neq 0. \tag{2.37}$$

---

[9] Ein Beispiel für einen nichtlinearen Operator ist der Wurzeloperator $\mathbf{A} = \sqrt{}$. Für ihn ist (2.34) nicht erfüllt: $\sqrt{(\alpha f + \beta g)} \neq \alpha\sqrt{f} + \beta\sqrt{g}$.

[10] Etwa (2.36) steht also für den Sachverhalt, daß $(\mathbf{A}+\mathbf{B})f = (\mathbf{B}+\mathbf{A})f$ gilt für alle f, die sowohl zum Definitionsbereich von $\mathbf{A}$ als auch von $\mathbf{B}$ gehören.

In (2.37) wurde für $\mathbf{AB} - \mathbf{BA}$ das Symbol $[\mathbf{A}, \mathbf{B}]$ eingeführt. Der Operator

$$[\mathbf{A}, \mathbf{B}] = \mathbf{AB} - \mathbf{BA} \tag{2.38}$$

heißt *Kommutator* der Operatoren $\mathbf{A}$ und $\mathbf{B}$. Der Kommutator (2.38) ist im allgemeinen nicht gleich dem Nulloperator $\mathbf{0}$. Man sagt, die Operatoren $\mathbf{A}$ und $\mathbf{B}$ sind *vertauschbar* oder *kommutieren*, wenn $[\mathbf{A}, \mathbf{B}] = \mathbf{0}$ ist, sie sind *nicht vertauschbar* oder *kommutieren nicht*, wenn $[\mathbf{A}, \mathbf{B}] \neq \mathbf{0}$ ist.

Die kommutativen Eigenschaften linearer Operatoren werden sofort plausibel, wenn man daran denkt, dass die zunächst abstrakt eingeführten Operatoren durch quadratische Matrizen dargestellt werden können. Aus der Matrizenrechnung weiß man, dass für solche Matrizen zwar die Addition, nicht aber die Multiplikation kommutativ ist.

2.1.7   Die Operatoren für die Observablen

In der Quantenmechanik wird jeder Observablen ein linearer Operator zugeordnet. Bei „klassischen" Observablen (Energie, Drehimpuls usw.) geht man dabei wie folgt vor (vgl. Abschn. 1.3.1): Man drückt die Observablen als Funktionen von Ort und Impuls aus (was immer möglich ist) und ersetzt die Ortskomponenten durch die Komponenten des Ortsoperators und die Impulskomponenten durch die Komponenten des Impulsoperators. Man hat also nur die konkrete Gestalt der Orts- und Impulsoperatoren vorzugeben.

Für unsere Zwecke ist es üblich, den Ortskomponenten multiplikative Operatoren und den Impulskomponenten Differenzialoperatoren zuzuordnen, wie wir das bereits in (1.52) getan haben, also

$$x \rightarrow \mathbf{x} = x \qquad \text{und} \qquad p_x \rightarrow \mathbf{p}_x = \frac{\hbar}{i} \frac{\partial}{\partial x} \tag{2.39}$$

(analog für die anderen Komponenten). Daraus ergab sich die „übliche" Form der Energie- und Drehimpulsoperatoren (s. Abschn. 1.3.1).

Wir zeigen, dass Orts- und Impulsoperatoren zur gleichen Komponente nicht kommutieren. Es gilt[11]

$$\mathbf{x}\mathbf{p}_x \, f(x) = x \, \frac{\hbar}{i} \, f'(x),$$

$$\mathbf{p}_x \mathbf{x} \, f(x) = \frac{\hbar}{i} \frac{\partial}{\partial x} \, (x f(x)) = x \, \frac{\hbar}{i} \, f'(x) + \frac{\hbar}{i} \, f(x)$$

(mit $f'(x) = \partial f(x)/\partial x$). Man hat also

$$[\mathbf{p}_x, \mathbf{x}] = \frac{\hbar}{i}. \tag{2.40}$$

Orts- und Impulsoperatoren zu unterschiedlichen Komponenten dagegen kommutieren, wie man leicht nachprüft. (2.40) ist nun aber nicht etwa „zufällige" Folge der Wahl (2.39) für

---

[11]Wir achten auf die Reihenfolge der Wirkung der Operatoren; bei der Wirkung von $\mathbf{p}_x$ auf $\mathbf{x} \, f(x)$ ist die Produktregel der Differenziation anzuwenden.

die Orts- und Impulsoperatoren, sondern die Wahl (2.39) ist gerade so erfolgt, dass (2.40) erfüllt ist. Es gilt nämlich folgendes

Postulat 2: Für die Komponenten $\mathbf{p}_k$ des Impulsoperators und die Komponenten $\mathbf{q}_l$ des Ortsoperators müssen die Kommutatorrelationen

$$[\mathbf{p}_k, \mathbf{q}_l] = \frac{\hbar}{i} \delta_{kl} \qquad (2.41)$$

erfüllt sein (*Heisenbergsche kanonische Vertauschungsrelationen*).

Die Wahl (2.39) ist nur *eine* Möglichkeit, die Vertauschungsrelationen (2.40) zu erfüllen. Genaugenommen wird dabei sogar nur vorgegeben, dass der Ortsoperator ein multiplikativer Operator sein soll. Der Impulsoperator *muss* dann die angegebene Form als Differenzialoperator haben, nur dann ist (2.40) erfüllt. Die spezielle Wahl (2.39) heißt *Ortsdarstellung*. Sie ist für die Anwendungen in der Quantentheorie molekularer Systeme die zweckmäßigste, da sie den Vorteil hat, dass der Operator der kinetischen Energie, der für jedes Problem die gleiche Form hat, die „komplizierteren" Differenzialoperatoren enthält, während die von Problem zu Problem verschiedene potenzielle Energie einfach als multiplikativer Operator wirkt (vgl. Abschn. 1.3.1).

Eine andere, völlig gleichwertige Möglichkeit besteht darin, den Impulsoperator als multiplikativen Operator vorzugeben, dann wird – damit die Vertauschungsrelationen (2.41) erfüllt sind – der Ortsoperator zu einem Differenzialoperator:

$$p_k \;\rightarrow\; \mathbf{p}_k = p_k \qquad \text{und} \qquad q_l \;\rightarrow\; \mathbf{q}_l = -\frac{\hbar}{i}\frac{\partial}{\partial p_l}.$$

Die Operatoren für Energie, Drehimpuls usw. erhalten dann eine völlig andere Gestalt. Sie enthalten Ableitungen nach den Impulskomponenten. Die Funktionen, auf die die Operatoren wirken, sind also impulsabhängig zu wählen, d.h., man arbeitet im Impulsraum (*Impulsdarstellung*). Dies ist zum Beispiel in der Quantentheorie der Festkörper von Vorteil.

Es sei auf eine weitere Möglichkeit hingewiesen. Werden die Operatoren durch Matrizen dargestellt, ist ebenfalls jede Wahl möglich, wenn nur (2.41) erfüllt wird.

Alle angegebenen (und alle weiteren denkbaren) Darstellungen sind prinzipiell gleichwertig, sie sind nur für die unterschiedlichen Anwendungen mehr oder weniger zweckmäßig. Übergänge zwischen den verschiedenen Darstellungen sind durch unitäre Transformationen möglich, zwischen Orts- und Impulsdarstellung leistet dies die Fouriertransformation.

Aus (2.41) lassen sich Kommutatorrelationen für andere Observable ableiten. So gilt etwa[12]

$$\begin{aligned}
[\mathbf{l}_x, \mathbf{l}_y] &= \mathbf{l}_x\mathbf{l}_y - \mathbf{l}_y\mathbf{l}_x = (\mathbf{y}\mathbf{p}_z - \mathbf{z}\mathbf{p}_y)(\mathbf{z}\mathbf{p}_x - \mathbf{x}\mathbf{p}_z) - (\mathbf{z}\mathbf{p}_x - \mathbf{x}\mathbf{p}_z)(\mathbf{y}\mathbf{p}_z - \mathbf{z}\mathbf{p}_y) \\
&= \mathbf{y}\mathbf{p}_z\mathbf{z}\mathbf{p}_x - \mathbf{y}\mathbf{p}_z\mathbf{x}\mathbf{p}_z - \mathbf{z}\mathbf{p}_y\mathbf{z}\mathbf{p}_x + \mathbf{z}\mathbf{p}_y\mathbf{x}\mathbf{p}_z \\
&\qquad -\mathbf{z}\mathbf{p}_x\mathbf{y}\mathbf{p}_z + \mathbf{z}\mathbf{p}_x\mathbf{z}\mathbf{p}_y + \mathbf{x}\mathbf{p}_z\mathbf{y}\mathbf{p}_z - \mathbf{x}\mathbf{p}_z\mathbf{z}\mathbf{p}_y \\
&= \mathbf{y}\mathbf{p}_x(\mathbf{p}_z\mathbf{z} - \mathbf{z}\mathbf{p}_z) + \mathbf{p}_y\mathbf{x}(\mathbf{z}\mathbf{p}_z - \mathbf{p}_z\mathbf{z}) \\
&= \mathbf{y}\mathbf{p}_x(\hbar/i) + \mathbf{x}\mathbf{p}_y(-\hbar/i) = i\hbar(\mathbf{x}\mathbf{p}_y - \mathbf{y}\mathbf{p}_x) = i\hbar\mathbf{l}_z.
\end{aligned}$$

---

[12]Wir verwenden die Ausdrücke (1.53) für die Komponenten des Drehimpulsoperators. Man achte streng darauf, dass nur Orts- und Impulsoperatoren zu unterschiedlichen Komponenten vertauscht werden dürfen.

Durch zyklische Vertauschung erhält man die Relationen

$$[\mathbf{l}_x, \mathbf{l}_y] = i\hbar \mathbf{l}_z, \quad [\mathbf{l}_y, \mathbf{l}_z] = i\hbar \mathbf{l}_x, \quad [\mathbf{l}_z, \mathbf{l}_x] = i\hbar \mathbf{l}_y. \tag{2.42}$$

Die Komponenten des Drehimpulsoperators kommutieren also nicht. Dagegen kommutiert jede Komponente dieses Operators mit dem Operatorquadrat:

$$[\mathbf{l}^2, \mathbf{l}_k] = \mathbf{0} \qquad (k = x, y, z), \tag{2.43}$$

wie sich leicht nachprüfen lässt.[13]

2.1.8   Adjungierter Operator, hermitesche Operatoren

Wir definieren den zu $\mathbf{A}$ adjungierten Operator $\mathbf{A}^+$: $\mathbf{A}^+$ heißt *adjungierter Operator* zu $\mathbf{A}$, wenn für alle f und g aus $\mathcal{H}$ gilt:

$$\langle \mathbf{A}^+ f, g \rangle = \langle f, \mathbf{A} g \rangle. \tag{2.44}$$

Die abstrakten Skalarprodukte in (2.44) kann man sich als Skalarprodukte zwischen Funktionen (s. (2.25)) oder zwischen Folgen (s. (2.22)) bzw. Vektoren (s. (2.5)) vorstellen. Ist $\mathbf{A}$ eine Matrix, so ist $\mathbf{A}^+$ die adjungierte Matrix (die konjugiert komplexe der transponierten Matrix).

Wir formulieren einige Rechenregeln. Für das Adjungierte einer Linearkombination bzw. eines Produkts von Operatoren sowie das Adjungierte von $\mathbf{A}^+$ gilt:

$$(\alpha \mathbf{A} + \beta \mathbf{B})^+ = \alpha^* \mathbf{A}^+ + \beta^* \mathbf{B}^+, \tag{2.45}$$

$$(\mathbf{A}\mathbf{B})^+ = \mathbf{B}^+ \mathbf{A}^+, \tag{2.46}$$

$$\mathbf{A}^{++} = \mathbf{A}, \tag{2.47}$$

wobei für $(\mathbf{A}^+)^+$ kurz $\mathbf{A}^{++}$ geschrieben wird. Die Gültigkeit von (2.45) bis (2.47) prüft man mit Hilfe der Eigenschaften (2.17) bis (2.19) des Skalarprodukts leicht nach:

$$\langle (\alpha \mathbf{A} + \beta \mathbf{B})^+ f, g \rangle = \langle f, (\alpha \mathbf{A} + \beta \mathbf{B})g \rangle = \alpha \langle f, \mathbf{A}g \rangle + \beta \langle f, \mathbf{B}g \rangle$$
$$= \alpha \langle \mathbf{A}^+ f, g \rangle + \beta \langle \mathbf{B}^+ f, g \rangle = \langle (\alpha^* \mathbf{A}^+ + \beta^* \mathbf{B}^+) f, g \rangle,$$
$$\langle (\mathbf{A}\mathbf{B})^+ f, g \rangle = \langle f, \mathbf{A}\mathbf{B}g \rangle = \langle \mathbf{A}^+ f, \mathbf{B}g \rangle = \langle \mathbf{B}^+ \mathbf{A}^+ f, g \rangle,$$
$$\langle f, \mathbf{A}g \rangle = \langle \mathbf{A}^+ f, g \rangle = \langle g, \mathbf{A}^+ f \rangle^* = \langle \mathbf{A}^{++} g, f \rangle^* = \langle f, \mathbf{A}^{++} g \rangle.$$

Man erkennt unmittelbar den Vorteil der abstrakten Schreibweise für das Skalarprodukt gegenüber der Beweisführung mit Hilfe der konkreten Realisierungen (2.22) bzw. (2.25) für das Skalarprodukt.

Stimmt ein Operator $\mathbf{A}$ mit seinem Adjungierten $\mathbf{A}^+$ überein, so heißt $\mathbf{A}$ *hermitescher Operator*. Für hermitesche Operatoren gilt also

$$\mathbf{A}^+ = \mathbf{A}, \tag{2.48}$$

---

[13]Dazu setzt man $\mathbf{l}^2 = \mathbf{l}_x^2 + \mathbf{l}_y^2 + \mathbf{l}_z^2$ und verwendet die Relationen (2.42).

d.h. mit (2.44)

$$\langle \mathbf{A}f, g \rangle = \langle f, \mathbf{A}g \rangle. \tag{2.49}$$

Für den Zahlenwert des Skalarprodukts ist es also gleichgültig, ob der Operator $\mathbf{A}$ auf f oder auf g wirkt.

Orts- und Impulsoperatoren sind hermitesche Operatoren. Wir zeigen dies an den x-Komponenten in der Ortsdarstellung (2.39):

$$
\begin{aligned}
\langle f, \mathbf{x}g \rangle &= \int\limits_{-\infty}^{+\infty} f^*(x)\, x\, g(x)\, \mathrm{d}x = \int\limits_{-\infty}^{+\infty} x\, f^*(x)\, g(x)\, \mathrm{d}x \\
&= \int\limits_{-\infty}^{+\infty} (x f(x))^*\, g(x)\, \mathrm{d}x = \langle \mathbf{x}f, g \rangle, \\
\langle f, \mathbf{p}_x g \rangle &= \int\limits_{-\infty}^{+\infty} f^*(x)\, \frac{\hbar}{i}\frac{\partial}{\partial x}g(x)\, \mathrm{d}x = \left[\frac{\hbar}{i}f^*(x)\,g(x)\right]_{-\infty}^{+\infty} \\
&- \int\limits_{-\infty}^{+\infty} \left(\frac{\hbar}{i}\frac{\partial}{\partial x}f^*(x)\right) g(x)\, \mathrm{d}x = \int\limits_{-\infty}^{+\infty} \left(\frac{\hbar}{i}\frac{\partial}{\partial x}f(x)\right)^* g(x)\, \mathrm{d}x = \langle \mathbf{p}_x f, g \rangle.
\end{aligned}
$$

Im ersten Fall haben wir ausgenutzt, dass x reell ist, im zweiten haben wir partiell integriert und beachtet, dass die Funktionen für $x \to \pm\infty$ verschwinden müssen (sonst wären sie nicht normierbar). Es sei bemerkt, dass der Faktor i für die Hermitezität des Impulsoperators wesentlich ist. Der Differenzialoperator $\mathbf{A} = \partial/\partial x$ ist nicht hermitesch. Man prüft leicht nach, dass für ihn $\mathbf{A}^+ = -\mathbf{A}$ gilt.

Wir geben Bedingungen an, unter denen die Linearkombination und das Produkt zweier hermitescher Operatoren $\mathbf{A}$ und $\mathbf{B}$ wieder hermitesch sind:

1. $\alpha\mathbf{A} + \beta\mathbf{B}$ ist genau dann hermitesch, wenn α und β reell sind, da wegen (2.45) und der Definition (2.48) $(\alpha\mathbf{A}+\beta\mathbf{B})^+ = \alpha^*\mathbf{A}^+ + \beta^*\mathbf{B}^+ = \alpha^*\mathbf{A} + \beta^*\mathbf{B}$ gilt, d.h., das Adjungierte der Linearkombination stimmt genau dann mit dieser selbst überein, wenn $\alpha^* = \alpha$ und $\beta^* = \beta$ gilt.

2. $\mathbf{AB}$ ist genau dann hermitesch, wenn $[\mathbf{A}, \mathbf{B}] = \mathbf{0}$ ist, da wegen (2.46) $(\mathbf{AB})^+ = \mathbf{B}^+\mathbf{A}^+ = \mathbf{BA}$ gilt und dies nur dann gleich $\mathbf{AB}$ ist, wenn die beiden Operatoren kommutieren. Hieraus folgt unmittelbar, dass alle Potenzen hermitescher Operatoren wieder hermitesch sind.

Die quantenmechanischen Operatoren, die wir in Abschnitt 1.3.1 als Funktionen von (hermiteschen) Orts- und Impulsoperatoren formuliert haben, sind sämtlich hermitesch. Sie enthalten Potenzen solcher Operatoren oder Produkte unterschiedlicher Orts- und Impulskomponenten (die gemäß (2.41) miteinander vertauschbar sind) sowie Linearkombinationen oder Vielfachbildungen mit reellen Koeffizienten, zum Beispiel $\mathbf{T} = (1/2m)(1 \cdot \mathbf{p}_x^2 + 1 \cdot \mathbf{p}_y^2 + 1 \cdot \mathbf{p}_z^2)$ oder $\mathbf{l}_z = 1 \cdot \mathbf{x}\mathbf{p}_y - 1 \cdot \mathbf{y}\mathbf{p}_x$.

2.1.9   Inverser Operator, unitäre Operatoren

Wir definieren den zu $\mathbf{A}$ inversen Operator $\mathbf{A}^{-1}$: $\mathbf{A}^{-1}$ heißt *inverser Operator* zu $\mathbf{A}$, wenn

$$\mathbf{A}\,\mathbf{A}^{-1} = \mathbf{A}^{-1}\mathbf{A} = 1 \tag{2.50}$$

gilt, wobei 1 den Einsoperator bezeichnet. Der Operator $\mathbf{A}^{-1}$ vermittelt die zu $\mathbf{A}f = g$ (vgl. (2.31)) inverse Abbildung

$$\mathbf{A}^{-1}g = f. \tag{2.51}$$

Nicht zu jedem $\mathbf{A}$ existiert ein inverser Operator. $\mathbf{A}^{-1}$ existiert dann und nur dann, wenn $\mathbf{A}f = O$ nur für $f = O$ gilt. Da stets $\mathbf{A}O = O$ gilt, darf kein weiteres Element auf das Nullelement abgebildet werden, sonst wäre die inverse Abbildung (2.51) nicht eindeutig. Der Sachverhalt ist einleuchtend, wenn man sich die Operatoren als Matrizen vorstellt: Nicht zu jeder quadratischen Matrix gibt es eine inverse Matrix.[14]

Wir formulieren eine Rechenregel: Das Inverse des Produkts zweier Operatoren ist gleich dem vertauschten Produkt der beiden inversen Operatoren:

$$(\mathbf{AB})^{-1} = \mathbf{B}^{-1}\mathbf{A}^{-1}. \tag{2.52}$$

Man erhält dies durch Vergleich der Beziehungen $(\mathbf{AB})^{-1}(\mathbf{AB}) = 1$ und $\mathbf{B}^{-1}\mathbf{A}^{-1}\mathbf{A}\,\mathbf{B} = 1$, die beide wegen (2.50) gültig sind.

Ein Operator $\mathbf{U}$ heißt *unitärer Operator*,[15] wenn $\mathbf{U}^{-1}$ existiert und mit $\mathbf{U}^+$ übereinstimmt:

$$\mathbf{U}^+ = \mathbf{U}^{-1}, \tag{2.53}$$

d.h. wenn

$$\mathbf{U}\,\mathbf{U}^+ = \mathbf{U}^+\mathbf{U} = 1 \tag{2.54}$$

(vgl. (2.50)) gilt. Damit ergibt sich die Beziehung

$$\langle \mathbf{U}f, \mathbf{U}g \rangle = \langle \mathbf{U}^+\mathbf{U}f, g \rangle = \langle f, g \rangle \tag{2.55}$$

und mit (2.20) speziell

$$\|\mathbf{U}f\|^2 = \langle \mathbf{U}f, \mathbf{U}f \rangle = \langle f, f \rangle = \|f\|^2.$$

Die Eigenschaft (2.55) wird als *Isometrie* bezeichnet: Bei einer unitären Transformation bleibt das Skalarprodukt (und speziell die Norm) invariant. Insbesondere geht dabei ein Orthonormalsystem wieder in ein solches über. Unitäre Transformationen stellen damit Drehungen im Hilbert-Raum dar.

Sind zwei Operatoren $\mathbf{U}_1$ und $\mathbf{U}_2$ unitär, so ist auch ihr Produkt $\mathbf{U}_1\mathbf{U}_2$ unitär, denn wegen (2.52) und (2.46) gilt

$$(\mathbf{U}_1\mathbf{U}_2)^+ = \mathbf{U}_2{}^+\mathbf{U}_1{}^+ = \mathbf{U}_2{}^{-1}\mathbf{U}_1{}^{-1} = (\mathbf{U}_1\mathbf{U}_2)^{-1}. \tag{2.56}$$

Die Symmetrieoperationen der Punktgruppen (s. Anh. A) lassen sich als Symmetrieoperatoren auffassen. Diese Operatoren sind unitär. Werden sie als quadratische Matrizen dargestellt, so sind dies unitäre Matrizen, für die die Beziehungen (2.53) und (2.54) gelten.

---

[14]Nur für reguläre Matrizen (deren Determinante nicht Null ist) existiert die inverse Matrix.
[15]Aus heuristischem Grund verwendet man für unitäre Operatoren meist die spezielle Bezeichnung $\mathbf{U}$.

2.1.10 Projektionsoperatoren

Als weitere Klasse von Operatoren führen wir *Projektionsoperatoren* ein. Dazu betrachten wir die Entwicklung eines Elements f aus $\mathcal{H}$ nach einem vollständigen Orthonormalsystem:

$$f = \sum_{k=1}^{\infty} c_k\, e_k \qquad \text{mit} \qquad c_k = \langle e_k, f\rangle \qquad \text{und} \qquad \langle e_k, e_l\rangle = \delta_{kl}.$$

Als Projektionsoperator $\mathbf{O}_{k_1\ldots k_n}$ definiert man den Operator, der das vorgegebene Element f auf einen n-dimensionalen Unterraum von $\mathcal{H}$ projiziert:

$$\mathbf{O}_{k_1\ldots k_n} f = c_{k_1} e_{k_1} + \ldots + c_{k_n} e_{k_n}.$$

Zur Formulierung der wesentlichen Eigenschaften dieser Operatoren genügt es, sich auf den eindimensionalen Fall zu beschränken:

$$\mathbf{O}_k f = c_k e_k. \tag{2.57}$$

Bildet man mit Hilfe der Definition (2.57) $\mathbf{O}_k^2 f = \mathbf{O}_k(\mathbf{O}_k f) = \mathbf{O}_k(c_k e_k) = c_k e_k = \mathbf{O}_k f$, so erhält man die Operatorbeziehung

$$\mathbf{O}_k^2 = \mathbf{O}_k. \tag{2.58}$$

Wurde die Projektion einmal ausgeführt, so ergibt eine erneute Projektion nichts Neues. Für $k \neq l$ hat man $\mathbf{O}_k \mathbf{O}_l f = \mathbf{O}_k(\mathbf{O}_l f) = \mathbf{O}_k(c_l e_l) = O$, denn nach Projektion auf einen Unterraum ergibt eine weitere Projektion auf einen dazu orthogonalen Unterraum das Nullelement. Das Produkt der Operatoren ergibt also den Nulloperator:

$$\mathbf{O}_k \mathbf{O}_l = \mathbf{0} \qquad (k \neq l). \tag{2.59}$$

(2.58) und (2.59) sind charakteristisch für Projektionsoperatoren. Schließlich bilden wir noch $\mathbf{1}f = f = \sum c_k\, e_k = \sum \mathbf{O}_k f = (\sum \mathbf{O}_k) f$. Das ergibt die Operatorbeziehung

$$\mathbf{1} = \sum_{k=1}^{\infty} \mathbf{O}_k.$$

Sie wird als *Zerlegung des Einsoperators* (*resolution of the identity*) bezeichnet.

Es lässt sich zeigen, dass Projektionsoperatoren hermitesch sind. Da sich die beiden Beziehungen

$$\langle \mathbf{O}_k f, g\rangle = \langle c_k e_k, g\rangle = \Big\langle c_k e_k, \sum d_l\, e_l \Big\rangle = c_k^* \sum d_l \, \langle e_k, e_l\rangle = c_k^* d_k,$$

$$\langle f, \mathbf{O}_k g\rangle = \langle f, d_k e_k\rangle = \Big\langle \sum c_l\, e_l, d_k e_k \Big\rangle = d_k \sum c_l^* \, \langle e_k, e_l\rangle = d_k c_k^*$$

als gleich erweisen, folgt $\langle \mathbf{O}_k f, g\rangle = \langle f, \mathbf{O}_k g\rangle$, d.h. $\mathbf{O}_k^+ = \mathbf{O}_k$.

2.2   Messung von Observablen

2.2.1   Messung einer Observablen

Bereits in Abschnitt 1.3.2 haben wir Aussagen über die möglichen Messwerte einer Observablen angegeben. Jetzt formulieren wir das

Postulat 3: Die *einzig möglichen Messwerte*, die man bei einer Messung einer Observablen erhalten kann, sind die Eigenwerte a_k der Eigenwertgleichung für den zugehörigen Operator $\mathbf{A}$:

$$\mathbf{A}\,\psi_k = a_k\,\psi_k. \tag{2.60}$$

Spezielle Fälle von (2.60) sind die zeitunabhängige Schrödingergleichung (die Energieeigenwertgleichung) und die Drehimpulseigenwertgleichungen. Die im vorigen Kapitel angegebenen Eigenwerte sind die einzig möglichen Messwerte für die Energie der behandelten Systeme bzw. für den Drehimpuls. Andere Messwerte können nicht auftreten.

Messwerte von Observablen sind stets *reelle* Zahlenwerte. Wenn die Eigenwerte eines Operators Messwerte der zugehörigen Observablen sein sollen, müssen also diese Eigenwerte reell sein. Wir zeigen, dass Operatoren, die nur reelle Eigenwerte haben, hermitesch sind. Dazu multiplizieren wir (2.60) von links skalar mit ψ_k:[16]

$$\langle \psi_k, \mathbf{A}\psi_k \rangle = \langle \psi_k, a_k\psi_k \rangle = a_k \langle \psi_k, \psi_k \rangle = a_k. \tag{2.61}$$

Ohne Beschränkung der Allgemeinheit haben wir angenommen, dass ψ_k normiert ist. Wir gehen in (2.61) zur konjugiert komplexen Form über: $\langle \psi_k, \mathbf{A}\psi_k \rangle^* = a_k^*$. Wenden wir (2.19) an und beachten, dass nach Voraussetzung $a_k^* = a_k$ sein soll, so erhalten wir

$$\langle \mathbf{A}\psi_k, \psi_k \rangle = a_k. \tag{2.62}$$

Der Vergleich zwischen (2.61) und (2.62) ergibt $\langle \mathbf{A}\psi_k, \psi_k \rangle = \langle \psi_k, \mathbf{A}\psi_k \rangle$, d.h., $\mathbf{A}$ muss hermitesch sein (vgl. die Definition (2.49)). Man kann den Beweis auch umgekehrt interpretieren: Hermitesche Operatoren haben nur reelle Eigenwerte.

Die Eigenfunktionen eines hermiteschen Operators zu verschiedenen Eigenwerten sind orthogonal. Wir zeigen dies an Hand der Definition (2.49), die insbesondere auch für die Eigenfunktionen von $\mathbf{A}$ gilt:

$$\langle \mathbf{A}\psi_l, \psi_k \rangle = \langle \psi_l, \mathbf{A}\psi_k \rangle.$$

Sind ψ_l und ψ_k Eigenfunktionen von $\mathbf{A}$, so gilt wegen (2.60):

$$a_l \langle \psi_l, \psi_k \rangle = a_k \langle \psi_l, \psi_k \rangle \tag{2.63}$$

(links steht wegen (2.18) eigentlich a_l^*, aber die Eigenwerte hermitescher Operatoren sind sämtlich reell). (2.63) schreiben wir als

$$(a_l - a_k) \langle \psi_l, \psi_k \rangle = 0. \tag{2.64}$$

---

[16] Im Funktionenraum bedeutet dies: Wir multiplizieren von links mit ψ_k^* und integrieren über alle Variablen.

Für verschiedene Eigenwerte ($a_l \neq a_k$) folgt aus (2.64), dass $\langle \psi_l, \psi_k \rangle = 0$ sein muss, was gezeigt werden solllte.[17]

Im Falle von Entartung hat man mehrere Eigenfunktionen zum gleichen Eigenwert. Diese Funktionen sind nicht „automatisch" orthogonal, sie sind aber linear unabhängig, und man kann sie mit einem geeigneten Verfahren orthogonalisieren. Damit ergibt sich: Das Eigenfunktionensystem eines hermiteschen Operators ist ein Orthogonalsystem. Normiert man alle Funktionen, so erhält man ein Orthonormalsystem. Ohne Beweis geben wir an: Das Eigenfunktionensystem eines hermiteschen Operators ist vollständig, d.h., es bildet eine *Orthonormalbasis* in $\mathcal{H}$.[18] Man kann also jeden beliebigen Zustand ψ aus $\mathcal{H}$ nach den Eigenfunktionen eines auf diesem Raum definierten hermiteschen Operators entwickeln:

$$\psi = \sum_{k=1}^{\infty} c_k \psi_k \quad \text{mit} \quad \psi_k \quad \text{aus} \quad \mathbf{A}\psi_k = a_k \psi_k, \tag{2.65}$$

wobei für die Koeffizienten wie üblich $c_k = \langle \psi_k, \psi \rangle$ gilt (vgl. (2.28)).

Damit sind alle Eigenfunktionensysteme, die wir bisher behandelt haben, Orthonormalbasen in den betreffenden Räumen: die Funktionen (1.19) bzw. (1.36) in $\mathcal{RL}_2(0,a)$,[19] die zugeordneten Legendreschen Polynome $P_l^m(\cos\vartheta)$ (s. (1.69)) in $\mathcal{RL}_2(-1,+1)$, die komplexen Kugelflächenfunktionen $Y_l^m(\vartheta,\varphi)$ (s. (1.67)) in $\mathcal{CL}_2(0,\pi;0,2\pi)$, die Hermiteschen Funktionen $\exp(-\xi^2/2)H_n(\xi)$ (s. (1.48)) in $\mathcal{RL}_2(-\infty,+\infty)$, die Wasserstoffatom-Eigenfunktionen $\psi_{nlm}(r,\vartheta,\varphi)$ (s. (1.97)) in $\mathcal{CL}_2(0,\infty;0,\pi;0,2\pi)$. Für jedes dieser Systeme lässt sich ein beliebiger Zustand (der ja Element im betreffenden Raum ist, vgl. Postulat 1) nach der zugehörigen Orthonormalbasis entwickeln oder, mit anderen Worten, als Linearkombination der Eigenfunktionen darstellen.

2.2.2   Mittelwerte

Postulat 3 machte nur Aussagen darüber, *welche* Messwerte bei der Messung einer Observablen auftreten können, aber nicht darüber, welcher der möglichen Messwerte bei einer Messung zu erwarten ist. Aussagen darüber liefert das folgende Postulat. Für eine Einzelmessung kann im allgemeinen nicht vorhergesagt werden, welcher der Eigenwerte des Operators $\mathbf{A}$ als Messwert auftritt. Aussagen können aber über den *Mittelwert (Erwartungswert)* gemacht werden, der bei einer Folge von Messungen zu erwarten ist. Bei einer Folge von N Messungen erhält man ganz allgemein die N Messwerte $\lambda_1, \lambda_2, \ldots$ (die sämtlich Eigenwerte des Operators $\mathbf{A}$ sind; ein Eigenwert kann dabei mehrmals als Messwert auftreten). Für den Mittelwert gilt dann: $\bar{a} = (1/N)\sum_{k=1}^{N}\lambda_k$. Für $N \to \infty$ gilt

Postulat 4: Der *Mittelwert* $\bar{a}$ einer Observablen mit dem Operator $\mathbf{A}$ für ein System im vorgegebenen Zustand ψ ist

$$\bar{a} = \frac{\langle \psi, \mathbf{A}\psi \rangle}{\langle \psi, \psi \rangle}. \tag{2.66}$$

---

[17]Beide zuletzt getroffenen Aussagen gelten insbesondere auch für Matrizen: Hermitesche Matrizen haben nur reelle Eigenwerte, und die Eigenvektoren zu verschiedenen Eigenwerten einer hermiteschen Matrix sind orthogonal.

[18]Zum Beweis wird die in Abschnitt 2.1.3 erwähnte Eigenschaft der Separabilität von $\mathcal{H}$ benötigt.

[19]Zur Bezeichnung siehe Abschnitt 2.1.4, $\mathcal{RL}_2$ ist das reelle Analogon zu $\mathcal{CL}_2$.

Man sagt auch, $\bar{a}$ sei der *Mittelwert des Operators* **A**. Als Beispiel für die Anwendung von (2.66) berechnen wir für ein Elektron im $1s$-Zustand des Wasserstoffatoms den Mittelwert $\bar{r}$ des Operators **r** (den Mittelwert des Abstands vom Kern). Mit der normierten $1s$-Zustandsfunktion $\psi_{1s} = \sqrt{1/\pi a_0^3}\,\exp\left(-r/a_0\right)$ (s. Tab. 1.4) fällt der Nenner in (2.66) weg und man hat

$$
\begin{aligned}
\bar{r} &= \langle \psi_{1s}, r\psi_{1s}\rangle = \frac{1}{\pi a_0^3}\int\limits_0^{2\pi}\int\limits_0^{\pi}\int\limits_0^{\infty} \mathrm{e}^{-r/a_0}\, r\, \mathrm{e}^{-r/a_0}\, r^2\mathrm{d}r\, \sin\vartheta\,\mathrm{d}\vartheta\,\mathrm{d}\varphi \\
&= \frac{1}{\pi a_0^3}\int\limits_0^{2\pi}\int\limits_0^{\pi}\sin\vartheta\,\mathrm{d}\vartheta\,\mathrm{d}\varphi\int\limits_0^{\infty} r^3\mathrm{e}^{-2r/a_0}\,\mathrm{d}r = \frac{1}{\pi a_0^3}\,4\pi\,\frac{6}{16}a_0^4 = \frac{3}{2}a_0,
\end{aligned}
\tag{2.67}
$$

d.h., der mittlere Abstand liegt nicht etwa bei a_0, dem Radius der ersten Bohrschen Bahn, bei dem die Aufenthaltswahrscheinlichkeit maximal ist (vgl. Abschn. 1.4.3).[20]

Bei der Diskussion von Postulat 4 hat man zwei Fälle zu unterscheiden, der betrachtete Zustand, für den der Mittelwert zu ermitteln ist, sei Eigenzustand von **A** oder nicht.

Fall 1: Ist ψ Eigenzustand von **A**, d.h. $\psi = \psi_k$ mit $\mathbf{A}\psi_k = a_k\psi_k$, dann hat man

$$
\bar{a} = \frac{\langle \psi_k, \mathbf{A}\psi_k\rangle}{\langle \psi_k, \psi_k\rangle} = \frac{a_k\langle \psi_k, \psi_k\rangle}{\langle \psi_k, \psi_k\rangle} = a_k.
\tag{2.68}
$$

Als Mittelwert ergibt sich also der zum Eigenzustand ψ_k gehörige Eigenwert a_k. Daraus folgt, dass bei jeder Messung der gleiche Messwert a_k erzielt wird. Befindet sich das System also in einem Eigenzustand des Operators **A**, so lässt sich das Ergebnis einer Messung der Observablen vorhersagen: man erhält den zugehörigen Eigenwert a_k.

Fall 2: Ist ψ kein Eigenzustand von **A**, so wird ψ nach dem Eigenfunktionensystem des Operators **A**, das ja eine Orthonormalbasis bildet, entwickelt. Dies ist immer möglich, da sich jede Zustandsfunktion nach einer solchen Basis entwickeln lässt (s. Abschn. 2.2.1). Wir nehmen zunächst $\langle \psi, \psi\rangle = 1$ an und setzen die Entwicklung $\psi = \sum_{k=1}^{\infty} c_k\psi_k$ in (2.66) ein:

$$
\begin{aligned}
\bar{a} &= \left\langle \sum_{l=1}^{\infty} c_l\psi_l, \mathbf{A}\sum_{k=1}^{\infty} c_k\psi_k\right\rangle = \sum_{l=1}^{\infty}\sum_{k=1}^{\infty} c_l^* c_k\langle \psi_l, \mathbf{A}\psi_k\rangle \\
&= \sum_{l=1}^{\infty}\sum_{k=1}^{\infty} c_l^* c_k a_k \delta_{lk} = \sum_{k=1}^{\infty} |c_k|^2 a_k.
\end{aligned}
$$

Mit (2.28) ergibt sich also

$$
\bar{a} = \sum_{k=1}^{\infty} |c_k|^2 a_k = \sum_{k=1}^{\infty} |\langle \psi_k, \psi\rangle|^2 a_k.
\tag{2.69}
$$

---

[20]In (2.67) haben wir verwendet, dass die Integration über den Winkelanteil des Volumenelements (das Oberflächenelement einer Kugel vom Radius 1) den Wert 4π ergibt (die Oberfläche dieser Kugel). Das Radialintegral ist vom Typ $\int_0^{\infty} x^n\,\mathrm{e}^{-ax}\,\mathrm{d}x = n!/a^{(n+1)}$, der bei atomaren Integralen häufig auftritt.

Der Mittelwert ist also die gewichtete Summe der möglichen Messwerte. Das bedeutet, dass das Gewicht

$$|c_k|^2 = |\langle \psi_k, \psi \rangle|^2 \tag{2.70}$$

die *Wahrscheinlichkeit* (*statistische Häufigkeit*) darstellt, mit der der Messwert a_k bei der Messung der betrachteten Observablen an einem System im Zustand ψ auftritt. Dies entspricht dem üblichen Sachverhalt bei der Bildung von Mittelwerten.[21]

Fall 2 umfasst natürlich auch Fall 1. In (2.69) und (2.70) wäre dann $c_k = 1$ und $c_l = 0$ (für alle $l \neq k$) zu setzen. Dann ergibt sich $\bar{a} = a_k$ in Übereinstimmung mit (2.68). Befindet sich das System in einem Eigenzustand ψ_k, dann ist die Wahrscheinlichkeit, den Messwert a_k zu finden, 1, für alle anderen Messwerte a_l ($l \neq k$) ist sie 0.

(2.69) gilt nur für normierte Zustandsfunktionen. Für den allgemeinen Fall mit $\langle \psi, \psi \rangle \neq 1$ ergibt sich

$$\bar{a} = \frac{\sum_{k=1}^{\infty} |c_k|^2 a_k}{\sum_{l=1}^{\infty} |c_l|^2} = \sum_{k=1}^{\infty} \frac{|\langle \psi_k, \psi \rangle|^2}{\sum_{l=1}^{\infty} |\langle \psi_l, \psi \rangle|^2} \, a_k. \tag{2.71}$$

Die Summe im Nenner von (2.71) sorgt dafür, dass die Summe aller Wahrscheinlichkeiten 1 ist.

Als Beispiel für die Anwendung von (2.69) betrachten wir ein Elektron in einem p_x-Zustand des Wasserstoffatoms und fragen nach dem Mittelwert der Projektion des Drehimpulses auf die z-Achse, d.h. nach dem Mittelwert des Operators $\mathbf{l}_z$. Die Zerlegung $p_x = 1/\sqrt{2}(Y_1^1 + Y_1^{-1})$ (s. Abschn. 1.4.3) entspricht der Entwicklung der Funktion p_x nach Eigenfunktionen des Operators $\mathbf{l}_z$, denn die Y_l^m sind Eigenfunktionen von $\mathbf{l}_z$: $\mathbf{l}_z Y_l^m = m\hbar Y_l^m$ (vgl. (1.72)). Bei der Messung von $\mathbf{l}_z$ wird man also mit der Wahrscheinlichkeit $1/2$ den Messwert $\hbar$ und mit der gleichen Wahrscheinlichkeit den Messwert $-\hbar$ erhalten. p_x ist also keine Eigenfunktion von $\mathbf{l}_z$, als Mittelwert ergibt sich $\bar{l}_z = (1/2)\hbar + (1/2)(-\hbar) = 0$.[22]

2.2.3   Impulsmessung und Ortsmessung

Wir lösen in diesem Abschnitt die Eigenwertgleichungen für den Impulsoperator $\mathbf{p}_x$ und den Ortsoperator $\mathbf{x}$. Dabei wird sich zeigen, dass die zugehörigen Eigenfunktionen nicht alle Randbedingungen (1.22) erfüllen. Impuls- und Ortseigenfunktionen liegen damit *nicht* im Hilbert-Raum, und die in den vorigen Abschnitten dargestellte Theorie ist nicht anwendbar. Trotzdem lassen sich Teilaspekte übertragen.

Die Eigenwertgleichung für den Impulsoperator $\mathbf{p}_x$ ist

$$\frac{\hbar}{i} \frac{\partial}{\partial x} \psi(x) = p_x \, \psi(x), \tag{2.72}$$

---

[21]Als „klassisches Beispiel" betrachten wir die Verhältnisse beim Würfeln. Bei unendlich vielen Würfen ist der Mittelwert $\bar{n} = \sum_{n=1}^{6}(1/6)n$. Der Faktor $(1/6)$ beim „möglichen Messwert" n ist die Wahrscheinlichkeit, bei einem Wurf den Wert n zu erzielen.

[22]Gleiches gilt für die Funktion p_y, auch für sie ergibt sich $\bar{l}_z = 0$. Dagegen ist $p_z = Y_1^0$ Eigenfunktion von $\mathbf{l}_z$, der zugehörige Eigen- bzw. Messwert ist 0.

wobei p_x für die Eigenwerte steht, die als Messwerte für den Impuls auch als $p_x = mv_x$ geschrieben werden könnten. Als Lösung der Gleichung (2.72) ergibt sich

$$\psi_{p_x}(x) = \mathrm{e}^{(i/\hbar)p_x x}. \tag{2.73}$$

Wir haben die Eigenfunktionen mit dem Index p_x versehen, sie existieren als Lösungen der Differenzialgleichung (2.72) für alle Werte des „Parameters" p_x. Es können also *alle* Werte $p_x = mv_x$ als Messwerte auftreten, die Eigenwerte bilden ein kontinuierliches Spektrum. Die Eigenfunktionen (2.73) sind nicht normierbar, sie liegen nicht in $\mathcal{H}$. Die beschriebenen Verhältnisse liegen bei einem freien Teilchen vor, das sich mit beliebigem konstantem Impuls p_x in x-Richtung bewegt.

Als Eigenwertgleichung für den Ortsoperator **x** schreiben wir ganz formal

$$x\,\psi_k(x) = x_k\,\psi_k(x). \tag{2.74}$$

x_k bezeichne die Eigenwerte von **x**. Da als Messwerte für die Koordinate x *alle* reellen Zahlenwerte auftreten können, bilden die Eigenwerte x_k ein kontinuierliches Spektrum. $\psi_k(x)$ seien die zu den Eigenwerten x_k gehörigen gesuchten Eigenfunktionen. Es gibt keine *klassischen* Funktionen $\psi_k(x)$, die die Eigenwertgleichung (2.74) erfüllen.[23] Zur Lösung von Gleichungen des Typs (2.74) hat man *verallgemeinerte* Funktionen eingeführt. Im vorliegenden Fall benötigen wir die *Diracsche Deltafunktion*. Sie ist durch die Beziehung

$$\int\limits_{-\infty}^{+\infty} f(x)\,\delta(x - x')\,\mathrm{d}x = f(x') \tag{2.75}$$

definiert. (2.75) lässt sich als Integraloperator auffassen, der der Funktion $f(x)$ ihren Funktionswert an der Stelle $x = x'$ zuordnet; $\delta(x - x')$ ist dann der Kern dieses Integraloperators. Für den speziellen Fall, dass $f(x)$ eine von x unabhängige konstante Funktion mit dem Funktionswert 1 ist ($f(x) \equiv 1$), hat (2.75) die Form

$$\int\limits_{-\infty}^{+\infty} \delta(x - x')\,\mathrm{d}x = 1. \tag{2.76}$$

Zur Plausibilität lässt sich die Diracsche Deltafunktion in der in Bild 2.2 skizzierten Weise vorstellen: $\delta(x - x')$ ist überall Null außer an $x = x'$, dort ist der Funktionswert „so hoch", dass die „Fläche unter der Funktion" (das Integral) gemäß (2.76) gleich 1 ist:

$$\delta(x - x') = \begin{cases} 0 & (x \neq x') \\ \infty & (x = x'), \end{cases} \quad \text{wobei} \quad \int\limits_{-\infty}^{+\infty} \delta(x - x')\,\mathrm{d}x = 1. \tag{2.77}$$

Aus (2.77) bzw. Bild 2.2 wird sofort klar, dass $\delta(x - x')$ keine „gewöhnliche" Funktion ist, sie ist nur dann „sauber" definiert, wenn über sie gemäß (2.75) bzw. (2.76) integriert wird.

---

[23] Die Gleichung (2.74) hat die formale Struktur „Funktion · Funktion = Zahl · Funktion", dies kann mit „gewöhnlichen" Funktionen nicht erfüllt werden.

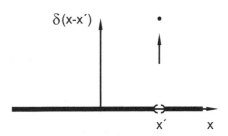

Bild 2.2
Veranschaulichung der Diracschen Deltafunktion.

Die Diracsche Deltafunktion erfüllt die Randbedingungen (1.22) nicht, insbesondere ist sie an $x = x'$ unstetig.

Die Diracsche Deltafunktion erfüllt die Eigenwertgleichung (2.74), wenn man diese in integrierter Form schreibt:

$$\int\limits_{-\infty}^{+\infty} x\,\delta(x - x_k)\,\mathrm{d}x = \int\limits_{-\infty}^{+\infty} x_k\,\delta(x - x_k)\,\mathrm{d}x. \tag{2.78}$$

Für die linke Seite von (2.78) ergibt sich wegen (2.75) der Funktionswert x_k der Funktion x. Auf der rechten Seite kann man die Konstante x_k vor das Integral ziehen, für das sich dann wegen (2.76) der Wert 1 ergibt.

Wir entwickeln nun einen beliebigen Zustand $\psi(x)$ nach Deltafunktionen $\psi_k(x) = \delta(x - x_k)$, die als Eigenfunktionensystem des hermiteschen Operators $\mathbf{x}$ eine vollständige Orthonormalbasis bilden.[24] Da die Eigenfunktionen für das kontinuierliche Spektrum nicht abzählbar sind, hat man bei der Entwicklung anstelle der Summation eine Integration:

$$\psi(x) = \int\limits_{-\infty}^{+\infty} c_k\,\psi_k(x)\,\mathrm{d}x_k = \int\limits_{-\infty}^{+\infty} c_k\,\delta(x - x_k)\,\mathrm{d}x_k. \tag{2.79}$$

Die Koeffizienten c_k der Entwicklung ergeben sich nach (2.28) und (2.75) zu

$$c_k = \langle \psi_k, \psi \rangle = \int\limits_{-\infty}^{+\infty} \delta(x - x_k)\,\psi(x)\,\mathrm{d}x = \psi(x_k).$$

Damit wird die Entwicklung (2.79) zu

$$\psi(x) = \int\limits_{-\infty}^{+\infty} \psi(x_k)\,\delta(x - x_k)\,\mathrm{d}x_k, \tag{2.80}$$

was der Definition (2.75) entspricht.

---

[24]Natürlich nicht in $\mathcal{H}$, sondern in einem allgemeineren Sinne.

Wir interpretieren die Koeffizienten der Entwicklung (2.80) gemäß dem vorigen Abschnitt: $|c_k|^2$ ist die Wahrscheinlichkeit,[25] bei einer Messung der Observablen x den Messwert x_k zu erhalten. Mit anderen Worten,

$$|c_k|^2 = |\psi(x_k)|^2 \tag{2.81}$$

ist die Wahrscheinlichkeit, bei einer Ortsmessung die Koordinate x_k zu erhalten. Noch anders formuliert: (2.81) ist die Wahrscheinlichkeit, ein System (etwa ein Elektron) im Zustand $\psi(x)$ am Ort x_k zu finden (*Aufenthaltswahrscheinlichkeit*). Dies entspricht gerade der Bornschen statistischen Interpretation der Zustandsfunktion (vgl. Abschn. 1.1.5). Man kann für die Bewegung eines quantenmechanischen Teilchens keine Bahnkurven angeben, sondern mit (2.81) nur Wahrscheinlichkeiten für den Aufenthalt des Teilchens.

2.2.4 Messung mehrerer Observabler

Im folgenden betrachten wir den Fall der Messung mehrerer Observabler. Dazu zeigen wir zunächst, dass kommutierende Operatoren das gleiche Eigenfunktionensystem haben. Für zwei Operatoren $\mathbf{A}$ und $\mathbf{B}$ mit den Eigenwertgleichungen $\mathbf{A}\psi_k = a_k\psi_k$ und $\mathbf{B}\varphi_l = b_l\varphi_l$ gelte $[\mathbf{A}, \mathbf{B}] = 0$. Dann ergibt die Wirkung des Produkts $\mathbf{AB}$ auf ψ_k:

$$\mathbf{AB}\psi_k = \mathbf{BA}\psi_k = \mathbf{B}a_k\psi_k = a_k\mathbf{B}\psi_k. \tag{2.82}$$

Wir interpretieren (2.82) als $\mathbf{A}(\mathbf{B}\psi_k) = a_k(\mathbf{B}\psi_k)$. $\mathbf{B}\psi_k$ ist also Eigenfunktion von $\mathbf{A}$ zum Eigenwert a_k. Nach Voraussetzung war aber ψ_k Eigenfunktion von $\mathbf{A}$ zum Eigenwert a_k. $\mathbf{B}\psi_k$ muss also mit ψ_k übereinstimmen. „Übereinstimmung" von Zuständen bedeutet Gleichheit bis auf einen konstanten Faktor (der durch Normierung festgelegt werden könnte):[26]

$$\mathbf{B}\psi_k = const \cdot \psi_k. \tag{2.83}$$

Dies ist eine Eigenwertgleichung für $\mathbf{B}$. Nach Voraussetzung hatte aber die Eigenwertgleichung für $\mathbf{B}$ die Form $\mathbf{B}\varphi_l = b_l\varphi_l$. Die ψ_k müssen also (bis auf konstante Koeffizienten) mit den φ_l übereinstimmen, und die Konstanten in (2.83) müssen die Eigenwerte b_l sein. Das bedeutet aber nichts anderes, als dass die ψ_k (bzw. die φ_l) sowohl Eigenfunktionen von $\mathbf{A}$ als auch von $\mathbf{B}$ sind.

Befindet sich ein System in einem Eigenzustand eines Operators, so liefert eine Messung der zugehörigen Observablen mit Sicherheit den zugehörigen Eigenwert (s. Abschn. 2.2.2). Befindet sich das System in einem Zustand, der Eigenzustand ist von zwei Operatoren $\mathbf{A}$ und $\mathbf{B}$, so findet man bei der Messung der beiden zugehörigen Observablen mit Sicherheit den zu diesem Eigenzustand gehörenden Eigenwert von $\mathbf{A}$ und den von $\mathbf{B}$. Man sagt, beide Observable sind „gleichzeitig scharf messbar". Ist also $[\mathbf{A}, \mathbf{B}] = 0$, so sind die Observablen gleichzeitig scharf messbar. Es gilt auch die Umkehrung: Sind zwei Observable gleichzeitig scharf messbar, so kommutieren die zugehörigen Operatoren.

---

[25]Eigentlich die Wahrscheinlichkeitsdichte, die Wahrscheinlichkeit ist im Falle stetiger Variabler durch $|c_k|^2\, \mathrm{d}x_k$ gegeben (vgl. Abschn. 1.1.5).
[26]Wir nehmen hier an, dass die Eigenwerte nicht entartet sind, zu jedem Eigenwert also nur eine Eigenfunktion gehört. Im Falle der Entartung hat man einige Zusatzüberlegungen anzustellen, die aber an den Aussagen nichts ändern.

Beispiele hierfür sind in früheren Abschnitten bereits vorgekommen. Die Operatoren $\mathbf{l}^2$ und $\mathbf{l}_z$ kommutieren (s. (2.43)), und die Kugelflächenfunktionen Y_l^m sind Eigenfunktionen sowohl von $\mathbf{l}^2$ als auch von $\mathbf{l}_z$ (s. (1.71) und (1.72)). Befindet sich ein System etwa im Zustand Y_3^2, so liefert die Messung des Betragsquadrats des Drehimpulses und der Drehimpulsprojektion die „scharfen", (d.h. mit Sicherheit die) durch die Quantenzahlen $l = 3$ und $m = 2$ charakterisierten Messwerte $3(3+1)\hbar^2$ und $2\hbar$. Für das Wasserstoffatom sind die Funktionen ψ_{nlm} Eigenfunktionen von $\mathbf{H}$, $\mathbf{l}^2$ und $\mathbf{l}_z$, denn für den Zustand ψ_{nlm} lassen sich die drei zugehörigen Observablen scharf messen. Etwa für ψ_{320} erhält man die Messwerte $-(m_e e^4/\hbar^2)(1/3^2)$, $2(2+1)\hbar^2$ und 0. Ohne dies nachprüfen zu müssen, wissen wir nun, dass die Operatoren $\mathbf{H}$, $\mathbf{l}^2$ und $\mathbf{l}_z$ (für das Wasserstoffatom) jeweils paarweise miteinander vertauschbar sind.

2.2.5 Die Unschärferelation

Wir untersuchen nun, welche Auswirkungen es auf die Messung zweier Observabler hat, wenn die zugehörigen Operatoren *nicht* vertauschbar sind: $[\mathbf{A}, \mathbf{B}] \neq 0$. Wichtigstes Beispiel hierfür sind Orts- und Impulsoperator zur gleichen Komponente: $[\mathbf{p}_x, \mathbf{x}] = \hbar/i$.

In Verallgemeinerung zum klassischen Messproblem definiert man als *mittleres Schwankungsquadrat* oder *Streuung* bei der Messung einer Observablen den Ausdruck

$$(\Delta a)^2 = \overline{(\mathbf{A} - \bar{a})^2}. \tag{2.84}$$

Dabei soll die Mittelwertbildung in (2.84) im Sinne von (2.66) zu verstehen sein. Für das Produkt zweier mittlerer Schwankungsquadrate hat man dann[27]

$$(\Delta a)^2 \, (\Delta b)^2 = \langle \psi, (\mathbf{A} - \bar{a})^2 \psi \rangle \, \langle \psi, (\mathbf{B} - \bar{b})^2 \psi \rangle. \tag{2.85}$$

Sind $\mathbf{A}$ und $\mathbf{B}$ hermitesch, so sind es auch die Operatoren $\mathbf{A} - \bar{a}$ und $\mathbf{B} - \bar{b}$ (s. Abschn. 2.1.8). Aus (2.85) wird damit

$$\begin{aligned}
(\Delta a)^2 \, (\Delta b)^2 &= \langle (\mathbf{A} - \bar{a})\psi, (\mathbf{A} - \bar{a})\psi \rangle \, \langle (\mathbf{B} - \bar{b})\psi, (\mathbf{B} - \bar{b})\psi \rangle \\
&= \|(\mathbf{A} - \bar{a})\psi\|^2 \, \|(\mathbf{B} - \bar{b})\psi\|^2.
\end{aligned}$$

Wir wenden darauf die *Schwarzsche Ungleichung* an:[28]

$$(\Delta a)^2 \, (\Delta b)^2 \geq |\langle (\mathbf{A} - \bar{a})\psi, (\mathbf{B} - \bar{b})\psi \rangle|^2. \tag{2.86}$$

Wir bezeichnen den Betrag des Skalarprodukts in (2.86) zur Abkürzung mit I und formen I unter Verwendung von (2.19) um:[29]

$$I = \frac{1}{2} \left(|\langle (\mathbf{A} - \bar{a})\psi, (\mathbf{B} - \bar{b})\psi \rangle| + |\langle (\mathbf{B} - \bar{b})\psi, (\mathbf{A} - \bar{a})\psi \rangle| \right).$$

---

[27]Zur Vereinfachung der folgenden Ableitung nehmen wir an, dass die Funktionen ψ normiert sind.

[28]Wir verwenden die Verallgemeinerung der Schwarzschen Ungleichung aus dem Vektorraum: $|\vec{a}| \, |\vec{b}| \geq \vec{a}\vec{b}$, deren Gültigkeit man wegen $\vec{a}\vec{b} = |\vec{a}| \, |\vec{b}| \cos(\vec{a}, \vec{b})$ unmittelbar einsieht.

[29]Wir symmetrisieren I. Dies ist möglich, da für jede komplexe Zahl z gilt: $|z| = (1/2)(|z| + |z^*|)$.

Da $\mathbf{A} - \bar{a}$ und $\mathbf{B} - \bar{b}$ hermitesch sind, schreiben wir

$$I = \frac{1}{2} \left(|\langle \psi, (\mathbf{A} - \bar{a})(\mathbf{B} - \bar{b})\psi \rangle | + |\langle \psi, (\mathbf{B} - \bar{b})(\mathbf{A} - \bar{a})\psi \rangle | \right)$$

und verkleinern die rechte Seite gemäß [30]

$$\begin{aligned} I &\geq \frac{1}{2} |\langle \psi, (\mathbf{A} - \bar{a})(\mathbf{B} - \bar{b})\psi \rangle - \langle \psi, (\mathbf{B} - \bar{b})(\mathbf{A} - \bar{a})\psi \rangle | \\ &= \frac{1}{2} |\langle \psi, [\mathbf{A} - \bar{a}, \mathbf{B} - \bar{b}]\psi \rangle |. \end{aligned}$$

Durch diesen „Trick" haben wir den Kommutator eingeführt. Man überzeugt sich leicht, dass $[\mathbf{A} - \bar{a}, \mathbf{B} - \bar{b}] = [\mathbf{A}, \mathbf{B}]$ gilt, so dass man für (2.86) schließlich

$$(\Delta a)^2 (\Delta b)^2 \geq \frac{1}{4} |\langle \psi, [\mathbf{A}, \mathbf{B}]\psi \rangle |^2 \tag{2.87}$$

erhält. Durch diese Ungleichung ist das Produkt der mittleren Schwankungsquadrate bestimmt. Ist speziell $[\mathbf{A}, \mathbf{B}] = \mathbf{0}$, so kann das Produkt Null sein, d.h., beide Observable können gleichzeitig scharf gemessen werden. Kommutieren die Operatoren nicht, so kann das Produkt der mittleren Schwankungsquadrate nicht Null sein, d.h., die beiden Observablen lassen sich *nicht* gleichzeitig scharf messen.

Als wichtigsten Fall betrachten wir Orts- und Impulsoperatoren zur gleichen Komponente. Der Kommutator ist $[\mathbf{p}_x, \mathbf{x}] = \hbar/i$, und aus (2.87) ergibt sich wegen $|\langle \psi, (\hbar/i)\psi \rangle | = |(\hbar/i)\langle \psi, \psi \rangle | = \hbar$ (ψ sei normiert)

$$(\Delta x)^2 (\Delta p_x)^2 \geq \frac{\hbar^2}{4}. \tag{2.88}$$

Die Ungleichung (2.88), oft aber auch die Form

$$\Delta x \, \Delta p_x \geq \frac{\hbar}{2} \tag{2.89}$$

wird als *Heisenbergsche Unschärferelation* bezeichnet. Dabei wird für die Wurzel aus der Streuung der Begriff *Unschärfe* eingeführt. Die Relation sagt aus, dass nicht beide Observable gleichzeitig scharf gemessen werden können. Je genauer die eine gemessen wird, desto „unschärfer" wird die andere. Wird eine Observable scharf gemessen, so ist die andere völlig unbestimmt („unscharf").

Allgemein formulieren wir: Ist $[\mathbf{A}, \mathbf{B}] \neq \mathbf{0}$, so sind die zu den Operatoren $\mathbf{A}$ und $\mathbf{B}$ gehörigen Observablen nicht gleichzeitig scharf messbar. Umgekehrt gilt: Sind zwei Observable nicht gleichzeitig scharf messbar, so sind die zugehörigen Operatoren nicht vertauschbar.

Zwei Größen, für die die Ungleichung (2.88) bzw. (2.89) gilt, heißen *kanonisch konjugiert*. Ort und Impuls zur gleichen Komponente sind kanonisch konjugierte Größen, aber auch der Drehwinkel φ um eine bestimmte Achse und die Drehimpulsprojektion auf diese Achse.[31]

---

[30] Für komplexe Zahlen z_1 und z_2 gilt immer: $|z_1| + |z_2| \geq |z_1 - z_2|$.

[31] Der Drehwinkel φ um die z-Achse und der Operator der Drehimpulsprojektion auf diese Achse, $\mathbf{l}_z = (\hbar/i)\partial/\partial\varphi$ (vgl. (1.55)), haben die gleiche algebraische Gestalt wie die gewöhnlichen Orts- und Impulsoperatoren, deshalb erfüllen sie die gleiche Vertauschungsrelation.

Auch Energie und Zeit sind kanonisch konjugierte Größen.[32] Die Energiemessung, etwa von spektralen Übergängen, erfordert eine gewisse Dauer Δt („Zeitunschärfe"). Daraus resultiert eine entsprechende Energieunschärfe. Dies ist *eine* Ursache für die Verbreiterung der Spektrallinien.

Das Problem der Unschärfe beim Messprozeß tritt nur im mikroskopischen Bereich auf, in dem die Quantentheorie angewandt werden muss. In (2.88) bzw. (2.89) spielt die Plancksche Konstante $\hbar$ die entscheidende Rolle. Beim Übergang zu klassischen, d.h. makroskopischen Systemen hätte man $\hbar \to 0$ gehen zu lassen, was die gleichzeitige scharfe Messbarkeit aller Observablen bedeutet.

2.2.6   Vollständige Sätze kommutierender Operatoren

Ein Satz kommutierender Operatoren $\mathbf{A}_1, \mathbf{A}_2, \ldots, \mathbf{A}_n$ heißt *vollständig*, wenn jeder weitere Operator, der mit allen $\mathbf{A}_k$ ($k = 1, \ldots, n$) kommutiert, eine Funktion von diesen ist. Ein vollständiger Satz kommutierender Operatoren umfasst also alle „tatsächlich verschiedenen" kommutierenden Operatoren und schließt diejenigen aus, die sich als bloße Funktion von diesen darstellen lassen. Ein vollständiger Satz kommutierender Operatoren hat (in Verallgemeinerung von Abschnitt 2.2.4) das gleiche Eigenfunktionensystem, d.h., alle n zugehörigen Observablen (und keine weiteren!) lassen sich gleichzeitig scharf messen. Befindet sich das betrachtete System in einem solchen Eigenzustand, so lässt sich für jede Observable ein Messwert angeben, nämlich der jeweils zugehörige Eigenwert. Umgekehrt kann man sagen, zur vollständigen Charakterisierung des Zustands muss man genau diese n Observablen messen. Vollständige Charakterisierung heißt damit Festlegung von genau n Quantenzahlen.

Wir betrachten Beispiele. Für den harmonischen Oszillator ist der Hamilton-Operator allein bereits ein vollständiger Satz. Es gibt keinen weiteren mit ihm kommutierenden Operator. Die Eigenfunktionen $\psi_n(\xi)$ werden nur durch *eine* Quantenzahl beschrieben. Durch Messung der Energie, die als Messwert einen der Eigenwerte (1.49) liefert, wird die Quantenzahl festgelegt und damit der Zustand vollständig charakterisiert.

Sind die Eigenwerte eines Operators entartet, so kann dieser Operator allein kein vollständiger Satz sein. Messung der zugehörigen Observablen würde nur *eine* Quantenzahl eines Eigenzustands festlegen, nicht aber die anderen. Es muss also weitere Operatoren geben, die mit dem ersten kommutieren. Die Messung der zugehörigen Observablen legt die anderen Quantenzahlen fest und charakterisiert schließlich den Zustand eindeutig.

Beim Wasserstoffatom kann $\mathbf{H}$ kein vollständiger Satz sein. Messung der Energie legt nur die Quantenzahl n fest. Die Zustände sind aber durch vier Quantenzahlen charakterisiert: $\psi_{nlm_lm_s}$. Es muss weitere drei Operatoren geben, die mit $\mathbf{H}$ und untereinander kommutieren. Dies sind $\mathbf{l}^2$, $\mathbf{l}_z$ und $\mathbf{s}_z$. Messung des Bahndrehimpulses und des Spins legt die restlichen drei Quantenzahlen fest. Alle vier Observablen (und keine weiteren) sind gleichzeitig scharf messbar, und die Messung aller vier Observablen (aber keiner weiteren) ist auch erforderlich, um den Zustand $\psi_{nlm_lm_s}$ vollständig zu charakterisieren. Hätte man bei den Messungen beispielsweise folgende Resultate erhalten: $-(m_e e^4/2\hbar^2)(1/3^2)$ für die Energie,

---

[32]In der Relativitätstheorie werden Energie und Zeit als vierte Komponenten des Impulsvektors bzw. des Ortsvektors aufgefasst.

$2(2+1)\hbar^2$ für das Betragsquadrat des Drehimpulses, 0 für die Drehimpulsprojektion und $(1/2)\hbar$ für die Spinprojektion, so würde dies einem $3d_{z^2}$-Zustand mit α-Spin entsprechen $(n=3, l=2, m_l=0, m_s=1/2)$.

2.2.7 Messung als Projektion

Ist das System, an dem die Messung einer Observablen vorgenommen wird, in einem Eigenzustand des zugehörigen Operators **A**, so findet man mit Sicherheit als Messwert den zu diesem Eigenzustand gehörenden Eigenwert (s. Abschn. 2.2.2). Im allgemeinen Fall ist das System aber in keinem Eigenzustand. Dann entwickelt man nach Eigenzuständen:

$$\psi = \sum_{k=1}^{\infty} c_k \psi_k \qquad \text{mit} \quad \psi_k \quad \text{aus} \quad \mathbf{A}\psi_k = a_k \psi_k.$$

Bei der Messung wird man mit der Wahrscheinlichkeit $|c_k|^2 = |\langle \psi_k, \psi \rangle|^2$ den Messwert a_k finden. Findet man den Messwert a_k, so bedeutet das, dass das System im Eigenzustand ψ_k vorliegt. Daraus folgt: Im allgemeinen Fall „stört" der Messprozeß das System und ändert den Zustand. Vor der Messung lag das System im Zustand ψ vor (der kein Eigenzustand von **A** war), nach der Messung, die den Messwert a_k geliefert hat, befindet es sich im Eigenzustand ψ_k.

Dies ist ein grundsätzlicher Unterschied zum klassischen Messprozeß. Eine klassische Messung verändert das zu messende System nicht, die quantenmechanische Messung wird den Zustand des zu messenden Systems im allgemeinen verändern. Keine Veränderung tritt ein, wenn sich das System vor der Messung bereits in einem Eigenzustand des zur Observablen gehörenden Operators befand.

Eine sehr nützliche Hilfsvorstellung ist es, sich den Messprozeß als Projektion im Hilbert-Raum vorzustellen. Bei der Messung wird ein vorgegebener beliebiger Zustand auf einen Eigenzustand projiziert. Die Messung entspricht damit der Wirkung eines Projektionsoperators (s. Abschn. 2.1.10):[33]

$$\mathbf{O}_k \psi = c_k \psi_k.$$

Im Falle der Entartung wird bei der Messung zunächst erst auf einen mehrdimensionalen Unterraum von $\mathcal{H}$ projiziert:

$$\mathbf{O}_{k_1 \ldots k_n} \psi = c_{k_1} \psi_{k_1} + \ldots + c_{k_n} \psi_{k_n}.$$

Man muss weitermessen („weiterprojizieren"), bis man in einem eindimensionalen Teilraum ankommt. Dieser entspricht einem Eigenzustand, bei dem sämtliche Quantenzahlen festgelegt sind, der also vollständig charakterisiert ist.

---

[33]Man vergleiche dazu auch Abschnitt 2.1.5 und Bild 2.1b.

2.3 Störungstheorie

2.3.1 Der Grundgedanke

Von den quantenmechanischen Näherungsverfahren behandeln wir als erstes die *Störungstheorie*, der folgende Überlegungen zugrundeliegen. Die Schrödinger-Gleichung für ein zu behandelndes System sei mit einem „komplizierten" Hamilton-Operator nicht exakt lösbar. Wenn sie aber für ein System mit einem „nur wenig einfacheren" Hamilton-Operator exakt lösbar ist, dann sollte es möglich sein, den durch die Vernachlässigung eines Teils des Hamilton-Operators gemachten Fehler durch „Störung" der für das einfachere System exakt berechneten Eigenfunktionen und Eigenwerte zumindest teilweise zu beheben.

Wir erläutern den Sachverhalt und die verwendeten Begriffe an einem konkreten Beispiel. Zu behandelndes System sei ein Wasserstoffatom in einem äußeren elektrischen oder magnetischen Feld. Die Schrödinger-Gleichung $\mathbf{H}\psi = E\psi$ für dieses Problem ist nicht exakt lösbar. Für das Wasserstoffatom ohne äußeres Feld sind ihre Lösungen jedoch bekannt (Abschn. 1.4). Wir bezeichnen das Wasserstoffatom ohne äußeres Feld als *ungestörtes* System, das äußere Feld als *Störung*. Der Hamilton-Operator $\mathbf{H}$ für das vorgegebene *gestörte* System wird also in einen Anteil $\mathbf{H}^{(0)}$ für das ungestörte System und einen Anteil $\mathbf{H}^{(1)}$ für die Störung zerlegt:

$$\mathbf{H} = \mathbf{H}^{(0)} + \mathbf{H}^{(1)}. \tag{2.90}$$

Die Eigenfunktionen $\psi^{(0)}$ und die Eigenwerte $E^{(0)}$ der Schrödinger-Gleichung $\mathbf{H}^{(0)}\psi^{(0)} = E^{(0)}\psi^{(0)}$ für das ungestörte System (in unserem Beispiel das Wasserstoffatom) sind bekannt. Aufgabe der Störungstheorie ist es nun, die „Störung" (d.h. die Änderung) der ungestörten Eigenfunktionen $\psi^{(0)}$ und Eigenwerte $E^{(0)}$ unter dem Einfluss des äußeren Feldes zu berechnen. Man kann erwarten, dass dies zu guten Resultaten führt, wenn die Störung „klein" (d.h. das Feld schwach) ist und sich deshalb die Eigenfunktionen und Eigenwerte des ungestörten Systems nur wenig ändern. Für „große" Störungen dagegen wird man nur zu ungenügenden Ergebnissen kommen.

Das ungestörte System, auf das die Störung wirkt, muss kein real existierendes System sein wie im obigen Beispiel. Die Zerlegung (2.90) des Hamilton-Operators kann auch ganz pragmatisch vorgenommen werden. Man spaltet eine Störung $\mathbf{H}^{(1)}$ so ab, dass die Schrödinger-Gleichung für $\mathbf{H}^{(0)}$ lösbar ist, ohne Belang, ob das „ungestörte" System tatsächlich existiert. Beispiel hierfür ist die störungstheoretische Behandlung der Elektronenkorrelation. Man löst zunächst die Schrödinger-Gleichung mit vereinfachenden Ansätzen für die Elektronenwechselwirkung und korrigiert den dabei gemachten Fehler mit Hilfe der Störungstheorie (s. Abschn. 4.3.5).

2.3.2 Störungstheorie ohne Entartung

Zur Ableitung der Störenergien und Störfunktionen betrachtet man eine Zerlegung des Hamilton-Operators in der Form

$$\mathbf{H} = \mathbf{H}^{(0)} + \lambda\mathbf{H}^{(1)}. \tag{2.91}$$

λ sei ein Faktor mit einem „kleinen" Zahlenwert, der sichern soll, dass die Störung $\lambda \mathbf{H}^{(1)}$ „klein" ist im Vergleich zu $\mathbf{H}^{(0)}$. Die Schrödinger-Gleichung

$$\mathbf{H}\,\psi_n = E_n\,\psi_n \tag{2.92}$$

für das gestörte System sei nicht lösbar, wohl aber die für das ungestörte System:

$$\mathbf{H}^{(0)}\,\psi_n^{(0)} = E_n^{(0)}\,\psi_n^{(0)}. \tag{2.93}$$

Die Eigenfunktionen $\psi_n^{(0)}$ und die Eigenwerte $E_n^{(0)}$ werden also als bekannt vorausgesetzt. Zu jedem Eigenwert gehöre zunächst genau eine Eigenfunktion, d.h., die Eigenwerte seien nicht entartet.[34]

Zur Lösung der Schrödinger-Gleichung (2.92) mit dem Operator (2.91) geht man nun wie folgt vor. Man setzt die gesuchten Eigenfunktionen und Eigenwerte des gestörten Systems als Potenzreihen in λ an:

$$
\begin{aligned}
E_n &= E_n^{(0)} + \lambda E_n^{(1)} + \lambda^2 E_n^{(2)} + \ldots \tag{2.94}\\
\psi_n &= \psi_n^{(0)} + \lambda \psi_n^{(1)} + \lambda^2 \psi_n^{(2)} + \ldots \tag{2.95}
\end{aligned}
$$

Absolutglied sind jeweils die ungestörten Beiträge, die Koeffizienten bei λ^k heißen Beiträge *k-ter Ordnung*. Die Beiträge werden wegen der wachsenden Potenz des „kleinen" Parameters λ schnell kleiner. Berücksichtigt man nur Terme bis zur k-ten Ordnung ($k \geq 1$), spricht man von *Störungsrechnung k-ter Ordnung*. Die Potenzreihen (2.94) und (2.95) werden in (2.92) eingesetzt:

$$\left(\mathbf{H}^{(0)} + \lambda \mathbf{H}^{(1)}\right)\left(\psi_n^{(0)} + \lambda \psi_n^{(1)} + \ldots\right) = \left(E_n^{(0)} + \lambda E_n^{(1)} + \ldots\right)\left(\psi_n^{(0)} + \lambda \psi_n^{(1)} + \ldots\right).$$

Man multipliziert aus, bringt alles auf die linke Seite und sortiert nach Potenzen von λ. Das ergibt eine Potenzreihe in λ der Form

$$f(\lambda) = a_0 + a_1\lambda + a_2\lambda^2 + \ldots = 0. \tag{2.96}$$

Da λ beliebig, aber nicht Null sein sollte, ist (2.96) nur dann erfüllt, wenn die Koeffizienten a_k ($k = 0, 1, 2, \ldots$) *einzeln* verschwinden. $a_0 = 0$ bedeutet

$$\left(\mathbf{H}^{(0)} - E_n^{(0)}\right)\psi_n^{(0)} = 0.$$

Dies ist in der Tat erfüllt, es ist die Schrödinger-Gleichung (2.93) für das ungestörte System. $a_1 = 0$ bedeutet

$$\left(\mathbf{H}^{(0)} - E_n^{(0)}\right)\psi_n^{(1)} + \left(\mathbf{H}^{(1)} - E_n^{(1)}\right)\psi_n^{(0)} = 0. \tag{2.97}$$

(2.97) ist die Basisgleichung für die Störungsrechnung erster Ordnung. Sie ist die Bestimmungsgleichung für die gesuchten Störenergien und Störfunktionen erster Ordnung, $E_n^{(1)}$ und $\psi_n^{(1)}$. Alle anderen Terme in (2.97) sind bekannt.

---

[34]Den wichtigeren Fall entarteter Eigenwerte behandeln wir anschließend.

Zunächst entwickeln wir die gesuchten Funktionen $\psi_n^{(1)}$ nach den bekannten Eigenfunktionen des ungestörten Systems:[35]

$$\psi_n^{(1)} = \sum_{m \neq n} c_{nm} \psi_m^{(0)}. \tag{2.98}$$

Eine solche Entwicklung ist immer möglich, da die $\psi_m^{(0)}$ als Eigenfunktionensystem des hermiteschen Operators $\mathbf{H}^{(0)}$ eine Orthonormalbasis bilden (vgl. (2.65)). Damit sind jetzt die Entwicklungskoeffizienten c_{nm} ($m = 1, 2, \ldots ; m \neq n$) zu bestimmen. Der Summationsterm $m = n$ wurde ausgeschlossen, wir kommen später darauf zurück. Einsetzen von (2.98) in (2.97) ergibt

$$\left(\mathbf{H}^{(0)} - E_n^{(0)} \right) \sum_{m \neq n} c_{nm} \psi_m^{(0)} + \left(\mathbf{H}^{(1)} - E_n^{(1)} \right) \psi_n^{(0)} = 0. \tag{2.99}$$

Wir wollen zunächst $E_n^{(1)}$ ermitteln. Dazu multiplizieren wir (2.99) von links skalar mit $\psi_n^{(0)}$, das ergibt

$$\sum_{m \neq n} c_{nm} \left\langle \psi_n^{(0)}, \left(\mathbf{H}^{(0)} - E_n^{(0)} \right) \psi_m^{(0)} \right\rangle + \left\langle \psi_n^{(0)}, \left(\mathbf{H}^{(1)} - E_n^{(1)} \right) \psi_n^{(0)} \right\rangle = 0. \tag{2.100}$$

Wegen $\left(\mathbf{H}^{(0)} - E_n^{(0)} \right) \psi_m^{(0)} = \left(E_m^{(0)} - E_n^{(0)} \right) \psi_m^{(0)}$ erhält man für den ersten Term in (2.100) $\sum_{m \neq n} c_{nm} \left(E_m^{(0)} - E_n^{(0)} \right) \left\langle \psi_n^{(0)}, \psi_m^{(0)} \right\rangle$. Die Skalarprodukte sind wegen $m \neq n$ sämtlich Null. Damit verschwindet der erste Term in (2.100) insgesamt. Den zweiten Term spalten wir auf, das ergibt

$$E_n^{(1)} = \left\langle \psi_n^{(0)}, \mathbf{H}^{(1)} \psi_n^{(0)} \right\rangle. \tag{2.101}$$

Damit haben wir die Störenergien erster Ordnung bestimmt. Sie ergeben sich als Mittelwert (vgl. Abschn. 2.2.2) des Störoperators für den zugehörigen ungestörten Zustand.

Zur Bestimmung der Koeffizienten c_{nm} für die Entwicklung (2.98) multiplizieren wir (2.99) von links skalar mit $\psi_r^{(0)}$ ($r \neq n$):

$$\sum_{m \neq n} c_{nm} \left\langle \psi_r^{(0)}, \left(\mathbf{H}^{(0)} - E_n^{(0)} \right) \psi_m^{(0)} \right\rangle + \left\langle \psi_r^{(0)}, \left(\mathbf{H}^{(1)} - E_n^{(1)} \right) \psi_n^{(0)} \right\rangle = 0.$$

Für den ersten Ausdruck erhält man jetzt

$$\sum_{m \neq n} c_{nm} \left(E_m^{(0)} - E_n^{(0)} \right) \delta_{rm} = c_{nr} \left(E_r^{(0)} - E_n^{(0)} \right),$$

für den zweiten

$$\left\langle \psi_r^{(0)}, \mathbf{H}^{(1)} \psi_n^{(0)} \right\rangle - E_n^{(1)} \left\langle \psi_r^{(0)}, \psi_n^{(0)} \right\rangle.$$

---

[35]Die Summation über m läuft von 1 bis ∞, wobei der Term $m = n$ ausgeschlossen wird. Wir verwenden zur Abkürzung diese vereinfachte Schreibweise.

Das rechte Skalarprodukt verschwindet wegen $r \neq n$. Damit lassen sich die Koeffizienten als

$$c_{nr} = \frac{\left\langle \psi_n^{(0)}, \mathbf{H}^{(1)} \psi_r^{(0)} \right\rangle}{E_n^{(0)} - E_r^{(0)}}. \tag{2.102}$$

schreiben. Wir setzen (2.102) in (2.98) ein und erhalten für die Störfunktionen erster Ordnung

$$\psi_n^{(1)} = \sum_{m \neq n} \frac{\left\langle \psi_n^{(0)}, \mathbf{H}^{(1)} \psi_m^{(0)} \right\rangle}{E_n^{(0)} - E_m^{(0)}} \psi_m^{(0)}. \tag{2.103}$$

In der Entwicklung musste der Summand $m = n$ ausgeschlossen werden, da sonst der Nenner Null wird. Die Korrektur der ungestörten Funktion $\psi_n^{(0)}$ um die Störfunktion erster Ordnung $\psi_n^{(1)}$ bedeutet also das Hinzufügen gewisser Vielfacher aller übrigen ungestörten Funktionen $\psi_m^{(0)}$ ($m \neq n$). Bei großer Energiedifferenz $E_n^{(0)} - E_m^{(0)}$ wird der Beitrag der Funktion $\psi_m^{(0)}$ nur geringe Bedeutung haben. Wichtig sind vor allem die Funktionen $\psi_m^{(0)}$, die ähnliche Energie haben wie $\psi_n^{(0)}$. Die Energiedifferenz allein reicht aber für diese Bewertung nicht aus. Auch der Wert des Skalarprodukts im jeweiligen Zähler von (2.103) ist von Bedeutung.

Wir gehen zur Störungsrechnung zweiter Ordnung über. Dazu hat man in (2.96) $a_2 = 0$ zu setzen. Das bedeutet

$$\left(\mathbf{H}^{(0)} - E_n^{(0)} \right) \psi_n^{(2)} + \left(\mathbf{H}^{(1)} - E_n^{(1)} \right) \psi_n^{(1)} + \left(-E_n^{(2)} \right) \psi_n^{(0)} = 0. \tag{2.104}$$

Gesucht werden jetzt die Störterme zweiter Ordnung $E_n^{(2)}$ und $\psi_n^{(2)}$. Zur Bestimmung von $E_n^{(2)}$ multiplizieren wir (2.104) wieder von links skalar mit $\psi_n^{(0)}$:

$$\left\langle \psi_n^{(0)}, \left(\mathbf{H}^{(0)} - E_n^{(0)} \right) \psi_n^{(2)} \right\rangle + \left\langle \psi_n^{(0)}, \left(\mathbf{H}^{(1)} - E_n^{(1)} \right) \psi_n^{(1)} \right\rangle - \left\langle \psi_n^{(0)}, E_n^{(2)} \psi_n^{(0)} \right\rangle = 0. \tag{2.105}$$

Auch $\psi_n^{(2)}$ wird nach den $\psi_m^{(0)}$ entwickelt. So wie in der Störungsrechnung erster Ordnung verschwindet dann auch der erste Term in (2.105). In den zweiten Term setzen wir (2.103) ein und erhalten nach Umformung

$$E_n^{(2)} = \sum_{m \neq n} \frac{\left\langle \psi_n^{(0)}, \mathbf{H}^{(1)} \psi_m^{(0)} \right\rangle^2}{E_n^{(0)} - E_m^{(0)}}. \tag{2.106}$$

Damit haben wir die Störenergien zweiter Ordnung für die Entwicklung (2.94) bestimmt.

Die Störenergie erster Ordnung (2.101) zu einem ungestörten Energiewert $E_n^{(0)}$ lässt sich relativ leicht ermitteln. Man benötigt nur die zugehörige ungestörte Funktion $\psi_n^{(0)}$ und hat nur *ein* Integral zu berechnen. Die Formeln für die Störfunktionen erster Ordnung (2.103) und die Störenergien zweiter Ordnung (2.106) enthalten *alle* ungestörten Funktionen, und man hat (im Prinzip) unendlich viele Integrale zu berechnen. Ein Teil dieser Integrale kann jedoch aus Symmetriegründen Null sein oder kann vernachlässigt werden, wenn die Differenz $E_n^{(0)} - E_m^{(0)}$ hinreichend groß ist. Ob aber der entsprechende Summenterm tatsächlich sehr klein ist, ist nicht leicht zu entscheiden (s. oben). Die Formeln für die Störfunktionen zweiter Ordnung und die Störenergien dritter Ordnung enthalten Doppelsummen (usw.). Für Routineanwendungen spielen sie kaum noch eine Rolle.

2.3.3   Ein Beispiel

Wir betrachten ein sehr einfaches, aber charakteristisches Beispiel für die Anwendung der Störungsrechnung ohne Entartung. Zu ermitteln sei die Störung $E_1^{(1)}$ der Energie $E_1^{(0)}$ eines wasserstoffähnlichen Atoms mit der Kernladung Z, wenn man zu einem Atom mit der Kernladung $Z + 1$ übergeht.

Wir weisen darauf hin, dass die Schrödinger-Gleichung auch für das „gestörte" System (mit der Kernladung $Z + 1$) geschlossen lösbar ist (s. Abschn. 1.4.4). Mit dem Operator

$$\mathbf{H} = -\frac{\hbar^2}{2m_e}\Delta - \frac{(Z+1)e^2}{r} \tag{2.107}$$

ergibt sich

$$E_1 = -\frac{m_e(Z+1)^2 e^4}{2\hbar^2}. \tag{2.108}$$

Die Kenntnis der exakten Energie E_1 hat den Vorteil, dass wir die Güte der Störungsrechnung beurteilen können.

Die Zerlegung des Hamilton-Operators (2.107) hat für das behandelte Problem die Form

$$\mathbf{H} = \mathbf{H}^{(0)} + \mathbf{H}^{(1)} \quad \text{mit} \quad \mathbf{H}^{(0)} = -\frac{\hbar^2}{2m_e}\Delta - \frac{Ze^2}{r} \quad \text{und} \quad \mathbf{H}^{(1)} = -\frac{e^2}{r}.$$

Die Lösung für das ungestörte System ist bekannt (Abschn. 1.4.4). Mit dem Störoperator $\mathbf{H}^{(1)}$ und der ungestörten Funktion $\psi_{1s}^{(0)}$ aus Tabelle 1.4 (aber mit a_0 aus (1.103)) berechnen wir die Störenergie erster Ordnung:[36]

$$
\begin{aligned}
E_1^{(1)} &= \left\langle \psi_{1s}^{(0)}, \mathbf{H}^{(1)}\psi_{1s}^{(0)} \right\rangle \\
&= -\frac{1}{\pi a_0^3} \int_0^{2\pi}\int_0^{\pi}\int_0^{\infty} e^{-r/a_0}\,\frac{e^2}{r}\,e^{-r/a_0}\,r^2 \mathrm{d}r\,\sin\vartheta\,\mathrm{d}\vartheta\,\mathrm{d}\varphi \\
&= -\frac{4e^2}{a_0^3}\int_0^{\infty} r\,e^{-2r/a_0}\,\mathrm{d}r = -\frac{4e^2}{a_0^3}\frac{a_0^2}{4} = -\frac{e^2}{a_0} = -\frac{m_e Z e^4}{\hbar^2}.
\end{aligned}
$$

Unsere Störungsrechnung liefert also für die Entwicklung (2.94)

$$E_1 = -\frac{m_e e^4}{2\hbar^2}Z^2 - \frac{m_e e^4}{\hbar^2}Z + \ldots$$

---

[36]Für die Ausführung der Integrationen siehe die Fußnote zu (2.67)

Die exakte Energie (2.108) schreiben wir als

$$E_1 = -\frac{m_e e^4}{2\hbar^2} Z^2 - \frac{m_e e^4}{\hbar^2} Z - \frac{m_e e^4}{2\hbar^2}. \tag{2.109}$$

Die Störungsrechnung erster Ordnung kann also den letzten Term in (2.109) nicht liefern. Ob der Fehler, der mit der Beschränkung auf den Störbeitrag erster Ordnung gemacht wird, wesentlich ist, hängt von Z ab. Für kleine Z ist der Fehler groß, für sehr große Z spielt er praktisch keine Rolle.

2.3.4 Störungstheorie bei Entartung

Insbesondere atomare Niveaus, aber nicht nur solche, sind im allgemeinen entartet. Eine Störung führt deshalb nicht nur zu einer Verschiebung des Eigenwerts $E_n^{(0)}$, sondern im allgemeinen zu einer zumindest teilweisen Aufhebung der Entartung, d.h. zu einer Aufspaltung des Niveaus. Dies ist in Bild 2.3 veranschaulicht. Typische Beispiele hierfür sind die

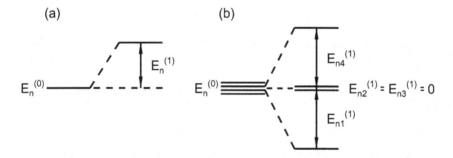

Bild 2.3 Qualitativer Vergleich des Einflusses einer Störung auf ein nichtentartetes (a) und auf ein entartetes (b) Energieniveau.

Aufspaltung der Niveaus unter dem Einfluss eines elektrischen Feldes (*Stark-Effekt*) oder eines magnetischen Feldes (*Zeeman-Effekt*).

Wir verallgemeinern das in Abschnitt 2.3.2 dargestellte Vorgehen. Die Eigenwerte $E_n^{(0)}$ des ungestörten Systems seien k-fach entartet. Zu $E_n^{(0)}$ gibt es also k verschiedene Eigenfunktionen $\psi_{n\alpha}^{(0)}$ ($\alpha = 1, \ldots, k$), die die Schrödinger-Gleichung

$$\mathbf{H}^{(0)} \psi_{n\alpha}^{(0)} = E_n^{(0)} \psi_{n\alpha}^{(0)} \tag{2.110}$$

erfüllen und die wir als orthonormiert annehmen können.[37] Dann sind aber auch alle Linearkombinationen

$$\psi_{na}^{(0)} = \sum_{\alpha=1}^{k} c_{na\alpha} \psi_{n\alpha}^{(0)} \tag{2.111}$$

---

[37]Siehe dazu Abschnitt 2.2.1.

der $\psi_{n\alpha}^{(0)}$ Eigenfunktionen des Operators $\mathbf{H}^{(0)}$ zum Eigenwert $E_n^{(0)}$, d.h. erfüllen (2.110):
$\mathbf{H}^{(0)}\psi_{n\alpha}^{(0)} = E_n^{(0)}\psi_{n\alpha}^{(0)}$. Es ist also möglich, von dem Orthonormalsystem der $\psi_{n\alpha}^{(0)}$ ($\alpha =$
$1,\ldots,k$) zu anderen Orthonormalsystemen $\psi_{na}^{(0)}$ ($a = 1,\ldots,k$) überzugehen.[38]

Bei der Störung wird im allgemeinen nicht der nach Lösung der ungestörten Schrödinger-Gleichung vorliegende Satz von k Eigenfunktionen $\psi_{n\alpha}^{(0)}$ aufgespalten, sondern ein ganz bestimmter Satz von k Eigenfunktionen $\psi_{na}^{(0)}$. *Welche* Linearkombinationen (2.111) der $\psi_{n\alpha}^{(0)}$ die „richtigen" sind, d.h. für welche eine Aufspaltung erfolgt, hängt vom Störoperator $\mathbf{H}^{(1)}$ ab, insbesondere von der räumlichen Symmetrie der Störung. Die Störungsrechnung erster Ordnung liefert die „richtigen" Linearkombinationen $\psi_{na}^{(0)}$ ($a = 1,\ldots,k$) und die sich für diese Funktionen ergebenden Störenergien $E_{na}^{(1)}$ ($a = 1,\ldots,k$).

Anstelle von (2.97) geht man im Entartungsfall von der Beziehung

$$\left(\mathbf{H}^{(0)} - E_n^{(0)}\right)\psi_{na}^{(1)} + \left(\mathbf{H}^{(1)} - E_{na}^{(1)}\right)\psi_{na}^{(0)} = 0$$

aus. Jetzt sind $\psi_{na}^{(0)}, \psi_{na}^{(1)}$ und $E_{na}^{(1)}$ unbekannt. Für $\psi_{na}^{(0)}$ wird (2.111) eingesetzt, und es wird von links skalar mit $\psi_{n\beta}^{(0)}$ ($\beta \neq \alpha$) multipliziert:

$$\left\langle \psi_{n\beta}^{(0)}, \left(\mathbf{H}^{(0)} - E_n^{(0)}\right)\psi_{na}^{(1)}\right\rangle + \sum_{\alpha=1}^{k} c_{na\alpha} \left\langle \psi_{n\beta}^{(0)}, \left(\mathbf{H}^{(1)} - E_{na}^{(1)}\right)\psi_{n\alpha}^{(0)}\right\rangle = 0.$$

In dem ersten Term wird $\psi_{na}^{(1)}$ nach den Eigenfunktionen $\psi_{m\alpha}^{(0)}$ des ungestörten Systems entwickelt ($m \neq n$). Damit verschwindet dieser Term analog zur Störungsrechnung ohne Entartung. Es bleibt

$$\sum_{\alpha=1}^{k} c_{na\alpha} \left[\left\langle \psi_{n\beta}^{(0)}, \mathbf{H}^{(1)}\psi_{n\alpha}^{(0)}\right\rangle - E_{na}^{(1)}\delta_{\beta\alpha}\right] = 0 \qquad (\beta = 1,\ldots,k). \tag{2.112}$$

Dies ist ein homogenes lineares Gleichungssystem (*Säkulargleichungssystem*) zur Bestimmung der Koeffizienten $c_{na\alpha}$ für die „richtigen" Linearkombinationen (2.111) und der sich für diese ergebenden Störenergien $E_{na}^{(1)}$. Das Gleichungssystem (2.112) hat nur dann nichttriviale Lösungen, wenn die Koeffizientendeterminante (*Säkulardeterminante*) verschwindet:

$$\left|\left\langle \psi_{n\beta}^{(0)}, \mathbf{H}^{(1)}\psi_{n\alpha}^{(0)}\right\rangle - E_{na}^{(1)}\delta_{\beta\alpha}\right| = 0. \tag{2.113}$$

(2.113) ist ein Polynom k-ten Grades in $E_{na}^{(1)}$, seine Lösung liefert die k Störenergien $E_{na}^{(1)}$ ($a = 1,\ldots,k$). Für jede dieser k Störenergien hat man das Gleichungssystem (2.112) zu lösen, was jeweils einen Satz von Koeffizienten $c_{na\alpha}$ ($\alpha = 1,\ldots,k$) für eine „richtige" Linearkombination (2.111) liefert. Für diese Linearkombination $\psi_{na}^{(0)}$ wird die ungestörte Energie $E_n^{(0)}$ um die Störenergie $E_{na}^{(1)}$ gestört.

---

[38]Dies entspricht dem Übergang von einer Orthonormalbasis zu einer anderen („gedrehten") in dem von diesen Funktionen aufgespannten k-dimensionalen Unterraum von $\mathcal{H}$.

Zur Lösung von (2.112) bzw. (2.113) hat man k^2 Integrale $\left\langle \psi_{n\beta}^{(0)}, \mathbf{H}^{(1)}\psi_{n\alpha}^{(0)} \right\rangle$ zu berechnen. Die Anzahl reduziert sich jedoch, da die Matrix symmetrisch zur Hauptdiagonalen ist. Außerdem stimmen häufig viele Integrale überein oder verschwinden aus Symmetriegründen.[39]

Die Determinante (2.113) umfasst auch den Fall $k = 1$ (keine Entartung). (2.113) geht dann in (2.101) über, und das Problem der Ermittlung „richtiger" Linearkombinationen der ungestörten Funktionen entfällt.

2.3.5   Ein Beispiel

Wir wählen ein Beispiel aus, für das sich die Störungsrechnung detailliert durchführen lässt, die Aufspaltung des Niveaus $n = 2$ beim Wasserstoffatom unter dem Einfluss eines äußeren homogenen elektrischen Feldes $\vec{E}$ in z-Richtung (Stark-Effekt). Störoperator ist der Operator $\mathbf{H}^{(1)} = e|\vec{E}|z$.[40] Wir verwenden ihn in Kugelkoordinaten:

$$\mathbf{H}^{(1)} = e|\vec{E}|\, r \cos\vartheta. \tag{2.114}$$

Der Eigenwert $E_2^{(0)}$ des ungestörten Wasserstoffatoms ist vierfach entartet, es gibt vier Eigenfunktionen $\psi_{n\alpha}^{(0)}$ zur gleichen Energie:[41]

$$\psi_{2s}^{(0)}, \quad \psi_{2p_z}^{(0)}, \quad \psi_{2p_x}^{(0)}, \quad \psi_{2p_y}^{(0)}. \tag{2.115}$$

Unter dem Einfluss des Störoperators (2.114) kommt es zu einer Aufspaltung. Die aufgespaltenen Niveaus lassen sich aber nicht den vier Funktionen (2.115) zuordnen, die Zuordnung erfordert Linearkombinationen dieser vier Funktionen.

Die Determinante (2.113) nimmt im vorliegenden Fall die Form

$$\left| \left\langle \psi_{2\beta}^{(0)}, \mathbf{H}^{(1)}\psi_{2\alpha}^{(0)} \right\rangle - E_{2a}^{(1)}\delta_{\beta\alpha} \right| = 0 \qquad (\alpha, \beta = 1, \dots, 4) \tag{2.116}$$

an. Für die Skalarprodukte schreiben wir kurz

$$H_{\beta\alpha} = \left\langle \psi_{2\beta}^{(0)}, \mathbf{H}^{(1)}\psi_{2\alpha}^{(0)} \right\rangle,$$

womit (2.116) zu

$$\left| H_{\beta\alpha} - E_{2a}^{(1)}\delta_{\beta\alpha} \right| = 0 \qquad (\alpha, \beta = 1, \dots, 4) \tag{2.117}$$

wird.

---

[39] Dies lässt sich mit gruppentheoretischen Hilfsmitteln entscheiden, s. Abschn. A.4.4.

[40] Für die Kraft auf eine Elementarladung $-e$ in diesem Feld gilt $K_z = -e\,E_z = -e|\vec{E}|$. Daraus ergibt sich die potenzielle Energie $V(z) = -\int K_z\,\mathrm{d}z = e|\vec{E}|z$.

[41] Die Spinentartung bleibe unbeachtet.

Man überlegt sich, dass aus Symmetriegründen für alle Skalarprodukte (Integrale) $H_{\beta\alpha} = 0$ gilt,[42] außer für $H_{sp_z} = H_{p_z s}$. Dieses Integral muss berechnet werden. Dazu setzen wir $\psi_{2s}^{(0)}$ und $\psi_{2p_z}^{(0)}$ aus Tabelle 1.4 zusammen mit dem Operator (2.114) in das Integral ein:[43]

$$
\begin{aligned}
H_{sp_z} &= \int_0^{2\pi} \int_0^{\pi} \int_0^{\infty} \psi_{2s}^{(0)} \, \mathbf{H}^{(1)} \, \psi_{2p_z}^{(0)} \, r^2 \mathrm{d}r \, \sin\vartheta \, \mathrm{d}\vartheta \, \mathrm{d}\varphi \\
&= \frac{e|\vec{E}|}{32\pi a_0^3} \int_0^{2\pi} \mathrm{d}\varphi \int_0^{\pi} \cos^2\vartheta \, \sin\vartheta \, \mathrm{d}\vartheta \int_0^{\infty} \left(2 - \frac{r}{a_0}\right) \frac{r}{a_0} e^{-r/a_0} r^3 \, \mathrm{d}r \\
&= \frac{e|\vec{E}|}{32\pi a_0^3} \, 2\pi \, \frac{2}{3} \, (-72 a_0^4) = -3 \, a_0 e |\vec{E}|.
\end{aligned}
$$

Verwenden wir die Reihenfolge (2.115) für die Funktionen, dann hat die Determinante (2.117) die Form

$$
\begin{vmatrix}
-E_{2a}^{(1)} & -3\,a_0 e|\vec{E}| & 0 & 0 \\
-3\,a_0 e|\vec{E}| & -E_{2a}^{(1)} & 0 & 0 \\
0 & 0 & -E_{2a}^{(1)} & 0 \\
0 & 0 & 0 & -E_{2a}^{(1)}
\end{vmatrix} = 0. \tag{2.118}
$$

Als charakteristisches Polynom ergibt sich $\left(-E_{2a}^{(1)}\right)^2 \left[\left(-E_{2a}^{(1)}\right)^2 - (-3\,a_0 e|\vec{E}|)^2\right] = 0$ mit den Lösungen

$$
E_{21}^{(1)} = 3\,a_0 e|\vec{E}|, \quad E_{22}^{(1)} = 0, \quad E_{23}^{(1)} = 0, \quad E_{24}^{(1)} = -3\,a_0 e|\vec{E}|. \tag{2.119}
$$

Zwei der vier im ungestörten Wasserstoffatom entarteten Niveaus verändern also ihre Energie unter dem Einfluss der Störung (2.114) nicht, die beiden anderen spalten symmetrisch auf. Dies entspricht dem in Bild 2.3b dargestellten Schema.

Offen bleibt noch, welchen Zuständen die vier aufgespaltenen Niveaus zuzuordnen sind. Dazu hat man für jede der vier Störenergien (2.119) das lineare Gleichungssystem (2.112) zu lösen (mit der aus (2.118) ablesbaren Struktur der Koeffizientenmatrix). Das liefert dann die vier „richtigen" Linearkombinationen der ungestörten Funktionen (2.115). Wir führen dies nicht im einzelnen durch. Für $E_{22}^{(1)}$ und $E_{23}^{(1)}$ ergibt sich, dass in den Linearkombinationen $\psi_{22}^{(0)}$ und $\psi_{23}^{(0)}$ nur der Koeffizient bei $\psi_{2p_x}^{(0)}$ bzw. $\psi_{2p_y}^{(0)}$ ungleich Null ist, alle anderen sind Null. $\psi_{2p_x}^{(0)}$ und $\psi_{2p_y}^{(0)}$ sind also selbst schon „richtige Linearkombinationen". Für $E_{21}^{(1)}$ und

---

[42]Wir machen das am Beispiel $H_{p_x p_z}$ plausibel. Der Integrand ist ein Produkt aus drei Funktionen, die man sich zweckmäßig in kartesischen Koordinaten vorstellt: eine ist x-abhängig ($\psi_{p_x}^{(0)}$), die zweite z-abhängig ($\psi_{p_z}^{(0)}$), die dritte ebenfalls z-abhängig (der Störoperator). z^2 ist überall im Raum positiv und rotationssymmetrisch um die z-Achse. Das Dreierprodukt $z^2 x$ hat positive Funktionswerte im Halbraum $x > 0$ und betragsgleiche, aber negative Funktionswerte im Halbraum $x < 0$. Bei der Integration über den Gesamtraum heben sich positive und negative Beiträge auf, es ergibt sich Null. Analoges gilt für die anderen Integrale.
[43]Zu den Integrationen siehe wieder die Fußnote zu (2.67).

$E_{24}^{(1)}$ ergeben sich Linearkombinationen aus $\psi_{2s}^{(0)}$ und $\psi_{2p_z}^{(0)}$. Nach Normierung resultieren die vier „richtigen" Linearkombinationen

$$\psi_{21}^{(0)} = \frac{1}{\sqrt{2}} \left(\psi_{2s}^{(0)} + \psi_{2p_z}^{(0)} \right), \ \psi_{22}^{(0)} = \psi_{2p_x}^{(0)}, \ \psi_{23}^{(0)} = \psi_{2p_y}^{(0)}, \ \psi_{24}^{(0)} = \frac{1}{\sqrt{2}} \left(\psi_{2s}^{(0)} - \psi_{2p_z}^{(0)} \right). \quad (2.120)$$

Die Frage, welche der vier entarteten ungestörten Wasserstoff-Eigenfunktionen zu $n = 2$ in der in Bild 2.3b gezeigten Weise (mit den in (2.119) angegebenen Störenergien) aufspalten, lässt sich also für die Funktionen (2.115) nicht beantworten, sondern nur für die Funktionen (2.120): $\psi_{2p_x}^{(0)}$ und $\psi_{2p_y}^{(0)}$ bleiben unverändert, $(1/\sqrt{2})(\psi_{2s}^{(0)} + \psi_{2p_z}^{(0)})$ wird um den Energiebetrag $3\,a_0 e |\vec{E}|$ abgesenkt und $(1/\sqrt{2})(\psi_{2s}^{(0)} - \psi_{2p_z}^{(0)})$ wird um den gleichen Energiebetrag angehoben.

Weitere Beispiele für die Anwendung der Störungstheorie entarteter Systeme lassen sich leicht finden. Insbesondere gehört hierzu die *Ligandenfeldtheorie*. Sie untersucht die Aufspaltung der im freien Atom entarteten fünf d-Funktionen unter dem Einfluss der „Störung" durch eine symmetrische Anordnung von Liganden, die vereinfacht als negative Punktladungen angenommen werden. In diesem Sinne lässt sich die Ligandenfeldtheorie als intramolekularer Stark-Effekt auffassen. Wir behandeln sie in Abschnitt 3.3.

2.4   Variationsrechnung

2.4.1   Der Grundgedanke

Eine zweite Gruppe von Näherungsverfahren beruht auf einem anderen Näherungsansatz. Grundgedanke dafür ist, dass man die Energieeigenwerte und Energieeigenfunktionen für ein System nicht nur als Lösungen der Schrödinger-Gleichung

$$\mathbf{H}\psi = E\psi \quad (2.121)$$

erhalten kann, sondern auch als Ergebnis einer geeigneten Variationsaufgabe. Dazu multipliziert man (2.121) von links skalar mit ψ und formt um zu

$$E = \frac{\langle \psi, \mathbf{H}\psi \rangle}{\langle \psi, \psi \rangle}. \quad (2.122)$$

Ist ψ eine Eigenfunktion ψ_k des Hamilton-Operators, so ergibt sich der zugehörige Eigenwert E_k; ist ψ keine Eigenfunktion von $\mathbf{H}$, dann ist (2.122) der Mittelwert der Energie für den Zustand ψ (vgl. Abschn. 2.2.2).

Durch folgende Variationsprozedur ließen sich – zumindest im Prinzip – die Eigenwerte und Eigenfunktionen des betrachteten Systems ermitteln: Man variiert in (2.122) *alle* Zustandsfunktionen ψ aus $\mathcal{H}$ (sowohl die Eigenfunktionen als auch alle anderen) und sucht das Minimum E_0 von (2.122). E_0 muss die Energie des niedrigsten Eigenwerts (die Grundzustandsenergie) sein, denn *alle* anderen Energiewerte des Systems liegen höher, sowohl alle anderen Eigenwerte als auch alle Mittelwerte aus mehreren Eigenwerten.[44] Die Funktion

---

[44]Man vergleiche hierzu die Darstellung (2.69) für die Mittelwerte.

ψ_0, die den Minimalwert E_0 von (2.122) liefert, ist die zu E_0 gehörige Eigenfunktion, die Zustandsfunktion für den Grundzustand. Im nächsten Schritt sucht man das Minimum von (2.122), wobei aber als Variationsfunktionen ψ aus $\mathcal{H}$ nur diejenigen zugelassen werden, für die $\langle \psi, \psi_0 \rangle = 0$ gilt, d.h. die orthogonal sind zu ψ_0. Man erhält jetzt den nächsthöheren Energieeigenwert E_1, die Energie des ersten angeregten Zustands; die zugehörige Funktion ψ_1 ist die Zustandsfunktion für diesen Zustand. Das weitere ist klar: Im nächsten Schritt lässt man nur noch die Funktionen ψ aus $\mathcal{H}$ zur Variation zu, für die $\langle \psi, \psi_0 \rangle = 0$ und $\langle \psi, \psi_1 \rangle = 0$ gilt, d.h. die orthogonal sind zu dem von ψ_0 und ψ_1 aufgespannten zwei-dimensionalen Unterraum von $\mathcal{H}$. Auf diese Weise wird sukzessive das Orthogonalsystem der Energieeigenfunktionen mit den zugehörigen Energieeigenwerten ermittelt.

Der beschriebene Algorithmus ist äquivalent zur Lösung der Schrödinger-Gleichung. Eine konsequente Durchführung ist aber nicht möglich, so dass er keine praktikable Alternative zur exakten Lösung der Schrödinger-Gleichung darstellt. Er ist jedoch Ausgangspunkt für das im folgenden beschriebene Verfahren zu ihrer näherungsweisen Lösung.

2.4.2   Das Variationsverfahren

Man lässt nicht alle Funktionen ψ aus $\mathcal{H}$ zur Variation zu (was praktisch unmöglich wäre), sondern nur einen Teil von ihnen, nämlich „geeignete" Funktionen $\tilde{\psi}$, für die die Variation des Ausdrucks

$$\tilde{E} = \frac{\left\langle \tilde{\psi}, \mathbf{H}\tilde{\psi} \right\rangle}{\left\langle \tilde{\psi}, \tilde{\psi} \right\rangle} \tag{2.123}$$

durchgeführt werden kann. Der Quotient in (2.123) heißt *Rayleigh-Quotient*. Welche Funktionen „geeignet" sind, hängt vom konkreten System ab. Das Minimum $\tilde{E}_0$ von (2.123) ist dann eine Näherung für die exakte Energie E_0 des Grundzustands. Generell gilt dabei

$$\tilde{E}_0 \geq E_0. \tag{2.124}$$

Die zu $\tilde{E}_0$ gehörige Funktion $\tilde{\psi}_0$ ist Näherung für die exakte Grundzustandsfunktion ψ_0: $\tilde{\psi}_0 \approx \psi_0$. Man überlegt sich leicht, dass das Gleichheitszeichen in (2.124) genau dann gilt, wenn die exakte Grundzustandsfunktion ψ_0 in der Menge der ausgewählten Variationsfunktionen $\tilde{\psi}$ liegt; dann führt die Variation auf den exakten Grundzustand.

Aus (2.124) ergibt sich die wichtige Folgerung: Führt man die Variationsrechnung für ein gegebenes System mit verschiedenen Sätzen von Variationsfunktionen $\tilde{\psi}$ durch, dann ist von den unterschiedlichen $\tilde{E}_0$-Werten, die sich ergeben, der tiefste Wert der beste.

Bei der praktischen Durchführung des Verfahrens wählt man die Funktionen $\tilde{\psi}$ in „geeigneter" Weise abhängig von gewissen Variationsparametern:

$$\tilde{\psi} = \tilde{\psi}(\lambda_1, \ldots, \lambda_n). \tag{2.125}$$

Damit wird auch $\tilde{E}$ abhängig von diesen Parametern:

$$\tilde{E}(\lambda_1, \ldots, \lambda_n) = \frac{\left\langle \tilde{\psi}, \mathbf{H}\tilde{\psi} \right\rangle}{\left\langle \tilde{\psi}, \tilde{\psi} \right\rangle}. \tag{2.126}$$

Die Variationsaufgabe wird nun zu einer gewöhnlichen Extremwertbestimmung. Man hat das Minimum von $\tilde{E}$ bezüglich der Variablen $\lambda_1, \ldots, \lambda_n$ zu suchen. Das führt auf das Gleichungssystem

$$\frac{\partial \tilde{E}}{\partial \lambda_k} = 0 \qquad (k = 1, \ldots, n).$$ (2.127)

Die Gleichungen (2.127) sind die Bestimmungsgleichungen für die optimalen Werte der Parameter $\lambda_1, \ldots, \lambda_n$, für die (2.126) ein Minimum wird.[45]

Entscheidend für die Güte des Näherungsverfahrens ist, dass man „geeignete" Näherungsfunktionen $\tilde{\psi}$ auswählt. Die Funktionen sollen einerseits den exakten möglichst „ähnlich" sein, müssen aber auch die effektive Lösung des Gleichungssystems (2.127) ermöglichen.

2.4.3 Ein Beispiel

Wir führen den Lösungsalgorithmus an einem einfachen Beispiel vor. Wir wollen den Grundzustand des Wasserstoffatoms berechnen[46] und wählen dazu Variationsfunktionen der Form

$$\tilde{\psi}(\lambda) = N e^{-\lambda r}$$ (2.128)

mit dem einzelnen Variationsparameter λ. Die Funktionen (2.128) sind für das Problem „geeignet", denn wir wissen aus Abschnitt 1.4, dass die exakten Funktionen Exponentialfunktionen sind. Den Faktor N legen wir so fest, daß die Funktionen (2.125) normiert sind. Es gilt[47]

$$\left\langle \tilde{\psi}, \tilde{\psi} \right\rangle = N^2 \int\limits_0^{2\pi} \int\limits_0^{\pi} \int\limits_0^{\infty} e^{-2\lambda r}\, r^2 dr \, \sin \vartheta \, d\vartheta \, d\varphi = N^2 \, 4\pi \, \frac{1}{4\lambda^3} = N^2 \, \frac{\pi}{\lambda^3}.$$

Mit dem Faktor $N = \sqrt{\lambda^3/\pi}$ sind also die Funktionen (2.128) normiert, und wir können den Nenner in (2.126) weglassen. Bei der Berechnung des Integrals

$$\tilde{E}(\lambda) = \left\langle \tilde{\psi}, \mathbf{H}\tilde{\psi} \right\rangle = \frac{\lambda^3}{\pi} \int\limits_0^{2\pi} \int\limits_0^{\pi} \int\limits_0^{\infty} e^{-\lambda r} \, \mathbf{H} e^{-\lambda r} \, r^2 dr \, \sin \vartheta \, d\vartheta \, d\varphi$$ (2.129)

hat man $\mathbf{H}$ (mit dem Laplace-Operator (1.75) und der potenziellen Energie (1.89)) auf $e^{-\lambda r}$ wirken zu lassen. Die Ableitungen nach den Winkeln geben keinen Beitrag. Ausführung der Ableitungen nach r liefert

$$\mathbf{H} e^{-\lambda r} = -\frac{\hbar^2}{2m_e} \left(-\frac{2\lambda}{r} + \lambda^2 \right) e^{-\lambda r} - \frac{e^2}{r} e^{-\lambda r}.$$ (2.130)

---

[45]Zunächst folgt nur, dass es sich um ein Extremum handelt. Man hat zu sichern, dass tatsächlich ein Minimum vorliegt.

[46]Hierfür ist die exakte Lösung der Schrödinger-Gleichung bekannt, so dass wir das Resultat der Variationsrechnung damit vergleichen können.

[47]Zu den Integrationen siehe wieder die Fußnote zu (2.67).

Wir setzen (2.130) in (2.129) ein und führen die Integrationen aus. Das ergibt schließlich

$$\tilde{E}(\lambda) = \frac{\hbar^2}{2m_e}\lambda^2 - e^2\lambda. \tag{2.131}$$

Dies ist die Beziehung (2.126) für unseren konkreten Fall. Gemäß (2.127) bilden wir

$$\frac{\partial \tilde{E}}{\partial \lambda} = \frac{\hbar^2}{m_e}\lambda - e^2 = 0,$$

woraus sich $\lambda = m_e e^2/\hbar^2 = 1/a_0$ ergibt. Für diesen Wert von λ nimmt (2.129) den Minimalwert an, und die Variationsfunktion (2.128) wird damit zu $\tilde{\psi}_0 = \sqrt{1/\pi a_0^3}e^{-r/a_0}$, was mit der exakten Grundzustandsfunktion $\psi_0 = \psi_{1s}$ übereinstimmt. Wir haben also mit unserem Verfahren die exakte Grundzustandsfunktion erhalten. Setzt man den erhaltenen λ-Wert in (2.131) ein, so ergibt sich auch für $\tilde{E}_0$ die exakte Grundzustandsenergie $E_0 = E_{1s}$. Dies musste so sein, da die Menge der von uns ausgewählten Variationsfunktionen (2.128) die exakte Funktion $\psi_0 = \psi_{1s}$ enthält. Bei praktischen Anwendungen spielt ein solcher Fall natürlich keine Rolle, da die exakten Grundzustandsfunktionen im allgemeinen sehr kompliziert sind und von den einfachen Variationsansätzen nicht erfasst werden.

2.4.4   Der lineare Variationsansatz

Eine spezielle Wahl der Variationsfunktionen trifft man beim *linearen Variationsansatz* (*Ritzsches Verfahren*). Er ist für die praktische Anwendung von ganz außerordentlicher Bedeutung. Man setzt die Variationsfunktionen als Linearkombinationen von n fest vorgegebenen bekannten Funktionen χ_k ($k = 1, \ldots, n$) an:

$$\tilde{\psi}(c_1, \ldots, c_n) = \sum_{k=1}^{n} c_k \chi_k. \tag{2.132}$$

Variationsparameter sind die Linearkombinationskoeffizienten $c_1, \ldots, c_n$. Wichtigstes Beispiel hierfür ist das *LCAO-MO-Verfahren* (vgl. Abschn. 1.6.4 und 1.6.5). Die gesuchten Molekülorbitale werden als Linearkombination von bekannten Atomorbitalen angesetzt. „Geeignet" ist dieser Ansatz, weil man sich die Moleküle als aus Atomen zusammengesetzt vorstellen kann.[48]

Setzt man (2.132) in (2.126) ein, so ergibt sich

$$\tilde{E} = \frac{\langle \sum_{k=1}^{n} c_k \chi_k, \mathbf{H} \sum_{l=1}^{n} c_l \chi_l \rangle}{\langle \sum_{k=1}^{n} c_k \chi_k, \sum_{l=1}^{n} c_l \chi_l \rangle} = \frac{\sum_{k=1}^{n} \sum_{l=1}^{n} c_k^* c_l H_{kl}}{\sum_{k=1}^{n} \sum_{l=1}^{n} c_k^* c_l S_{kl}}, \tag{2.133}$$

wobei wir zur Abkürzung

$$H_{kl} = \langle \chi_k, \mathbf{H}\chi_l \rangle \qquad \text{und} \qquad S_{kl} = \langle \chi_k, \chi_l \rangle \tag{2.134}$$

gesetzt haben. Die Skalarprodukte in (2.134) entsprechen den Integralen in (1.124).

---

[48]Zumindest ist das die übliche Vorstellung in der Chemie.

Wir haben nun (2.133) gemäß (2.127) nach den Variationsparametern abzuleiten. Zweckmäßig ist es, nicht nach den Koeffizienten c_k ($k = 1, \ldots, n$), sondern nach den konjugiert komplexen Koeffizienten c_k^* abzuleiten:[49]

$$\frac{\partial \tilde{E}}{\partial c_k^*} = 0 \qquad (k = 1, \ldots, n). \tag{2.135}$$

Es ist von Vorteil, zur Ableitung von $\tilde{E}$ nicht von (2.133) auszugehen, sondern den Nenner zu beseitigen und

$$\tilde{E} \sum_{k=1}^{n} \sum_{l=1}^{n} c_k^* c_l S_{kl} = \sum_{k=1}^{n} \sum_{l=1}^{n} c_k^* c_l H_{kl}$$

abzuleiten. Das ergibt nach der Produktregel

$$\frac{\partial \tilde{E}}{\partial c_k^*} \sum_{k=1}^{n} \sum_{l=1}^{n} c_k^* c_l S_{kl} + \tilde{E} \sum_{l=1}^{n} c_l S_{kl} = \sum_{l=1}^{n} c_l H_{kl}.$$

Der erste Term verschwindet wegen (2.135). Wir stellen die anderen Terme um und erhalten

$$\sum_{l=1}^{n} \left(H_{kl} - \tilde{E} S_{kl} \right) c_l = 0 \qquad (k = 1, \ldots, n). \tag{2.136}$$

(2.136) ist ein homogenes lineares Gleichungssystem (*Säkulargleichungssystem*) zur Bestimmung der Koeffizienten $c_1, \ldots, c_n$ für den Ansatz (2.132). Es hat nur dann nichttriviale Lösungen, wenn die Koeffizientendeterminante (*Säkulardeterminante*) verschwindet:

$$\left| H_{kl} - \tilde{E} S_{kl} \right| = 0 \qquad (k, l = 1, \ldots, n). \tag{2.137}$$

Die Determinante (2.137) ist ein Polynom n-ten Grades in $\tilde{E}$, es hat n Wurzeln, die man nach

$$\tilde{E}_0 \leq \tilde{E}_1 \leq \ldots \leq \tilde{E}_{n-1} \tag{2.138}$$

sortiert. Für jedes dieser $\tilde{E}_k$ hat man das Gleichungssystem (2.136) zu lösen, wodurch man die Koeffizienten $c_{k1}, \ldots, c_{kn}$ für die zu $\tilde{E}_k$ gehörige Funktion $\tilde{\psi}_k = \sum_{l=1}^{n} c_{kl} \chi_l$ erhält.

Ist das mit dem LCAO-MO-Verfahren untersuchte System ein Einelektronensystem (etwa das H_2^+, vgl. Abschn. 1.6), dann ist $\tilde{E}_0$ Näherung für die exakte Energie E_0 des Grundzustands, wobei stets $\tilde{E}_0 \geq E_0$ gilt. Die zugehörige Funktion $\tilde{\psi}_0$ ist Näherung für die exakte Grundzustandsfunktion ψ_0: $\tilde{\psi}_0 \approx \psi_0$. Die $\tilde{\psi}_k$ ($k > 0$) können als Näherungen für angeregte Zustände angesehen werden: $\tilde{\psi}_k \approx \psi_k$ mit $\tilde{E}_k \geq E_k$.

---

[49]Dann enthalten die im folgenden resultierenden Formeln die Koeffizienten c_k; sonst enthielten sie die konjugiert komplexen Koeffizienten c_k^*, was allerdings völlig gleichwertig wäre.

Im Mehrelektronenfall hat man die Einelektronenzustände (Molekülorbitale) $\tilde{\psi}_k$ entsprechend der durch (2.138) gegebenen Reihenfolge unter Beachtung des Pauli-Prinzips zu besetzen (Aufbauprinzip). Grundzustand ist dann die daraus resultierende Elektronenkonfiguration mit der niedrigsten Energie. Näherungen für angeregte Zustände erhält man, indem ein oder mehrere Elektronen nicht die energetisch niedrigsten Molekülorbitale, sondern höher gelegene besetzen.[50]

Wir bemerken abschließend, dass (2.136) eine spezielle Darstellung der Schrödinger-Gleichung $(\mathbf{H} - E)\psi = 0$ ist. Man bezeichnet sie als *Matrixdarstellung bezüglich der Basis* $\chi_1, \ldots, \chi_n$. Entsprechend heißt die Matrix der H_{kl} *Matrixdarstellung des Hamilton-Operators* $\mathbf{H}$ bezüglich dieser Basis.

2.5 Zeitabhängige Theorie

2.5.1 Die zeitabhängige Schrödinger-Gleichung

Bei zeitabhängigen Phänomenen hat man ganz allgemein den folgenden Sachverhalt. Das betrachtete System nimmt zum Zeitpunkt $t = t_0$ einen Anfangszustand ein, der durch *Anfangsbedingungen* charakterisiert ist. Unter dem Einfluss der Naturgesetze geht es im Laufe der Zeit in einen von t abhängigen Endzustand über. In der klassischen Mechanik ist das Naturgesetz etwa die Newtonsche Bewegungsgleichung (1.1). Durch ihre Lösung erhält man Bahnkurven für das System, seine Bewegung ist für alle Zeitpunkte $t > t_0$ eindeutig bestimmt (vgl. Abschn. 1.1.1).

In der Quantenmechanik ist eine qualitativ neue Bewegungsgleichung erforderlich. Schrödinger erhielt sie durch Verallgemeinerung der klassischen *Hamilton-Jacobi-Gleichung*. Diese ist neben den in Abschnitt 1.1.1 genannten Bewegungsgleichungen eine weitere Möglichkeit, die Bewegung eines mechanischen Systems zu beschreiben. Sie verknüpft die Wirkungsfunktion S mit der Hamilton-Funktion H:

$$\frac{\partial S}{\partial t} + H(q, p, t) = 0 \tag{2.139}$$

mit $p = \partial S / \partial q$. Schrödinger führte mit Hilfe der Planckschen Konstante $\hbar$ die dimensionslose „Wellenfunktion" ψ ein:[51]

$$\psi = e^{(i/\hbar)S} \qquad \text{bzw.} \qquad S = \frac{\hbar}{i} \log \psi.$$

Setzt man die Ableitung

$$\frac{\partial S}{\partial t} = \frac{\hbar}{i} \frac{1}{\psi} \frac{\partial \psi}{\partial t}$$

---

[50]Beispiele hierfür werden in Kapitel 3 behandelt.

[51]Wir stellen das Vorgehen stark komprimiert dar. Dabei beschränken wir uns auf einen Freiheitsgrad, im folgenden sollen q und p aber für *alle* Orts- bzw. Impulskoordinaten stehen.

in (2.139) ein und multipliziert mit ψ durch, so wird man auf

$$-\frac{\hbar}{i}\frac{\partial\psi}{\partial t} = H(q,p,t)\psi \tag{2.140}$$

geführt. Durch Übergang von der klassischen Hamilton-Funktion zum Hamilton-Operator gemäß Abschnitt 1.3.1 kommt man von (2.140) zur gesuchten neuen Bewegungsgleichung. Sie wird formuliert in

Postulat 5: Das dynamische Verhalten eines quantenmechanischen Systems wird durch die *zeitabhängige Schrödinger-Gleichung*

$$-\frac{\hbar}{i}\frac{\partial\psi}{\partial t} = \mathbf{H}\psi \tag{2.141}$$

beschrieben.

Befindet sich das System zum Zeitpunkt $t = t_0$ im Anfangszustand $\psi(q,t_0)$, so beschreibt (2.141) die *zeitliche Änderung* dieses Zustands. Lösung von (2.141) liefert die Zustandsfunktionen ψ in Abhängigkeit von t: $\psi = \psi(q,t)$. Daraus lassen sich alle (überhaupt möglichen) Aussagen über das System zum Zeitpunkt t ableiten.

Die Bewegungsgleichung (2.141) enthält den Hamilton-Operator. Man sieht, dass dieser Operator gegenüber den Operatoren für andere Observable (Drehimpuls usw.) eine ausgezeichnete Rolle spielt.

Die zeitabhängige Schrödinger-Gleichung ist eine sehr komplizierte Gleichung. Sie ist nur für wenige, mehr oder weniger triviale Spezialfälle exakt lösbar. Für praktisch relevante Systeme hat man Modellannahmen zu machen und Näherungsansätze einzuführen.

2.5.2 Stationäre Zustände

Der Hamilton-Operator in (2.141) ist zeitabhängig, im allgemeinen Fall in der Form

$$\mathbf{H} = \mathbf{H}\left(q(t),p(t),t\right). \tag{2.142}$$

Er ist *implizit* zeitabhängig durch seine Abhängigkeit von den ihrerseits zeitabhängigen Koordinaten und Impulsen. Er kann gemäß (2.142) zusätzlich *explizit* zeitabhängig sein. Wir betrachten in diesem Abschnitt den speziellen Fall, dass $\mathbf{H}$ *nicht* explizit von t abhängt. Da sich $\mathbf{H}$ aus kinetischer Energie $\mathbf{T}$ und potenzieller Energie $\mathbf{V}$ zusammensetzt und $\mathbf{T}$ nicht explizit von t abhängen kann, bedeutet dies, dass keine zeitabhängigen äußeren Felder vorliegen. Daraus folgt, dass sich die Eigenschaften des Systems im Laufe der Zeit nicht ändern, das System nimmt nur *stationäre* Zustände ein.

In diesem Fall lässt sich die Schrödinger-Gleichung (2.141) mit Hilfe des Separationsansatzes

$$\psi(q,t) = \phi(q)\,\theta(t) \tag{2.143}$$

lösen.[52] Zeitabhängigkeit und Ortsabhängigkeit werden separiert. Setzt man (2.143) in

---

[52]Wir verwenden in diesem Abschnitt die Bezeichnungen $\psi = \psi(q,t)$ für zeitabhängige und $\phi = \phi(q)$ für zeitunabhängige Zustandsfunktionen.

(2.141) ein, so ergibt sich

$$-\frac{\hbar}{i}\,\phi(q)\,\frac{\partial}{\partial t}\theta(t) = \theta(t)\,\mathbf{H}\phi(q), \tag{2.144}$$

da $\mathbf{H}$ nach Voraussetzung nicht auf $\theta(t)$ wirken kann. Division von (2.144) durch (2.143) ergibt

$$-\frac{(\hbar/i)\,(\partial/\partial t)\theta(t)}{\theta(t)} = \frac{\mathbf{H}\phi(q)}{\phi(q)}, \tag{2.145}$$

wodurch die Differenzialgleichung separiert wurde. Die linke Seite enthält nur die Zeit t, die rechte Seite nur die Ortskoordinaten. Beide Seiten müssen also gleich einer gemeinsamen Konstanten c sein. Die Gleichung (2.145) zerfällt damit in zwei Differenzialgleichungen. Aus der rechten Seite folgt

$$\mathbf{H}\phi(q) = c\phi(q).$$

Dies ist aber die Eigenwertgleichung für den Hamilton-Operator, für die wir wie üblich

$$\mathbf{H}\phi_n(q) = E_n\phi_n(q) \tag{2.146}$$

schreiben.[53] (2.146) ist die zeitunabhängige oder *stationäre* Schrödinger-Gleichung. Entsprechend wird dann die zeitabhängige Gleichung (2.141) auch als *nichtstationäre* Schrödinger-Gleichung bezeichnet. (2.146) ist die Bestimmungsgleichung für den Ortsanteil des Separationsansatzes (2.143). Als Ortsanteile können also alle Energieeigenfunktionen $\phi_n(q)$ auftreten, als Separationskonstanten alle Energieeigenwerte E_n.

Für die linke Seite von (2.145) ergibt sich nun nach Umformung die Differenzialgleichung

$$\frac{\partial}{\partial t}\,\theta(t) = -\frac{i}{\hbar}\,E_n\,\theta(t),$$

die durch die Funktionen

$$\theta_n(t) = e^{-(i/\hbar)E_n t}$$

gelöst wird. Damit haben wir auch den Zeitanteil des Separationsansatzes (2.143) bestimmt. Als Lösungen von (2.141) hat man also

$$\psi_n(q,t) = \phi_n(q)\,e^{-(i/\hbar)E_n t}. \tag{2.147}$$

Dies sind die vollständigen Zustandsfunktionen für ein stationäres System.

Es mag verwundern, dass die Zustandsfunktionen für die stationären Zustände von der Zeit abhängen, obwohl die Eigenschaften des Systems zeitunabhängig sind. Dies ist aber nur ein scheinbarer Widerspruch. Bildet man nämlich mit (2.147) Wahrscheinlichkeiten bzw. Mittelwerte von Operatoren, so verschwindet die Zeitabhängigkeit wegen

$$\begin{aligned}
\psi_n^*(q,t)\psi_n(q,t) &= \phi_n^*(q)\,e^{(i/\hbar)E_n t}\,\phi_n(q)\,e^{-(i/\hbar)E_n t} = \phi_n^*(q)\phi_n(q), \\
\langle\psi_n,\mathbf{A}\psi_n\rangle &= e^{(i/\hbar)E_n t}\,e^{-(i/\hbar)E_n t}\,\langle\phi_n,\mathbf{A}\phi_n\rangle = \langle\phi_n,\mathbf{A}\phi_n\rangle
\end{aligned}$$

---

[53]Es genügt, den Fall nichtentarteter Eigenwerte zu betrachten.

(wenn der Operator **A** nicht explizit von t abhängt). Die Zeitabhängigkeit in (2.147) ist also von solcher Art, dass sie für alle physikalisch relevanten Aussagen, die man aus (2.147) ablei-tet, verschwindet. Man braucht also bei stationären Systemen tatsächlich nur mit den Orts-anteilen von (2.147), d.h. den Eigenfunktionen der zeitunabhängigen Schrödinger-Gleichung zu arbeiten.

2.5.3   Zeitabhängige Störungstheorie

In diesem Abschnitt berechnen wir Übergangswahrscheinlichkeiten zwischen stationären Zuständen unter dem Einfluss einer zeitabhängigen Störung. Daraus ergeben sich die *Aus-wahlregeln* für die Übergänge zwischen den stationären Zuständen eines Systems, ein für die Spektroskopie aller Wellenlängen außerordentlich wichtiges Problem.

Für den Hamilton-Operator des betrachteten Systems sei eine Zerlegung folgender Art möglich:

$$\mathbf{H}(q,t) = \mathbf{H}^{(0)}(q) + V(q,t). \tag{2.148}$$

$\mathbf{H}^{(0)}$ sei der Operator für das ungestörte System, etwa ein Atom oder Molekül ohne äußeres Feld. $V(q,t)$ beschreibe den Einfluss eines äußeren elektrischen oder magnetischen Feldes. Die zu lösende zeitabhängige Schrödinger-Gleichung ist

$$-\frac{\hbar}{i} \frac{\partial \psi(q,t)}{\partial t} = \mathbf{H}(q,t)\psi(q,t) \tag{2.149}$$

mit dem Operator (2.148). $V(q,t)$ wird als Störoperator behandelt. Dabei gelte $V(q,0) = 0$, d.h., die Störung setze erst zum Zeitpunkt $t = 0$ ein. An $t = 0$ selbst liege das System in einem stationären Zustand $\psi_k^{(0)}(q,t)$ vor, der Eigenzustand des ungestörten Systems ist. Diese Zustände sind Lösungen der Schrödinger-Gleichung

$$-\frac{\hbar}{i} \frac{\partial \psi_k^{(0)}(q,t)}{\partial t} = \mathbf{H}^{(0)}(q)\psi_k^{(0)}(q,t) \tag{2.150}$$

und haben die Form

$$\psi_k^{(0)}(q,t) = \phi_k^{(0)}(q)\, e^{-(i/\hbar)E_k^{(0)}t} \tag{2.151}$$

mit $\phi_k^{(0)}(q)$ aus $\mathbf{H}^{(0)}(q)\phi_k^{(0)}(q) = E_k^{(0)}\phi_k^{(0)}(q)$ (s. den vorigen Abschnitt).

Gesucht sind die Lösungen $\psi = \psi(q,t)$ von (2.149). Wir entwickeln die gesuchten Funktionen nach den Zustandsfunktionen (2.151) des ungestörten Systems, die wir als bekannt voraus-setzen. Da die $\phi_k^{(0)}$ $(k = 1, 2, \dots)$ als Eigenfunktionensystem des hermiteschen Operators $\mathbf{H}^{(0)}$ eine Orthonormalbasis in $\mathcal{H}$ bilden (vgl. Abschn. 2.2.1), ist eine solche Entwicklung möglich:

$$\psi(q,t) = \sum_{k=1}^{\infty} a_k(t)\, \psi_k^{(0)}(q,t) = \sum_{k=1}^{\infty} a_k(t)\, \phi_k^{(0)}(q)\, e^{-(i/\hbar)E_k^{(0)}t}. \tag{2.152}$$

Da die Entwicklungsfunktionen nicht „echt" von t abhängen (vgl. den vorigen Abschnitt), müssen die Entwicklungskoeffizienten zeitabhängig sein. Die Lösungen von (2.149) werden also als zeitabhängige Linearkombinationen einer festen, d.h. zeitunabhängigen Orthonormalbasis gesucht.[54] Wir setzen den Ansatz (2.152) in die Schrödinger-Gleichung (2.149) ein:

$$-\frac{\hbar}{i} \sum_{k=1}^{\infty} \frac{\partial a_k(t)}{\partial t}\, \psi_k^{(0)}(q,t) - \frac{\hbar}{i} \sum_{k=1}^{\infty} a_k(t)\, \frac{\partial \psi_k^{(0)}(q,t)}{\partial t}$$

$$= \sum_{k=1}^{\infty} a_k(t)\, \mathbf{H}^{(0)}(q) \psi_k^{(0)}(q,t) + \sum_{k=1}^{\infty} a_k(t)\, V(q,t)\, \psi_k^{(0)}(q,t).$$

Wegen (2.150) sind der zweite Term auf der linken und der erste Term auf der rechten Seite gleich, sie fallen weg. Für die verbleibenden Terme schreiben wir

$$-\frac{\hbar}{i} \sum_{k=1}^{\infty} \frac{\partial a_k(t)}{\partial t}\, \phi_k^{(0)}(q)\, e^{-(i/\hbar)E_k^{(0)}t} = \sum_{k=1}^{\infty} a_k(t)\, V(q,t)\, \phi_k^{(0)}(q)\, e^{-(i/\hbar)E_k^{(0)}t}.$$

Wir multiplizieren von links skalar mit $\phi_l^{(0)}(q)$ und erhalten

$$-\frac{\hbar}{i} \sum_{k=1}^{\infty} \frac{\partial a_k(t)}{\partial t}\, \left\langle \phi_l^{(0)}(q), \phi_k^{(0)}(q) \right\rangle e^{-(i/\hbar)E_k^{(0)}t}$$

$$= \sum_{k=1}^{\infty} a_k(t)\, \left\langle \phi_l^{(0)}(q), V(q,t)\phi_k^{(0)}(q) \right\rangle e^{-(i/\hbar)E_k^{(0)}t}. \tag{2.153}$$

Die Bildung des Skalarprodukts bedeutet Integration über die Ortskoordinaten; damit verschwindet die Ortsabhängigkeit. Wegen $\left\langle \phi_l^{(0)}(q), \phi_k^{(0)}(q) \right\rangle = \delta_{lk}$ bleibt auf der linken Seite von (2.153) nur der Summenterm $k = l$ übrig. Das (zeitabhängige) Skalarprodukt auf der rechten Seite kürzen wir durch

$$V_{lk}(t) = \left\langle \phi_l^{(0)}(q), V(q,t)\phi_k^{(0)}(q) \right\rangle \tag{2.154}$$

ab. Setzt man außerdem $\hbar\omega_{lk} = E_l^{(0)} - E_k^{(0)}$, so nimmt (2.153) schließlich die Form

$$\frac{\partial a_l(t)}{\partial t} = -\frac{i}{\hbar} \sum_{k=1}^{\infty} a_k(t)\, V_{lk}(t)\, e^{i\omega_{lk}t} \qquad (l = 1, 2, \ldots) \tag{2.155}$$

an. Dies ist ein System aus unendlich vielen gekoppelten Differenzialgleichungen zur Bestimmung der Entwicklungskoeffizienten $a_l(t)$ $(l = 1, 2, \ldots)$.

Das Gleichungssystem (2.155) lässt sich für den allgemeinen Fall nicht lösen. Lösbar ist aber der wichtige Spezialfall, den wir bereits eingangs erwähnt haben: An $t = 0$ befinde sich das

---

[54]Im Vektorbild ist ψ ein Vektor, dessen Lage im Raum zeitabhängig ist und der als Linearkombination einer zeitunabhängigen Basis aus Einheitsvektoren dargestellt wird.

System in einem Eigenzustand $\psi_n^{(0)}(q,t)$ des ungestörten Systems (und nicht etwa in einer Überlagerung mehrerer solcher Zustände). Dann gilt für die Entwicklungskoeffizienten an $t = 0$:

$$a_n(0) = 1 \quad \text{und} \quad a_k(0) = 0 \quad (k \neq n). \tag{2.156}$$

Dies sei für kleine Zeiten noch gültig („0-te Näherung"). Setzt man die Werte (2.156) auf der rechten Seite von (2.155) ein, dann erhält man das entkoppelte Gleichungssystem

$$\frac{\partial a_{ln}(t)}{\partial t} = -\frac{i}{\hbar} V_{ln}(t) \, e^{i\omega_{ln}t} \quad (l = 1, 2, \ldots), \tag{2.157}$$

wobei an den Entwicklungskoeffizienten der zusätzliche Index n angebracht wurde, um anzuzeigen, dass sie davon abhängen, welcher Zustand des ungestörten Systems zum Zeitpunkt $t = 0$ vorlag. Das Gleichungssystem (2.157) lässt sich lösen, man erhält

$$a_{ln}(t) = -\frac{i}{\hbar} \int\limits_0^t V_{ln}(t') \, e^{i\omega_{ln}t'} \, \mathrm{d}t'. \tag{2.158}$$

Mit diesen Entwicklungskoeffizienten ist

$$\psi_n(q,t) = \sum_{l=1}^{\infty} a_{ln}(t) \, \psi_l^{(0)}(q,t) \tag{2.159}$$

Lösung der zeitabhängigen Schrödinger-Gleichung (2.149) für den beschriebenen Spezialfall. Auch sie ist mit dem zusätzlichen Index n zu versehen.

Wir interpretieren die Entwicklung (2.159) gemäß Abschnitt 2.2.2: $|a_{ln}(t)|^2$ ist die Wahrscheinlichkeit dafür, das System zum Zeitpunkt t im stationären Zustand $\psi_l^{(0)}$ zu finden. Da sich das System im betrachteten Fall zum Zeitpunkt $t = 0$ im stationären Zustand $\psi_n^{(0)}$ befunden hat, ist also $|a_{ln}(t)|^2$ die *Übergangswahrscheinlichkeit* vom Zustand $\psi_n^{(0)}$ in den Zustand $\psi_l^{(0)}$ unter dem Einfluss der zeitabhängigen Störung $V(q,t)$. Ist die Übergangswahrscheinlichkeit Null, sagt man, der Übergang sei *verboten*, ist sie ungleich Null, ist der Übergang *erlaubt*. Entscheidend dafür, ob ein Übergang verboten oder erlaubt ist, ist, ob das Matrixelement (2.154) in (2.158) verschwindet oder nicht.

2.5.4   Übergangsmomente und Auswahlregeln

Als wichtigstes Beispiel betrachten wir die Störung durch ein zeitabhängiges äußeres elektrisches Feld, also die Wechselwirkung zwischen diesem Feld und Atomen oder Molekülen. Wir beschränken uns zunächst auf die z-Komponente des elektrischen Feldvektors,

$$E_z = |\vec{E}| \cos \omega t,$$

also auf in z-Richtung polarisiertes monochromatisches Licht der Frequenz ω ($\omega = 2\pi\nu$). Die potenzielle Energie ergibt sich dann als

$$V(z,t) = e|\vec{E}|z \cos \omega t \tag{2.160}$$

(vgl. Abschn. 2.3.5). (2.160) ist der Störoperator für das betrachtete System. Wir bilden damit die Matrixelemente (2.154):

$$V_{ln}(t) = e|\vec{E}| \cos \omega t \left\langle \phi_l^{(0)}, z\, \phi_n^{(0)} \right\rangle. \tag{2.161}$$

Die Größe

$$e\, z_{ln} = e \left\langle \phi_l^{(0)}, z\, \phi_n^{(0)} \right\rangle = e \int\limits_0^{2\pi} \int\limits_0^{\pi} \int\limits_0^{\infty} \phi_l^{*(0)} \, r \cos \vartheta \, \phi_n^{(0)} \, r^2 \mathrm{d}r \, \sin \vartheta \, \mathrm{d}\vartheta \, \mathrm{d}\varphi \tag{2.162}$$

heißt *Dipol-Übergangsmoment* bezüglich der z-Komponente des Dipols $e\vec{r}$. Der Übergang von $\phi_n^{(0)}$ nach $\phi_l^{(0)}$ ist also dann „verboten", wenn z_{ln} sowie die entsprechenden Matrixelemente x_{ln} und y_{ln} sämtlich Null sind. Wenigstens eines dieser Matrixelemente muss ungleich Null sein, damit der Übergang „erlaubt" sein kann.

Als konkretes Beispiel betrachten wir Übergänge zwischen den Eigenzuständen des Wasserstoffatoms. Zunächst untersuchen wir das Matrixelement

$$\langle \psi_{nlm}, z\psi_{n'l'm'} \rangle = \langle R_{nl}, r\, R_{n'l'} \rangle \left\langle Y_l^m, \cos \vartheta \, Y_{l'}^{m'} \right\rangle.$$

Wir konzentrieren uns auf das Winkelintegral. $\cos \vartheta$ ist proportional zu Y_1^0: $\cos \vartheta \sim Y_1^0$ (s. Tab. 1.1). Deshalb bilden wir das Produkt $Y_1^0 Y_{l'}^{m'}$. Es gilt[55]

$$Y_1^0 Y_{l'}^{m'} = c_1 Y_{l'-1}^{m'} + c_2 Y_{l'+1}^{m'}. \tag{2.163}$$

Damit zerfällt das Winkelintegral in zwei Teile:

$$c_1 \left\langle Y_l^m, Y_{l'-1}^{m'} \right\rangle + c_2 \left\langle Y_l^m, Y_{l'+1}^{m'} \right\rangle. \tag{2.164}$$

Jetzt können wir die Orthogonalitätseigenschaften der Kugelflächenfunktionen ausnutzen (vgl. (1.70)). Der erste Term in (2.164) ist nur für $l = l' - 1$ und $m = m'$ nicht Null, der zweite nur für $l = l' + 1$ und $m = m'$. Das bedeutet, dass der Übergang zwischen ψ_{nlm} und $\psi_{n'l'm'}$ nur dann nicht verboten ist, wenn $\Delta l = l - l' = \pm 1$ und $\Delta m = m - m' = 0$ ist. Analog lässt sich für die x- und y-Komponente des Dipoloperators zeigen, dass $\Delta l = \pm 1$ und $\Delta m = \pm 1$ sein muss. Wir haben also folgende Auswahlregeln:

$$\Delta l = \pm 1 \qquad \text{und} \qquad \Delta m = 0, \pm 1. \tag{2.165}$$

Beim Wasserstoffatom sind also wegen (2.165) beispielsweise Übergänge aus dem Grundzustand ($1s$) in ein p-Niveau erlaubt, dagegen etwa in ein höheres s- oder in ein d-Niveau verboten.

Bei Molekülen lässt sich mit gruppentheoretischen Methoden, d.h. durch Symmetriebetrachtungen entscheiden, ob etwa (2.162) Null ist oder nicht. Das Integral z_{ln} ist nämlich

---

[55](2.163) ist ein spezieller Fall der *Clebsch-Gordan-Zerlegung* des Produkts zweier Kugelflächenfunktionen in eine Summe von Kugelflächenfunktionen. Die beiden *Clebsch-Gordan-Koeffizienten* c_1 und c_2 benötigen wir nicht explizit.

nur dann von Null verschieden, wenn sich der Integrand nach der totalsymmetrischen Darstellung der zugehörigen Symmetriepunktgruppe transformiert (vgl. dazu Abschn. A.4.4). Konkrete Beispiele dazu werden wir in Kapitel 3 behandeln.

Abschließend betrachten wir den Fall nichtverschwindender Übergangsmomente. Als konkretes Beispiel berechnen wir für das Wasserstoffatom das Übergangsmoment (2.162) für den erlaubten Übergang von ψ_{2s} nach ψ_{2p_z}. Die erforderliche Integralberechnung haben wir in Abschnitt 2.3.5 bereits durchgeführt. Es gilt

$$e \langle \psi_{2s}, z\, \psi_{2p_z} \rangle = -3\, a_0 e.$$

Damit kann nun der Entwicklungkoeffizient $a_{ln}(t)$ betrachtet werden, dessen Betragsquadrat die Übergangswahrscheinlichkeit vom Zustand $\psi_n^{(0)}$ in den Zustand $\psi_l^{(0)}$ beschreibt. Dazu setzen wir (2.161) in (2.158) ein:

$$a_{ln}(t) = -\frac{i}{2\hbar}\, e|\vec{E}| z_{ln} \left[\int_0^t e^{i(\omega_{ln}+\omega)t'}\, \mathrm{d}t' + \int_0^t e^{i(\omega_{ln}-\omega)t'}\, \mathrm{d}t' \right],$$

wobei wir die Beziehung $\cos \omega t = (e^{i\omega t} + e^{-i\omega t})/2$ verwendet haben. Wir integrieren gemäß

$$\int_0^x e^{ax'}\, \mathrm{d}x' = \left[\frac{1}{a}\, e^{ax'} \right]_0^x = \frac{e^{ax}-1}{a}$$

und erhalten

$$a_{ln}(t) = -\frac{i}{2\hbar}\, e|\vec{E}| z_{ln} \left[\frac{e^{i(\omega_{ln}+\omega)t}-1}{\omega_{ln}+\omega} + \frac{e^{i(\omega_{ln}-\omega)t}-1}{\omega_{ln}-\omega} \right]. \tag{2.166}$$

Wir betrachten den rechten Term in (2.166): für $\omega_{ln} \approx \omega$ wird er sehr groß. Die Wahrscheinlichkeit für einen Übergang vom Zustand $\psi_n^{(0)}$ in den Zustand $\psi_l^{(0)}$ ist also dann sehr groß („Resonanz"), wenn die Energie $E = \hbar\omega$ des äußeren Feldes mit der Differenz $|E_l^{(0)} - E_n^{(0)}| = \hbar|\omega_{ln}|$ der Energieeigenwerte zu den Eigenfunktionen $\psi_l^{(0)}$ und $\psi_n^{(0)}$ übereinstimmt. Dies entspricht gerade der Bohrschen Bedingung für die Absorption und Emission von Licht: $\omega = \omega_{ln}$ (Bohrsche Frequenzbedingung).

3 Qualitative MO-Theorie

Organische π-Elektronensysteme waren die erste Verbindungsklasse, die systematisch quantenchemisch untersucht wurde. Das war bereits vor Beginn der stürmischen Entwicklung der maschinellen Rechentechnik möglich, denn die Hückelsche MO-Methode benötigt „lediglich" die Lösung eines linearen Gleichungssystems. Alle Aussagen folgen aus dem Verknüpfungsschema der Atome, der Topologie des betrachteten Moleküls. Damit ist die Methode zwar die einfachste, dafür aber die am besten „durchschaubare" quantenchemische Methode. Ihr hoher heuristischer Wert für die Chemie ist zeitlos. Viel chemisches Wissen (insbesondere in der organischen Chemie) beruht – obwohl dies im einzelnen gar nicht mehr bewusst wird – auf Resultaten von HMO-Rechnungen.

Die chemischen Eigenschaften der Moleküle werden im wesentlichen durch die Valenzelektronen bestimmt, Rumpfelektronen haben einen vergleichsweise geringen Einfluss. Für die qualitative, systematisierende Diskussion der Bindungsverhältnisse vieler Verbindungsklassen genügt es deshalb, nur die Valenzelektronen der beteiligten Atome zu betrachten. Die Linearkombination der zugehörigen Atomorbitale zu Molekülorbitalen erfolgt entweder rein qualitativ oder mit einem quantenchemischen Rechenverfahren. Wir behandeln das einfachste, aber dafür „übersichtlichste" Verfahren, die EHT-Methode; auf ab-initio-Rechnungen an Valenzelektronensystemen wird in Kapitel 4 eingegangen.

Koordinationsverbindungen weisen eine Reihe von Spezifika auf, die es rechtfertigen, sie separat zu behandeln. Werden die Liganden näherungsweise als Punktladungen aufgefasst, dann sind nur die d-Orbitale des Zentralatoms relevant. Die Ligandenfeldtheorie untersucht die charakteristische Aufspaltung dieser Orbitale. Soll auch die spezifische Elektronenstruktur der Liganden erfasst werden, dann sind LCAO-MO-Methoden anzuwenden.

In Molekülen befinden sich die Elektronen in „gebundenen" Zuständen, was zu diskreten Energieniveaus führt. In Festkörpern dagegen bewegen sich die Elektronen in einem gitterperiodischen Potenzial. Das führt zur Ausbildung von „Bändern" aus kontinuierlichen Energieniveaus, zwischen denen sich „verbotene" Energiebereiche befinden. Üblicherweise leiten die Physiker diese Bandstruktur ab, indem vom freien, nichtwechselwirkenden Elektronengas ausgegangen und dann das periodische Potenzial sowie die Elektronenwechselwirkung „zugeschaltet" wird. Das alternative, den Chemikern näherliegende Vorgehen besteht darin, Atomorbitale – in Analogie zur Bildung von Molekülorbitalen – zu Kristallorbitalen zu kombinieren, die sich über den gesamten Festkörper erstrecken.

Literaturempfehlungen: [18] sowie [1] bis [6] (auch [9] bis [12]) - Abschnitt 3.1: [19], [20] und [44] (speziell [21] für 3.1.8) - Abschnitt 3.2: [13c], [19] und [22] - Abschnitt 3.3: [23] sowie [12] und [13d] (speziell [24] für 3.3.12) - Abschnitt 3.4: [5] und [25].

3.1   π-Elektronensysteme

3.1.1   Beschränkung auf π-Elektronen

Bei einer sehr großen Anzahl organischer Moleküle – typische Beispiele zeigt Bild 3.1 – kann

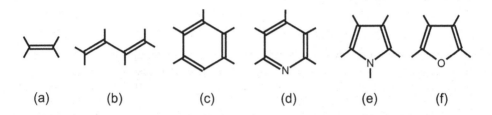

(a)   (b)   (c)   (d)   (e)   (f)

Bild 3.1 Typische Moleküle mit π-Elektronensystem: Ethen (a), 1,3-Butadien (b), Benzen (c), Pyridin (d), Pyrrol (e), Furan (f).

man die C-Atome und etwa vorhandene *Heteroatome* $(N, O, S, ...)$ als sp^2-hybridisiert annehmen. Die Atome bilden entweder σ-Bindungen zu drei Nachbarn in planarer Anordnung aus (alle C-Atome und Pyrrol-N), oder sie haben nur zwei Nachbarn, und die dritte Bindung wird durch ein freies Elektronenpaar ersetzt (Pyridin-N und Furan-O). Im ersten Fall werden drei, im zweiten Fall vier Valenzelektronen des betrachteten Atoms zum *σ-System* gezählt. Die verbleibenden Valenzelektronen (eins bei den C-Atomen und bei Pyridin-N, zwei bei Pyrrol-N und bei Furan-O) gehören zum *π-System*. Die beiden Gruppen von Elektronen lassen sich – zumindest in qualitativer Hinsicht – weitgehend getrennt voneinander behandeln, man spricht von *σ-π-Separation*. Viele wichtige Eigenschaften ungesättigter organischer Moleküle lassen sich allein mit Hilfe des π-Systems beschreiben. Dazu dient insbesondere die *Hückelsche MO-Methode (HMO-Methode)*.

Die Methode wurde durch E. Hückel bereits in den dreißiger Jahren des vergangenen Jahrhunderts vorgeschlagen. In gewissem Sinne begann damit die eigentliche Quantenchemie. Es dauerte jedoch Jahrzehnte, bis die Methode und die mit ihr abgeleiteten Zusammenhänge zum Allgemeingut der Chemiker wurden. Die HMO-Methode ist die einfachste, insgesamt aber wohl die erfolgreichste quantenchemische Methode. Zusammen mit dem Hybridisierungskonzept führte sie zu einem ordnenden Prinzip in der organischen Chemie. Ihre Einfachheit – ein außerordentlicher Vorteil bei der praktischen Anwendung – beruht auf krassen Näherungsannahmen, die kritischen Untersuchungen nicht standhalten. Offenbar kommt es zu einer Reihe von Fehlerkompensationen. Damit wird die Methode nicht durch theoretische Überlegungen, sondern durch die erfolgreiche Anwendung auf unzählige praktische Probleme gerechtfertigt. Wir weisen zunächst nur auf zwei Anwendungsbeispiele hin, einmal auf die Begründung der cis-trans-Isomerisierung beim substituierten Ethen – es gibt keine freie Drehbarkeit um die C-C-Achse, beide Isomere sind isolierbar –, zum anderen auf die Erklärung der UV/VIS-Spektren von konjugierten Verbindungen, speziell Aromaten, d.h. deren typischer Bandenlagen und -intensitäten.

Um dort, wo die Methode versagte, doch zum Erfolg zu kommen, oder um den Anwendungsbereich zu erweitern, wurden zahlreiche Modifikationen bzw. Erweiterungen der HMO-Methode vorgenommen. Solche π-Elektronenverfahren werden heute nur noch in speziellen Anwendungsfällen eingesetzt, im allgemeinen wurden sie durch umfassendere Methoden abgelöst. Im folgenden behandeln wir die HMO-Methode in ihrer einfachsten, aber damit übersichtlichsten Form.

3.1.2 Die HMO-Methode

Man erläutert die Näherungen der Hückelschen MO-Methode zweckmäßigerweise an einem konkreten Beispiel. Wir betrachten dazu das 1,3-Butadien. Jedes C-Atom steuert ein $2p_z$-Atomorbital[1] und ein Valenzelektron zum π-System bei. Wir veranschaulichen die vier Atomorbitale in Bild 3.2. Die vier Atomorbitale χ_k ($k = 1, \ldots, 4$) überlagern sich („interfe-

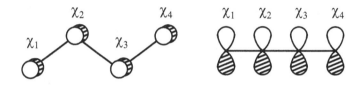

Bild 3.2 Ansicht der vier $2p_z$-Atomorbitale beim Butadien „von oben" (aus z-Richtung) und „von der Seite".

rieren") zu vier Molekülorbitalen. Dies wird mathematisch durch Bildung der Linearkombinationen

$$\psi_i = \sum_{k=1}^{4} c_{ik} \chi_k \qquad (i = 1, \ldots, 4) \tag{3.1}$$

realisiert. Zur Bestimmung der Koeffizienten in dem Ansatz (3.1) hat man das homogene lineare Gleichungssystem

$$\sum_{l=1}^{4} (H_{kl} - \varepsilon S_{kl}) c_l = 0 \qquad (k = 1, \ldots, 4) \tag{3.2}$$

zu lösen (vgl. Abschn. 1.6.5). Dazu muss die Koeffizientendeterminante verschwinden:

$$|H_{kl} - \varepsilon S_{kl}| = 0 \qquad (k, l = 1, \ldots, 4). \tag{3.3}$$

In (3.2) und (3.3) sind[2]

$$H_{kl} = \int \chi_k \, \mathbf{H} \, \chi_l \, d\vec{r} \qquad \text{und} \qquad S_{kl} = \int \chi_k \, \chi_l \, d\vec{r}$$

die Matrixelemente der Hamilton-Matrix und der Überlappungsmatrix.

---

[1] Die Moleküle nehmen wir stets als in der xy-Ebene liegend an.

[2] Da die $2p_z$-Funktionen reell sind, können wir die Sterne in den allgemeineren Ausdrücken (1.124) weglassen.

Im HMO-Verfahren wird nun eine Reihe drastischer Näherungen eingeführt. Zunächst vernachlässigt man die Überlappungsintegrale, d.h., man setzt

$$S_{kl} = \delta_{kl}. \tag{3.4}$$

Es wird also in einer *orthogonalen Basis* gearbeitet. Dies ist sicher eine sehr grobe Näherung, da die Überlappungsintegrale zwischen den Atomorbitalen verschiedener Atome keineswegs verschwinden; im Gegenteil: nur durch diese Überlappung kommt die Bindung zustande (vgl. Abschn. 1.6.3). In den Matrixelementen der Hamilton-Matrix abstrahiert man von der konkreten Gestalt des Hamilton-Operators. Für die Diagonalelemente H_{kk} setzt man den für alle C-Atome gleichen Parameterwert α ein:

$$H_{kk} = \alpha \qquad \text{(für alle } k\text{)}, \tag{3.5}$$

für die Nichtdiagonalelemente H_{kl} ($k \neq l$) den für alle C-Atom-Paare gleichen Parameterwert β, wenn die beiden C-Atome nächste Nachbarn, also direkt gebunden sind.[3] Ansonsten werden die Nichtdiagonalelemente Null gesetzt:

$$H_{kl} = \begin{cases} \beta & k \text{ und } l \text{ nächste Nachbarn,} \\ 0 & \text{sonst.} \end{cases} \tag{3.6}$$

α und β sind negative Energiegrößen.[4] α lässt sich in grober Näherung als Energie eines $2p_z$-Elektrons im C-Atom auffassen (die ihrerseits mit dem negativen Wert der Ionisierungsenergie eines solchen Elektrons in Beziehung gebracht werden kann). Es gilt nämlich $\alpha = \int \psi_{2pz} \mathbf{H} \psi_{2pz} \, d\vec{r} = \int \psi_{2pz} \varepsilon_{2pz} \psi_{2pz} \, d\vec{r} = \varepsilon_{2pz}$, wenn man annimmt, dass ψ_{2pz} Eigenfunktion des Hamilton-Operators $\mathbf{H}$ ist. Dies gilt aber für den molekularen Hamilton-Operator nur bei unendlichem Abstand der Kerne (vgl. Abschn. 1.6.4). $\beta = H_{kl}$ müsste wegen (3.4) konsequenterweise Null gesetzt werden, denn H_{kl} ist dann vernachlässigbar klein, wenn auch S_{kl} es ist (vgl. Abschn. 1.6.4). Dann hätte man aber überhaupt keine Wechselwirkung zwischen den Atomen und damit auch keine Bindung. Deshalb muss zumindest für die direkt gebundenen Atome ein nichtverschwindender H_{kl}-Wert angenommen werden.

Durch Einsetzen der Näherungen (3.4), (3.5) und (3.6) in die Koeffizientenmatrix von (3.2) erhält man für Butadien

$$\begin{pmatrix} \alpha - \varepsilon & \beta & 0 & 0 \\ \beta & \alpha - \varepsilon & \beta & 0 \\ 0 & \beta & \alpha - \varepsilon & \beta \\ 0 & 0 & \beta & \alpha - \varepsilon \end{pmatrix}. \tag{3.7}$$

Dividiert man alle Elemente von (3.7) durch β und setzt

$$\frac{\alpha - \varepsilon}{\beta} = x, \tag{3.8}$$

---

[3]Dieses konsequente „Gleichsetzen" ist für Benzen und Ethen exakt, für die anderen Beispiele in Bild 3.1 ist es eine Näherung.
[4]α wird historisch als *Coulomb-Integral*, β als *Resonanzintegral* bezeichnet. Diese Bezeichnungen sind jedoch wenig treffend, wir vermeiden sie.

dann ergibt sich für die Matrix die einfache Gestalt

$$\begin{pmatrix} x & 1 & 0 & 0 \\ 1 & x & 1 & 0 \\ 0 & 1 & x & 1 \\ 0 & 0 & 1 & x \end{pmatrix}. \tag{3.9}$$

Die Matrix (3.9) heißt *Hückel-Matrix* oder *topologische Matrix* des betrachteten Systems. Ihre Struktur hängt nicht von der geometrischen Anordnung der Atome im Molekül ab, sondern nur vom Verknüpfungsschema (der „Topologie"). So ist (3.9) topologische Matrix sowohl für trans- als auch für cis-Butadien.

Zur Lösung des Gleichungssystems (3.2) hat man zunächst die Determinante der Koeffizientenmatrix (3.9) Null zu setzen:

$$\begin{vmatrix} x & 1 & 0 & 0 \\ 1 & x & 1 & 0 \\ 0 & 1 & x & 1 \\ 0 & 0 & 1 & x \end{vmatrix} = 0. \tag{3.10}$$

(3.10) führt auf die *charakteristische Gleichung*

$$x^4 - 3x^2 + 1 = 0 \tag{3.11}$$

mit den vier Wurzeln[5]

$$x_1 = -1.618, \quad x_2 = -0.618, \quad x_3 = 0.618, \quad x_4 = 1.618. \tag{3.12}$$

Mit (3.8) erhält man daraus die Energien der vier Molekülorbitale:

$$\varepsilon_1 = \alpha + 1.618\beta, \ \varepsilon_2 = \alpha + 0.618\beta, \ \varepsilon_3 = \alpha - 0.618\beta, \ \varepsilon_4 = \alpha - 1.618\beta. \tag{3.13}$$

Sie sind nach ansteigenden Werten geordnet (man beachte, dass sowohl α als auch β negativ sind). Die Energiewerte (3.13) sind die Eigenwerte der Hamilton-Matrix H_{kl} bzw. der Schrödinger-Gleichung (3.2) in der HMO-Näherung. Für jeden dieser vier Eigenwerte hat man das Gleichungssystem (3.2) mit der Matrix (3.7) zu lösen. Für jedes ε_i ($i = 1, \ldots, 4$) erhält man den zugehörigen Satz von Koeffizienten $c_{i1}, \ldots, c_{i4}$ (Eigenvektor), mit dem die zu ε_i gehörende Eigenfunktion, das Molekülorbital ψ_i, gebildet wird.[6] Nach Normierung hat man dann die vier Molekülorbitale[7]

$$\begin{aligned} \psi_4 &= 0.372\chi_1 - 0.602\chi_2 + 0.602\chi_3 - 0.372\chi_4 \\ \psi_3 &= 0.602\chi_1 - 0.372\chi_2 - 0.372\chi_3 + 0.602\chi_4 \\ \psi_2 &= 0.602\chi_1 + 0.372\chi_2 - 0.372\chi_3 - 0.602\chi_4 \\ \psi_1 &= 0.372\chi_1 + 0.602\chi_2 + 0.602\chi_3 + 0.372\chi_4. \end{aligned} \tag{3.14}$$

---

[5] Zur Lösung von (3.11) substituiert man $x^2 = z$. Aus $z^2 - 3z + 1 = 0$ erhält man $z_{1,2} = (3 \pm \sqrt{5})/2$, woraus sich die x-Werte (3.12) ergeben.

[6] Für diese Koeffizienten – wie auch für die Wurzeln (3.12) – werden in Abschnitt 3.1.6 geschlossene Formeln angegeben.

[7] Die Anordnung der vier Funktionen in dieser Reihenfolge erfolgt aus heuristischen Gründen: unten steht das Molekülorbital mit der niedrigsten, oben das mit der höchsten Energie; das untere hat also die wenigsten, das obere die meisten Knotenflächen.

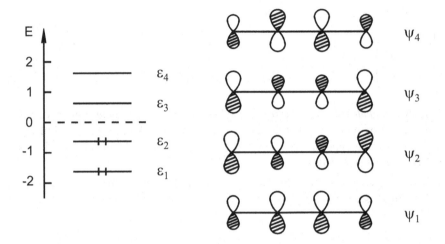

Bild 3.3 HMO-Energieniveauschema und Struktur der Molekülorbitale für Butadien. Als Energieeinheit für die HMO-Energieniveauschemata wird $x = (\alpha - \varepsilon)/\beta$ verwendet (vgl. (3.8) und
hier speziell (3.12)).

In Bild 3.3 ist das Energieniveauschema angegeben. Der Wert α, der in allen Eigenwerten als
konstanter Summand enthalten ist, kann als Nullpunkt der Energieskala genutzt werden. In
Bild 3.3 ist darüberhinaus schematisch dargestellt, wie sich die vier Molekülorbitale (3.14)
aus Atomorbitalen zusammensetzen. Die Unterschiede in den Beträgen der Linearkombinationskoeffizienten werden dabei durch die „Größe" des „Orbitalbilds" veranschaulicht.
Die vier Elektronen besetzen die Molekülorbitale (die Einelektronenzustände) ψ_i im Sinne
des Aufbauprinzips, d.h. gemäß der energetischen Reihenfolge unter Berücksichtigung des
Pauli-Prinzips. Dies entspricht dem Grundzustand des Moleküls.

Wir betrachten weitere Beispiele. Das einfachste π-Elektronensystem liegt bei Ethen vor.
Die topologische Matrix für dieses System ist

$$\begin{pmatrix} x & 1 \\ 1 & x \end{pmatrix}.$$

Wir setzen die zugehörige Determinate Null und erhalten die charakteristische Gleichung
$x^2 - 1 = 0$ mit den beiden Wurzeln $x_1 = -1$ und $x_2 = +1$, woraus die Energieeigenwerte

$$\varepsilon_1 = \alpha + \beta, \quad \varepsilon_2 = \alpha - \beta \tag{3.15}$$

folgen. Für diesen einfachsten Fall lösen wir auch das Säkulargleichungssystem ausführlich
(vgl. Abschn. 1.6.4). Mit ε_1 ergibt sich das System

$$\begin{aligned} (\alpha - (\alpha + \beta))c_{11} + \beta c_{12} &= 0 \\ \beta c_{11} + (\alpha - (\alpha + \beta))c_{12} &= 0, \end{aligned}$$

aus dem man $c_{12} = c_{11}$ erhält. Für ε_2 hat man

$$(\alpha - (\alpha - \beta))c_{21} + \beta c_{22} = 0$$
$$\beta c_{21} + (\alpha - (\alpha - \beta))c_{22} = 0,$$

woraus $c_{22} = -c_{21}$ resultiert. Als (noch nicht normierte) Eigenfunktionen erhält man also $\chi_1 + \chi_2$ und $\chi_1 - \chi_2$. Wir versehen diese Funktionen mit einem Faktor N, der so bestimmt werden soll, dass die Funktionen normiert sind. Wir bilden dazu

$$N^2 \int (\chi_1 \pm \chi_2)^2 \, d\vec{r} = N^2 \left[\int \chi_1^2 \, d\vec{r} + \int \chi_2^2 \, d\vec{r} \pm 2 \int \chi_1 \chi_2 \, d\vec{r} \right] = 2N^2.$$

Daraus ergibt sich genau dann der Wert 1, wenn $N = 1/\sqrt{2}$ ist.[8] Die normierten Molekülorbitale sind also

$$\psi_2 = \frac{1}{\sqrt{2}} (\chi_1 - \chi_2)$$
$$\psi_1 = \frac{1}{\sqrt{2}} (\chi_1 + \chi_2). \tag{3.16}$$

In Bild 3.4 sind Energieniveauschema und Molekülorbitale des Ethens dargestellt. Im Grundzustand besetzen die beiden π-Elektronen das Molekülorbital ψ_1.

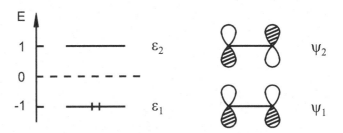

Bild 3.4 HMO-Energieniveauschema und Struktur der Molekülorbitale für Ethen.

Als nächstes betrachten wir das Allyl-System. Topologische Matrix ist

$$\begin{pmatrix} x & 1 & 0 \\ 1 & x & 1 \\ 0 & 1 & x \end{pmatrix}.$$

Die charakteristische Gleichung $x(x^2 - 2) = 0$ hat die Wurzeln $x_1 = -\sqrt{2}$, $x_2 = 0$ und $x_3 = \sqrt{2}$. Dies ergibt

$$\varepsilon_1 = \alpha + \sqrt{2}\beta, \quad \varepsilon_2 = \alpha, \quad \varepsilon_3 = \alpha - \sqrt{2}\beta \tag{3.17}$$

---

[8]Dabei haben wir berücksichtigt, dass die Atomorbitale selbst normiert sind und das Überlappungsintegral gemäß der Hückel-Näherung (3.4) verschwindet.

und nach Lösung des Säkulargleichungssystems für jeden dieser drei Eigenwerte die normierten Molekülorbitale

$$
\begin{aligned}
\psi_3 &= \tfrac{1}{2}(\chi_1 - \sqrt{2}\chi_2 + \chi_3) \\
\psi_2 &= \tfrac{1}{\sqrt{2}}(\chi_1 - \chi_3) \\
\psi_1 &= \tfrac{1}{2}(\chi_1 + \sqrt{2}\chi_2 + \chi_3).
\end{aligned}
\tag{3.18}
$$

Wir stellen auch dies grafisch dar (Bild 3.5). Dabei haben wir drei verschiedene Besetzungsvarianten angegeben, je nachdem, wieviele Elektronen das System enthält. Für das Allyl-Kation hat man die Elektronenkonfiguration $(\psi_1)^2$, für das Radikal $(\psi_1)^2(\psi_2)^1$ und für das Anion $(\psi_1)^2(\psi_2)^2$.

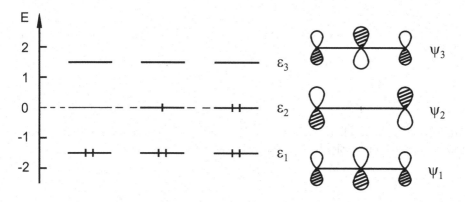

Bild 3.5 HMO-Energieniveauschema und Struktur der Molekülorbitale für das Allyl-System.

3.1.3 Informationen aus Eigenvektoren und Eigenwerten

Sowohl aus den Eigenvektoren (den Einelektronenzuständen) als auch aus den Eigenwerten (den Einelektronen-Energieniveaus) lässt sich eine Vielzahl von Schlussfolgerungen über die Eigenschaften des betrachteten Systems ziehen. Wir betonen ausdrücklich, dass diese Aussagen rein qualitativ und mit allen Mängeln der Methode behaftet sind. Trends werden oft gut wiedergegeben, aber man kann auch zu regelrecht falschen Aussagen kommen. Die teilweise unkritische Interpretation von HMO-Resultaten und die Anwendung der Methode auf Sachverhalte, für die sie prinzipiell ungeeignet ist, haben dem „Ruf" der HMO-Methode geschadet. Bei kritischer und sachgerechter Bewertung der Ergebnisse ist ihr heuristischer Wert aber unbestritten.

Wir betrachten zunächst die Eigenvektoren $c_{i1}, \ldots, c_{in}$ $(i = 1, \ldots, n)$, die in der Form

$$
\psi_i = \sum_{k=1}^{n} c_{ik}\chi_k \qquad (i = 1, \ldots, n)
$$

vorliegen, wobei n die Anzahl der π-Elektronen-Zentren ist. Die Molekülorbitale (die molekularen Einelektronenzustände) sind Überlagerungen von Atomorbitalen (atomaren Einelektronenzuständen). Die Linearkombinationskoeffizienten sind die „Gewichte", mit denen die AOs in die MOs eingehen. $|c_{ik}|^2$ lässt sich als Wahrscheinlichkeit interpretieren, ein Elektron, das das MO ψ_i besetzt, im AO χ_k vorzufinden, d.h. als Wahrscheinlichkeit, dass es sich „am Zentrum k befindet".[9] Die Summe dieser Wahrscheinlichkeiten muss 1 sein. Wenn die MOs normiert sind, ist das gewährleistet, denn dann gilt mit (3.4)

$$\int \psi_i^2 \, d\vec{r} = \sum_{k=1}^{n} c_{ik}^2 \int \chi_k^2 \, d\vec{r} + \sum_{k=1}^{n} \sum_{\substack{l=1 \\ l \neq k}}^{n} c_{ik} c_{il} \int \chi_k \chi_l \, d\vec{r} = \sum_{k=1}^{n} c_{ik}^2 = 1.$$

Ist speziell das HOMO ein einfach besetztes Orbital (und sind alle anderen besetzten MOs doppelt besetzt), dann ist $|c_{ik}|^2$ die (sich im Rahmen der HMO-Methode ergebende) *Spindichte* am Zentrum k. Für das Allyl-Radikal ist die Spindichte am mittleren C-Atom 0, an den beiden äußeren Atomen ist sie jeweils 1/2 (vgl. (3.18)).

Bezeichnet b_i die Anzahl der π-Elektronen im MO ψ_i (die *Besetzungszahl* des MOs ψ_i),[10] so summiert die Größe

$$q_k = \sum_{i=1}^{n} b_i c_{ik}^2 \qquad\qquad\qquad (3.19)$$

die Aufenthaltswahrscheinlichkeiten aller π-Elektronen am Zentrum k auf. q_k wird als π-*Elektronendichte* am Zentrum k bezeichnet. Summiert man die q_k für alle Zentren auf ($k = 1, \ldots, n$), dann muss sich die Gesamtzahl der π-Elektronen des betrachteten Systems ergeben.

Im Grundzustand hat man für Ethen (mit (3.16)) $q_1 = q_2 = 2(1/\sqrt{2})^2 = 1$, d.h., die π-Elektronendichte ist – wie erwartet – an beiden Zentren gleich. Auch für Butadien und das Allyl-Radikal ergibt sich (mit (3.14) bzw. (3.18)) $q_k = 1$ für alle k, d.h., auch in diesen Fällen ist die π-Elektronendichte an allen Zentren gleich.[11] Für das Allyl-Kation dagegen erhält man $q_1 = q_3 = 1/2$ und $q_2 = 1$, für das Anion $q_1 = q_3 = 3/2$ und $q_2 = 1$. π-Elektronendichten lassen sich auch für angeregte Zustände berechnen. Etwa für den ersten angeregten Zustand des Allyl-Radikals (Elektronenkonfiguration $(\psi_1)^2(\psi_3)^1$) ergibt sich $q_1 = q_3 = 3/4$ und $q_2 = 3/2$. Elektronenanregung (etwa durch Lichteinstrahlung) führt also zu (teilweise drastischen) Umverteilungen der Elektronendichte. Aus den π-Elektronendichten lässt sich ablesen, an welchen Positionen ein elektrophiler (bzw. nukleophiler) Angriff bevorzugt erfolgen sollte.

Das Produkt $c_{ik} c_{il}$ für benachbarte Zentren k und l kann mit der Wechselwirkung zwischen den beiden Zentren in Verbindung gebracht werden: Haben beide Koeffizienten gleiches (unterschiedliches) Vorzeichen bzw. ist einer oder sind beide Koeffizienten Null, dann ist das Produkt positiv (negativ) bzw. Null, und man hat positive (negative) bzw. verschwindende Überlappung zwischen den beiden AOs χ_k und χ_l. Man sagt dann, das betrachtete MO ψ_i ist *bindend* (*antibindend*) bzw. *nichtbindend bezüglich der Zentren* k und l. Wird ψ_i durch Elektronen besetzt, dann kommt es zu einer bindenden (antibindenden) bzw. keiner

---

[9]Man vergleiche dazu die Diskussion in Abschnitt 2.2.2.

[10]b_i nimmt die Werte 2 für doppelt besetzte, 1 für einfach besetzte und 0 für unbesetzte MOs an.

[11]Das war von vornherein nicht zu erwarten, da jeweils nicht alle C-Atome äquivalent sind. Wir kommen darauf in Abschnitt 3.1.6 zurück.

Wechselwirkung zwischen den beiden Zentren. Bei Ethen ist das MO ψ_1 bindend, ψ_2 ist antibindend (vgl. Bild 3.4). Im Grundzustand ist ψ_1 besetzt, es kommt zu einer bindenden π-Wechselwirkung zwischen den beiden C-Atomen.

Summiert man die durch alle π-Elektronen verursachten bindenden, antibindenden und nichtbindenden Beiträge zwischen den Zentren k und l auf, so ergibt sich die Größe

$$p_{kl} = \sum_{i=1}^{n} b_i c_{ik} c_{il}, \tag{3.20}$$

die als π-*Bindungsordnung* zwischen den Zentren k und l bezeichnet wird.[12] Die π-Bindungs-ordnung ist nur für benachbarte Zentren k und l sinnvoll. Sie ist ein Maß für den π-Anteil der Bindung zwischen beiden Zentren.

Im Grundzustand ergibt sich für Ethen $p_{12} = 2(1/\sqrt{2})(1/\sqrt{2}) = 1$, d.h., die π-Bindungs-ordnung einer *lokalisierten* Doppelbindung ist 1. Beim Allyl-System ist das MO ψ_2 nicht-bindend, d.h., für Kation, Radikal und Anion resultiert die gleiche π-Bindungsordnung $p_{12} = p_{23} = 1/\sqrt{2}$. Für Butadien erhält man $p_{12} = p_{34} = 0.90$ und $p_{23} = 0.45$. Beide im Grundzustand besetzten MOs sind bindend zwischen den Zentren 1 und 2 sowie 3 und 4. Das MO ψ_1 ist aber auch bindend zwischen 2 und 3. Dieser bindende Beitrag ist größer als der durch ψ_2 verursachte antibindende. Damit ergibt sich also auch zwischen 2 und 3 ein gewisser π-Bindungscharakter. In Butadien liegen also nicht zwei lokalisierte π-Bindungen zwischen 1 und 2 sowie 3 und 4 vor (wie es der üblichen Valenzstrichformel entspricht, s. Bild 3.1), sondern die π-Bindungen sind über das ganze System *delokalisiert*. Im ersten angeregten Zustand (mit der Elektronenkonfiguration $(\psi_1)^2(\psi_2)^1(\psi_3)^1$) verändern sich die π-Bindungsordnungen. Jetzt hat man $p_{12} = p_{34} = 0.45$ und $p_{23} = 0.72$. Die Bindungen sind weiterhin delokalisiert, aber die mittlere Bindung ist jetzt deutlich stärker als die beiden äußeren (hat also größeren „Doppelbindungscharakter" als diese).

Aus der Abstufung der π-Bindungsordnungen lassen sich also Schlussfolgerungen bezüglich der Bindungsstärke ziehen. Innerhalb eines betrachteten Moleküls sollten Bindungsspaltun-gen (Additionen an Doppelbindungen oder Fragmentierungen des Moleküls) am leichtesten dort möglich sein, wo die π-Bindungsordnung am geringsten ist. Auch strukturelle Aussagen lassen sich treffen: Die Bindungslängen korrelieren recht gut mit den π-Bindungsordnungen, größere Bindungsordnung bedeutet kürzere Bindung.[13] Die Verhältnisse ändern sich im all-gemeinen, wenn man vom Grundzustand zu angeregten Zuständen übergeht.

Wir betrachten nun die Eigenwerte. Die Summe der Orbitalenergien ε_i aller π-Elektronen eines Moleküls

$$E_\pi = \sum_{i=1}^{n} b_i \varepsilon_i \tag{3.21}$$

bezeichnet man als π-*Elektronenenergie* des Moleküls. Sie ist die „Gesamtenergie" des π-Elektronensystems im HMO-Formalismus. Im Grundzustand ergibt (3.21) für Ethen (mit

---

[12]Die π-Elektronendichten (3.19) lassen sich als diagonale, die π-Bindungsordnungen (3.20) als nichtdiago-nale Matrixelemente einer *Bindungsordnungsmatrix* auffassen.

[13]Es gibt empirisch gefundene Beziehungen zwischen beiden Größen.

(3.15)) $E_\pi = 2(\alpha + \beta) = 2\alpha + 2\beta$, für das Allyl-Kation (mit (3.17)) $E_\pi = 2\alpha + 2\sqrt{2}\beta$ und für Butadien (mit (6.13)) $E_\pi = 4\alpha + 4.472\beta$.

Die Differenz zwischen der π-Elektronenenergie eines Moleküls mit delokalisierten π-Bindungen und der π-Elektronenenergie E_π^{lok} eines hypothetischen Vergleichssystems mit streng lokalisierten Bindungen wird als *Delokalisierungsenergie* ΔE_π bezeichnet:

$$\Delta E_\pi = E_\pi - E_\pi^{lok}. \tag{3.22}$$

Beim Allyl-Kation (zwei π-Elektronen) ist E_π^{lok} die Energie einer lokalisierten Doppelbindung, d.h., es gilt $\Delta E_\pi = 2\alpha + 2\sqrt{2}\beta - (2\alpha + 2\beta) = 0.83\beta$. Butadien hat man mit zwei lokalisierten Doppelbindungen zu vergleichen: $\Delta E_\pi = 4\alpha + 4.472\beta - (4\alpha + 4\beta) = 0.472\beta$. Die Delokalisierungsenergie (3.22) ist ein Maß für den sich im Rahmen der HMO-Methode ergebenden Energiegewinn, wenn die π-Elektronen eines Moleküls anstatt lokalisierte Bindungen auszubilden über das Gesamtsystem delokalisiert sind.[14] Dieser Energiegewinn ist also zum Beispiel beim Allyl-Kation beträchtlich.

Der Betrag der Differenz der Gesamtenergie des Grundzustands und der eines angeregten Zustands ist die (positive) Anregungsenergie. Im Rahmen des HMO-Formalismus besteht die Anregung im Übergang eines π-Elektrons aus einem MO ψ_i in ein MO ψ_j, wobei sich lediglich die Besetzungszahl b_i um 1 verringert und b_j um 1 erhöht.[15] Als *Anregungsenergie* $\Delta\varepsilon$ ergibt sich damit die Differenz der beiden betrachteten Orbitalenergien:

$$\Delta\varepsilon = \varepsilon_j - \varepsilon_i. \tag{3.23}$$

Für die Anregung in den ersten angeregten Zustand, d.h. die Anregung eines Elektrons aus dem HOMO in das LUMO, erhält man bei Ethen $\Delta\varepsilon = (\alpha - \beta) - (\alpha + \beta) = -2\beta$, bei Butadien $\Delta\varepsilon = (\alpha - 0.618\beta) - (\alpha + 0.618\beta) = -1.236\beta$. Die Anregungsenergie ist also für Butadien deutlich geringer, d.h., der längstwellige Elektronenübergang wird bei größerer Wellenlänge liegen als bei Ethen.[16] Im Rahmen der Hückelschen Näherung ist keine Unterscheidung zwischen Singulett- und Triplettanregung möglich. Für beide Fälle ergibt sich die gleiche Anregungsenergie.

Die Lage des höchsten besetzten MOs lässt sich mit der ersten *Ionisierungsenergie* des betrachteten Moleküls in Verbindung bringen: je höher ε_{HOMO} auf der Energieskala ist, desto geringer sollte die Ionisierungsenergie sein. Butadien sollte sich also leichter ionisieren lassen als Ethen. Allerdings ist bei solchen Vergleichen Vorsicht geboten. Zwar ergibt sich die erste Ionisierungsenergie in Hückel-Näherung als negative Orbitalenergie des HOMO:

$$I = E_\pi^+ - E_\pi = -\varepsilon_{HOMO} \tag{3.24}$$

(etwa für Ethen hat man $I = -(\alpha + \beta)$), aber man muss beachten, dass (3.24) – im Unterschied zur Anregungsenergie (3.23), die nur vom Parameter β abhängt – neben β auch α enthält. Die in der Hückel-Näherung gemachte Annahme gleicher α-Werte für den (neutralen) Grundzustand und den (geladenen) ionisierten Zustand ist sicher keine gute Näherung.

---

[14]Der Zusammenhang zwischen Energiegewinn und Delokalisierung ist tatsächlich aber viel komplizierter, s. Abschn. 3.1.7.

[15]Alle anderen Elektronen bleiben unbeeinflusst, im HMO-Formalismus gibt es keine Relaxation der Elektronenverteilung bei der Anregung.

[16]Wir kommen darauf in Abschnitt 3.1.6 zurück.

Man kann also erwarten, dass Aussagen über Ionisierungsenergien weniger zuverlässig sind als über Anregungsenergien. In der Tat hatte die HMO-Methode bei der Interpretation der UV/VIS-Spektren ungesättigter Moleküle ihre größten Erfolge.

3.1.4   Symmetriekennzeichnung der Molekülorbitale

Die Charakterisierung der Molekülorbitale, wie wir sie bisher vorgenommen haben, reicht nicht aus für die Diskussion der Reaktivität und der spektroskopischen Eigenschaften der untersuchten Moleküle. Betrachten wir etwa die cis- und die trans-Form des Butadiens: Beide Isomere haben die gleiche Topologie, der Hückel-Algorithmus ist identisch. π-Elektronendichten und π-Bindungsordnungen sowie MO-Energien und die daraus abgeleiteten Energiegrößen stimmen überein. Es gibt aber eine Reihe signifikanter Unterschiede in den Eigenschaften beider Systeme, die auf der unterschiedlichen geometrischen Anordnung der Atome beruhen, d.h. auf der unterschiedlichen *Molekülsymmetrie*. Die Molekülorbitale (3.14) haben in den beiden Isomeren unterschiedliche Symmetrieeigenschaften.

Zur Beschreibung dieser Symmetrieeigenschaften werden Kenntnisse über Molekülsymmetrie und Gruppentheorie benötigt (s. Anhang). Wir behandeln die beiden Isomere des Butadiens ausführlich. Zunächst legen wir geeignete Koordinatensysteme fest und bestimmen die Symmetriepunktgruppe für beide Fälle (Bild 3.6). Man sieht leicht,[17] dass cis-Butadien zur

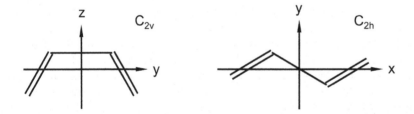

Bild 3.6 Wahl des Koordinatensystems und Symmetriepunktgruppe für cis- und trans-Butadien.

Symmetriepunktgruppe C_{2v} gehört. Es ist eine Drehachse vom Typ C_2 vorhanden, die – bei unserer Wahl des Koordinatensystems – mit der z-Achse zusammenfällt. Außerdem sind die yz-Ebene und die xz-Ebene Spiegelebenen vom Typ σ_v. Trans-Butadien dagegen gehört zur Symmetriepunktgruppe C_{2h}. Wieder gibt es eine Drehachse C_2, die mit der z-Achse zusammenfällt. Jetzt gibt es aber nur eine Spiegelebene vom Typ σ_h, die xy-Ebene; dafür ist ein Inversionszentrum vorhanden (der gewählte Koordinatenursprung).

In Bild 3.7 stellen wir die MOs von Bild 3.3 aus einer anderen „Blickrichtung" dar. Jetzt unterscheiden sich die beiden Fälle.[18] Jedes MO wird durch die Angabe der irreduziblen Darstellung charakterisiert, nach der sich die MO-Funktion transformiert. Wir betrachten zunächst das cis-Butadien.[19] Für die Anwendung der vier Symmetrieoperationen R ($R =$

---

[17] Gegebenenfalls nehme man den Bestimmungsalgorithmus (Bild A.9) zu Hilfe.

[18] Zur Vereinfachung der Darstellung ignorieren wir in diesem Abschnitt die unterschiedlich großen Anteile der AOs in den MOs (sie sind für die Symmetriebetrachtungen unerheblich).

[19] Man verwende die Charaktertafel der Symmetriepunktgruppe C_{2v} im Anhang.

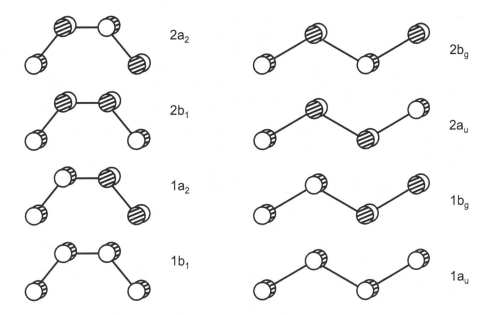

Bild 3.7 Symmetriekennzeichnung der Molekülorbitale für cis- und trans-Butadien.

$E, C_2, \sigma_v, \sigma_v')$ auf die MOs ψ_i $(i = 1, \ldots, 4)$ schreiben wir allgemein (vgl. Abschn. A.3.1)

$$\psi_i' = \Gamma(R)\,\psi_i. \tag{3.25}$$

Für jede Symmetrieoperation R ergibt sich die neue Funktion ψ_i' aus der alten Funktion ψ_i durch Multiplikation mit einer Transformationsmatrix $\Gamma(R)$. Da keine Entartung vorliegt, transformiert sich jedes MO einzeln. Damit bestehen die Transformationsmatrizen nur aus einer Zeile und einer Spalte, und das eine Matrixelement stimmt mit dem Charakter der Matrix (der Summe der Diagonalelemente) überein.[20] Lassen wir die Symmetrieoperationen E und σ_v auf ψ_1 wirken, so ergibt sich $\psi_1' = \psi_1$, d.h., die Transformationsmatrix in (3.25) besteht aus dem einen Element $+1$. Damit ist auch der Charakter für diese beiden Symmetrieoperationen 1: $\chi(R) = 1$ $(R = E, \sigma_v)$. Für die Symmetrieoperationen C_2 und σ_v' dagegen hat man $\psi_1' = -\psi_1$, d.h., das Matrixelement und der Charakter ist jeweils -1: $\chi(R) = -1$ $(R = C_2, \sigma_v')$. Wir haben also die vier Charaktere

$$\chi(E) = 1, \quad \chi(C_2) = -1, \quad \chi(\sigma_v) = 1, \quad \chi(\sigma_v') = -1. \tag{3.26}$$

Sie entsprechen dem Charakterensystem der irreduziblen Darstellung b_1 der Symmetriepunktgruppe C_{2v}; man sagt ψ_1 „transformiert sich nach der irreduziblen Darstellung b_1". Für ψ_2 hat man anstelle von (3.26)

$$\chi(E) = 1, \quad \chi(C_2) = 1, \quad \chi(\sigma_v) = -1, \quad \chi(\sigma_v') = -1, \tag{3.27}$$

---

[20]Im Falle k-facher Entartung haben die Transformationsmatrizen k Zeilen und Spalten (vgl. Abschn. A.3.1).

denn ψ_2 geht bei Anwendung von E und C_2 in sich, bei σ_v und σ_v' in $-\psi_2$ über. ψ_2 transformiert sich also nach a_2. Für ψ_3 trifft wieder (3.26) zu. Die MOs ψ_1 und ψ_3 unterscheiden sich zwar energetisch und bezüglich ihrer Bindungseigenschaften (ψ_3 ist antibindend zwischen den Positionen 1 und 2 sowie 3 und 4, ψ_1 ist dort bindend), transformieren sich aber nach der gleichen irreduziblen Darstellung, haben also gleiche Symmetrieeigenschaften bezüglich der Symmetrieoperationen der Punktgruppe C_{2v} mit den sich daraus ergebenden Konsequenzen für die spektroskopischen und reaktiven Eigenschaften des Moleküls. Für ψ_4 gilt (3.27), ψ_4 transformiert sich also wie ψ_2 nach a_2. MOs mit der gleichen Symmetrie werden nach steigender Energie fortlaufend durchnummeriert: $1b_1, 2b_1$ bzw. $1a_2, 2a_2$, wie es in Bild 3.7 dargestellt ist.

Bei trans-Butadien geht man mit Hilfe von Bild 3.7 ganz analog vor:[21] für die MOs ψ_1 und ψ_3 gilt

$$\chi(E) = 1, \quad \chi(C_2) = 1, \quad \chi(i) = -1, \quad \chi(\sigma_h) = -1.$$

Das ist das Charakterensystem der irreduziblen Darstellung a_u, d.h., ψ_1 und ψ_3 transformieren sich nach a_u. Für ψ_2 und ψ_4 hat man dagegen

$$\chi(E) = 1, \quad \chi(C_2) = -1, \quad \chi(i) = 1, \quad \chi(\sigma_h) = -1,$$

beide MOs transformieren sich nach b_g (Bild 3.7).

Die Symmetriekennzeichnung der MOs für Ethen und das Allyl-System ist in Bild 3.8 angegeben.

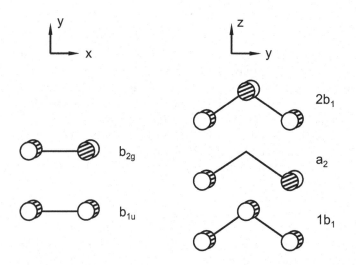

Bild 3.8 Symmetriekennzeichnung der Molekülorbitale für Ethen (D_{2h}) und das Allyl-System (C_{2v}).

---

[21]Man verwende die Charaktertafel der Symmetriepunktgruppe C_{2h} im Anhang.

3.1.5 Symmetriekennzeichnung der Mehrelektronenzustände

Die Mehrelektronenzustände, die sich durch die möglichen Besetzungen der Einelektronenzustände (Molekülorbitale), d.h. durch unterschiedliche Elektronenkonfigurationen ergeben,
werden ebenfalls durch die irreduziblen Darstellungen charakterisiert, nach denen sie sich
transformieren. Die irreduzible Darstellung, nach der sich ein Mehrelektronenzustand transformiert, ergibt sich als direktes Produkt (vgl. Abschn. A.3.7) der irreduziblen Darstellungen aller besetzten Einelektronenzustände. Das bedeutet etwa für den Grundzustand Ψ_0 des
trans-Butadiens mit der Elektronenkonfiguration $(1a_u)^2(1b_g)^2$, dass man $a_u \times a_u \times b_g \times b_g$
zu bilden hat. Die Charaktere für das direkte Produkt erhält man durch Produktbildung
der Einzelcharaktere, also in folgender Weise:

$$\chi(E) = 1^2 \cdot 1^2 = 1, \quad \chi(C_2) = 1^2 \cdot (-1)^2 = 1,$$

$$\chi(i) = (-1)^2 \cdot 1^2 = 1, \quad \chi(\sigma_h) = (-1)^2 \cdot (-1)^2 = 1.$$

Dies ist das Charakterensystem der totalsymmetrischen Darstellung (in der für alle Symmetrieoperationen $\chi(R) = 1$ gilt). Man hat also[22]

$$a_u \times a_u \times b_g \times b_g = A_g.$$

Der Grundzustand des trans-Butadiens wird also mit A_g bezeichnet. Wir können aus unseren Überlegungen auf diesem Niveau nicht ableiten, wie die konkrete räumliche Gestalt
der Grundzustandsfunktion aussieht, wir wissen aber, dass sie sich nach der irreduziblen
Darstellung A_g transformiert, d.h. bei Anwendung aller vier Symmetrieoperationen der
Symmetriepunktgruppe C_{2h} in sich übergeht.

Bei der Bildung des direkten Produkts kann man recht schematisch vorgehen. Man überzeugt sich leicht, dass bereits $a_u \times a_u$ und $b_g \times b_g$ zur totalsymmetrischen Darstellung
führen. Man sieht unmittelbar, dass das direkte Produkt einer eindimensionalen Darstellung mit sich selbst stets totalsymmetrisch ist. Allgemein gilt: Vollbesetzte Orbitale (abgeschlossene Schalen) geben immer einen totalsymmetrischen Beitrag zum direkten Produkt
und brauchen bei der Bildung des direkten Produkts für den Mehrelektronenzustand nicht
berücksichtigt zu werden. Der Elektronenkonfiguration $(a_u)^2(b_g)^2$ sieht man also ohne jede
Rechnung an, dass sich der zugehörige Mehrelektronenzustand nach der totalsymmetrischen Darstellung transformiert, in der Symmetriepunktgruppe C_{2h} also nach A_g. Beim
Allyl-Kation hat man für den Grundzustand A_1, beim Radikal A_2 und beim Anion wieder
A_1.

Für den ersten angeregten Zustand des trans-Butadiens mit der Elektronenkonfiguration
$(1a_u)^2(1b_g)^1(2a_u)^1$ hat man lediglich das direkte Produkt $b_g \times a_u$ zu bilden: $b_g \times a_u = B_u$.
Der erste angeregte Zustand transformiert sich also nach B_u. Analog ergibt sich bei cis-
Butadien für den Grundzustand A_1 und für den ersten angeregten Zustand B_2. In Abschnitt
3.1.9 sind die Symmetriekennzeichnungen aller möglichen Mehrelektronenzustände für cis-
und trans-Butadien angegeben.

---

[22]Wir erinnern an die Vereinbarung, dass Einelektronenzustände durch kleine, Mehrelektronenzustände
durch große Buchstaben bezeichnet werden (s. Abschn. 1.5.1).

3.1.6   Unverzweigte lineare π-Elektronensysteme

Für bestimmte Verbindungsklassen mit einheitlicher Topologie lässt sich das Hückel-Problem geschlossen lösen. Dazu gehören die unverzweigten linearen π-Elektronensysteme mit der Summenformel C_nH_{n+2} (n gerade: Polyene, n ungerade: Polymethine). Die Hückel-Matrix hat in diesem Fall die Bandform

$$\begin{pmatrix} x & 1 & & & & \\ 1 & x & 1 & & & \\ & 1 & x & 1 & & \\ & & \cdot & \cdot & \cdot & \\ & & & 1 & x & 1 \\ & & & & 1 & x \end{pmatrix}$$

(an allen nichtgekennzeichneten Stellen steht 0). Das Säkularproblem ist geschlossen lösbar. Es ergeben sich die Eigenwerte

$$\varepsilon_i = \alpha - x_i\beta \qquad \text{mit} \qquad x_i = -2\cos\frac{i\pi}{n+1} \qquad (i = 1, \ldots, n) \tag{3.28}$$

und die Eigenvektor-Koeffizienten

$$c_{ik} = \sqrt{\frac{2}{n+1}} \, \sin\frac{ik\pi}{n+1} \qquad (i, k = 1, \ldots, n). \tag{3.29}$$

(3.28) und (3.29) umfassen als Spezialfälle $n = 2, 3, 4$ die Resultate der von uns bereits behandelten Beispiele Ethen, Allyl und Butadien. In Bild 3.9 geben wir das Energieniveauschema in Abhängigkeit von der Kettenlänge n an. Man erkennt eine Reihe von Regelmäßigkeiten: Für alle n liegen die Eigenwerte symmetrisch zur Bezugsgröße α. Für gerades n gibt es $n/2$ besetzte und $n/2$ unbesetzte MOs, für ungerades n gibt es $(n-1)/2$ besetzte, $(n-1)/2$ unbesetzte und ein einzelnes einfach besetztes nichtbindendes MO.

Aus (3.28) lassen sich allgemeine Ausdrücke für π-Elektronenenergien, Delokalisierungsenergien, Anregungsenergien, Ionisierungsenergien usw. ableiten. Etwa für die niedrigste Anregungsenergie ergibt sich bei geradem n

$$\Delta\epsilon = 4\,|\beta|\,\cos\frac{n}{2}\frac{\pi}{n+1},$$

bei ungeradem n

$$\Delta\epsilon = 2\,|\beta|\,\sin\frac{\pi}{n+1}.$$

Kettenverlängerung führt also (was man auch an Bild 3.9 sieht) in beiden Fällen zu einer bathochromen Verschiebung des längstwelligen $\pi \to \pi^*$-Übergangs (d.h. zu einer Verschiebung nach größeren Wellenlängen).[23]

---

[23]In der Tat findet man dies experimentell mit den empirischen linearen Beziehungen $\lambda_{max} = a_1\sqrt{n} + b_1$ für Polyene und $\lambda_{max} = a_2 n + b_2$ für Polymethine.

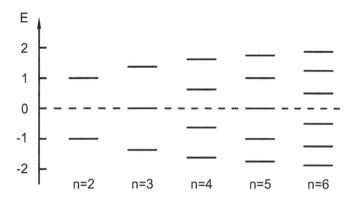

Bild 3.9 HMO-Energien der unverzweigten linearen π-Elektronensysteme in Abhängigkeit von der Kettenlänge.

Aus (3.29) lässt sich ableiten, dass bei neutralen Polyenen und Polymethinen die π-Elektronendichte an allen Zentren gleich ist, d.h., es gilt

$$q_k = 1 \qquad (k = 1, \ldots, n)$$

(vgl. Abschn. 3.1.3). Auch für die π-Bindungsordnungen resultieren charakteristische Regelmäßigkeiten. Bei Polyenen liegt Bindungsalternierung vor, d.h., Bindungen mit Doppelbindungscharakter und mit Einfachbindungscharakter wechseln sich ab. Bei Polymethinen dagegen hat man weitgehenden Bindungsausgleich; dies gilt auch für Kationen und Anionen, da sich dann nur die Elektronenbesetzung des einen nichtbindenden MOs ändert. Man vergleiche hierzu die Resultate für Butadien und das Allylsystem (bei letzterem ist der Bindungsausgleich vollständig).

3.1.7 Unverzweigte zyklische π-Elektronensysteme

Bei rein zyklischen π-Elektronensystemen mit der Summenformel $C_n H_n$ (zyklische Polyene) hat die Hückel-Matrix die Form

$$\begin{pmatrix} x & 1 & & & & 1 \\ 1 & x & 1 & & & \\ & 1 & x & 1 & & \\ & & \cdot & \cdot & \cdot & \\ & & & 1 & x & 1 \\ 1 & & & & 1 & x \end{pmatrix}$$

(an allen nichtgekennzeichneten Positionen soll wieder 0 stehen). Auch für diese Systeme ist das Hückel-Problem geschlossen lösbar. Für die Eigenwerte erhält man

$$\varepsilon_i = \alpha - x_i \beta \qquad \text{mit} \qquad x_i = -2 \cos \frac{2i\pi}{n} \qquad (i = 0, \ldots, n-1). \tag{3.30}$$

Die Eigenwerte (3.30) lassen sich mit Vorteil auch durch ein einfaches grafisches Verfahren konstruieren. Man trägt den betrachteten Zyklus als regelmäßiges Polygon mit einer Ecke nach unten in einen Kreis vom Radius 2 ein (*Frostscher Kreis*). Die Eigenwerte ergeben sich dann durch Projektion der Ecken des Polygons auf eine vertikale Energieachse, wobei dem Kreismittelpunkt der Wert $x = 0$ zuzuordnen ist. In Bild 3.10 ist dies für $n = 3$ (Cyclopropenyl, (a)), $n = 4$ (Cyclobutadien, (b)), $n = 5$ (Cyclopentadienyl, (c)) und $n = 6$ (Benzen, (d)) dargestellt. Man sieht sofort, dass (zweifach) entartete Eigenwerte auftreten. Für gerades n ist die Anordnung der Eigenwerte symmetrisch bezüglich $x = 0$. Der niedrigste Eigenwert ist stets nichtentartet und liegt bei $x = -2$. Für ungerades n sind alle weiteren Eigenwerte entartet, für gerades n alle weiteren außer dem höchsten ($x = 2$). Ein (zweifach entartetes) nichtbindendes Niveau tritt nur bei $n = 4, 8, 12, \ldots$ auf.

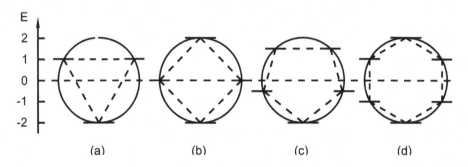

Bild 3.10 Konstruktion der HMO-Energien für unverzweigte zyklische π-Elektronensysteme mit Hilfe des Frostschen Kreises.

Die allgemeine Formel (3.30) gibt die Eigenwerte nicht in energetisch ansteigender Reihenfolge an (was bei (3.28) der Fall ist), sondern – beginnend mit dem niedrigsten Eigenwert ε_0 – in zyklischer Reihenfolge entsprechend dem Frostschen Kreis.

Für die normierten Molekülorbitale ergeben sich die allgemeinen Ausdrücke

$$\psi_{n/2} = \frac{1}{\sqrt{n}} \sum_{k=0}^{n-1} (-1)^k \chi_k,$$

$$\psi_j = \sqrt{\frac{2}{n}} \sum_{k=0}^{n-1} \cos \frac{2jk\pi}{n} \chi_k, \quad \psi_{-j} = \sqrt{\frac{2}{n}} \sum_{k=0}^{n-1} \sin \frac{2jk\pi}{n} \chi_k, \tag{3.31}$$

$$\psi_0 = \frac{1}{\sqrt{n}} \sum_{k=0}^{n-1} \chi_k.$$

Für $n = 3, \ldots, 6$ ist die Gestalt der MOs in Bild 3.11 veranschaulicht. ψ_0 bezeichnet das zu ε_0 gehörige MO, es ist zwischen allen Zentren bindend. Das MO $\psi_{n/2}$, das nur bei geradem n auftritt, ist zwischen allen Zentren antibindend und damit maximal destabilisiert. ψ_j und ψ_{-j} in (3.31) bezeichnen zwei MOs zur gleichen Energie; für wachsendes j steigt die Anzahl der Knotenebenen, d.h. die Anzahl der antibindenden Wechselwirkungen zwischen den Zentren.

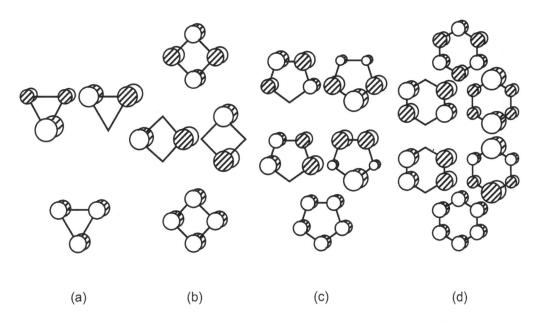

(a)   (b)   (c)   (d)

Bild 3.11 Struktur der Molekülorbitale für unverzweigte zyklische π-Elektronensysteme.

Aus der Anordnung der Eigenwerte folgt, dass Systeme mit $2 + 4N$ ($N = 0, 1, 2, \ldots$) π-Elektronen nur vollbesetzte MOs haben. Betrachten wir nur Neutralmoleküle und einfach geladene Ionen, dann haben diese Systeme genau dann eine besonders niedrige π-Elektronenenergie, wenn N einen solchen Wert annimmt, dass alle bindenden MOs ($x < 0$) doppelt besetzt und alle weiteren MOs unbesetzt sind ($N = 0$ für $n = 3$; $N = 1$ für $n = 5, 6, 7$; usw.). Man bezeichnet diese Regel als *Hückel-Regel* und Systeme, für die sie gilt, als *Hückel-Systeme*. Hückel-Systeme, und damit besonders stabil, sind damit das Cyclopropenyl-Kation $C_3H_3^+$, das Cyclopentadienyl-Anion $C_5H_5^-$, Benzen C_6H_6, das Cycloheptatrienyl-Kation $C_7H_7^+$ usw. Der Sachverhalt ist in Bild 3.12 dargestellt. Der Vergleich bezieht sich dabei zum einen auf Systeme mit veränderter π-Elektronenanzahl, dort wären entweder nicht alle bindenden oder es wären auch antibindende MOs besetzt. Zum anderen bezieht er sich auf offenkettige Systeme mit der gleichen π-Elektronenanzahl, dort ist die Absenkung (Stabilisierung) der bindenden MOs geringer als bei den entsprechenden zyklischen Systemen (man vergleiche Bild 3.9 mit Bild 3.12). Ursache dafür ist, dass beim „Ringschluss" eine zusätzliche bindende Wechselwirkung auftritt.

Charakteristisch für Hückel-Systeme ist zum einen, dass die π-Elektronendichte an allen Zentren gleich ist; tatsächlich sind die Systeme unpolar. Zum zweiten besteht vollständiger Bindungsausgleich; alle Bindungen sollten damit gleich lang sein, was in der Tat der Fall ist.[24] Die vollständige Delokalisierung der π-Bindungen wird mit der besonderen Sta-

---

[24]Für die Systeme $C_3H_3^+$, $C_5H_5^-$, C_6H_6 und $C_7H_7^+$ ergeben sich (in dieser Reihenfolge) die Werte 0.667, 1.200, 1.000, 0.857 für die π-Elektronendichte und die Werte 0.667, 0.647, 0.667, 0.642 für die π-Bindungsordnung.

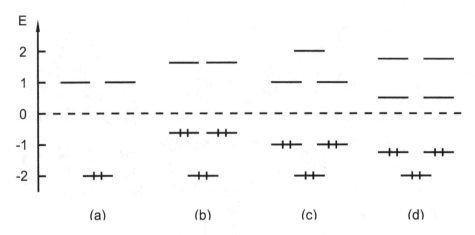

Bild 3.12 HMO-Energieniveauschemata für typische Hückel-Systeme: (a) Cyclopropenyl-Kation,
(b) Cyclopentadienyl-Anion, (c) Benzen, (d) Cycloheptatrienyl-Kation.

bilisierung der Hückel-Systeme in Verbindung gebracht (so hat etwa Benzen die sehr hohe
Delokalisierungsenergie 2β).[25]

Als *Anti-Hückel-Systeme* bezeichnet man Systeme mit $4N$ Ringkohlenstoffatomen und $4N$
π-Elektronen. Für $N = 1$ ist dies das Cyclobutadien, für $N = 2$ das Cyclooctatetraen usw.
Bei diesen Systemen liegt ein zweifach entartetes nichtbindendes MO vor, das (bei Neutral-
molekülen) mit zwei Elektronen besetzt ist. Im Sinne der Hundschen Regel hat man diesen
beiden Elektronen gleichen Spin zuzuordnen, so dass Anti-Hückel-Systeme als Diradikale
mit einem Triplett-Grundzustand vorliegen sollten. Die Hückel-Methode ist aber offenbar
zur Beschreibung dieser Systeme ungeeignet. Tatsächlich hat Cyclobutadien einen Singulett-
Grundzustand; es ist „rechteckig" mit abwechselnd kürzeren und längeren Bindungen (D_{2h}-
anstelle von D_{4h}-Symmetrie), wodurch die Entartung aufgehoben wird.[26]

3.1.8   Erhaltung der Orbitalsymmetrie

Kennt man die Orbitale der Edukte und der Produkte einer gedachten Reaktion, lässt sich in
bestimmten Fällen allein aus der Symmetrie dieser Orbitale ableiten, ob die Reaktion *erlaubt*
oder *verboten* ist.[27] Dies trifft auf die in der Reaktionstheorie organischer Systeme wichtigen
Synchronreaktionen zu. Solche Reaktionen laufen unter *Erhaltung der Orbitalsymmetrie* ab
(*Woodward-Hoffmann-Regeln*), d.h., jedes besetzte MO des Ausgangssystems muss bei der
Reaktion in ein besetztes MO gleicher Symmetrie des Produktsystems übergehen.

---

[25] Durch aufwendige theoretische Analysen konnte jedoch gezeigt werden, dass die besondere Stabilität des
Benzens nicht ursächlich durch den vollständigen Ausgleich der π-Bindungen bedingt ist. Alternierende π-
Bindungen wären energetisch günstiger. Der Bindungsausgleich (und damit die D_{6h}-Symmetrie) wird durch
das σ-System verursacht. Die HMO-Methode, die durch einheitliches β von vornherein von gleichartigen
Bindungen ausgeht, kann diese Zusammenhänge nicht erfassen.
[26] Auch das Cyclooctatetraen ist kein regelmäßiges planares Achteck.
[27] Man versteht darunter, ob sie mit vergleichsweise niedriger oder nur mit sehr hoher Aktivierungsenergie
ablaufen wird.

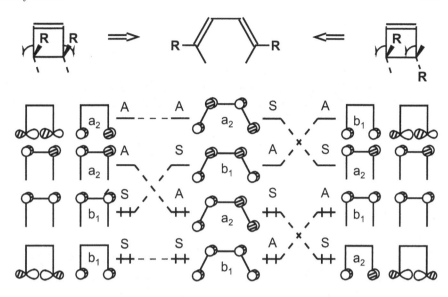

Bild 3.13 Korrelationsdiagramm für die disrotatorische (links) und die konrotatorische (rechts) Ringöffnung von Cyclobuten zu Butadien.

Typisches Beispiel für diesen Sachverhalt ist die Ringöffnung von Cyclobuten zu Butadien. Diese Ringöffnung könnte entweder *disrotatorisch* oder *konrotatorisch* erfolgen. Wie sie erfolgt und unter welchen Bedingungen wollen wir anhand von Bild 3.13 diskutieren. Die vier π-MOs des Produkts sind uns aus Abschnitt 3.1.4 bekannt. Ihre Symmetrie ist gemäß der Symmetriepunktgruppe C_{2v} charakterisiert. Vom Ausgangsprodukt, dem Cyclobuten, sind nur vier MOs relevant, das π/π^*-Orbitalpaar, das die π-Bindung, und das σ/σ^*-Orbitalpaar, das die zu öffnende σ-Bindung beschreibt. Bei der Ringöffnung werden die die σ-Bindung bildenden AOs disrotatorisch oder konrotatorisch aus der Ebene heraus in eine zu dieser orthogonale Lage gedreht. Dabei werden die C-Atome „umhybridisiert": aus σ-Hybridorbitalen werden „reine" π-Orbitale. Wir kennzeichnen die MOs nach ihrem Symmetrieverhalten (S für symmetrisch, A für antisymmetrisch) bezüglich des bei der Reaktion erhalten bleibenden Symmetrieelements. Bei der disrotatorischen Ringöffnung ist dies die in der xz-Ebene liegende Spiegelebene, bei der konrotatorischen die mit der z-Achse zusammenfallende Drehachse (bei Verwendung des in Bild 3.6 gekennzeichneten Koordinatensystems).[28] Nach der Umhybridisierung hat man sich vorzustellen, dass jeweils die beiden symmetrischen Orbitale miteinander kombinieren (d.h. eine symmetrische und eine antisymmetrische Linearkombination bilden), ebenso jeweils die beiden antisymmetrischen Orbitale. Auf diese Weise ergeben sich die vier π-MOs des Butadiens.

Bei dieser „Korrelation" (dem Übergang von Orbitalen des Ausgangsprodukts in Orbitale gleicher Symmetrie des Endprodukts) soll jedes besetzte Orbital in ein besetztes Orbital

---

[28]Bei der Kennzeichnung durch irreduzible Darstellungen stehen a für symmetrisch und b für antisymmetrisch bezüglich der C_2 sowie die Indizes 1 für symmetrisch und 2 für antisymmetrisch bezüglich der $\sigma_v(xz)$ (vgl. Abschn. A.3.6).

übergehen („Prinzip von der Erhaltung der Orbitalsymmetrie"). Dies ist bei der konrotatorischen Ringöffnung der Fall, bei der disrotatorischen nicht. Demzufolge ist die konrotatorische Ringöffnung von Cyclobuten zu Butadien vom Grundzustand des Ausgangsprodukts aus (d.h. thermisch) erlaubt, die disrotatorische dagegen nicht. Regt man jedoch ein Elektronenpaar des Ausgangsprodukts aus dem HOMO in das LUMO an, kehrt sich der Sachverhalt um; fotochemisch kann also die disrotatorische Ringöffnung erlaubt sein, die konrotatorische nicht.

Mit *Korrelationsdiagrammen* vom in Bild 3.13 dargestellten Typ lässt sich eine Vielzahl von Synchronreaktionen beschrieben. Allerdings hat das Modell auch Grenzen, die bei der Anwendung beachtet werden müssen.

3.1.9 Elektronenanregung

Ungesättigte Kohlenwasserstoffe haben charakteristische Absorptionsspektren im Sichtbaren bzw. im UV, d.h. bei verhältnismäßig langen Wellenlängen. Die spektralen Übergänge entsprechen $\pi \to \pi^*$-Anregungen, für die die Anregungsenergien wegen der relativ geringen π-π^*-Aufspaltung niedrig sind. Im HMO-Formalismus ergibt sich die Anregungsenergie $\Delta\epsilon$ für die Anregung eines Elektrons aus einem Orbital ψ_π in ein Orbital ψ_{π^*} als Differenz der zugehörigen Orbitalenergien:

$$\Delta\varepsilon = \varepsilon_{\pi^*} - \varepsilon_\pi$$

(vgl. Abschn. 3.1.3). Bei Kenntnis des Energieniveauschemas aus einer HMO-Rechnung lässt sich also die Maximalzahl der möglichen $\pi \to \pi^*$-Übergänge vorhersagen sowie deren relative Lage zueinander beurteilen.[29] Beim Butadien beispielsweise sind vier Übergänge denkbar (Bild 3.14), von denen auf HMO-Niveau zwei zusammenfallen. Dies folgt allein aus der Topologie des Systems, d.h. aus dem Verknüpfungsschema der C-Atome und aus der π-Elektronenzahl.

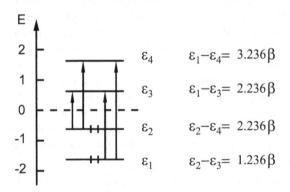

Bild 3.14 $\pi \to \pi^*$-Anregungen für Butadien.

---

[29]Die Anregungsenergien ergeben sich in Einheiten von β. Durch Vergleich mit dem experimentellen Spektrum ließe sich der Absolutwert von β abschätzen.

Die so ermittelten Übergänge müssen jedoch nicht alle erlaubt sein, d.h. im Spektrum tatsächlich auftreten. Einige können auch verboten sein. Ein Übergang vom Ausgangszustand ψ_a zum Endzustand ψ_e ist dann verboten, wenn das Übergangsmoment

$$\int \psi_a\, \vec{r}\, \psi_e\, \mathrm{d}\vec{r} \tag{3.32}$$

verschwindet (s. Abschn. A.4.4, vgl. auch Abschn. 2.5.4). Konkret hat man anstelle von (3.32) drei Übergangsmomente zu betrachten, entsprechend den drei Komponenten x, y, z des Ortsvektors $\vec{r}$. Die Integrale (3.32) verschwinden, wenn sich der Integrand nicht nach der totalsymmetrischen Darstellung transformiert (vgl. Abschn. A.4.4). Der Integrand transformiert sich nach derjenigen Darstellung, die sich als direktes Produkt der drei irreduziblen Darstellungen ergibt, nach denen sich ψ_a, ψ_e und die jeweilige Komponente des Ortsvektors transformieren. Damit wird das Problem abhängig von der vorliegenden Symmetriepunktgruppe. Für die Ermittlung der Auswahlregeln reicht also die *Topologie* des Systems (das Verknüpfungsschema) nicht aus, man benötigt die *Symmetrie* (die geometrische Anordnung der Atome). Damit haben wir für cis-Butadien und für trans-Butadien unterschiedliche Resultate zu erwarten.

Wir betrachten das cis-Butadien ausführlich. In C_{2v} transformieren sich die Ortskomponenten wie folgt: x nach b_1, y nach b_2, z nach a_1. Um zu entscheiden, ob etwa der längstwellige Übergang $1a_2 \rightarrow 2b_1$ erlaubt ist, hat man die direkten Produkte $a_2 \times b_1 \times b_1$, $a_2 \times b_2 \times b_1$ und $a_2 \times a_1 \times b_1$ zu bilden. Da nur eindimensionale Darstellungen vorliegen, ist die Bildung des direkten Produkts sehr einfach:[30] $a_2 \times b_1 \times b_1 = a_2$ (zunächst hat man $b_1 \times b_1 = a_1$, da das direkte Produkt einer eindimensionalen Darstellung mit sich selbst immer die totalsymmetrische Darstellung ergibt; dann gilt $a_2 \times a_1 = a_2$, da die totalsymmetrische Darstellung das „Einselement" bei der Bildung des direkten Produkts ist). Weiter gilt $a_2 \times b_2 \times b_1 = a_1$ (man bildet etwa erst $a_2 \times b_2 = b_1$ und dann $b_1 \times b_1 = a_1$) und $a_2 \times a_1 \times b_1 = b_2$ ($a_2 \times b_1 = b_2$, $b_2 \times a_1 = b_2$). Damit verschwindet das Übergangsmoment (3.32) zwar für die x- und die z-Komponente von $\vec{r}$, für die y-Komponente aber ist es verschieden von Null. Damit ist der Übergang $1a_2 \rightarrow 2b_1$ erlaubt.

In Tabelle 3.1 sind die Übergangsmomente für alle möglichen Übergänge bei beiden Isomeren charakterisiert. Es zeigt sich, dass die beiden Übergänge mittlerer Anregungsenergie beim trans-Butadien verboten sind, während beim cis-Butadien alle Übergänge erlaubt sind. Die Spektren der beiden Isomeren unterscheiden sich also als Folge der unterschiedlichen Molekülsymmetrie.

Umgekehrt kann man durch Vergleich eines experimentellen Spektrums mit mehreren möglichen theoretischen Spektren zur Strukturaufklärung beitragen. Geht man schließlich von „gewöhnlichem" Licht zu (etwa in z-Richtung) polarisiertem Licht über, so hat man nur noch die z-Komponente des Übergangsmoments zu betrachten. Die Folge ist, dass in definierter Weise Übergänge verschwinden können, was zusätzliche Strukturinformationen liefern kann.

Anstelle der Übergänge zwischen den MOs, den Einelektronenzuständen, kann man auch die Übergänge zwischen den verschiedenen Mehrelektronenzuständen, die sich aus den un-

---

[30]Man siehe die Abschnitte A.3.7 und A.4.4 und verwende die Charaktertafel der Gruppe C_{2v}.

Tab. 3.1 Erlaubte($+$) und verbotene($-$) Übergänge für cis-Butadien (I) und für trans-Butadien (II)

I	$1a_2 \rightarrow 2b_1$ $(A_1 \rightarrow B_2)$	$1a_2 \rightarrow 2a_2$ $(A_1 \rightarrow A_1)$	$1b_1 \rightarrow 2b_1$ $(A_1 \rightarrow A_1)$	$1b_1 \rightarrow 2a_2$ $(A_1 \rightarrow B_2)$
$x(b_1)$	$-$	$-$	$-$	$-$
$y(b_2)$	$+$	$-$	$-$	$+$
$z(a_1)$	$-$	$+$	$+$	$-$
II	$1b_g \rightarrow 2a_u$ $(A_g \rightarrow B_u)$	$1b_g \rightarrow 2b_g$ $(A_g \rightarrow A_g)$	$1a_u \rightarrow 2a_u$ $(A_g \rightarrow A_g)$	$1a_u \rightarrow 2b_g$ $(A_g \rightarrow B_u)$
$x(b_u)$	$+$	$-$	$-$	$+$
$y(b_u)$	$+$	$-$	$-$	$+$
$z(a_u)$	$-$	$-$	$-$	$-$

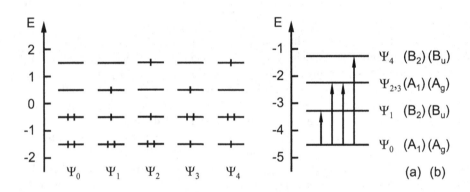

Bild 3.15 Mehrelektronenzustände und Elektronenanregung für Butadien; (a) cis-, (b) trans-Butadien.

terschiedlichen Elektronenkonfigurationen bei der Elektronenanregung ergeben (vgl. Abschn. 3.1.5), betrachten. In Bild 3.15 sind für Butadien die Mehrelektronenzustände Ψ_k ($k = 0, 1, \ldots, 4$), die zugehörigen Mehrelektronen-Energieniveaus E_k und die Übergänge vom Grundzustand Ψ_0 zu den angeregten Zuständen veranschaulicht. Für die Anregungsenergien hat man jetzt die Differenzen $E_k - E_0$ ($k = 1, \ldots, 4$), die (in der HMO-Näherung) mit den Anregungsenergien in Bild 3.14 übereinstimmen. Für die Auswahlregeln hat man jetzt die Übergangsmomente

$$\int \Psi_0 \, \vec{r} \, \Psi_k \, \mathrm{d}\vec{r} \qquad (k = 1, \ldots, 4) \tag{3.33}$$

zu untersuchen. Wieder sind die direkten (Dreier-)Produkte zu bilden. Die Resultate sind zusätzlich in Tabelle 3.1 eingetragen. Selbstverständlich ergeben sich mit (3.33) die gleichen Auswahlregeln wie mit (3.32).

3.2 Allvalenzelektronensysteme

3.2.1 Beschränkung auf Valenzelektronen

Im vorigen Abschnitt haben wir uns auf ungesättigte Kohlenwasserstoffe beschränkt und bei diesen auf die Untersuchung der Eigenschaften, die durch das π-Elektronensystem bedingt sind. Soll auch das σ-Elektronensystem einbezogen werden oder will man allgemeinere Moleküle untersuchen, bei denen eine Separation in σ- und π-Elektronensystem gar nicht möglich ist, so muss man über die π-Basis hinausgehen und einen allgemeineren LCAO-Ansatz für die Molekülorbitale verwenden.

Eine andere Möglichkeit der Aufteilung des Elektronensystems besteht in der „Separation" in *Valenzelektronensystem* und *Rumpfelektronensystem*. Die Erfahrung lehrt, dass die chemischen Eigenschaften der Moleküle im wesentlichen durch die Valenzelektronen bestimmt werden,[31] die Rumpfelektronen spielen für diese Eigenschaften eine untergeordnete Rolle.[32] Bei der qualitativen Behandlung der Bindungseigenschaften und der Struktur der Moleküle kann man sich deshalb in guter Näherung auf das Valenzelektronensystem beschränken. Für Hauptgruppenelemente der n-ten Periode besteht die Valenzbasis aus ns- und np-Orbitalen. Für $n > 2$ werden gegebenenfalls nd-Orbitale hinzugefügt. Bei Übergangsmetallelementen der n-ten Periode besteht die Valenzbasis üblicherweise aus $(n-1)d$-, ns- und np-Orbitalen.

Die quantenchemischen Valenzelektronen-MO-Methoden lassen sich in zwei Gruppen einteilen. Einfachste Methode ist die *EHT-Methode*[33] (oder *EHMO-Methode*[34]), die direkte Verallgemeinerung der Hückelschen π-Elektronen-MO-Methode auf den Allvalenzelektronenfall. Die Matrixelemente der Hamilton-Matrix werden nicht berechnet, sie gehen als empirisch festzulegende Parameter in die Berechnungen ein. Wir werden diese Methode im folgenden behandeln. Bei den *ZDO-Methoden* (s. Abschn. 4.3.6) wird die explizite Form des Hamilton-Operators berücksichtigt, die dadurch auftretenden Elektronenwechselwirkungsintegrale werden bei den einzelnen Varianten mehr oder weniger stark angenähert bzw. vernachlässigt. Auch bei diesen Methoden werden gewisse Terme als empirische Parameter festgelegt. Die bisher genannten Methoden werden deshalb als *semiempirisch* bezeichnet. Da die Parameter, die man für die Molekülberechnungen verwendet, aus Atomeigenschaften abgeleitet werden, hat man unterschiedliche Atomparameter für die iso-Valenzelektronen-Atome innerhalb der Gruppen des Periodensystems (etwa für F, Cl, Br, I). Das führt zu einer impliziten Berücksichtigung des Rumpfeinflusses.

Als zweite Gruppe kann man *ab-initio-Methoden* auffassen, bei denen die Atomrümpfe durch *effektive Rumpfpotenziale* (*Pseudopotenziale*) ersetzt werden (s. Abschn. 4.3.4). Die Verfahren sind *nichtempirisch*, es gibt keine empirisch festzulegenden Parameter. Alle auftretenden Integrale werden explizit berechnet. Der von Atomsorte zu Atomsorte unterschiedliche Rumpfeinfluss geht über die Rumpfpotenziale in die Rechnungen ein.

---

[31] Die Existenz des Periodensystems entspricht genau diesem Sachverhalt.

[32] Sie haben aber durchaus qualitative Bedeutung. So ist die Energieabstufung $\varepsilon_s < \varepsilon_p < \varepsilon_d$ eine Folge der für s-, p- und d-Elektronen unterschiedlichen Abschirmung der Kernladung durch die inneren Elektronen (vgl. Abschn. 1.5.2).

[33] *extended Hückel theory*

[34] *extended Hückel molecular orbital*

In den *Allvalenzelektronenverfahren* werden die Molekülorbitale also als Linearkombination von s-, p- und gegebenenfalls d-Atomorbitalen angesetzt. Bei semiempirischen Methoden wird für jedes Atom jeder Orbitaltyp nur einmal berücksichtigt, d.h., der LCAO-Ansatz für die MOs enthält eine s-, drei p- und eventuell fünf d-Funktionen. Man spricht von einer *minimalen* Valenzbasis. Bei Verwendung einer solchen Basis lassen sich im Resultat der Rechnung nicht nur die besetzten MOs, sondern auch die unbesetzten übersichtlich diskutieren. Etwa für gesättigte Kohlenwasserstoffe mit einer Gesamtzahl von n AOs erhält man $n/2$ besetzte, bindende und $n/2$ unbesetzte, antibindende MOs.[35]

3.2.2   Die EHT-Methode

In methodischer Hinsicht gehen wir wie in den Abschnitten 1.6.5 und 2.4.4 vor. Die Molekülorbitale werden als Linearkombination von Valenz-Atomorbitalen χ_k $(k = 1, \ldots, n)$ der beteiligten Atome angesetzt:

$$\psi_i = \sum_{k=1}^{n} c_{ik}\chi_k \qquad (i = 1, \ldots, n). \tag{3.34}$$

Wir weisen auf den Unterschied zu (3.1) hin: dort war jedes Atom mit genau einem π-AO beteiligt; jetzt geht jedes *Hauptatom* („Nicht-H-Atom") mit einem s- und drei p-Orbitalen sowie gegebenenfalls noch mit fünf d-Orbitalen in die Basis ein, lediglich bei H-Atomen hat man nur das eine $1s$-AO. Die Koeffizienten der Molekülorbitale (3.34) ergeben sich – wie üblich – durch Lösung des Säkulargleichungssystems

$$\sum_{l=1}^{n}(H_{kl} - \varepsilon S_{kl})c_l = 0 \qquad (k = 1, \ldots, n). \tag{3.35}$$

Nichttriviale Lösungen existieren nur dann, wenn die Säulardeterminante verschwindet:

$$|H_{kl} - \varepsilon S_{kl}| = 0 \qquad (k, l = 1, \ldots, n). \tag{3.36}$$

Aus (3.36) ergeben sich die n Eigenwerte ε_i $(i = 1, \ldots, n)$, die MO-Energien. Für jedes ε_i ist das Gleichungssystem (3.35) zu lösen; man erhält jeweils einen Eigenvektor, d.h. die Koeffizienten c_{ik} $(k = 1, \ldots, n)$ für das MO ψ_i.

Zur Lösung von (3.35) und (3.36) benötigt man die Matrixelemente H_{kl} der Hamilton-Matrix und die Matrixelemente S_{kl} der Überlappungsmatrix. Die Überlappungsintegrale werden exakt berechnet.[36] Allgemein gilt[37]

$$S_{kl} = \int \chi_k\, \chi_l\, d\vec{r}. \tag{3.37}$$

---

[35]Bei einer *erweiterten* Basis (mehrere Atomfunktionen für jeden Orbitaltyp) bleibt zwar die Anzahl der besetzten MOs gleich, aber die Anzahl der unbesetzten steigt entsprechend (s. Abschn. 4.3.3).

[36]Dies ist eine entscheidende Verallgemeinerung gegenüber der gewöhnlichen HMO-Methode (Abschn. 3.1): man arbeitet nicht mehr in einer Orthogonalbasis, sondern in einer *Überlappungsbasis* („Nichtorthogonalbasis").

[37]Die Atomfunktionen werden stets reell gewählt, deshalb hat man in (1.124) $\chi_k^* = \chi_k$.

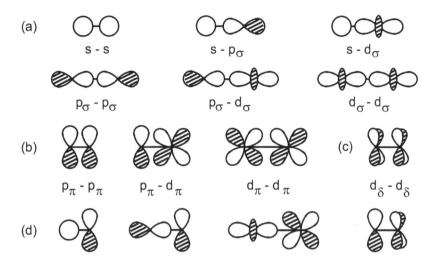

Bild 3.16 Standardüberlappungen zwischen s-, p- und d-Orbitalen. (a) σ-, (b) π- und (c) δ-Überlappungen. Dargestellt ist jeweils die positive Überlappung; für die negative Überlappung hat man bei einem bei beiden Orbitale das Vorzeichen zu vertauschen. (d) Beispiele für „Nullüberlappungen".

Der Wert eines Integrals (3.37) hängt vom Atomabstand R und von der gegenseitigen Orientierung der beiden Atomorbitale χ_k und χ_l ab. Es gibt eine Reihe spezieller Fälle. Ist $k = l$, so stellt (3.37) die Normierungsrelation für das Orbital χ_k dar. Verwendet man also eine normierte AO-Basis $\chi_1, \ldots, \chi_n$ (was man stets tut), so gilt $S_{kk} = 1$. Ist $k \neq l$, aber sind χ_k und χ_l AOs am gleichen Zentrum, so gilt bei Verwendung einer minimalen Valenzbasis stets $S_{kl} = 0$, da χ_k und χ_l dann orthogonal zueinander sind. In der Tat tritt bei den Orbitalen einer minimalen Valenzbasis jeder Winkelanteil höchstens einmal auf, und verschiedene Winkelanteile sind orthogonal zueinander (vgl. Abschn. 1.4.3). Im allgemeinen Fall, dem „Normalfall", gehören die AOs χ_k und χ_l zu verschiedenen Zentren. Die dann möglichen Überlappungstypen (*Standardüberlappungen*) haben wir in Bild 3.16 zusammengestellt. Im Sinne des Riemannschen Integralbegriffs stellt (3.37) die Aufsummation aller Funktionswerte des Integranden im dreidimensionalen Raum dar. Betragsmäßig haben Überlappungsintegrale Werte zwischen 0 und 1. Ist S_{kl} nicht aus Symmetriegründen Null (Nullüberlappung), so gilt $S_{kl} \to 0$ für $R \to \infty$, da dann das Produkt der Funktionswerte von χ_k und χ_l sehr klein wird (wir erinnern daran, dass die Funktionswerte jedes AOs mit wachsendem Abstand vom Zentrum exponentiell abfallen). Für $R \to 0$ geht (3.37) bei „gleichen" Orbitalen χ_k und χ_l in die Normierungsrelation über (man erhält $+1$ bzw. -1 in Abhängigkeit von der gegenseitigen Orientierung), bei „verschiedenen" Orbitalen in die Orthogonalitätsrelation (man erhält 0, da bei minimaler Valenzbasis alle AOs am gleichen Zentrum orthogonal sind). In Bild 3.17 ist der qualitative Verlauf einiger typischer Überlappungsintegrale zwischen 0 und ∞ dargestellt. Bei „normalen" Bindungsabständen hat man in den beiden ersten Fällen positive, im dritten Fall negative Integralwerte.

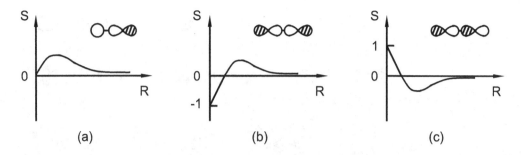

(a)   (b)   (c)

Bild 3.17 Abhängigkeit typischer Überlappungsintegrale vom Atomabstand R. (a) s-p_σ-Überlappung, (b) positive p_σ-p_σ-Überlappung, (c) negative p_σ-p_σ-Überlappung.

Wir haben darauf hinzuweisen, dass bei einem vorgegebenen Molekül die Atomorbitale im allgemeinen nicht in der in Bild 3.16 dargestellten Weise orientiert sind. Sie liegen zunächst im *Molekülkoordinatensystem* vor. Man versteht darunter, dass das an jedem Atom zur Beschreibung der AOs angeheftete Koordinatensystem parallel ist zu einem äußeren, fest vorgegebenen Koordinatensystem. Zur Berechnung und Diskussion der Überlappungsintegrale hat man deshalb für jedes Atompaar die AOs in das *Kernverbindungssystem* zu transformieren, in dem die beiden z-Achsen aufeinanderzeigen und die x- und y-Achsen parallel liegen.

Für die Berechnung der Integralwerte S_{kl} benötigt man die funktionelle Gestalt der Atomorbitale. Orbitale vom Typ der Wasserstoff-Eigenfunktionen ψ_{nlm} wären möglich (und auch sehr gut), da sie aber Polynome in r als Faktor enthalten (vgl. Tab. 1.4), würde jedes Integral in mehrere einzelne zerfallen, was den Rechenaufwand erhöht. Zweckmäßiger ist es, *Slater-Funktionen* (*Slater-Orbitale, STOs*[38]) zu verwenden, die anstelle eines Polynoms in r einheitlich den Faktor r^{n-1} enthalten:

$$r^{n-1} e^{-\zeta_l r} S_l^m. \tag{3.38}$$

Die *Slater-Exponenten* ζ_l werden so festgelegt, dass gewisse Eigenschaften von (3.38) mit denen genauerer AOs möglichst gut übereinstimmen (etwa die Energien der Orbitale oder ihre funktionelle Gestalt, d.h. das Kurvenbild in Abhängigkeit von r). Bild 3.18 zeigt an einem Beispiel den qualitativen Vergleich zwischen Wasserstoff-Funktionen und Slater-Funktionen. Slater-Funktionen sind für „Bindungsabstände" und für noch größere Entfernungen vom Kern gute Näherungen. In Kernnähe dagegen sind sie schlecht, da sie keine Knoten haben; das ist aber ohne Belang, da sie im EHT-Verfahren nur zur Berechnung von Überlappungsintegralen verwendet werden. Die angepassten Slater-Exponenten gehen als Parameter in die EHT-Rechnungen ein.

Wir kommen nun zu den Matrixelementen der Hamilton-Matrix. Für die Diagonalelemente gilt

$$H_{kk} = \int \chi_k \, \mathbf{H} \, \chi_k \, \mathrm{d}\vec{r}.$$

---

[38] *Slater-type orbitals*

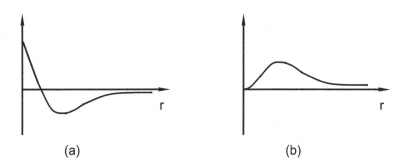

Bild 3.18 Qualitativer Verlauf einer Wasserstoff-$2s$-Funktion (a) (s. auch Bild 1.13) und einer Slaterschen $2s$-Funktion (b). Für den Vergleich beider Funktionen hat man die Quadrate zu bilden.

H_{kk} lässt sich näherungsweise als Orbitalenergie ε_k eines Elektrons im AO χ_k des betrachteten Atoms interpretieren (vgl. Abschn. 3.1.2). Da bei MO-Verfahren ohne explizite Berücksichtigung der Elektronenwechselwirkung die Ionisierungsenergie I_k eines Elektrons aus dem Atomorbital χ_k dem negativen Wert der Orbitalenergie ε_k entspricht (vgl. Abschn. 3.1.3), setzt man im EHT-Verfahren

$$H_{kk} = -I_k. \tag{3.39}$$

Die Diagonalelemente H_{kk} werden damit als Parameter aufgefasst, deren Zahlenwerte man aus experimentellen Daten ableitet.

Die Nichtdiagonalelemente H_{kl} werden in geeigneter Weise auf die Diagonalelemente und die Überlappungsintegrale zurückgeführt. Wir haben in Abschnitt 1.6.4 erläutert, dass H_{kl} im Bindungsbereich (betragsmäßig) dann groß ist, wenn auch S_{kl} groß ist. Man setzt deshalb H_{kl} proportional zu S_{kl}. Als Proportionalitätsfaktor verwendet man das Mittel aus H_{kk} und H_{ll} (d.h. das Mittel aus der Orbitalenergie eines Elektrons in χ_k bzw. in χ_l):

$$H_{kl} = \kappa \, \frac{H_{kk} + H_{ll}}{2} \, S_{kl}. \tag{3.40}$$

Dies ist die *Wolfsberg-Helmholz-Formel* zur Berechnung der Nichtdiagonalelemente. κ ist ein empirisch justierbarer Parameter, für den sich der Wert $\kappa = 1.75$ als gut geeignet erwiesen hat. Anstelle des arithmetischen Mittels (3.40) wäre auch das geometrische Mittel denkbar; dies hat sich jedoch nicht eingebürgert. Besonders bewährt hat sich das sogenannte *gewichtete Mittel*

$$H_{kl} = [\kappa - (\kappa - 1)\Delta^2] \, \frac{(1 + \Delta)H_{kk} + (1 - \Delta)H_{ll}}{2} \, S_{kl}, \quad \Delta = \frac{H_{kk} - H_{ll}}{H_{kk} + H_{ll}}. \tag{3.41}$$

Es stimmt für $I_k = I_l$ wegen (3.39) mit (3.40) überein. (3.41) modifiziert damit die Wolfsberg-Helmholz-Formel für den Fall polarer Bindungen.

Mit der Festlegung der Slater-Exponenten für die Berechnung der Überlappungsintegrale und der Ionisierungspotenziale zur Bildung der Matrixelemente H_{kk} und H_{kl} sind alle Voraussetzungen für die Lösung der Säkulardeterminante (3.36) und der Säkulargleichungen (3.35) erfüllt. Die maschinelle Lösung ist leicht und schnell möglich.[39]

3.2.3 Ein Beispiel

Als Beispiel betrachten wir das Ammoniak-Molekül NH_3. Die minimale Valenzbasis besteht aus sieben AOs (ein $2s$- und drei $2p$-Orbitale am N-Atom, je ein $1s$-Orbital an den H-Atomen). Für die AOs $\chi_1, \ldots, \chi_7$ legen wir folgende Reihenfolge fest:

$$2s(N),\ 2p_x(N),\ 2p_y(N),\ 2p_z(N),\ 1s(H^{(1)}),\ 1s(H^{(2)}),\ 1s(H^{(3)}).$$

Durch Linearkombination dieser AOs werden wir sieben MOs erhalten. Vor Beginn der Rechnung muss die „Geometrie" des Moleküls festgelegt werden, d.h. die Lage aller Atome im Raum (Bild 3.19). Dafür verwendet man experimentelle Strukturdaten oder „idealisierte" Geometrien.[40]

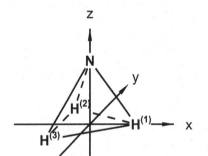

Bild 3.19
Festlegung des Koordinatensystems für die Berechnung des NH_3-Moleküls.

Als erstes sind die Überlappungsintegrale für die drei auftretenden Standardüberlappungen $2s(N)$-$1s(H)$, $2p_\sigma(N)$-$1s(H)$ und $1s(H)$-$1s(H')$ zu berechnen. Als nächstes hat man die Transformation aus dem Kernverbindungssystem in das Molekülkoordinatensystem vorzunehmen, dadurch wird die unterschiedliche Orientierung der N-$2p$-AOs gegenüber den H-$1s$-AOs berücksichtigt. Es resultiert eine quadratische siebenreihige Überlappungsmatrix S_{kl}, aus der man mit (3.39) und (3.41) die zugehörige Hamilton-Matrix H_{kl} bildet. Mit beiden Matrizen erhält man aus der Säkulardeterminante (3.36) die MO-Energien (in eV)

$$\varepsilon_1 = -28.6, \quad \varepsilon_{2,3} = -16.5, \quad \varepsilon_4 = -13.7, \quad \varepsilon_{5,6} = 1.9, \quad \varepsilon_7 = 23.2 \qquad (3.42)$$

---

[39]Alle numerischen Werte in Abschnitt 3.2 resultieren aus Standard-EHT-Rechnungen mit den folgenden Parametern (H_{kk} in eV). H: $\zeta_s = 1.300$, $H_{ss} = -13.60$; C: $\zeta_s = \zeta_p = 1.625$, $H_{ss} = -21.40$, $H_{pp} = -11.40$; N: $\zeta_s = \zeta_p = 1.950$, $H_{ss} = -26.00$, $H_{pp} = -13.40$. Für Elemente höherer Perioden, insbesondere Übergangselemente, existieren verschiedene, zum Teil sehr unterschiedliche Parametrisierungen.
[40]Wir haben die Bindungslänge N-H=102 pm und den Bindungswinkel N-H-N=108° verwendet.

und dann aus dem Säkulargleichungssystem (3.35) die Molekülorbitale

$$\psi_7 = -1.251\chi_1 + 0.434\chi_4 + 0.720\chi_5 + 0.720\chi_6 + 0.720\chi_7$$
$$\psi_6 = 1.022\chi_3 - 0.860\chi_6 + 0.860\chi_7$$
$$\psi_5 = -1.022\chi_2 + 0.993\chi_5 - 0.496\chi_6 - 0.496\chi_7$$
$$\psi_4 = 0.159\chi_1 + 0.966\chi_4 - 0.060\chi_5 - 0.060\chi_6 - 0.060\chi_7 \qquad (3.43)$$
$$\psi_3 = 0.638\chi_3 + 0.385\chi_6 - 0.385\chi_7$$
$$\psi_2 = 0.638\chi_2 + 0.445\chi_5 - 0.222\chi_6 - 0.222\chi_7$$
$$\psi_1 = 0.734\chi_1 + 0.026\chi_4 + 0.167\chi_5 + 0.167\chi_6 + 0.167\chi_7.$$

Bei der vorliegenden Symmetrie (C_{3v}) treten (zweifach) entartete Eigenwerte auf, da zwei Raumrichtungen (x und y) gleichwertig sind.

Analog zu unserem Vorgehen beim HMO-Verfahren veranschaulichen wir in Bild 3.20 die MOs grafisch und klassifizieren sie gemäß der Punktgruppe C_{3v}. ψ_1, ψ_2 und ψ_3 werden durch symmetrische Linearkombination der AOs gebildet und sind damit „bindende" MOs (σ-MOs); ψ_5, ψ_6 und ψ_7 entstehen durch antisymmetrische Linearkombination und sind damit „antibindende" MOs (σ^*-MOs). Das MO ψ_4 enthält nur sehr geringe Anteile von den H-Atomen, es ist im wesentlichen am N-Atom lokalisiert. Es entsteht durch Kombination des N-2s- mit dem N-2p_z-Orbital und entspricht einem nichtbindenden sp^3-Hybridorbital am Stickstoff.[41] ψ_4 hat damit seine größten Funktionswerte „oberhalb" des N-Atoms. Wird ψ_4 mit zwei Elektronen besetzt, so haben diese Elektronen ihre größte Aufenthaltswahrscheinlichkeit in diesem Raumbereich. Sie bilden das freie Elektronenpaar am Stickstoff.

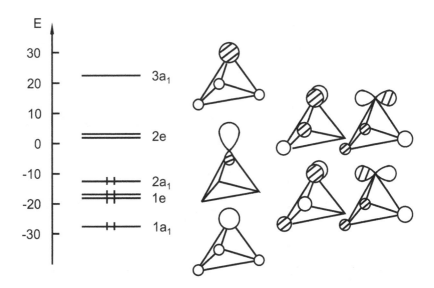

Bild 3.20 EHT-Energieniveauschema (in eV) und Struktur der Molekülorbitale für NH_3.

---

[41]Im Unterschied zu dem in Abschnitt 1.6.6 behandelten Fall kombiniert hier das s-Orbital nur mit dem p_z-Orbital, da eine „Hybridisierungsrichtung" mit der z-Achse übereinstimmt.

ψ_1, ψ_4 und ψ_7 sind „rotationssymmetrisch" bezüglich der z-Achse. Sie sind symmetrisch bezüglich aller sechs Symmetrieoperationen R der Gruppe C_{3v} ($\chi(R) = 1$) und transformieren sich deshalb nach der totalsymmetrischen Darstellung a_1. Die beiden jeweils zweifach entarteten MOs müssen sich nach der (einzigen vorhandenen) zweidimensionalen irreduziblen Darstellung e transformieren. Der Mehrelektronen-Grundzustand schließlich transformiert sich nach A_1, da sämtliche MOs voll besetzt sind (vgl. Abschn. 3.1.5).

Die konkrete Zusammensetzung der MOs aus AOs, wie sie in (3.43) und in Bild 3.20 gegeben ist, hängt von der Wahl des Koordinatensystems ab. Dreht man das in Bild 3.19 dargestellte Koordinatensystem um die z-Achse (zum Beispiel um den Winkel 90°, wodurch dann ein H-Atom in der yz-Ebene liegen würde), so verändern sich zwar die a_1-MOs nicht, aber die e-MOs würden sich in anderer Weise aus den AOs zusammensetzen.

Die drei besetzten MOs ψ_1, ψ_2 und ψ_3 beschreiben die drei N-H-σ-Bindungen in NH_3. Sie sind delokalisiert. Durch Mischung der drei MOs könnte man zu drei lokalisierten MOs übergehen (s. Abschn. 3.2.6), die sich jeweils aus einem sp^3-Hybridorbital vom Stickstoff und dem $1s$-Orbital eines H-Atoms zusammensetzen. Dies entspräche der chemischen Vorstellung von drei gleichen Bindungen. Allerdings können diese energetisch gleichwertigen lokalisierten MOs die Verhältnisse bei der Ionisation (zwei *verschiedene* Ionisierungspotenziale bei Ionisation aus dem σ-System) und bei der Elektronenanregung nicht erfassen.

Mit den in (3.43) angegebenen Linearkombinationskoeffizienten sind die MOs ψ_i sämtlich normiert. Im Unterschied zum HMO-Verfahren (vgl. Abschn. 3.1.2) gilt jetzt, da wir in einer Überlappungsbasis arbeiten

$$\int \psi_i^2 \, \mathrm{d}\vec{r} = \sum_{k=1}^{n} c_{ik}^2 \int \chi_k^2 \, \mathrm{d}\vec{r} + \sum_{k=1}^{n} \sum_{\substack{l=1 \\ l \neq k}}^{n} c_{ik} c_{il} \int \chi_k \chi_l \, \mathrm{d}\vec{r},$$

d.h., die Normierungsrelation hat die Form

$$\sum_{k=1}^{n} c_{ik}^2 + \sum_{k=1}^{n} \sum_{\substack{l=1 \\ l \neq k}}^{n} c_{ik} c_{il} S_{kl} = 1.$$

Analog ist

$$\int \psi_i \psi_j \, \mathrm{d}\vec{r} = \sum_{k=1}^{n} c_{ik} c_{jk} \int \chi_k^2 \, \mathrm{d}\vec{r} + \sum_{k=1}^{n} \sum_{\substack{l=1 \\ l \neq k}}^{n} c_{ik} c_{jl} \int \chi_k \chi_l \, \mathrm{d}\vec{r},$$

d.h., für die Orthogonalitätsrelation ergibt sich

$$\sum_{k=1}^{n} c_{ik} c_{jk} + \sum_{k=1}^{n} \sum_{\substack{l=1 \\ l \neq k}}^{n} c_{ik} c_{jl} S_{kl} = 0.$$

Alle MOs in (3.43) sind orthonormiert. Bei der Lösung des Säkulargleichungssystems ergeben sich die MOs zu verschiedenen Eigenwerten stets als orthogonal. Bei MOs zum gleichen Eigenwert (entartete MOs) trifft dies nicht von vornherein zu; sie können aber stets orthogonalisiert werden, da sie linear unabhängig sind (vgl. Abschn. 2.2.1). Die quantenchemischen

Rechenprogramme enthalten solche zusätzlichen Algorithmen, so dass auch entartete MOs immer in orthogonalisierter Form resultieren.[42]

Die Ladungsverteilung innerhalb eines Moleküls wurde im HMO-Verfahren mit Hilfe der π-Elektronendichten charakterisiert (s. Abschn. 3.1.3). In der Überlappungsbasis verwendet man hierfür die *Elektronenpopulationen*, die man als Ergebnis einer Populationsanalyse erhält. Die am häufigsten angewandte Version ist die *Mullikensche Populationsanalyse*. Sie definiert verschiedene *Brutto-, Netto- und Überlappungspopulationen*. Die *Bruttopopulation des AOs* χ_k ist

$$n_k = \sum_{i=1}^{n} b_i c_{ik}^2 + \sum_{i=1}^{n} b_i \sum_{\substack{l=1 \\ l \neq k}}^{n} c_{ik} c_{il} S_{kl}. \tag{3.44}$$

Mit der Beziehung (3.44) kann die Gesamtzahl der Elektronen des Moleküls auf die einzelnen AOs der vorgegebenen Basis „aufgeteilt" werden. Für das $2s(N)$-Orbital unseres Beispiels ergibt sich $n_{2s} = 1.452$, weiter hat man $n_{2p_x} = n_{2p_y} = 1.164$, $n_{2p_z} = 1.918$ und $n_{1s} = 0.768$. Summation über (3.44) bezüglich aller zu einem Atom A gehörenden AOs χ_k ergibt die *Bruttoatompopulation* N_A. Sie ist die wichtigste Größe der Populationsanalyse. Sie definiert eine Aufteilung der Gesamtzahl der Elektronen des Moleküls auf die einzelnen Atome. Für Stickstoff ist $N_N = n_{2s} + n_{2p_x} + n_{2p_y} + n_{2p_z}$ zu bilden, für Wasserstoff gilt $N_H = n_{1s}$. Die Bruttoatompopulationen sind also $N_N = 5.697$ und $N_H = 0.768$. Die Summe aller Bruttoatompopulationen stimmt mit der Gesamtzahl der Elektronen (8) überein. Durch Vergleich der Bruttoatompopulationen mit der Valenzelektronenzahl der entsprechenden Neutralatome kann man *Bruttoladungen*[43] für die Atome im Molekül definieren:[44] $q_N = -0.697$ und $q_H = +0.232$. Mit Hilfe dieser Ladungen lassen sich Aussagen über den Ladungstransfer bei der Bindungsbildung, über die Polarität der Bindungen und gegebenenfalls über das Dipolmoment treffen.

Die einzelnen Terme der Summation über i in (3.44) sind die *Bruttoorbitalpopulationen*. Sie geben die Zuordnung der Elektronen, die das MO ψ_i besetzen, zu den einzelnen AOs bzw., bei Summation über alle AOs eines Atoms, ihre Zuordnung zu diesem Atom an. Etwa für das MO des freien Elektronenpaars ($2a_1$) ergibt sich $N_N(2a_1) = 1.944$ und $N_H(2a_1) = 0.019$. Die beiden Elektronen, die das MO $2a_1$ besetzen, sind praktisch ausschließlich am Stickstoff lokalisiert.

Alle eingeführten Bruttopopulationen zerfallen wie (3.44) in zwei Terme. Der erste Term ist die zugehörige *Nettopopulation*,[45] der zweite Term stellt die Hälfte einer *Überlappungspopulation* dar. Die *Orbitalüberlappungspopulation* zwischen den AOs χ_k und χ_l ist definiert

---

[42]Allerdings gibt es für die Zusammensetzung der entarteten MOs aus AOs nicht nur *eine* Möglichkeit; es können (in Abhängigkeit von den Details der Orthogonalisierungsprozedur) unterschiedliche Linearkombinationen resultieren.

[43]Für diese Ladungen wird allerdings in der Literatur oft auch der Begriff „Nettoladungen" verwendet. Man beachte dies!

[44]Wir weisen darauf hin, dass die Bezeichnung q hier anders gebraucht wird als beim HMO-Verfahren. Für die π-Elektronendichte (die eine Population und keine Atomladung ist) hat sich jedoch q historisch eingebürgert.

[45]Die Nettopopulation entspricht der π-Elektronendichte im HMO-Verfahren, da dort $S_{kl} = \delta_{kl}$ gilt.

durch

$$n_{kl} = 2 \sum_{i=1}^{n} b_i c_{ik} c_{il} S_{kl}. \tag{3.45}$$

Die Überlappungspopulationen treten auf, da wir in einer Überlappungsbasis arbeiten. Summiert man (3.45) bezüglich aller Orbitale zweier Atome A und B auf, so ergeben sich *Atomüberlappungspopulationen* N_{AB}. In unserem Beispiel ist $N_{NH} = 0.716$ und $N_{HH} = -0.049$. Die Summe aller Nettopopulationen und aller Überlappungspopulationen ergibt die Gesamtzahl der Elektronen. Die Zuordnung der Überlappungspopulation je zur Hälfte zu den beiden Zentren ist ein Charakteristikum der *Mullikenschen* Populationsanalyse. Für unpolare Bindungen ist dies eine vertretbare Annahme, für stark polare sicher nicht. Andere Populationsanalysen teilen deshalb die Überlappungspopulation „gewichtet" auf.

Die Überlappungspopulationen entsprechen von der Interpretation her den π-Bindungsordnungen im HMO-Verfahren. Man kann sie als Maß für die Bindungsstärke auffassen. Neben die Produkte der Linearkombinationskoeffizienten treten nun als Faktor noch die Überlappungsintegrale.

Die MO-Energien haben sich beim HMO-Verfahren als Vielfache der Parameter α und β ergeben. Da beim EHT-Verfahren die Elemente der Hamilton-Matrix aus den Ionisierungspotenzialen berechnet werden, erhält man für die MO-Energien absolute Energiewerte (vgl. (3.42)). Alles andere bleibt wie beim HMO-Verfahren (s. Absch. 3.1.3). Insbesondere ergibt sich die Gesamtenergie des Systems als Summe der Orbitalenergien,[46] für unser Beispiel resultiert aus (3.42) $E = -150.4\,\text{eV}$.

3.2.4   Typen der Orbitalwechselwirkung

Für die qualitative Diskussion vieler Moleküleigenschaften sind nicht einmal semiempirische Rechnungen erforderlich. Wichtige Schlussfolgerungen lassen sich bereits durch „rein qualitative" Linearkombination von Orbitalen erhalten. Dazu vergleichen wir verschiedene Typen der *Orbitalwechselwirkung* (Bild 3.21). Man versteht darunter die symmetrische und antisymmetrische Linearkombination zweier geeigneter Orbitale zu einem bindenden und einem antibindenden MO. Bild 3.21a zeigt den Fall einer *rein kovalenten Bindung*, wie er etwa in H_2 vorliegt. Er entspricht aber ebenso der lokalisierten π-Bindung in Ethen (dann hätte man sich die dargestellten Orbitale als „von oben gesehene" π-Orbitale vorzustellen) oder der Wechselwirkung zweier geeigneter Fragmentorbitale von zwei gleichen Molekülfragmenten (s. Abschn. 3.2.7). In jedem Fall hat man eine kovalente Bindung mit einem „bindenden" Elektronenpaar, das seine größte Aufenthaltswahrscheinlichkeit symmetrisch zwischen den beiden Zentren a und b hat.

Bild 3.21b entspricht der Wechselwirkung zwischen zwei Elektronenpaaren. Da die Destabilisierung des antibindenden MOs stärker ist als die Stabilisierung des bindenden (s. dazu

---

[46]Wir bemerken, dass dies nur für die HMO- und die EHT-Methode gilt. *Alle* anderen Methoden beziehen die Elektronenwechselwirkung explizit (wenn auch nur näherungsweise) ein, was bei der Bildung der Gesamtenergie zu berücksichtigen ist (s. Kap. 4).

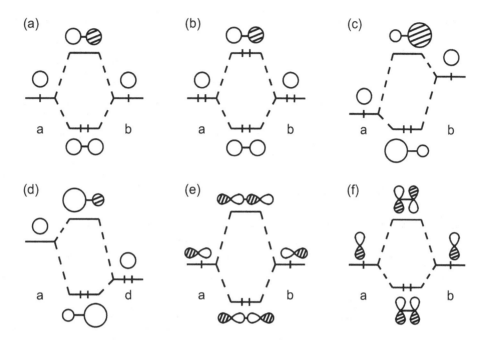

Bild 3.21 Typische Orbitalwechselwirkungen: (a) rein kovalente Bindung, (b) Elektronenpaarabstoßung, (c) polare Bindung, (d) Donor-Akzeptor-Bindung (koordinative Bindung), (e)
σ-Bindung, (f) π-Bindung.

(1.131) und Bild 1.25), kommt es zu einer abstoßenden Gesamtwirkung.[47] Dies ist eine
Elektronenpaarabstoßung, wie sie etwa bei der Annäherung zweier He-Atome zu erwarten
wäre.

Der Typ einer *polaren Bindung*, wie sie etwa in HCl vorliegt, ist in Bild 3.21c dargestellt. Hat
das Zentrum a die größere Elektronegativität, dann wird auch die Ionisierungsenergie von a
größer sein und das zugehörige AO liegt energetisch tiefer. Im bindenden MO $c_a\chi_a + c_b\chi_b$
ist dann $|c_a| > |c_b|$, d.h., die Aufenthaltswahrscheinlichkeit (die mit dem Quadrat der Koef-
fizienten verbunden ist) ist für das Elektronenpaar in der Nähe von a größer als in der Nähe
von b. Es hält sich also "bevorzugt" an a auf. Damit ist die Ladungsverteilung nicht mehr
symmetrisch. a wird partiell negativ, b partiell positiv, man hat ein von b nach a gerichtetes
Dipolmoment zu erwarten. Wird anstelle des bindenden das antibindende MO $c_a\chi_a - c_b\chi_b$
besetzt, kehren sich die Verhältnisse um: $|c_b| > |c_a|$. Bei einer Elektronenanregung kommt es
also zu einer Ladungsverschiebung von a nach b (*charge-transfer-Übergang*, *CT-Übergang*).

In Bild 3.21d ist eine *Donor-Akzeptor-Bindung* (*koordinative Bindung*) veranschaulicht. Ein
(doppelt besetztes) Donororbital an d wechselwirkt mit einem (unbesetzten) Akzeptororbi-
tal an a. Für das bindende MO $c_a\chi_a + c_d\chi_d$ gilt also $|c_d| > |c_a|$. In diesem Fall wird das

---

[47]Diese Asymmetrie der Aufspaltung geht natürlich verloren, wenn man die Überlappung vernachlässigt
(wie in der HMO-Methode).

Elektronenpaar von d aus „in Richtung a verschoben". Das Elektronenpaar hat damit auch in der Nähe von a eine gewisse Aufenthaltswahrscheinlichkeit. Das führt zu einer Stabilisierung gegenüber der Ausgangssituation. Auch hier kehren sich die Verhältnisse um, wenn anstelle des bindenden das antibindende MO besetzt wird (CT-Übergang).

Die Bilder 3.21e und 3.21f zeigen schließlich die energetisch unterschiedliche Aufspaltung bei einer σ- und einer π-Wechselwirkung. Da bei der σ-Wechselwirkung die Überlappung größer (die gegenseitige Durchdringung der AOs effektiver) ist, sind σ-Bindungen stärker als π-Bindungen, und die σ/σ^*-Aufspaltung ist größer als die π/π^*-Aufspaltung.

3.2.5   Zweiatomige Moleküle

Beim Eigenwertproblem für das H_2-Molekül können wir auf Abschnitt 1.6.4 zurückgreifen, in dem wir das H_2^+-Ion behandelt haben. Eine Standard-EHT-Rechnung mit dem Atomabstand $R = 0.74\,\text{Å}$ liefert die in Bild 3.22 zusammengefaßten Ergebnisse. Viele Details er-

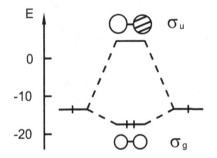

Bild 3.22
EHT-Resultate für H_2: $\varepsilon_{\sigma_g} = -17.6\,\text{eV}$, $\varepsilon_{\sigma_u} = 4.3\,\text{eV}$,
$\psi_{\sigma_g} = 0.553\,\chi_a + 0.553\,\chi_b$, $\psi_{\sigma_u} = 1.173\,\chi_a - 1.173\,\chi_b$.

geben sich aber bereits ohne jede Rechnung. Die $1s$-AOs der beiden H-Atome kombinieren zu zwei MOs, einem bindenden (mit positiver Überlappung) und einem antibindenden (mit negativer Überlappung). Mit Hilfe der Charaktertafel der Symmetriepunktgruppe $D_{\infty h}$ charakterisiert man die MOs bezüglich ihrer Symmetrieeigenschaften. ψ_1 ist symmetrisch bezüglich aller Symmetrieoperationen aus $D_{\infty h}$, d.h. geht bei allen Symmetrieoperationen in sich über. ψ_1 transformiert sich also nach der totalsymmetrischen Darstellung σ_g. ψ_2 transformiert sich nach σ_u, da ψ_2 antisymmetrisch ist bezüglich der Inversion, der Drehspiegelungen und der zweizähligen Drehungen sowie symmetrisch bezüglich aller anderen Symmetrieoperationen (vgl. Abschn. 1.6.4).

Das bindende MO ist energetisch abgesenkt (stabilisiert) gegenüber der Energie der $1s$-Atomorbitale ($H_{ss} = -13.6\,\text{eV}$), das antisymmetrische angehoben (destabilisiert). Diese Aufspaltung wäre symmetrisch bezüglich des Bezugspunktes, wenn man die Überlappung vernachlässigen würde. Dann wären auch die Linearkombinationskoeffizienten beider MOs betragsmäßig gleich (nämlich $1/\sqrt{2}$, man vgl. (3.16)). Die EHT-Methode berücksichtigt aber das Überlappungsintegral (im vorliegenden Fall gilt $S = 0.636$), so erhält man gemäß (1.133) die in Bild 3.22 angegebenen Koeffizienten, und das antibindende Energieniveau ist stärker destabilisiert als das bindende stabilisiert ist (s. auch (1.131)).

Wie die Einelektronenzustände (die Molekülorbitale) werden auch die Mehrelektronenzustände durch ihr Transformationsverhalten bezüglich $D_{\infty h}$ gekennzeichnet. Dazu ist jeweils für alle besetzten Niveaus das direkte Produkt der irreduziblen Darstellungen zu bilden, nach denen sich die zugehörigen MOs transformieren (vgl. Abschn. 3.1.5). Vollbesetzte
Niveaus ergeben dabei einen totalsymmetrischen Beitrag. Grundzustand des H_2-Moleküls
ist $^1\Sigma_g^+$,[48] des H_2^--Ions $^2\Sigma_u^+$ und des H_2^+-Ions $^2\Sigma_g^+$. Als erster angeregter Zustand mit der
Elektronenkonfiguration $(\sigma_g)^1(\sigma_u)^1$ ergibt sich $^{1,3}\Sigma_u^+$ (wegen $\sigma_g \times \sigma_u = \Sigma_u$).[49]

Das qualitative MO-Schema für die homonuklearen zweiatomigen Moleküle der Elemente
der zweiten Periode ist in Bild 3.23 dargestellt.[50] Die MOs sind gemäß der Symmetriepunktgruppe $D_{\infty h}$ gekennzeichnet.

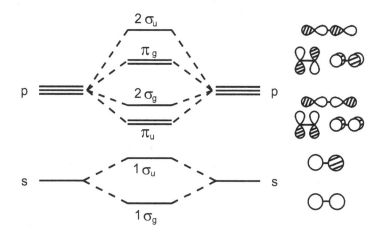

Bild 3.23 Qualitatives MO-Schema für die zweiatomigen Moleküle der Elemente der zweiten Periode.

Tabelle 3.2 enthält die Grundzustands-Elektronenkonfigurationen sowie die Symmetrieklassifikation der jeweiligen Mehrelektronen-Grundzustandsfunktion. Außerdem ist eine Bindungsordnung angegeben, die definiert ist als halbe Differenz der Elektronenanzahlen in
den bindenden ($1\sigma_g$, π_u, $2\sigma_g$) und in den antibindenden ($1\sigma_u$, π_g, $2\sigma_u$) MOs. Für Li_2, B_2
und F_2 resultiert eine Einfachbindung, für C_2 und O_2 eine Doppelbindung[51] und für N_2
eine Dreifachbindung. Für Be_2 und Ne_2 liegt Elektronenpaarabstoßung vor.

Für alle Moleküle mit abgeschlossenen Schalen ist der Grundzustand totalsymmetrisch, d.h.
$^1\Sigma_g^+$. Da experimentell bekannt ist, dass auch C_2 einen solchen Grundzustand hat, muss

---

[48]Links oben ist – wie in (1.109) – die Multiplizität des Zustands angegeben.

[49]Eine energetische Unterscheidung zwischen Singulett- und Triplettzustand ist im Rahmen der EHT-
Methode (wie auch bei der HMO-Methode) nicht möglich.

[50]Bei der einfachsten Variante, ein qualitatives MO-Schema für diese Moleküle aufzustellen, würde man die
2s-AOs und die $2p_\sigma$-AOs unabhängig voneinander kombinieren. Das MO $2\sigma_g$ würde dann unterhalb von
π_u liegen (vgl. in Bild 3.21 die Fälle e und f). Tatsächlich mischen jedoch die s-AOs mit den p_σ-AOs, da
beide bezüglich $D_{\infty h}$ das gleiche Symmetrieverhalten haben. Aus LCAO-MO-Rechnungen resultiert die in
Bild 3.23 dargestellte MO-Reihenfolge. Experimentell zeigt sich, dass die Reihenfolge variiert.

[51]Bei C_2 sind das zwei π-Bindungen.

Tab. 3.2 Grundzustände zweiatomiger Moleküle

	Grundzustands-konfiguration	Grundzustands-funktion	Bindungs-ordnung
Li_2	$[He_2](1\sigma_g)^2$	$^1\Sigma_g^+$	1
Be_2	$[He_2](1\sigma_g)^2(1\sigma_u)^2$		0
B_2	$[Be_2](\pi_u)^2$	$^3\Sigma_g^-$	1
C_2	$[Be_2](\pi_u)^4$	$^1\Sigma_g^+$	2
N_2	$[Be_2](\pi_u)^4(2\sigma_g)^2$	$^1\Sigma_g^+$	3
O_2	$[Be_2](\pi_u)^4(2\sigma_g)^2(\pi_g)^2$	$^3\Sigma_g^-$	2
F_2	$[Be_2](\pi_u)^4(2\sigma_g)^2(\pi_g)^4$	$^1\Sigma_g^+$	1
Ne_2	$[Be_2](\pi_u)^4(2\sigma_g)^2(\pi_g)^4(2\sigma_u)^2$		0

die energetische Reihenfolge der MOs bei C_2 $\varepsilon_{\pi_u} < \varepsilon_{2\sigma_g}$ sein. Die gleiche Reihenfolge liegt auch bei B_2 vor, denn dort ist der Grundzustand ein Triplett. Auch bei O_2 besetzen zwei Elektronen mit gleichem Spin ein entartetes Niveau, woraus der Triplett-Grundzustand und der Paramagnetismus des Sauerstoffmoleküls folgen.

Tab. 3.3 Elektronenkonfigurationen, die sich für $(\pi_g)^2$ ergeben

	$M_S = 1$	$M_S = 0$	$M_S = -1$
$M_L = 2$		(π^+, π^-)	
$M_L = 0$	$(\pi^+, \bar{\pi}^+)$	$(\pi^+, \bar{\pi}^-), (\pi^-, \bar{\pi}^+)$	$(\pi^-, \bar{\pi}^-)$
$M_L = -2$		$(\bar{\pi}^+, \bar{\pi}^-)$	

Die Besetzung der beiden entarteten π_g-MOs durch zwei Elektronen bei O_2 führt aber auch zu Singulett-Mehrelektronenzuständen. Wir zeigen dies analog zu unserem Vorgehen in Abschnitt 1.5.4. Die beiden MOs bezeichnen wir mit π und $\bar{\pi}$. π habe die Quantenzahl $m_l = +1$ und $\bar{\pi}$ die Quantenzahl $m_l = -1$ (m_l klassifiziere die Projektion des Drehimpulses auf die Kernverbindungslinie, die mit der z-Achse zusammenfallen soll).[52] Es gibt also vier Einelektronenzustände mit den Quantenzahlen $m_l = \pm 1$, $m_s = \pm 1/2$, die von den zwei Elektronen unter Beachtung des Pauli-Prinzips besetzt werden können. Dafür gibt es $\binom{4}{2} = 6$ Möglichkeiten, die in Tabelle 3.3 zusammengefasst sind. Die Mehrelektronenzustände werden nach der Projektion des Gesamtbahndrehimpulses auf die Kernverbindungslinie klassifiziert, d.h. nach der Quantenzahl M_L.[53] Es gibt also einen Triplettzustand

---

[52]Wir wählen damit komplexe Funktionen; die reellen Funktionen π_x und π_y sind keine Eigenfunktionen von l_z (vgl. Abschn. 2.2.2).
[53]Für $M_L = 0, 1, 2, \ldots$ schreibt man $\Sigma, \Pi, \Delta, \ldots$

$^3\Sigma$, der die Konfigurationen $(\pi^+, \bar{\pi}^+)$, $(\pi^-, \bar{\pi}^-)$ und eine Linearkombination der beiden Konfigurationen zu $M_L = 0$ und $M_S = 0$ umfasst. Die zweite Linearkombination bildet einen Term $^1\Sigma$. (π^+, π^-) und $(\bar{\pi}^+, \bar{\pi}^-)$ gehören zu einem Term $^1\Delta$. Wir haben also einen Triplett- und zwei Singuletterme. Berücksichtigt man ihr Symmetrieverhalten bezüglich $D_{\infty h}$, so sind sie mit $^3\Sigma_g^-$, $^1\Delta_g$ und $^1\Sigma_g^+$ zu bezeichnen. Bei Vernachlässigung der Elektronenwechselwirkung haben alle Terme gleiche Energie. Quantenchemische Rechnungen, die die Elektronenwechselwirkung einschließen, dagegen zeigen, dass zwar $^3\Sigma_g^-$ Grundzustand ist (was der Hundschen Regel entspricht), $^1\Delta_g$ aber energetisch nur wenig höher liegt ($^1\Sigma_g^+$ dagegen deutlich höher). Singulett-Sauerstoff liegt also im Zustand $^1\Delta_g$ vor.

Auch die Eigenschaften der Molekülionen lassen sich anhand des MO-Schemas in Bild 3.23 diskutieren. Dabei treten halbzahlige Bindungsordnungen auf. Etwa O_2^+ hat die Elektronenkonfiguration $[Be_2](\pi_u)^4(2\sigma_g)^2(\pi_g)^1$, d.h. einen $^2\Pi_g$-Grundzustand mit der Bindungsordnung 2.5. Für C_2^+ allerdings ist eine „Quasientartung" von $2\sigma_g$ und π_u (also $\varepsilon_{\pi_u} \approx \varepsilon_{2\sigma_g}$) anzunehmen, d.h. eine Elektronenkonfiguration $[Be_2](\pi_u)^2(2\sigma_g)^1$ mit ungepaarten Elektronen in π_u, denn der experimentelle Grundzustand ist $^4\Sigma_g^-$, was auf drei ungepaarte Elektronen hinweist.[54] Der erste angeregte Zustand ist $^2\Pi_u$, was der Elektronenkonfiguration $[Be_2](2\sigma_g)^2(\pi_u)^1$ entspricht (d.h. $\varepsilon_{2\sigma_g} < \varepsilon_{\pi_u}$).

Das MO-Schema in Bild 3.23 eignet sich auch für heteronukleare Moleküle. Lediglich die energetische Lage der die MOs bildenden AOs ist dann unterschiedlich. So ist NO ein Radikal mit dem Grundzustand $^2\Pi$ (Bindungsordnung 2.5). Da CO isoelektronisch zu N_2 ist, sollte bei CO ebenfalls eine Dreifachbindung vorliegen. Man sieht daran die Grenzen des durch Bild 3.23 charakterisierten einfachen Bindungsmodells: polare Bindungen mit unsymmetrischen freien Elektronenpaaren werden nicht adäquat erfasst.

Wir weisen auf eine andere Schwäche des Modells hin. Es entsteht der Eindruck, dass Bindung dadurch zustandekommt, dass bindende MOs besetzt und antibindende MOs unbesetzt sind. Dieser Zusammenhang ist zwar sehr oft erfüllt – und darauf baut die Diskussion mit Hilfe der semiempirischen Methoden auf –, aber keineswegs zwingend. So ist F_2 energetisch *nicht* stabiler als zwei getrennte F-Atome, wenn man in der MO-Näherung rechnet, auch wenn dafür Hartree-Fock-Rechnungen mit großen Basissätzen herangezogen werden. Die Bindung kommt erst durch die Berücksichtigung der Korrelationsenergie zustande, was aber letztlich die Aufgabe der MO-Näherung bedeutet (s. Abschn. 4.2.8).

3.2.6 Lokalisierte Orbitale

Die Molekülorbitale, wie man sie aus „normalen" quantenchemischen Rechnungen (semiempirisch oder ab initio) erhält, bringen die Gleichwertigkeit bestimmter Bindungen, wie sie der Struktur des Moleküls entspricht, nicht explizit zum Ausdruck. Diese *kanonischen* MOs sind (im allgemeinen) *delokalisiert*. Etwa für das in Abschnitt 3.2.3 betrachteten NH_3 sind zwar alle abgeleiteten Größen für die drei N-H-Bindungen und die drei H-Atome gleich, aber nicht alle drei bindenden MOs haben die gleiche Energie (Bild 3.20) und können einzelnen, „lokalisierten" Bindungen zugeordnet werden.

---

[54] *Quasientartung* bedeutet, dass keine Symmetriegründe für die Entartung vorliegen. Die Energiewerte sind „zufällig" sehr nahe beieinander (*zufällige Entartung*).

Man kann dies jedoch erreichen, wenn man von den kanonischen MOs zu *lokalisierten* MOs übergeht. Durch eine geeignete Linearkombination von n besetzten kanonischen MOs lässt sich nämlich erreichen, dass n MOs entstehen, die alle einen gleichen, mittleren Energiewert haben,[55] und von denen jedes als Hauptanteile nur die AOs der an *einer* Bindung beteiligten Atome enthält (*Bindungsorbitale*). Es handelt sich also um eine Transformation der besetzten MOs untereinander. Dabei wird verlangt, dass die Gesamtenergie des Moleküls (in der EHT-Methode die Summe der MO-Energien) unverändert bleibt. Es gibt verschiedene Möglichkeiten für die angestrebte Lokalisierung. Man kann etwa fordern, dass die lokalisierten MOs „so weit wie möglich voneinander entfernt sind" (Lokalisierungskriterium von Boys) oder dass die Coulombsche Abstoßung zwischen ihnen möglichst gering ist (Kriterium von Edmiston und Ruedenberg). Beide (und auch weitere) Kriterien liefern im allgemeinen qualitativ gleiche Resultate.

Besonders übersichtlich ist die Lokalisierungsprozedur für CH_4 (Symmetriepunktgruppe T_d). Aus einer Standard-EHT-Rechnung erhält man die besetzten kanonischen MOs

$$
\begin{aligned}
\psi_1(a_1) &= 0.632\,s &+& \quad 0.344\,(1/2)(\chi_a + \chi_b + \chi_c + \chi_d) \\
\psi_2(t) &= 0.541\,p_x &+& \quad 0.620\,(1/2)(\chi_a + \chi_b - \chi_c - \chi_d) \\
\psi_3(t) &= 0.541\,p_y &+& \quad 0.620\,(1/2)(\chi_a - \chi_b + \chi_c - \chi_d) \\
\psi_4(t) &= 0.541\,p_z &+& \quad 0.620\,(1/2)(\chi_a - \chi_b - \chi_c + \chi_d),
\end{aligned}
\tag{3.46}
$$

wobei χ_k $(k = a, \ldots, d)$ für das $1s$-AO des H-Atoms k steht. Energetisch liegt das totalsymmetrische a_1-Orbital tiefer als die drei entarteten t-Orbitale. Durch Linearkombination der vier besetzten kanonischen MOs (3.46)

$$
\begin{aligned}
\psi_a &= 0.443\,\psi_1(a_1) &+& \quad 0.518\,(+\psi_2(t) + \psi_3(t) + \psi_4(t)) \\
\psi_b &= 0.443\,\psi_1(a_1) &+& \quad 0.518\,(+\psi_2(t) - \psi_3(t) - \psi_4(t)) \\
\psi_c &= 0.443\,\psi_1(a_1) &+& \quad 0.518\,(-\psi_2(t) + \psi_3(t) - \psi_4(t)) \\
\psi_d &= 0.443\,\psi_1(a_1) &+& \quad 0.518\,(-\psi_2(t) - \psi_3(t) + \psi_4(t))
\end{aligned}
$$

ergeben sich die vier lokalisierten MOs

$$
\begin{aligned}
\psi_a &= 0.560\,(1/2)(s + p_x + p_y + p_z) &+& \quad 0.558\,\chi_a \\
\psi_b &= 0.560\,(1/2)(s + p_x - p_y - p_z) &+& \quad 0.558\,\chi_b \\
\psi_c &= 0.560\,(1/2)(s - p_x + p_y - p_z) &+& \quad 0.558\,\chi_c \\
\psi_d &= 0.560\,(1/2)(s - p_x - p_y + p_z) &+& \quad 0.558\,\chi_d.
\end{aligned}
\tag{3.47}
$$

Die Kombinationen der Kohlenstoff-AOs in den MOs (3.47) sind gerade die sp^3-Hybridorbitale (s. Tab. 1.9). Jedes lokalisierte MO in (3.47) setzt sich also aus einem Kohlenstoff-Hybrid-AO und dem $1s$-Orbital des H-Atoms zusammen, zu dem das Hybridorbital „zeigt" (Bild 3.24). Genau dies ist mit dem Begriff „lokalisiertes MO" gemeint.

Energieniveauschemata für CH_4, NH_3, H_2O und HF, die sich auf lokalisierte MOs beziehen, haben dann die in Bild 3.25 dargestellte Form. Zusätzlich zu den Energien der lokalisierten MOs sind in Bild 3.25 auch die der (physikalisch bedeutungslosen) antisymmetrischen Linearkombinationen (etwa zu (3.47)) symbolisiert und als σ^* bezeichnet. Außerdem kann

---

[55]Diese mittleren Energiewerte sind dann keine Eigenwerte der Schrödinger-Gleichung des Moleküls mehr.

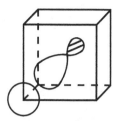

Bild 3.24
Veranschaulichung eines der vier lokalisierten Molekülorbitale in CH_4.

man – analog zur Bildung der lokalisierten MOs – auch die „symmetriegerechten" nicht-bindenden MOs linearkombinieren, so dass „hybridisierte" nichtbindende MOs entstehen. So ergibt sich die formale „Symmetrie" der Schemata in Bild 3.25. Betrachtet man nun die lokalisierten Bindungsorbitale und die in die Hybridisierungsrichtungen zeigenden nicht-bindenden Orbitale zusammen, so sind die Hauptatome in den betrachteten Hydriden alle sp^3-hybridisiert, und die Beziehung zum Elektronenpaar-Abstoßungs-Modell ist offensicht-lich. In diesem Sinne ist also der Übergang von kanonischen zu lokalisierten Orbitalen ein Übergang vom MO- zum VB-Modell.

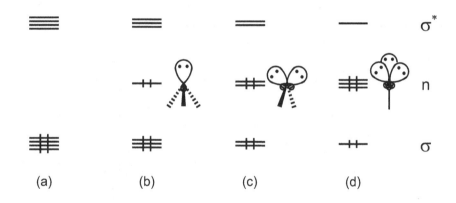

(a) (b) (c) (d)

Bild 3.25 Qualitative Energieniveauschemata für CH_4 (a), NH_3 (b), H_2O (c) und HF (d) auf der Grundlage lokalisierter MOs.

Mit Hilfe lokalisierter MOs lässt sich also die sterische Struktur vieler Moleküle, insbeson-dere solcher mit lokalisierten Einfachbindungen, sehr übersichtlich beschreiben.[56] Schwieriger wird es bei Doppelbindungen. Bei einer lokalisierten Doppelbindung wie etwa bei Ethen, liefern die Lokalisierungsverfahren zwei gekrümmte „Bananenbindungen", so dass auch in diesem Fall die C-Atome als sp^3-hybridisiert angesehen werden können. Ganz analog liefert die Lokalisierung bei B_2H_6 zwei „gekrümmte" 2-Elektronen-3-Zentren-Bindungen; das wird in Abschnitt 3.2.9 diskutiert. Bei delokalisierten π-Bindungen ist die Verwendung lokalisier-ter Orbitale vom Ansatz her nicht sinnvoll.

---

[56]Dies entspricht gerade den Valenzstrichformeln.

Auch für die Diskussion spektroskopischer Eigenschaften sind lokalisierte MOs ungeeignet, wir kommen darauf in Abschnitt 3.2.8 zurück. In der routinemäßigen Quantenchemie werden nur kanonische MOs verwendet.

3.2.7   Fragmentorbitale

In Abschnitt 3.2.4 haben wir unterschiedliche Bindungsverhältnisse durch spezifische Wechselwirkung (Linearkombination) zweier Orbitale diskutiert, was sich grafisch sehr übersichtlich darstellen lässt (Bild 3.21). Bei zweiatomigen Molekülen werden die resultierenden Molekülorbitale aus den Orbitalen der beiden Atome zusammengesetzt (s. Abschn. 1.6.4 und 3.2.5). Bei mehratomigen Molekülen kann man ganz entsprechend argumentieren, wenn man sich vorstellt, dass das System aus zwei *Fragmenten* zusammengesetzt ist und die Molekülorbitale durch symmetrische und antisymmetrische Linearkombination der *Fragmentorbitale* gebildet werden.

Bei mehratomigen Molekülen hängt die Wahl der Zerlegung in Fragmente davon ab, welcher Bindungsbereich des Moleküls mit Hilfe von Orbitalwechselwirkungen beschrieben werden soll. Bei unserem Beispiel NH_3 (vgl. Abschn. 3.2.3) wird man etwa die Wechselwirkung zwischen dem Hauptatom N und der Gesamtheit der drei H-Atome betrachten wollen. Entsprechend erfolgt die Zerlegung in Fragmente. In Bild 3.26a wurden als Fragmentorbitale

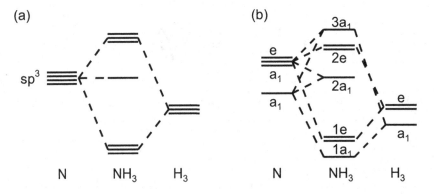

(a)   **(b)**

Bild 3.26 Orbitalwechselwirkungsdiagramme für NH_3. (a) lokalisierte Fragmentorbitale, (b) symmetriegerechte Fragmentorbitale.

die sp^3-Hybrid-AOs an N und lokalisierte AOs an den drei H-Atomen gewählt. Die durch Linearkombination dieser Orbitale gebildeten lokalisierten Molekülorbitale beschreiben am einfachsten die drei gleichwertigen N-H-Bindungen (man vgl. hierzu Abschn. 3.2.6). In Bild 3.26b wurde die C_{3v}-Molekülsymmetrie explizit berücksichtigt. Aus den H-AOs wurden zunächst symmetriegerechte Linearkombinationen gebildet, die dann als Fragmentorbitale mit den N-AOs mischen; die resultierenden MOs wurden in Bild 3.20 detailliert dargestellt.

Von besonderer didaktischer Bedeutung ist die gedankliche Zerlegung von C_2H_6, C_2H_4 und C_2H_2 in jeweils zwei gleiche Fragmente durch homolytische Spaltung der C-C-Einfach-, -Doppel- bzw. -Dreifachbindung. Bei C_2H_6 entstehen dabei zwei Methylradikale CH_3, bei

C_2H_4 zwei Methylenradikale CH_2 und bei C_2H_2 zwei Methinradikale CH. Für diese drei
Fragmenttypen sind in Bild 3.27 die *Grenzorbitale* (oder *Frontorbitale*) dargestellt, d.h.
diejenigen Fragmentorbitale, die für die „beabsichtigten" Orbitalwechselwirkungen relevant
sind.[57] Fügt man jeweils zwei gleiche Fragmente zusammen, so entspricht die Linearkombination der Grenzorbitale („Orbitalwechselwirkung") der Knüpfung der kovalenten C-C-
Bindungen (Bild 3.28).[58]

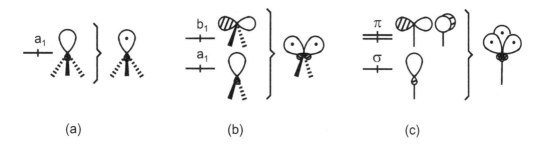

(a)   (b)   (c)

Bild 3.27 Grenzorbitale für die radikalischen Fragmente CH_3 (a), CH_2 (b) und CH (c). Neben den
symmetriegerechten Orbitalen sind auch die lokalisierten Hybridorbitale veranschaulicht.

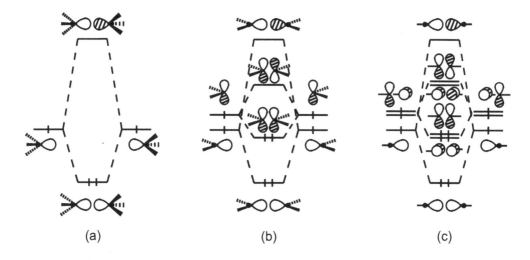

(a)   (b)   (c)

Bild 3.28 Orbitalwechselwirkungsdiagramme für die Bildung von C_2H_6 (a), C_2H_4 (b) und C_2H_2
(c) aus jeweils zwei gleichen Fragmenten.

Die in Bild 3.27 dargestellten Fragmente können natürlich auch mit anderen Fragmenten bindende Wechselwirkungen eingehen, wenn nur deren Orbitale von der Anzahl, der
Symmetrie und der Elektronenbesetzung „passen" (*Isolobalität*). So entsteht (gedanklich)

---

[57]Alle Fragmentorbitale, die die C-H-Bindungen beschreiben, spielen dafür keine Rolle.
[58]Man vergleiche dazu auch Bild 3.21.

jeweils CH_4, wenn CH_3 mit einem H-Atom, CH_2 mit zwei bzw. CH mit drei H-Atomen wechselwirkt. Entsprechend lässt sich Tetrahedran aus vier CH-Radikalen zusammensetzen. Auch kann man die Wechselwirkung mit Metallkomplex-Fragmenten betrachten (s. Abschn. 3.3.12).

Es muss ausdrücklich betont werden, dass aus der Existenz zueinander passender Grenzorbitale zweier Fragmente und der daraus kombinierbaren bindenden MOs keinesfalls die Existenz des aus diesen Fragmenten zusammengesetzten Moleküls folgt. So sind die Siliziumanalogen der eben behandelten Kohlenwasserstoffe strukturell viel komplizierter, obwohl die Fragmente qualitativ mit denen in Bild 3.27 übereinstimmen. Für die Existenz, die Stabilität und die Struktur eines molekularen Systems sind eine ganze Reihe von Faktoren relevant. Allenfalls kann man davon ausgehen, dass sich für stabile Moleküle mit „klassischen" Bindungsverhältnissen bindende MOs durch symmetrische Linearkombination geeigneter Fragmentorbitale bilden lassen.

3.2.8   Elektronenanregung

NH_3 hat uns bereits als einführendes Beispiel gedient (s. Abschn. 3.2.3). Wir stellen nun eine vergleichende Betrachtung für CH_4, NH_3, H_2O und HF an. Die einfachste Möglichkeit, qualitative MO-Schemata aufzustellen, ist in Bild 3.29 dargestellt. Für XH_n stimmt

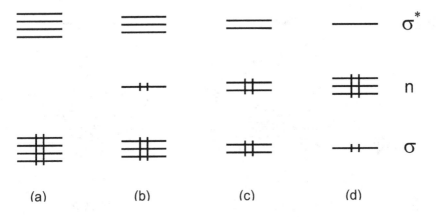

Bild 3.29 Besetzungsschema der bindenden und nichtbindenden MOs für CH_4, NH_3, H_2O und HF.

die Anzahl der X-H-Bindungen mit der Anzahl der σ-bindenden MOs überein. Zu n σ-bindenden MOs existieren (in der minimalen Valenzbasis) auch n antibindende MOs σ^*. Jedes Molekül hat acht Valenzelektronen. Diejenigen, die für die X-H-Bindungen nicht „benötigt" werden, besetzen nichtbindende MOs. Im Elektronenspektrum von CH_4 wird es also nur $\sigma \rightarrow \sigma^*$-Übergänge mit hohen Anregungsenergien geben. Der längstwellige Übergang liegt mit λ_{max} =125 nm im Vakuum-UV. Für die übrigen Moleküle gibt es auch $n \rightarrow \sigma^*$-Übergänge mit geringeren Anregungsenergien.

Bild 3.29 geht von lokalisierten MOs aus, man hat gemittelte Energiewerte. Die entsprechenden Energieniveauschemata für kanonische MOs sind in Bild 3.30 dargestellt. Sie enthalten die Energieeigenwerte. Deren Entartungsgrad lässt sich – bereits ohne jede Rechnung – aus den Charaktertafeln der zugehörigen Symmetriepunktgruppen ablesen. Die Gruppe T_d hat maximal dreidimensionale irreduzible Darstellungen, d.h., CH_4 kann maximal drei MOs gleicher Energie haben. C_{3v} und $C_{\infty v}$ haben höchstens zweidimensionale irreduzible Darstellungen, bei NH_3 und bei HF können also höchstens zweifach entartete Energieniveaus auftreten. C_{2v} schließlich hat nur eindimensionale irreduzible Darstellungen, d.h., bei H_2O haben alle MOs unterschiedliche Energie.

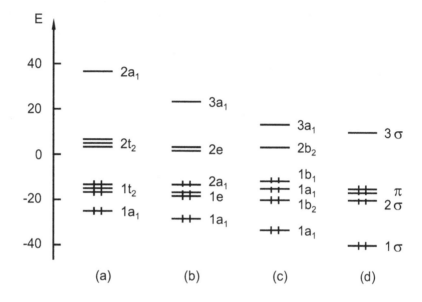

Bild 3.30 EHT-Energieniveauschemata (in eV) für CH_4 (a), NH_3 (b), H_2O (c) und HF (d).

Für die Symmetrieklassifikation der MOs benötigt man ihre Zusammensetzung aus AOs. Zweckmäßig ist es, sie gemäß Bild 3.20 grafisch darzustellen. In den vorliegenden Fällen ist die Zuordnung der MOs zu irreduziblen Darstellungen besonders einfach. Es liegt jeweils ein „zentrales" Atom vor, das bei allen Symmetrieoperationen an seinem Platz bleibt. Nur die AO-Beiträge dieses Atoms zu den MOs brauchen beachtet zu werden. Ihr Transformationsverhalten ist in der jeweiligen Charaktertafel ganz rechts angegeben. Beispielsweise transformiert sich jedes MO des H_2O, das einen O-p_y-Anteil enthält, nach b_2.

Aus den Energieniveauschemata mit den vorhandenen Entartungen lassen sich spezifische spektroskopische Eigenschaften ableiten. So wird verständlich, warum etwa bei CH_4 im UPS-Spektrum *zwei* Linien für die Ionisationen aus dem Valenzbereich auftreten, obwohl doch scheinbar alle acht Valenzelektronen gleichwertigen X-H-Bindungen zuzuordnen sind. Klar wird auch, warum die Linie zur geringeren Ionisierungsenergie eine größere Intensität hat; die Wahrscheinlichkeit der Ionisation aus dem dreifach entarteten Niveau t_2 ist größer als die aus a_1.

Wir betrachten die verschiedenen Klassen von Kohlenwasserstoffen. Die wesentlichen Unterschiede in den spektralen Eigenschaften lassen sich bereits aus rein qualitativen MO-Schemata – ohne jede Rechnung – ableiten (Bild 3.31). Man benötigt nur die Tatsache, dass die σ/σ^*-Aufspaltung auf Grund der größeren Überlappung stärker ist als die π/π^*-Aufspaltung (vgl. Bild 3.21). Wir diskutieren die einzelnen Fälle: Bei gesättigten Kohlenwasserstoffen (Bild 3.21a) hat man nur σ-Wechselwirkungen. Die $\sigma \rightarrow \sigma^*$-Übergänge erfordern eine sehr hohe Anregungsenergie, sie liegen im Vakuum-UV.[59] Enthalten gesättigte Kohlenwasserstoffe Heteroatome (O, N, S, Halogene, ...), so können freie Elektronenpaare vorhanden sein. Dann sind besetzte nichtbindende MOs vorhanden (Bild 3.21b). Die Anre-

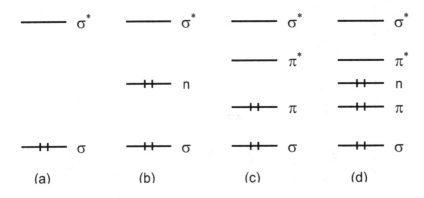

Bild 3.31 Prinzipielle Energieniveauschemata für verschiedene Klassen von Kohlenwasserstoffen. Es ist jeweils nur ein Orbital der relevanten Typen angegeben; tatsächlich hat man gegebenenfalls Gruppen solcher Orbitale. (a) gesättigte Kohlenwasserstoffe, (b) gesättigte Kohlenwasserstoffe mit Heteroatomen, (c) ungesättigte Kohlenwasserstoffe, (d) allgemeiner Fall.

gungsenergien für $n \rightarrow \sigma^*$-Übergänge sind deutlich geringer, die Übergänge liegen im nahen UV. Ungesättigte Kohlenwasserstoffe (Bild 3.21c) haben durch das Auftreten von π- und π^*-MOs relativ langwellige $\pi \rightarrow \pi^*$-Übergänge im nahen UV oder sogar im sichtbaren Spektralbereich.[60] Enthalten ungesättigte Kohlenwasserstoffe Heteroatome mit freien Elektronenpaaren oder enthält ein Kohlenwasserstoff heteronukleare Doppelbindungen, d.h. „chromophore Gruppen" (zum Beispiel Carbonyl-, Thiocarbonyl- oder Nitrosogruppen), dann sind schließlich alle „Typen" von MOs vorhanden (Bild 3.21d). Das UV/VIS-Spektrum kann dann $n \rightarrow \pi^*$- und $\pi \rightarrow \pi^*$-Übergänge enthalten. $n \rightarrow \pi^*$-Übergänge benötigen die geringsten Anregungsenergien, sie sind allerdings häufig verboten (s. Abschn. A.4.4).

Man kann mit recht guter Sicherheit voraussagen, wie sich die Wellenlänge der $n \rightarrow \pi^*$-Übergänge verändert, wenn ein Heteroatom durch ein anderes substituiert wird. Wird dabei die Elektronegativität des Heteroatoms verringert (Substitution von O durch S bzw. N, oder von Cl durch Br), so liegt die Energie der nichtbindenden MOs höher. Die Anregungsenergie für die freien Elektronenpaare wird geringer (sie werden weniger stark „festgehalten").

---

[59]Oft führt aber die Einstrahlung so hoher Energien nicht zur Elektronenanregung, sondern zur Fotodissoziation.
[60]Daher rührt die Bezeichnung „Chromophore" für solche Systeme.

Dies führt zu einer *bathochromen* Verschiebung der $n \to \pi^*$-Übergänge (d.h. nach größeren Wellenlängen). Im umgekehrten Fall ist die Verschiebung *hypsochrom* (nach kleineren Wellenlängen). So ist für eine Carbonylgruppe $\lambda_{max} = 270\,$nm, für eine Thiocarbonylgruppe dagegen $\lambda_{max} = 670\,$nm. Mit der gleichen Argumentation begründet man die bei Verringerung der Elektronegativität des Heteroatoms sinkende Ionisierungsenergie des Moleküls.

In den Fällen (b) bis (d) treten natürlich neben den diskutierten langwelligen Übergängen auch noch $\sigma \to \sigma^*$-Übergänge mit sehr hohen Anregungsenergien auf (wenn es nicht zur Fotodissoziation des Moleküls kommt). Diese Übergänge sind aber im allgemeinen von *Rydberg-Übergängen* überlagert, die Anregungen in hochliegende Atomzustände einzelner Atome darstellen.

Tatsächlich hat man bei allen aus den MO-Schemata ableitbaren spektroskopischen Übergängen die Auswahlregeln zu beachten, d.h., man hat zu prüfen, ob der betrachtete Übergang tatsächlich erlaubt oder etwa verboten ist (s. Abschn. A.4.4).

3.2.9   Elektronenmangel- und -überschussverbindungen

Bei den Verbindungen, die wir in den vorigen Abschnitten behandelt haben, war stets die Oktettregel erfüllt. Es gibt aber Systeme, bei denen dies nicht der Fall ist. Formal liegt dann entweder eine „Oktettlücke" oder „Oktettaufweitung" vor. Bei solchen *Elektronenmangel-* bzw. *-überschussverbindungen* sind die Bindungsverhältnisse weniger übersichtlich als im „Normalfall".

Wir betrachten zunächst BH_3. Das B-Atom ist von drei Elektronenpaaren umgeben, es ist eine Oktettlücke vorhanden. Nach dem Elektronenpaarabstoßungsmodell sollte eine trigonal-planare Struktur vorliegen (D_{3h}), da dann die Abstoßung zwischen den drei bindenden Elektronenpaaren minimal ist. Das B-Atom wäre sp^2-hybridisiert, sein $2p_\pi$-AO bliebe unbesetzt. BH_3 ist in dieser Form nicht stabil. Es ist bestrebt, die Oktettlücke „zu schließen", um dadurch zu größerer Stabilität zu gelangen. Dafür gibt es verschiedene Möglichkeiten. Eine besteht in der „Umhybridisierung" des B-Atoms von sp^2 zu sp^3. Dann liegt ein unbesetztes sp^3-Hybridorbital vor, über das mit einem lone-pair-Orbital eines geeigneten Donors eine Donor-Akzeptor-Bindung ausgebildet werden kann (vgl. Bild 3.21d). Damit ist das B-Atom tetraedrisch von vier Elektronenpaaren umgeben, der Elektronenmangel ist „beseitigt". Eine solche Bindungssituation liegt etwa in $H_3B - NH_3$ vor, allgemeiner in allen molekularen und festen AIII/BV-Verbindungen. Eine zweite Möglichkeit, die zwar bei BH_3 selbst nicht gegeben ist, wohl aber bei BF_3, besteht in der Wechselwirkung des unbesetzten B-$2p_z$-AOs mit den besetzten F-$2p_\pi$-AOs. Dadurch kommt es zu einer delokalisierten π-Bindung. Diese „intramolekulare" Donor-Akzeptor-Bindung beseitigt den Elektronenmangel in der Umgebung des B-Atoms zumindest partiell.

Tatsächlich liegt Borhydrid in dimerisierter Form B_2H_6 vor (Bild 3.32). Auf diese Weise können zwei Monomere gemeinsam die Oktettlücke schließen. Jedes B-Atom ist sp^3-hybridisiert. Jeweils zwei dieser Hybridorbitale bilden mit den $1s$-AOs der äußeren H-Atome lokalisierte B-H-σ-Bindungen aus. Dafür werden acht der zwölf Valenzelektronen des dimeren Systems benötigt. Die restlichen vier Elektronen bilden die Bindungen im Brückenbereich aus. Lokalisiert man die Brückenbindungen (gedanklich oder mit einer Lokalisierungs-

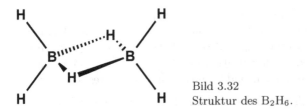

Bild 3.32
Struktur des B_2H_6.

prozedur durch Linearkombination der delokalisierten MOs, s. Abschn. 3.2.6), so erhält man zwei σ-bindende MOs, die ihrerseits jeweils längs B-H-B delokalisiert sind. Jedes dieser MOs entsteht durch symmetrische Kombination (positive Überlappung) zwischen dem $1s$-Orbital eines Brücken-H-Atoms und je einem sp^3-Hybridorbital der beiden B-Atome. Durch die Ausbildung dieser beiden *2-Elektronen-3-Zentren-Bindungen* ist jedes B-Atom „tetraedrisch" durch Elektronenpaare umgeben.[61] 2-Elektronen-3-Zentren-Bindungen sind typisch für Elektronenmangelverbindungen.[62]

Der Prototyp einer solchen Bindung liegt bei H_3^+ (linear oder trigonal-planar) vor, für π-Elektronensysteme beim Allyl-Kation bzw. beim Cyclopropenyl-Kation. MO-Schemata für diese allesamt stabilen Systeme sind in Bild 3.33 zusammengestellt. Im besetzten bindenden MO liegen jeweils gleichwertige positive Überlappungen zwischen allen Nachbarn vor. Deshalb sind auch die Überlappungspopulationen bzw. Bindungsordnungen zwischen allen Nachbarn gleich. Strukturell bedeutet das vollständigen Bindungsausgleich.

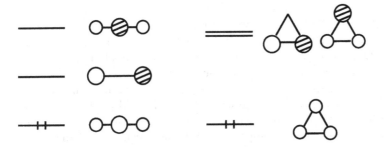

Bild 3.33 MO-Schemata für lineares und trigonal-planares H_3^+ bzw. für das Allyl-Kation (dann hätte man anstelle der linearen eine gewinkelte Anordnung) und das Cyclopropenyl-Kation. Bei den π-Systemen sind die dargestellten Orbitale als „von oben betrachtete" p_π-Orbitale aufzufassen.

Der Gegensatz zum bisher diskutierten Fall sind Elektronenüberschussverbindungen. Für sie sind *4-Elektronen-3-Zentren-Bindungen* typisch. Die Bindungssituation in solchen Systemen ist weniger übersichtlich, einige Aspekte können jedoch bereits aus Bild 3.33 abgeleitet werden. Das Allyl-Anion, bei dem das formal nichtbindende MO doppelt besetzt ist, kann seinen Elektronenüberschuss durch Bildung von Alkalisalzen oder durch Koordination

---

[61]Man beachte, dass für solche Systeme die Kernverbindungslinien in den Strukturdarstellungen (wie etwa in Bild 3.32) *keine* Valenzstriche im Sinne von lokalisierten Elektronenpaarbindungen sind.
[62]Dies trifft natürlich auch auf 2-Elektronen-4(und mehr)-Zentren-Bindungen zu.

an Übergangsmetallkationen abbauen. Das trigonal-planare H_3^- ist sicher sehr instabil, da antibindende MOs besetzt werden. Aber auch bei linearem H_3^- erweist sich, dass das besetzte, formal nichtbindende MO antibindenden Charakter hat, da die negative Überlappung der AOs der äußeren Atome nicht völlig vernachlässigbar ist. Die 4-Elektronen-3-Zentren-Bindung ist aber offenbar stabil für lineare Systeme AHA, wenn A stark elektronegativ ist, d.h. die A-H-Bindungen stark polar sind. Dies ist etwa bei starken H-Brücken-Bindungen wie in $[FHF]^-$ der Fall.

Auch bei der Elektronenüberschussverbindung XeF_2 liegt eine stabile lineare 4-Elektronen-3-Zentren-Bindung vor. Die einfachste qualitative Interpretation der Bindungsverhältnisse besteht in der Annahme eines sp^2-hybridisierten Xe-Atoms, das über sein p_π-Orbital (unter Oktettaufweitung) eine symmetrische 4-Elektronen-3-Zentren-Bindung mit den beiden F-Atomen ausbildet. Das formal nichtbindende MO kann dann als schwach bindend angesehen werden (Bild 3.34). Wir weisen darauf hin, dass dies eine sehr simple Modellvorstellung ist. Die tatsächlichen Verhältnisse sind weitaus komplizierter. Insbesondere bei Elektronenüberschussverbindungen spielt die Elektronenkorrelation eine große Rolle.

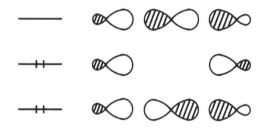

Bild 3.34
Zur Bindung in XeF_2.

3.2.10 Walsh-Diagramme

Die grafische Darstellung der Abhängigkeit der MO-Energien eines Moleküls von einem geometrischen Parameter wird als *Walsh-Diagramm* bezeichnet.[63] In Bild 3.35 ist das Walsh-Diagramm für die Abwinklung des H_3-Systems aus der linearen ($D_{\infty h}$) über die gewinkelte (C_{2v}) in die trigonale (D_{3h}) Struktur dargestellt. Man entnimmt dem Diagramm, dass bei Besetzung mit zwei Elektronen (H_3^+) die trigonale Struktur, bei Besetzung mit vier Elektronen (H_3^-) dagegen die lineare stabiler sein wird.[64]

Bei Variation eines geometrischen Parameters q kann es zur Kreuzung der Energieniveaus kommen. Dabei ist zwischen zwei Fällen zu unterscheiden (Bild 3.36). Haben die sich kreuzenden Niveaus verschiedene Symmetrie, gibt es keine Probleme (Bild 3.36a). Die Kreuzung von Niveaus gleicher Symmetrie ist jedoch „verboten" („Nichtkreuzungsregel", *non-crossing rule*). Am Kreuzungspunkt hätten nämlich beide Niveaus gleiche Energie, wären also entartet und würden, da sie gleiche Symmetrie haben, stark miteinander wechselwirken. Bei „Annäherung" an den Kreuzungspunkt führt diese Wechselwirkung zu einem „Abbiegen"

---

[63]Der Parameter kann in gewissem Sinne als „Reaktionskoordinate" einer Umlagerung aufgefasst werden.
[64]Man vergleiche dazu auch Bild 3.33.

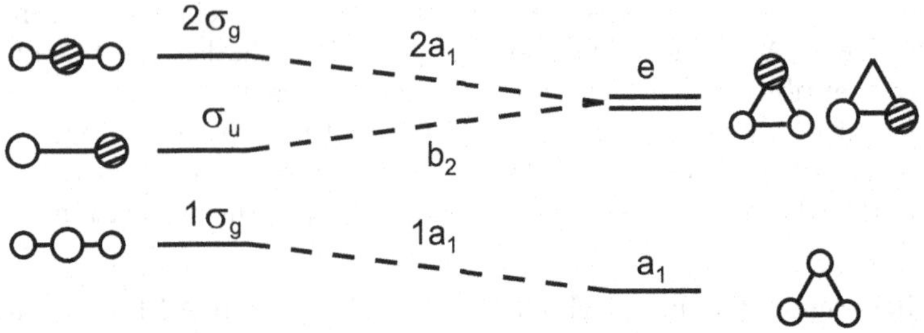

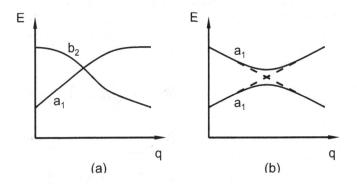

Bild 3.35 Walsh-Diagramm für die Abwinklung des H_3-Systems aus der linearen bis in die trigonale Struktur.

E   E

(a)   (b)

Bild 3.36 Kreuzung (a) und vermiedene Kreuzung (b) von Energieniveaus. Die Symmetriebezeichnung der Niveaus ist willkürlich.

der Niveaus in der in Bild 3.36b dargestellten Weise („vermiedene Kreuzung"). Die Nichtkreuzungsregel spielt insbesondere bei fotochemischen Reaktionen ein wichtige Rolle.

Tritt längs der Reaktionskoordinate eine Kreuzung von HOMO und LUMO auf (beide müssen dann unterschiedliche Symmetrie haben), so ist die Reaktion symmetrieverboten; die Orbitalsymmetrie der besetzten MOs bleibt nicht erhalten (vgl. Abschn. 3.1.8). Für eine solche Reaktion muss mit einer hohen Aktivierungsenergie gerechnet werden.

3.3 Koordinationsverbindungen

3.3.1 Der Grundgedanke der Ligandenfeldtheorie

Die Ligandenfeldtheorie beruht auf der Annahme – und der experimentellen Erkenntnis –, dass das Zentralatom (in den meisten Fällen ein Übergangsmetallkation) der dominierende Teil einer Koordinationsverbindung ist. Zentralatom und Liganden werden also nicht als gleichberechtigt behandelt (wie es bei LCAO-MO-Verfahren der Fall ist; s. Abschn. 3.3.10 und folgende), sondern der Einfluss der Liganden wird „lediglich" als Störung der Elektronenzustände des Zentralatoms aufgefasst. Diese Atomzustände sind im allgemeinen entartet:[65] die fünf energetisch gleichwertigen d-Orbitale, wenn man mit Einelektronenzuständen arbeitet, bzw. die durch unvollständige Besetzung dieser Orbitale resultierenden Mehrelektronenzustände (s. Abschn. 1.5.4). Die Störung führt zu einer energetischen Verschiebung und zu einer durch die Symmetrie der Ligandenanordnung bedingten charakteristischen Aufspaltung der entarteten Zentralatomzustände, aus der spezifische spektroskopische und magnetische Eigenschaften resultieren.[66]

Die Liganden werden als (negative) Punktladungen (bzw. als zum im allgemeinen positiv geladenen Zentralatom gerichtete Punktdipole) aufgefasst. Die Gesamtheit aller Liganden baut damit ein elektrisches Feld auf, das *Ligandenfeld*, das wegen der Symmetrie der Ligandenanordnung im allgemeinen hochsymmetrisch ist und zur Aufspaltung der Zentralatomzustände führt. Physikalisch handelt es sich um einen intramolekularen Stark-Effekt (vgl. Abschn. 2.3.5).

Wir betrachten zunächst den Fall eines einzelnen d-Elektrons in einem vorgegebenen Ligandenfeld. Der Hamilton-Operator wird gemäß der getroffenen Näherungsannahmen in

$$\mathbf{H} = \mathbf{H}_Z + \mathbf{V}_{LF} \tag{3.48}$$

zerlegt. $\mathbf{H}_Z$, der Operator für das „freie" Zentralatom, entspricht dem ungestörten Operator $\mathbf{H}^{(0)}$, $\mathbf{V}_{LF}$, der *Ligandenfeldoperator*, dem Störoperator $\mathbf{H}^{(1)}$ (vgl. Abschn. 2.3.1). Die Schrödinger-Gleichung für das ungestörte System, das freie Zentralatom, gilt als gelöst. Im vorliegenden Fall eines einzelnen d-Elektrons über abgeschlossenen Schalen liegt ein *allgemeines Zentralfeld* vor; das Elektron bewegt sich im kugelsymmetrischen Feld aus Kern und Rumpfelektronen. In Abschnitt 1.5.2 haben wir ausgeführt, dass sich für ein solches Feld die Schrödinger-Gleichung in eine Radial- und eine Winkelgleichung separieren lässt. Die Radialgleichung ist nicht geschlossen lösbar, die Winkelgleichung dagegen führt wie beim H-Atom auf Kugelflächenfunktionen, d.h. auf s-, p-, d-Orbitale (usw.). In unserem Fall besetzt das einzelne d-Elektron eines von fünf d-Orbitalen. Die radiale Gestalt dieser Orbitale und die zugehörige Orbitalenergie (die für alle fünf d-Orbitale gleich sind) sind nicht geschlossen angebbar, aber für das folgende auch nicht erforderlich. Alle qualitativen Schlussfolgerungen werden aus den (für die fünf d-Orbitale unterschiedlichen) Winkelanteilen, die durch die komplexen oder reellen Kugelflächenfunktionen gegeben sind, abgeleitet.

---

[65]Gemeint ist hier „Bahnentartung", d.h. Entartung bezüglich der Bahndrehimpulsquantenzahlen m_l bzw. M_L.

[66]Für die Lösung des Problems hat man also die Störungstheorie bei vorliegender Entartung anzuwenden (s. Abschn. 2.3.4).

3.3.2 Qualitative Aufspaltung der Orbitale

Ohne jede Rechnung, nur mit gruppentheoretischen Hilfsmitteln lässt sich entscheiden, ob entartete Energieniveaus des freien Zentralatoms durch das umgebende Ligandenfeld aufspalten oder nicht und, wenn ja, in wieviele Niveaus. Zweckmäßig geht man dabei von Orbitalen mit komplexen Kugelflächenfunktionen $Y_l^{m_l}(\vartheta, \varphi)$ aus. Man untersucht das Symmetrieverhalten der Gesamtheit der $(2l+1)$ Orbitale zu festem l (die sich durch $m_l = -l, \ldots, l$ unterscheiden) unter dem Einfluss aller Symmetrieoperationen der Symmetriepunktgruppe des Ligandenfeldes. Die $(2l+1)$ Orbitale sind damit Basis einer Darstellung dieser Gruppe. Diese $(2l+1)$-dimensionale Darstellung ist im allgemeinen reduzibel, sie ist nach irreduziblen Darstellungen auszureduzieren. Diese Zerlegung liefert das qualitative Aufspaltungsbild.

Für die Ausreduktion benötigt man die Charaktere der auszureduzierenden Darstellung und die aller irreduziblen Darstellungen (s. Abschn. A.3.5). Von den Symmetrieoperationen betrachten wir zunächst Drehungen um eine beliebige Achse, die wir willkürlich als z-Achse auffassen. Von den $(2l+1)$ Basisfunktionen $Y_l^{m_l}(\vartheta, \varphi)$ ist nur der Faktor $e^{im_l\varphi}$ (s. (1.67)) relevant. Eine Drehung um den Winkel α um die z-Achse führt die alte Basisfunktion $e^{im_l\varphi}$ in die neue Funktion $e^{im_l(\varphi+\alpha)}$ über. Insgesamt hat man

$$
\begin{pmatrix} e^{il(\varphi+\alpha)} \\ e^{i(l-1)(\varphi+\alpha)} \\ \ldots\ldots\ldots \\ e^{-il(\varphi+\alpha)} \end{pmatrix} = \begin{pmatrix} e^{il\alpha} & 0 & \ldots & 0 \\ 0 & e^{i(l-1)\alpha} & \ldots & 0 \\ \ldots\ldots\ldots\ldots\ldots\ldots\ldots \\ 0 & 0 & \ldots & e^{-il\alpha} \end{pmatrix} \begin{pmatrix} e^{il\varphi} \\ e^{i(l-1)\varphi} \\ \ldots \\ e^{-il\varphi} \end{pmatrix}. \tag{3.49}
$$

Die quadratische $(2l+1)$-reihige Matrix ist die Darstellungsmatrix für die Drehung $C_{2\pi/\alpha}$ bezüglich der betrachteten Basis aus $(2l+1)$ Orbitalen.[67] Wir bilden die Spur dieser Matrix, d.h. die Summe der Diagonalelemente:

$$
\begin{aligned}
\chi^{(l)}(C_{2\pi/\alpha}) &= e^{il\alpha} + e^{i(l-1)\alpha} + \ldots + e^{-il\alpha} = \sum_{m_l=-l}^{m_l=+l} e^{im_l\alpha} \\
&= \frac{e^{i(l+1)\alpha} - e^{-il\alpha}}{e^{i\alpha} - 1} = \frac{\sin\left(l + \frac{1}{2}\right)\alpha}{\sin\frac{1}{2}\alpha},
\end{aligned} \tag{3.50}
$$

und haben damit die Charaktere für alle Drehungen gefunden.

Als Beispiel betrachten wir die Aufspaltung der fünf d-Orbitale im oktaedrischen Ligandenfeld. Mit $l = 2$ wird aus (3.50)

$$
\chi^{(d)}(C_{2\pi/\alpha}) = \frac{\sin\frac{5}{2}\alpha}{\sin\frac{1}{2}\alpha}.
$$

Die Gruppe O_h enthält Drehungen C_2, C_3 und C_4 (s. die Charaktertafel im Anhang). Man hat also $\chi^{(d)}(C_2) = \sin(5/2)\pi / \sin(1/2)\pi = 1$, $\chi^{(d)}(C_3) = -1$ und $\chi^{(d)}(C_4) = -1$. Die restlichen Symmetrieoperationen aus O_h lassen sich als $iC_{2\pi/\alpha}$ schreiben.[68] Für diese Symmetrieoperationen ist in (3.49) auf der rechten Seite zusätzlich die Darstellungsmatrix für

---

[67] Man vergleiche dazu Abschnitt A.3.1
[68] Man prüft leicht nach, dass etwa $S_6 = iC_3$ oder $\sigma_h = iC_2$ ist.

die Inversion einzufügen, die aber für die Transformation von d-Orbitalen eine Einheitsmatrix ist. Damit gilt $\chi^{(d)}(iC_{2\pi/\alpha}) = \chi^{(d)}(C_{2\pi/\alpha})$,[69] und die fünfdimensionale Darstellung $\Gamma^{(d)}$ hat die folgenden Charaktere:

O_h	E	$8C_3$	$3C_2$	$6C_4$	$6C_2'$	i	$8S_6$	$3\sigma_h$	$6S_4$	$6\sigma_d$
$\Gamma^{(d)}$	5	-1	1	-1	1	5	-1	1	-1	1

Die Darstellung $\Gamma^{(d)}$ besteht aus 48 quadratischen fünfreihigen Matrizen $\Gamma^{(d)}(R_i)$ ($i = 1,\ldots,48$), von denen jede die Transformation der fünf d-Orbitale unter dem Einfluss einer Symmetrieoperation R_i beschreibt. Die individuelle Matrix zu jeder Symmetrieoperation wird nicht benötigt, nur die Spur der jeweiligen Matrix, ihr Charakter. Für Symmetrieoperationen, die zur gleichen Klasse gehören, stimmen die Charaktere überein (vgl. Abschn. A.3.5).

Die Darstellung $\Gamma^{(d)}$ ist reduzibel, Ausreduktion gemäß (A.31) liefert

$$\Gamma^{(d)} = e_g + t_{2g}, \tag{3.51}$$

d.h., die reduzible Darstellung $\Gamma^{(d)}$ zerfällt in die zwei irreduziblen Darstellungen e_g und t_{2g}. Dies bedeutet, dass es eine quadratische fünfreihige Matrix T gibt, so dass sämtliche 48 Darstellungsmatrizen $\Gamma^{(d)}(R_i)$ der Darstellung $\Gamma^{(d)}$ durch eine Ähnlichkeitstransformation $\Gamma'^{(d)}(R_i) = T^{-1}\Gamma^{(d)}(R_i)T$ in eine zu $\Gamma^{(d)}$ äquivalente Darstellung $\Gamma'^{(d)}$ überführt werden können (vgl. Abschn. A.3.3), bei der alle 48 Matrizen $\Gamma'^{(d)}(R_i)$ in *gleicher* Weise ausgeblockt sind, d.h. längs der Hauptdiagonalen einen $(2 \cdot 2)$-Block und einen $(3 \cdot 3)$-Block enthalten und sonst überall verschwindende Matrixelemente haben (vgl. Abschn. A.3.4).[70] Die Zerlegung (3.51) bedeutet, dass sich die fünf d-Orbitale in einer oktaedrischen Umgebung nicht mehr – wie im freien Atom – gemeinsam transformieren. Man kann sie in zwei Gruppen einteilen (oder so linearkombinieren, dass zwei Gruppen entstehen), die eine aus zwei, die andere aus drei Orbitalen. Die Orbitale jeder Gruppe transformieren sich bei allen 48 Symmetrieoperationen der Symmetriepunktgruppe O_h nur „in sich", d.h. mischen bei Anwendung der Symmetrieoperationen nur miteinander, nicht aber mit den Orbitalen der anderen Gruppe. Sie transformieren sich entweder nach den zweireihigen oder nach den dreireihigen Blöcken der ausgeblockten Matrizen. Damit hat jede der beiden Orbitalgruppen unterschiedliche Symmetrieeigenschaften und damit auch unterschiedliche Energiewerte. Es kommt zur Aufspaltung des fünffach entarteten Niveaus in ein zweifach und ein dreifach entartetes Niveau, die man mit den Symbolen der zugehörigen irreduziblen Darstellungen bezeichnet: e_g und t_{2g}.

Tabelle 3.4 enthält die Aufspaltung der entarteten atomaren Einelektronenniveaus mit den Drehimpulsquantenzahlen $l = 0,\ldots,4$ in Feldern verschiedener Symmetrie. Man kann diese Aufspaltung in der oben beschriebenen Weise für die einzelnen Symmetriepunktgruppen ermitteln. Das würde etwa für das Tetraeder

$$\Gamma^{(d)} = e + t_2$$

---

[69]Dies gilt für die Transformation aller geraden Funktionen (l gerade); für ungerade Funktionen (l ungerade) ist sie eine Diagonalmatrix, in deren Diagonale überall (-1) steht. Man hat dann $\chi^{(l)}(iC_{2\pi/\alpha}) = -\chi^{(l)}(C_{2\pi/\alpha})$.

[70]Die Transformationsmatrix T selbst wird nicht benötigt; ihre Existenz ist aber gewiss.

Tab. 3.4 Ausreduktion der Darstellungen $\Gamma^{(l)}$ ($l = 0, \ldots, 4$) in verschiedenen Punktgruppen

l	O_h	T_d	D_{4h}
0	a_{1g}	a_1	a_{1g}
1	t_{1u}	t_2	$a_{2u} + e_u$
2	e_g	e	$a_{1g} + b_{1g}$
	t_{2g}	t_2	$b_{2g} + e_g$
3	a_{2u}	a_2	b_{1u}
	t_{1u}	t_2	$a_{2u} + e_u$
	t_{2u}	t_1	$b_{2u} + e_u$
4	a_{1g}	a_1	a_{1g}
	e_g	e	$a_{1g} + b_{1g}$
	t_{1g}	t_1	$a_{2g} + e_g$
	t_{2g}	t_2	$b_{2g} + e_g$

und für eine D_{4h}-Anordnung

$$\Gamma^{(d)} = a_{1g} + b_{1g} + b_{2g} + e_g$$

ergeben. Dies ist aber für $l \leq 2$ nicht erforderlich, denn die Charaktertafeln enthalten in der jeweils rechten Spalte Angaben zum Transformationsverhalten der p- und d-Orbitale.[71] Die p-Orbitale transformieren sich wie die Komponenten x, y, z des Ortsvektors, die d-Orbitale wie die binären Produkte dieser Komponenten. So transformieren sich in der Oktaedergruppe O_h die p-Orbitale gemeinsam nach der irreduziblen Darstellung t_{1u}, spalten also nicht auf. d_{xz}, d_{yz} und d_{xy} transformieren sich nach t_{2g}, d_{z^2} und $d_{x^2-y^2}$ nach e_g. Etwa in C_{3v} spalten auch die p-Orbitale auf: p_z transformiert sich nach a_1, p_x und p_y transformieren sich nach e. Die d-Orbitale spalten in C_{3v} in drei Gruppen auf: d_{z^2} transformiert sich nach a_1, d_{xz} und d_{yz} transformieren sich nach e, $d_{x^2-y^2}$ und d_{xy} ebenfalls nach e.

Über die energetische Reihenfolge der bei der Aufspaltung resultierenden Niveaus (Tab. 3.4) lässt sich mit gruppentheoretischen Mitteln nichts aussagen. Dazu sind konkrete Rechnungen nötig (s. den folgenden Abschnitt). Oft helfen jedoch bereits Plausibilitätsbetrachtungen (Bild 3.37). Legt man nämlich die Oktaederliganden auf die Koordinatenachsen, so haben Elektronen, die die Orbitale d_{z^2} und $d_{x^2-y^2}$ besetzen, relativ hohe Aufenthaltswahrscheinlichkeit in Richtung der Liganden, die entweder Anionen oder mit einem Donorelektronenpaar auf das Zentralatom gerichtete Neutralliganden sind. Das führt zu einer relativen Destabilisierung dieser beiden Orbitale gegenüber den drei anderen, die „zwischen" die Liganden gerichtet sind. Beim Tetraeder ist es umgekehrt: die e-Orbitale sind „zwischen" die Liganden gerichtet, die t_2-Orbitale dagegen „auf" die Liganden und damit destabilisiert. Bei einer quadratisch-planaren Anordnung wird das b_{1g}-Orbital ($d_{x^2-y^2}$) stark destabili-

---

[71] Das kugelsymmetrische s-Orbital transformiert sich stets nach der totalsymmetrischen Darstellung.

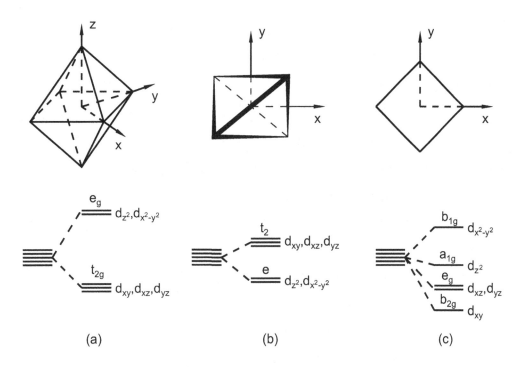

Bild 3.37 Qualitative Aufspaltung der d-Orbitale in verschiedenen Ligandenfeldern: (a) oktaedrisch, (b) tetraedrisch, (c) quadratisch-planar.

siert sein, über die Reihenfolge der übrigen Orbitale lässt sich auf diese simple Weise nichts
Allgemeingültiges aussagen.

3.3.3   Das Ligandenfeldpotenzial

Zur Untersuchung der qualitativen *und* quantitativen Verhältnisse bei der Störung der entarteten Zentralatomzustände wird die Störungstheorie angewandt, so wie wir es in Abschnitt
2.3 beschrieben haben. Dazu muss zunächst die analytische Gestalt des Störoperators $\mathbf{V}_{LF}$
festgelegt werden. Wir legen das Zentralatom in den Koordinatenursprung. Dann bauen L
Punktladungen $-q_k$ ($k = 1, \ldots, L$), die sich an den Orten $\vec{R}_k = (R_k, \theta_k, \phi_k)$ befinden, am
Raumpunkt $\vec{r} = (r, \vartheta, \varphi)$ das Potenzial

$$V(\vec{r}) = \sum_{k=1}^{L} \frac{-q_k}{|\vec{R}_k - \vec{r}|} \tag{3.52}$$

auf. Da wir an eine hochsymmetrische Anordnung identischer Liganden denken, setzen
wir $-q_k = -q$ und $R_k = R$ (gleiche Ladung und gleicher Abstand vom Zentralatom für
alle Liganden). Aus der Theorie der Kugelflächenfunktionen übernehmen wir, dass für den

Quotienten $1/|\vec{R}_k - \vec{r}|$ eine Reihenentwicklung nach diesen Funktionen existiert:[72]

$$\frac{1}{|\vec{R}_k - \vec{r}|} = \sum_{\lambda=0}^{\infty} \frac{4\pi}{2\lambda+1} \frac{r_<^{\lambda}}{r_>^{\lambda+1}} \sum_{\mu=-\lambda}^{+\lambda} Y_\lambda^\mu(\vartheta,\varphi)\, Y_\lambda^{\mu*}(\theta_k,\phi_k). \tag{3.53}$$

$r_>$ und $r_<$ bezeichnen dabei den größeren bzw. kleineren der beiden Abstände r und R vom Ursprung. Betrachtet man das Potenzial nur im Bereich zwischen dem Zentralatom und den Liganden, d.h. innerhalb einer Kugel mit dem Radius $r < R$ (was für die näherungsweise Behandlung ausreicht, da die Aufenthaltswahrscheinlichkeit der Elektronen des Zentralatoms für $r > R$ sehr klein wird), so können wir in (3.53)

$$r_< = r \quad \text{und} \quad r_> = R$$

setzen, und aus (3.52) wird

$$V(\vec{r}) = -q \sum_{\lambda=0}^{\infty} \frac{4\pi}{2\lambda+1} \frac{r^\lambda}{R^{\lambda+1}} \sum_{\mu=-\lambda}^{+\lambda} Y_\lambda^\mu(\vartheta,\varphi) \sum_{k=1}^{L} Y_\lambda^{\mu*}(\theta_k,\phi_k), \tag{3.54}$$

was man abgekürzt als

$$V(\vec{r}) = \sum_{\lambda=0}^{\infty} \sum_{\mu=-\lambda}^{+\lambda} A_{\lambda\mu}\, r^\lambda\, Y_\lambda^\mu(\vartheta,\varphi) \tag{3.55}$$

mit

$$A_{\lambda\mu} = -q\, \frac{4\pi}{2\lambda+1} \frac{1}{R^{\lambda+1}} \sum_{k=1}^{L} Y_\lambda^{\mu*}(\theta_k,\phi_k) \tag{3.56}$$

schreibt. (3.55) gibt die Abhängigkeit des Potenzials von den Koordinaten $\vec{r} = (r,\vartheta,\varphi)$ des betrachteten Raumpunkts an. Die konstanten Koeffizienten (3.56) enthalten die Spezifika des konkreten Ligandensystems, die Ladung und die Raumpositionen der einzelnen Liganden. (3.56) lässt sich weiter komprimieren zu

$$A_{\lambda\mu} = a_\lambda \sum_{k=1}^{L} Y_\lambda^{\mu*}(\theta_k,\phi_k) \tag{3.57}$$

mit

$$a_\lambda = -\frac{4\pi}{2\lambda+1} \frac{q}{R^{\lambda+1}}. \tag{3.58}$$

Die Summe in (3.57) wird durch die räumliche Lage der Liganden vollständig festgelegt. Die symmetrieunabhängigen Größen q und R verbleiben in a_λ.

---

[72]Eine solche Entwicklung ist zweckmäßig, da (3.52) in Integralen (Matrixelementen) verwendet wird, die mit den Orbitalen weitere Kugelflächenfunktionen enthalten (s. den folgenden Abschnitt).

Das Potenzial (3.54) bzw. (3.55) ist eine Reihenentwicklung mit unendlich vielen Summanden, was bei der quantitativen Behandlung im Prinzip die Berechnung von unendlich vielen Integralen erfordert. Tatsächlich sind aber bei der Verwendung des Potenzials nur wenige Summanden relevant.[73] Zunächst ist festzustellen, dass (wenn wir die Aufspaltung der d-Orbitale untersuchen wollen) das Potenzial in Matrixelemente vom Typ $\left\langle d_{m_l}, V(\vec{r})\, d_{m'_l}\right\rangle$ eingesetzt wird (s. den folgenden Abschnitt). Als Winkelintegral hat man dann Integrale vom Typ $\left\langle Y_2^{m_l}, Y_\lambda^\mu\, Y_2^{m'_l}\right\rangle$, und solche Integrale über das Produkt dreier Kugelflächenfunktionen sind nur dann ungleich Null, wenn $\lambda \leq 4$ ist. Damit braucht anstelle von (3.55) nur die endliche Summe

$$V(\vec{r}) = \sum_{\lambda=0}^{4} \sum_{\mu=-\lambda}^{+\lambda} A_{\lambda\mu}\, r^\lambda\, Y_\lambda^\mu(\vartheta, \varphi)$$

betrachtet zu werden. Eine weitere Reduzierung der Summenterme ergibt sich als Konsequenz der Tatsache, dass das Potenzial die Symmetrie der Ligandenanordnung haben muss. Es muss invariant sein gegenüber allen Symmetrieoperationen der betreffenden Symmetriepunktgruppe G, d.h., es muss sich nach der totalsymmetrischen Darstellung dieser Gruppe transformieren:

$$R\, V(\vec{r}) = (+1) V(\vec{r}) \qquad \text{(für alle } R \text{ aus G).}$$

Es lässt sich zeigen, dass das Potenzial nur dann Oktaedersymmetrie hat, wenn folgende Bedingungen erfüllt sind:

$$\mu = 0, \pm 4, \quad A_{\lambda\mu} = A_{\lambda,-\mu}, \quad A_{10} = A_{20} = A_{30} = 0, \quad A_{44} = \sqrt{\frac{5}{14}}\, A_{40}.$$

Damit bleibt im Oktaederfall nur

$$V_{LF}^{(okt)}(\vec{r}) = A_{00}\, Y_0^0 + A_{40}\, r^4 \left[Y_4^0 + \sqrt{\frac{5}{14}}\, (Y_4^4 + Y_4^{-4}) \right].$$

Setzt man nun die konkreten Winkelkoordinaten θ_k, ϕ_k für die sechs Oktaederplätze in (3.57) ein, so ergibt sich $A_{00}^{(okt)} = (3/\sqrt{\pi})\, a_0$ und $A_{40}^{(okt)} = (21/4\sqrt{\pi})\, a_4$. Mit $a_0 = -(4\pi q/R)$ und $a_4 = -(4\pi q/9R^5)$ (gemäß (3.58)) erhält man schließlich das wirksame oktaedrische Ligandenfeldpotenzial

$$\begin{aligned} V_{LF}^{(okt)}(\vec{r}) &= -12\sqrt{\pi}\,\frac{q}{R}\, Y_0^0 \\ &\quad -\frac{7}{3}\sqrt{\pi}\,\frac{q}{R^5}\, r^4 \left[Y_4^0 + \sqrt{\frac{5}{14}}\, (Y_4^4 + Y_4^{-4}) \right], \end{aligned} \qquad (3.59)$$

das als Störoperator für die Durchführung der Störungsrechnung verwendet wird. Nur wenige Terme der Entwicklung (3.55) sind also für das betrachtete Problem relevant.

---

[73]Dies wird in jedem Lehrbuch der Ligandenfeldtheorie ausführlich gezeigt, wir können es hier nur skizzieren.

Analog zu (3.59) erhält man für ein tetraedrisches Ligandenfeld

$$V_{LF}^{(tetr)}(\vec{r}) = -8\sqrt{\pi}\,\frac{q}{R}\,Y_0^0$$

$$+\frac{28}{27}\sqrt{\pi}\,\frac{q}{R^5}\,r^4\left[Y_4^0 + \sqrt{\frac{5}{14}}\,(Y_4^4 + Y_4^{-4})\right] \qquad (3.60)$$

und für ein quadratisch-planares Ligandenfeld

$$V_{LF}^{(qu-pl)}(\vec{r}) = -8\sqrt{\pi}\,\frac{q}{R}\,Y_0^0 + \frac{4}{\sqrt{5}}\sqrt{\pi}\,\frac{q}{R^3}\,r^2\,Y_2^0$$

$$-\sqrt{\pi}\,\frac{q}{R^5}\,r^4\left[Y_4^0 + \sqrt{\frac{35}{18}}\,(Y_4^4 + Y_4^{-4})\right]. \qquad (3.61)$$

Die Potenziale (3.59), (3.60) und (3.61) haben folgende Gemeinsamkeit: der erste Term ist unabhängig von $\vec{r} = (r, \vartheta, \varphi)$. Er beschreibt ein Potenzial, als wäre die Ladung aller Liganden gleichmäßig auf einer Kugel mit dem Radius R verteilt, denn mit $Y_0^0 = 1/\sqrt{4\pi}$ (vgl. Tab. 1.1) hat der Term für das Oktaeder die Form $-6q/R$, für die beiden anderen betrachteten Fälle $-4q/R$. Die für jede Symmetrie unterschiedliche Aufspaltung wird durch die höheren Terme verursacht.

3.3.4 Quantitative Aufspaltung der d-Orbitale

Wir skizzieren die Störungsrechnung für den Fall eines oktaedrischen Ligandenfeldes. Das Vorgehen entspricht dem in Abschnitt 2.3.4 und 2.3.5. Störoperator ist der Ligandenfeld-operator (3.59). Als ungestörte, entartete d-Orbitale wählt man zweckmäßigerweise die komplexen Funktionen d_{m_l} ($m_l = -2, \ldots, +2$), dann sind die Winkelintegrationen über-sichtlicher. Zunächst ist die Säkulardeterminante

$$\left|\left\langle d_{m_l}, V_{LF}^{(okt)}\,d_{m_l'}\right\rangle - \varepsilon^{(1)}\delta_{m_l m_l'}\right| = 0 \qquad (m_l, m_l' = -2, \ldots, +2) \qquad (3.62)$$

zu lösen. Beim Winkelanteil der Matrixelemente ist über ein Produkt von drei Kugelflächen-funktionen zu integrieren (da jedes der beiden Orbitale sowie der Störoperator als Faktor eine solche Funktion enthält). Solche Integrale sind außer für wenige spezielle Indexkombi-nationen Null.[74] In der Determinante sind also nur wenige Elemente von Null verschieden, von diesen wiederum haben mehrere gleiche Integralwerte. Führt man die Lösung von (3.62) aus, so ergeben sich nur zwei verschiedene Energiewerte:

$$\varepsilon_{1,2}^{(1)} = \varepsilon^{(okt)}(e_g) = \varepsilon_0^{(okt)} + 6\,Dq^{(okt)}$$

$$\varepsilon_{3,4,5}^{(1)} = \varepsilon^{(okt)}(t_{2g}) = \varepsilon_0^{(okt)} - 4\,Dq^{(okt)}, \qquad (3.63)$$

---

[74]Insbesondere verschwinden alle Integrale mit $\lambda > 4$. Deshalb haben wir im vorigen Abschnitt die Reihen-entwicklung bei $\lambda = 4$ abgebrochen.

wobei zur Abkürzung

$$\varepsilon_0^{(okt)} = -\frac{A_{00}^{(okt)}}{2\sqrt{\pi}} \left\langle R(r), r^0 R(r) \right\rangle$$

$$Dq^{(okt)} = -\frac{A_{40}^{(okt)}}{14\sqrt{\pi}} \left\langle R(r), r^4 R(r) \right\rangle \tag{3.64}$$

gesetzt wurde. Die Größen $\varepsilon_0^{(okt)}$ und $Dq^{(okt)}$ enthalten alle Konstanten des oktaedrischen Ligandenfeldpotenzials sowie die sich bei der Winkelintegration ergebenden konstanten Faktoren. Man verzichtet auf die Ausführung der Radialintegrationen (da die Radialanteile der d-Orbitale des freien Zentralatoms nicht geschlossen angegeben werden können)[75] und belässt $\varepsilon_0^{(okt)}$ und $Dq^{(okt)}$ als Parameter.[76] Bei konkreten Spektrendiskussionen wird der Aufspaltungsparameter Dq aus den experimentellen Spektren bestimmt.

Löst man für die Energiewerte (3.63) das Säkulargleichungssystem, so ergeben sich die zu diesen Energiewerten gehörenden „richtigen" Linearkombinationen der komplexen d-Orbitale. Für $\varepsilon_{1,2}^{(1)}$ erhält man die Kombinationen $(1/\sqrt{2})(d_2 + d_{-2}) = d_{x^2-y^2}$ und $d_0 = d_{z^2}$, für $\varepsilon_{3,4,5}^{(1)}$ die Kombinationen $(1/i\sqrt{2})(d_2 - d_{-2}) = d_{xy}$, $(1/\sqrt{2})(d_1 + d_{-1}) = d_{xz}$ und $(1/i\sqrt{2})(d_1 - d_{-1}) = d_{yz}$.[77] Bestimmt man das Symmetrieverhalten dieser beiden Orbitalgruppen, so transformieren sich $d_{x^2-y^2}$ und d_{z^2} nach e_g und d_{xy}, d_{xz} und d_{yz} nach t_{2g} (was man sofort aus der Charaktertafel der Gruppe O_h ablesen kann). Die Störungsrechnung liefert also das in Bild 3.38a dargestellte Resultat.

Ganz analoge Verhältnisse hat man im tetraedrischen Ligandenfeld (Bild 3.38b). Anstelle von (3.63) resultiert jetzt

$$\varepsilon^{(tetr)}(\mathrm{e}) = \varepsilon_0^{(tetr)} + 6\,Dq^{(tetr)} \qquad \text{und} \qquad \varepsilon^{(tetr)}(\mathrm{t}_2) = \varepsilon_0^{(tetr)} - 4\,Dq^{(tetr)} \tag{3.65}$$

mit

$$\varepsilon_0^{(tetr)} = \frac{2}{3}\epsilon_0^{(okt)} \qquad \text{und} \qquad Dq^{(tetr)} = -\frac{4}{9}Dq^{(okt)}. \tag{3.66}$$

Die im freien Zentralatom entarteten Orbitale werden jeweils um einen konstanten Betrag ε_0 destabilisiert (verursacht durch den winkelunabhängigen ersten Term im Störpotenzial (3.59) bzw. (3.60)) und (durch die höheren Terme des Potenzials) in charakteristischer Weise aufgespalten ((3.63) bzw. (3.65)). Die Aufspaltung ist „symmetrisch" in dem Sinne, dass

$$2 \cdot 6\,Dq - 3 \cdot 4\,Dq = 0$$

gilt (*Schwerpunktsatz*).

---

[75]Hier ist ein Unterschied zu den in Abschnitt 2.3 genannten Voraussetzungen für die Störungsrechnung: von den ungestörten Funktionen ist nur der Winkelanteil, nicht aber der Radialanteil bekannt. Wollte man ihn ermitteln, müsste man Variationsrechnungen durchführen. Die Ligandenfeldtheorie ist aber an den absoluten Energiewerten gar nicht interessiert; sie begnügt sich mit Energiedifferenzen.
[76]Beide Parameter (3.64) sind positive Energiegrößen, da die $A_{\lambda 0}$ (für negative Punktladungsliganden) negativ sind.
[77]Die *reellen* d-Orbitale sind also die „richtigen" Linearkombinationen der komplexen d-Orbitale, aus denen sich die Aufspaltung im Ligandenfeld ergibt; man vgl. dazu Abschn. 2.3.4.

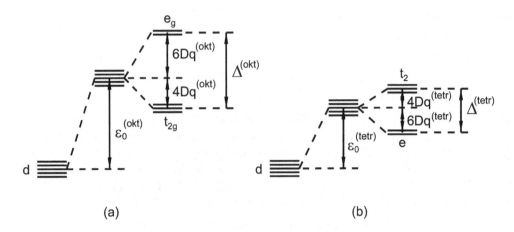

Bild 3.38 Aufspaltung der d-Orbitale im oktaedrischen (a) und im tetraedrischen (b) Ligandenfeld.

Wir vergleichen Oktaeder und Tetraeder (s. (3.66)). Die Destabilisierungsenergie ε_0 ist beim Tetraeder geringer ($\varepsilon_0^{(tetr)} = (2/3)\varepsilon_0^{(okt)}$), da nur vier statt sechs Liganden dazu beitragen. Entsprechend der Plausibilitätsbetrachtung im vorigen Abschnitt ist die energetische Reihenfolge der aufgespaltenen Orbitale vertauscht. Außerdem gilt $|Dq^{(tetr)}| = (4/9)|Dq^{(okt)}|$, so dass die Aufspaltung $\Delta = 10\,|Dq|$ (der *Ligandenfeldstärkeparameter*) beim Tetraeder deutlich geringer ist. Bei D_{4h}-Symmetrie hat man anstelle *eines* Ligandenfeldparameters Dq drei solcher Parameter, so dass das Aufspaltungsbild vielfältiger ist. Bei quadratisch-planarer Anordnung oder bei einem stark gestreckten Oktaeder liegt zwar stets das b_{1g}-Orbital ($d_{x^2-y^2}$) energetisch am höchsten (bei einem stark gestauchten Oktaeder das a_{1g}-Orbital (d_{z^2})), die Reihenfolge der übrigen hängt aber von den konkreten Verhältnissen ab.

3.3.5 Ein d-Elektron im Ligandenfeld

Die aufgespaltenen d-Orbitale sind in Übergangsmetallkomplexen unvollständig besetzt. Daraus ergeben sich die typischen spektroskopischen und magnetischen Eigenschaften dieser Verbindungsklasse. Zunächst betrachten wir den Fall eines einzelnen d-Elektrons. Im oktaedrischen Ligandenfeld besetzt das Elektron im Grundzustand ein t_{2g}-Orbital. In der Nomenklatur der Mehrelektronenzustände ist dies ein ${}^2T_{2g}$-Zustand. Im angeregten Zustand ist ein e_g-Orbital besetzt, dies entspricht einem ${}^2E_g$-Zustand. Die energetischen Verhältnisse sind in Bild 3.39a dargestellt. Gegenüber dem „Schwerpunkt" ist der Grundzustand ${}^2T_{2g}$ um $4Dq$ stabilisiert, dies ist die *Ligandenfeldstabilisierungsenergie* für ein einzelnes d-Elektron im oktaedrischen Ligandenfeld. Der angeregte Zustand ${}^2E_g$ ist um $6Dq$ destabilisiert. Elektronenanregung erfordert die Anregungsenergie $\Delta = 10Dq$. Typisches Beispiel für einen solchen d^1-Komplex ist $[\mathrm{Ti(H_2O)_6}]^{3+}$. Es liegt eine breite Absorptionsbande bei $\approx 20000\,\mathrm{cm}^{-1}$ vor, die dem Übergang von ${}^2T_{2g}$ nach ${}^2E_g$ (d.h. eines Elektrons aus t_{2g} nach e_g) entspricht. Δ beträgt also für diesen Komplex $\approx 20000\,\mathrm{cm}^{-1}$, Dq entsprechend

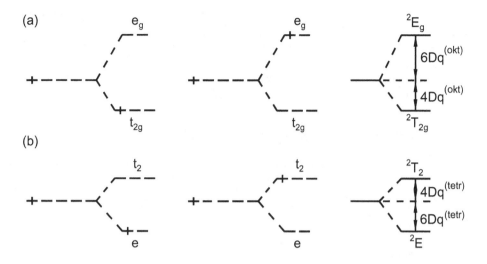

Bild 3.39 Besetzungsschema und „Mehrelektronen-Energienieveaus" für ein einzelnes d-Elektron im oktaedrischen (a) und im tetraedrischen (b) Ligandenfeld. Der jeweilige Destabilisierungsbeitrag ε_0 ist unterdrückt.

$\approx 2000\,\mathrm{cm}^{-1}$. Im Tetraeder (Bild 3.39b) ist die Ligandenfeldstabilisierungsenergie für ein einzelnes d-Elektrons $6Dq$. Die Anregungsenergie beträgt ebenfalls $\Delta = 10Dq$, ist aber wegen $|\Delta^{(tetr)}| = (4/9)|\Delta^{(okt)}|$ deutlich geringer als im Oktaeder, woraus für das Tetraeder kleinere Wellenzahlen für die d-d-Übergänge folgen.

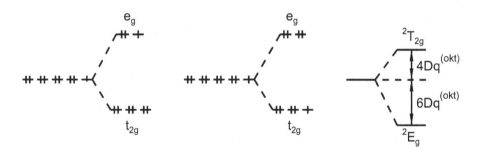

Bild 3.40 Besetzungsschema und Mehrelektronenenergieniveaus für ein d^9-System im oktaedrischen Ligandenfeld.

Ähnlich übersichtliche Verhältnisse hat man bei d^9-Systemen. Bei der gruppentheoretischen Analyse der Aufspaltung (Bildung der direkten Produkte für alle besetzten Orbitale und Ausreduktion) resultieren für das Oktaeder ebenfalls ein ^2E_g- und ein $^2T_{2g}$-Zustand. Sehr viel schneller erhält man dies jedoch durch Ausnutzung folgender Eigenschaft: Ein „Loch" in einer vollbesetzten Schale verhält sich bezüglich seiner Drehimpulseigenschaften wie ein Elektron. Das bedeutet, dass ein „e_g-Loch" (dies entspricht der Grundzustandskonfiguration

$(t_{2g})^6(e_g)^3)$ Anlass zu einem ^2E_g-Zustand gibt, das „t_{2g}-Loch" der angeregten Konfiguration $(t_{2g})^5(e_g)^4$ zu einem $^2T_{2g}$-Zustand. Die Mehrelektronenzustände sind also beim d^9-System vertauscht gegenüber dem d^1-System (Bild 3.40). Diese entgegengesetzten Verhältnisse sind durchaus plausibel: Da das Loch ein *positives* Analogon zu einem Elektron ist, wird ein Loch, das „in Richtung der Liganden zeigt" („e_g-Loch") energetisch stabilisiert sein gegenüber einem Loch, das „zwischen die Liganden zeigt" („t_{2g}-Loch").

3.3.6   Mehrere d-Elektronen im Ligandenfeld

Im Falle mehrerer Elektronen hat man die Elektronenwechselwirkung zu berücksichtigen. Es gibt zwei Varianten des methodischen Herangehens, die auf der folgenden Zerlegung des Hamilton-Operators beruhen:

$$\mathbf{H} = \mathbf{H}_c + \mathbf{H}_{el} + \mathbf{V}_{LF}. \tag{3.67}$$

Aus dem Hamilton-Operator $\mathbf{H}_Z$ des Zentralatoms (s. (3.48)) wird der Teil abgespalten, der die Elektronenwechselwirkung zwischen den d-Elektronen beschreibt; der Rest verbleibt in einem Rumpfoperator $\mathbf{H}_c$.

Ist das Ligandenfeld schwach, wird man „zuerst" die Elektronenwechselwirkung zwischen den d-Elektronen zu berücksichtigen haben und erst „danach" die Wirkung des Ligandenfeldes.[78] Die Wahl dieser Reihenfolge wird als *Methode des schwachen Feldes* bezeichnet. Im ersten Schritt wird also die Elektronenwechselwirkung „eingeschaltet". Dies bedeutet, dass für die vorliegende Elektronenkonfiguration d^n zunächst die Mehrelektronenterme zu ermitteln sind. Das haben wir in Abschnitt 1.5.4 bereits getan. Im folgenden wollen wir uns auf den Fall d^2 konzentrieren; die durch die Elektronenwechselwirkung zwischen den beiden d-Elektronen bedingten unterschiedlichen Termenergien sind (ausgedrückt in den Racah-Parametern A, B und C)[79]

$$
\begin{array}{lll}
^1S & : & A + 14\,B + 7\,C \\
^1G & : & A + 4\,B + 2\,C \\
^3P & : & A + 7\,B \\
^1D & : & A - 3\,B + 2\,C \\
^3F & : & A - 8\,B.
\end{array}
\tag{3.68}
$$

Entsprechend der Hundschen Regel ist ^3F Grundterm.

Im zweiten Schritt ist jetzt das Ligandenfeld „einzuschalten". Das wird zu einer Aufspaltung der Terme führen. Die Anzahl und der Symmetrietyp der *Folgeterme* lässt sich bereits gruppentheoretisch – d.h. ohne eigentliche Rechnung – ermitteln. Analog zu unserem Vorgehen in Abschnitt 3.3.2 hat man die durch die Mehrelektronen-Bahndrehimpulsquantenzahlen L charakterisierten (im allgemeinen) reduziblen Darstellungen, nach denen sich die Terme

---

[78] Den umgekehrten Fall behandeln wir im folgenden.
[79] Man vergleiche dazu die Abschnitte 1.5.4 und 4.3.1. In (3.68) haben wir die Terme aus heuristischen Gründen entsprechend ihrer energetischen Abstufung geordnet: unten steht der Term mit der niedrigsten, oben der mit der höchsten Energie (wir verfahren im folgenden stets in dieser Weise). Es wurde $C \approx 4B$ gesetzt, was in guter Näherung gilt.

transformieren, nach irreduziblen Darstellungen auszureduzieren. Dabei ist lediglich zu beachten, dass die Folgeterme sämtlich gerade sind (Index g), da die Terme aus d-Orbitalen (d.h. geraden Einelektronenfunktionen) aufgebaut sind. Mit Hilfe von Tabelle 3.4 ergibt sich also

$$
\begin{aligned}
{}^1S &\rightarrow {}^1\mathrm{A}_{1g} \\
{}^1G &\rightarrow {}^1\mathrm{A}_{1g} + {}^1\mathrm{E}_g + {}^1\mathrm{T}_{1g} + {}^1\mathrm{T}_{2g} \\
{}^3P &\rightarrow {}^3\mathrm{T}_{1g} \\
{}^1D &\rightarrow {}^1\mathrm{E}_g + {}^1\mathrm{T}_{2g} \\
{}^3F &\rightarrow {}^3\mathrm{A}_{2g} + {}^3\mathrm{T}_{1g} + {}^3\mathrm{T}_{2g}.
\end{aligned}
\tag{3.69}
$$

Will man die unterschiedlichen Energien der Folgeterme ermitteln, sind Störungsrechnungen mit dem Operator (3.59) durchzuführen. Für die ungestörten Funktionen (die Terme) hat man die Konfigurationen (Slater-Determinanten) aus Einelektronen-d-Funktionen (d-Orbitalen) zu verwenden, aus denen sich der jeweilige Term zusammensetzt (vgl. Abschn. 1.5.4 und Kap. 4). Die Rechnungen sind nicht kompliziert, aber recht langwierig. Fazit ist, dass die Winkelintegrationen ausgeführt werden, man aber auf die Radialintegrationen verzichtet. Damit ergeben sich die Energien der Folgeterme in (3.69) in Abhängigkeit von den Parametern ϵ_0 und Dq:

$$
\begin{array}{llll}
{}^3\mathrm{A}_{2g}|{}^3F: & 2\,\varepsilon_0 + 12\,Dq & {}^1\mathrm{A}_{1g}|{}^1G: & 2\,\varepsilon_0 + 4\,Dq & {}^1\mathrm{E}_g|{}^1D: & 2\,\varepsilon_0 + \frac{24}{7}\,Dq \\
{}^3\mathrm{T}_{2g}|{}^3F: & 2\,\varepsilon_0 + 2\,Dq & {}^1\mathrm{T}_{1g}|{}^1G: & 2\,\varepsilon_0 + 2\,Dq & {}^1\mathrm{T}_{2g}|{}^1D: & 2\,\varepsilon_0 - \frac{16}{7}\,Dq \\
{}^3\mathrm{T}_{1g}|{}^3F: & 2\,\varepsilon_0 - 6\,Dq & {}^1\mathrm{E}_g|{}^1G: & 2\,\varepsilon_0 + \frac{4}{7}\,Dq & {}^3\mathrm{T}_{1g}|{}^3P: & 2\,\varepsilon_0 \\
& & {}^1\mathrm{T}_{2g}|{}^1G: & 2\,\varepsilon_0 - \frac{26}{7}\,Dq & {}^1\mathrm{A}_{1g}|{}^1S: & 2\,\varepsilon_0.
\end{array}
\tag{3.70}
$$

Die Terme werden um den gleichen Energiewert $2\,\varepsilon_0$ destabilisiert und (außer ${}^3P$ und ${}^1S$) aufgespalten. Als Grundterm ergibt sich der Folgeterm ${}^3\mathrm{T}_{1g}|{}^3F$.

In Bild 3.41 ist die schrittweise Aufspaltung der Energieniveaus mit der Methode des schwachen Feldes gemäß (3.68) und (3.70) schematisch dargestellt.

Wir kehren zu der Zerlegung (3.67) des Hamilton-Operators zurück und behandeln den alternativen Fall. Ist das Ligandenfeld stark, hat man „zuerst" das Ligandenfeld „einzuschalten" und erst „danach" die Elektronenwechselwirkung. Dieses Vorgehen heiß *Methode des starken Feldes*. Zunächst werden also die im freien Zentralatom entarteten d-Orbitale durch das Ligandenfeld aufgespalten. Für den Fall des oktaedrischen Ligandenfeldes haben wir dies in Abschnitt 3.3.4. behandelt. Die aufgespaltenen Orbitale sind dann entsprechend dem Aufbauprinzip (bei Beachtung des Pauli-Prinzips) mit den vorhandenen d-Elektronen zu besetzen. Für den d^2-Fall ist die Elektronenkonfiguration $(\mathrm{t}_{2g})^2$ Grundkonfiguration. $(\mathrm{t}_{2g})^1(\mathrm{e}_g)^1$ und $(\mathrm{e}_g)^2$ sind angeregte Konfigurationen. Mit Hilfe von (3.63) ergeben sich folgende Energien für die drei genannten Konfigurationen:

$$
\begin{array}{ll}
(\mathrm{e}_g)^2: & 2\,\epsilon_0 + 12\,Dq \\
(\mathrm{t}_{2g})^1(\mathrm{e}_g)^1: & 2\,\epsilon_0 + 2\,Dq \\
(\mathrm{t}_{2g})^2: & 2\,\epsilon_0 - 8\,Dq.
\end{array}
\tag{3.71}
$$

Im zweiten Schritt ist jetzt die Wechselwirkung zwischen den beiden d-Elektronen zu berücksichtigen. Für jede Konfiguration wird es mehrere Folgeterme geben; man erhält sie durch

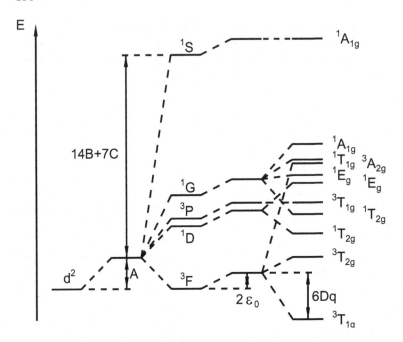

Bild 3.41 Schematische Darstellung der schrittweisen Aufspaltung der Energieniveaus mit der Methode des schwachen Feldes am Beispiel eines d^2-Systems im oktaedrischen Ligandenfeld.

Ausreduktion der reduziblen Darstellung, die sich als direktes Produkt der irreduziblen Darstellungen, nach denen sich die besetzten Orbitale der betreffenden Konfiguration transformieren, ergibt. Ausreduktion der drei direkten Produkte liefert[80]

$$
\begin{aligned}
e_g \times e_g &= A_{1g} + A_{2g} + E_g \\
t_{2g} \times e_g &= T_{1g} + T_{2g} \\
t_{2g} \times t_{2g} &= A_{1g} + E_g + T_{1g} + T_{2g}.
\end{aligned}
\tag{3.72}
$$

Die Ausreduktion (3.72) berücksichtigt nur die Symmetrieeigenschaften der Ortsanteile der Orbitale und Terme. Sie liefert keine Angaben über die Spinmultiplizität der Folgeterme (Singulett oder Triplett). Dazu sind zusätzliche Überlegungen notwendig. Folgende Terme resultieren für die drei betrachteten Konfigurationen:

$$
\begin{aligned}
(e_g)^2 &\rightarrow {}^1A_{1g} + {}^3A_{2g} + {}^1E_g \\
(t_{2g})^1(e_g)^1 &\rightarrow {}^1T_{1g} + {}^3T_{1g} + {}^1T_{2g} + {}^3T_{2g} \\
(t_{2g})^2 &\rightarrow {}^1A_{1g} + {}^1E_g + {}^3T_{1g} + {}^1T_{2g}.
\end{aligned}
\tag{3.73}
$$

Die meisten dieser Multiplizitätszuordnungen sind plausibel, wenn man von der Gesamtzahl der innerhalb einer Konfiguration möglichen Orbitalbesetzungsvarianten ausgeht (vgl. Ab-

---

[80]Man vergleiche dazu Abschnitt A.3. Wir weisen auch an dieser Stelle darauf hin, dass für Darstellungen, die Einelektronen-Zustandsfunktionen (Orbitale) bezeichnen, Kleinbuchstaben verwendet werden, für Darstellungen, die Mehrelektronen-Zustandsfunktionen (Terme) bezeichnen, dagegen Großbuchstaben.

schn. 1.5.4). Etwa bei der Konfiguration $(e_g)^2$ können die zwei Elektronen die beiden entarteten e_g-Orbitale mit parallelem oder antiparallelem Spin besetzen. Berücksichtigt man das Pauli-Prinzip, gibt es dafür $\binom{4}{2} = 6$ Möglichkeiten. Es gibt also auch sechs Mehrelektronenzustände, die in den drei Folgetermen zusammengefasst sind. Der (zweifach) bahnentartete Term E_g muss ein Singulettterm sein (^3E_g würde allein schon $3 \cdot 2 = 6$ Zustände umfassen). Dann muss einer der beiden nichtbahnentarteten A-Terme ein Singulett, der andere ein Triplett sein; es erfordert eine detailliertere Analyse, wie diese Zuordnung erfolgt. Für die Gesamtzahl der Zustände hat man dann $1 \cdot 1 + 3 \cdot 1 + 1 \cdot 2 = 6$. Bei der Konfiguration $(t_{2g})^1(e_g)^1$ haben die beiden Elektronen verschiedene Ortsfunktionen, sie können demzufolge beliebigen Spin haben. Das ergibt $6 \cdot 4 = 24$ Besetzungsvarianten und also auch 24 Mehrelektronenzustände. Nur bei der in (3.72) angegebenen Multiplizitätszuordnung ist das gewährleistet ($1 \cdot 3 + 3 \cdot 3 + 1 \cdot 3 + 3 \cdot 3 = 24$). Bei $(t_{2g})^2$ schließlich gibt es $\binom{6}{2} = 15$ Zustände, die gemäß $1 \cdot 1 + 1 \cdot 2 + 3 \cdot 3 + 1 \cdot 3 = 15$ in vier Folgetermen zusammengefasst sind.[81]

Zur Berechnung der unterschiedlichen Energien der Folgeterme in (3.73) hat man für jede Konfiguration eine Störungsrechnung mit dem Operator der Elektronenwechselwirkung als Störoperator durchzuführen.[82] Bei der Berechnung der erforderlichen Elektronenwechselwirkungsintegrale wird man auf Integrale über d-Orbitale zurückgeführt. Die Winkelintegrationen lassen sich ausführen; auf die Radialintegrationen verzichtet man, so dass alle Energien mit den Racah-Parametern ausgedrückt werden:

$$
\begin{array}{ll}
^1A_{1g}|(t_{2g})^2: & A + 10\,B + 5\,C \qquad\qquad ^1T_{1g}|(t_{2g})^1(e_g)^1: \;\; A + 4\,B + 2\,C \\[4pt]
^1E_g|(t_{2g})^2: & A + B + 2\,C \qquad\qquad\;\; ^1T_{2g}|(t_{2g})^1(e_g)^1: \;\; A + 2\,C \\[4pt]
^1T_{2g}|(t_{2g})^2: & A + B + 2\,C \qquad\qquad\;\; ^3T_{1g}|(t_{2g})^1(e_g)^1: \;\; A + 4\,B \\[4pt]
^3T_{1g}|(t_{2g})^2: & A - 5\,B \qquad\qquad\qquad\; ^3T_{2g}|(t_{2g})^1(e_g)^1: \;\; A - 8\,B
\end{array}
$$

$$
\begin{array}{ll}
^1A_{1g}|(e_g)^2: & A + 8\,B + 4\,C \\[4pt]
^1E_g|(e_g)^2: & A + 2\,C \\[4pt]
^3A_{2g}|(e_g)^2: & A - 8\,B
\end{array}
\tag{3.74}
$$

Alle Folgeterme sind um den gleichen Energiebetrag A destabilisiert. Grundterm ist – in Übereinstimmung mit der Hundschen Regel – der Term $^3T_{1g}$ der Grundkonfiguration $(t_{2g})^2$. Die beiden Folgeterme $^1E_g|(t_{2g})^2$ und $^1T_{2g}|(t_{2g})^2$ sind *zufällig entartet*.

Bild 3.42 enthält die schematische Darstellung der schrittweisen Aufspaltung der Energieniveaus mit der Methode des starken Feldes gemäß (3.71) und (3.74).

Die Auswahl einer der beiden Alternativen hängt also von der relativen Stärke von Ligandenfeld und Elektronenwechselwirkung ab, die sich durch den Ligandenfeldstärkeparameter Δ und den Wechselwirkungsparameter B erfassen lässt.[83] Für $\Delta \ll B$ wird die Methode des

---

[81] Auch hier sind zusätzliche Überlegungen nötig, um festzustellen, welcher der beiden T-Terme Singulett bzw. Triplett ist.

[82] Diese Rechnung liefert auch die konkrete Gestalt der Zustandsfunktionen jedes Folgeterms als Linearkombination von Slater-Determinanten („Besetzungsvarianten"). Sind die „richtigen" Linearkombinationen schon vorher bekannt, reduziert sich die Lösung der Säkulardeterminante auf die Berechnung der Diagonalelemente.

[83] Von den Racah-Parametern ist tatsächlich nur B in diesem Sinne relevant. A tritt bei allen Energiewerten additiv auf und spielt deshalb bei Energiedifferenzen, wie sie in der Ligandenfeldtheorie betrachtet werden, keine Rolle. Für C lässt sich in guter Näherung $C \approx 4\,B$ setzen.

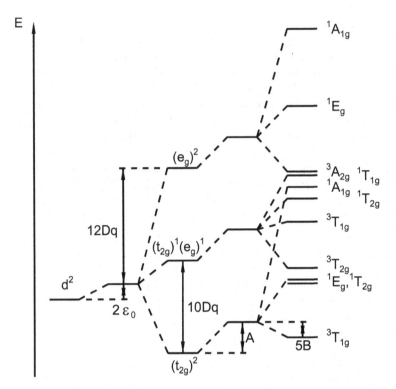

Bild 3.42 Schematische Darstellung der schrittweisen Aufspaltung der Energieniveaus mit der Methode des starken Feldes am Beispiel eines d^2-Systems im oktaedrischen Ligandenfeld.

schwachen Feldes, für $\Delta \gg B$ die Methode des starken Feldes zu guten Resultaten führen. Für den allgemeinen Fall ($\Delta \approx B$) benötigt man eine „Brücke" zwischen beiden Methoden, die sich durch eine „konsequente" Behandlung schlagen lässt.

Bei der Methode des schwachen Feldes werden die einzelnen Terme beim Einschalten des Ligandenfeldes völlig unabhängig voneinander aufgespalten. Dabei ergeben sich aus verschiedenen Ausgangstermen Folgeterme gleicher Symmetrie und Multiplizität. Für unser d^2-Beispiel waren das die folgenden (s. (3.70)):

$$^3\mathrm{T}_{1g}|^3F/^3P, \quad ^1\mathrm{A}_{1g}|^1G/^1S, \quad ^1\mathrm{E}_g|^1G/^1D, \quad ^1\mathrm{T}_{2g}|^1G/^1D. \tag{3.75}$$

Dies ist ein Hinweis darauf, dass die entsprechenden Terme miteinander mischen, also nicht unabhängig voneinander aufspalten. Man kann diesen „Fehler" aber – zumindest näherungsweise – beheben, indem man in einem „dritten" Schritt eine *Termwechselwirkung* anschließt, bei der Folgeterme gleicher Symmetrie und Multiplizität, die aus verschiedenen Ausgangstermen resultieren, miteinander gemischt werden. Folgeterme unterschiedlicher Symmetrie bzw. Multiplizität mischen nicht miteinander. Für die Fälle (3.75) ist deshalb jeweils ein Säkularproblem zweiter Ordnung zu lösen. Wir führen dies nicht explizit aus; allgemein gilt aber, dass der energetisch tieferliegende der beiden Folgeterme weiter abgesenkt, der höherliegende dagegen angehoben wird. Die Termwechselwirkung führt also zu einer Vergrößerung der Energiedifferenz zwischen beiden Termen („Abstoßung" der Niveaus).

Ganz analoge Verhältnisse hat man bei der Methode des starken Feldes. Hier ergeben sich Folgeterme gleicher Symmetrie und Multiplizität aus verschiedenen Konfigurationen. Für unser Beispiel waren das (s. (3.74))

$$^3T_{1g}|(t_{2g})^2/(t_{2g})^1(e_g)^1, \quad ^1A_{1g}|(t_{2g})^2/(e_g)^2,$$
$$^1E_g|(t_{2g})^2/(e_g)^2, \quad ^1T_{2g}|(t_{2g})^2/(t_{2g})^1(e_g)^1.$$

Im „dritten" Schritt ist jetzt eine *Konfigurationswechselwirkung* anzuschließen, die die Folgeterme gleicher Symmetrie und Multiplizität miteinander mischt. Auch hier führt die Mischung zu größeren Energiedifferenzen.

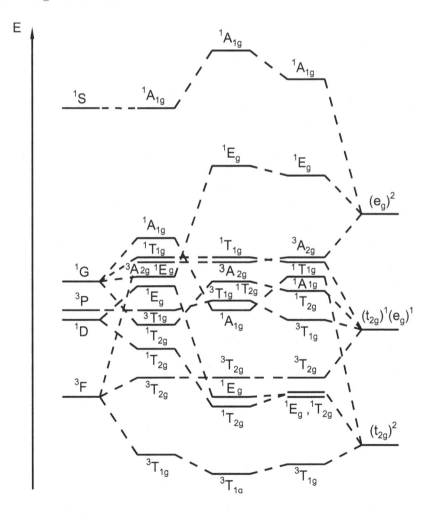

Bild 3.43 Termaufspaltung eines d^2-Systems im oktaedrischen Ligandenfeld.

In Bild 3.43 sind die Aufspaltungsverhältnisse im Zusammenhang dargestellt. Formal liefern Termwechselwirkung und Konfigurationswechselwirkung für ein bestimmtes Folgetermpaar unterschiedliche Energieverschiebungen, dies liegt aber daran, dass die Bezugswerte unterschiedlich sind. Absolut führen Termwechselwirkung und Konfigurationswechselwirkung auf die gleichen Energiewerte. Bei der konsequenten Behandlung (drei Schritte) ergeben sich also die „exakten" Energiewerte[84] für den allgemeinen Fall ($\Delta \approx B$), gleichgültig, ob man mit der Methode des schwachen oder des starken Feldes beginnt. Bei Folgetermen, die nur einzeln auftreten (in unserem Beispiel $^3T_{2g}$, $^3A_{2g}$ und $^1T_{1g}$) erhält man bereits beim zweiten Schritt die „exakte" Energie.

3.3.7 Elektronenanregung

Die auffällige Farbigkeit vieler Übergangsmetallkomplexe beruht auf Übergängen zwischen den im Ligandenfeld aufgespaltenen Zentralatomtermen bzw. – im Einelektronenbild – auf Elektronenübergängen zwischen den aufgespaltenen d-Orbitalen (d-d-Übergänge). Dipolübergänge zwischen d-Orbitalen bzw. zwischen den entsprechenden Termen sind jedoch eigentlich verboten, da Ausgangs- und Endzustand gerade Parität haben, die den Ortskomponenten proportionalen Dipolkomponenten aber ungerade. Der Integrand der Übergangsmomente hat damit selbst ungerade Parität und kann sich demzufolge nicht nach der totalsymmetrischen Darstellung der betreffenden Symmetriepunktgruppe transformieren (man vgl. dazu Abschn. A.4.4). Dieses *Paritätsverbot* – ein spezieller Fall des allgemeinen Symmetrieverbots – wird auch als *Laporte-Verbot* bezeichnet. Formal gilt das Paritätsverbot („Dipolübergänge zwischen Zuständen gleicher Parität sind verboten!") nur in Systemen mit Inversionszentrum, da nur in solchen Systemen zwischen gerader und ungerader Parität unterschieden wird (Index g bzw. u). In Systemen ohne Inversionszentrum (zum Beispiel im Tetraeder) wird das Verbot dadurch „gelockert", dass die Ligandenfeldzustände im allgemeinen gar keine „reinen" d-Zustände sind. Es sind p-Anteile zugemischt, da sich (in T_d) die p-Funktionen wie ein Teil der d-Funktionen nach t_2 transformieren.

d-d-Übergänge treten trotz ihres Verbots auf und sind Ursache der Banden im sichtbaren Spektralbereich. Allerdings sind die Extinktionen mit $\varepsilon \approx 10^0 \ldots 10^3$ deutlich geringer als bei den symmetrieerlaubten charge-transfer-Übergängen im UV mit $\varepsilon \approx 10^4 \ldots 10^6$.[85] Zu den d-d-Übergängen kommt es, da das Kerngerüst nicht starr ist. Das Laporte-Verbot gilt nämlich streng nur für eine ruhende Kernanordnung. Schwingt das System, so hat man bei Ausgangs- und Endzuständen nicht nur die elektronischen Funktionen, sondern auch die Schwingungsfunktionen zu berücksichtigen. Damit ist keine strenge Parität mehr vorhanden, es liegen keine „reinen" d-d-Übergänge vor. Bei Systemen mit Inversionszentrum gibt es also eine, bei solchen ohne Inversionszentrum sogar zwei Möglichkeiten, das Laporte-Verbot zu „umgehen". Tetraedrische Komplexe haben deshalb gegenüber vergleichbaren oktaedrischen um den Faktor 100 größere Absorptionsintensitäten und sind damit intensiver gefärbt.

Eine zweite Auswahlregel ist zu beachten. Die sämtlich symmetrieverbotenen Ligandenfeldübergänge können *spinerlaubt* oder *spinverboten* sein. Erlaubt sind nur Übergänge zwischen Zuständen gleicher Multiplizität (*Spinauswahlregel*). Bei Übergängen zwischen Zu-

---

[84]„Exakt" im Rahmen des Ligandenfeldmodells.
[85]Wir werden auf diese Übergänge in Abschnitt 3.3.11 zurückkommen.

ständen unterschiedlicher Multiplizität verschwindet das Übergangsmoment (vgl. Abschn. A.4.4). Aber selbst diese „doppelt" (d.h. symmetrie- und spin-)verbotenen Übergänge sind im Spektrum zu finden, wenn auch mit sehr geringer Intensität ($\varepsilon \approx 10^{-2} \ldots 10^{-1}$). Ursache für diese *Interkombinationsbanden* ist die Spin-Bahn-Kopplung, die zur Folge hat, dass die Ligandenfeldterme strenggenommen gar keine feste, durch die Gesamtspinquantenzahl S ($S = 0, 1, 2, \ldots$) gekennzeichnete Multiplizität (Singulett, Dublett, Triplett, …) haben. Bei high-spin-d^5-Komplexen gibt es *nur* Interkombinationsbanden, denn der Grundzustand hat die maximal mögliche Multiplizität ($^6A_{1g}$), und *alle* angeregten Zustände haben geringere Multiplizität (Quartett- bzw. Dublettzustände). Deshalb sind etwa oktaedrische Mn^{2+}-Komplexe nur sehr schwach farbig.

Bei der konkreten Spektrendiskussion könnte man von grafischen Darstellungen der Ligandenfeldaufspaltung entsprechend Bild 3.41 ausgehen (Fall des schwachen Feldes). Da aber alle Termenergiedifferenzen einer vorgegebenen Elektronenkonfiguration d^n von den zwei Parametern Dq und B abhängen,[86]

$$E = f(Dq, B),$$

hätte man für jedes konkrete B (d.h. jedes Zentralatom mit dieser Elektronenkonfiguration) ein eigenes sogenanntes *Orgel-Diagramm*

$$E = E(Dq)$$

aufzustellen, das alle Termenergiedifferenzen als Funktion von Dq enthält. Zweckmäßiger sind *Tanabe-Sugano-Diagramme*. Bei ihnen werden alle Termenergiedifferenzen durch B dividiert und als Funktion von Δ/B dargestellt ($\Delta = 10\,Dq$):

$$\frac{E}{B} = \frac{E}{B}\left(\frac{\Delta}{B}\right).$$

Damit hat man nur noch einen Parameter Δ/B, und das Tanabe-Sugano-Diagramm für eine bestimmte Konfiguration d^n gilt für alle Zentralatome mit dieser Konfiguration. In Bild 3.44 sind als Beispiele die Tanabe-Sugano-Diagramme für das d^2-System und das d^6-System dargestellt. In den Diagrammen wird die Energie des jeweiligen Grundzustands als Null angenommen, dadurch lassen sich die Energiedifferenzen unmittelbar ablesen.

Als Beispiel mit d^2-Konfiguration soll das blaue $[V(H_2O)_6]^{3+}$-Kation dienen. Es hat im Sichtbaren zwei Absorptionsbanden bei $\approx 17200\,cm^{-1}$ und $\approx 25200\,cm^{-1}$. Sie sollten den ersten beiden spinerlaubten Übergängen $^3T_{1g} \rightarrow \,^3T_{2g}$ und $^3T_{1g} \rightarrow \,^3T_{1g}$ (s. Bild 3.41 und 3.44a) entsprechen. Für das V^{3+}-Ion wird der Elektronenwechselwirkungsparameter B zu $B = 860\,cm^{-1}$ abgeschätzt. Für die erste Bande ergibt sich damit $E/B \approx 20$. Aus dem Tanabe-Sugano-Diagramm für d^2 liest man für diesen Ordinatenwert (die Energiedifferenz zwischen dem Grundterm $^3T_{1g}$ und $^3T_{2g}$) den Abszissenwert $\Delta/B \approx 22$ ab, woraus $Dq \approx 1885\,cm^{-1}$ folgt. Nun ist zu überprüfen, ob auch die übrigen Banden mit diesem Feldstärkeparameter übereinstimmen. Tatsächlich ergibt sich für den zweiten Übergang ein fast gleicher Parameterwert; oder umgekehrt: man kann mit $\Delta/B \approx 22$ aus dem Tanabe-Sugano-Diagramm für den nächsten spinerlaubten Übergang ($^3T_{1g} \rightarrow \,^3T_{1g}$) die Energiedifferenz $E/B \approx 30$ ablesen, was mit der Lage der zweiten Bande übereinstimmt. Auf diese

---

[86]Bei den im folgenden behandelten Aufspaltungsdiagrammen steht E für die Energie*differenzen*.

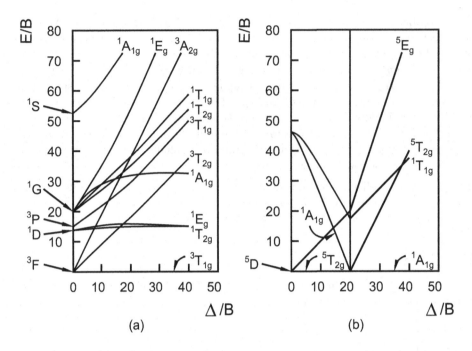

Bild 3.44 Tanabe-Sugano-Diagramm für das d^2-System (a) und für das d^6-System (b).

Weise kann das experimentelle Spektrum zugeordnet werden. Eine dritte spinerlaubte Ban-
de sollte bei $\approx 35000\,\mathrm{cm}^{-1}$ liegen ($^3T_{1g} \rightarrow {}^3A_{2g}$); in diesem Bereich kommt es aber bereits
zur Überlagerung durch höherintensive charge-transfer-Banden.

Als Beispiele mit d^6-Konfiguration betrachten wir das blassgrüne paramagnetische Kom-
plexion $[\mathrm{Fe(H_2O)_6}]^{2+}$ und das gelbe diamagnetische $[\mathrm{Fe(CN)_6}]^{4-}$. Das Tanabe-Sugano-
Diagramm (Bild 3.44b) zeigt den für die Konfigurationen d^4 bis d^7 typischen Wechsel der
Termaufspaltung bei Vergrößerung der Ligandenfeldstärke (vgl. Abschn. 3.3.8). Das erste
Komplexion hat eine Absorptionsbande bei $\approx 10000\,\mathrm{cm}^{-1}$. Man entnimmt dem Diagramm,
dass sie dem einzigen spinerlaubten Übergang ($^5T_{2g} \rightarrow {}^5E_g$) zuzuordnen ist. Die längst-
wellige Bande des zweiten Komplexions liegt bei $\approx 31000\,\mathrm{cm}^{-1}$ ($^1A_{1g} \rightarrow {}^1T_{1g}$). Da keine
Banden mit einem Maximum im sichtbaren Spektralbereich vorliegen, sind beide Ionen
nur schwach farbig. Mit $B = 1058\,\mathrm{cm}^{-1}$ für $\mathrm{Fe^{2+}}$ ermittelt man mit dem Tanabe-Sugano-
Diagramm aus der Bandenlage für den high-spin-Komplex $Dq \approx 1040\,\mathrm{cm}^{-1}$ (schwaches
Feld), für den low-spin-Komplex $Dq \approx 3300\,\mathrm{cm}^{-1}$ (starkes Feld).

3.3.8   high-spin- und low-spin-Komplexe

Die charakteristischste magnetische Eigenschaft von Übergangsmetallkomplexen – das Auftreten von sowohl *high-spin-* als auch *low-spin*-Komplexen bei bestimmten Elektronenkonfigurationen d^n – lässt sich bereits bei Kenntnis der Orbitalaufspaltung in der betrachteten

Bild 3.45
d^6-high-spin- und -low-spin-Besetzung der im oktaedrischen Ligandenfeld aufgespaltenen d-Orbitale.

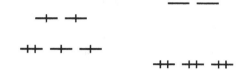

Symmetrie gut verstehen. Für die d^6-Konfiguration im oktaedrischen Ligandenfeld haben wir die beiden möglichen Fälle in Bild 3.45 dargestellt. Ist die Ligandenfeldaufspaltung kleiner als eine gewisse *kritische Ligandenfeldstärke* ($\Delta < \Delta_{krit}$), so werden – entsprechend der Hundschen Regel – möglichst viele Elektronen ungepaarten Spin haben, im vorliegenden Fall vier. Beispiele hierfür sind $[CoF_6]^{3-}$, $[Fe(NH_3)_6]^{2+}$ und $[Fe(H_2O)_6]^{2+}$. Ist die Aufspaltung größer ($\Delta > \Delta_{krit}$), so ist für die Elektronen Spinpaarung energetisch günstiger als die Besetzung der relativ hochliegenden e_g-Orbitale mit parallelem Spin. Beispiele dafür sind $[Co(NH_3)_6]^{3+}$ und $[Fe(CN)_6]^{4-}$. Änderung der Ligandenfeldstärke durch Übergang zu anderen Liganden[87] führt also zur sprunghaften Änderung der magnetischen Eigenschaften, im vorliegenden Fall zum Übergang von einem paramagnetischen Komplex mit vier ungepaarten Elektronen zu einem diamagnetischen Komplex.

Tab. 3.5 Besetzungsvarianten für n d-Elektronen im oktaedrischen Ligandenfeld und zugehörige Grundzustandsterme; s bezeichnet die Anzahl der ungepaarten Elektronen

		t_{2g}	e_g	s	Grundterm
d^1	Ti^{3+}, V^{4+}	↑		1	$^2T_{2g}$
d^2	Ti^{2+}, V^{3+}	↑↑		2	$^3T_{1g}$
d^3	V^{2+}, Cr^{3+}	↑↑↑		3	$^4A_{2g}$

		schwaches Feld				starkes Feld			
		t_{2g}	e_g	s	Grundterm	t_{2g}	e_g	s	Grundterm
d^4	Cr^{2+}, Mn^{3+}	↑↑↑	↑	4	^5E_g	↑↓↑↑		2	$^3T_{1g}$
d^5	Mn^{2+}, Fe^{3+}	↑↑↑	↑↑	5	$^6A_{1g}$	↑↓↑↓↑		1	$^2T_{2g}$
d^6	Fe^{2+}, Co^{3+}	↑↓↑↑	↑↑	4	$^5T_{2g}$	↑↓↑↓↑↓		0	$^1A_{1g}$
d^7	Co^{2+}, Ni^{3+}	↑↓↑↓↑	↑↑	3	$^4T_{1g}$	↑↓↑↓↑↓	↑	1	^2E_g

		t_{2g}	e_g	s	Grundterm
d^8	Ni^{2+}, Pd^{2+}	↑↓↑↓↑↓	↑↑	2	$^3A_{2g}$
d^9	Cu^{2+}, Ag^{2+}	↑↓↑↓↑↓	↑↓↑	1	^2E_g

Tabelle 3.5 enthält alle Besetzungsvarianten für das oktaedrische Ligandenfeld. Bei den

---

[87]Es gibt experimentelle Befunde, dass man dies bei gleichen Liganden auch durch Druckerhöhung (d.h. Verringerung des Zentralatom-Ligand-Abstands) erreichen kann.

d^1- bis d^3-Systemen besetzen die Elektronen t_{2g}-Orbitale mit ungepaartem Spin. Kommt ein viertes Elektron hinzu, so kann dieses entweder (bei $\Delta < \Delta_{krit}$) ein e_g-Orbital mit parallelem Spin besetzen (Konfiguration $(t_{2g})^3(e_g)^1$; dann liegt ein high-spin-Komplex mit vier ungepaarten Elektronen vor) oder (bei $\Delta > \Delta_{krit}$) unter Spinpaarung ein t_{2g}-Orbital (Konfiguration $(t_{2g})^4$; dies ist ein low-spin-Komplex mit zwei ungepaarten Elektronen). Entsprechend werden weitere Elektronen hinzugefügt. Ab d^8 sind in jedem Falle die t_{2g}-Orbitale mit sechs Elektronen voll besetzt, alle weiteren müssen e_g-Orbitale besetzen. Damit gibt es jeweils nur noch eine Variante.

Für alle d^4- bis d^7-Systeme existieren high-spin-Komplexe; low-spin-Komplexe treten nur auf, wenn sehr hohe Ligandenfeldstärken realisiert sind.[88] So sind fast alle d^5-Komplexe vom high-spin-Typ (etwa $[Mn(H_2O)_6]^{2+}$, $[Fe(H_2O)_6]^{3+}$ und $[FeF_6]^{3-}$). Ein Beispiel für einen low-spin-d^5-Komplex ist $[Fe(CN)_6]^{3-}$.

3.3.9   Symmetrieerniedrigung

Symmetrieerniedrigung spielt bei hochsymmetrischen Koordinationsverbindungen in verschiedener Hinsicht eine Rolle. So kann die Symmetrie durch Substitution von Liganden an bestimmten Positionen erniedrigt werden. Aus elektronischen Gründen kann dies aber auch bei identischen Liganden vorkommen. In jedem Falle führt die Symmetrieerniedrigung zu definierten und mit Hilfe der Ligandenfeldtheorie gut überschaubaren Eigenschaftsänderungen.

Wir betrachten zunächst einen regulär-oktaedrischen Komplex MA_6. Substituiert man zwei in trans-Position befindliche Liganden (trans-MA_4B_2) bzw. streckt oder staucht man das reguläre Oktaeder längs einer C_4-Achse, so wird die O_h-Symmetrie zu D_{4h} erniedrigt. Dies muss zu einer weiteren Aufspaltung der d-Orbitale führen, denn ein dreifach entartetes Orbital (t_{2g} in O_h) kann in D_{4h} nicht existieren, da dort nur maximal zweidimensionale irreduzible Darstellungen vorkommen. Der in O_h irreduziblen Darstellung t_{2g} muss in D_{4h} eine reduzible Darstellung entsprechen. Die Charaktere dieser Darstellung lassen sich aus der Charaktertafel für O_h ablesen:[89]

D_{4h}	E	$2C_4$	C_2	$2C_2'$	$2C_2''$	i	$2S_4$	σ_h	$2\sigma_v$	$2\sigma_d$
$\Gamma_{t_{2g}}$	3	-1	-1	-1	1	3	-1	-1	-1	1

Ausreduktion ergibt $\Gamma_{t_{2g}} = b_{2g} + e_g$, d.h., das t_{2g}-Orbital aus O_h spaltet in D_{4h} in ein nichtentartetes Orbital (b_{2g}) und ein zweifach entartetes Orbital (e_g) auf. Die Aufspaltung sämtlicher Zustände beim Übergang von O_h zu D_{4h} kann der Tabelle 3.4 entnommen werden. Die Aufspaltung gilt sowohl für Orbitale als auch für Terme. So spaltet der $^5T_{2g}$-Grundterm des high-spin-d^6-Systems in einen $^5B_{2g}$- und einen ^5E_g-Term auf.

Die Aufspaltung der Orbitale mit $l \leq 2$ lässt sich für jede beliebige Symmetriepunktgruppe aus der zugehörigen Charaktertafel im Anhang ablesen, da jeweils rechts in diesen Tafeln

---

[88]Deshalb werden high-spin-Komplexe zuweilen als *magnetisch normal*, low-spin-Komplexe als *magnetisch anomal* bezeichnet.

[89]Da ein Inversionszentrum vorliegt, hat man sich nur die Charaktere für die Drehungen zu überlegen, für die restlichen Symmetrieoperationen wiederholen sich die Charaktere bei der vorliegenden geraden Darstellung (bei ungeraden Darstellungen wären sie mit (-1) zu multiplizieren).

das Transformationsverhalten der p- und d-Funktionen angegeben ist. Beim Übergang von O_h zu D_{4h} muss t_{2g} aufspalten, da sich d_{xy} nach b_{2g} sowie d_{xz} und d_{yz} (gemeinsam) nach e_g transformieren. Auch die Oktaederdarstellung e_g spaltet auf, in a_{1g} und b_{1g}. Reduziert man die Symmetrie weiter, etwa von D_{4h} zu D_{2h} durch eine all-trans-Anordnung $MA_2B_2C_2$, so spaltet schließlich auch noch das zweifach entartete Niveau in $b_{2g}(d_{xz})$ und $b_{3g}(d_{yz})$ auf. d_{xy} transformiert sich in D_{2h} nach b_{1g}, und d_{z^2} und $d_{x^2-y^2}$ transformieren sich (einzeln) nach a_g.

Zur Festlegung der relativen energetischen Lage der aufgespaltenen Orbitale sind Ligandenfeldrechnungen in der erniedrigten Symmetrie durchzuführen. Oft helfen aber bereits Plausibilitätsbetrachtungen analog zu denen in Abschnitt 3.3.2. Wir betrachten in Bild 3.46 die Aufspaltung der d-Orbitale bei Stauchung bzw. Streckung des regulären Oktaeders. Man sieht unmittelbar ein, dass bei der Stauchung das in Richtung der axialen Liganden orientierte Orbital d_{z^2} destabilisiert, bei der Streckung dagegen stabilisiert wird. Entsprechend ist das in der äquatorialen Ebene liegende Orbital d_{xy} relativ gegenüber d_{xz} und d_{yz} bei Stauchung stabilisiert, bei Streckung destabilisiert.

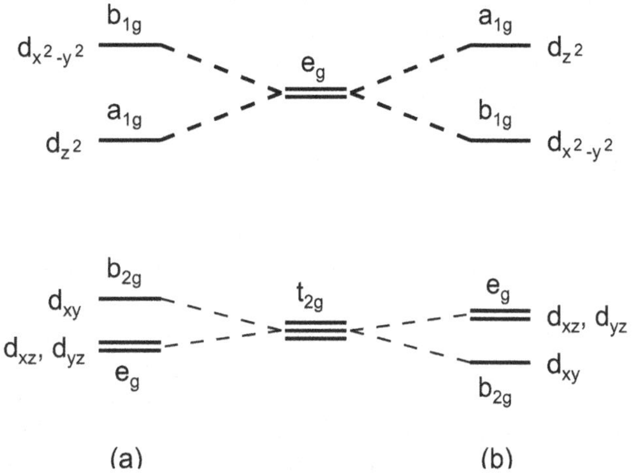

(a)   (b)

Bild 3.46 Aufspaltung der d-Orbitale bei Streckung (a) und Stauchung (b) eines regulären Oktaeders in Richtung einer vierzähligen Drehachse.

Symmetrieerniedrigung einer hochsymmetrischen Ligandenanordnung ist aber nicht nur Folge einer geeigneten Ligandensubstitution. Sie tritt in bestimmten Fällen auch „von selbst" ein. Dies wird als *Jahn-Teller-Effekt* bezeichnet. Es konnte nämlich gezeigt werden, dass bahnentartete Elektronenzustände für nichtlineare molekulare Systeme nicht stabil sind (*Jahn-Teller-Theorem*). Liegen bei einer zunächst angenommenen hochsymmetrischen Ligandenanordnung bahnentartete Elektronenzustände vor, so wird die Anordnung tatsächlich so verzerrt sein, dass die Bahnentartung aufgehoben ist. Wir betrachten als einfachsten Fall dieser Art ein einzelnes d-Elektron im oktaedrischen Ligandenfeld. Der Grundterm ist $^2T_{2g}$ (vgl. Tab. 3.5); er transformiert sich nach einer dreidimensionalen irreduziblen Darstellung, ist also bahnentartet. Nach dem Jahn-Teller-Theorem kann also ein $[\text{Ti}(\text{H}_2\text{O})_6]^{3+}$-Komplex nicht regulär-oktaedrisch sein. Er muss verzerrt sein, damit es zu einer Aufspaltung des $^2T_{2g}$-Grundterms kommt.

Das Prinzip einer solchen Verzerrung kann Bild 3.46 entnommen werden. Eine Streckung des Oktaeders würde zu einem ^2E_g-Grundterm führen, wäre also ebenfalls bahnentartet. Ein nichtbahnentarteter Grundterm ($^2B_{2g}$) dagegen resultiert bei Stauchung des Oktaeders. Aus Tabelle 3.5 entnimmt man, dass regulär-oktaedrische Grundzustandsgeometrien nur bei d^3-, high-spin-d^5-, low-spin-d^6- und d^8-Konfigurationen vorliegen können. Alle anderen Systeme sollten Jahn-Teller-Verzerrungen aufweisen.[90]

Die Aufspaltung der e_g-Orbitale ist bei tetragonaler Verzerrung stärker als die der t_{2g}-Orbitale (vgl. Bild 3.46). Bei Cu^{2+}-Komplexen (Konfiguration $(t_{2g})^6(e_g)^3$, Grundterm ^2E_g) wird demzufolge die Stabilisierung bei der Verzerrung stärker sein als etwa bei Ti^{3+}-Komplexen. In der Tat sind sechsfach koordinierte Cu^{2+}-Komplexe meist stark gestreckte Oktaeder (den Grenzfall stellen diesbezüglich die vierfach koordinierten planaren Komplexe dar). Allgemein sind Komplexe mit E_g-Grundzustand stärker verzerrt als solche mit T_{2g}-Grundzustand.

Jahn-Teller-Verzerrungen spielen aber nicht nur für Grundzustandsgeometrien eine Rolle, sie führen auch zur Aufspaltung von Absorptionsbanden. So hat die charakteristische Bande des $[\text{Ti}(\text{H}_2\text{O})_6]^{3+}$ mit dem Maximum bei $\approx 20000\,\text{cm}^{-1}$ eine Schulter bei $\approx 17000\,\text{cm}^{-1}$, d.h. eine starke Asymmetrie, die auf eine Aufspaltung hinweist. Die beiden Übergänge lassen sich als Anregung aus dem schwach aufgespaltenen $^2T_{2g}$-Grundzustand in den stark aufgespaltenen ^2E_g-Zustand interpretieren.

3.3.10 Einbeziehung von σ-bindenden Ligandorbitalen

In der Ligandenfeldtheorie werden nur die Orbitale des Zentralatoms explizit einbezogen. Die Liganden wirken lediglich als Punktladungen (bzw. -dipole) an festen Raumpositionen; sie bauen ein Feld bestimmter Symmetrie auf, das die Zentralatomorbitale in charakteristischer Weise stört. Soll die Individualität der Liganden berücksichtigt werden, muss neben ihrer räumlichen Anordnung auch ihre Elektronenstruktur einbezogen werden. Dies geschieht üblicherweise durch einen LCAO-MO-Ansatz, bei dem die AOs des Zentralatoms mit Ligandorbitalen zu Komplex-MOs linearkombiniert werden. Dabei ist es zweckmäßig, die Ligandorbitale in ihrer Gesamtheit zu betrachten und mit den Zentralatomorbitalen zu kombinieren,[91] da dann die meist hohe Symmetrie der Ligandenanordnung beträchtlich zur Vereinfachung und Systematisierung der theoretischen Behandlung führt.

Für die wichtigsten Symmetrien (oktaedrische, tetraedrische und quadratisch-planare) ist das jeweilige MO-Schema eines Modellkomplexes in Bild 3.47 in seiner einfachsten Form dar-

---

[90]Die erwarteten Verzerrungen lassen sich nicht in jedem Falle etwa durch Röntgenstrukturanalysen nachweisen (*statischer* Jahn-Teller-Effekt). Das System kann zwischen in verschiedene Richtungen verzerrten Strukturen hin- und herschwingen, so dass man im Mittel eine höhere Symmetrie vorfindet (*dynamischer* Jahn-Teller-Effekt).

[91]Man zerlegt also den Komplex gemäß Abschnitt 3.2.7 in zwei Fragmente, das Zentralatom und das komplette Ligandensystem; vgl. dazu auch Abschn. 3.3.12.

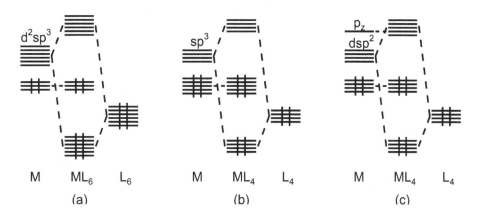

Bild 3.47 Schematische Kombination von Zentralatom- und Ligandorbitalen zu Komplex-MOs für Modellkomplexe mit oktaedrischer (a), tetraedrischer (b) und quadratisch-planarer (c) Anordnung rein σ-bindender Liganden.

gestellt. Wir betrachten vorläufig nur Liganden mit einem einzelnen σ-Donor-Elektronenpaar. Dies ist strenggenommen nur für Hydridoliganden (H^-) erfüllt, umfasst aber näherungsweise auch die σ-*Donorwirkung* anderer anionischer oder auch neutraler Liganden.[92] Für das Zentralatom sind nur die neun Orbitale einer minimalen Valenzbasis (fünf d-, ein s-, drei p-Orbitale; etwa $3d, 4s, 4p$) berücksichtigt.

Bei der einfachsten Modellannahme – sie entspricht dem Näherungsansatz des VB-Bildes – kombinieren n gleichwertige (doppelt besetzte) Ligand-Donororbitale mit n hybridisierten, d.h. auch gleichwertigen (unbesetzten) Zentralatom-Akzeptororbitalen. In Tabelle 3.6 sind die Hybridorbitale für die oktaedrische und die quadratisch-planare Ligandenanordnung angegeben.[93] Bei der Orbitalwechselwirkung werden n lokalisierte σ-bindende Komplexorbitale gebildet (man vgl. dazu Abschn. 3.2.6). Jedes dieser MOs enthält hauptsächlich das σ-Donororbital eines Liganden und einen geringen Anteil des Zentralatom-Hybridorbitals, das auf diesen Liganden gerichtet ist. Durch die Bindungsbildung kommt es also zu einem Ladungstransfer (*donation*) von den Liganden zum Zentralatom. Umgekehrt sind die zugehörigen antibindenden σ^*-Komplex-MOs hauptsächlich am Zentralatom und nur schwach an den Liganden lokalisiert. Der diskutierte Sachverhalt ist die Verallgemeinerung von Bild 3.21d auf den Fall mehrerer Liganden.

$9 - n$ d-Orbitale des Zentralatoms können in den betrachteten hochsymmetrischen Fällen aus Symmetriegründen nicht mit den Ligandorbitalen kombinieren. Sie bleiben bei der σ-Wechselwirkung mit den Liganden unbeeinflusst, sind also nichtbindend. Erst wenn die Liganden auch π-Orbitale geeigneter Symmetrie haben, kann es auch über diese Orbitale zu Zentralatom-Ligand-Wechselwirkungen kommen (s. den folgenden Abschnitt). Bei der quadratisch-planaren Anordnung wird überdies auch das p_z-Orbital des Zentralatoms nicht für die Hybridisierung benötigt und bleibt unbeeinflusst.

---

[92] Eventuelle π-Wechselwirkungen schließen wir im nächsten Abschnitt ein.
[93] Für die tetraedrische Anordnung sind sie in Tabelle 1.9 enthalten.

Tab. 3.6 Normierte Hybridorbitale für die $d^2 sp^3$- und die dsp^2-Hybridisierung

$$\psi_1(d^2 sp^3) = \tfrac{1}{\sqrt{6}}\, s + \tfrac{1}{\sqrt{2}}\, p_x - \tfrac{1}{\sqrt{12}}\, d_{z^2} + \tfrac{1}{2}\, d_{x^2-y^2}$$

$$\psi_2(d^2 sp^3) = \tfrac{1}{\sqrt{6}}\, s + \tfrac{1}{\sqrt{2}}\, p_y - \tfrac{1}{\sqrt{12}}\, d_{z^2} - \tfrac{1}{2}\, d_{x^2-y^2}$$

$$\psi_3(d^2 sp^3) = \tfrac{1}{\sqrt{6}}\, s + \tfrac{1}{\sqrt{2}}\, p_z - \tfrac{1}{\sqrt{3}}\, d_{z^2}$$

$$\psi_4(d^2 sp^3) = \tfrac{1}{\sqrt{6}}\, s - \tfrac{1}{\sqrt{2}}\, p_x - \tfrac{1}{\sqrt{12}}\, d_{z^2} + \tfrac{1}{2}\, d_{x^2-y^2}$$

$$\psi_5(d^2 sp^3) = \tfrac{1}{\sqrt{6}}\, s - \tfrac{1}{\sqrt{2}}\, p_y - \tfrac{1}{\sqrt{12}}\, d_{z^2} - \tfrac{1}{2}\, d_{x^2-y^2}$$

$$\psi_6(d^2 sp^3) = \tfrac{1}{\sqrt{6}}\, s - \tfrac{1}{\sqrt{2}}\, p_z - \tfrac{1}{\sqrt{3}}\, d_{z^2}$$

$$\psi_1(dsp^2) = \tfrac{1}{2}\, s + \tfrac{1}{\sqrt{2}}\, p_x + \tfrac{1}{2}\, d_{x^2-y^2}$$

$$\psi_2(dsp^2) = \tfrac{1}{2}\, s - \tfrac{1}{\sqrt{2}}\, p_x + \tfrac{1}{2}\, d_{x^2-y^2}$$

$$\psi_3(dsp^2) = \tfrac{1}{2}\, s + \tfrac{1}{\sqrt{2}}\, p_x - \tfrac{1}{2}\, d_{x^2-y^2}$$

$$\psi_4(dsp^2) = \tfrac{1}{2}\, s - \tfrac{1}{\sqrt{2}}\, p_x - \tfrac{1}{2}\, d_{x^2-y^2}$$

Aus Bild 3.47 wird unmittelbar verständlich, warum diamagnetische Übergangsmetallkomplexe mit der Zentralatom-Elektronenkonfiguration d^6 (etwa Co^{3+}) oktaedrisch, mit d^{10} (etwa Ni^0) tetraedrisch und mit d^8 (etwa Pt^{2+}) quadratisch-planar koordiniert sind.

Parallelen zur Ligandenfeldtheorie können mit den in Bild 3.47 dargestellten einfachsten MO-Schemata nicht gezogen werden. Dazu muss die jeweilige Molekülsymmetrie explizit berücksichtigt werden (nicht nur für die Auswahl der geeigneten Hybridisierung der Zentralatomorbitale). Dies geschieht „automatisch", wenn man eine „normale" LCAO-MO-Rechnung durchführt. So liefern etwa EHT-Rechnungen an Modellkomplexen die in Bild 3.48 dargestellten Schemata. Die resultierenden MOs sind nicht lokalisiert, sondern kanonisch (vgl. Abschn. 3.2.6); sie enthalten im allgemeinen Orbitale aller Atome des Moleküls (im speziellen ist dies durch die Symmetrie eingeschränkt). Die MOs sind entsprechend ihrem Symmetrieverhalten bezüglich der jeweiligen Symmetriepunktgruppe (O_h, T_d bzw. D_{4h}) gekennzeichnet. Es treten höchstens dreifach entartete Energieniveaus auf, denn es gibt maximal dreidimensionale irreduzible Darstellungen. In Bild 3.48a sind links die Niveaus des freien Zentralatoms angegeben,[94] rechts symmetriegerechte Linearkombinationen der sechs Ligand-σ-Orbitale, d.h. solche Linearkombinationen, die sich nach irreduziblen Darstellungen der Symmetriepunktgruppe O_h transformieren. Zur Ermittlung dieser symmetriegerechten Linearkombinationen könnte man Rechnungen nur für das Ligandensystem (ohne das Zentralatom) durchführen. Man erhielte dann die symmetriegerechten Kombinationen. Sie sind entsprechend ihres unterschiedlichen Symmetrieverhaltens in Gruppen aufgespalten. Allerdings unterscheiden sich die aufgespalten Niveaus in ihrer Energie nur wenig, da die Liganden relativ weit voneinander entfernt sind und ihre Orbitale nur schwach

---

[94]Sie sind bereits gemäß ihrer „Verwendung" im Komplex gekennzeichnet.

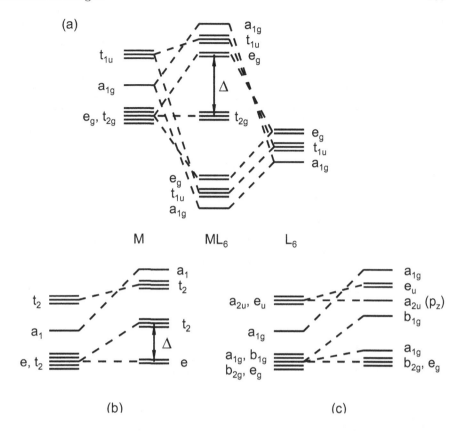

Bild 3.48 Symmetriegerechte Kombination von Zentralatom- und Ligandorbitalen zu Komplex-MOs für Modellkomplexe mit oktaedrischer (a), tetraedrischer (b) und quadratisch-planarer Anordnung (c) rein σ-bindender Liganden. In den Fällen (b) und (c) wurde jeweils nur der linke obere Teil des Schemas dargestellt, der Rest lässt sich leicht ergänzen.

überlappen. Die quantitative energetische Lage der Zentralatomorbitale und der symmetriegerechten Linearkombinationen der Ligandorbitale ist (für die Schemata in Bild 3.48) nicht wesentlich, man benötigt lediglich ihre Symmetriekennzeichnung zur Diskussion der Anzahl und der Art der Orbitalwechselwirkungen.

In Tabelle 3.7 sind für den Oktaederfall die symmetriegerechten Linearkombinationen der Ligandorbitale und die Zentralatomorbitale gegenübergestellt.[95] Aus Symmetriegründen mischen jeweils nur die in einer Zeile stehenden Orbitale zu Komplex-MOs. Zentralatomorbitale ohne symmetriegerechte σ-Ligandorbitalkombination bleiben bei der σ-Donorwechselwirkung unbeeinflusst. Bild 3.49 enthält die grafische Veranschaulichung einiger ausgewählter Komplex-MOs.

---

[95] Das Koordinatensystem am Zentralatom und die Nummerierung der Liganden kann Bild 3.49 entnommen werden. An jedem Liganden ist ein *links*händiges Koordinatensystem angeheftet, dessen z-Achse auf das Zentralatom zeigt. z_k bezeichnet das s- bzw. p_σ-Orbital am Liganden k, x_k und y_k sind die p_π-Orbitale.

Tab. 3.7 Symmetriegerechte Ligandorbitalkombinationen und d-Orbitale in Oktaedersymmetrie

a_{1g}	s	$(1/\sqrt{6})(z_1 + z_2 + z_3 + z_4 + z_5 + z_6)$	
t_{1u}	p_x	$(1/\sqrt{2})(z_1 - z_4)$	$(1/\sqrt{4})(y_2 - x_5 + x_3 - y_6)$
	p_y	$(1/\sqrt{2})(z_2 - z_5)$	$(1/\sqrt{4})(x_1 - y_4 + y_3 - x_6)$
	p_z	$(1/\sqrt{2})(z_3 - z_6)$	$(1/\sqrt{4})(y_1 - x_4 + x_2 - y_5)$
e_g	d_{z^2}	$(1/\sqrt{12})(-z_1 - z_4 - z_2 - z_5 + 2z_3 + 2z_6)$	
	$d_{x^2-y^2}$	$(1/\sqrt{4})(z_1 + z_4 - z_2 - z_5)$	
t_{2g}	d_{xy}		$(1/\sqrt{4})(x_1 + y_4 + y_2 + x_5)$
	d_{xz}		$(1/\sqrt{4})(y_1 + x_4 + x_3 + y_6)$
	d_{yz}		$(1/\sqrt{4})(x_2 + y_5 + y_3 + x_6)$
t_{2u}			$(1/\sqrt{4})(y_1 - x_4 - x_2 + y_5)$
			$(1/\sqrt{4})(y_2 - x_5 - x_3 + y_6)$
			$(1/\sqrt{4})(x_1 + y_4 + y_3 - x_6)$
t_{1g}			$(1/\sqrt{4})(-x_2 - y_5 + y_3 + x_6)$
			$(1/\sqrt{4})(y_1 + x_4 - x_3 + x_6)$
			$(1/\sqrt{4})(-x_1 - y_4 + y_2 + x_5)$

Die Schemata in Bild 3.48 enthalten als wesentliches Detail jeweils den von der Ligandenfeld-theorie umfassten Sachverhalt, die Aufspaltung der d-Orbitale. In oktaedrischer Symmetrie (Bild 3.48a) besteht das dreifach entartete t_{2g}-Niveau aus den bei Vernachlässigung von π-Wechselwirkungen nichtbindenden Zentralatomorbitalen d_{xy}, d_{xz} und d_{yz}. Die e_g-Orbitale d_{z^2} und $d_{x^2-y^2}$ sind antibindend, sie sind durch antisymmetrische Linearkombination mit den Ligand-Donororbitalen (relativ stark) destabilisiert.

In tetraedrischen Systemen (Bild 3.48b) resultiert eine umgekehrte Aufspaltung der d-Orbitale (vgl. Abschn. 3.3.4). Die e-Orbitale sind nichtbindend, die t_2-Orbitale sind (leicht) destabilisiert. Letzteres folgt daraus, dass d_{xy}, d_{xz} und d_{yz} sich wie die p-Orbitale nach t_2 transformieren. Somit haben beide Orbitalgruppen das gleiche Symmetrieverhalten, können also mit den symmetriegerechten Ligandorbitalen der Symmetrie t_2 kombinieren. Damit haben die formal nichtbindenden t_2-Komplex-MOs nicht nur d-, sondern auch p-Anteile und sind destabilisiert. Entsprechend enthalten die antibindenden t_2-Komplex-MOs nicht nur p-, sondern auch d-Anteile.[96] Man kann die t_2-Destabilisierung auch in folgender Weise interpretieren: Die Donorwirkung von den Liganden zum Zentralatom (in die t_2-Akzeptor-orbitale) wird durch die Elektronen in besetzten Zentralatomorbitalen gleicher Symmetrie „behindert". Dies entspricht einem Elektronenpaar-Abstoßungseffekt, der zu einer Desta-bilisierung der formal nichtbindenden t_2-Zentralatomorbitale führt. Elektronen in Zentral-

---

[96]Es liegt mit anderen Worten keine „reine" sp^3-Hybridisierung vor, den Hybrid-AOs sind d-Anteile zuge-mischt.

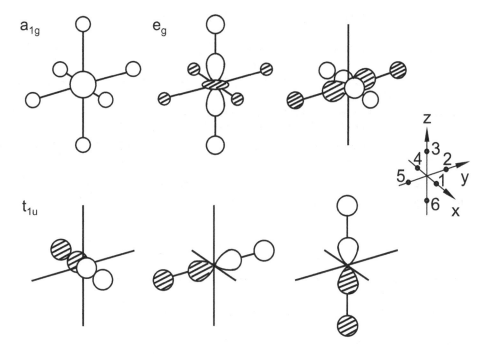

Bild 3.49 Grafische Darstellung ausgewählter Komplex-MOs für den Oktaederfall. Dargestellt ist jeweils die symmetrische Kombination zwischen Zentralatomorbital und symmetrieadaptierter Linearkombination der Ligand-σ-Orbitale.

atomorbitalen wirken also als eine Art „Puffer" gegenüber Ligand-Donororbitalen gleicher Symmetrie.[97]

Bild 3.48c zeigt die Verhältnisse bei quadratisch-planaren Systemen. Das aus der d-Aufspaltung resultierende Komplex-MO b_{1g} ist antibindend, e_g und b_{2g} sind nichtbindend, und a_{1g} ist schwach antibindend, da ein antibindendes MO gleicher Symmetrie vorhanden ist.

Je niedriger die Symmetrie der Ligandenanordnung ist, desto weniger charakteristisch wird das Aufspaltungsbild. Der Extremfall ist ein völlig unsymmetrisches System (Symmetriepunktgruppe C_1), bei dem sämtliche Orbitale „gleiche" Symmetrie haben (d.h. sich nach der einzigen irreduziblen Darstellung a transformieren). In diesem Fall mischt jedes Zentralatomorbital mit jedem einzelnen Ligandorbital.[98]

---

[97]Bei der EHT-Methode ist die Destabilisierung der Orbitale eine Folge der Mischung von Ligand- und Zentralatomorbitalen, unabhängig davon, ob die Orbitale mit Elektronen besetzt sind oder nicht. Bei genaueren quantenchemischen Verfahren ist die Beeinflussung der Orbitale von der Elektronenbesetzung abhängig.
[98]Wenn nicht gerade eine Nullüberlappung vorliegt (vgl. Bild 3.16d).

3.3.11 Einbeziehung von π-bindenden Ligandorbitalen

Wir lassen nun auch π-Wechselwirkungen zwischen dem Zentralatom und den Liganden zu. Diejenigen symmetriegerechten Linearkombinationen der Ligand-π-Orbitale, zu denen Zentralatomorbitale gleicher Symmetrie existieren, kombinieren mit diesen. Für den Oktaederfall sind das die t_{2g}- und die t_{1u}-Kombinationen (s. Tab. 3.7). Die t_{2u}- und die t_{1g}-Kombinationen, zu denen keine Zentralatomorbitale gleicher Symmetrie vorhanden sind, bleiben bei der „Komplexbildung" unbeeinflusst. Umgekehrt bleiben alle Zentralatomorbitale „nichtbindend", zu denen weder σ- noch π-Ligandorbitalkombinationen existieren (solche Zentralatomorbitale sind allerdings im Oktaederfall nicht vorhanden).

Bild 3.50 zeigt schematisch die Konsequenzen für das MO-Schema, wenn π-Wechselwirkungen zwischen Zentralatom und Liganden auftreten. Man hat zwei Fälle zu unterscheiden.

(a)   (b)

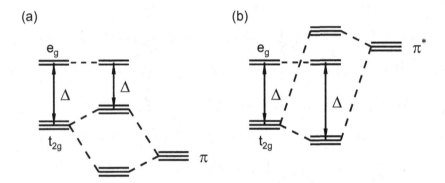

Bild 3.50 Prinzipielle Beeinflussung der d-Orbital-Aufspaltung (Oktaederfall) durch zusätzliche Zentralatom-Ligand-π-Wechselwirkungen. (a) π-Donorwechselwirkung, (b) π-Akzeptorwechselwirkung.

Einmal können die Liganden besetzte π-Orbitale haben (Bild 3.50a); das ist etwa bei Halogeniden der Fall, auch bei OH^-, O^{2-} usw. Bei elektronenarmen Zentralatomen (t_{2g} nur gering besetzt) kann dann eine π-*Donorwirkung* von den Liganden zum Zentralatom auftreten. Bei elektronenreichen Zentralatomen (t_{2g} voll besetzt) wird es dagegen zu einer abstoßenden Wirkung kommen. In jedem Falle werden die bei reiner σ-Bindung zunächst unbeeinflussten Zentralatomorbitale t_{2g} durch die π-Bindung antibindend, d.h. destabilisiert. Die Ligandenfeldaufspaltung Δ zwischen e_g und t_{2g} wird damit verringert.

Andererseits können die Liganden relativ tiefliegende unbesetzte π-Orbitale haben (Bild 3.50b), etwa die π^*-Orbitale von Carbonylliganden. Bei elektronenreichen Zentralatomen kommt es dann zu einem Elektronentransfer vom Zentralatom zu den Liganden. Aus „Sicht" der Liganden ist dies eine π-*Akzeptorwirkung* oder eine „Rückbindung" (*back donation*). Die zunächst nichtbindenden Zentralatomorbitale t_{2g} werden bindend, d.h. stabilisiert; die Ligandenfeldaufspaltung wird größer.

Zentralatom-Ligand-Bindungen werden durch π-Anteile gegenüber reinen σ-Bindungen verstärkt. Durch die Modellvorstellung der Rückbindung wird auch plausibel, warum mit

π-Akzeptorliganden Komplexe mit neutralem Zentralatom (etwa Carbonylkomplexe) stabil sind, für die eine starke σ-Donorbindung schlecht vorstellbar ist. Rückbindungen sind bei drei Gruppen von Akzeptorliganden zu erwarten: 1. bei CO und bei isovalenzelektronischen Liganden wie CN^-; 2. bei Olefinliganden wie C_2H_4, die ebenfalls unbesetzte π^*-Orbitale enthalten; 3. bei Liganden mit tiefliegenden unbesetzten d-Orbitalen wie SR_2, PR_3 usw.

Wir weisen darauf hin, dass die Aufteilung des Ladungstransfers zwischen Zentralatom und Liganden in σ-*donation* und π-*back-donation* eine Modellvorstellung ist, die auf der unterschiedlichen Symmetrie der beteiligten wechselwirkenden Orbitale beruht. Eine Unterscheidung in σ-Bindungen und π-Rückbindungen ist zwar für die qualitative Diskussion der Bindungsverhältnisse außerordentlich nützlich, hat aber keine tatsächliche physikalische Relevanz. Das Bindungsphänomen zwischen Zentralatom und Liganden entspricht nur in seiner Gesamtheit einer physikalischen Observablen. Alle Aufteilungen haben nur Modellcharakter.

Mit Hilfe der MO-Theorie lassen sich auch die verschiedenen Typen der Elektronenanregung in Koordinationsverbindungen übersichtlich beschreiben. Wir gehen dazu von Bild 3.50 aus. Im Orbitalbild entsprechen die symmetrieverbotenen Ligandenfeldübergänge (d-d-Übergänge) den Anregungen $t_{2g} \rightarrow e_g$. Die beteiligten Orbitale enthalten im wesentlichen Zentralatom-AOs (mit nur geringen Zumischungen von Ligandorbitalen); die Übergänge sind am Zentralatom „lokalisiert". In realen Systemen sind jedoch auch Ligandorbitale geeigneter Symmetrie (insbesondere ungerader Parität) vorhanden, die zu symmetrieerlaubten Übergängen führen (s. Abschn. A.4.4). Das können einmal L $\rightarrow$ M-CT-Übergänge (*ligand-to-metal charge transfer*) von besetzten MOs mit hauptsächlich Ligandanteilen (etwa π-AOs von Halogenidliganden) zu unbesetzten MOs mit hauptsächlich Zentralatom-d-Anteilen sein, zum anderen M $\rightarrow$ L-CT-Übergänge (*metal-to-ligand charge transfer*) von besetzten MOs mit hauptsächlich Zentralatom-d-Anteilen zu unbesetzten MOs mit hauptsächlich Ligandanteilen (etwa π^*-Orbitalen von Akzeptorliganden). Solche charge-transfer-Übergänge liegen im allgemeinen im UV (eventuell auch schon im Sichtbaren) und sind, da sie nicht Laporte-verboten sind, um Zehnerpotenzen intensiver als die d-d-Übergänge (vgl. Abschn. 3.3.7). L $\rightarrow$ M-CT-Übergänge führen zu Metall*reduktions*banden, M $\rightarrow$ L-CT-Übergänge zu Metall*oxidations*banden; die Änderung der Elektronendichte am Zentralatom (d.h. dessen Oxidationszustands) bei Einstrahlung von Licht geeigneter Wellenlänge führt zu charakteristischen fotochemischen Redoxreaktionen.

Es können weitere Arten von Elektronenübergängen auftreten: Übergänge innerhalb eines koordinierten Liganden (zwischen zwei hauptsächlich an *einem* Liganden lokalisierten MOs) sowie L $\rightarrow$ L'-CT-Übergänge (*ligand-to-ligand charge transfer*) von einem koordinierten Liganden L zu einem anderen Liganden L' (von einem hauptsächlich an L zu einem hauptsächlich an L' lokalisierten MO).[99]

---

[99]Die in speziellen Mehrkernkomplexen auftretenden M $\rightarrow$ M'-CT-Übergänge (*metal-to-metal charge transfer*), bei denen formal die Oxidationszahl eines Metallatoms erhöht, die eines anderen erniedrigt wird, lassen sich mit solch einfachen MO-Modellen nicht beschreiben.

3.3.12   Komplexfragmente, Isolobalität

Koordinationsverbindungen lassen sich in „natürlicher" Weise aus Fragmenten zusammensetzen, aus dem Zentralatom und der Gesamtheit der Liganden. Wir sind in unserer bisherigen Darstellung davon ausgegangen. Die Komplex-MOs wurden durch Kombination von Zentralatomorbitalen und Ligandorbitalen gebildet. Letztere lassen sich als lokalisierte Orbitale (Bild 3.47) oder als symmetriegerechte Linearkombinationen solcher Orbitale (Bild 3.48) auffassen. Abhängig davon sind die Komplex-MOs lokalisiert (Bindungsorbitale) oder delokalisiert (kanonische MOs).[100] Die entstehenden Orbitalwechselwirkungsdiagramme sind sehr übersichtlich und erleichtern das Verständnis und die Systematisierung vieler Eigenschaften der Koordinationsverbindungen beträchtlich.

Im Hinblick auf die große sterische Vielfalt der Koordinationsverbindungen sind Komplexfragmente von Interesse, die durch Abspaltung einzelner Liganden aus regulären hochsymmetrischen Anordnungen entstehen. Wir betrachten als Beispiel den Oktaederfall (ML_6). Im Bindungsorbitalmodell ergeben sich die in Bild 3.51 dargestellten Verhältnisse.[101] Fehlt

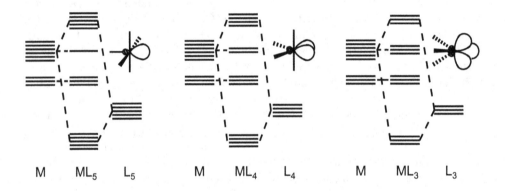

   M ML_5 L_5 M ML_4 L_4 M ML_3 L_3

Bild 3.51 „Unbenutzte" Zentralatom-Hybridorbitale in den Oktaederfragmenten ML_5, ML_4 und ML_3.

ein Ligand oder fehlen zwei bzw. drei Liganden in der oktaedrischen Koordinationssphäre, so bleibt ein d^2sp^3-Hybridorbital des Zentralatoms oder es bleiben zwei bzw. drei solcher Orbitale „unbenutzt". Die Komplexfragmente ML_5, ML_4 bzw. ML_3 könnten über diese Akzeptororbitale die fehlenden Liganden binden (Bild 3.52).

---

[100]Tatsächlich liefert eine „normale" LCAO-MO-Rechnung, bei der die Orbitale der Liganden einzeln einbezogen werden, sofort kanonische MOs für den Gesamtkomplex. Benötigt man für die Diskussion symmetriegerechte Linearkombinationen der Ligandorbitale, so hat man im allgemeinen eine separate Rechnung für das Ligandensystem durchzuführen; oft liefern die Rechenprogramme aber die Komplex-MOs auch direkt als Linearkombinationen von Zentralatomorbitalen und symmetriegerechten Kombinationen der Ligandorbitale.

[101]Für die Darstellung beschränken wir uns auf reine σ-Donorliganden und denken an eine Zentralatom-Elektronenkonfiguration low-spin-d^6, d.h. die nichtbindenden „t_{2g}"-Orbitale seien mit sechs Elektronen voll besetzt.

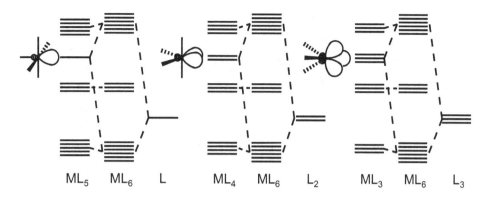

Bild 3.52 Bildung von ML_6 durch Anlagerung der fehlenden Liganden an die Oktaederfragmente ML_5, ML_4 und ML_3.

In Bild 3.53 geben wir die symmetriegerechte Form der Grenzorbitale für die drei Oktaederfragmente an. Geht man von der dargestellten radikalischen Besetzung der Fragmentorbitale aus, so sollten – in Analogie zu den in Abschnitt 3.2.7 behandelten organischen Fragmenten (vgl. Bild 3.27) – jeweils zwei gleiche Fragmente unter Ausbildung einer M-M-Einfach-, -Doppel- bzw. -Dreifachbindung dimerisieren (Bild 3.54). Zwei d^7-ML_5-Fragmente sollten M_2L_{10} bilden, zwei d^8-ML_4-Fragmente M_2L_8 und zwei d^9-ML_3-Fragmente M_2L_6. Ein typisches Beispiel für den ersten Fall ist $Mn_2(CO)_{10}$; $Fe_2(CO)_8$, was dem zweiten Fall entspräche, kann möglicherweise unter gewissen Bedingungen existieren.[102] Schließlich lagern sich nicht zwei, sondern vier d^9-ML_3-Fragmente zusammen und bilden einen dem Tetrahedran entsprechenden Vierkernkomplex, zum Beispiel $Ir_4(CO)_{12}$.

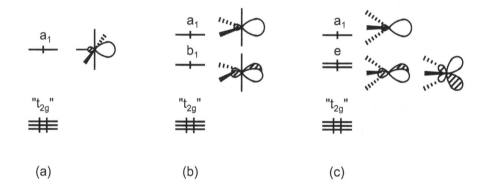

Bild 3.53 Symmetriegerechte Grenzorbitale für die Oktaederfragmente ML_5 (C_{4v}) (a), ML_4 (C_{2v}) (b) und ML_3 (C_{3v}) (c).

---

[102]Die stabilste Form eines Dieisencarbonylkomplexes ist jedoch $Fe_2(CO)_9$.

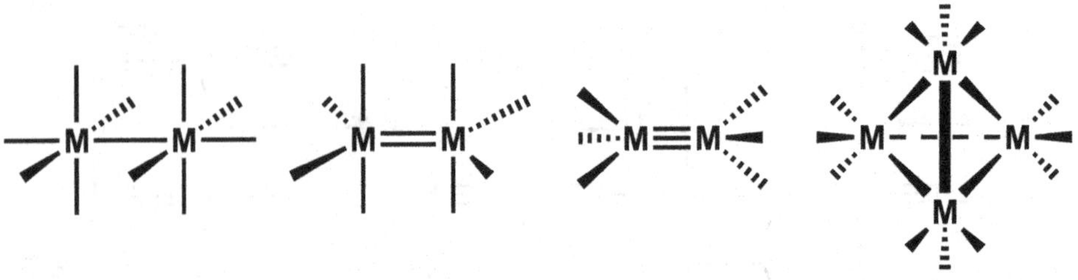

Bild 3.54 Bildung von dimeren bzw. tetrameren Strukturen aus Komplexfragmenten.

Der Vergleich der Bilder 3.27 und 3.53 zeigt die formale Analogie chemisch sehr verschiedener Fragmente. Diese Analogie wird als *Isolobalität* bezeichnet. Zwei Fragmente sind *isolobal*, wenn Anzahl, Symmetrie, Besetzung und ungefähre energetische Lage ihrer Grenzorbitale „ähnlich" sind.[103] Wegen der aufgezeigten Isolobalanalogie sollten also Komplexfragmente auch mit organischen Fragmenten kombinieren können. Dies führt zu gemischten Spezies (Bild 3.55). Beispiele für Verbindungen vom ersten Typ sind häufig (etwa $(CO)_5MnCR_3$), Carbenkomplexe vom Typ L_4MCR_2 sind bekannt, und auch tetraedrische Strukturen wie $(CO)_6Ir_2(CH)_2$ existieren.

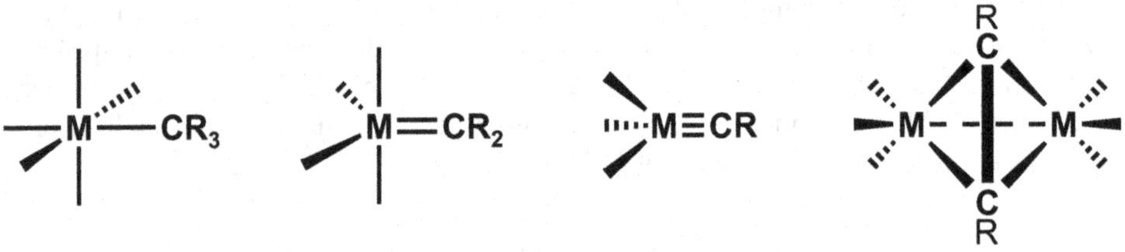

Bild 3.55 Bildung gemischter Spezies aus anorganischen und organischen Fragmenten.

Die Isolobalanalogie ist ein nützliches Konzept zur Systematisierung der strukturellen Vielfalt insbesondere von Organometallverbindungen und Clustern. Man kann erwarten, dass sich isolobale Fragmente gegenüber potenziellen Bindungspartnern „in erster Näherung" ähnlich verhalten. Es besteht aber keinerlei Gewähr, dass die so „auf dem Papier" zusammengesetzten Systeme tatsächlich stabil sind bzw. synthetisiert werden können. Die Stabilität eines molekularen Systems hängt von einer Vielzahl von Faktoren ab, und kinetische Aspekte werden durch das Isolobalkonzept gar nicht erfasst.

---

[103] Es wird keine „Gleichheit" verlangt; so transformieren sich etwa die Grenzorbitale von CH nach σ und π in $C_{\infty v}$, die von d^9-ML_3 nach a_1 und e in C_{3v}. In energetischer Hinsicht bedeutet „Ähnlichkeit" nicht zu große Energiedifferenzen.

3.4 Vom Molekül zum Festkörper

3.4.1 Von Molekülorbitalen zu Kristallorbitalen

In Atomen und Molekülen sind die Elektronen an das (aus endlich vielen Kernen bestehende) Kernsystem „gebunden"; das führte zu diskreten Energieniveaus. „Vollständig" freie Elektronen können alle kontinuierlichen Energiewerte annehmen, die durch die kinetische Energie bestimmt sind. Die Situation im Festkörper liegt zwischen diesen beiden Fällen: Die Elektronen bewegen sich „frei" in einem gitterperiodischen Potenzial mit Translationssymmetrie. Das führt zur Ausbildung von Energiebändern, innerhalb derer alle kontinuierlichen Energiewerte auftreten, und dazwischenliegenden „verbotenen" Energiebereichen. Wir zeigen, wie man aus quanten*chemischer* Sicht von Molekülen zu Festkörpern übergehen kann.[104]

Wir betrachten zunächst unverzweigte Ketten aus unendlich vielen äquidistanten identischen Atomen, Atomgruppen oder Molekülen. Solche Systeme lassen sich als *eindimensionale* Festkörper auffassen. Einfachster Fall ist eine lineare Kette aus Wasserstoffatomen mit jeweils nur einem $1s$-Orbital (Bild 3.56). Für die folgenden Überlegungen geeigneter ist ein Modellpolyen $(CH)_n$, von dem nur das π-Elektronensystem betrachtet wird, d.h. bei dem nur die p_π-Orbitale an den Kohlenstoffatomen einbezogen werden (Bild 3.56). Der Abstand zweier Zentren, die *Gitterkonstante*, betrage a.[105]

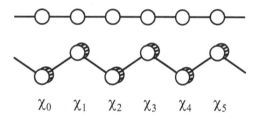

Bild 3.56
Modelle für eindimensionale Festkörper.

$\chi_0 \quad \chi_1 \quad \chi_2 \quad \chi_3 \quad \chi_4 \quad \chi_5$

Die einfachste quantenchemische Methode zur Behandlung eines solchen π-Elektronensystems ist die Hückelsche MO-Methode. Die Polyenkette aus unendlich vielen CH-Einheiten ersetzen wir zweckmäßigerweise durch eine zyklische Struktur mit unendlich großem Radius.[106] Das eröffnet die Möglichkeit, ihre Elektronenstruktur aus den bekannten Ausdrücken für unverzweigte zyklische Polyene C_nH_n (s. Abschn. 3.1.7) für sukzessive wachsendes n abzuleiten.

Für endliches n ist jedes der n Molekülorbitale ψ_k eine Linearkombination der n Atom-

---

[104]Wir weisen darauf hin, dass der *ideale* (unendlich ausgedehnte) Festkörper eine Abstraktion ist. Der *reale* Festkörper hat (wenn auch weit entfernte) Ränder. Damit bestehen die Energiebänder *doch* aus diskreten (wenn auch sehr engliegenden) Energiewerten.

[105]Wir sehen von einer Bindungsalternierung ab. Tatsächlich kann eine Kette mit alternierend längeren und kürzeren Bindungsabständen energetisch günstiger sein (*Peierls-Verzerrung*).

[106]In der HMO-Theorie ist es belanglos, ob eine all-trans-Anordnung (Bild 3.56) oder eine all-cis-Anordnung (Abwinklung zwecks Ringschluss) vorliegt (vgl. trans- mit cis-Butadien).

orbitale χ_l ($l = 0, \ldots, n-1$):

$$\psi_k = \sum_{l=0}^{n-1} c_{kl}\chi_l \qquad (k = 0, \ldots, n-1), \tag{3.76}$$

mit Koeffizienten, die sich geschlossen angeben lassen (s. (3.31)). Für $n = 3, \ldots, 6$ sind die MOs in Bild 3.11 veranschaulicht. Für beliebiges (zunächst) endliches n gilt: Das energetisch niedrigste MO ist zwischen allen Zentren bindend. Darauf folgen jeweils paarweise entartete MOs mit ansteigender Knotenzahl, d.h., die Anzahl der antibindenden Wechselwirkungen steigt, die der bindenden sinkt sukzessive. Für gerades n ist das energetisch höchste MO ein nichtentartetes mit ausschließlich antibindenden Wechselwirkungen.

Diese Knoten-, d.h. energetischen Eigenschaften sollen auch für $n \to \infty$ erhalten bleiben. Jetzt hat man unendlich viele Atomorbitale, und durch Linearkombination (3.76) ergeben sich damit auch unendlich viele *Kristallorbitale*. Der Zählindex (die Quantenzahl) k nimmt kontinuierliche Werte an. Es zeigt sich, dass die genannten Eigenschaften erhalten bleiben, wenn die Koeffizienten in (3.76) durch

$$\psi_k = \sum_{l=0}^{\infty} e^{ikla} \chi_l = \sum_{l=0}^{\infty} (\cos kla + i\sin kla)\chi_l \qquad (k = 1, 2, \ldots) \tag{3.77}$$

festgelegt werden. Wir verifizieren das für spezielle Werte von k. Für $k = 0$ erhält man

$$\psi_0 = \sum_{l=0}^{\infty} e^0 \chi_l = (\chi_0 + \chi_1 + \chi_2 + \chi_3 + \ldots), \tag{3.78}$$

dies ist das zwischen allen Zentren bindende und damit energetisch niedrigste Orbital. Für $k = \pi/a$ ergibt sich

$$\psi_{\pi/a} = \sum_{l=0}^{\infty} e^{il\pi} \chi_l = \sum_{l=0}^{\infty} (-1)^l \chi_l = (\chi_0 - \chi_1 + \chi_2 - \chi_3 + \ldots), \tag{3.79}$$

das überall antibindende und damit energetisch höchste Orbital. Für $k = \pi/2a$ hat man

$$\begin{aligned}
\psi_{\pi/2a} &= \sum_{l=0}^{\infty} e^{il\pi/2} \chi_l = \sum_{l=0}^{\infty} \left(\cos l\frac{\pi}{2} + i\sin l\frac{\pi}{2}\right)\chi_l \\
&= \chi_0 + i\chi_1 - \chi_2 - i\chi_3 + \chi_4 + i\chi_5 - \chi_6 - i\chi_7 + \ldots \\
&= (\chi_0 - \chi_2 + \chi_4 - \chi_6 + \ldots) + i(\chi_1 - \chi_3 + \chi_5 - \chi_7 + \ldots).
\end{aligned} \tag{3.80}$$

Realteil und Imaginärteil dieses komplexen Orbitals stellen die beiden entarteten (reellen) Orbitale dar, die (auf HMO-Niveau) überall nichtbindend sind und damit bei $x = 0$ liegen (man vergleiche mit den beiden nichtbindenden MOs des Cyclobutadiens in Bild 3.11b). Die Kristallorbitale (3.78) bis (3.80) sind in Bild 3.57 veranschaulicht.

Der Ausdruck (3.77) gilt allgemein. Bild 3.57 stellt damit nicht nur Kristallorbitale für die Polyenkette dar, sondern ebenso für die Kette aus Wasserstoffatomen (dann sind die p_π-Orbitale durch s-Orbitale zu ersetzen).

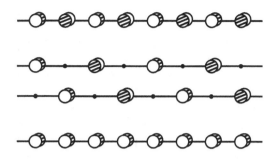

Bild 3.57 Ausgewählte Kristallorbitale für eine lineare Polyenkette: vollständig bindendes, vollständig antibindendes und nichtbindende Orbitale.

Funktionen vom Typ (3.77) heißen *Bloch-Funktionen*. Der Index k, den wir bisher als kontinuierliche Quantenzahl charakterisiert haben, bezeichnet diejenige irreduzible Darstellung, nach der sich das betreffende Kristallorbital transformiert.[107] k ist (die eine) Komponente des *Wellenvektors* $\vec{k}$ im eindimensionalen *reziproken Raum* (*k-Raum*). Das Intervall $-\pi/a \leq k \leq \pi/a$ ist die erste *Brioullin-Zone* in diesem Raum. Wegen der Symmetrie der trigonometrischen Funktionen ist davon aber nur die Hälfte, $0 \leq k \leq \pi/a$, relevant. Alle Werte außerhalb dieses Intervalls liefern nichts Neues. Wie wir gezeigt haben, ist – für die betrachteten Beispiele – ψ_0 das energetisch tiefste und $\psi_{\pi/a}$ das höchste Orbital. Dazwischen liegt eine kontinuierliche Menge paarweise entarteter Orbitale mit wachsender Knotenzahl, d.h. Destabilisierung.

3.4.2 Vom diskreten Energieniveauschema zum Energieband

Für die HMO-Energien eines zyklischen Polyens gilt (3.30), grafisch kann man sie mit Hilfe des Frostschen Kreises konstruieren (Abschn. 3.1.7). Für wachsendes n rücken die Niveaus immer enger zusammen, für $n \to \infty$ führt das zu einem kontinuierlichen Eigenwertspektrum. Zur grafischen Darstellung dieses Spektrums trägt man die Eigenwerte als Funktion von k auf. Für endliches n entspräche das einer Darstellung, bei der die Energieniveaus nicht wie üblich vertikal (Bild 3.58a), sondern seitlich auseinandergezogen angeordnet sind (Bild 3.58b). Für $n \to \infty$ wird daraus ein *Energieband* (Bild 3.58c). Im realen Fall (sehr großes, aber endliches n) besteht die Kurve aus vielen eng benachbarten diskreten Punkten.

Die bezüglich der Bandmitte an $k = \pi/2a$ *symmetrische* Form des Energiebandes in Bild 3.58c ist eine Folge der Vernachlässigung der Überlappung der Atomorbitale in der HMO-Theorie; dadurch resultiert eine symmetrische Anordnung der MO-Energien bezüglich $x = 0$ (vgl. Abschn. 3.1).[108] Jede andere quantenchemische Methode bezieht die

---

[107] Dies ist in Analogie dazu, dass sich jedes Molekülorbital (3.76) nach einer irreduziblen Darstellung der betreffenden Symmetriepunktgruppe transformiert.

[108] Die Hückelsche MO-Methode wird für den Fall unendlich ausgedehnter Systeme als *tight-binding-*Methode bezeichnet.

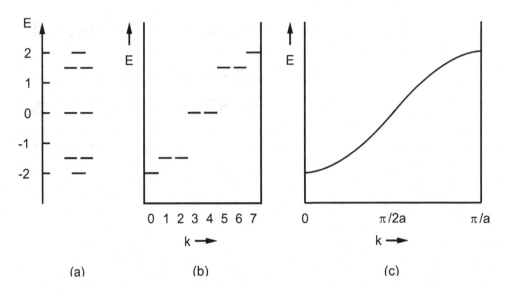

Bild 3.58 Vertikales (a) und seitlich auseinandergezogenes (b) HMO-Energieniveauschema am Beispiel des Cyclooctatetraens ($n = 8$) und Energieband ($n \to \infty$).

Überlappung der Atomorbitale explizit ein, das führt zu einer stärkeren Destabilisierung der antibindenden Orbitale im Vergleich zur Stabilisierung der bindenden (vgl. etwa Bild 3.22). Die Folge davon ist eine *unsymmetrische* Bandform, wie sie in Bild 3.59 veranschaulicht ist.

Energiebänder können von $k = 0$ nach $k = \pi/a$ nicht nur *ansteigend*, sondern auch *abfallend* sein (Bild 3.59); das hängt vom Typ der wechselwirkenden Atomorbitale ab (Bild 3.60). Neben den bisher betrachteten s- und p_π-Orbitalen ist auch für d_σ- und d_δ-Orbitale das Kristallorbital ψ_0 maximal bindend und $\psi_{\pi/a}$ maximal antibindend, was ansteigende Bänder zur Folge hat. Für p_σ- und d_π-Orbitale dagegen ist ψ_0 maximal antibindend und $\psi_{\pi/a}$ maximal bindend. Damit ergeben sich für diese Orbitale abfallende Bänder.

Die *Bandbreite* (*Dispersion*), die Differenz zwischen den *Bandkanten* (d.h. zwischen maximaler und minimaler Energie), hängt von der Stärke der Überlappung ab. Bei kleinerer Gitterkonstante a wird die Bandbreite größer, da dann die Überlappung – unabhängig vom Orbitaltyp – stärker wird. Bei fester Gitterkonstante hängt die Stärke der Überlappung vom Orbitaltyp ab. σ-Überlappungen sind stärker als π-Überlappungen und diese wiederum als δ-Überlappungen. Das ergibt signifikante Unterschiede in der Bandbreite, was in Bild 3.61 schematisch dargestellt ist.

Werden von der monomeren Einheit mehrere Orbitale betrachtet, so ergeben sich dementsprechend mehrere, sich überlagernde Bänder. Innerhalb eines Bandes sind alle Energiewerte möglich. Wenn sich zwei Bänder nicht überlagern, d.h. wenn die Oberkante des unteren Bandes unterhalb der Unterkante des oberen Bandes liegt, gibt es zwischen beiden Bändern

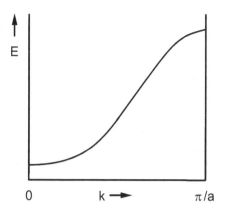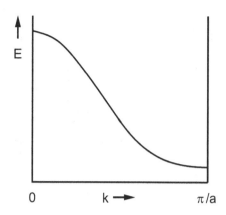

Bild 3.59 Unsymmetrisches Band mit ansteigendem bzw. abfallendem Verlauf.

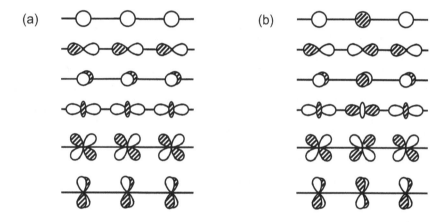

Bild 3.60 Kristallorbitale ψ_0 (a) und $\psi_{\pi/a}$ (b) für verschiedene Überlappungstypen.

eine *Bandlücke* (*Bandgap*), eine „verbotene Zone". Energiewerte aus diesem Bereich können nicht auftreten. Da aus besetzten (unbesetzten) Orbitalen besetzte (unbesetzte) Bänder resultieren, geht die HOMO-LUMO-Differenz der monomeren Einheit in die (wegen der Banddispersion auf jeden Fall kleinere) Differenz zwischen der Oberkante des höchsten besetzten und der Unterkante des niedrigsten unbesetzten Bandes über. Ist diese Bandlücke hinreichend groß, dann ist das System ein Nichtleiter. Ist sie so klein, dass die Elektronen aus einem besetzten Band (Valenzband) durch geeignete Energiezufuhr (etwa thermisch) in ein zuvor unbesetztes Band angeregt werden können, so wird dieses Band zum Leitfähigkeitsband, das System ist ein Halbleiter. Liegt die Besetzungsgrenze (das *Fermi-Niveau*) nicht in einer Bandlücke, so ist das System ein Leiter.

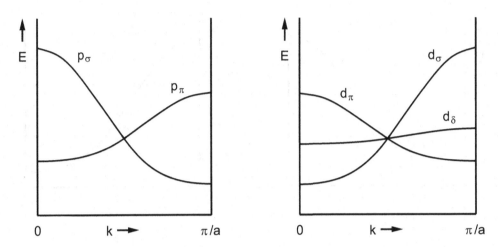

Bild 3.61 Unterschiedliche Breite (Dispersion) von p_σ- und p_π-Bändern sowie von d_σ-, d_π- und d_δ-Bändern.

3.4.3   Zustandsdichten

Von der Bandmitte aus in Richtung der Bandkanten rücken die Energieniveaus immer enger zusammen, die Anzahl der Zustände pro Energieintervall steigt. Die Abhängigkeit der *Zustandsdichte* (DOS^{109}) von der Energie stellt man in der in Bild 3.62 gezeigten Weise dar. In den bisher betrachteten Fällen ist also die Zustandsdichte an den Bandkanten am höchsten, in Richtung auf die Bandmitte nimmt sie ab.

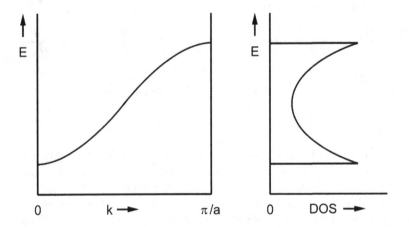

Bild 3.62 Energieband und zugehörige Zustandsdichteverteilung (symmetrischer Fall).

---

[109] *density of states*

Dieses spezifische Verhalten ist auf den Fall eines einzelnen Bandes für eine eindimensionale Kette beschränkt. Wenn sich mehrere Bänder energetisch überlagern (s. den folgenden Abschnitt) oder im mehrdimensionalen Fall, bei dem Entartungen auftreten (s. Abschn. 3.4.5), ist die Zustandsdichte in charakteristischer Weise strukturiert, was spezifische Aussagen über die elektronischen Eigenschaften des Systems ermöglicht.

3.4.4   Ein Beispiel

Mit der qualitativen Methodik, die wir vorgestellt haben, lassen sich durchaus bereits relevante Systeme behandeln. Wir betrachten $K_2[Pt(CN)_4]$, bei dem die quadratisch-planaren Tetracyanoplatinat-Einheiten eine Stapelstruktur ausbilden (Bild 3.63). Dieser Stapel lässt

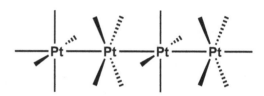

Bild 3.63
Kettenförmige Anordnung quadratisch-planar koordinierter Pt-Zentren.

sich näherungsweise als eindimensionaler Festkörper auffassen. Um uns auf das Wesentliche zu beschränken, abstrahieren wir von den Liganden und betrachten nur eine Kette aus quadratisch-planar koordinierten Pt(II)-Ionen. Von jedem „Gitterpunkt" berücksichtigen wir die in Bild 3.64 links angegebenen Grenzorbitale (vgl. Bild 3.37c und Bild 3.48c). In der d^8-Elektronenkonfiguration sind die unteren vier Orbitale besetzt, die oberen beiden sind leer. $d_{x^2-y^2}$ ist das gemäß der Ligandenfeldtheorie durch die Liganden destabilisierte d-Orbital, p_z ist das bezüglich der σ-Wechselwirkungen zwischen Zentralatom und Liganden nichtbindende $6p_z$-Orbital.[110]

Mit jedem der am Gitterpunkt (allgemeiner: in der Elementarzelle) vorhandenen Orbitale werden gemäß (3.77) Bloch-Funktionen gebildet. Das führt jeweils zu einem Energieband mit ansteigendem bzw. abfallendem Verlauf und unterschiedlicher Breite (Bild 3.64 mitte). Die von d_{z^2} und p_z ausgehenden Bänder sind vom σ-Typ; sie sind breit, das erstgenannte steigt an, das zweite fällt ab. Die von $d_{x^2-y^2}$ und d_{xy} ausgehenden Bänder sind vom δ-Typ; sie sind schmal und steigen an. Die von d_{xz} und d_{yz} ausgehenden Bänder sind entartet; sie sind vom π-Typ, d.h. von mittlerer Breite, und fallen ab.

Aus diesen Bandbreiteverhältnissen ergibt sich – in Übereinstimmung mit Bild 3.62 – in allereinfachster qualitativer Näherung die in Bild 3.64 rechts dargestellte Struktur der Zustandsdichte. Die Fläche unter der Zustandsdichtekurve, d.h. das Integral von der einen bis zur anderen Bandkante, ist für jedes einzelne Band gleich. In breiten Bändern hat man deshalb geringe, in schmalen hohe Zustandsdichten. Im Falle von Entartung, beim d_π-Band, ist die Zustandsdichte verdoppelt.

---

[110]Dieses Orbital ist natürlich an π-Wechselwirkungen beteiligt; dadurch erhält es antibindenden Charakter und wird etwas destabilisiert, was aber hier ohne Bedeutung ist.

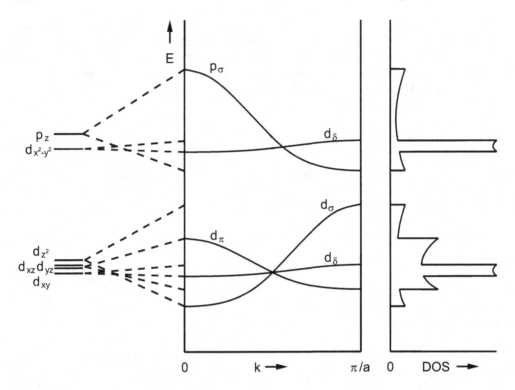

Bild 3.64 Dispersion der Energie der Grenzorbitale eines quadratisch-planar koordinierten Über-
gangsmetallzentrums zu Energiebändern und prinzipielle Struktur der resultierenden Zustandsdichteverteilung.

So wie die unteren vier Orbitale des Komplexes sind auch die unteren vier Bänder besetzt,
die oberen beiden sind unbesetzt. Unterhalb des betrachteten Energiebereichs liegen weitere Bänder, die von den übrigen besetzten Orbitalen des Komplexes ausgehen. Da diese
Orbitale kaum mit den entsprechenden Orbitalen der Nachbarkomplexe überlappen, sind
die tieferliegenden Bänder schmal. Analog liegen oberhalb des betrachteten Bereichs weitere
unbesetzte Bänder.

Im bisher betrachteten Fall mit einer d^8-Elektronenkonfiguration am Platin ist das d_{z^2}-
Band voll besetzt. Die Bandlücke von der Oberkante des d_{z^2}-Bandes bis zur Unterkante
des p_z-Bandes ist relativ groß, die Systeme sind Nicht- oder Halbleiter. Durch Einfügung
zusätzlicher anionischer Gruppen (etwa Halogenide) lassen sich die Platinzentren partiell
oxidieren. Dadurch ist das d_{z^2}-Band nicht mehr bis zur Oberkante besetzt, was zwei wichtige Konsequenzen hat. Da die in der Nähe der Oberkante befindlichen Zustände stark
antibindend sind, hat ihre Entleerung einen bindenden Effekt. Tatsächlich ist der Pt-Pt-
Abstand im oxidierten System signifikant kürzer als im nichtoxidierten. Die Existenz eines
nicht vollgefüllten Bandes führt außerdem dazu, dass die oxidierten Systeme leitfähig sind.

3.4.5 Mehrere Dimensionen

Statt einer Kette aus Gitterpunkten betrachten wir jetzt eine *zweidimensionale* Anordnung. Das Wesentliche lässt sich bereits für den einfachsten Fall, ein quadratisches Gitter, ableiten. Statt *einer* kontinuierlichen Quantenzahl k haben wir jetzt zwei, k_x und k_y, die wir als Komponenten des Wellenvektors $\vec{k} = \{k_x, k_y\}$ auffassen können. $\vec{k}$ ist Vektor im zweidimensionalen reziproken Raum (k-Raum), der durch die Vektoren $\vec{e}_x$ und $\vec{e}_y$ aufgespannt sein möge (Bild 3.65). Die erste Brioullin-Zone in diesem Raum ist das Quadrat

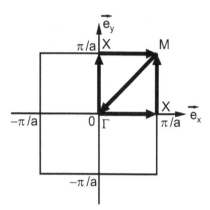

Bild 3.65
Ausgezeichnete Punkte im zweidimensionalen k-Raum.

$-\pi/a \le k_x, k_y \le \pi/a$. Relevant davon ist aber nur der Quadrant $0 \le k_x, k_y \le \pi/a$. Wir betrachten im folgenden die ausgezeichneten k-Raum-Punkte $\Gamma = \{0,0\}$, $X = \{0, \pi/a\}$, $X = \{\pi/a, 0\}$ und $M = \{\pi/a, \pi/a\}$. Für diese Punkte geben wir in Bild 3.66 die Bloch-Funktionen, die sich aus einem s-Orbital ergeben (man vgl. Bild 3.57), grafisch an. Daraus lässt sich die Dispersion des Bandes qualitativ ableiten.

Am Punkt Γ mit $k_x = 0$ und $k_y = 0$ hat man zwischen sämtlichen Zentren bindende Wechselwirkungen, das entspricht dem energetisch niedrigsten Zustand. Geht man von Γ aus in x-Richtung zum Punkt X (k_x läuft von 0 bis π/a, $k_y = 0$ bleibt konstant), so erreicht man einen Zustand mit in x-Richtung antibindenden Wechselwirkungen, in y-Richtung bleiben sie bindend. Energetisch entspricht das dem Bandverlauf in Bild 3.58c. Geht man von X aus in y-Richtung weiter zum Punkt M ($k_x = \pi/a$ bleibt konstant, k_y läuft von 0 bis π/a), so werden an diesem Punkt auch alle Wechselwirkungen in y-Richtung antibindend. Der Bandverlauf entspricht dem vorigen. M charakterisiert den energetisch höchsten Zustand. Völlig gleichwertig ist der Weg von Γ aus in y-Richtung zum Punkt X und von dort aus in x-Richtung zum Punkt M. Beide Wege sind energetisch entartet, wodurch die Zustandsdichte im Bereich der Bandmitte größer ist als an den Bandkanten. Es ist üblich, vom Punkt M zum Ausgangspunkt Γ zurückzukehren, das ergibt einen abfallenden Bandverlauf zum Ausgangsniveau.

Bild 3.66 stellt den Bandverlauf etwa für ein quadratisches Gitter aus Wasserstoffatomen dar. Betrachtet man Atome mit s- und p-Orbitalen, wird auch die Bandstruktur der von p_x, p_y und p_z ausgehenden Bänder benötigt. In Bild 3.67 ist die p-Band-Dispersion dargestellt. Das p_z-Band ist vom p_π-Typ und entspricht qualitativ dem eben behandelten

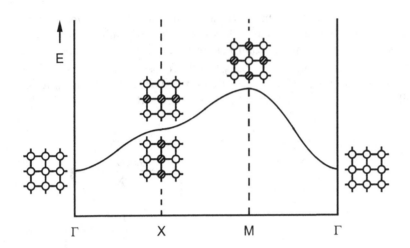

Bild 3.66 Dispersion eines s-Bandes im zweidimensionalen Fall.

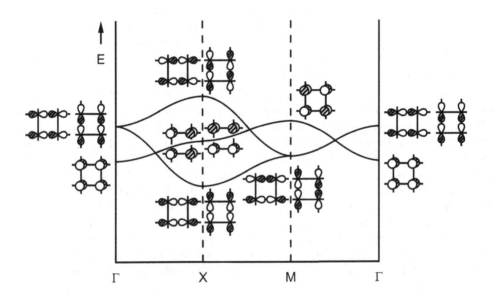

Bild 3.67 Dispersion der p-Bänder im zweidimensionalen Fall.

s-Band. Das p_x-Band und das p_y-Band haben an den Punkten Γ und M gleiche Energie. An Γ sind alle Wechselwirkungen σ-antibindend und π-bindend, an M sind sie σ-bindend und π-antibindend. Da σ-Wechselwirkungen stärker sind als π-Wechselwirkungen, ist die Energie an M niedriger als an Γ. Zwischen Γ und M spaltet jedes der beiden Bänder in Abhängigkeit vom Weg im k-Raum (s. Bild 3.65) auf. Am Punkt X hat man für beide Bänder sämtlich bindende bzw. antibindende Wechselwirkungen. Daraus resultieren zum einen die energetisch absolut niedrigsten und zum anderen die absolut höchsten Zustände. Man sieht sofort ein, dass die Zustandsdichte im Bereich der Bandmitte höher ist als an den Bandkanten.

Die qualitative Bandstruktur für ein quadratisches Gitter aus Atomen mit s- und p-Orbitalen erhält man, wenn das energetisch niedrigere s-Band (Bild 3.66) unterhalb der p-Bänder (Bild 3.67) angeordnet wird. Das ergibt ein sehr einfaches qualitatives Modell etwa für den Beitrag der Pb- bzw. O-Schichten zur Bandstruktur von PbO oder für die Bandstruktur von in regelmäßiger quadratischer Anordnung adsorbierter S-Atome auf einer Ni(100)-Oberfläche.

Betrachtet man die Adsorption von Molekülen, etwa CO, in regelmäßiger quadratischer Anordnung auf einer Oberfläche, etwa auf Ni(100), so geht von jedem Molekülorbital ein Band aus. Relevant für CO wären die π- und π^*-Orbitale und die C- und O-lone-pair-Orbitale. Die Bandbreite hängt vom Bedeckungsgrad ab. Hohe Bedeckung entspricht kleiner Gitterkonstante der adsorbierten Schicht und führt zu großer Bandbreite, geringe Bedeckung nur zu schmalen Bändern.

Wir gehen zum *dreidimensionalen* Fall über. Für die einfachste Anordnung, ein kubisches Gitter, ist die erste Brioullin-Zone ein Würfel, von dem nur ein Oktant ($0 \leq k_x, k_y, k_z \leq \pi/a$) relevant ist (Bild 3.68). Zur Darstellung des Bandverlaufs bezieht man die ausgezeichneten k-Raum-Punkte $\Gamma = \{0, 0, 0\}$, $X = \{0, 0, \pi/a\}$, $K = \{\pi/a, \pi/a, 0\}$ und $M = \{\pi/a, \pi/a, \pi/a\}$ ein.

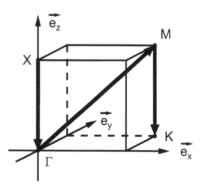

Bild 3.68
Ausgezeichnete Punkte im dreidimensionalen k-Raum.

Wir betrachten den einfachsten Fall, ein Gitter aus Wasserstoffatomen. Die Dispersion des s-Bandes ist in Bild 3.69 dargestellt. Der Punkt Γ (sämtlich bindende Wechselwirkungen) entspricht dem Zustand niedrigster Energie, der Punkt M (sämtlich antibindende Wechselwirkungen) dem höchster Energie. An X sind die Wechselwirkungen in zwei Richtungen bindend, in der dritten antibindend, der Bandverlauf von X nach Γ entspricht dem (von

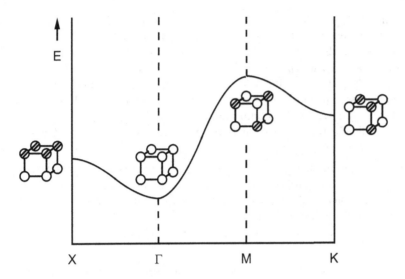

Bild 3.69 Dispersion eines s-Bandes im dreidimensionalen Fall.

$k = \pi/a$ nach $k = 0$) in Bild 3.58c. Den qualitativ gleichen Verlauf hat man von M nach K, an K sind die Wechselwirkungen in zwei Richtungen antibindend, in der dritten bindend. An den Punkten X und K liegt dreifache Entartung vor, die Zustandsdichte im Bereich der Bandmitte wird signifikant höher sein als an den Bandkanten.

Zur Dispersion der p-Bänder gelangt man analog zum Vorgehen bei Bild 3.67. Wieder sind die Wechselwirkungen an Γ σ-antibindend und π-bindend, an M σ-bindend und π-antibindend. Jetzt fallen aber an den Punkten Γ und M sowie zwischen Γ und M alle drei Bänder zusammen, da im dreidimensionalen Fall alle Raumrichtungen gleichberechtigt sind. Von Γ nach X und von M nach K spalten die Bänder auf.

4 Quantitative Theorie der Mehrelektronensysteme

Für atomare Mehrelektronenzustände haben wir bisher nur die Drehimpulseigenschaften untersucht (Abschn. 1.5.4 und 3.3.6), für molekulare Mehrelektronensysteme die MO-Struktur mit Hilfe qualitativer Methoden (Kap. 3). Zur vollständigen Charakterisierung von Mehrelektronensystemen ist die explizite Einbeziehung der Elektronenwechselwirkung erforderlich. Näherungsweise ist dies mit dem Hartree-Fock-Formalismus möglich, einem Variationsverfahren, das die gesuchten Mehrelektronen-Zustandsfunktionen in Form „bester" Determinanten aus Einelektronenfunktionen (Orbitalen) liefert. Wir behandeln dies ausführlich. Mit einem LCAO-Ansatz für die Molekülorbitale führt der Hartree-Fock-Formalismus auf die Roothaan-Hall-Gleichungen, aus denen sich durch verschiedene Näherungen die semiempirischen Rechenverfahren ableiten lassen.

Der mit der Hartree-Fock-Näherung nicht erfasste Teil der Elektronenwechselwirkung wird als Elektronenkorrelation bezeichnet. Ihre Berücksichtigung erfordert aufwendige Algorithmen, deren Weiterentwicklung eine ständige Herausforderung ist.

Für die routinemäßige Berechnung der Elektronenstruktur beliebiger Mehrelektronensysteme hat sich die Dichtefunktionaltheorie durchgesetzt. Sie geht nicht von der Hartree-Fock-Näherung aus, das Problem der Elektronenkorrelation entfällt damit.

Die Trennung von Elektronen- und Kernbewegung führt auf das Potenzialflächenkonzept, das Grundlage für die Behandlung der chemischen Reaktivität im Rahmen der Theorie des Übergangszustandes sowie für die Modellierung der molekularen Dynamik ist.

Literaturempfehlungen: [1] bis [8] und [26] bis [30] (auch [9] bis [13b] und [14]) - Abschnitt 4.3.6: [5], [6], [29] (auch [13c] und [31]) - Abschnitt 4.4: [32] bis [34] und [29] (auch [5] und [6]) (speziell [33], [35], [36] für 4.4.6) - Abschnitt 4.5.2: [6], [7], [44] - Abschnitt 4.5.3: [37].

4.1 Allgemeine Mehrteilchensysteme

4.1.1 Die Schrödinger-Gleichung für Mehrteilchensysteme

Wir betrachten ein System aus N Teilchen. Beschränken wir uns zunächst auf die Ortskoordinaten dieser Teilchen, dann hat das System $3N$ Freiheitsgrade. Für die zeitabhängige Zustandsfunktion eines solchen Systems schreiben wir ganz allgemein[1]

$$\Psi = \Psi(\vec{r}_1, \vec{r}_2, \ldots, \vec{r}_N, t), \tag{4.1}$$

---

[1]Wir erinnern daran, dass Mehrteilchenfunktionen und -operatoren mit Großbuchstaben bezeichnet werden.

wobei $\vec{r}_i$ den Ortsvektor des i-ten Teilchens bezeichnet. Die Zustandsfunktion (4.1) genügt der zeitabhängigen Schrödinger-Gleichung

$$-\frac{\hbar}{i}\frac{\partial\Psi}{\partial t} = \mathbf{H}\,\Psi \tag{4.2}$$

mit dem Hamilton-Operator

$$\mathbf{H} = \sum_{i=1}^{N}\left[-\frac{\hbar^2}{2m_i}\Delta_i + V_i(\vec{r}_i, t)\right] + \sum_{i=1}^{N}\sum_{\substack{j=1\\j>i}}^{N} V_{ij}(\vec{r}_i, \vec{r}_j). \tag{4.3}$$

Die Summanden der ersten Summe (*Einteilchenoperatoren*) bezeichnen die kinetische Energie des i-ten Teilchens und seine potenzielle Energie in vorhandenen Feldern. Die Summanden der Doppelsumme (*Zweiteilchenoperatoren*) beschreiben die Wechselwirkung zwischen i-tem und j-tem Teilchen. Bei der Summenbildung ist zu beachten, dass keine Wechselwirkung doppelt gezählt wird und eine „Selbstwechselwirkung" ausgeschlossen ist (deshalb die Einschränkung $j > i$).

Entsprechend der statistischen Interpretation der Zustandsfunktion (man vgl. Abschn. 1.1.5) bezeichnet

$$\Psi^*(\vec{r}_1, \ldots, \vec{r}_N, t)\, \Psi(\vec{r}_1, \ldots, \vec{r}_N, t)\, \mathrm{d}\vec{r}_1 \cdots \mathrm{d}\vec{r}_N \tag{4.4}$$

die Wahrscheinlichkeit, das System mit dem Zustand $\Psi(\vec{r}_1, \ldots, \vec{r}_N, t)$ zum Zeitpunkt t am Punkt $(\vec{r}_1, \ldots, \vec{r}_N)$ im Volumenelement $\mathrm{d}\vec{r}_1 \cdots \mathrm{d}\vec{r}_N$ des Konfigurationsraums zu finden.[2] (4.4) bedeutet mit anderen Worten die Wahrscheinlichkeit, das i-te Teilchen ($i = 1, \ldots, N$) am Ort $\vec{r}_i$ im Volumenelement $\mathrm{d}\vec{r}_i$ zu finden.[3] Durch teilweise bzw. vollständige Integration über gewisse Raumbereiche werden Wahrscheinlichkeiten aufsummiert. So ist etwa

$$\mathrm{d}\vec{r}_1 \int \Psi^*(\vec{r}_1, \ldots, \vec{r}_N, t)\, \Psi(\vec{r}_1, \ldots, \vec{r}_N, t)\, \mathrm{d}\vec{r}_2 \cdots \mathrm{d}\vec{r}_N \tag{4.5}$$

die Wahrscheinlichkeit, das erste Teilchen am Ort $\vec{r}_1$ im Volumenelement $\mathrm{d}\vec{r}_1$ und die übrigen Teilchen „irgendwo" im betrachteten Raumbereich zu finden. In (4.5) bezeichnet das Integralzeichen die Integration über den zugehörigen Definitionsbereich der Koordinaten $\vec{r}_2, \ldots, \vec{r}_N$. (4.5) ist dann noch eine Funktion von $\vec{r}_1$ und t. Vollständige Integration über sämtliche Koordinaten führt auf die Wahrscheinlichkeit, alle Teilchen „irgendwo" im Gesamtraum zu finden. Diese Wahrscheinlichkeit muss für jeden Zeitpunkt 1 sein:

$$\int \Psi^*(\vec{r}_1, \ldots, \vec{r}_N, t)\, \Psi(\vec{r}_1, \ldots, \vec{r}_N, t)\, \mathrm{d}\vec{r}_1 \cdots \mathrm{d}\vec{r}_N = \langle\Psi, \Psi\rangle = 1. \tag{4.6}$$

(4.6) ist genau dann erfüllt, wenn die Funktion $\Psi(\vec{r}_1, \ldots, \vec{r}_N, t)$ normiert ist, denn (4.6) stellt gerade die Normierungsrelation für diese Funktion dar. In Verallgemeinerung unserer

---

[2]In Verallgemeinerung zum dreidimensionalen Vektorraum $\mathcal{R}_3$, in dem die Koordinaten eines einzelnen Teilchens liegen, ist der *Konfigurationsraum* ein $3N$-dimensionaler Raum, in dem die Koordinaten aller N Teilchen liegen.

[3]Dabei werden die Teilchen zunächst als „unterscheidbar" angenommen.

Vereinbarungen in den Abschnitten 2.1.3 und 2.1.4 schreiben wir das Integral in (4.6) auch kurz als Skalarprodukt $\langle \Psi, \Psi \rangle$.

Im folgenden betrachten wir nur stationäre Systeme, d.h., die Potenziale V_i in (4.3) sollen nicht explizit von t abhängen. Dann haben die Zustandsfunktionen Ψ als Lösungen von (4.2) nur die in Abschnitt 2.5.2 abgeleitete spezielle, „unwirksame" Zeitabhängigkeit. Wir ignorieren diese Zeitabhängigkeit und schreiben Ψ als nicht explizit von t abhängig:[4]

$$\Psi = \Psi(\vec{r}_1, \ldots, \vec{r}_N). \tag{4.7}$$

Die Zustandsfunktionen (4.7) sind dann Lösungen der zeitfreien Schrödinger-Gleichung

$$\mathbf{H}\,\Psi = E\,\Psi. \tag{4.8}$$

4.1.2 Systeme unabhängiger Teilchen

Ein wichtiger Spezialfall ist der, dass die Teilchen nicht miteinander wechselwirken, sich also unabhängig voneinander bewegen. Anstelle von (4.3) haben wir also einen Hamilton-Operator der Form

$$\mathbf{H} = \sum_{i=1}^{N} \mathbf{h}_i, \tag{4.9}$$

der Mehrteilchen-Hamilton-Operator ist eine Summe von Einteilchen-Hamilton-Operatoren. Die Schrödinger-Gleichung (4.8) hat damit die spezielle Form

$$\left(\sum_{i=1}^{N} \mathbf{h}_i \right) \Psi = E\,\Psi. \tag{4.10}$$

Wir zeigen, dass sie mit dem Separationsansatz

$$\Psi(\vec{r}_1, \ldots, \vec{r}_N) = \psi_1(\vec{r}_1)\,\psi_2(\vec{r}_2) \cdots \psi_N(\vec{r}_N) \tag{4.11}$$

lösbar ist. Die Mehrteilchen-Zustandsfunktionen werden also als Produkte von Einteilchen-Zustandsfunktionen angesetzt. Mit dem Ansatz (4.11) wird (4.10) zu

$$\begin{aligned}(\mathbf{h}_1 + \mathbf{h}_2 + \ldots + \mathbf{h}_N)\,&\psi_1(\vec{r}_1)\,\psi_2(\vec{r}_2) \cdots \psi_N(\vec{r}_N) \\ &= E\,\psi_1(\vec{r}_1)\,\psi_2(\vec{r}_2) \cdots \psi_N(\vec{r}_N).\end{aligned} \tag{4.12}$$

Jeder Einteilchenoperator $\mathbf{h}_i$ enthält nur die Koordinaten des i-ten Teilchens, wirkt also nur auf $\psi_i(\vec{r}_i)$; alle anderen Einteilchenfunktionen $\psi_j(\vec{r}_j)$ $(j \neq i)$ sind für ihn wie Konstante. Deshalb können wir anstelle von (4.12)

$$\begin{aligned}\psi_2(\vec{r}_2) \cdots \psi_N(\vec{r}_N)\,\mathbf{h}_1\psi_1(\vec{r}_1) &+ \psi_1(\vec{r}_1)\,\psi_3(\vec{r}_3) \cdots \psi_N(\vec{r}_N)\,\mathbf{h}_2\psi_2(\vec{r}_2) \\ + \ldots + \psi_1(\vec{r}_1) \cdots \psi_{N-1}(\vec{r}_{N-1})\,&\mathbf{h}_N\psi_N(\vec{r}_N) = E\,\psi_1(\vec{r}_1) \cdots \psi_N(\vec{r}_N)\end{aligned}$$

---

[4]Das bedeutet, dass wir mit dem gleichen Symbol Ψ weiterarbeiten und nicht wie in Abschnitt 2.5.2 zwischen ψ und ϕ unterscheiden.

schreiben. Dividiert man das durch den Separationsansatz (4.11), so ergibt sich

$$\frac{\mathbf{h}_1\,\psi_1(\vec{r}_1)}{\psi_1(\vec{r}_1)} + \frac{\mathbf{h}_2\,\psi_2(\vec{r}_2)}{\psi_2(\vec{r}_2)} + \ldots + \frac{\mathbf{h}_N\,\psi_N(\vec{r}_N)}{\psi_N(\vec{r}_N)} = E. \tag{4.13}$$

Auf diese Weise haben wir die Variablen separiert. Jeder Quotient in (4.13) enthält nur die Koordinaten *eines* Teilchens. Damit muss jeder Quotient einzeln konstant sein, sonst wäre nicht ihre Summe die Konstante E. Die Einzelkonstanten (die Separationskonstanten) bezeichnen wir mit ε_i:

$$\frac{\mathbf{h}_i\,\psi_i(\vec{r}_i)}{\psi_i(\vec{r}_i)} = \varepsilon_i \qquad (i = 1, \ldots, N), \tag{4.14}$$

so dass aus (4.13)

$$\varepsilon_1 + \varepsilon_2 + \ldots + \varepsilon_N = E \tag{4.15}$$

wird. (4.14) schreiben wir jetzt in der Form

$$\mathbf{h}_i\,\psi_i(\vec{r}_i) = \varepsilon_i\,\psi_i(\vec{r}_i) \qquad (i = 1, \ldots, N). \tag{4.16}$$

Dies ist eine Einteilchen-Schrödinger-Gleichung. Sie ist die Bestimmungsgleichung für die gesuchten Funktionen des Separationsansatzes (4.11). Die $\psi_i(\vec{r}_i)$ sind damit die Energieeigenfunktionen, die Separationskonstanten ε_i die Energieeigenwerte der Gleichung (4.16). Die Lösung der Mehrteilchen-Schrödinger-Gleichung (4.8) lässt sich also für unabhängige Teilchen durch Separation auf die Lösung von Einteilchen-Schrödinger-Gleichungen (4.16) zurückführen. Die Mehrteilchen-Zustandsfunktionen $\Psi(\vec{r}_1, \ldots, \vec{r}_N)$ ergeben sich gemäß (4.11) als *Produkte* von Einteilchen-Zustandsfunktionen, die Mehrteilchenenergien (Gesamtenergien) gemäß (4.15) als *Summen* von Einteilchenenergien. Für jedes einzelne Teilchen lässt sich also eine Einteilchen-Zustandsfunktion und eine Einteilchenenergie angeben: das erste Teilchen befindet sich im Einteilchenzustand $\psi_1(\vec{r}_1)$ mit der Energie ε_1, das zweite in $\psi_2(\vec{r}_2)$ mit ε_2 usw.

Die Wahrscheinlichkeit (4.4) zerfällt für unabhängige Teilchen wegen (4.11) in ein *Produkt* von Einzelwahrscheinlichkeiten[5]

$$\Psi^*\,\Psi\,\mathrm{d}\vec{r}_1 \cdots \mathrm{d}\vec{r}_N = \psi_1^*(\vec{r}_1)\,\psi_1(\vec{r}_1)\,\mathrm{d}\vec{r}_1 \cdots \psi_N^*(\vec{r}_N)\,\psi_N(\vec{r}_N)\,\mathrm{d}\vec{r}_N,$$

und die $3N$-fache Normierungsintegration (4.6) zerfällt in ein Produkt aus N Dreifachintegrationen:

$$\int \Psi^*\,\Psi\,\mathrm{d}\vec{r}_1 \cdots \mathrm{d}\vec{r}_N = \int \psi_1^*(\vec{r}_1)\,\psi_1(\vec{r}_1)\,\mathrm{d}\vec{r}_1 \cdots \int \psi_N^*(\vec{r}_N)\,\psi_N(\vec{r}_N)\,\mathrm{d}\vec{r}_N.$$

---

[5]Dies erwartet man, da die Wahrscheinlichkeit für das Eintreten mehrerer voneinander unabhängiger Ereignisse gleich dem Produkt der Wahrscheinlichkeiten für das Eintreten der Einzelereignisse ist.

4.1.3 Systeme identischer Teilchen

Bisher haben wir stillschweigend angenommen, dass die Teilchen unterscheidbar sind. Betrachten wir jedoch ein Mehrteilchensystem aus *identischen* Teilchen (gleiche Masse, gleiche Ladung, gleicher Spin), so werden sich diese Teilchen unter gleichen Bedingungen gleich verhalten, sie sind „ununterscheidbar". Im Hamilton-Operator (4.3) hat man dann $m_i = m$, $V_i(\vec{r}_i, t) = V(\vec{r}_i, t)$ sowie $V_{ij}(\vec{r}_i, \vec{r}_j) = V(\vec{r}_i, \vec{r}_j)$ (für alle i, j) zu setzen. Die Ununterscheidbarkeit hat folgende Konsequenz für den Messprozess: Nehmen wir an, wir hätten zu einem Zeitpunkt $t = 0$ an zwei bestimmten Raumpositionen zwei Teilchen gemessen („vorgefunden"), ein „erstes" und ein „zweites". Da die Teilchen keine „klassischen", sondern „quantenmechanische" Teilchen sind, bewegen sie sich nicht auf Bahnkurven (s. Abschn. 1.1.1 und 2.2.3). Findet man nun zu einem späteren Zeitpunkt $t > 0$ die beiden Teilchen durch eine Messung „wieder" (das ist an den einzelnen Raumpositionen mit vorausberechenbaren Wahrscheinlichkeiten möglich), so kann keine Aussage gemacht werden, welches der beiden Teilchen das „erste" und welches das „zweite" war; die Teilchen sind ununterscheidbar.[6]

Die Ununterscheidbarkeit identischer Teilchen hat eine tiefgreifende Konsequenz für die Zustandsfunktionen des Systems. Sei

$$\Psi = \Psi(\vec{r}_1, \sigma_1, \ldots, \vec{r}_N, \sigma_N) \tag{4.17}$$

eine solche Zustandsfunktion. Als Variable betrachten wir jetzt nicht nur die drei Ortskoordinaten, sondern zusätzlich die Spinkoordinate für jedes der N Teilchen. Anstelle von (4.17) verwendet man oft die Kurzform

$$\Psi = \Psi(1, 2, \ldots, N). \tag{4.18}$$

Wir definieren jetzt einen *Permutationsoperator* (*Vertauschungsoperator*) $\mathbf{P}_{kl}$ in folgender Weise:

$$\mathbf{P}_{kl}\, \Psi(1, \ldots, k, \ldots, l, \ldots, N) = \Psi(1, \ldots, l, \ldots, k, \ldots, N).$$

Dieser Operator vertauscht in einem vorgegebenen Zustand (4.18) die Teilchen k und l. Da die Teilchen identisch sind, kann sich der Zustand bei der Vertauschung nicht ändern. Alle physikalischen Folgerungen bleiben gleich. Für die Zustandsfunktionen bedeutet das, dass die neue Funktion lediglich ein Vielfaches der alten sein kann:

$$\mathbf{P}_{kl}\, \Psi(1, \ldots, k, \ldots, l, \ldots, N) = \lambda\, \Psi(1, \ldots, k, \ldots, l, \ldots, N).$$

Diese Gleichung lässt sich als Eigenwertgleichung des Operators $\mathbf{P}_{kl}$ auffassen. Da die Funktion Ψ bei Vertauschung zweier identischer Teilchen normiert bleiben soll, muss $|\lambda| = 1$ gelten. Eigenwerte von $\mathbf{P}_{kl}$ können damit zunächst alle komplexen Zahlen $\lambda = e^{i\alpha}$ mit beliebigen reellen Konstanten α sein. Diese Vielfalt der Eigenwerte wird aber eingeschränkt. Durch nochmalige Vertauschung der Teilchen k und l kommt man zum Ausgangszustand zurück. Das bedeutet $\lambda^2 = 1$, d.h., es können nur die beiden reellen Eigenwerte $\lambda = \pm 1$ auftreten.

---

[6]Kurz gesagt: identische Teilchen lassen sich nicht „durchnummerieren" oder „markieren".

Die Zustände eines Systems aus identischen Teilchen müssen entweder *alle* symmetrisch ($\lambda = 1$) oder *alle* antisymmetrisch ($\lambda = -1$) sein bezüglich der Vertauschung zweier beliebiger Teilchen, sonst würde man bei der Linearkombination (Superposition) Zustände erhalten können, die weder symmetrisch noch antisymmetrisch sind. Damit muss es offenbar zwei „wesentlich verschiedene" Arten von identischen Teilchen geben, solche, für die alle Zustandsfunktionen symmetrisch sind:

$$\mathbf{P}_{kl}\,\Psi = +\Psi \qquad (k, l \text{ beliebig}) \tag{4.19}$$

und solche, für die alle Zustandsfunktionen antisymmetrisch sind:

$$\mathbf{P}_{kl}\,\Psi = -\Psi \qquad (k, l \text{ beliebig}). \tag{4.20}$$

Die Erfahrung zeigt,[7] dass für Teilchen mit ganzzahligem Spin (*Bosonen*; z.B. Photonen, π-Mesonen) die Beziehung (4.19) gilt, für Teilchen mit halbzahligem Spin (*Fermionen*; z.B. Elektronen, Positronen, Protonen, Neutronen) dagegen (4.20). Die Unterscheidung in die beiden Fälle (4.19) und (4.20) ist also fundamental. Da wir uns ausschließlich mit Systemen aus Elektronen beschäftigen, haben wir es im folgenden nur mit antisymmetrischen Zustandsfunktionen zu tun.

4.1.4 Antisymmetrische Zustandsfunktionen

Man kann nicht davon ausgehen, dass die Zustandsfunktionen, die man durch Lösung der nichtrelativistischen Schrödinger-Gleichung erhält, bereits antisymmetrisch sind. Die Forderung nach Antisymmetrie ist eine Art weiterer „Randbedingung" an die Lösungsfunktionen, für deren Erfüllung man durch zusätzliche „Maßnahmen" zu sorgen hat. Wir konzentrieren uns zunächst auf den Spezialfall eines Systems *unabhängiger* Elektronen.

Gemäß Abschnitt 4.1.2 schreiben wir die Zustandsfunktion eines solchen Systems zunächst in Form des Produkts

$$\psi_1(1)\,\psi_2(2)\cdots\psi_N(N), \tag{4.21}$$

wobei i ($i = 1, \ldots, N$) die Ortskoordinaten und die Spinkoordinate des i-ten Elektrons zusammenfasst. Vorläufig nehmen wir an, dass auch mehrere Einelektronen-Zustandsfunktionen gleich sein könnten, d.h., mehrere Elektronen könnten sich im gleichen Einelektronenzustand befinden.[8] Da unser Hamilton-Operator keine Spinanteile enthält, sind die Einelektronenzustände ψ_i ($i = 1, \ldots, N$) *Spinorbitale*, d.h. Produkte aus jeweils einer Ortsfunktion ϕ_i (die Lösung der Einelektronen-Schrödinger-Gleichung ist) und einer Spinfunktion η_i (die anzeigt, ob das Elektron α-Spin oder β-Spin hat):[9]

$$\psi_i(i) = \phi_i(i)\,\eta_i(i) = \phi_i(i) \begin{cases} \alpha_i(i) \\ \beta_i(i). \end{cases} \tag{4.22}$$

---

[7] Der Beweis erfordert eine relativistische Quantenmechanik, die den Spin explizit einbezieht.

[8] Wir werden jedoch am Ende dieses Abschnitts sehen, dass dies *nicht* der Fall sein kann.

[9] Man vergleiche dazu Abschnitt 1.4.5. Die Orbitale ψ, die wir in den vorigen Kapiteln betrachtet haben, waren in diesem Sinne „Orts"orbitale. Wir verwenden dafür jetzt die Bezeichnung ϕ.

(4.21) beschreibt also eine Elektronenkonfiguration, bei der sich das „erste" Elektron im Spinorbital ψ_1 befindet, das „zweite" in ψ_2 usw. (unterscheidbare Teilchen). Tatsächlich sind die Elektronen aber ununterscheidbar. Ebensogut kann sich zum Beispiel das „erste" Elektron in ψ_2 und das „zweite" in ψ_1 befinden; diese Vertauschung schreiben wir mit dem Permutationsoperator $\mathbf{P}_{12}$ als

$$\mathbf{P}_{12}\,\psi_1(1)\,\psi_2(2)\cdots\psi_N(N) = \psi_2(1)\,\psi_1(2)\cdots\psi_N(N). \tag{4.23}$$

Insgesamt gibt es $N!$ solche Vertauschungen (Permutationen) der N Elektronen bzw. der N Spinorbitale.[10] Alle diese vertauschten Produkte sind physikalisch gleichwertig, haben also auch die gleiche Energie und sind damit entartet (*Austauschentartung*). Eine „symmetriegerechte" (d.h. antisymmetrische) Zustandsfunktion des N-Elektronensystems wird nun durch folgende Linearkombination dieser $N!$ Produkte gebildet:

$$\Psi = \frac{1}{\sqrt{N!}} \sum_P \chi(P)\,\mathbf{P}\,\psi_1(1)\,\psi_2(2)\cdots\psi_N(N). \tag{4.24}$$

Die Summe erstreckt sich über alle $N!$ Permutationen der Indizes $1, 2, \ldots, N$. $\chi(P)$ bezeichnet den Charakter der jeweiligen Permutation. Für die $(N!/2)$ geraden Permutationen ist $\chi(P) = +1$, für die $(N!/2)$ ungeraden ist $\chi(P) = -1$.[11] Mit dem Faktor $(1/\sqrt{N!})$ ist die Zustandsfunktion Ψ normiert (wenn die einzelnen Spinorbitale als normiert angenommen werden). (4.24) lässt sich auch in der Form

$$\Psi = \frac{1}{\sqrt{N!}} \begin{vmatrix} \psi_1(1) & \psi_1(2) & \ldots & \psi_1(N) \\ \psi_2(1) & \psi_2(2) & \ldots & \psi_2(N) \\ \cdots\cdots\cdots\cdots\cdots\cdots\cdots\cdots\cdots \\ \psi_N(1) & \psi_N(2) & \ldots & \psi_N(N) \end{vmatrix} \tag{4.25}$$

schreiben. Zustandsfunktionen dieser mathematischen Struktur werden als *Slater-Determinanten* bezeichnet. Die Slater-Determinante (4.24) bzw. (4.25) beschreibt eine Elektronenkonfiguration, bei der sich *ein* Elektron im Spinorbital ψ_1 befindet, *ein anderes* in ψ_2 usw.;[12] die Elektronen können *nicht* unterschieden werden.

Wir zeigen am Beispiel $N = 2$, dass die Zustandsfunktion (4.24) bzw. (4.25) tatsächlich antisymmetrisch bezüglich der Vertauschung der beiden Elektronen ist. Die Elektronen mögen sich etwa mit α- bzw. β-Spin im Ortsorbital ϕ_{1s} eines Zweielektronenatoms befinden;[13] wir bezeichnen die beiden Spinorbitale kurz mit ϕ_{1s}^+ und ϕ_{1s}^+. (4.24) bedeutet dann

$$\Psi = \frac{1}{\sqrt{2!}} \left[\phi_{1s}^+(1)\,\phi_{1s}^-(2) - \phi_{1s}^-(1)\,\phi_{1s}^+(2) \right]. \tag{4.26}$$

Der erste Term entspricht (4.21) (das erste Elektron befindet sich in ϕ_{1s}^+, das zweite in ϕ_{1s}^-), der zweite entspricht (4.23) (das erste Elektron befindet sich in ϕ_{1s}^-, das zweite in ϕ_{1s}^+).

---

[10]Es ist gleichgültig, ob man die Elektronen oder die Spinorbitale permutiert.

[11]Eine gerade (ungerade) Permutation besteht aus einer geraden (ungeraden) Anzahl von Zweiervertauschungen (*Transpositionen*).

[12]Nicht etwa das „erste" in ψ_1, das „zweite" in ψ_2 usw.!

[13]Dies entspräche einem He-Atom im Grundzustand.

Zusammenfassung beider Terme zur Determinante bedeutet, dass sich *ein* Elektron in ϕ_{1s}^{+}, *das andere* in ϕ_{1s}^{-} befindet. Wir wenden den Permutationsoperator $\mathbf{P}_{12}$ auf (4.26) an:

$$\mathbf{P}_{12}\,\Psi = \frac{1}{\sqrt{2!}}\left[\phi_{1s}^{-}(1)\,\phi_{1s}^{+}(2) - \phi_{1s}^{+}(1)\,\phi_{1s}^{-}(2)\right] = -\Psi. \tag{4.27}$$

Ψ ist also in der Tat antisymmetrisch. Für beliebiges N enthält die Summe (4.24) alle $N!$ permutierten Produkte mit solchen Vorzeichen, dass bei einer beliebigen Zweiervertauschung jeweils zwei Produkte mit unterschiedlichem Vorzeichen wie in (4.27) ineinander überführt werden.

Aus der Darstellung der antisymmetrischen Zustandsfunktion als Determinante ergibt sich eine wichtige Folgerung: Sind zwei Spinorbitale (Einelektronenzustände) gleich, d.h. ist etwa $\psi_i \equiv \psi_j$, so sind in der Determinante zwei Zeilen gleich, und sie verschwindet identisch: $\Psi \equiv 0$. Dies ist das *Pauli-Prinzip*: Zwei Elektronen können *nicht* den gleichen Einelektronenzustand, das gleiche Spinorbital, besetzen („in allen Quantenzahlen übereinstimmen").

4.1.5   Entwicklung nach Slater-Determinanten

Im allgemeinen Fall hat man die Wechselwirkung zwischen den Elektronen zu berücksichtigen. Das kompliziert die Sachlage gegenüber dem vorigen Abschnitt beträchtlich. Für Atome wäre das folgende Vorgehen prinzipiell möglich, wir demonstrieren es für $N = 2$: In der allgemeinen Zustandsfunktion $\Psi(1,2)$ für ein solches System ignorieren wir vorläufig die Abhängigkeit von den Koordinaten des zweiten Elektrons und betrachten $\Psi(1,2)$ zunächst nur als Funktion der Koordinaten des ersten Elektrons. Diese Funktion entwickeln wir nach einem vollständigen Orthonormalsystem (einer Basis) aus Einelektronenfunktionen für das erste Elektron. Als eine solche Basis könnten uns etwa die Eigenfunktionen des wasserstoffähnlichen Atoms dienen (s. Abschn. 1.4.4). *Jede* Funktion der Koordinaten des ersten Elektrons (die gewissen Randbedingungen genügt) lässt sich nach dieser Basis entwickeln, also auch $\Psi(1,2)$:

$$\Psi(1,2) = \sum_{k_1=1}^{\infty} c_{k_1}(2)\,\psi_{k_1}(1). \tag{4.28}$$

Selbstverständlich enthalten jetzt die Entwicklungskoeffizienten die Abhängigkeit von den Koordinaten des zweiten Elektrons. Im nächsten Schritt entwickeln wir die Koeffizienten $c_{k_1}(2)$ (auch sie genügen als Funktionen der Koordinaten des zweiten Elektrons den erforderlichen Randbedingungen) nach dem vollständigen Orthonormalsystem der Einelektronenfunktionen $\psi_{k_2}(2)$:[14]

$$c_{k_1}(2) = \sum_{k_2=1}^{\infty} c_{k_1 k_2}\,\psi_{k_2}(2). \tag{4.29}$$

---

[14]Dies ist der gleiche Satz von Funktionen wie $\psi_{k_1}(1)$; lediglich die Koordinatenabhängigkeit bezieht sich jeweils auf ein anderes Elektron.

Wir setzen (4.29) in (4.28) ein und haben damit $\Psi(1,2)$ nach Produkten von Einelektronenfunktionen entwickelt:

$$\Psi(1,2) = \sum_{k_1=1}^{\infty} \sum_{k_2=1}^{\infty} c_{k_1 k_2}\, \psi_{k_1}(1)\, \psi_{k_2}(2). \tag{4.30}$$

Die Summe enthält zunächst formal alle Produkte $\psi_{k_1}(1)\,\psi_{k_2}(2)$ $(k_1, k_2 = 1, \ldots, \infty)$. Zur Verdeutlichung schreiben wir die rechte Seite von (4.30) ausführlich:

$$
\begin{aligned}
& c_{11}\,\psi_1(1)\,\psi_1(2) \;+\; c_{12}\,\psi_1(1)\,\psi_2(2) \;+\ldots+\; c_{1s}\,\psi_1(1)\,\psi_s(2) \;+\ldots \\
+\; & c_{21}\,\psi_2(1)\,\psi_1(2) \;+\; c_{22}\,\psi_2(1)\,\psi_2(2) \;+\ldots+\; c_{2s}\,\psi_2(1)\,\psi_s(2) \;+\ldots \\
+\; & \ldots\ldots\ldots\ldots\ldots\ldots\ldots\ldots\ldots\ldots\ldots\ldots\ldots\ldots\ldots\ldots\ldots \\
+\; & c_{r1}\,\psi_r(1)\,\psi_1(2) \;+\; c_{r2}\,\psi_r(1)\,\psi_2(2) \;+\ldots+\; c_{rs}\,\psi_r(1)\,\psi_s(2) \;+\ldots \\
+\; & \ldots\ldots\ldots\ldots\ldots\ldots\ldots\ldots\ldots\ldots\ldots\ldots\ldots\ldots\ldots\ldots\ldots
\end{aligned}
$$

Soll $\Psi(1,2)$ antisymmetrisch sein, d.h. bei Vertauschung der beiden Elektronen das Vorzeichen wechseln, so müssen je zwei Summenterme, die symmetrisch bezüglich der „Hauptdiagonalen" dieses Schemas angeordnet sind, betragsmäßig gleich sein, aber unterschiedliches Vorzeichen haben. Das erfordert $c_{rs} = -c_{sr}$ und insbesondere $c_{rr} = 0$. Durch diese Einschränkungen lässt sich das Schema in folgender Weise umordnen:

$$
\begin{aligned}
& c_{12}[\psi_1(1)\,\psi_2(2) - \psi_2(1)\,\psi_1(2)] \quad + \quad c_{13}[\psi_1(1)\,\psi_3(2) - \psi_3(1)\,\psi_1(2)] \quad + \;\ldots \\
& \qquad\qquad\qquad\qquad + \quad c_{23}[\psi_2(1)\,\psi_3(2) - \psi_3(1)\,\psi_2(2)] \quad + \;\ldots \\
& \qquad\qquad\qquad\qquad\qquad\qquad\qquad\qquad\qquad\qquad\qquad\qquad + \;\ldots
\end{aligned}
$$

Wir fassen dies als

$$\Psi(1,2) = \sum_{k_1=1}^{\infty} \sum_{k_2=k_1+1}^{\infty} c_{k_1 k_2} \sum_{P} \chi(P)\, \mathbf{P}\, \psi_{k_1}(1)\, \psi_{k_2}(2) \tag{4.31}$$

zusammen, wobei die Summe über alle Permutationen nur die identische Permutation und die eine mögliche Zweiervertauschung enthält. Wir haben damit $\Psi(1,2)$ nach Slater-Determinanten aus jeweils zwei Spinorbitalen entwickelt (man vgl. (4.24)). (4.31) schreiben wir in komprimierter Form als

$$\Psi = \sum_{K} C_K\, D_K, \tag{4.32}$$

wobei $\sum_K$ die Doppelsumme, C_K die Produkte $c_{k_1 k_2}\sqrt{2!}$ und D_K die mit dem Faktor $(1/\sqrt{2!})$ normierten Slater-Determinanten bezeichnet.

Im allgemeinen Fall (N Elektronen) hat man N-mal nach Einelektronenfunktionen zu entwickeln, es ergeben sich Determinanten aus jeweils N Spinorbitalen. In (4.32) bedeuten dann $\sum_K$ die N-fache Summation $\sum_{k_1}^{\infty} \sum_{k_2=k_1+1}^{\infty} \cdots \sum_{k_N=k_{N-1}+1}^{\infty}$, C_K die Koeffizienten $c_{k_1 k_2 \cdots k_N}\sqrt{N!}$ und D_K die normierten Slater-Determinanten (4.24).

(4.32) bedeutet eine Entwicklung der Mehrelektronen-Zustandsfunktion Ψ nach Elektronenkonfigurationen; jede Slater-Determinante entspricht einer Elektronenkonfiguration. Für $N = 2$ (Beispiel He-Atom) wären dies die Konfigurationen[15] $(\phi_{1s}^+, \phi_{1s}^-)$, $(\phi_{1s}^+, \phi_{2s}^+)$, $(\phi_{1s}^+, \phi_{2s}^+)$, $(\phi_{1s}^+, \phi_{2p_z}^+), \ldots, (\phi_{1s}^-, \phi_{2s}^+)$, $(\phi_{1s}^-, \phi_{2s}^-), \ldots$ Die Slater-Determinante $(\phi_{1s}^+, \phi_{1s}^-)$ entspricht der Grundzustandskonfiguration (vgl. (4.26)), alle anderen entsprechen „angeregten" Konfigurationen.

Die Festlegung der Linearkombinationskoeffizienten in (4.32) kann – allerdings nur im Prinzip – mit Hilfe eines Säkularproblems erfolgen. Das Verfahren wird als *Konfigurationswechselwirkung* (*CI*[16]) bezeichnet. Wir verwenden auch hier eine Kurzschreibweise. Man hat das Gleichungssystem

$$\sum_L (H_{KL} - E\,\delta_{KL})\,C_L = 0 \qquad (K, L = 1, \ldots, \infty) \tag{4.33}$$

mit den Matrixelementen $H_{KL} = \langle D_K, \mathbf{H} D_L \rangle$ zu lösen. Der niedrigste Eigenwert, der sich aus $|H_{KL} - E\,\delta_{KL}| = 0$ ergibt, ist die Energie des Grundzustands. Dieser Zustand wird im wesentlichen aus der Grundzustandskonfiguration bestehen, aber auch Zumischungen „angeregter" Konfigurationen enthalten. Auch alle anderen Zustände ergeben sich gemäß (4.32) als Superposition von Elektronenkonfigurationen.

Bilden die Einelektronenfunktionen, aus denen die Slater-Determinanten aufgebaut sind, ein vollständiges Orthonormalsystem (was im atomaren Fall etwa durch das Eigenfunktionensystem der wasserstoffähnlichen Atome gegeben ist), so bilden auch die Slater-Determinanten ein vollständiges Orthonormalsystem zur Entwicklung der Mehrelektronen-Zustandsfunktionen. Prinzipiell könnten dann also mit Hilfe der Konfigurationswechselwirkung die exakten Elektronenzustände des wechselwirkenden Systems berechnet werden. In der Praxis ist das Verfahren aber nur bedingt tauglich. Die Entwicklung (4.32) enthält unendlich viele Terme (man vgl. die Summenkonvention) und demzufolge besteht das System (4.33) aus unendlich vielen Gleichungen. Eine Beschränkung der Entwicklung auf wenige Terme ist nicht möglich, die Konvergenz der berechneten Energien in Abhängigkeit von der Anzahl der einbezogenen Elektronenkonfigurationen (Slater-Determinanten) ist sehr langsam. Dies trifft insbesondere dann zu, wenn als Einelektronenfunktionen – wie oben erwähnt – die Eigenfunktionen des wasserstoffähnlichen Atoms verwendet werden, bei deren Berechnung die Elektronenwechselwirkung völlig vernachlässigt wird. Dann ist das Verfahren wegen extrem langsamer Konvergenz völlig untauglich. Die Konfigurationswechselwirkung wird aber zu einem praktikablen und sehr wichtigen Verfahren zur Berechnung von Mehrelektronensystemen, wenn man als Einelektronenfunktionen, aus denen die Slater-Determinanten aufgebaut werden, „bessere", bereits mit weitgehender Berücksichtigung der Elektronenwechselwirkung berechnete Funktionen verwendet (*Hartree-Fock-Orbitale*). Wir werden uns mit solchen Funktionen in den nächsten Abschnitten befassen.

---

[15] (ψ_{k_n}, ψ_{k_m}) steht als Kurzschreibweise für die aus den beiden Spinorbitalen ψ_{k_n} und ψ_{k_m} gebildete Slater-Determinante. Die Elektronenkonfigurationen, die wir in früheren Abschnitten betrachtet haben (zum Beispiel in 1.5.4 und 3.2.5) sind also jeweils Slater-Determinanten aus den betreffenden Einelektronen-Zustandsfunktionen.

[16] *configuration interaction*

4.2 Der Hartree-Fock-Formalismus

4.2.1 Das Modell der unabhängigen Teilchen

Wir haben in Abschnitt 4.1.2 gezeigt, dass sich die Mehrelektronen-Schrödinger-Gleichung genau dann durch Separation der Elektronenkoordinaten auf Einelektronen-Schrödinger-Gleichungen zurückführen und damit lösen lässt, wenn sich der Mehrelektronen-Hamilton-Operator als Summe (4.9) von Einelektronen-Hamilton-Operatoren schreiben lässt. Das ist trivialerweise erfüllt, wenn die Elektronenwechselwirkung völlig vernachlässigt wird. Eine solch starke Näherung ist aber für die Behandlung realer Mehrelektronensysteme untauglich. Andererseits ist für solche Systeme die Lösung der Schrödinger-Gleichung mit dem Hamilton-Operator (4.3) unmöglich. Von außerordentlicher praktischer Bedeutung ist deshalb ein „Kompromiss" zwischen beiden Extremen, das *Modell der unabhängigen Teilchen* (*IPM*[17]). Man versucht, die Elektronenwechselwirkung, die ja eine Doppelsumme über Zweielektronenoperatoren ist (s. (4.3)), „so gut wie möglich" durch eine einfache Summe über Einelektronenoperatoren anzunähern. Zur Erläuterung der gewählten „Strategie" betrachten wir zunächst den atomaren Fall. Der Hamilton-Operator

$$\mathbf{H} = \sum_{i=1}^{N} \left[-\frac{\hbar^2}{2m_e} \Delta_i - \frac{Ze^2}{r_i} \right] + \sum_{i=1}^{N} \sum_{\substack{j=1 \\ j>i}}^{N} \frac{e^2}{r_{ij}} \tag{4.34}$$

(vgl. (1.104)) wird durch einen Ansatz der Form

$$\mathbf{H} = \sum_{i=1}^{N} \left[-\frac{\hbar^2}{2m_e} \Delta_i - \frac{Ze^2}{r_i} \right] + \sum_{i=1}^{N} V_i^{eff}(r_i) = \sum_{i=1}^{N} \mathbf{h}_i^{eff}(\vec{r}_i) \tag{4.35}$$

in eine Summe von Einelektronenoperatoren $\mathbf{h}_i^{eff}(\vec{r}_i)$ überführt. Physikalisch bedeutet dies, dass das Elektron i nicht mehr „exakt" mit allen Elektronen j ($j \neq i$) wechselwirkt, sondern dass es sich im „gemittelten Feld" aller übrigen Elektronen bewegt. Auf jedes einzelne Elektron wirkt also das Coulomb-Potenzial des Kerns und ein *effektives* Potenzial, das jeweils von allen anderen Elektronen verursacht wird. Dieses Potenzial hängt (im atomaren Fall) nur vom Abstand vom Kern ab, so dass sich das Elektron insgesamt in einem allgemeinen Zentralfeld bewegt. Damit treffen alle in Abschnitt 1.5 angegebenen Konsequenzen zu: Beibehaltung der Möglichkeit, die Orbitale durch die Quantenzahl l (d.h. durch s, p, d, ...) zu klassifizieren; Aufhebung der l-Entartung, d.h. $\varepsilon_{ns} < \varepsilon_{np} < \ldots$; Elektronenbesetzung nach dem Aufbauprinzip.

Durch den Übergang von (4.34) zu (4.35) haben wir erreicht, dass sich jedes Elektron „unabhängig" von den Ortskoordinaten aller anderen Elektronen in deren gemitteltem Potenzial bewegt („Modell der unabhängigen Teilchen"). Mathematischer Ausdruck dafür ist, dass der Hamilton-Operator (4.35) eine Summe von Einelektronenoperatoren ist. Damit bleiben die in den vorigen Abschnitten abgeleiteten Formeln und Schlussfolgerungen weitgehend gültig. Insbesondere zerfällt die Mehrelektronen-Schrödinger-Gleichung in Einelektronengleichungen, die die Einelektronen-Zustandsfunktionen (die Spinorbitale) liefern. Die

---

[17]*independent-particel model*

antisymmetrischen Mehrelektronen-Zustandsfunktionen werden aus den besetzten Spinor-bitalen als Slater-Determinanten gebildet. Die „exakten" Zustandsfunktionen lassen sich im Prinzip durch Linearkombination von Slater-Determinanten (Konfigurationswechselwir-kung) ermitteln.

Da die konkrete Form der effektiven Potenziale in (4.35) zunächst unbekannt ist, geht man bei der Realisierung wie folgt vor: Mit Hilfe eines Variationsverfahrens (*Hartree-Fock-Verfahren*) werden diejenigen Einelektronenfunktionen (Spinorbitale) bestimmt, für die die daraus gebildete Slater-Determinante den minimalen Energiemittelwert liefert. Diese Deter-minante ist dann Näherung für die Grundzustandsfunktion. Variationsfunktionen im Sinne von Abschnitt 2.4 sind also alle Slater-Determinanten. Da sich diese aber aus Einelektronen-funktionen zusammensetzen, führt die Durchführung des Verfahrens auf die Bestimmung „optimaler" Einelektronenfunktionen. Wir werden in Abschnitt 4.2.3 zeigen, dass dies nur in einer iterativen Prozedur möglich ist, die dann sowohl die „optimalen" Einelektronen-funktionen als auch die effektiven Potenziale in einer selbstkonsistenten Form liefert (*selbst-konsistentes Feld*, deshalb auch die Bezeichnung *SCF-Verfahren*[18]).

Wir erläutern den Unterschied zu Abschnitt 4.1.4 am Beispiel des Grundzustands des He-Atoms. In (4.26) hatten wir angenommen, dass ϕ_{1s} das für ein wasserstoffähnliches Atom (d.h. völlige Vernachlässigung der Elektronenwechselwirkung) exakt berechenbare $1s$-Orbital ist. Jetzt suchen wir mit dem Hartree-Fock-Verfahren ein solches Ortsorbital ϕ_{1s}, d.h. genau genommen eine solche Radialabhängigkeit dieses Orbitals (denn der Win-kelanteil des $1s$-Orbitals liegt fest!), dass die Determinante (bei formal gleicher Struktur wie (4.26)) den niedrigst möglichen Energiemittelwert liefert. Dieser wird deutlich tiefer als im ersten Fall liegen, so dass die Determinante eine wesentlich bessere Näherung für den Grundzustand sein wird.

4.2.2   Der Energiemittelwert für eine Slater-Determinante

Zur Vorbereitung der Minimierung des Energiemittelwerts für eine Slater-Determinante „be-rechnen" wir zunächst diesen Mittelwert, worunter wir die Zurückführung auf Energieinte-grale über die in der Determinante enthaltenen Einelektronenfunktionen verstehen wollen. Zur rationellen Darstellung der folgenden Formeln schreiben wir den Energiemittelwert als Skalarprodukt:[19]

$$E = \langle \Psi, \mathbf{H}\Psi \rangle. \tag{4.36}$$

(4.36) bedeutet eine Integration über alle $4N$ Orts- und Spinkoordinaten. Für $\mathbf{H}$ und Ψ verwenden wir zunächst Kurzformen. Für (4.34) schreiben wir

$$\mathbf{H} = \sum_{i=1}^{N} \mathbf{h}_i + \sum_{i=1}^{N} \sum_{\substack{j=1 \\ j>i}}^{N} \mathbf{h}_{ij} \tag{4.37}$$

---

[18]*self-consistent field*

[19]Man vergleiche mit (2.66); da wir normierte Determinanten einsetzen, fällt der Nenner weg. Statt $\bar{E}$ schreiben wir im folgenden nur E.

und für (4.24)

$$\Psi = \sqrt{N!}\,\mathbf{A}\Pi\psi_n(n), \tag{4.38}$$

wobei $\Pi\psi_n(n)$ das Produkt $\psi_1(1)\psi_2(2)\cdots\psi_N(N)$ bezeichnen soll und $\mathbf{A}$ der sogenannte *Antisymmetrisierungsoperator*

$$\mathbf{A} = \frac{1}{N!}\sum_P \chi(P)\mathbf{P} \tag{4.39}$$

mit den Eigenschaften $[\mathbf{H},\mathbf{A}] = \mathbf{0}$, $\mathbf{A}^+ = \mathbf{A}$ und $\mathbf{A}^2 = \mathbf{A}$ ist.[20]

Wir setzen zunächst die Determinante (4.38) in den Mittelwert (4.36) ein und formen um:

$$E = N!\,\langle\mathbf{A}\Pi\psi_n(n),\mathbf{H}\mathbf{A}\Pi\psi_n(n)\rangle = N!\,\langle\Pi\psi_n(n),\mathbf{A}^+\mathbf{H}\mathbf{A}\Pi\psi_n(n)\rangle.$$

Wegen der angeführten Eigenschaften von $\mathbf{A}$ gilt $\mathbf{A}^+\mathbf{H}\mathbf{A} = \mathbf{A}\mathbf{H}\mathbf{A} = \mathbf{H}\mathbf{A}\mathbf{A} = \mathbf{H}\mathbf{A}^2 = \mathbf{H}\mathbf{A}$. Mit (4.39) erhält man deshalb

$$E = \sum_P \chi(P)\,\langle\Pi\psi_n(n),\mathbf{H}\mathbf{P}\Pi\psi_n(n)\rangle,$$

was wegen (4.37) in

$$
\begin{aligned}
E &= \sum_{i=1}^N\sum_P \chi(P)\,\langle\Pi\psi_n(n),\mathbf{h}_i\mathbf{P}\Pi\psi_n(n)\rangle \\
&\quad + \sum_{i=1}^N\sum_{\substack{j=1 \\ j>i}}^N\sum_P \chi(P)\,\langle\Pi\psi_n(n),\mathbf{h}_{ij}\mathbf{P}\Pi\psi_n(n)\rangle
\end{aligned}
\tag{4.40}
$$

zerfällt. Die Skalarprodukte enthalten jeweils links ein Produkt aus N Einelektronenfunktionen und rechts alle möglichen Vertauschungen dieser Produkte. Da aber die Operatoren $\mathbf{h}_i$ und $\mathbf{h}_{ij}$ nur auf eine bzw. auf zwei der rechts stehenden Einelektronenfunktionen wirken, können alle anderen $N-1$ bzw. $N-2$ dieser Funktionen vor die Operatoren gezogen werden. Man hat eine Reihe von Fallunterscheidungen zu treffen. Dazu betrachten wir zunächst die Skalarprodukte mit den Einelektronenoperatoren $\mathbf{h}_i$. Etwa für $\mathbf{P}_{kl}$ $(k,l \neq i)$ erhalten wir

$$
\begin{aligned}
&\langle\Pi\psi_n(n),\mathbf{h}_i\mathbf{P}_{kl}\Pi\psi_n(n)\rangle \\
&= \langle\psi_1(1)\cdots\psi_N(N),\mathbf{h}_i\psi_1(1)\cdots\psi_l(k)\cdots\psi_k(l)\cdots\psi_N(N)\rangle \\
&= \langle\psi_1(1),\psi_1(1)\rangle\cdots\langle\psi_i(i),\mathbf{h}_i\psi_i(i)\rangle\cdots\langle\psi_k(k),\psi_l(k)\rangle\cdots \\
&\qquad\qquad\qquad\qquad \langle\psi_l(l),\psi_k(l)\rangle\cdots\langle\psi_N(N),\psi_N(N)\rangle.
\end{aligned}
$$

---

[20]Abgesehen von dem Faktor $(1/N!)$ ist $\mathbf{A}$ eine Summe von vorzeichenbehafteten Permutationsoperatoren. $\mathbf{A}$ antisymmetrisiert das rechts von ihm stehende Produkt von Einelektronenfunktionen. Man kann zeigen (das wollen wir nicht tun), dass alle Permutationsoperatoren $\mathbf{P}$ und damit auch $\mathbf{A}$ mit $\mathbf{H}$ vertauschbar sind. $\mathbf{A}$ ist ein Projektionsoperator (s. Abschn. 2.1.10), damit ist er hermitesch, und es gilt $\mathbf{A}^2 = \mathbf{A}$ (Antisymmetrisierung einer bereits antisymmetrisierten Funktion bringt nichts Neues).

Das Skalarprodukt, das links und rechts ein Produkt aus N Einelektronenfunktionen enthält, lässt sich also als Produkt von N Skalarprodukten schreiben, die jeweils links und rechts nur *eine* Funktion enthalten (das Integral über $4N$ Elektronenkoordinaten zerfällt in ein Produkt aus N Integralen über die Koordinaten jeweils *eines* Elektrons). Wenn wir die Einelektronenfunktionen als orthonormiert annehmen, haben $N-3$ Faktoren des Produkts den Wert 1 und zwei den Wert 0. Das Produkt verschwindet also. Das Gleiche resultiert für $\mathbf{P}_{ki}$ $(k \neq i)$; dann ist *einer* der Faktoren 0 (das Skalarprodukt bezüglich der Koordinaten des k-ten Elektrons). Nur für die identische Permutation ergibt sich ein nichtverschwindender Beitrag:

$$
\begin{aligned}
&\langle \Pi\psi_n(n), \mathbf{h}_i \Pi\psi_n(n) \rangle \\
&= \langle \psi_1(1) \cdots \psi_N(N), \mathbf{h}_i \psi_1(1) \cdots \psi_N(N) \rangle \\
&= \langle \psi_1(1), \psi_1(1) \rangle \cdots \langle \psi_i(i), \mathbf{h}_i \psi_i(i) \rangle \cdots \langle \psi_N(N), \psi_N(N) \rangle .
\end{aligned}
$$

Alle Faktoren sind 1, nur das Skalarprodukt, das den Operator $\mathbf{h}_i$ enthält, ist tatsächlich relevant. Analog werten wir die Skalarprodukte mit den Zweielektronenoperatoren $\mathbf{h}_{ij}$ aus. Für $\mathbf{P}_{kl}$ $(k,l \neq i,j)$ erhält man

$$
\begin{aligned}
&\langle \Pi\psi_n(n), \mathbf{h}_{ij} \mathbf{P}_{kl} \Pi\psi_n(n) \rangle \\
&= \langle \psi_1(1) \cdots \psi_N(N), \mathbf{h}_{ij} \psi_1(1) \cdots \psi_l(k) \cdots \psi_k(l) \cdots \psi_N(N) \rangle \\
&= \langle \psi_1(1), \psi_1(1) \rangle \cdots \langle \psi_i(i)\psi_j(j), \mathbf{h}_{ij}\psi_i(i)\psi_j(j) \rangle \cdots \langle \psi_k(k), \psi_l(k) \rangle \cdots \\
&\qquad\qquad \langle \psi_l(l), \psi_k(l) \rangle \cdots \langle \psi_N(N), \psi_N(N) \rangle .
\end{aligned}
$$

Wieder tritt zweimal der Faktor 0 auf. Für die Permutationsoperatoren $\mathbf{P}_{ki}(k \neq i)$, $\mathbf{P}_{kj}(k \neq j)$, $\mathbf{P}_{li}(l \neq i)$, $\mathbf{P}_{lj}(l \neq j)$ hat man jeweils *einen* Faktor 0. Ein nichtverschwindendes Produkt erhält man wieder für die identische Permutation:

$$
\begin{aligned}
&\langle \Pi\psi_n(n), \mathbf{h}_{ij} \Pi\psi_n(n) \rangle \\
&= \langle \psi_1(1) \cdots \psi_N(N), \mathbf{h}_{ij} \psi_1(1) \cdots \psi_N(N) \rangle \\
&= \langle \psi_1(1), \psi_1(1) \rangle \cdots \langle \psi_i(i)\psi_j(j), \mathbf{h}_{ij}\psi_i(i)\psi_j(j) \rangle \cdots \langle \psi_N(N), \psi_N(N) \rangle ,
\end{aligned}
$$

aber auch für die eine Zweiervertauschung $\mathbf{P}_{ij}$:

$$
\begin{aligned}
&\langle \Pi\psi_n(n), \mathbf{h}_{ij} \mathbf{P}_{ij} \Pi\psi_n(n) \rangle \\
&= \langle \psi_1(1) \cdots \psi_N(N), \mathbf{h}_{ij} \psi_1(1) \cdots \psi_j(i) \cdots \psi_i(j) \cdots \psi_N(N) \rangle \\
&= \langle \psi_1(1), \psi_1(1) \rangle \cdots \langle \psi_i(i)\psi_j(j), \mathbf{h}_{ij}\psi_j(i)\psi_i(j) \rangle \cdots \langle \psi_N(N), \psi_N(N) \rangle .
\end{aligned}
$$

In den beiden letzten Ausdrücken sind jeweils $N-2$ Faktoren 1; jetzt sind nur die Integrale, die den Zweielektronenoperator enthalten, relevant.

Wir kehren zu (4.40) zurück. In den Summen über alle $N!$ Permutationen verschwinden also alle Terme außer einem bzw. zweien. Es bleibt nur[21]

$$E = \sum_{k=1}^{N} \langle \psi_k(i), \mathbf{h}_i \psi_k(i) \rangle$$
$$+ \sum_{k=1}^{N} \sum_{\substack{l=1 \\ l>k}}^{N} [\langle \psi_k(i)\psi_l(j), \mathbf{h}_{ij}\psi_k(i)\psi_l(j) \rangle - \langle \psi_k(i)\psi_l(j), \mathbf{h}_{ij}\psi_l(i)\psi_k(j) \rangle] \qquad (4.41)$$

(das Minuszeichen steht wegen $\chi(P_{ij}) = -1$). Die Skalarprodukte schreiben wir als Integrale;[22] gleichzeitig führen wir eine Kurzschreibweise ein:

$$I_k = \langle \psi_k(i), \mathbf{h}_i \psi_k(i) \rangle$$
$$= \int \psi_k^*(i) \left[-\frac{\hbar^2}{2m_e}\Delta_i - \frac{Ze^2}{r_i} \right] \psi_k(i) \, \mathrm{d}\vec{r}_i \, \mathrm{d}\sigma_i, \qquad (4.42)$$

$$J_{kl} = \langle \psi_k(i)\psi_l(j), \mathbf{h}_{ij}\psi_k(i)\psi_l(j) \rangle$$
$$= \int \int \psi_k^*(i)\psi_l^*(j) \frac{e^2}{r_{ij}} \psi_k(i)\psi_l(j) \, \mathrm{d}\vec{r}_i \, \mathrm{d}\sigma_i \, \mathrm{d}\vec{r}_j \, \mathrm{d}\sigma_j, \qquad (4.43)$$

$$K_{kl} = \langle \psi_k(i)\psi_l(j), \mathbf{h}_{ij}\psi_l(i)\psi_k(j) \rangle$$
$$= \int \int \psi_k^*(i)\psi_l^*(j) \frac{e^2}{r_{ij}} \psi_l(i)\psi_k(j) \, \mathrm{d}\vec{r}_i \, \mathrm{d}\sigma_i \, \mathrm{d}\vec{r}_j \, \mathrm{d}\sigma_j. \qquad (4.44)$$

Mit diesen abkürzenden Bezeichnungen nimmt (4.41) die komprimierte Form

$$E = \sum_{k=1}^{N} I_k + \sum_{k=1}^{N} \sum_{\substack{l=1 \\ l>k}}^{N} [J_{kl} - K_{kl}] \qquad (4.45)$$

an, wofür man auch

$$E = \sum_{k=1}^{N} I_k + \frac{1}{2} \sum_{k=1}^{N} \sum_{\substack{l=1 \\ l \neq k}}^{N} [J_{kl} - K_{kl}] \qquad (4.46)$$

schreiben kann. Der mit der N-Elektronen-Slater-Determinante gebildete Energiemittelwert (4.36) lässt sich also auf *Einelektronenintegrale* I_k und *Zweielektronenintegrale* J_{kl} und K_{kl} zurückführen.[23]

---

[21]Wir nehmen eine Umbenennung der Summationsindizes vor (das ist immer möglich): k statt i und l statt j. Die Summationen laufen über alle N verschiedenen Spinorbitale. Die Integrationsvariablen sind jedoch für alle Summanden gleich (da die Elektronen ununterscheidbar sind). i und j bezeichnen also zwei *beliebige* Elektronen.

[22]Jedes Integralzeichen steht für vier Integrationen (über drei Ortskoordinaten und eine Spinkoordinate).

[23]Man kann die Einschränkung $l \neq k$ bei der Summation in (4.46) auch fallenlassen, denn es gilt $J_{kk} = K_{kk}$, mithin also $J_{kk} - K_{kk} = 0$.

Physikalisch bedeutet I_k den Mittelwert der kinetischen Energie und der potenziellen Energie im Kernfeld für ein Elektron im Spinorbital ψ_k. Ordnet man den Integranden von J_{kl} in der Form $[e\psi_k^*(i)\psi_k(i)](1/r_{ij})[e\psi_l^*(j)\psi_l(j)]$ an, so wird man auf folgende Interpretation des Integrals geführt: Da $\psi_k(i)^*\psi_k(i)$ die Aufenthaltswahrscheinlichkeit eines Elektrons im Spinorbital ψ_k beschreibt, kann $e\psi_k^*(i)\psi_k(i)$ im quantenmechanischen Sinne als „Ladungsdichte" aufgefasst werden. Damit ist (4.43) das quantenmechanische Analogon des klassischen Coulombschen Gesetzes für die elektrostatische Wechselwirkung „verschmierter" Ladungen. J_{kl} wird deshalb als *Coulomb-Integral* bezeichnet. Es beschreibt die *Coulomb-Wechselwirkung* zwischen zwei Elektronen in den Spinorbitalen ψ_k und ψ_l. Schwieriger ist die Interpretation der Integrale K_{kl}. Sie treten nur auf, weil wir die Zustandsfunktion in (4.36) als Determinante – und nicht als einzelnes Produkt von N Einelektronenfunktionen – angesetzt haben, also wegen der Ununterscheidbarkeit der Elektronen. K_{kl} enthält (rechts vom Operator) die Spinorbitale ψ_k und ψ_l mit der durch den Permutationsoperator $\mathbf{P}_{ij}$ verursachten Vertauschung der Elektronenzuordnung. K_{kl} wird deshalb als *Austauschintegral* bezeichnet. Die durch diese Integrale beschriebene Wechselwirkung heißt *Austauschwechselwirkung*. Sie ist ohne klassisches Analogon, also ein rein quantenmechanischer Wechselwirkungseffekt.[24]

Die Gesamtenergie (4.45) bzw. (4.46) setzt sich also additiv zusammen aus der kinetischen Energie aller Elektronen, ihrer potenziellen Energie im Kernfeld sowie der Coulomb- und Austauschwechselwirkung zwischen allen Elektronen. Für diese Struktur ist es unwesentlich, welche konkreten Einelektronenfunktionen (Spinorbitale) zur Berechnung der Integrale verwendet werden.

4.2.3   Ableitung der Hartree-Fock-Gleichung

Wir wollen nun einen solchen Satz von Einelektronenfunktionen (Spinorbitalen) bestimmen, für den die Energie (4.45) bzw. (4.46) minimal wird. Die aus diesen Funktionen gebildete Slater-Determinante hat dann also den niedrigsten Energiemittelwert (4.36) und ist die – im Rahmen des betrachteten Eindeterminantenansatzes – beste Näherung für die exakte Grundzustandsfunktion. Für die Bestimmung dieser „optimalen" Spinorbitale verwendet man eine Variationsprozedur. Die Variation des Energiemittelwerts (4.36) soll verschwinden, wobei als Nebenbedingung gefordert wird, dass die zu ermittelnden Spinorbitale orthonormiert sein sollen. Das führt auf folgende Variationsaufgabe:[25]

$$\delta\left[\langle\Psi,\mathbf{H}\Psi\rangle - \sum_{k=1}^{N}\varepsilon_k\langle\psi_k(i),\psi_k(i)\rangle\right] = 0. \tag{4.47}$$

---

[24]Für die vorgenommene Interpretation hätte man eigentlich erst die Spinintegration abspalten sollen, so dass die Integration nur über die Ortsorbitale auszuführen wäre (wir kommen darauf in Abschnitt 4.2.6 zurück). Es ist jedoch zweckmäßig, da es die Diskussion effektiver macht, auch für die Integrale, die die Spinorbitale umfassen, die angegebenen Bezeichnungen zu verwenden.

[25]Bei der Variationsaufgabe mit der angegebenen Nebenbedingung müsste eigentlich $\sum_{k=1}^{N}\sum_{l=1}^{N}\varepsilon_{kl}\langle\psi_k(i),\psi_l(i)\rangle$ stehen. Man kann aber durch eine geeignete Transformation der Orbitale erreichen (was wir nicht beweisen wollen), dass nur die Diagonalterme betrachtet zu werden brauchen. Die ε_{kl} bzw. $\varepsilon_{kk} = \varepsilon_k$ heißen *Lagrangesche Multiplikatoren*.

Die *Variation* δ bezieht sich („wirkt") auf die Spinorbitale in dem zu variierenden Klammerausdruck.[26]

Wir setzen die Form (4.41) für den Energiemittelwert (4.36) in (4.47) ein und führen die Variation der Spinorbitale durch. Dabei ist es zweckmäßig, nicht die Spinorbitale ψ_k und ψ_l selbst zu variieren, sondern die konjugiert komplexen Funktionen ψ_k^* und ψ_l^*, die links in den jeweiligen Skalarprodukten stehen (man vergl. dazu (4.42) bis (4.44)).[27] Unter Beachtung der Multiplikationsregel erhält man[28]

$$\sum_{k=1}^{N} \langle \delta\psi_k(i), \mathbf{h}_i \psi_k(i) \rangle$$

$$+ \frac{1}{2} \sum_{k=1}^{N} \sum_{\substack{l=1 \\ l \neq k}}^{N} \big[\langle \delta\psi_k(i)\psi_l(j), \mathbf{h}_{ij}\psi_k(i)\psi_l(j) \rangle + \langle \psi_k(i)\delta\psi_l(j), \mathbf{h}_{ij}\psi_k(i)\psi_l(j) \rangle$$

$$- \langle \delta\psi_k(i)\psi_l(j), \mathbf{h}_{ij}\psi_l(i)\psi_k(j) \rangle - \langle \psi_k(i)\delta\psi_l(j), \mathbf{h}_{ij}\psi_l(i)\psi_k(j) \rangle \big]$$

$$- \sum_{k=1}^{N} \varepsilon_k \langle \delta\psi_k(i), \psi_k(i) \rangle = 0. \tag{4.48}$$

Im dritten und im fünften der in (4.48) enthaltenen Skalarprodukte nehmen wir (was immer möglich ist) eine Umbenennung der Summationsindizes k und l ($k \to l, l \to k$) und der Integrationsvariablen i und j ($i \to j, j \to i$) vor. Beachtet man, daß $\mathbf{h}_{ji} = \mathbf{h}_{ij}$ ist, so zeigt sich durch diese Umbenennungen, dass das dritte Skalarprodukt identisch ist mit dem zweiten und das fünfte mit dem vierten. Man kann also in (4.48) formal das dritte und das fünfte Skalarprodukt streichen, wenn dafür auch der Faktor (1/2) vor der Doppelsumme eliminiert wird.

Wir fassen jetzt die Skalarprodukte in (4.48) geeignet zusammen:

$$\sum_{k=1}^{N} \left\langle \delta\psi_k(i), \left\{ \mathbf{h}_i + \sum_{\substack{l=1 \\ l \neq k}}^{N} \langle \psi_l(j), \mathbf{h}_{ij}\psi_l(j) \rangle - \varepsilon_k \right\} \psi_k(i) \right\rangle$$

$$- \sum_{k=1}^{N} \left\langle \delta\psi_k(i), \left\{ \sum_{\substack{l=1 \\ l \neq k}}^{N} \langle \psi_l(j), \mathbf{h}_{ij}\psi_k(j) \rangle \right\} \psi_l(i) \right\rangle = 0. \tag{4.49}$$

Das „innere" Skalarprodukt bezieht sich auf die Integration bezüglich der Koordinaten des j-ten Elektrons (es bleibt dann wegen $\mathbf{h}_{ij}$ noch von den Koordinaten des i-ten Elektrons abhängig), das „äußere" auf die Integration bezüglich der Koordinaten des i-ten Elektrons. Wenn (4.49) für *beliebige* Variationen $\delta\psi_k^*(i)$ ($k = 1, \ldots, N$) erfüllt sein soll, dann müssen

---

[26]Das Variationsproblem ist eine Verallgemeinerung einer Extremwertbestimmung. So wie bei letzterer die Ableitung eines bestimmten Ausdrucks Null gesetzt wird, ist es bei ersterem die Variation dieses Ausdrucks. Für die Variation eines Ausdrucks gelten die gleichen Rechenregeln wie für dessen Differenziation.

[27]Dann werden die resultierenden Formeln die „eigentlichen" Funktionen enthalten und nicht deren konjugiert komplexe. Entsprechend sind wir beim linearen Variationsansatz (Abschn. 2.4.4) verfahren.

[28]δ bezieht sich im folgenden jeweils *nur* auf die *direkt* danebenstehende Funktion.

die Faktoren von $\delta\psi_k^*(i)$ im Integranden der Integrale bezüglich der Koordinaten des i-ten Elektrons für alle k verschwinden:

$$\left\{ \mathbf{h}_i + \sum_{\substack{l=1 \\ l \neq k}}^{N} \langle \psi_l(j), \mathbf{h}_{ij}\psi_l(j) \rangle - \varepsilon_k \right\} \psi_k(i)$$

$$- \left\{ \sum_{\substack{l=1 \\ l \neq k}}^{N} \langle \psi_l(j), \mathbf{h}_{ij}\psi_k(j) \rangle \right\} \psi_l(i) = 0 \qquad (k = 1, \ldots, N). \tag{4.50}$$

Wir bringen $\varepsilon_k\psi_k(i)$ auf die rechte Seite, setzen die konkrete Gestalt der Ein- und Zwei-elektronenoperatoren $\mathbf{h}_i$ und $\mathbf{h}_{ij}$ ein und schreiben das Skalarprodukt als Integral über die Koordinaten des j-ten Elektrons:

$$\left\{ -\frac{\hbar^2}{2m_e}\Delta_i - \frac{Ze^2}{r_i} + \sum_{\substack{l=1 \\ l \neq k}}^{N} \int \frac{e^2\,\psi_l^*(j)\psi_l(j)}{r_{ij}}\mathrm{d}\vec{r}_j\,\mathrm{d}\sigma_j \right\} \psi_k(i)$$

$$- \left\{ \sum_{\substack{l=1 \\ l \neq k}}^{N} \int \frac{e^2\,\psi_l^*(j)\psi_k(j)}{r_{ij}}\mathrm{d}\vec{r}_j\,\mathrm{d}\sigma_j \right\} \psi_l(i) = \varepsilon_k\psi_k(i) \tag{4.51}$$

$(k = 1, \ldots, N)$. Die Gleichungen (4.51) heißen *Hartree-Fock-Gleichungen*.[29] Sie sind die Bestimmungsgleichungen für die gesuchten „optimalen" Spinorbitale $\psi_k(i)$ $(k = 1, \ldots, N)$, mit denen die Slater-Determinante minimale Energie hat. Die Gleichungen (4.51) können als Einelektronen-Energieeigenwertgleichungen aufgefasst werden; nur der zweite Klammerterm „stört etwas", da er nicht auf $\psi_k(i)$, sondern auf $\psi_l(i)$ wirkt. Die Lagrangeschen Multipli-katoren ε_k sind die zugehörigen Orbitalenergien. Die Gleichungen (4.51) sind formal ein System gekoppelter Integro-Differenzialgleichungen.[30] Prinzipiell hat man aus jeder Glei-chung ein ψ_k zu ermitteln, der Operator enthält aber selbst alle anderen ψ_l $(l \neq k)$.

Das Gleichungssystem (4.51) kann formal vereinfacht werden. Dazu kürzen wir den Operator für die kinetische Energie und die potenzielle Energie im Kernfeld für das i-te Elektron durch $\mathbf{h}(i)$ ab und definieren zwei Operatoren $\mathbf{J}_l(i)$ und $\mathbf{K}_l(i)$ durch

$$\mathbf{J}_l(i)\psi_k(i) = \left\{ \int \frac{e^2\,\psi_l^*(j)\psi_l(j)}{r_{ij}}\mathrm{d}\vec{r}_j\,\mathrm{d}\sigma_j \right\} \psi_k(i), \tag{4.52}$$

$$\mathbf{K}_l(i)\psi_k(i) = \left\{ \int \frac{e^2\,\psi_l^*(j)\psi_k(j)}{r_{ij}}\mathrm{d}\vec{r}_j\,\mathrm{d}\sigma_j \right\} \psi_l(i). \tag{4.53}$$

$\mathbf{J}_l(i)$ heißt *Coulomb-Operator*, $\mathbf{K}_l(i)$ *Austauschoperator*. Aus (4.51) wird damit

$$\left\{ \mathbf{h}(i) + \sum_{\substack{l=1 \\ l \neq k}}^{N} \left[\mathbf{J}_l(i) - \mathbf{K}_l(i) \right] \right\} \psi_k(i) = \varepsilon_k\psi_k(i) \quad (k = 1, \ldots, N). \tag{4.54}$$

---

[29]Wir werden gleich sehen, dass es sich nur um *eine* Gleichung handelt.
[30]Der Laplace-Operator enthält Ableitungen nach den Koordinaten.

Man überzeugt sich anhand von (4.52) und (4.53) leicht, dass $\mathbf{J}_k(i)\psi_k(i) \equiv \mathbf{K}_k(i)\psi_k(i)$ gilt, d.h., daß $[\mathbf{J}_k(i) - \mathbf{K}_k(i)]$ der Nulloperator ist. Man braucht also den Term $l = k$ bei der Summation in (4.51) bzw. (4.54) gar nicht auszuschließen. Damit sind aber die N Gleichungen nur scheinbar voneinander verschieden. Tatsächlich hat man nur *eine* Hartree-Fock-Gleichung

$$\left\{ \mathbf{h}(i) + \sum_{l=1}^{N} \left[\mathbf{J}_l(i) - \mathbf{K}_l(i) \right] \right\} \psi_k(i) = \varepsilon_k \psi_k(i), \tag{4.55}$$

die man zuweilen mit dem effektiven Einelektronenoperator $\mathbf{f}(i)$ (*Fock-Operator*) noch kürzer schreibt:[31]

$$\mathbf{f}(i)\psi_k(i) = \varepsilon_k \psi_k(i). \tag{4.56}$$

Die Lösung der Hartree-Fock-Gleichung wird nicht nur N Spinorbitale (*Hartree-Fock-Orbitale*) liefern, sondern unendlich viele.[32] Die Determinante, die Näherung für die Grundzustandsfunktion ist, ergibt sich aus den Spinorbitalen, die zu den N niedrigsten Orbitalenergien gehören.

Die Hartree-Fock-Gleichung (4.55) bzw. (4.56) ist eine sehr komplizierte Gleichung. Die Spinorbitale, die sich als Lösung ergeben sollen, werden für die Bildung des Fock-Operators bereits benötigt (s. (4.52) und (4.53)). Die Lösung kann deshalb nur iterativ erfolgen. Man hat sich einen Satz von Funktionen $\psi_1^{(0)}, \psi_2^{(0)}, \ldots, \psi_N^{(0)}$ vorzugeben, damit die Operatoren $\mathbf{J}_l$ und $\mathbf{K}_l$ zu bilden und die Gleichung zu lösen. Von den resultierenden Funktionen $\psi_1^{(1)}, \psi_2^{(1)}, \ldots$ sind die mit den N niedrigsten Orbitalenergien auszuwählen. Mit diesen bildet man erneut die Operatoren und löst die Gleichung. Man verfährt so weiter, bis die Funktionen sich nicht mehr ändern, *selbstkonsistent* sind. Die Funktionen zu den N niedrigsten Orbitalenergien sind die gesuchten (besetzten) Hartree-Fock-Spinorbitale, die restlichen (unbesetzten) werden als *virtuelle* Orbitale bezeichnet.

4.2.4 Energiegrößen im Hartree-Fock-Formalismus

Multiplizieren wir (4.51) mit $\psi_k^*(i)$ und integrieren wir über die Koordinaten des i-ten Elektrons bzw. multiplizieren wir (4.50) von links skalar mit $\psi_k(i)$ und lösen anschließend nach ε_k auf, so erhalten wir folgenden Ausdruck für die Orbitalenergien ε_k:

$$
\begin{aligned}
\varepsilon_k &= \langle \psi_k(i), \mathbf{h}_i \psi_k(i) \rangle \\
&\quad + \sum_{\substack{l=1 \\ l \neq k}}^{N} \left[\langle \psi_k(i)\psi_l(j), \mathbf{h}_{ij}\psi_k(i)\psi_l(j) \rangle - \langle \psi_k(i)\psi_l(j), \mathbf{h}_{ij}\psi_l(i)\psi_k(j) \rangle \right] \\
&= I_k + \sum_{\substack{l=1 \\ l \neq k}}^{N} \left[J_{kl} - K_{kl} \right]
\end{aligned}
\tag{4.57}
$$

---

[31]In der Literatur wird häufig der Großbuchstabe $\mathbf{F}$ verwendet; wir wollen aber betonen, dass es sich um einen *Ein*elektronenoperator handelt.
[32]Das Eigenfunktionensystem des hermiteschen Operators $\mathbf{f}$ ist vollständig (s. Abschn. 2.2.1) und besteht damit aus unendlich vielen Funktionen.

(vgl. (4.42) bis (4.44)). Die Orbitalenergie ergibt sich also als Summe der kinetischen Energie des betrachteten Elektrons, seiner potenziellen Energie im Kernfeld und seiner Wechselwirkungsenergie (Coulomb- und Austauschwechselwirkung) mit allen anderen Elektronen. Die Gesamtenergie (s. (4.46))

$$E = \sum_{k=1}^{N} I_k + \frac{1}{2} \sum_{k=1}^{N} \sum_{\substack{l=1 \\ l \neq k}}^{N} \left[J_{kl} - K_{kl} \right] \tag{4.58}$$

ergibt sich aus der kinetischen Energie und der potenziellen Energie im Kernfeld für alle N Elektronen und aus der Wechselwirkung zwischen allen N Elektronen. Vergleichen wir (4.57) und (4.58), so lässt sich E durch

$$E = \sum_{k=1}^{N} \varepsilon_k - \frac{1}{2} \sum_{k=1}^{N} \sum_{\substack{l=1 \\ l \neq k}}^{N} \left[J_{kl} - K_{kl} \right] \tag{4.59}$$

ausdrücken. Die Gesamtenergie ergibt sich also im Hartree-Fock-Formalismus (Modell der unabhängigen Teilchen) *nicht* als Summe der Orbitalenergien, wie es für den Fall „wirklich" unabhängiger Teilchen gilt (s. Abschn. 4.1.2). Da die Elektronenwechselwirkung (wenn auch nur näherungsweise) explizit berechnet wird, wird sie bei der Aufsummation der Orbitalenergien doppelt gezählt. Das erfordert den zusätzlichen subtraktiven Term in (4.59).[33]

Entfernt man aus dem N-Elektronensystem ein Elektron, etwa das aus dem Spinorbital ψ_n, ohne die übrigen Elektronen dadurch zu beeinflussen, dann hat man als Gesamtenergie des ionisierten Systems

$$E^{ion} = \sum_{\substack{k=1 \\ k \neq n}}^{N} I_k + \frac{1}{2} \sum_{\substack{k=1 \\ k \neq n}}^{N} \sum_{\substack{l=1 \\ l \neq k,n}}^{N} \left[J_{kl} - K_{kl} \right].$$

Für die Ionisierungsenergie ergibt sich dann[34]

$$E^{ion} - E = -I_n - \sum_{\substack{l=1 \\ l \neq n}}^{N} \left[J_{nl} - K_{nl} \right] = -\varepsilon_n. \tag{4.60}$$

Dies ist die Aussage des *Koopmansschen Theorems*: Die Ionisierungsenergie aus dem Spinorbital ψ_n ist näherungsweise durch den Betrag der zugehörigen Orbitalenergie gegeben. Das Koopmansche Theorem ist zumindest für das erste Ionisierungspotenzial eine gute Näherung; dann ist $\varepsilon_n = \varepsilon_{HOMO}$. Nicht erfasst wird bei dieser Näherung, dass sich, wenn ein Elektron entfernt wird, alle übrigen umordnen werden. Eigentlich hat man für das ionisierte System eine eigene Hartree-Fock-Rechnung durchzuführen, bei der sich (wegen der veränderten Elektronenwechselwirkungsverhältnisse) andere Hartree-Fock-Orbitale als für das Ausgangssystem ergeben werden. Damit fallen bei der Differenzbildung (4.60) formal gleiche Integrale *nicht* weg.

---

[33]Auch in (4.57) bis (4.59) könnte man – entsprechend dem vorigen Abschnitt – die Einschränkung $l \neq k$ weglassen. Für die Interpretation der Energieterme ist es jedoch vorteilhaft, den Term $l = k$ auszuschließen.
[34]Man beachte, dass sowohl die Gesamtenergien als auch die Energien der besetzten Orbitale (dies zumindest im „Normalfall") negative Energiegrößen sind.

4.2.5 Der Hartree-Formalismus

Ohne praktische Bedeutung, aber von didaktischem Wert ist eine Vereinfachung des Hartree-Fock-Formalismus, der *Hartree-Formalismus*. Näherungsansatz für die Zustandsfunktionen des N-Elektronensystems ist dabei keine Slater-Determinante, sondern ein einfaches *Hartree-Produkt*

$$\Psi = \psi_1(1)\psi_2(2)\cdots\psi_N(N). \tag{4.61}$$

Diese Funktion ist *nicht* antisymmetrisch bezüglich der Vertauschung zweier Elektronen, was eigentlich für die Zustandsfunktionen eines Systems aus ununterscheidbaren Elektronen erfüllt sein muss (s. Abschn. 4.1.4).

Der in den Abschnitten 4.2.1 bis 4.2.4 entwickelte Formalismus lässt sich leicht auf den einfacheren Fall reduzieren. Alle aus der Austauschentartung resultierenden Ausdrücke (Austauschoperatoren und -integrale) fallen weg. Das Variationsverfahren zur Bestimmung der „optimalen" Einelektronenfunktionen für den Produktansatz (4.61) führt auf die *Hartree-Gleichungen*[35]

$$\left\{ -\frac{\hbar^2}{2m_e}\Delta_i - \frac{Ze^2}{r_i} + \sum_{\substack{l=1 \\ l\neq k}}^{N} \int \frac{e^2\,\psi_l^*(j)\psi_l(j)}{r_{ij}}\mathrm{d}\vec{r}_j\,\mathrm{d}\sigma_j \right\}\psi_k(i)$$
$$= \varepsilon_k\psi_k(i) \qquad (k = 1,\ldots,N) \tag{4.62}$$

bzw.

$$\left\{ \mathbf{h}(i) + \sum_{\substack{l=1 \\ l\neq k}}^{N} \mathbf{J}_l(i) \right\}\psi_k(i) = \varepsilon_k\psi_k(i) \qquad (k = 1,\ldots,N). \tag{4.63}$$

Mit den daraus ermittelten Spinorbitalen hat das Hartree-Produkt (4.61) minimale Energie. Für diese Energie gilt

$$E = \sum_{k=1}^{N} I_k + \frac{1}{2}\sum_{k=1}^{N}\sum_{\substack{l=1 \\ l\neq k}}^{N} J_{kl}. \tag{4.64}$$

Die Orbitalenergien ergeben sich zu

$$\varepsilon_k = I_k + \sum_{\substack{l=1 \\ l\neq k}}^{N} J_{kl}. \tag{4.65}$$

Die Gesamtenergie (4.64) liegt weniger tief als beim Hartree-Fock-Formalismus (ebenso auch die Orbitalenergien (4.65)), da die stabilisierenden (energieerniedrigenden) Austauschintegrale fehlen. Im Sinne des Variationsprinzips (s. Abschn. 2.4.2) ist der Determinantenansatz

---

[35]Wir bemerken, dass in den folgenden Ausdrücken die Summenterme $l = k$ stets tatsächlich ausgeschlossen werden müssen (sie sind keine „Nullterme" wie beim Hartree-Fock-Formalismus). Dadurch besteht das Gleichungssystem (4.62) bzw. (4.63) aus N *verschiedenen* Gleichungen. So ergeben sich auch nur N Spinorbitale (und nicht unendlich viele wie beim Hartree-Fock-Verfahren).

die bessere Näherung gegenüber dem Produktansatz.[36] Erst die Berücksichtigung der Ununterscheidbarkeit der Elektronen durch den Determinantenansatz führt zu der typisch quantenmechanischen Stabilisierung des Systems durch die Austauschwechselwirkung.

Der Vergleich von (4.62) mit (4.35) zeigt, dass die Summe über die Integrale in (4.62) gerade das effektive Potenzial der übrigen Elektronen darstellt, in dem sich das i-te Elektron im Sinne des Modells der unabhängigen Teilchen bewegt. In (4.63) ist dies – entsprechend der klassischen Vorstellung – ein abstoßendes Potenzial; in der Hartree-Fock-Gleichung (4.55) kommt ein stabilisierendes Austauschpotential hinzu. Die effektiven Potenziale werden, da sie selbst die Spinorbitale enthalten, im Verlaufe der iterativen Lösung der Gleichungen festgelegt („selbstkonsistentes Feld").

4.2.6   Systeme mit abgeschlossenen Schalen

Der einfachste, aber wichtigste Spezialfall eines N-Elektronensystems ist ein System mit abgeschlossenen Schalen. In der Hartree-Fock-Gleichung und den zugehörigen Energiebeziehungen für diesen Fall lassen sich die Spinintegrationen übersichtlich abspalten und ausführen, so dass nur Ortsintegrationen übrigbleiben.

Wir betrachten zunächst die Coulomb- und Austauschintegrale (4.43) und (4.44). Es wird jeweils über acht Elektronenkoordinaten integriert. Berücksichtigen wir, dass (bei einem Hamilton-Operator ohne Spinanteile) jedes Spinorbital ψ_n Produkt aus einer Ortsfunktion ϕ_n und einer Spinfunktion η_n ist (vgl. (4.22)), so zerfallen alle Integrale in Produkte:

$$J_{kl} = \langle \phi_k(i)\phi_l(j), \mathbf{h}_{ij}\phi_k(i)\phi_l(j)\rangle\langle\eta_k(i),\eta_k(i)\rangle\langle\eta_l(j),\eta_l(j)\rangle, \qquad (4.66)$$

$$K_{kl} = \langle \phi_k(i)\phi_l(j), \mathbf{h}_{ij}\phi_l(i)\phi_k(j)\rangle\langle\eta_k(i),\eta_l(i)\rangle\langle\eta_l(j),\eta_k(j)\rangle. \qquad (4.67)$$

Das linke Skalarprodukt bedeutet jeweils Integration über die sechs Ortskoordinaten der beiden Elektronen, die zwei anderen bedeuten Integration über die Spinkoordinate je eines Elektrons. η_n kann entweder α_n oder β_n sein, abhängig davon, ob das betreffende Elektron α- oder β-Spin hat. Wählen wir die Spinfunktionen α_n und β_n so, dass sie normiert und zueinander orthogonal sind, dann ergibt sich für die Spinintegrationen in (4.66) und (4.67) folgende Situation: Beide Spinintegrationen in J_{kl} ergeben 1, unabhängig davon, welchen Spin die beiden Elektronen in den Spinorbitalen ψ_k und ψ_l haben. Die Spinintegrationen in K_{kl} dagegen ergeben nur dann (beide) 1, wenn die zwei Elektronen *gleichen* Spin haben; bei *ungleichem* Spin ergeben sie (beide) 0. Wir haben damit das physikalisch außerordentlich wichtige Resultat: Die (stabilisierende) Austauschwechselwirkung tritt nur zwischen Elektronen gleichen Spins auf.

Für die Integrationen (4.66) und (4.67) können wir deshalb folgende Kurzschreibweise verwenden:

$$J_{kl} = J'_{kl} \text{ und } K_{kl} = \begin{cases} K'_{kl} & \text{(für Elektronen gleichen Spins),} \\ 0 & \text{(für Elektronen ungleichen Spins).} \end{cases} \qquad (4.68)$$

---

[36]Die Determinante enthält das Produkt (4.61), darüberhinaus aber zusätzlich alle Vertauschungen dieses Produkts.

Die Striche in (4.68) (und in den folgenden Formeln) sollen ausdrücken, dass die Spininte-grationen bereits ausgeführt wurden und nur noch Ortsintegrationen auszuführen sind.[37]

Bei einem System mit abgeschlossenen Schalen sind $(N/2)$ Ortsorbitale doppelt besetzt. Man summiert deshalb zweckmäßigerweise in der Hartree-Fock-Gleichung und in den zu-gehörigen Energieausdrücken nicht über die N Spinorbitale, sondern über die $N/2$ Ortsor-bitale. Das ergibt für die Gesamtenergie eines solchen Systems

$$E = \sum_{k=1}^{N/2} 2I'_k + \sum_{k=1}^{N/2}\sum_{l=1}^{N/2} \left[2J'_{kl} - K'_{kl} \right] \tag{4.69}$$

und für die Orbitalenergien

$$\varepsilon_k = I'_k + \sum_{l=1}^{N/2} \left[2J'_{kl} - K'_{kl} \right]. \tag{4.70}$$

Die Hartree-Fock-Gleichung hat die Form

$$\left\{ \mathbf{h}(i) + \sum_{l=1}^{N/2} \left[2\mathbf{J}'_l(i) - \mathbf{K}'_l(i) \right] \right\} \phi_k(i) = \varepsilon_k \phi_k(i). \tag{4.71}$$

Man sieht, dass bei einem System mit abgeschlossenen Schalen ($N/2$ α-Elektronen und $N/2$ β-Elektronen) nur halb so viele Austausch- wie Coulomb-Integrale auftreten. Bei den Summationen in (4.69) bis (4.71) darf der Term $l = k$ *nicht* ausgeschlossen werden, denn für jedes Elektron gibt es eine Coulomb-Wechselwirkung mit dem anderen Elektron im gleichen Ortsorbital.[38]

Wir betrachten als Beispiel für die Interpretation der Energieausdrücke (4.69) und (4.70) die Grundzustands-Elektronenkonfiguration $(1s)^2(2s)^2$ eines Be-Atoms. Etwa für die Orbi-talenergie ε_{2s} hat man

$$\begin{aligned} \varepsilon_{2s} &= I'_{2s} + \left[2J'_{2s,1s} - K'_{2s,1s} \right] + \left[2J'_{2s,2s} - K'_{2s,2s} \right] \\ &= I'_{2s} + 2J'_{2s,1s} + J'_{2s,2s} - K'_{2s,1s}. \end{aligned}$$

Sie setzt sich additiv zusammen aus I'_{2s} (der kinetischen Energie eines $2s$-Elektrons und seiner potenziellen Energie im Kernfeld), der Coulomb-Wechselwirkung mit den beiden $1s$-Elektronen und dem zweiten $2s$-Elektron sowie der Austauschwechselwirkung mit dem $1s$-Elektron gleichen Spins. Für die Gesamtenergie der Konfiguration $(1s)^2(2s)^2$ ergibt sich analog

$$\begin{aligned} E &= 2I'_{1s} + 2I'_{2s} + \left[2J'_{1s,1s} - K'_{1s,1s} \right] + \left[2J'_{1s,2s} - K'_{1s,2s} \right] \\ &\quad + \left[2J'_{2s,1s} - K'_{2s,1s} \right] + \left[2J'_{2s,2s} - K'_{2s,2s} \right] \\ &= 2I'_{1s} + 2I'_{2s} + J'_{1s,1s} + J'_{2s,2s} + 4J'_{1s,2s} - 2K'_{1s,2s}. \end{aligned}$$

---

[37]Wir bemerken, dass die Zahlenwerte für Integrale mit und ohne Strich übereinstimmen, da die Spininte-grationen (wenn nicht 0) stets den Wert 1 ergeben. Die Unterscheidung erleichtert aber die Interpretation.
[38]Für $l = k$ ergibt der Summenterm $2J'_{kk} - K'_{kk} = J'_{kk}$ bzw. $2J'_k(i) - K'_k(i) = J'_k(i)$.

Bei der Lösung der Hartree-Fock-Gleichung hat man in jedem Iterationsschritt die $N/2$ Ortsorbitale mit den niedrigsten Orbitalenergien doppelt zu besetzen und zur Berechnung der Coulomb- und Austauschoperatoren zu verwenden.

4.2.7   Beschränkte und unbeschränkte Hartree-Fock-Theorie

Bei Systemen mit abgeschlossenen Schalen sind alle Ortsorbitale doppelt besetzt. Je zwei Elektronen besetzen damit Spinorbitale mit gleichem Ortsanteil und gleicher Orbitalenergie. Bei Systemen mit offenen Schalen ändert sich die Situation. Da (etwa) mehr α- als β-Elektronen vorhanden sind, wechselwirken die beiden Elektronen in jedem „doppelt besetzten" Ortsorbital auf unterschiedliche Weise mit den übrigen Elektronen. Damit sind die beiden Orbitalenergien eigentlich nicht mehr gleich, und konsequenterweise sollten auch unterschiedliche Ortsorbitale für die beiden Spinorbitale angesetzt werden ($DODS$[39]). Ignoriert man dies und „beschränkt" sich auf jeweils paarweise gleiche Ortsanteile und Orbitalenergien für die doppelt besetzten Orbitale, so wird dies als *beschränktes* Hartree-Fock-Verfahren (RHF[40]) bezeichnet, im anderen Fall („doppelt besetzte" Orbitale mit unterschiedlichem Ortsanteil und unterschiedlicher Orbitalenergie) als *unbeschränktes* Hartree-Fock-Verfahren (UHF[41]).

Der Unterschied zwischen beiden Varianten ist in Bild 4.1 am Beispiel der Elektronenkonfiguration $(\phi_1)^2(\phi_2)^1$ veranschaulicht. Für jedes der Elektronen in ϕ_1 gibt es eine Coulomb-Abstoßung mit dem zweiten Elektron in ϕ_1 und mit dem Elektron in ϕ_2; für das Elektron in ϕ_1 mit α-Spin besteht aber zusätzlich eine stabilisierende Austauschwechselwirkung mit dem Elektron (gleichen Spins) in ϕ_2. $\varepsilon_{1\alpha}$ ist deshalb gegenüber $\varepsilon_{1\beta}$ stabilisiert. Da sich die beiden Elektronen in ϕ_1 also in unterschiedlicher elektronischer Umgebung befinden, sollten auch unterschiedliche Ortsorbitale (DODS) angesetzt werden: $\phi_{1\alpha}$ und $\phi_{1\beta}$ (UHF). Im allgemeinen Fall sind (bei größerer Anzahl von α-Elektronen) die Energien der α-Spinorbitale abgesenkt gegenüber denen der jeweils „zugehörigen" β-Spinorbitale. Die Spins in zwei formal zusammengehörigen besetzten Spinorbitalen kompensieren sich nicht wie im RHF-Formalismus, man spricht von *Spinpolarisation*.

Im UHF-Formalismus hat man in jedem Iterationsschritt zwei gekoppelte Hartree-Fock-Gleichungen (eine für α-, die zweite für β-Spin) zu lösen. Die Grundzustandsenergie wird im UHF-Formalismus tiefer liegen als im RHF-Formalismus, da die Basisfunktionen im erstgenannten Fall flexibler sind. UHF-Zustandsfunktionen sind aber in anderer Hinsicht weniger geeignet. Zum einen sind sie keine Eigenfunktionen des Gesamtspins. So ist zum Beispiel die in Bild 4.1b dargestellte Konfiguration kein „reines" Dublett, es sind Anteile höherer Multiplizität zugemischt (*Spinkontamination*). Zum anderen sind sie nur begrenzt tauglich für anschließende Konfigurationswechselwirkungen.

Auf zwei Anwendungsaspekte bei der Behandlung molekularer Systeme sei hingewiesen. Im RHF-Formalismus wird die Spindichte an den einzelnen Atomen allein durch die Elektronendichteverteilung in den unvollständig besetzten MOs bestimmt. In allen doppelt besetzten MOs kompensieren sich α- und β-Spin. Die Spindichte ist stets positiv. Im UHF-

---

[39] *different orbitals for different spins*
[40] *restricted Hartree-Fock*
[41] *unrestricted Hartree-Fock*

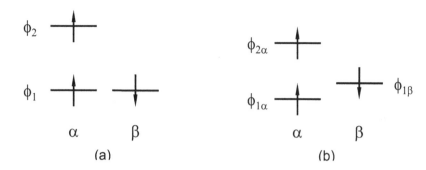

Bild 4.1 Qualitatives Orbitalenergieschema für die Konfiguration $(\phi_1)^2(\phi_2)^1$ im RHF-Fall (a) und im UHF-Fall (b).

Formalismus wird sie als Differenz der gesamten α-Dichte und der gesamten β-Dichte in allen MOs gebildet. Dabei können an einzelnen Atomen auch negative Spindichten resultieren.[42] Ein zweiter Aspekt ist die Dissoziation chemisch gebundener Atome. Dabei zeigt sich, dass auch für Systeme mit abgeschlossenen Schalen RHF-Funktionen untauglich sein können. Während sich in der Nähe des Gleichgewichtsabstands etwa H_2 sehr gut durch eine RHF-Grundzustandsfunktion beschreiben lässt (gleiche Ortsfunktionen für beide Elektronen), ist dies für sehr große Abstände nicht möglich. Der Übergang in zwei H-Atome (unterschiedliche Ortsfunktionen für beide Elektronen) lässt sich jedoch mit einer UHF-Funktion richtig erfassen.

4.2.8 Die Korrelationsenergie

Im Hartree-Fock-Formalismus wird die beste Eindeterminantennäherung für die exakte Grundzustandsfunktion des N-Elektronensystems ermittelt. Die aus den N durch Lösung der Hartree-Fock-Gleichung resultierenden Spinorbitalen mit den niedrigsten Orbitalenergien gebildete Slater-Determinante Ψ_0 hat den (gegenüber allen anderen Determinanten) niedrigsten Energiemittelwert:[43]

$$E^{HF} = \langle \Psi_0, \mathbf{H}\Psi_0 \rangle.$$

Bezeichnet man die aus der Schrödinger-Gleichung mit nichtrelativistischem Hamilton-Operator (etwa (4.34) für Atome) folgende „exakte" Grundzustandsenergie (die natürlich wegen der Unlösbarkeit der Gleichung nicht bekannt ist) mit E^{ex}, so gilt im Sinne des Variationsprinzips:

$$E^{HF} > E^{ex}.$$

[42]Solche negativen Spindichten sind experimentell nachweisbar, mit dem RHF-Formalismus aber nicht zu erfassen.
[43]Bei Systemen mit offenen Schalen muss gegebenenfalls eine Linearkombination mehrerer (aber weniger) Determinanten mit definierten Linearkombinationskoeffizienten gewählt werden, damit die richtigen Spineigenschaften der Grundzustandsfunktion gewährleistet sind (vgl. dazu Abschn. 1.5.4 und 4.3.1).

Ist E^{HF} die mit dem RHF-Formalismus ermittelte Energie (s. den vorigen Abschnitt), dann bezeichnet man die Differenz beider Energiewerte als *Korrelationsenergie*:

$$E^{ex} - E^{HF} = E^{corr}. \tag{4.72}$$

E^{corr} ist eine negative Energiegröße. (4.72) ist Ausdruck des Fehlers, den man macht, wenn im Modell der unabhängigen Teilchen gearbeitet wird. Die Elektronen bewegen sich eben *nicht* unabhängig voneinander im effektiven Feld aller übrigen Elektronen; ihre Bewegung ist „korreliert" (*Elektronenkorrelation*).

Betrachten wir zunächst Atome,[44] so lässt sich die exakte Grundzustandsfunktion und damit E^{ex} prinzipiell durch Konfigurationswechselwirkung ermitteln (s. Abschn. 4.1.5).[45] Dies ist jedoch praktisch nicht möglich, da das Gleichungssystem (4.33) zur Bestimmung der Entwicklungskoeffizienten aus unendlich vielen Gleichungen besteht. Beschränkt man sich in der Entwicklung auf eine endliche Anzahl von Determinanten, so wird man zu einer *näherungsweisen* Erfassung der Korrelationsenergie kommen. Die „Konvergenz" dieser Entwicklung ist allerdings sehr langsam.[46] Es ist deshalb notwendig, Kriterien zu haben, welche Konfigurationen (Determinanten) relativ wichtig sind und mitgenommen werden müssen und welche weniger wichtig sind und deshalb ausgeschlossen werden können.

Verhältnismäßig übersichtlich sind die Verhältnisse bei der Konfigurationswechselwirkung für den Grundzustand. Wichtigste (*führende*) Konfiguration ist dann ohne Zweifel die Grundkonfiguration Ψ_0, bei der alle Spinorbitale zu den N niedrigsten Orbitalenergien besetzt und alle anderen (virtuellen) Spinorbitale unbesetzt sind.[47] Die *substituierten* Konfigurationen (Determinanten), die durch Konfigurationswechselwirkung zu Ψ_0 zumischen können, lassen sich nach der „Anzahl der Substitutionen" einteilen (Bild 4.2).[48] Wird anstelle *eines* der in Ψ_0 besetzten Spinorbitale ein virtuelles Orbital besetzt, so erhält man *einfach substituierte* Konfigurationen.[49] Analog ergeben sich *mehrfach substituierte* Konfigurationen. Bezeichnet man die jeweilige Gesamtheit aller substituierten Konfigurationen mit Ψ^S, Ψ^D, Ψ^T, Ψ^Q usw.,[50] dann lässt sich die Konfigurationsentwicklung für die exakte

---

[44]Auf den komplizierteren molekularen Fall gehen wir in Abschnitt 4.3.5 ein.

[45]Die Hartree-Fock-Spinorbitale bilden als Eigenfunktionen des hermiteschen Operators **f** ein vollständiges Orthonormalsystem im Einelektronen-Hilbert-Raum (s. Abschn. 2.2.1), und damit bilden die aus ihnen zusammengesetzten Determinanten ein vollständiges Orthonormalsystem im N-Elektronen-Hilbert-Raum. Die exakten N-Elektronen-Zustandsfunktionen müssen sich nach diesem Orthonormalsystem entwickeln lassen.

[46]Sie ist jedoch bei Verwendung von Hartree-Fock-Orbitalen zur Bildung der Determinanten deutlich schneller als bei den (völlig untauglichen) Eigenfunktionen des wasserstoffähnlichen Atoms (vgl. Abschn. 4.1.5). „Schnellstmögliche Konvergenz" erzielt man mit einer Basis aus *natürlichen* Orbitalen (*natural orbitals*). Diese Orbitale erhält man jedoch erst im Verlaufe der iterativen Lösung oder – näherungsweise – durch eine vorangehende, stark vereinfachte Konfigurationswechselwirkung.

[47]Dies gilt nur für den „Normalfall"; es können auch mehrere Konfigurationen „führend" sein (s. Abschn. 4.3.5).

[48]Häufig wird von „angeregten" Konfigurationen gesprochen. Da es sich aber nicht um Anregungen im spektroskopischen Sinne handelt, sondern nur um unterschiedliche Besetzungen von Einelektronenzuständen, verwenden wir den Begriff „substituierte" Konfigurationen.

[49]Solche Konfigurationen sind bei angeregten Zuständen führend.

[50]*single* excitations, *doubles*, *triples*, *quadruples*

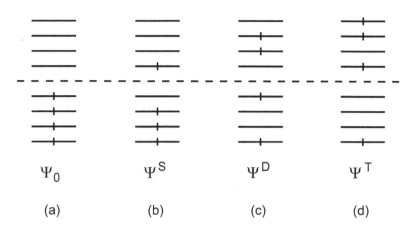

Bild 4.2 Schematische Darstellung der Grundkonfiguration (a) sowie einer einfach (b), zweifach (c) und dreifach (d) substituierten Konfiguration.

Grundzustandsfunktion in der symbolischen Form

$$\Psi_0 + C^S \Psi^S + C^D \Psi^D + C^T \Psi^T + C^Q \Psi^Q + \dots \qquad (4.73)$$

schreiben. Man kann zeigen, dass einfach substituierte Konfigurationen Ψ^S *nicht* mit der Grundkonfiguration mischen, da die Matrixelemente $\langle \Psi_0, \mathbf{H}\Psi^S \rangle$ verschwinden (*Brillouinsches Theorem*). Gleiches gilt für dreifach und höher substituierte Konfigurationen.[51] Da einfach (wie auch dreifach und vierfach) substituierte Konfigurationen aber mit den zweifach substituierten mischen, die ihrerseits nichtverschwindende Matrixelemente mit Ψ_0 haben, mischen sie „indirekt" mit der Grundkonfiguration. In der Entwicklung (4.73) werden also (neben Ψ_0) die zweifach substituierten Konfigurationen Ψ^D die größte Rolle spielen, aber auch Ψ^S und Ψ^T, Ψ^Q usw. haben (wenn auch geringe) Anteile. Die Erfahrung hat gezeigt, dass in der Tat die zweifach substituierten Konfigurationen den Hauptbeitrag zur Korrelationsenergie liefern.

Bei einem vollständigen Orthonormalsystem aus unendlich vielen Spinorbitalen ist aber selbst die Anzahl der zweifach substituierten Konfigurationen unendlich. Deshalb müssen zusätzliche Einschränkungen vorgenommen werden. So wird man nur Substitutionen zwischen einer relativ geringen Anzahl von energetisch hochliegenden besetzten Spinorbitalen und einer relativ geringen Anzahl von energetisch tiefliegenden virtuellen Orbitalen berücksichtigen (*beschränkte* Konfigurationswechselwirkung, LCI[52]). Auf weitere Aspekte der Konfigurationswechselwirkung und andere Möglichkeiten zur Erfassung der Korrelationsenergie gehen wir in Abschnitt 4.3.5 ein.

---

[51]Allgemein gilt, dass Matrixelemente zwischen Konfigurationen, die sich um mehr als zwei Spinorbitale unterscheiden, verschwinden. Deshalb ist zum Beispiel auch $< \Psi^S, \mathbf{H}\Psi^Q >= 0$.

[52]*limited configuration interaction*

4.3   Atome und Moleküle

4.3.1   Atome

Im atomaren Fall, an dem wir das Modell der unabhängigen Teilchen und den Hartree-Fock-Formalismus in den vorangegangenen Abschnitten eingeführt haben, ist das effektive Potenzial, in dem sich jedes Elektron „unabhängig" von den übrigen bewegt, nur vom Abstand zum Kern abhängig (*Zentralfeld*). In diesem Fall lassen sich in der Hartree-Fock-Gleichung die Ortskoordinaten separieren (vgl. dazu Abschn. 1.5.2). Die Gleichung, die den Winkelanteil beschreibt, stimmt mit der für das Einelektronenatom überein und ist geschlossen lösbar. Man erhält die Kugelflächenfunktionen, so dass die resultierenden Orbitale als *s*-, *p*-, *d*-Orbitale usw. (mit den zugehörigen Entartungen bezüglich l: $m_l = -l, \ldots, l$) bezeichnet werden können. Die Lösung der radialen Hartree-Fock-Gleichung liefert den Radialanteil der Hartree-Fock-Orbitale. Obwohl diese Gleichung nur noch von *einer* Variablen (von r) abhängt, ist sie nicht geschlossen lösbar. Die Lösung kann nur iterativ erfolgen. Eine Möglichkeit besteht in der numerischen Integration; das liefert die Funktionswerte der Radialanteile punktweise. Im allgemeinen werden die Radialanteile jedoch näherungsweise als Linearkombination von speziellen, vorgegebenen Basisfunktionen angesetzt (linearer Variationsansatz, s. Abschn. 2.4.4). Dann geht die radiale Hartree-Fock-Gleichung in ein Säkulargleichungssystem über, dessen Lösung die Linearkombinationskoeffizienten liefert.[53] In jedem Falle erhält man für die zugehörigen Orbitalenergien die Abstufung (1.108). In diesem Sinne entsprechen also die Näherungsannahmen, die man dem Aufbauprinzip und damit dem Periodensystem der Elemente zugrundelegt, dem Modell der unabhängigen Teilchen.

Für viele qualitative, aber auch relative quantitative Aussagen über die atomaren Mehrelektronenzustände ist jedoch die Kenntnis der konkreten Gestalt der Radialanteile der Orbitale nicht erforderlich. Das haben wir bereits in Abschnitt 1.5.4 gesehen, als wir die verschiedenen Terme für atomare Elektronenkonfigurationen ermittelt haben. Die Atomterme ^{2S+1}L werden durch die Quantenzahlen L und S für die Betragsquadrate $\mathbf{L}^2$ und $\mathbf{S}^2$ von Gesamtbahndrehimpuls und Gesamtspin charakterisiert. Sie fassen jeweils $(2L+1)(2S+1)$ verschiedene Mehrelektronenzustände zusammen, die Eigenfunktionen von $\mathbf{L}^2$, $\mathbf{S}^2$, $\mathbf{M}_L$ und $\mathbf{M}_S$ sind. Jeder dieser Zustände wurde entweder durch eine einzelne Konfiguration vom Typ $(1^+, 2^-)$ oder durch eine feste Linearkombination weniger solcher Konfigurationen gebildet. Wir wissen jetzt, dass die „mathematische Darstellung" dieser Konfigurationen Determinanten sind. $(1^+, 2^-)$ ist also eine Slater-Determinante, bei der die beiden Elektronen die zwei durch $m_l = 1$, $m_s = +1/2$ und $m_l = 2, m_s = -1/2$ gekennzeichneten Spinorbitale besetzen.

In Abschnitt 1.5.4 (sowie in 3.3.6) blieb offen, warum alle zu einem Term gehörenden Zustände gleiche Energie haben, verschiedene Terme aber verschiedene Energie. Mit (4.46) lässt sich die Energie für eine Determinante (bzw. für eine Linearkombination aus mehreren) ermitteln. Das erfordert im wesentlichen die Berechnung der Coulomb- und Austauschintegrale (4.43) und (4.44). Die Abspaltung der Spinintegration ist simpel (s. Abschn. 4.2.6). Mit

---

[53] Dies entspricht dann dem im folgenden Abschnitt eingeführten Roothaan-Hall-Verfahren.

der (3.53) entsprechenden Entwicklung des reziproken Abstands $1/r_{ij}$ nach Kugelflächen-funktionen[54]

$$\frac{1}{r_{ij}} = \sum_{\lambda=0}^{\infty} \frac{4\pi}{2\lambda + 1} \frac{r_<^\lambda}{r_>^{\lambda+1}} \sum_{\mu=-\lambda}^{+\lambda} Y_\lambda^\mu(\vartheta_i, \varphi_i) \, Y_\lambda^{\mu*}(\vartheta_j, \varphi_j) \qquad (4.74)$$

lassen sich Radial- und Winkelintegration separieren. Jedes Integral (4.43) bzw. (4.44) zerfällt in eine Summe von Produkten, von denen jedes einzelne aus einem Radialintegral (bezüglich der Radialkoordinaten r_i und r_j beider Elektronen) und zwei Winkelintegralen (jeweils bezüglich der Winkelkoordinaten eines Elektrons) besteht. Die Winkelintegrale über Produkte von Kugelflächenfunktionen sind nur für wenige Indexkombinationen von Null verschieden (vgl. Abschn. 3.3.3), so dass von der wegen (4.74) formal unendlichen Summe nur wenige Terme relevant sind. Die Winkelintegrationen lassen sich problemlos ausführen. Dagegen werden die Radialintegrationen im allgemeinen nicht ausgeführt. Es ist zweckmäßig und für viele Problemstellungen ausreichend, sie als *Slater-Condon-Parameter* F^λ unbestimmt zu lassen:

$$F^\lambda = \left\langle R(i)R(i), \frac{r_<^\lambda}{r_>^{\lambda+1}} R(j)R(j) \right\rangle.$$

Auf diese Weise ergeben sich für die aus der Konfiguration p^2 resultierenden drei Terme (s. Abschn. 1.5.4) die Energien

$$\begin{aligned}
E(^1S) &= 2I_p + F^0 + \tfrac{2}{5}F^2, \\
E(^1D) &= 2I_p + F^0 + \tfrac{1}{25}F^2, \\
E(^3P) &= 2I_p + F^0 - \tfrac{1}{5}F^2.
\end{aligned}$$

Die unterschiedlichen Koeffizienten bei F^2 resultieren aus den Winkelintegrationen. Als Grundterm ergibt sich ^3P (Hundsche Regel).

Die Termenergien für die Konfigurationen d^n enthalten die Slater-Condon-Parameter F^0, F^2 und F^4. Durch

$$F_0 = F^0, \quad F_2 = \frac{1}{49}F^2, \quad F_4 = \frac{1}{144}F^4$$

geht man zu etwas modifizierten Parametern über, aus denen sich durch geeignete Differenzbildung

$$A = F_0 - 49F_4, \quad B = F_2 - 5F_4, \quad C = 35F_4$$

die *Racah-Parameter* A, B und C bilden lassen. Termenergien für d^n-Konfigurationen werden gewöhnlich in diesen Parametern ausgedrückt (Abschn. 3.3.6).[55]

Für die Berechnung der relativen Energie*differenzen* zwischen den einzelnen Termen ist also die konkrete Kenntnis des Radialanteils der Atomorbitale nicht erforderlich.

---

[54]$r_>$ und $r_<$ bezeichnen den größeren bzw. kleineren der beiden Abstände r_i und r_j vom Ursprung.

[55]Da alle Terme den Parameter A in additiver Form enthalten und man näherungsweise $C \approx 4B$ setzen kann, ist B der „wesentliche" Elektronenwechselwirkungsparameter (vgl. Abschn. 3.3.6).

4.3.2   Der Roothaan-Hall-Formalismus

Die Anwendung des Modells der unabhängigen Teilchen auf molekulare Systeme (mehr als *ein* „Zentrum") führt auf effektive Potenziale, die von *allen* Kernkoordinaten abhängen. Damit liegt kein Zentralfeld mehr vor. Das hat zur Folge, dass sich aus der Hartree-Fock-Gleichung kein Winkelanteil absepariert und lösen lässt. Die molekularen Einelektronen-zustände können somit *nicht* als s-, p-, d-Orbitale (usw.) klassifiziert werden.[56] Man muss deshalb für die Einelektronen-Zustandsfunktionen (die Molekülorbitale) bereits von vornherein gewisse Näherungsannahmen bezüglich ihrer analytischen Gestalt machen.[57] Die universellste und insgesamt erfolgreichste Möglichkeit ist der LCAO-MO-Ansatz; die zu bestimmenden MOs werden als Linearkombination von vorgegebenen AOs (*Basisfunktionen*) angesetzt. Anstelle der abstrakten Variation der Einelektronenfunktionen, wie wir sie in Abschnitt 4.2.3 vorgenommen haben, sind die Linearkombinationskoeffizienten zu bestimmen (linearer Variationsansatz, s. Abschn. 2.4.4). Das führt auf ein Säkularproblem. Im folgenden wollen wir uns auf den übersichtlichsten Fall, ein System mit abgeschlossenen Schalen ($N/2$ doppelt besetzte Ortsorbitale), konzentrieren. Mit dem Ansatz

$$\phi_n(i) = \sum_{\mu=1}^{M} c_{n\mu}\chi_\mu(i) \tag{4.75}$$

wird jedes molekulare Ortsorbital ϕ_n durch M atomare Ortsorbitale χ_μ ($\mu = 1,\ldots,M$) ausgedrückt.

Zunächst formen wir die Energie (4.69) demgemäß um. Dazu sind in den Integralen die MOs durch Entwicklungen (4.75) zu ersetzen. Das ergibt für J'_{kl}:

$$
\begin{aligned}
J'_{kl} &= \int\int \phi_k^*(i)\phi_l^*(j)\,\frac{e^2}{r_{ij}}\,\phi_k(i)\phi_l(j)\,\mathrm{d}\vec{r}_i\,\mathrm{d}\vec{r}_j \\
&= \sum_{\mu=1}^{M}\sum_{\rho=1}^{M}\sum_{\nu=1}^{M}\sum_{\sigma=1}^{M} c_{k\mu}^* c_{l\rho}^* c_{k\nu} c_{l\sigma} \int\int \chi_\mu^*(i)\chi_\rho^*(j)\,\frac{e^2}{r_{ij}}\,\chi_\nu(i)\chi_\sigma(j)\,\mathrm{d}\vec{r}_i\,\mathrm{d}\vec{r}_j.
\end{aligned}
$$

Für die Elektronenwechselwirkungsintegrale wird die Kurzschreibweise

$$(\mu\nu,\rho\sigma) = \int\int \chi_\mu^*(i)\chi_\nu(i)\,\frac{e^2}{r_{ij}}\,\chi_\rho^*(j)\chi_\sigma(j)\,\mathrm{d}\vec{r}_i\,\mathrm{d}\vec{r}_j \tag{4.76}$$

eingeführt. Analog entwickelt man K'_{kl} sowie I'_k. Durch Einsetzen in (4.69) resultiert

$$E = \sum_{\mu=1}^{M}\sum_{\nu=1}^{M} P_{\mu\nu}\left\{ h_{\mu\nu} + \frac{1}{2}\sum_{\rho=1}^{M}\sum_{\sigma=1}^{M} P_{\rho\sigma}\left[(\mu\nu,\rho\sigma) - \frac{1}{2}(\mu\sigma,\rho\nu) \right] \right\}. \tag{4.77}$$

---

[56]Sie sind keine Eigenfunktionen des Betragsquadrats und der Projektion des Bahndrehimpulses. Lediglich für lineare Systeme sind sie noch Eigenfunktionen der Drehimpulsprojektion und können durch $\sigma, \pi, \delta, \ldots$ bezeichnet werden (s. Abschn. 3.2.5 und die Charaktertafeln für $\mathsf{C}_{\infty v}$ und $\mathsf{D}_{\infty h}$).

[57]Die rein numerische Lösung der molekularen Hartree-Fock-Gleichung, die das nicht erfordern würde, ist bisher nur an wenigen speziellen Modellfällen versucht worden.

Dabei steht $h_{\mu\nu}$ für das Einelektronenintegral $\langle \chi_\mu(i), \mathbf{h}(i)\chi_\nu(i)\rangle$, und $P_{\mu\nu}$ (analog $P_{\rho\sigma}$) bedeutet

$$P_{\mu\nu} = 2 \sum_{n=1}^{N/2} c_{\mu n}^* c_{n\nu}. \tag{4.78}$$

Die $P_{\mu\nu}$ lassen sich als Elemente einer *Dichtematrix* auffassen.[58]

Die Variation der Energie (4.77) bezüglich der Linearkombinationskoeffizienten führt auf ein Säkulargleichungssystem

$$\sum_{\nu=1}^{M}(F_{\mu\nu} - \varepsilon_n S_{\mu\nu})c_{n\nu} = 0 \qquad (\mu, n = 1, \ldots, M) \tag{4.79}$$

mit

$$F_{\mu\nu} = h_{\mu\nu} + \sum_{\rho=1}^{M}\sum_{\sigma=1}^{M} P_{\rho\sigma}\left[(\mu\nu, \rho\sigma) - \frac{1}{2}(\mu\sigma, \rho\nu)\right]. \tag{4.80}$$

Die $F_{\mu\nu}$ sind die Matrixelemente der *Fock-Matrix*.[59] Die Gleichungen (4.79) werden als *Roothaan-Hall-Gleichungen* bezeichnet. Sie sind die Hartree-Fock-Gleichung für den Fall, dass die Einelektronenfunktionen als Linearkombinationen (4.75) angesetzt werden.[60]

Das Roothaan-Hall-Verfahren (zunächst in vereinfachten, „semiempirischen" Varianten, s. Abschn. 4.3.6) war bis zum „Durchbruch" der Dichtefunktionalmethoden (s. Abschn. 4.4) ohne Zweifel die wichtigste Methode zur Berechnung der elektronischen Eigenschaften molekularer Systeme. Die Lösung von (4.79) mit den Matrixelementen (4.80) liefert die Orbitalenergien ε_n ($n = 1, \ldots, M$) und die Koeffizienten $c_{n\mu}$ ($\mu = 1, \ldots, M$) für die MOs ϕ_n ($n = 1, \ldots, M$). Die $N/2$ MOs zu den niedrigsten Orbitalenergien sind (im Grundzustand) doppelt besetzt, aus ihnen wird die Determinante gebildet, die die niedrigste Energie (4.77) hat.[61] Damit hat man die im Rahmen des Eindeterminantenansatzes und bei Vorgabe der M Basisfunktionen χ_μ ($\mu = 1, \ldots, M$) beste Näherung für den Grundzustand gefunden.[62]

Die Energie (4.77) entspricht der *elektronischen* Energie im Sinne von Abschnitt 4.5.1. Addiert man die Kernabstoßungsenergie, so ergibt sich die Totalenergie. In Abhängigkeit von den Lagekoordinaten der Kerne stellt diese Energie die Potenzialfläche des Grundzustands dar. Durch Optimierung der Lagekoordinaten (Geometrieoptimierung, s. Abschn. 4.5.2) lässt sich die Kernanordnung mit der niedrigsten Totalenergie finden. Sie ist Näherung für die geometrische Struktur des molekularen Systems.

---

[58]Man vergleiche die Analogie von (4.78) zur Bindungsordnungsmatrix in Abschnitt 3.1.3.

[59]Konsequenterweise müsste man $f_{\mu\nu}$ schreiben, da es sich um Matrixelemente eines Einelektronenoperators handelt. Üblich ist aber $F_{\mu\nu}$ wegen der formalen Ähnlichkeit zu $S_{\mu\nu}$ in (4.79).

[60]Dabei ist auch der atomare Fall eingeschlossen. Dann sind die ϕ_n in (4.75) atomare Orbitale, die aus geeigneten Basisfunktionen linearkombiniert werden.

[61]Die $M - N/2$ virtuellen MOs können bei Elektronenanregung besetzt werden.

[62]Die bei der Lösung von (4.79) resultierenden Orbitale sind kanonische (delokalisierte) MOs. Man kann – wenn dies beabsichtigt ist (vgl. Abschn. 3.2.6) – durch eine geeignete Transformation (Linearkombination) der besetzten MOs zu lokalisierten MOs übergehen, ohne dass dabei die Gesamtenergie (4.77) verändert wird.

4.3.3   Zur Lösung der Roothaan-Hall-Gleichungen

Die Lösung der Roothaan-Hall-Gleichungen erfolgt iterativ. Zunächst sind die Integrale (4.76) mit den vorgegebenen Basisfunktionen (für eine feste Kernanordnung) zu lösen. Dann hat man sich einen Satz von Linearkombinationskoeffizienten vorzugeben,[63] damit die $P_{\mu\nu}$ und $P_{\rho\sigma}$ gemäß (4.78) für die Matrixelemente (4.80) zu bilden und das Gleichungssystem (4.79) zu lösen. Mit dem daraus resultierenden Satz von Koeffizienten wiederholt man das ganze. Eine selbstkonsistente Lösung hat man gefunden, wenn sich die Koeffizienten bei dieser Prozedur nicht mehr verändern.

Die auftretenden Integrale lassen sich in verschiedene Typen einteilen. Zunächst hat man die *Überlappungsintegrale* $\langle \chi_a, \chi_b \rangle$. $h_{\mu\nu}$ enthält *Integrale der kinetischen Energie* $\langle \chi_a, \mathbf{T}\chi_b \rangle$ und *Kernanziehungsintegrale* $\langle \chi_a, (e^2/r_c)\chi_b \rangle$. Die bisher genannten Integrale sind *Einelektronenintegrale*, integriert wird über die Koordinaten *eines* Elektrons. Die *Elektronenwechselwirkungsintegrale* $\langle \chi_a\chi_b, (e^2/r_{ij})\chi_c\chi_d \rangle$ sind *Zweielektronenintegrale*, integriert wird über die Koordinaten *zweier* Elektronen. Außer der eben vorgenommenen Einteilung kann man die Integrale nach der Anzahl der Atome („Zentren"), von denen Funktionen im Integranden stehen, unterscheiden. Je nachdem, zu wievielen Atomen die Basisfunktionen $\chi_a, \chi_b, \chi_c, \chi_d$ bzw. der Operator e^2/r_c gehören, liegen *Ein-, Zwei-, Drei-* oder *Vierzentrenintegrale* vor. Einzentrenintegrale werden oft als *atomare*, Mehrzentrenintegrale als *molekulare* Integrale bezeichnet. Die Kompliziertheit der Berechnungsalgorithmen steigt im Prinzip mit der Anzahl der Zentren.

Die Anzahl der zu berechnenden Integrale steigt mit der Anzahl M der Basisfunktionen. Die Anzahl der Einelektronenintegrale ist vergleichsweise gering, sie ist von der Größenordnung M^2; die Anzahl der Zweielektronenintegrale dagegen steigt mit M^4 und nimmt mit wachsendem M bereits bei „mittelgroßen" Molekülen sehr große Werte an. Das wirft bei der praktischen Anwendung des Roothaan-Hall-Verfahrens zwei Probleme auf: die möglichst schnelle Berechnung der Elektronenwechselwirkungsintegrale und ihre möglichst effektive Abspeicherung während des Iterationsverfahrens. Man hat prinzipiell zwei Möglichkeiten: einmal die Berechnung und Abspeicherung der Integrale vor Beginn der Iteration und ihr Einlesen in jedem Iterationsschritt („normales" SCF-Verfahren; dies erfordert geringere Rechenzeiten, aber großen Speicherbedarf), zum anderen die Neuberechnung der Integrale in jedem Iterationsschritt (*direktes* SCF-Verfahren; dabei hat man geringeren Speicherbedarf, aber große Rechenzeiten). Da aber selbst das bloße wiederholte Abspeichern und Einlesen sehr großer Datenmengen (wie der einmal berechneten Integrale) zeitaufwendig wird, bieten moderne Programmsysteme „Kompromissvarianten" an, bei denen ein Teil der Integrale abgespeichert, der Rest dagegen stets neu berechnet wird.[64] In jedem Falle kommt man bei der Berechnung größerer Moleküle oder der genaueren Berechnung kleinerer Moleküle schnell an die Grenzen (Rechenzeitfonds, Speicherverfügbarkeit) des jeweils zur Verfügung stehenden Rechners.

Von grundlegender Bedeutung für die praktische Anwendung des Verfahrens ist die schnelle Berechnung der Elektronenwechselwirkungsintegrale. Das erfordert die Auswahl einer ge-

---

[63]Man entnimmt sie im allgemeinen einer zuvor durchgeführten semiempirischen (etwa einer EHT-) Rechnung.

[64]Das Verhältnis wird der konkreten Situation angepasst (zu berechnendes System, Verfügbarkeit an Rechenzeit und Speicherplatz).

eigneten analytischen Gestalt der Basisfunktionen. *Slater-Funktionen* (*STOs*, vgl. (3.38))

$$\chi = N \, r^{n-1} \, e^{-\zeta r} \, S_l^m(\vartheta, \varphi) \tag{4.81}$$

stimmen in ihrem Kurvenverlauf sehr gut mit den für die wasserstoffähnlichen Atome exakten Funktionen überein, fallen insbesondere wie diese mit wachsendem Abstand r vom Kern exponentiell ab (vgl. Bild 3.18). Die *Slater-Exponenten* ζ werden üblicherweise durch Rechnungen am freien Atom festgelegt.[65] Eine einzelne Slater-Funktion hat keinen Knoten, d.h. keine Nullstelle zwischen 0 und ∞ (sie ist dort überall positiv). Damit sind einzelne Slater-Funktionen (für unterschiedliches n bei gleichem l und m) nicht orthogonal zueinander, und sie können die für unterschiedliches l unterschiedlichen Abschirmwirkungen auf die Kernladung (s. Abschn. 1.5.2) nicht erfassen. Dazu sind (im allgemeinen) Linearkombinationen mehrerer Slater-Funktionen erforderlich.

Eine Alternative zu (4.81) sind *Gauß-Funktionen* (*GTOs*[66]), etwa *kartesische* Gauß-Funktionen[67]

$$\chi = N \, x^u \, y^v \, z^w \, e^{-\alpha r^2}. \tag{4.82}$$

Der wesentliche Unterschied zu (4.81) besteht in der unterschiedlichen Radialabhängigkeit. Slater-Funktionen enthalten den „richtigen" Exponentialfaktor $e^{-\zeta r}$, Gauß-Funktionen dagegen $e^{-\alpha r^2}$ (α heißt *Gauß-Exponent*). Sie fallen also mit wachsendem r wesentlich schneller auf Null ab und haben auch in Kernnähe (für sehr kleine r) ein „falsches" Verhalten (Bild 4.3). Um diese Mängel auszugleichen, muss man als Entsprechung zu einer Slater-Funktion eine Linearkombination mehrerer Gauß-Funktionen verwenden.

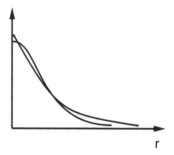

Bild 4.3
Vergleich einer Slaterschen $1s$-Funktion (die mit der Wasserstoff-$1s$-Funktion übereinstimmt,) mit der entsprechenden Gauß-Funktion.

---

[65]Etwa durch Anpassung des Kurvenverlaufs (4.81) (bzw. einer Linearkombination mehrerer Funktionen vom Typ (4.81)) an numerisch berechnete (d.h. punktweise vorliegende) Hartree-Fock-Funktionen oder durch Minimierung der mit Funktionen vom Typ (4.81) berechneten atomaren Gesamtenergie. Prinzipiell kann man die Exponenten der Basisfunktionen (neben den Linearkombinationskoeffizienten der MOs (4.75)) auch als Variationsparameter der molekularen Hartree-Fock-Rechnung auffassen. Solche *nichtlineare* Variationsrechnungen lassen sich jedoch nicht routinemäßig ausführen.

[66]*Gauss-type orbitals*

[67]Die Exponenten sind nichtnegative ganze Zahlen. (4.82) entspricht für $u = v = w = 0$ einer s-Funktion und für $u + v + w = 1$ einer p-Funktion (etwa p_x für $u = 1, v = w = 0$). Aus den sechs Funktionen mit $u + v + w = 2$, die die binären Produkte der kartesischen Koordinaten ($x^2, y^2, z^2, xy, xz, yz$) enthalten, können durch Linearkombination fünf Funktionen gebildet werden, die die Symmetrie der d-Orbitale haben (dabei entsteht eine sechste Funktion von s-Symmetrie).

Der generellen Bevorzugung der Slater-Funktionen stehen Probleme bei der Integralberechnung entgegen. Zwar existieren für die Ein- und Zweizentrenintegrale[68] über Slater-Funktionen effektive Algorithmen, aber die Mehrzentrenintegrale sind so kompliziert, dass eine routinemäßige Berechnung unmöglich ist. Der Einsatz von Slater-Funktionen erfolgt deshalb praktisch nur in *semiempirischen* quantenchemischen Verfahren (s. Abschn. 3.2.2 und 4.3.6), bei denen man sich auf die leicht berechenbaren Integrale beschränkt und die übrigen vernachlässigt bzw. durch einfache Näherungsformeln abschätzt. *Ab-initio-*Verfahren, die *alle* im Roothaan-Hall-Formalismus auftretenden Integrale einbeziehen, arbeiten praktisch ausschließlich mit Gauß-Funktionen. Gauß-Funktionen haben den entscheidenden Vorteil, dass das Produkt zweier Funktionen, die zu verschiedenen Zentren gehören („an verschiedenen Atomen lokalisiert sind") eine *einzelne* Gauß-Funktion ergibt, deren Zentrum auf einem bestimmten Punkt der Verbindungslinie liegt. Damit sind Mehrzentrenintegrale über Gauß-Funktionen nicht prinzipiell komplizierter als Einzentrenintegrale. Zu ihrer Berechnung gibt es sehr effektive Algorithmen. Obwohl man also bei Verwendung von Gauß-Funktionen eine wesentlich größere Anzahl von Integralen zu berechnen hat (da anstelle einer Slater-Funktion mehrere Gauß-Funktionen verwendet werden müssen), ist die Integralberechnung insgesamt effektiver, und nur durch den Einsatz von Gauß-Funktionen konnten die ab-initio-Verfahren zu praktischer Bedeutung gelangen.

Ab-initio-SCF-Berechnungen des elektronischen Grundzustands sind – zumindest für den Fall abgeschlossener Schalen – selbst für relativ große molekulare Systeme inzwischen zur Routine geworden. Leistungsfähige Programmpakete sind kommerziell erhältlich. Die „Genauigkeit" der Rechnungen – innerhalb des Roothaan-Hall-Formalismus – hängt von der Qualität des Basissatzes aus Gauß-Funktionen ab. Im Sinne des Variationsprinzips gilt: je mehr Basisfunktionen (d.h. je größer M in (4.75)), „desto besser", d.h. um so niedriger ist die berechnete Grundzustandsenergie. Dies hat jedoch nur dann Bedeutung, wenn man zu einem vorgegebenen Basissatz weitere Funktionen hinzufügt. Ein kleiner Satz sorgfältig ausgewählter Basisfunktionen kann aber eine wesentlich niedrigere Gesamtenergie liefern als ein großer Satz ungeeigneter Funktionen. Deshalb hat man „problemangepasste" Basissätze zu verwenden.

Ein Basissatz ist generell um so besser, je niedriger die berechnete Grundzustandsenergie ist. Lässt sich die Energie durch Hinzufügen weiterer Basisfunktionen nicht weiter erniedrigen, dann hat man die unterste Schranke aller im Roothaan-Hall-Formalismus berechenbaren Energien gefunden. Diese „beste" Näherung für die Grundzustandsenergie wird als *Hartree-Fock-Limit* bezeichnet und entspricht E^{HF} in Abschnitt 4.2.8.[69]

Die Basisfunktionen in (4.75) können ihrerseits Linearkombinationen von Gauß-Funktionen des Typs (4.82) sein (mit festen, vor Beginn der Roothaan-Hall-Rechnung festgelegten Linearkombinationskoeffizienten), sie heißen dann *kontrahierte* Gauß-Funktionen. Die individuellen Funktionen werden als *primitive* Gauß-Funktionen bezeichnet. Die Anzahl der primitiven Funktionen bestimmt die Anzahl der zu berechnenden Integrale, die Anzahl der kontrahierten bestimmt die Anzahl der zu variierenden Linearkombinationskoeffizienten in (4.75), d.h. die Ordnung des Säkularproblems.

---

[68]Mit Ausnahme der Zweizentren-Austauschintegrale.
[69]Bei der praktischen Berechnung von Molekülen erreicht man dieses Limit – außer für sehr kleine Systeme – nicht.

Es gibt eine Reihe von Standard-Basissätzen, deren Aufbau aus kontrahierten und primitiven Gauß-Funktionen kurz erläutert werden soll.[70] Ein *minimaler* Basissatz enthält *eine* kontrahierte Gauß-Funktion für jedes im freien Atom besetzte Atomorbital sowie jedes unbesetzte Valenzorbital. Das bedeutet etwa für H eine $1s$-Funktion, für C eine $1s$-, eine $2s$- und drei $2p$-Funktionen und für Fe je eine $1s$-, $2s$-, $3s$- und $4s$-Funktion, je drei $2p$-, $3p$- und $4p$-Funktionen sowie fünf $3d$-Funktionen (die im Grundzustand unbesetzten $4p$-Orbitale werden also eingeschlossen). Der üblichste minimale Basissatz ist der STO-3G-Basissatz. STO-3G bedeutet, dass die ein betreffendes Atomorbital beschreibende Slater-Funktion durch eine kontrahierte Gauß-Funktion ersetzt wird, die aus drei primitiven Gauß-Funktionen zusammengesetzt ist.[71] Minimale Basissätze sind sehr unflexibel. Sie haben eine Reihe von Nachteilen. Ihre Anwendung beschränkt sich deshalb zumeist auf „Voruntersuchungen".

Erweiterte Basissätze enthalten für die einzelnen Atomorbitale *mehrere* Basisfunktionen (das können kontrahierte, aber auch einzelne primitive Gauß-Funktionen sein). Sind jeweils zwei Basisfunktionen pro AO vorhanden, hat man einen Basissatz von *double-zeta*-Qualität. Das bedeutet für H zwei $1s$-Basisfunktionen, für C zwei $1s$-, zwei $2s$- und zwei Gruppen von je drei $2p$-Funktionen (usw.).[72] Erweiterte Basissätze haben eine wesentlich größere Flexibilität (die Anzahl der zu variierenden Linearkombinationskoeffizienten ist größer), man kann deutlich bessere Resultate erwarten. Ein weitverbreiteter Typ von Basissätzen sind *valence-split*-Basissätze, bei denen die inneren Orbitale mit single-zeta-Qualität, die Valenzorbitale mit double-zeta-Qualität einbezogen werden. Auf diese Weise bleibt der Rechenaufwand relativ gering, für die Valenzorbitale – wo dies am wichtigsten ist – wird aber eine größere Flexibilität gewährleistet. Standardvarianten sind 3-21G- sowie 6-31G-Basissätze. Etwa 3-21G bedeutet, dass die inneren Orbitale durch drei primitive Gauß-Funktionen, kontrahiert zu einer, beschrieben werden, die Valenzorbitale ebenfalls durch drei primitive Funktionen, von denen aber nur zwei kontrahiert sind und eine separat bleibt. Die kontrahierte Funktion soll im wesentlichen den inneren, die einzelne den äußeren „Bereich" des Valenzorbitals erfassen. Deshalb hat die letztere einen relativ kleinen Gauß-Exponenten (wodurch sie langsamer abfällt). Abhängig von der jeweiligen molekularen Umgebung wird das Verhältnis unterschiedlich sein, mit dem die beiden Valenzbasisfunktionen in die MOs eingehen (entsprechend den aus der Roothaan-Hall-Rechnung resultierenden MO-Koeffizienten). In gewissem Sinne kommt es also durch die molekulare Umgebung zu einer für jedes Molekül individuellen „Optimierung" der eingesetzten atomaren Valenzbasisfunktionen.

Die bisher beschriebenen Basissätze gehen davon aus, dass die im freien Atom vorhandene Isotropie der Ladungsverteilung um den Kern im Molekül nicht wesentlich verändert wird. Der tatsächlich vorhandenen Anisotropie dieser Verteilung im Molekül kann man durch *Polarisationsfunktionen* Rechnung tragen. Das sind zusätzliche Basisfunktionen mit höheren Nebenquantenzahlen. Für Hauptgruppenelemente verwendet man einen Satz von d-Funktionen mit einem „optimalen" Gauß-Exponenten. Beim Auftreten stark polarer Bindungen sind solche Polarisationsfunktionen unbedingt erforderlich. Ihre Einbeziehung in

---

[70]In der Literatur sind für jeden betrachteten Basissatz eines Atoms die Gauß-Exponenten für alle primitiven Funktionen des Basissatzes angegeben sowie die Kontraktionskoeffizienten, mit denen gegebenenfalls mehrere primitive Funktionen zu einer kontrahierten Funktion linearkombiniert wurden.

[71]Die Festlegung der drei Kontraktionskoeffizienten und der drei Gauß-Exponenten erfolgte durch Minimierung der quadratischen Abweichung zwischen Slater-Funktion und kontrahierter Gauß-Funktion.

[72]In diesem Sinne sind minimale Basissätze von *single-zeta*-Qualität.

einen valence-split-Basissatz wird wie folgt angezeigt: (etwa) 6-31G*. Für H haben Polarisationsfunktionen p-Charakter. Sie werden insbesondere für H-Brücken-Systeme benötigt. Wird mit solchen Polarisationsfunktionen an Haupt- *und* H-Atomen gearbeitet, charakterisiert man den Basissatz durch (etwa) 6-31G**. Moderne hochflexible Basissätze können mehrere Sätze von Polarisationsfunktionen enthalten, dabei auch mit größeren Nebenquantenzahlen (f für Hauptatome, d für H-Atome usw.).

Bei der Berechnung anionischer Systeme reichen die bisher charakterisierten Basissätze nicht aus. Man hat *diffuse* Funktionen hinzuzufügen, bei Hauptgruppenelementen einen Satz aus einer s-Funktion und drei p-Funktionen mit sehr kleinen Exponenten. Diese Funktionen haben merkliche Funktionswerte bei großen Abständen vom Kern. Sie tragen dem Umstand Rechnung, dass bei Anionen die Aufenthaltswahrscheinlichkeit der Elektronen bei größerem Abstand vom Kern relativ hoch ist. Man charakterisiert die Einbeziehung von diffusen Funktionen durch (etwa) 6-31+G.

4.3.4   Effektive Rumpfpotenziale

Die Berücksichtigung *aller* Elektronen (*Allelektronenrechnungen*) führt bei Einbeziehung von Elementen höherer Perioden schnell zu unrealistisch großen Rechenzeit- und Speicheranforderungen. Eine Beschränkung auf das Valenzelektronensystem ist deshalb sinnvoll (vgl. Abschn. 3.2.1). Dabei soll aber das „ab-initio-Niveau" beibehalten werden.[73] Der Rumpf wird deshalb durch ein geeignet justiertes Potenzial V^{ps} (*Pseudopotenzial, effektives Rumpfpotenzial, ECP*[74]) „ersetzt", das als *Eine*lektronenanteil in den Hamilton-Operator eingeht und die Aufgabe hat, sowohl die Wechselwirkung der Rumpfelektronen untereinander als auch ihre Wechselwirkung mit den Valenzelektronen näherungsweise zu erfassen.

Die Justierung des Rumpfpotenzials für ein betrachtetes Atom erfolgt im wesentlichen auf folgende Weise: Die „exakten" Hartree-Fock-Atomorbitale ϕ aus einer Allelektronenrechnung seien bekannt; ϕ_l^v bezeichne die Menge der Valenzorbitale ($l = 0, \ldots, L$; wobei L im allgemeinen um 1 größer gewählt wird als das maximale l der Rumpforbitale).[75] Die exakten Valenzorbitale ϕ_l^v werden durch möglichst „glatte", knotenfreie Pseudovalenzorbitale ϕ_l^{ps} angenähert. Man bestimmt die ϕ_l^{ps} durch numerische Anpassung an die ϕ_l^v im Valenzbereich (d.h. außerhalb eines vorzugebenden „Rumpfradius").[76] Numerische Rumpfpotenziale U_l werden nun für jedes l so bestimmt, dass sich mit dem Pseudovalenzorbital ϕ_l^{ps} die gleiche Orbitalenergie ε_l ergibt wie aus der Allelektronenrechnung für ϕ_l^v. Für das gesamte Rumpfpotenzial $V^{ps}(r)$ schreibt man dann üblicherweise

$$V^{ps}(r) = U_L(r) + \sum_{l=0}^{L-1} \left[U_l(r) - U_L(r) \right] \mathbf{P}_l. \tag{4.83}$$

Dabei bedeutet $\mathbf{P}_l$ einen Projektionsoperator, der dafür sorgt, dass das „Differenzpotenzial"

---

[73] Hier liegt der Unterschied zu den semiempirischen Valenzelektronenmethoden (Abschn. 4.3.6).

[74] *effective core potential*

[75] l bezeichnet die Nebenquantenzahl (nicht etwa einen bloßen Zählindex).

[76] Im Rumpfbereich weichen die ϕ_l^{ps} (insbesondere wegen der fehlenden Knoten) deutlich von den ϕ_l^v ab.

$[U_l(r) - U_L(r)]$ nur auf das Pseudovalenzorbital ϕ_l^{ps} (und nicht auf die Orbitale $\phi_{l'}^{ps}$, $l' \neq l$) wirkt.[77]

Rumpfpotenziale, die in der angegebenen Weise gewonnen wurden, werden als „orbital-justiert" bezeichnet. Sie sind *ab-initio-Rumpfpotenziale* im Sinne des Modells der unabhängigen Teilchen. Geht man nicht von der „üblichen" nichtrelativistischen Schrödinger-Gleichung aus, sondern führt relativistische Atomrechnungen durch (Einschluss der Spin-Bahn-Kopplung), so ergeben sich bei der Justierung *relativistische* Rumpfpotenziale.[78]

Bei der Roothaan-Hall-Berechnung von Molekülen sind die Rumpfpotenziale der einzelnen Atome in den Hamilton-Operator einzusetzen, die Pseudovalenzorbitale sind die Basisfunktionen für diese Atome. Es ist deshalb zweckmäßig, nicht nur die Pseudovalenzorbitale, sondern auch die Rumpfpotenziale selbst als Linearkombination von Gauß-Funktionen darzustellen. Jeder Summenterm des zunächst numerischen Pseudopotenzials (4.83) wird deshalb durch einen analytischen Ausdruck der Form

$$\sum_k c_k \, r^{n_k} \, e^{-\zeta_k r^2} \tag{4.84}$$

angenähert. Auf diese Weise sind die molekularen Integrale, die das Rumpfpotenzial enthalten, leicht lösbar. Die Rumpfpotenzialparameter c_k, n_k und ζ_k (für jeden l-Term in (4.83)) sind für fast alle Elemente des Periodensystems in der Literatur angegeben.[79]

Bei Molekülen, die Atome von Elementen höherer Perioden enthalten, wird durch den Einsatz von Rumpfpotenzialen der Rechenaufwand stark reduziert. Die Ordnung des Säkularproblems sinkt, da nur die Valenzbasisfunktionen in die Variationsprozedur eingehen. Die Anzahl der Elektronenwechselwirkungsintegrale wird drastisch verringert, einmal wegen der geringeren Anzahl von Basisfunktionen, zum anderen aber „zusätzlich" dadurch, dass man die knotenfreien Pseudovalenzorbitale bereits durch eine geringe Anzahl von primitiven Gauß-Funktionen gut beschreiben kann (im Unterschied zu den „exakten" Valenzorbitalen, die in Kernnähe Knoten haben).

Man hat abzuwägen, ob es ausreicht, tatsächlich nur die Valenzelektronen explizit zu berücksichtigen und *alle* anderen zum Rumpf zu zählen. Bessere Resultate wird man erwarten können, wenn die „äußeren" Rumpforbitale in die Variationsprozedur einbezogen werden und nur ein kleinerer Rumpf „eingefroren" wird. Das bedeutet etwa für Fe die Verwendung eines Ne-Rumpfes (anstelle des Ar-Rumpfes) und die explizite Einbeziehung der $3s$- und $3p$-Elektronen in den LCAO-MO-Ansatz. Man hat auf diese Weise keinen völlig „eingefrorenen" Rumpf, sondern kann „Rumpfpolarisationseffekte" erfassen. Insbesondere für die direkte Wechselwirkung zwischen solchen Atomen ist dies von Bedeutung.

---

[77]Da (4.83) nicht nur von r abhängt, sondern Projektionsoperatoren enthält, die bewirken, dass Teile des Potenzials nur auf bestimmte Funktionen wirken, wird (4.83) als *semilokales* Potenzial bezeichnet.

[78]Justierungen sind auch bezüglich experimenteller Größen möglich, etwa bezüglich ausgewählter Anregungsenergien. Solche *empirischen* Potenziale sind dann aber auf bestimmte Anwendungsfälle beschränkt.

[79]Es gibt eine Vielzahl von publizierten Rumpfpotenzialen. Sie unterscheiden sich durch die Art der Angleichung der Pseudovalenzorbitale an die „exakten" Valenzorbitale, durch von (4.83) abweichende Potenzialansätze, durch die Spezifizierung der Gauß-Entwicklung (4.84) sowie durch weitere Modifikationen.

Bei der praktischen Molekülberechnung „lohnt" der Einsatz von Rumpfpotenzialen für die Elemente der zweiten Periode nicht,[80] selbst für Hauptgruppenelemente der dritten Periode werden sie kaum eingesetzt. Bei Übergangsmetallen der ersten Übergangsmetallreihe werden sowohl Allelektronen- als auch Rumpfpotenzialrechnungen durchgeführt. Für die Elemente der höheren Perioden ist der Einsatz von Rumpfpotenzialen mehr oder weniger zwingend. Dies bezieht sich einmal auf den Rechenaufwand, zum anderen aber auch darauf, dass zumindest ein Teil der für diese Elemente nötigen relativistischen Korrekturen über relativistische Rumpfpotenziale „zwanglos" in die Molekülberechnung eingeht.[81]

4.3.5 Berücksichtigung der Korrelationsenergie

Mit Hartree-Fock-Rechnungen können die elektronischen und strukturellen Eigenschaften vieler stabiler Moleküle im Grundzustand recht gut beschrieben werden. Oft jedoch reicht das Modell der unabhängigen Teilchen nicht aus, und der Einfluss der Elektronenkorrelation ist wesentlich. Zwar beträgt die Erniedrigung der Hartree-Fock-Energie durch die Korrelationsenergie nur wenige Prozent, aber beim energetischen Vergleich verschiedener Spezies (etwa zwischen Edukten und Produkten einer chemischen Reaktion) sind oft gerade Energieunterschiede in der Größenordnung der Korrelationsenergie entscheidend.[82]

Die „geradlinigste" Methode zur Berücksichtigung der Korrelationsenergie ist die Konfigurationswechselwirkung, also die Linearkombination von Slater-Determinanten, die verschieden substituiert sind (s. Abschn. 4.1.5 und 4.2.8). Der Ansatz (4.73) entspricht einer „vollen" Konfigurationswechselwirkung (full CI). Die Verbesserung des Hartree-Fock-Grundzustands eines Systems mit abgeschlossenen Schalen erfolgt im wesentlichen durch Zumischung zweifach substituierter Konfigurationen (CID[83]). Die einfach substituierten Konfigurationen, die zwar einen relativ geringen Einfluss auf den Grundzustand haben (s. Abschn. 4.2.8) werden aber im allgemeinen mit einbezogen, da ihre Anzahl (im Verhältnis zur Anzahl der zweifach substituierten) verhältnismäßig gering ist (CISD[84]).

Bei Anwendung auf reale Systeme muss die Anzahl der einfach und zweifach substituierten Konfigurationen, die in die Konfigurationswechselwirkung einbezogen werden, im allgemeinen drastisch reduziert werden. Dies geschieht dadurch, dass man nicht *aus allen* besetzten Orbitalen und nicht *in alle* virtuellen Orbitale substituiert. Ein Teil der Orbitale wird „eingefroren" (beschränkte Konfigurationswechselwirkung, vgl. Abschn. 4.2.8). Wünschenswert wäre, nur die besetzten MOs, die den Rumpforbitalen der Atome entsprechen, einzufrieren; sie haben für die Konfigurationswechselwirkung molekularer Grundzustände nur geringe Bedeutung. Meist müssen jedoch sehr viel mehr besetzte bzw. virtuelle MOs eingefroren werden. Die Minimalvariante ist, nur HOMO ϕ_1 und LUMO ϕ_2 eines Systems mit abgeschlossenen Schalen zu berücksichtigen. ϕ_1 und ϕ_2 sind dann Ortsorbitale, die mit je zwei Elektronen besetzt werden können. Das führt neben der unsubstituierten Konfiguration (ϕ_1^+, ϕ_1^-) zu vier einfach substituierten Konfigurationen (ϕ_1^+, ϕ_2^+), (ϕ_1^+, ϕ_2^-), (ϕ_1^-, ϕ_2^+),

---

[80]Der Rumpf besteht nur aus den beiden 1s-Elektronen; die Berechnung der Pseudopotenzialintegrale ist von ähnlichem Aufwand wie die der (wenigen) zusätzlichen Elektronenwechselwirkungsintegrale.
[81]Relativistische Allelektronenrechnungen dagegen erfordern andere, aufwendigere Algorithmen.
[82]Erst *mit* Einschluss der Korrelationsenergie ist ein F_2-Molekül stabiler als zwei F-Atome.
[83]*configuration interaction with doubles*
[84]*configuration interaction with singles and doubles*

(ϕ_1^-, ϕ_2^-) und zu einer zweifach substituierten Konfiguration (ϕ_2^+, ϕ_2^-). Jede Konfiguration entspricht einer Slater-Determinante. Die Konfigurationswechselwirkung führt auf einen Triplett- und drei Singulettzustände. Der Triplettzustand wird durch die Konfigurationen (ϕ_1^+, ϕ_2^+), (ϕ_1^-, ϕ_2^-) sowie die Linearkombination $(1/\sqrt{2})[(\phi_1^+, \phi_2^-) - (\phi_1^-, \phi_2^+)]$ gebildet. Die Konfigurationen (ϕ_1^+, ϕ_1^-), (ϕ_2^+, ϕ_2^-) und die Kombination $(1/\sqrt{2})[(\phi_1^+, \phi_2^-) + (\phi_1^-, \phi_2^+)]$ mischen zu drei Singulettzuständen, deren energetisch niedrigster (mit der führenden Konfiguration (ϕ_1^+, ϕ_1^-)) der „verbesserte" Grundzustand ist. Die Energieabsenkung gegenüber der unsubstituierten Konfiguration ist die im Rahmen dieser 3×3-CI ermittelte Korrelationsenergie.[85]

Eine für die praktische Anwendung sehr wichtige Alternative zur Konfigurationswechselwirkung ist die störungstheoretische Abschätzung der Korrelationsenergie (*Møller-Plesset-Störungstheorie*). Die exakte Grundzustandsenergie E_0 wird in eine Reihe entwickelt (vgl. Abschn. 2.3.2):

$$E_0 = E^{(0)} + \lambda E^{(1)} + \lambda^2 E^{(2)} + \lambda^3 E^{(3)} + \dots, \tag{4.85}$$

so dass $E^{(0)} + E^{(1)}$ der SCF-Energie aus dem Hartree-Fock-Formalismus entspricht. Die höheren Terme der Entwicklung (4.85) sind damit Korrelationsenergiebeiträge. Für $E^{(2)}$ liefert die Störungstheorie den Ausdruck

$$E^{(2)} = -\sum_a^{bes} \sum_{\substack{b \\ b>a}}^{bes} \sum_r^{virt} \sum_{\substack{s \\ s>r}}^{virt} \frac{\left| \left\langle \psi_a(i)\psi_b(j), \frac{e^2}{r_{ij}} \left[\psi_r(i)\psi_s(j) - \psi_s(i)\psi_r(j) \right] \right\rangle \right|^2}{\varepsilon_r + \varepsilon_s - \varepsilon_a - \varepsilon_b}, \tag{4.86}$$

wobei die Summationen über alle besetzten bzw. virtuellen Spinorbitale auszuführen sind und das Skalarprodukt Integration über die Orts- und Spinkoordinaten von i-tem und j-tem Elektron bedeutet.[86] (4.86) ist ein vergleichsweise einfacher Ausdruck zur Abschätzung der Korrelationsenergie. Die Störungstheorie bis zur zweiten Ordnung wird als *MP2*[87] bezeichnet, sie ist eine Standardmethode in den gegenwärtig verfügbaren Programmsystemen.[88]

Bei der bisherigen Betrachtung sind wir davon ausgegangen, dass jeweils *eine* Konfiguration führend ist und andere Konfigurationen „nur zumischen". Das ist sicher für den Grundzustand eines stabilen Moleküls mit abgeschlossenen Schalen eine treffende Annahme. In anderen Fällen kann diese Annahme jedoch völlig untauglich sein. Dann muss für den betrachteten Zustand eine Linearkombination zweier (oder mehrerer) etwa „gleichwertiger" Konfigurationen (Determinanten) angesetzt werden. Man geht von einem *Eindeterminantenansatz* zu einem *Mehrdeterminantenansatz* über. Dies trifft etwa für die Untersuchung der Dissoziation chemisch gebundener Atome zu. So ist in der Nähe des Gleichgewichtsabstands bei H_2 im Grundzustand *eine* Konfiguration führend (beide Elektronen im bindenden MO), für sehr große Abstände dagegen ist der Grundzustand eine Überlagerung *zweier* Konfigurationen. Nur so kann die Dissoziation in zwei H-Atome (jedes Elektron in einem Atomorbital) erfasst werden (vgl. dazu auch Abschn. 4.2.7). Ein anderer Fall tritt

---

[85]Triplettzustand und nächstniedriger Singulettzustand sind Näherungen für die niedrigste Triplett- bzw. Singulettanregung.

[86]Auch hierbei muss man in der Praxis einen Teil der Orbitale einfrieren, d.h. unberücksichtigt lassen.

[87]*Møller- Plesset perturbation theory of order 2*

[88]Die Störungstheorie höherer Ordnung (*MP3, MP4*) ist wesentlich aufwendiger.

längs der Reaktionskoordinate einer chemischen Reaktion auf. In einem bestimmten Punkt der Potenzialfläche schneiden sich die (im allgemeinen jeweils durch eine einzelne Konfiguration charakterisierten) Energieniveaus von Ausgangs- und Endprodukt. In der Nähe des Schnittpunkts liegt „Fast-Entartung" beider Zustände vor, d.h., das Gesamtsystem kann beim Durchlaufen des Sattelpunkts (vermiedene Kreuzung, vgl. Abschn. 3.2.10) nur durch eine Zustandsfunktion beschrieben werden, die Überlagerung zweier Konfigurationen ist. Ein Mehrdeterminantenansatz ist auch für die atomaren Grundzustände von Ni, Pd und Pt erforderlich (vgl. Abschn. 1.5.3).

Die Überlagerung mehrerer führender Konfigurationen ist nicht eigentlich eine Konfigurationswechselwirkung im bisher beschriebenen Sinne. Sie ist eher eine Erweiterung der SCF-Theorie von einer auf mehrere Determinanten. Man bezeichnet dies deshalb als *MCSCF*-Theorie[89]. Bei diesem Verfahren werden sowohl die LCAO-Koeffizienten für die MOs der einzelnen Slater-Determinanten als auch die Überlagerungskoeffizienten der Determinanten variiert. Das führt auf sehr komplizierte Variationsprozeduren. Eine vollständige Variation aller MOs der einzelnen Determinanten ist für praktisch relevante Fälle nicht möglich. Man geht deshalb von einer Referenz-SCF-Determinante aus, friert die energetisch tiefliegenden besetzten und hochliegenden virtuellen MOs als *inaktive* MOs ein (verwendet also die gleichen MOs für alle Determinanten) und betrachtet nur einen Teil der MOs als *aktiv*. Die aktiven MOs werden auf alle möglichen Arten mit den „aktiven" Elektronen besetzt, es ergibt sich jeweils eine Konfiguration (Determinante), mit denen dann die MCSCF-Rechnung durchzuführen ist. Die Menge der aktiven Orbitale wird als *aktiver Raum* bezeichnet, die beschriebene MCSCF-Variante als *CASSCF*-Methode[90].

Es ist prinzipiell möglich, an eine MCSCF-Rechnung eine Konfigurationswechselwirkung im eigentlichen Sinne anzuschließen, um substituierte Konfigurationen zu jeder der einzelnen Determinanten des Mehrdeterminantenansatzes einzubeziehen (*MR-CI*[91]). Alternativ lassen sich störungstheoretische Algorithmen anschließen (*CASMP2*, *CASPT2*). Allerdings lässt sich für Multikonfigurations-Grundzustände keine eindeutige Definition der Korrelationsenergie (im Sinne von Abschn. 4.2.8) mehr angeben.

Auf andere, prinzipiell verschiedene Methoden zur Behandlung des Mehrelektronenproblems einschließlich der Elektronenkorrelation (*CEPA*-Verfahren[92], *coupled-cluster(CC)*-Verfahren, *r12*-Verfahren) kann im Rahmen dieser einführenden Darstellung nicht eingegangen werden.

4.3.6   Semiempirische Methoden

Semiempirische quantenchemische Rechenverfahren haben seit der Formulierung der Hückelschen MO-Methode bis zum Anfang der siebziger Jahre, als durch die rasante Entwicklung der Rechentechnik ab-initio-Rechnungen zunehmend praktikabler wurden, die dominierende Rolle gespielt. Durch drastische Näherungen im Formalismus erfordern sie nur geringen Rechenaufwand. Heute haben sie für die Berechnung quantitativer Daten zur elektronischen

---

[89] *multi-configuration self-consistent field*
[90] *complete active space*
[91] *multi-reference configuration interaction*
[92] *coupled electron pair approximation*

und geometrischen Struktur kleinerer und mittelgroßer molekularer Systeme kaum noch Bedeutung, für sehr große Systeme (etwa Polymere oder Cluster) aber werden sie weiterhin mit Erfolg eingesetzt. Unbestritten ist dagegen ihr heuristischer Wert für das „Verständnis" der Bindungsverhältnisse in Molekülen. Mit ihrer Hilfe werden die Resultate der mehr oder weniger exakten quantenchemischen Rechnungen in die Sprache der chemischen Bindungsvorstellungen „übersetzt". Dies leisten am besten die einfachsten semiempirischen Methoden, die HMO- und die EHT-Methode.

Semiempirische Methoden sind sämtlich Valenzelektronenmethoden, die inneren Elektronen werden als Teil eines unpolarisierbaren Rumpfs betrachtet. Für die Valenzorbitale wird eine minimale Basis verwendet (*eine* Basisfunktion pro Valenzorbital), das macht die Einbeziehung der unbesetzten (virtuellen) MOs in die Diskussion der Bindungsverhältnisse übersichtlich (s. Kap. 3). Als Basisfunktionen werden Slater-Funktionen eingesetzt.[93] Sie brauchen nicht durch Gauß-Funktionen approximiert zu werden, da gerade solche Näherungen eingeführt werden, dass sich die verbleibenden Integrale mit Slater-Funktionen gut berechnen lassen.

Eine Gruppe von semiempirischen Methoden geht von den Fock-Matrix-Elementen (4.80) im Roothaan-Hall-Formalismus aus. Um die Berechnung der komplizierten Mehrzentren-Elektronenwechselwirkungsintegrale zu umgehen, werden drastische Vereinfachungen vorgenommen. Ausgangspunkt ist dabei die „Vernachlässigung der differenziellen Überlappung" (*ZDO*-Näherung[94]):

$$\chi_\mu^*(i)\,\chi_\nu(i)\,\mathrm{d}\vec{r}_i = \chi_\mu^*(i)\,\chi_\nu(i)\,\delta_{\mu\nu}\,\mathrm{d}\vec{r}_i. \tag{4.87}$$

(4.87) hat zunächst zur Folge, dass für die Überlappungsintegrale $S_{\mu\nu} = \delta_{\mu\nu}$ gilt, was bedeutet, dass man in einer Orthogonalbasis arbeitet. Für die Anwendung der Näherung (4.87) auf die Elektronenwechselwirkungsintegrale (vgl. (4.76))

$$(\mu\nu,\rho\sigma) = \int\int \chi_\mu^*(i)\chi_\nu(i)\,\frac{e^2}{r_{ij}}\,\chi_\rho^*(j)\chi_\sigma(j)\,\mathrm{d}\vec{r}_i\,\mathrm{d}\vec{r}_j$$

gibt es folgende Varianten: Gilt (4.87) konsequent für alle Basisfunktionen, dann bleiben nur Ein- und Zweizentrenintegrale vom Typ $(\mu\mu,\rho\rho)$ übrig[95] (*CNDO*-Methode[96]). Soll (4.87) nur für differenzielle *Zwei*zentrenüberlappungen gelten (d.h. wenn χ_μ und χ_ν zu unterschiedlichen Zentren gehören), verschwinden also differenzielle *Einzentrenüberlappungen $\chi_\mu^*(i)\chi_\nu(i)\,\mathrm{d}V_i$ nicht, so werden alle Ein- und Zweizentrenintegrale $(\mu\nu,\rho\sigma)$ berücksichtigt, bei denen χ_μ und χ_ν sowie χ_ρ und χ_σ jeweils zum gleichen Zentrum gehören (*NDDO*-Methode[97]). Bei einer Zwischenvariante werden zusätzlich zu den Integralen im CNDO-Formalismus alle Integrale $(\mu\nu,\rho\sigma)$ berücksichtigt, bei denen alle vier Funktionen zum gleichen Zentrum gehören (*INDO*-Methode[98]). Speziell für die Behandlung von π-Elektronensystemen wurde eine Methode entwickelt, bei der pro Atom nur eine Basisfunktion vom

---

[93]Eine Ausnahme bildet dabei die HMO-Methode, bei der von der konkreten Gestalt der Basisfunktionen abstrahiert wird.

[94]*zero differential overlap*

[95]Die Basisfunktionen χ_μ und χ_ρ können bei dieser starken Näherung nur s-Funktionen sein, da sonst die Invarianz der Resultate bei Drehung des Moleküls im Koordinatensystem nicht gewährleistet wäre.

[96]*complete neglect of differential overlap*

[97]*neglect of diatomic differential overlap*

[98]*intermediate neglect of differential overlap*

p_π-Typ berücksichtigt wird. Dann fallen die drei Varianten zusammen. Die verbleibenden Ein- und Zweizentrenintegrale $(p_\pi p_\pi, p_\pi p_\pi)$ werden durch empirische Formeln ersetzt (*PPP*-Methode[99]).

Um die durch die rigorosen Integralnäherungen verursachten Fehler zu kompensieren, müssen empirisch justierbare Parameter eingeführt werden. Die Einelektronenmatrixelemente $h_{\mu\nu}$ in (4.80) werden deshalb nicht „exakt" berechnet (was prinzipiell möglich wäre), sondern durch geeignete Näherungsformeln ersetzt. Diese unterscheiden sich von Methode zu Methode, enthalten aber als wesentliche empirische Parameter das Ionisierungspotenzial und die Elektronenaffinität (d.h. die Elektronegativität) für die jeweiligen Atomorbitale. Weitere Parameter werden an experimentelle Strukturdaten angepasst (Standard-Bindungslängen und -energien).

Größere Bedeutung haben heute auf der NDDO-Näherung basierende, speziell parametrisierte semiempirische Verfahren, die *MNDO*-Methode[100], die *AM1*-Methode[101] und die *PM3*-Methode[102]. Sie werden vor allem für große biochemisch relevante Systeme verwendet.

Durch die Parametrisierung mit Hilfe experimenteller Größen haben die mit semiempirischen Methoden berechneten Gesamtenergien keine Beziehung zur Hartree-Fock-Energie im Roothaan-Hall-Formalismus und damit auch nicht zur Korrelationsenergie. Korrelationseffekte sind gewissermaßen „implizit" (aber völlig unüberschaubar) durch die Parametrisierung mit eingeschlossen. Trotzdem werden zur Berechnung spektroskopischer Eigenschaften mit Erfolg auch an semiempirische Methoden Konfigurationswechselwirkungen angeschlossen, für Allvalenzelektronensysteme insbesondere beim INDO-Verfahren und für π-Elektronensysteme beim PPP-Verfahren.

Bei den bisher vorgestellten semiempirischen Methoden, die sich direkt auf den Roothaan-Hall-Formalismus beziehen, wird die Elektronenwechselwirkung, wenn auch in stark genäherter Weise, durch die Berücksichtigung entsprechender Integrale *explizit* einbezogen (*SCF*-Verfahren). Eine andere Gruppe von semiempirischen quantenchemischen Methoden kommt ohne explizit formulierten Hamilton-Operator aus. Die Matrixelemente des Säkularproblems werden „als Ganzes" parametrisiert. Über diese Parametrisierung wird die Elektronenwechselwirkung nur *implizit* erfasst. Zu dieser Gruppe gehören die HMO-Methode und die EHT-Methode, sie stellen die einfachsten, dafür aber universellsten quantenchemischen Methoden dar.

4.4   Dichtefunktionaltheorie

4.4.1   Der Grundgedanke

Die bisherige Behandlung eines Mehrelektronensystems ging davon aus, dass sich alle Aussagen über das System aus der Zustandsfunktion Ψ ableiten lassen (s. Abschn. 2.1.1). Für ein

---

[99] *Pariser-Parr-Pople method*
[100] *modified neglect of diatomic overlap*
[101] *Austin method*
[102] *parametrized method*

System aus N Elektronen ist Ψ eine Funktion von $3N$ Variablen: $\Psi = \Psi(\vec{r}_1, \ldots, \vec{r}_N)$, wobei $\vec{r}_i$ den Ortsvektor des i-ten Elektrons bezeichnet (s. Abschn. 4.1.1).[103] Etwa der Mittelwert einer Observablen mit dem Operator $\mathbf{A}$ im (normierten) Zustand Ψ ergibt sich als

$$\bar{a} = \langle \Psi, \mathbf{A}\Psi \rangle = \int \Psi^* \mathbf{A}\Psi \, d\vec{r}_1 \cdots d\vec{r}_N \tag{4.88}$$

(s. Abschn. 2.2.2). Die Wahrscheinlichkeit, ein Elektron am Raumpunkt $\vec{r}_1$ im Volumenelement $d\vec{r}_1$ und die anderen „irgendwo" im betrachteten Raumbereich zu finden, ist

$$d\vec{r}_1 \int \Psi^* \Psi \, d\vec{r}_2 \cdots d\vec{r}_N \tag{4.89}$$

(s. Abschn. 4.1.1). (4.89) ist nur noch eine Funktion der drei Koordinaten $\vec{r}_1$, über die übrigen $3N-3$ Koordinaten wurde integriert. Division durch das Volumenelement $d\vec{r}_1$ ergibt die zugehörige Wahrscheinlichkeitsdichte. Die Aufenthaltswahrscheinlichkeitsdichte für alle N Elektronen am Raumpunkt $\vec{r}_1$, d.h. die Anzahl der Elektronen pro Volumeneinheit, ist dann

$$\varrho(\vec{r}_1) = N \int \Psi^* \Psi \, d\vec{r}_2 \cdots d\vec{r}_N \tag{4.90}$$

und kann als *Elektronendichte* bezeichnet werden. Integration (d.h. Aufsummation) der Elektronendichte über den Gesamtraum ergibt die Gesamtelektronenanzahl:

$$\int \varrho(\vec{r}_1) \, d\vec{r}_1 = N \int \Psi^* \Psi \, d\vec{r}_1 \cdots d\vec{r}_N = N, \tag{4.91}$$

da das $3N$-fache Integral das Normierungsintegral ist: $\langle \Psi, \Psi \rangle = 1$. Der Raumpunkt $\vec{r}_1$ wurde beliebig gewählt, deshalb kann der Index weggelassen werden, und man schreibt anstelle von (4.91) allgemein

$$\int \varrho(\vec{r}) \, d\vec{r} = N. \tag{4.92}$$

Etwa gleichzeitig mit der Entwicklung der Hartree-Fock-Theorie, bei der sich die Grundzustandsenergie im Ergebnis einer Variationsprozedur aus der Grundzustandsfunktion gemäß (4.88) ergibt (s. Abschn. 4.2.3), begann man, eine davon unabhängige Strategie zu verfolgen, bei der die Grundzustandsenergie aus der Grundzustands*elektronendichte* – ohne Kenntnis der Grundzustands*funktion* – bestimmt wird. Diese Theorie wurde zunächst für eine homogen verteilte Elektronendichte, das *homogene Elektronengas*, entwickelt (Thomas und Fermi). Später wurde gezeigt, dass die Grundzustandsenergie tatsächlich eindeutig von einer Grundzustandselektronendichte abhängt, und zwar auch für inhomogene Dichteverteilungen, was die Theorie auch für Atome und Moleküle tauglich macht (Hohenberg und Kohn).

---

[103] Die Spinvariablen und die Zeit benötigen wir für die folgenden Überlegungen nicht.

Die Abhängigkeit der Energie E von der Elektronendichte $\varrho(\vec{r})$ schreibt man als *Funktional*[104] (*Energiefunktional, Dichtefunktional*)

$$E = E[\varrho], \tag{4.93}$$

woraus die Bezeichnung *Dichtefunktionaltheorie* (DFT) resultiert. Rein formal wird in dieser Theorie die Behandlung des N-Elektronen-Problems mit $3N$ Ortsvariablen auf ein dreidimensionales Problem mit den Variablen $\vec{r}$ der Elektronendichte $\varrho(\vec{r})$ zurückgeführt. Allerdings kennt man weder die Elektronendichte selbst noch die allgemeine funktionelle Abhängigkeit (4.93) der Energie von ihr. Man ist auf teils drastische Näherungen angewiesen. Das ist der Grund, weshalb die Methode von Seiten der Quantenchemie zunächst mit Skepsis aufgenommen wurde. Inzwischen sind ihre Erfolge aber unbestreitbar. Sie liefert bei vergleichsweise geringem Rechenaufwand im allgemeinen bemerkenswert gute Grundzustandseigenschaften selbst für größere Moleküle, insbesondere auch für Systeme mit Übergangsmetallzentren. Die Dichtefunktionaltheorie ist heute *die* Routinemethode für die anwendungsorientierte Quantenchemie.

4.4.2   Das Thomas-Fermi-Energiefunktional

Es ist von großem Wert für das Verständnis der grundlegenden Ideen der Dichtefunktionaltheorie, die Überlegungen von Thomas und Fermi nachzuvollziehen. Ausgangspunkt sind die Energieniveaus eines Elektrons, das sich innerhalb eines Würfels der Kantenlänge L befindet. Den eindimensionalen Fall haben wir in Abschnitt 1.2.1 ausführlich behandelt. Im dreidimensionalen Fall besteht der Hamilton-Operator aus drei Summanden, die jeweils die partielle zweite Ableitung nach einer Variablen enthalten. Damit ist die Schrödinger-Gleichung separierbar. Sie zerfällt in drei identische Gleichungen vom Typ (1.33) für die Variablen x, y bzw. z. Die Zustandsfunktionen für das dreidimensionale Problem sind das Produkt aus drei Funktionen der Form (1.36):

$$\psi_{n_x n_y n_z}(x,y,z) = \sqrt{\frac{8}{L^3}}\,\sin\left(n_x\,\frac{\pi}{L}\,x\right)\sin\left(n_y\,\frac{\pi}{L}\,y\right)\sin\left(n_z\,\frac{\pi}{L}\,z\right)$$

$(n_x, n_y, n_z = 1, 2, 3, \ldots)$, die Einelektronenenergien ergeben sich als Summe aus drei Ausdrücken vom Typ (1.35):

$$\varepsilon_{n_x n_y n_z} = \frac{\pi^2\hbar^2}{2m_e L^2}\left(n_x^2 + n_y^2 + n_z^2\right) \qquad (n_x, n_y, n_z = 1, 2, 3, \ldots), \tag{4.94}$$

wofür man auch

$$\varepsilon_n = \frac{\pi^2\hbar^2}{2m_e L^2}\,n^2 \qquad (n^2 = n_x^2 + n_y^2 + n_z^2) \tag{4.95}$$

schreiben kann.

---

[104]Allgemein wird die Abhängigkeit einer skalaren Größe von einer Funktion als Funktional bezeichnet. So sind Mittelwerte der Form (4.88) Funktionale der Zustandsfunktion Ψ. Damit ist auch die Energie in der Hartree-Fock-Theorie ein Funktional: $E = E[\Psi]$; man verwendet aber den Funktionalbegriff in dieser Theorie nicht.

Die Energieniveaus (4.94) bzw. (4.95) sind zum Teil mehrfach entartet.[105] Zur Abzählung der Zustände mit einer Energie ε_n kleiner als ein vorgegebenes $\varepsilon_{n_{max}}$, für die also $n < n_{max}$ gilt, bedient man sich folgender Überlegung: Die Zustände mit den drei Quantenzahlen n_x, n_y, n_z können Gitterpunkten in einem Gitter mit der Gitterkonstanten 1 zugeordnet werden. Zu jedem Einheitsvolumen gehört genau ein Zustand. Die Anzahl ν dieser Einheitsvolumen und damit der Zustände, für die $n < n_{max}$ gilt, lässt sich näherungsweise als ein Achtel des Volumens einer Kugel mit dem Radius n_{max} ausdrücken:

$$\nu = \frac{1}{8} \frac{4\pi}{3} n_{max}^3, \tag{4.96}$$

was sich auch als

$$\nu = \int_0^{n_{max}} \frac{1}{8} 4\pi \, n^2 \, \mathrm{d}n \tag{4.97}$$

schreiben lässt.

N nichtwechselwirkende Elektronen werden im Grundzustand die $N/2$ niedrigsten Niveaus besetzen,[106] was die Gesamtelektronenenergie

$$E_0 = 2 \sum_{n \leq n_{max}} \varepsilon_n \tag{4.98}$$

ergibt, wobei $\varepsilon_{n_{max}}$ die Energie des höchsten besetzten Niveaus bezeichnet. Die Energie (4.98) lässt sich mit (4.95) und (4.97) näherungsweise durch

$$E_0 = 2 \int_0^{n_{max}} \frac{1}{8} 4\pi \, n^2 \, \frac{\pi^2 \hbar^2}{2 m_e L^2} \, n^2 \mathrm{d}n = \frac{\pi^3 \hbar^2}{10 m_e L^2} \, n_{max}^5$$

ausdrücken. Mit Hilfe von (4.96) für $\nu = N/2$ schreibt man dafür

$$E_0 = \frac{\pi^3 \hbar^2}{10 m_e L^2} \left(\frac{3N}{\pi}\right)^{5/3} = \frac{3\hbar^2}{10 m_e} (3\pi^2)^{2/3} \left(\frac{N}{L^3}\right)^{5/3} L^3.$$

N/L^3 ist die Elektronendichte ϱ im dreidimensionalen Potenzialkasten. Das führt auf

$$E_0 = \frac{3\hbar^2}{10 m_e} (3\pi^2)^{2/3} \varrho^{5/3} L^3. \tag{4.99}$$

Nimmt man an, dass dies „lokal" gilt, d.h. für jedes infinitesimale Volumen $\mathrm{d}\vec{r}$, dann kann man (4.99) als Integral über alle diese Volumenelemente schreiben:

$$E_0[\varrho] = \frac{3\hbar^2}{10 m_e} (3\pi^2)^{2/3} \int \varrho^{5/3}(\vec{r}) \, \mathrm{d}\vec{r}. \tag{4.100}$$

---

[105] Sind alle Quantenzahlen gleich, liegt keine Entartung vor. Stimmen zwei Quantenzahlen überein, hat man dreifache, sind sie sämtlich verschieden, sechsfache Entartung.
[106] Wir betrachten ein System mit abgeschlossenen Schalen.

Für eine homogene Dichteverteilung ist diese Annahme erfüllt. (4.100) ist damit die Grundzustandsenergie für das homogene Elektronengas, die, da kein äußeres Potenzial anliegt und die Elektronen als nichtwechselwirkend angenommen wurden, ausschließlich kinetischer Natur ist.

Der Ausdruck (4.100) veranschaulicht den Grundgedanken der Dichtefunktionaltheorie: Die Energie wird durch ein Funktional der Elektronendichte bestimmt.

4.4.3   Die Hohenberg-Kohn-Theoreme

Es ist evident, dass sich die Grundzustandsdichte gemäß (4.90) eindeutig aus der Grundzustandsfunktion ergibt, welche ihrerseits eindeutig durch das „externe" Potenzial $V_{ext}(\vec{r})$ bestimmt ist. Dieses Potenzial umfasst die Elektronen-Kern-Wechselwirkung[107] und gegebenenfalls äußere Felder (s. dazu Abschn. 4.4.6). Fundamental ist, dass auch die Umkehrung des Sachverhalts gilt (*erstes Hohenberg-Kohn-Theorem*): Zu jeder Grundzustandsdichte existiert ein eindeutig bestimmtes externes Potenzial und folglich eine eindeutige Grundzustandsfunktion. Damit gibt es eine *eineindeutige* Zuordnung zwischen Grundzustandsdichte und Grundzustandsfunktion bzw. externem Potenzial:

$$\varrho(\vec{r}) \longleftrightarrow \Psi = \Psi(\vec{r}_1, \ldots, \vec{r}_N) \qquad \text{bzw.} \qquad \varrho(\vec{r}) \longleftrightarrow V_{ext}(\vec{r}). \tag{4.101}$$

Aus dem Theorem folgt, dass durch die Grundzustandsdichte die Grundzustandsenergie und alle anderen elektronischen Grundzustandseigenschaften eindeutig bestimmt sind.

Das prinzipielle Vorgehen zur Ermittlung von Grundzustandsdichte und Grundzustandsenergie ist klar. Wir wissen, dass – nach dem Variationsprinzip (vgl. Abschn. 2.4) – diejenige (normierte) Funktion Ψ Grundzustandsfunktion ist, für die der Energiemittelwert $\langle \Psi, \mathbf{H}\Psi \rangle$ minimal ist. Dieser Minimalwert ist die Grundzustandsenergie E_0. Wegen (4.101) erhält man E_0 aber ebenso durch Minimierung des Energiefunktionals $E[\varrho]$ bezüglich ϱ. Damit gilt für alle Variationsdichten $\tilde{\varrho}$ (die (4.92) erfüllen müssen)

$$\tilde{E}[\tilde{\varrho}] \geq E_0 \tag{4.102}$$

(*zweites Hohenberg-Kohn-Theorem*).

Zuächst ist also die funktionale Abhängigkeit der Energie von der Elektronendichte zu formulieren. Wir erinnern daran, dass sich im Hartree-Fock-Formalismus (s. Abschn. 4.2) die elektronische Energie eines Mehrelektronensystems aus mehreren Beiträgen zusammensetzt, was man kurz als

$$E = E_T + E_V + E_J + E_X + E_C \tag{4.103}$$

schreiben kann. E_T bezeichnet die kinetische Energie der Elektronen, E_V ihre potenzielle Energie im Kernfeld, E_J ihre Coulomb- und E_X ihre Austauschenergie. Die Summe dieser vier Terme ist die Hartree-Fock-Energie. E_C bezeichnet die Korrelationsenergie, die aus der Unzulänglichkeit des Modells der unabhängigen Teilchen resultiert (s. Abschn. 4.2.8).

---

[107]Im Hamilton-Operator haben die Terme für die kinetische Energie und die Elektron-Elektron-Wechselwirkung für alle Systeme die gleiche Form, nur die Elektronen-Kern-Wechselwirkung ist spezifisch für das betrachtete System.

In der Dichtefunktionaltheorie wären die Energiebeiträge in (4.103) als Funktionale der Elektronendichte auszudrücken. Das ist für E_V und E_J unproblematisch. Für die potenzielle Energie der Wechselwirkung der Elektronen, beschrieben durch ihre Dichte $\varrho(\vec{r})$, mit den Kernen hat man

$$E_V[\varrho] = -\sum_{a=1}^{K} Z_a e \int \frac{\varrho(\vec{r})}{|\vec{R}_a - \vec{r}|}\, d\vec{r}. \tag{4.104}$$

Z_a bezeichnet die Ladungszahl des Kerns a ($a = 1, \ldots, K$), $|\vec{R}_a - \vec{r}|$ seinen Abstand vom Integrationspunkt $\vec{r}$. Für die Coulomb-Wechselwirkung der Elektronendichten $\varrho(\vec{r}_i)$ und $\varrho(\vec{r}_j)$ gilt

$$E_J[\varrho] = \frac{1}{2} \int \int \frac{\varrho(\vec{r}_i)\,\varrho(\vec{r}_j)}{r_{ij}}\, d\vec{r}_i\, d\vec{r}_j \tag{4.105}$$

(vgl. Abschn. 4.2.2). (4.104) und (4.105) sind Formeln aus der klassischen Elektrostatik. Für die „nichtklassischen" Beiträge E_T, E_X und E_C lassen sich solche geschlossenen analytischen Ausdrücke nicht finden. Das Funktional (4.100), das für die (kinetische) Energie einer homogenen Ladungsverteilung abgeleitet wurde, liefert keinen brauchbaren Ansatz für $E_T[\varrho]$ im Falle inhomogener Ladungsverteilungen, wie sie in Atomen und Molekülen vorliegen.[108] Erst mit der Bereitstellung geeigneter Berechnungsmöglichkeiten für die nichtklassischen Beiträge zum Energiefunktional (4.93) konnte die Dichtefunktionaltheorie praktische Anwendung finden.

4.4.4 Der Kohn-Sham-Formalismus

In der Dichtefunktionaltheorie ist es üblich, das Energiefunktional (4.93) gemäß

$$E[\varrho] = F[\varrho] + \int V_{ext}(\vec{r})\, \varrho(\vec{r})\, d\vec{r} \tag{4.106}$$

zu zerlegen. In $F[\varrho]$ werden alle systemunabhängigen Anteile gesammelt:

$$F[\varrho] = T[\varrho] + V_{ee}[\varrho], \tag{4.107}$$

das sind die Beiträge der kinetischen Energie und der gesamten Elektron-Elektron-Wechselwirkung (Coulomb-, Austausch- und Korrelationsanteile).[109] Der zweite Term in (4.106) enthält den systemspezifischen Anteil, der vom externen Potenzial herrührt.[110] Die Dichte, die (4.106) minimiert, ist die Grundzustandsdichte. Die praktische Durchführung des Variationsverfahrens ist mit allgemeinen Variationsdichten nicht möglich, man benötigt „geeignete" Variationsdichten.

---

[108]Das ist nicht verwunderlich, da insbesondere die Bindungsbildung in Molekülen mit einer „Verschiebung" von Elektronendichte verbunden ist (s. Abschn. 1.6.3).

[109]Wir bemerken, dass V_{ee} hier anders verwendet wird, als in anderen Abschnitten des Buches.

[110]Umfasst dieses Potenzial nur die Elektronen-Kern-Wechselwirkung, dann hat dieser Term die Form (4.104).

Der entscheidende Durchbruch, der die Dichtefunktionaltheorie zu einem praktikablen Verfahren für (mehr oder weniger) beliebige Systeme machte, gelang Kohn und Sham mit der Übernahme des Einelektronenbildes (Orbitalbildes) aus der allgemeinen Mehrteilchentheorie. Zur Beschreibung des Systems aus N *wechselwirkenden* Elektronen führten sie ein fiktives Referenzsystem aus N *nicht-wechselwirkenden* Elektronen ein, das aber die *gleiche* Grundzustandsdichte wie das originale System wechselwirkender Elektronen haben soll (*Kohn-Sham-System*). Dieses System nicht-wechselwirkender Elektronen hat als exakte Grundzustandsfunktion *eine einzelne* Slater-Determinante[111] aus N Einelektronenfunktionen $\psi_k(\vec{r}_i)$ $(k = 1, \ldots, N)$ (*Kohn-Sham-Orbitale*). Für ein solches System ergibt sich die Grundzustandsdichte als

$$\varrho(\vec{r}) = \sum_{k=1}^{N} e\,|\psi_k(\vec{r})|^2, \tag{4.108}$$

die nach Voraussetzung mit der Grundzustandsdichte für das System wechselwirkender Elektronen übereinstimmt. Im Kohn-Sham-System hat man für der Beitrag der kinetischen Energie den „üblichen" Ausdruck[112]

$$T_s[\varrho] = \sum_{k=1}^{N} \int \psi_k^*(\vec{r}_i) \left[-\frac{\hbar^2}{2m_e} \Delta_i \right] \psi_k(\vec{r}_i)\, d\vec{r}_i. \tag{4.109}$$

Das ist ein wesentlicher Schritt, er ermöglicht die Berechnung des Funktionals der kinetischen Energie für beliebige Ladungsverteilungen (eben *nicht* aus der Elektronendichte, sondern aus den Orbitalen). Allerdings stimmt $T_s[\varrho]$ nicht mit $T[\varrho]$ überein (deshalb der Index). $T_s[\varrho]$ ist aber eine gute Näherung für $T[\varrho]$, der (vergleichsweise geringe) Fehler wird an anderer Stelle korrigiert.

Mit (4.108) nimmt auch das Funktional für den Coulombanteil der Elektronenwechselwirkung (4.105) die übliche Form an:

$$J[\varrho] = \frac{1}{2} \sum_{k=1}^{N} \sum_{\substack{l=1 \\ l \neq k}}^{N} \int \int \psi_k^*(\vec{r}_i) \psi_l^*(\vec{r}_j)\, \frac{e^2}{r_{ij}}\, \psi_k(\vec{r}_i) \psi_l(\vec{r}_j)\, d\vec{r}_i\, d\vec{r}_j. \tag{4.110}$$

Mit (4.109) und (4.110) lässt sich (4.107) als

$$F[\varrho] = T_s[\varrho] + J[\varrho] + E_{XC}[\varrho] \tag{4.111}$$

schreiben. Im *Austausch-Korrelations-Funktional* $E_{XC}[\varrho]$ wird alles zusammengefasst, was nicht durch explizite Formeln erfasst werden kann:

$$E_{XC}[\varrho] = (T[\varrho] - T_s[\varrho]) + (V_{ee}[\varrho] - J[\varrho]), \tag{4.112}$$

---

[111] Das ist ein entscheidender Vorteil gegenüber dem Hartree-Fock-Formalismus. Dort ist die Grundzustandsdeterminante nur eine Näherung für die exakte Grundzustandsfunktion, es fehlen die Korrelationsanteile.

[112] In der Dichtefunktionaltheorie werden meist atomare Einheiten verwendet, dann hat der Operator der kinetischen Energie die Form $-\frac{1}{2}\Delta$ bzw. $-\frac{1}{2}\nabla^2$, und die Elementarladung e verschwindet aus allen Formeln. Wir vermeiden das, um innerhalb dieses Buches einheitlich zu bleiben.

also der („große") Austausch- und Korrelationsanteil des gesamten Elektronenwechselwirkungsfunktionals sowie zusätzlich der („kleine") Fehler, der bei der Berechnung des Funktionals der kinetischen Energie gemacht wird. Das Energiefunktional (4.106) wird mit (4.111) zu

$$E[\varrho] = T_s[\varrho] + J[\varrho] + E_{XC}[\varrho] + \int V_{ext}(\vec{r})\,\varrho(\vec{r})\,\mathrm{d}\vec{r}. \tag{4.113}$$

Die Kohn-Sham-Orbitale, die über die Elektronendichte (4.108) das Energiefunktional (4.113) minimieren, ergeben sich – in formaler Analogie zum Hartree-Fock-Formalismus – als Lösung der Einelektronen- Eigenwertgleichung (*Kohn-Sham-Gleichung*)

$$\left\{ -\frac{\hbar^2}{2m_e}\Delta_i + V_{eff}(\vec{r}_i) \right\}\psi_k(\vec{r}_i) = \varepsilon_k\psi_k(\vec{r}_i) \tag{4.114}$$

mit

$$V_{eff}(\vec{r}_i) = V_{ext}(\vec{r}_i) + \int \frac{e\,\varrho(\vec{r}_j)}{r_{ij}}\,\mathrm{d}\vec{r}_j + V_{XC}(\vec{r}_i). \tag{4.115}$$

$V_{XC}(\vec{r})$ ist das *Austausch-Korrelations-Potenzial*

$$V_{XC}(\vec{r}) = \frac{\delta E_{XC}[\varrho]}{\delta\varrho(\vec{r})}. \tag{4.116}$$

Zum Vergleich mit der Hartree-Fock-Gleichung (4.51) schreiben wir die Kohn-Sham-Gleichung (4.114) ausführlicher als[113]

$$\left\{ -\frac{\hbar^2}{2m_e}\Delta_i - \sum_{a=1}^{K}\frac{Z_a e^2}{r_{ai}} + \sum_{\substack{l=1 \\ l \neq k}}^{N} \int \frac{e^2\,\psi_l^*(\vec{r}_j)\psi_l(\vec{r}_j)}{r_{ij}}\,\mathrm{d}\vec{r}_j + V_{XC}(\vec{r}_i) \right\}\psi_k(\vec{r}_i) = \varepsilon_k\psi_k(\vec{r}_i).$$

$$\tag{4.117}$$

Die Hartree-Fock-Gleichung enthält den expliziten Ausdruck für den Austauschoperator, aber keinerlei Korrelationsanteile. Die Kohn-Sham-Gleichung (4.117) enthält einen impliziten Ausdruck für den Austausch- und Korrelationsanteil. Das Elektron im Kohn-Sham-Orbital $\psi(\vec{r})$ bewegt sich also in einem effektiven Potenzial (4.115), das (bei Abwesenheit äußerer Felder) aus den klassischen Potenzialen der Elektronen-Kern-Wechselwirkung und des Coulomb-Anteils der Elektronenwechselwirkung sowie dem nichtklassischen Austausch-Korrelations-Potenzial besteht.

4.4.5 Zur Lösung der Kohn-Sham-Gleichungen

Die Dichtefunktionaltheorie ist eine exakte Theorie (Hohenberg-Kohn-Theoreme). Auch in der Kohn-Sham-Version bleibt sie prinzipiell exakt. Die Lösung der Kohn-Sham-Gleichung

---

[113]Wir beschränken uns dabei auf den Fall, dass das externe Potenzial nur aus der Elektronen-Kern-Wechelwirkung besteht.

liefert die Einelektronenfunktionen (Kohn-Sham-Orbitale), aus denen die exakte Grundzustandsdeterminante gebildet wird. Voraussetzung dafür ist aber die exakte Kenntnis der
Austausch-Korrelations-Energie (4.112) bzw. des Austausch-Korrelations-Potenzials (4.116).
Diese Voraussetzung ist nicht erfüllt, man ist auf Näherungen angewiesen, und damit kann
man bei Dichtefunktionalrechnungen nur Näherungen für die Grundzustandsdichte (bzw.
-funktion) und die Grundzustandsenergie erhalten.

Generell kann die Lösung der Kohn-Sham-Gleichung (4.114) nur iterativ erfolgen, da das
effektive Potenzial V_{eff} die gesuchten Kohn-Sham-Orbitale bereits enthält. Man gibt sich –
wie beim Hartree-Fock-Verfahren – einen Satz von Variationsfunktionen $\psi_1^{(0)}, \psi_2^{(0)}, \ldots, \psi_N^{(0)}$
vor, bildet damit V_{eff} und löst die Gleichung. Von den (unendlich vielen) resultierenden
Funktionen $\psi_1^{(1)}, \psi_2^{(1)}, \ldots$ sind die mit den N niedrigsten Orbitalenergien auszuwählen. Mit
diesen bildet man erneut V_{eff} und löst die Gleichung. Man verfährt so weiter bis zur Selbst-
konsistenz (SCF-Verfahren). Die Funktionen zu den N niedrigsten Orbitalenergien sind die
gesuchten Kohn-Sham-Orbitale.

Bei der praktischen Anwendung werden die gesuchten Kohn-Sham-Orbitale (wie bei den
Hartree-Fock-Orbitalen üblich) nach einer Basis aus Atomorbitalen entwickelt (LCAO-MO-
Verfahren). Die Kohn-Sham-Gleichung wird dadurch von ihrer „allgemeinen" Form (4.114)
bzw. (4.117) in ein Säkulargleichungssystem überführt, das die Koeffizienten dieser Ent-
wicklung liefert. Rein formal läuft dann eine Dichtefunktionalrechnung wie eine Roothaan-
Hall-Rechnung ab.

Prinzipiell erfordert eine Dichtefunktionalrechnung also keinen höheren Aufwand als ei-
ne Hartree-Fock-Rechnung, sie schließt aber die Elektronenkorrelation – wenn auch nur
näherungsweise über das Austausch-Korrelations-Potenzial – ein. Das ist ein bedeutender
Vorteil der Dichtefunktionaltheorie, der sie zu einer Routinemethode für quantenchemische
Anwendungen werden lassen hat. Voraussetzung dafür war aber, dass es gelang, „taugliche"
Näherungen für das Austausch-Korrelations-Funktional zu finden.

Die Verbesserung der Austausch-Korrelations-Funktionale war und ist wesentliches Anlie-
gen der Forschungsarbeit zur Dichtefunktionaltheorie. Ursprünglich hat man versucht, den
Austausch- und den Korrelationbeitrag über Funktionale analog zu (4.100) zu erfassen, die
direkt von der Elektronendichte $\varrho(\vec{r})$ abhängen: $E_X = E_X[\varrho]$ und $E_C = E_C[\varrho]$. Dabei hat
sich gezeigt, dass dies nicht gelingt mit Modellansätzen, die von einer homogenen Ladungsverteilung ausgehen oder bei denen die Inhomogenität nur über den Funktionswert der
Elektronendichte $\varrho(\vec{r})$ am Raumpunkt $\vec{r}$ eingeht; eine solche Beschränkung wird als *lokale
Dichtenäherung* (LDA[114]) bezeichnet. Durchgreifende Erfolge erzielte man erst durch *nicht-
lokale* Korrekturen, insbesondere durch *gradientenkorrigierte* Dichtefunktionale, in die auch
der Gradient $\nabla\varrho = \partial\varrho/\partial\vec{r}$, d.h. die räumliche Änderung der Elektronendichte am Raumpunkt $\vec{r}$ eingeht. Auf diese Weise lassen sich die Inhomogenitäten in der Ladungsverteilung
von Atomen und Molekülen sehr viel besser erfassen.

Die mit vergleichsweise großem Aufwand abgeleiteten heute verwendeten Formeln für das
Austauschfunktional E_X und das Korrelationsfunktional E_C enthalten Parameter, die in
semiempirischer Weise an genaue Rechnungen oder experimentelle Daten von Atomen und

---

[114]*local density approximation*

kleinen Molekülen angepasst wurden. Zu Standardvarianten haben sich (unter anderem) die *Hybridfunktionale* B3LYP und B3PW91 entwickelt. Etwa das Austausch-Korrelations-Funktional B3LYP setzt sich wie folgt zusammen:

$$E_{XC}^{B3LYP} = (1 - A)\, E_X^{Slater} + A\, E_X^{HF} + B\, E_X^{Becke} + C\, E_C^{LYP} + (1 - C)\, E_C^{VWN}. \quad (4.118)$$

Es enthält zum einen das Slatersche, das reguläre Hartree-Fock- sowie den gradientenkorrigierten Teil des Beckeschen Austauschfunktionals, zum anderen die Korrelationsfunktionale von Lee, Yang und Parr sowie von Vosko, Wilk und Nusair. Das Hybridfunktional B3PW91 enthält das Korrelationsfunktional von Perdew und Wang. Die drei justierten Parameter A, B und C fassen gemäß (4.118) die einzelnen Anteile (die ihrerseits empirische Parameter enthalten) zusammen.

Diese Parameterabhängigkeit ist einer der Nachteile der gegenwärtigen Dichtefunktionalmethoden. Ein weiterer Nachteil ist, dass die Integrationen, die die Austausch- und Korrelationsfunktionale enthalten, nur numerisch ausgeführt werden können,[115] was bei nicht ausreichend feinem Integrationsgitter zu numerischen Problemen führen kann. Abhilfe und damit prinzipielle Verbesserungen verspricht man sich durch neuere Entwicklungen von orbitalabhängigen Funktionalen.

Abschließend weisen wir auf einen systematischen Unterschied zwischen „konventioneller" ab-initio-Theorie (Hartree-Fock-Theorie einschließlich Korrelationenergie) und „angewandter" Dichtefunktionaltheorie hin. Bei ab-initio-Rechnungen kann man die berechnete Grundzustandsenergie sukzessive verbessern, indem man entweder den (zunächst gewählten) Basissatz erweitert oder in die Konfigurationswechselwirkung mehr (als zunächst berücksichtigte) Konfigurationen einbeziehen. Wegen des Variationsprinzips ergibt sich dann eine tiefere Energie. Dichtefunktionalrechnungen können – wegen der eingeführten Parameter – nicht systematisch verbessert werden. Allerdings weiß man, dass, wenn eine Rechnung eine tiefere Energie liefert als eine Vergleichsrechnung, diese Energie die bessere ist (s. (4.102), zweites Hohenberg-Kohn-Theorem).

4.4.6 Zeitabhängige Dichtefunktionaltheorie

Bei den bisherigen Überlegungen zur Dichtefunktionaltheorie haben wir im externen Potenzial $V_{ext}(\vec{r})$ äußere Felder prinzipiell zugelassen, aber nicht explizit betrachtet. Die *zeitabhängige Dichtefunktionaltheorie* lässt zeitlich veränderliche äußere Felder zu und untersucht die zeitliche Veränderung der Elektronendichte unter dem Einfluss dieser Felder. Grundlage ist das *Runge-Gross-Theorem* (die „zeitliche Erweiterung" des ersten Hohenberg-Kohn-Theorems), demzufolge für einen gegebenen Anfangszustand die zeitabhängige Elektronendichte $\varrho(\vec{r}, t)$ eindeutig durch das zeitabhängige externe Potenzial $V_{ext}(\vec{r}, t)$ bestimmt ist und umgekehrt:

$$\varrho(\vec{r}, t) \longleftrightarrow V_{ext}(\vec{r}, t)$$

---

[115]Ein Grund dafür ist, dass die Elektronendichte mit gebrochenen Potenzen (analog zu (4.100)) in die Funktionale eingeht.

(vgl. (4.101)). Von besonderer Bedeutung ist der Fall eines äußeren zeitabhängigen elektrischen Feldes. Ist das Feld „klein", kann man gemäß der zeitabhängigen Störungstheorie vorgehen (s. Abschn. 2.5.3). Für das externe Potenzial hat man dann

$$V_{ext}(\vec{r}, t) = V^{(0)}(\vec{r}) + V^{(1)}(\vec{r}, t).$$ (4.119)

Der erste Term beschreibt die ungestörte Situation, im vorliegenden Fall umfasst er das zeitunabhängige Coulomb-Potenzial für die Elektronen-Kern-Wechselwirkung:

$$V^{(0)}(\vec{r}) = -\sum_{a=1}^{K} \frac{Z_a e^2}{r_{ai}}.$$ (4.120)

Der zweite Term in (4.119) beschreibt die Störung, also das äußere elektrische Feld, das zum Zeitpunkt $t = 0$ eingeschaltet wird:[116]

$$V^{(1)}(\vec{r}, t) = e|\vec{E}|z \cos\omega t.$$ (4.121)

Die zeitliche Entwicklung der Elektronendichte für $t > 0$ wird (entsprechend (2.95)) angesetzt als

$$\varrho(\vec{r}, t) = \varrho^{(0)}(\vec{r}) + \lambda\varrho^{(1)}(\vec{r}, t) + \lambda^2\varrho^{(2)}(\vec{r}, t) + \dots$$ (4.122)

mit der zeitunabhängigen Anfangszustands-Elektronendichte $\varrho^{(0)}(\vec{r})$ und zeitabhängigen Störbeiträgen wachsender Ordnung. Da die Störung „klein" ist, kann man sich in (4.122) auf $\varrho^{(1)}(\vec{r}, t)$, den Beitrag erster Ordnung beschränken (*linear-response*-Theorie).[117] Gemäß dem Runge-Gross-Theorem schreibt man ganz allgemein

$$\varrho^{(1)}(\vec{r}, t) = \int\int \chi(\vec{r}, t, \vec{r}', t')\, V^{(1)}(\vec{r}', t')\, d\vec{r}'\, dt'.$$ (4.123)

Die Funktion $\chi(\vec{r}, t, \vec{r}', t')$, mit der sich der Störbeitrag erster Ordnung zur Elektronendichte aus dem Störpotenzial ergibt, wird als *linear-response*-Funktion bezeichnet.[118]

Bei einem äußeren elektrischen Feld mit dem Potenzial (4.121) ist es zweckmäßig, durch Fourier-Transformation von der Zeit- zur Frequenzabhängigkeit überzugehen. Das führt auf

$$\varrho^{(1)}(\vec{r}, \omega) = \int \chi(\vec{r}, \vec{r}'; \omega)\, V^{(1)}(\vec{r}', \omega)\, d\vec{r}'.$$ (4.124)

Die Berechnung der Elektronendichte in Abhängigkeit von der Frequenz ω des eingestrahlten Lichts ermöglicht die Beschreibung von Fotoabsorptionsspektren. In diesem Fall bleiben die Kerne an ihrem Platz, d.h. die Elektronen-Kern-Wechselwirkung (4.120) ist tatsächlich

---

[116]Es genügt, die z-Komponente des Feldes zu betrachten (vgl. Abschn. 2.5.4).

[117]Das reicht für die Beschreibung von Fotoabsorptionsspektren aus. Für Laserfelder eignet sich die Störungstheorie nicht.

[118]Die Integralgleichung (4.123) entspricht der Wirkung eines Intergraloperators auf das Störpotenzial; $\chi(\vec{r}, t, \vec{r}', t')$ ist Kern dieses Operators.

konstant,[119] und $\varrho^{(0)}(\vec{r})$ ist die (zeit- wie frequenzunabhängige) Grundzustands-Elektronendichte. Durch vergleichsweise komplizierte Rechnungen kann für die frequenzabhängige linear-response-Funktion folgende Spektraldarstellung abgeleitet werden:[120]

$$\chi(\vec{r}, \vec{r}\,'; \omega) = \lim_{\eta \to 0^+} \sum_m \left\{ \frac{\langle \Psi_0, \hat{\varrho}(\vec{r}) \Psi_m \rangle \langle \Psi_m, \hat{\varrho}(\vec{r}\,') \Psi_0 \rangle}{\hbar \omega - (E_m - E_0) + i\eta} - \frac{\langle \Psi_0, \hat{\varrho}(\vec{r}\,') \Psi_m \rangle \langle \Psi_m, \hat{\varrho}(\vec{r}) \Psi_0 \rangle}{\hbar \omega + (E_m - E_0) + i\eta} \right\}.$$

$$(4.125)$$

Darin ist Ψ_0 der exakte Mehrelektronen-Grundzustand mit der Energie E_0, und die Ψ_m sind ein vollständiger Satz von Mehrelektronenzuständen mit den Energien E_m. $\hat{\varrho}(\vec{r})$ bezeichnet einen Teilchendichteoperator und η eine positive infinitesimale Größe. Die Funktion (4.125) hat eine wichtige Eigenschaft: Sie hat Polstellen bei den Frequenzen ω, für die die Energie des eingestrahlten Lichts mit einer der Anregungsenergien $\Delta E = E_m - E_0$ übereinstimmt, denn dann wird der Nenner im ersten Quotienten Null (vgl. dazu (2.166)).

Die Beziehungen (4.124) und (4.125) gelten für ein System *wechselwirkender* Elektronen. Für die konkrete Anwendung sind sie nicht geeignet, da die Mehrelektronen-Zustandsfunktionen und -Energien nicht bekannt sind. Praktikabel wird die Methode aber, wenn man zu einem Kohn-Sham-System übergeht, einem Referenzsystem *nicht-wechselwirkender* Elektronen, das aber die gleiche Elektronendichte $\varrho^{(1)}(\vec{r}, t)$ wie das System wechselwirkender Elektronen hat. Anstelle von (4.123) hat man dann

$$\varrho^{(1)}(\vec{r}, t) = \int \int \chi_{KS}(\vec{r}, t, \vec{r}\,', t') V_{eff}^{(1)}(\vec{r}\,', t') \, d\vec{r}\,' \, dt'.$$

$$(4.126)$$

Wird anstelle von $\chi(\vec{r}, t, \vec{r}\,', t')$ die Kohn-Sham-Funktion $\chi_{KS}(\vec{r}, t, \vec{r}\,', t')$ verwendet, muss das Potenzial Korrekturterme enthalten. In (4.126) hat man ein effektives Potenzial

$$V_{eff}^{(1)}(\vec{r}, t) = V^{(1)}(\vec{r}, t) + V_J^{(1)}(\vec{r}, t) + V_{XC}^{(1)}(\vec{r}, t),$$

$$(4.127)$$

das neben der äußeren Störung (4.121) auch die (lineare) Veränderung des Coulomb-Potenzials

$$V_J^{(1)}(\vec{r}, t) = \int \frac{e \, \varrho^{(1)}(\vec{r}\,', t)}{|\vec{r} - \vec{r}\,'|} \, d\vec{r}\,'$$

$$(4.128)$$

und des Austausch-Korrelations-Potenzials

$$V_{XC}^{(1)}(\vec{r}, t) = \int \int f_{XC}(\vec{r}, t, \vec{r}\,', t') \, \varrho^{(1)}(\vec{r}\,', t') \, d\vec{r}\,' \, dt'$$

$$(4.129)$$

enthält. Der *Austausch-Korrelations-Kern* $f_{XC}(\vec{r}, t, \vec{r}\,', t')$ in (4.129) ist die funktionale Ableitung des Austausch-Korrelations-Potenzials nach der Elektronendichte:

$$f_{XC}(\vec{r}, t, \vec{r}\,', t') = \frac{\delta V_{XC}(\vec{r}, t)}{\delta \varrho(\vec{r}\,', t')},$$

$$(4.130)$$

berechnet für die Grundzustandsdichte $\varrho^{(0)}(\vec{r})$.

---

[119]Wir beschränken uns auf vertikale Elektronenübergänge.
[120]Die Ableitung erfolgt über Greensche Funktionen.

Für das Kohn-Sham-System lässt sich nach Fourier-Transformation ein praktikabler geschlossener Ausdruck für die frequenzabhängige linear-response-Funktion ableiten:

$$\chi_{KS}(\vec{r},\vec{r}';\omega) = \sum_{kl}^{\infty}(b_k - b_l)\,\frac{\psi_k^*(\vec{r})\,\psi_l(\vec{r})\,\psi_l^*(\vec{r}')\,\psi_k(\vec{r}')}{\hbar\omega - (\varepsilon_k - \varepsilon_l)}. \tag{4.131}$$

Er enthält die Kohn-Sham-Orbitale, Besetzungszahlen und Orbitalenergien, die sich aus einer „gewöhnlichen" Dichtefunktionalrechnung mit der Kohn-Sham-Gleichung (4.117) für den Grundzustand des ungestörten Systems ergeben.[121] (4.131) hat Polstellen für die Orbitalenergiedifferenzen $\Delta\varepsilon = \varepsilon_k - \varepsilon_l$ zwischen besetzten und unbesetzten Orbitalen.

Auch beim effektiven Potenzial (4.127) mit (4.128) und (4.129) geht man zu den Fourier-Transformierten über. Damit hat man die in (4.124) enthaltenen Größen für das System wechselwirkender Elektronen auf das Kohn-Sham-System nicht-wechselwirkender Elektronen zurückgeführt:

$$\varrho^{(1)}(\vec{r},\omega) = \int \chi_{KS}(\vec{r},\vec{r}';\omega)\,V^{(1)}(\vec{r}',\omega)\,\mathrm{d}\vec{r}'$$
$$+ \int\int \chi_{KS}(\vec{r},\vec{r}';\omega)\left[\frac{e}{|\vec{r}'-\vec{r}''|} + f_{XC}(\vec{r}',\vec{r}'';\omega)\right]\varrho^{(1)}(\vec{r}'',\omega)\,\mathrm{d}\vec{r}'\,\mathrm{d}\vec{r}'' \tag{4.132}$$

und

$$\chi(\vec{r},\vec{r}';\omega) = \chi_{KS}(\vec{r},\vec{r}';\omega)$$
$$+ \int\int \chi_{KS}(\vec{r},\vec{r}'';\omega)\left[\frac{e}{|\vec{r}''-\vec{r}'''|} + f_{XC}(\vec{r}'',\vec{r}''';\omega)\right]\chi(\vec{r}''',\vec{r}';\omega)\,\mathrm{d}\vec{r}''\,\mathrm{d}\vec{r}'''. \tag{4.133}$$

Die Beziehungen erlauben die Berechnung der Anregungsenergien und Intensitäten für das Fotoelektronenspektrum des ungestörten Systems. Die Anregungsenergien $\Delta E = E_m - E_0$ (die Polstellen von (4.125)) ergeben sich durch Korrektur der Orbitalenergiedifferenzen $\Delta\varepsilon = \varepsilon_k - \varepsilon_l$ (der Polstellen von (4.131)). Die frequenzabhängige Polarisierbarkeit $\alpha(\omega)$ als Quotient von induziertem Dipolmoment und externer Feldstärke ergibt sich aus $\varrho^{(1)}(\vec{r},\omega)$ bzw. $\chi(\vec{r},\vec{r}';\omega)$.

Die Beziehungen (4.132) und (4.133) sind – im Rahmen der linear-response-Theorie – exakt. Da man aber das Austausch-Korrelations-Potenzial und damit den Austausch-Korrelations-Kern (4.130) nicht kennt, lassen sie sich nur durch geeignete Näherungsverfahren lösen.

4.5   Berücksichtigung der Kernbewegung

4.5.1   Trennung von Kern- und Elektronenbewegung

Bei der Formulierung der Schrödinger-Gleichung für Moleküle $\mathbf{H}\Psi = E\Psi$ mit dem Hamilton-Operator (1.113) werden sowohl Elektronen als auch Kerne als „Quantenteilchen" angesehen. In dieser Allgemeinheit kann die Gleichung nicht gelöst werden. Ein physikalisch naheliegender Ansatz zur Vereinfachung des Problems beruht auf dem großen Massenunterschied

---

[121] Auf die Ableitung können wir nicht eingehen. Da die Zustandsfunktionen in der Dichtefunktionaltheorie Slater-Determinanten aus Orbitalen sind, lässt sich alles auf diese Orbitale zurückführen.

zwischen Atomkernen und Elektronen. Für ein Proton, den Kern des Wasserstoffatoms, gilt $m_p \approx 1838 m_e$. Für Kerne, die aus mehreren Protonen und (etwa gleichschweren) Neutronen bestehen, beträgt das Massenverhältnis zwischen Kern und Elektronen 10^4 bis 10^5 und mehr. Daraus folgt, dass sich die Elektronen sehr viel schneller bewegen als die Kerne, sie werden sich der jeweiligen Kernanordnung „sofort anpassen". Näherungsweise lässt sich deshalb die Kernbewegung von der Elektronenbewegung abtrennen (*Born-Oppenheimer-Näherung*).

Dazu wird der Hamilton-Operator

$$\mathbf{H} = \mathbf{T}_K + \mathbf{T}_e + \mathbf{V}_{KK} + \mathbf{V}_{ee} + \mathbf{V}_{eK}$$

(vgl. (1.114)) in eine Summe

$$\mathbf{H} = \mathbf{H}_K + \mathbf{H}_e \tag{4.134}$$

zerlegt, wobei

$$\mathbf{H}_K = \mathbf{T}_K + \mathbf{V}_{KK} \tag{4.135}$$

nur reine Kernanteile enthält, während

$$\mathbf{H}_e = \mathbf{T}_e + \mathbf{V}_{ee} + \mathbf{V}_{eK}, \tag{4.136}$$

der *elektronische Hamilton-Operator*, neben reinen Elektronenanteilen auch die Elektronen-Kern-Wechselwirkung umfasst.[122] Auf Grund der Zerlegung (4.134) lassen sich die gesuchten Zustandsfunktionen (1.116) näherungsweise als Produkt

$$\Psi(\vec{r}, \vec{R}) = \Psi_e(\vec{r}, \vec{R})\, \Psi_K(\vec{R}) \tag{4.137}$$

ansetzen. In dieser Näherung hat man also Kernzustandsfunktionen $\Psi_K(\vec{R})$, die nur von den Kernkoordinaten abhängen, und „elektronische" Zustandsfunktionen $\Psi_e(\vec{r}, \vec{R})$, die als Variable die Elektronenkoordinaten enthalten, darüberhinaus aber – als Parameter – auch die Kernkoordinaten.

Durch den Produktansatz (4.137) trennen wir näherungsweise die Kern- von der Elektronenbewegung. Wir betrachten zunächst die Elektronenbewegung bei fixierten Kernpositionen. Im Hamilton-Operator $\mathbf{H}$ ist dann $\mathbf{T}_K = 0$ und $\mathbf{V}_{KK} = const$. Damit wird die Schrödinger-Gleichung $\mathbf{H}\Psi = E\Psi$ zu[123]

$$(\mathbf{H}_e + \mathbf{V}_{KK})\Psi_e \Psi_K = E\Psi_e\Psi_K. \tag{4.138}$$

Da der Term $\mathbf{V}_{eK}$ in (4.136) ein multiplikativer Operator ist, kann man (4.138) als

$$\Psi_K \mathbf{H}_e \Psi_e + \mathbf{V}_{KK}\Psi_e\Psi_K = E\Psi_e\Psi_K$$

schreiben. Dividiert man dies durch Ψ_K, ergibt sich

$$\mathbf{H}_e\Psi_e = (E - \mathbf{V}_{KK})\Psi_e.$$

---

[122] (1.117) ist ein Beispiel für einen solchen Hamilton-Operator $\mathbf{H}_e$.
[123] Zur Abkürzung lassen wir zunächst die Argumente der Funktionen weg.

Man schreibt dies in der Form

$$\mathbf{H}_e \Psi_e(\vec{r}, \vec{R}) = E_e(\vec{R}) \Psi_e(\vec{r}, \vec{R}) \tag{4.139}$$

und bezeichnet es als *elektronische Schrödinger-Gleichung* . Ihre Eigenwerte E_e sind parametrisch abhängig von der jeweiligen Kernanordnung $\vec{R}$. Die *Totalenergie* $E(\vec{R})$ ergibt sich als Summe aus der *elektronischen Energie* $E_e(\vec{R})$ und der für die gewählte Kernanordnung konstanten *Kernabstoßungsenergie* V_{KK}:[124]

$$E(\vec{R}) = E_e(\vec{R}) + \sum_{\substack{a=1}}^{K} \sum_{\substack{b=1 \\ b>a}}^{K} \frac{Z_a Z_b e^2}{R_{ab}}. \tag{4.140}$$

Nach Lösung der elektronischen Schrödinger-Gleichung lässt sich – zumindest im Prinzip – die Kerngleichung lösen. Wir gehen dazu von der Gleichung

$$(\mathbf{H}_K + \mathbf{H}_e) \Psi_e(\vec{r}, \vec{R}) \Psi_K(\vec{R}) = E \Psi_e(\vec{r}, \vec{R}) \Psi_K(\vec{R}) \tag{4.141}$$

aus. Wegen (4.139) kann man $\mathbf{H}_e \Psi_e \Psi_K = \Psi_K \mathbf{H}_e \Psi_e = \Psi_K E_e \Psi_e$ einsetzen. Das Resultat der Wirkung von $\mathbf{H}_K = \mathbf{T}_K + \mathbf{V}_{KK}$ auf $\Psi_e \Psi_K$ lässt sich nur näherungsweise angeben: Da $\mathbf{T}_K = -\sum_{a=1}^{K} (\hbar^2/2M_a) \Delta_a$ bis auf konstante Faktoren aus Operatoren $\Delta_a = \nabla_a^2 = \nabla_a \nabla_a$ besteht, bilden wir zunächst

$$\begin{aligned} \Delta_a \Psi_e \Psi_K &= \nabla_a(\nabla_a \Psi_e \Psi_K) = \nabla_a(\Psi_e \nabla_a \Psi_K + \Psi_K \nabla_a \Psi_e) \\ &= \Psi_e \nabla_a^2 \Psi_K + \Psi_K \nabla_a^2 \Psi_e + 2\nabla_a \Psi_e \nabla_a \Psi_K. \end{aligned}$$

Die beiden letzten Terme in diesem Ausdruck enthalten Ableitungen der elektronischen Funktionen nach den Kernkoordinaten. Da sich $\Psi_e(\vec{r}, \vec{R})$ mit den Kernkoordinaten aber nur wenig ändert, sind beide Terme klein. Überdies werden sie in $\mathbf{T}_K$ noch durch die sehr großen Kernmassen dividiert. Vernachlässigt man beide Terme, so hat man näherungsweise $\mathbf{T}_K \Psi_e \Psi_K = \Psi_e \mathbf{T}_K \Psi_K$. Insgesamt wird damit aus (4.141)

$$\Psi_e \mathbf{H}_K \Psi_K + \Psi_K E_e \Psi_e = E \Psi_e \Psi_K.$$

Nach Division durch Ψ_e ergibt sich schließlich die *Kerngleichung*

$$(\mathbf{H}_K + E_e(\vec{R})) \Psi_K(\vec{R}) = E \Psi_K(\vec{R}), \tag{4.142}$$

die man wegen (4.135) und (4.140) auch als

$$(\mathbf{T}_K + E(\vec{R})) \Psi_K(\vec{R}) = E \Psi_K(\vec{R}) \tag{4.143}$$

schreiben kann. (4.142) bzw. (4.143) ist die näherungsweise *Schrödinger-Gleichung für die Kernbewegung* . Die Kerne mit der kinetischen Energie $\mathbf{T}_K$ bewegen sich in einem effektiven Potenzial, das von den übrigen Kernen und zusätzlich von den Elektronen für jede Kernanordnung $\vec{R}$ aufgebaut wird.

---

[124](4.140) entspricht der in Abschnitt 1.6.2 rein qualitativ formulierten Beziehung (1.118).

Zur Lösung der Kerngleichung (4.143) hat man also zunächst die elektronische Schrödinger-Gleichung (4.139) als Funktion von $\vec{R}$ zu lösen. Das ist analytisch nicht möglich. Prinzipiell kann man sie „punktweise" für viele (im Prinzip alle) Kernanordnungen $\vec{R}$. lösen Die Funktion $E_e(\vec{R})$ bzw. $E(\vec{R})$ (s. (4.140)) liegt dann punktweise vor, man kann sie durch geeignete Näherungsfunktionen modellieren. Mit der so ermittelten Funktion geht man dann in die Kerngleichung hinein. Eine „quantenmechanische" Lösung der Kerngleichung ist nicht möglich. Man kann aber zu klassischen Näherungen übergehen. Betrachtet man die Kerne als klassische Teilchen und löst für ihre Bewegung im Feld der übrigen Kerne und der Elektronen klassische Bewegungsgleichungen, so ergeben sich klassische Bahnkurven (*Trajektorien*) für die Kernbewegung.

Die Funktionen $E(\vec{R})$ heißen *Potenzialflächen*. Betrachtet man bei der Lösung von (4.139) jeweils nur den niedrigsten Energiewert, die Grundzustandsenergie, so erhält man die Potenzialfläche für den Grundzustand. Andernfalls ergeben sich Potenzialflächen für die angeregten Zustände. Beispiele haben wir in Abschnitt 1.6 bereits kennengelernt (Bild 1.19 und 1.22).[125]

Die Born-Oppenheimer-Näherung ist eine gute Näherung, wenn sich bei der Kernbewegung die Potenzialflächen nicht schneiden und sich nicht „nahe" kommen. So soll der gleiche elektronische Zustand bei der Kernbewegung stets Grundzustand bleiben, und die angeregten Zustände sollen bei deutlich höheren Energien liegen. Schneiden sich die Potenzialflächen etwa von Grund- und erstem angeregtem Zustand für eine bestimmte Kernanordnung, so bedeutet dies, dass für diese Kernanordnung die Trennung von Kern- und Elektronenbewegung eigentlich nicht möglich ist, d.h. die Born-Oppenheimer-Näherung nicht anwendbar ist.

Für das Verständnis der chemischen Bindung, wie auch vieler Probleme der Spektroskopie und selbst der chemischen Reaktivität, genügt es, die elektronische Schrödinger-Gleichung zu betrachten. Die Berücksichtigung der Kernbewegung ist für viele quantenchemische Fragestellungen nicht erforderlich. Sie wird erst bei der expliziten Behandlung dynamischer Probleme (Kinetik von Elementarreaktionen, Moleküldynamik) nötig. Im vorliegenden Buch wurde der Begriff „Schrödinger-Gleichung" (bis auf wenige Ausnahmen) stets im Sinne von „elektronischer Schrödinger-Gleichung" verwendet und der Index e am elektronischen Hamilton-Operator $\mathbf{H}_e$ unterdrückt.

4.5.2 Potenzialflächen, Geometrieoptimierung

Die Potenzialflächen $E(\vec{R})$ hängen formal von $3K$ Koordinaten ab, wenn K die Anzahl der Kerne bezeichnet. Tatsächlich hat man jedoch nur $3K - 6$ unabhängige Variable (bei linearen Molekülen $3K - 5$), entsprechend der Anzahl der Freiheitsgrade bei der Bewegung der Kerne relativ zueinander.[126] Potenzialflächen sind damit Hyperflächen in einem

---

[125]Wir bemerken, dass der Hamilton-Operator (1.120) in Abschnitt 1.6.4 die Form $\mathbf{H} = \mathbf{H}_e + \mathbf{V}_{KK}$ hat, so dass die Energieeigenwerte (1.131) als $E(R) = E_e(R) + V_{KK}$ aufzufassen sind. Da bei H_2^+ nur *eine* unabhängige Variable vorliegt, der Kernabstand R, sind die Potenzialflächen eindimensional, also Potenzialkurven.

[126]Translation und Rotation eines molekularen Systems als Ganzes haben keinen Einfluss auf die Energie des Systems.

$(3K-5)$-dimensionalen (bzw. $(3K-4)$-dimensionalen) Raum. Sie sind extrem komplizierte Funktionen, über deren mathematische Struktur a priori nichts ausgesagt werden kann.

Prinzipiell ergeben sich Potenzialflächen durch Lösung der elektronischen Schrödinger-Gleichung (s. den vorigen Abschnitt). Analytisch ist dies nicht möglich. Auch die punktweise Berechnung einer kompletten Potenzialfläche ist nicht praktikabel, denn man hätte – würde für jede Variable ein Raster mit 10 Punkten verwendet – 10^{3K-6} Einzelberechnungen durchzuführen. Ein solches Vorgehen versagt bereits bei wenigen Kernen. Oft jedoch wird die komplette Potenzialfläche gar nicht benötigt, es genügt die Kenntnis gewisser ausgezeichneter Punkte. So stellen die Kernanordnungen, für die die Potenzialfläche Minima hat, stabile Strukturen des betrachteten molekularen Systems aus K Kernen und N Elektronen dar. Die Ermittlung solcher Minima auf der Potenzialfläche heißt *Geometrieoptimierung*.

Üblicherweise verwendet man zur Geometrieoptimierung *Gradientenverfahren*.[127] Sie setzen die Kenntnis des *Gradienten* der Energie voraus, d.h. der partiellen Ableitungen von $E = E(\vec{R})$ nach den Koordinaten der Kerne:[128]

$$\vec{g} = \frac{\partial E}{\partial \vec{x}}. \tag{4.144}$$

Gradientenverfahren im engeren Sinne ermitteln die Kernanordnung $\vec{x}^{(0)}$, an der E ein Minimum hat, iterativ durch

$$\vec{x}^{(k+1)} = \vec{x}^{(k)} - \lambda^{(k)} \vec{g}^{(k)} \tag{4.145}$$

mit $\vec{g}^{(k)} = \vec{g}(\vec{x}^{(k)})$; λ ist ein Schrittweiteparameter. Die Schritte $\vec{x}^{(k+1)} - \vec{x}^{(k)}$ werden jeweils in Richtung des steilsten Abstiegs (negative Gradientenrichtung) geführt. *Verfahren des steilsten Abstiegs* konvergieren relativ langsam (*lineare Konvergenz*). Schnellere Konvergenz (*quadratische Konvergenz*) erzielt man mit den *Newtonschen Verfahren*. Sie erfordern aber zusätzlich die Kenntnis der zweiten Ableitungen der Energie. Das Minimum wird ermittelt, indem man eine Kernanordnung $\vec{x}^{(0)}$ sucht, für die der Gradient $\vec{g}(\vec{x}^{(0)})$ ein Nullvektor ist:

$$\vec{x}^{(k+1)} = \vec{x}^{(k)} - \lambda^{(k)} (\mathrm{H}^{(k)})^{-1} \vec{g}^{(k)} \tag{4.146}$$

mit $\mathrm{H}^{(k)} = \mathrm{H}(\vec{x}^{(k)})$; H ist hierbei die Matrix der zweiten Ableitungen von E, die *Hesse-Matrix*.[129] Da die Berechnung der zweiten Ableitungen extrem aufwendig bzw. praktisch undurchführbar ist, verwendet man üblicherweise *Quasi-Newton-Verfahren* (oder *Verfahren mit variabler Metrik*). Sie kommen ohne zweite Ableitungen aus. Statt (4.146) wird

$$\vec{x}^{(k+1)} = \vec{x}^{(k)} - \lambda^{(k)} \mathrm{M}^{(k)} \vec{g}^{(k)} \tag{4.147}$$

---

[127] Eine Alternative sind *Simplexverfahren*, die den Gradientenverfahren bei der Routineanwendung jedoch unterlegen sind.

[128] $\vec{x}$ bezeichne hier den Vektor aus allen $3K$ kartesischen Koordinaten der K Kerne. $\vec{g}$ ist dann der Vektor aus den $3K$ Ableitungen. Effektiv sind die Gradientenverfahren, wenn der Gradient (4.144) analytisch berechnet werden kann. Ist dies nicht möglich, muss er durch Differenzenquotienten angenähert werden. Das erfordert jeweils $3K$ Energieberechnungen (bei Verwendung von Vorwärtsdifferenzen, bei zentralen Differenzen sogar die doppelte Anzahl), was die Effektivität stark beeinträchtigt.

[129] Zur Ermittlung der neuen Kernanordnung $\vec{x}^{(k+1)}$ aus $\vec{x}^{(k)}$ auf dem Weg zum Minimum $\vec{x}^{(0)}$ verwendet man also nicht nur den Gradienten an $\vec{x}^{(k)}$ wie in (4.145), sondern auch die Krümmung der Potenzialfläche in diesem Punkt.

gesetzt. In (4.147) bezeichnet M eine geeignete Näherung zur Inversen der Hesse-Matrix. M wird, ausgehend von einer Startmatrix, in jedem Iterationsschritt verändert („variable Metrik"). Im Algorithmus dieser Veränderung von M unterscheiden sich die verschiedenen mittlerweile entwickelten Quasi-Newton-Verfahren.

Die Konvergenz dieser Verfahren ist im allgemeinen recht gut, wenn man den Startpunkt schon relativ nahe am gesuchten Minimum wählen kann. Allerdings darf die Schrittweite bei den ersten Schritten nicht zu groß sein, da man sonst in die Nähe eines anderen lokalen Minimums geraten kann. Als gute Startgeometrien für stabile Moleküle erweisen sich meist experimentelle oder idealisierte Geometrien. Komplizierter wird die Situation bei nicht-klassischen Strukturen, Molekülkomplexen, Clustern usw. Ein durch Geometrieoptimierung erhaltenes Minimum kann ein lokales oder das globale Minimum auf der Potenzialfläche sein; eine Entscheidung darüber ist an dem einzelnen gefundenen Minimum nicht möglich.

Neben den Minima einer Potenzialfläche sind die *Sattelpunkte* von besonderem Interesse. Sie stellen im Rahmen der Theorie des Übergangszustands die Übergangszustände für chemische Reaktionen dar. Zur Lokalisierung von Sattelpunkten kann man Nullstellen, d.h. Minima des Betrags des Gradienten suchen, denn für alle stationären Punkte (Minima, Maxima und Sattelpunkte) verschwindet der Betrag des Gradienten. Hat man auf diese Weise einen stationären Punkt ermittelt, muss zu seiner Charakterisierung die Hesse-Matrix herangezogen werden. Hat sie nur nichtnegative (nichtpositive) Eigenwerte, dann liegt ein Minimum (Maximum) vor, hat sie k negative Eigenwerte, ein Sattelpunkt *k-ter Ordnung*. Wichtigster Fall sind Sattelpunkte erster Ordnung. Der eine negative Eigenwert der Hesse-Matrix entspricht einer negativen Kraftkonstanten (vgl. (1.119)), d.h. einer imaginären Schwingungsfrequenz. Es gibt genau eine Richtung, längs der die Energie bei einer infinitesimalen Koordinatenverrückung sinkt; das System läuft in das Reaktanden- oder in das Produkttal („Zerfallsschwingung").

In speziellen Fällen kann ein Sattelpunkt auch durch „normale" Energieminimierung lokalisiert werden. Dies trifft dann zu, wenn der Sattelpunkt symmetrieausgezeichnet ist. Gradientenverfahren sind nämlich *symmetrieerhaltend*. Wir betrachten als Beispiel das Umklappen des trigonal-pyramidalen NH_3-Moleküls (Symmetriepunktgruppe C_{3v}). Der trigonal-planare Sattelpunkt hat höhere Symmetrie (D_{3h}). Geht man von einer D_{3h}-Startgeometrie aus und minimiert die Energie, so führt das Gradientenverfahren nicht aus dieser Symmetrie heraus, d.h. nicht in die niedrigere Symmetrie C_{3v}. Man erhält als D_{3h}-Minimum den gesuchten Sattelpunkt.[130]

Reaktionswege im Rahmen der Theorie des Übergangszustands sind Wege auf der Potenzialfläche, die vom Eduktminimum zum Sattelpunkt (Übergangszustand) ständig ansteigen und dann zum Produktminimum ständig abfallen und dabei durch ein Talgebiet verlaufen („Minimum-Energie-Weg"). Das Energieprofil längs eines solchen Weges hat am Sattelpunkt ein Maximum. Ist der Sattelpunkt bekannt, dann kann man mit Gradientenverfahren in beide Täler absteigen. Man erhält so den Reaktionsweg (*Abstiegsverfahren*). *Aufstiegsverfahren*, die, beginnend im Edukttal, einen Sattelpunkt erreichen wollen, sind sehr viel komplizierter. Man kann versuchen, längs der Talsohle aufzusteigen, d.h. jeweils den geringsten Anstieg zu wählen. Dies führt auf *Gradientextremalwege*. Solche Wege führen aber

---

[130]Prinzipiell hat man natürlich auch bei einem solchen Vorgehen zu zeigen, dass tatsächlich ein Sattelpunkt vorliegt; die Hesse-Matrix muss einen negativen Eigenwert haben.

nicht zwangsläufig zu dem Sattelpunkt, von dem aus das gewünschte Produkttal erreicht wird. Sie können in ein anderes Produkttal führen. Auch gibt es Talwege, die sich verzweigen oder die nicht an einem Sattelpunkt enden.[131]

Wir haben uns bisher nur auf die Potenzialfläche für den elektronischen Grundzustand konzentriert. Die Untersuchung der Potenzialflächen für angeregte Zustände ist sehr viel aufwendiger, da die Energieberechnung für solche Zustände komplizierter ist. Potenzialflächen angeregter Zustände werden für die Behandlung fotochemischer Reaktionen sowie für das Verständnis vieler spektroskopischer Eigenschaften benötigt. Sie haben ihre Minima bei anderen Kernanordnungen als die Grundzustandspotenzialfläche (meist bei größeren Kernabständen, da antibindende anstelle von bindenden Molekülorbitalen besetzt sind). Aus der veränderten geometrischen Struktur eines molekularen Systems im Anregungszustand folgt ein anderes reaktives Verhalten als im Grundzustand. Da die Potenzialflächen im allgemeinen also nicht „parallel" sind, ist der vertikale Abstand zwischen beiden am Minimum der Potenzialfläche des angeregten Zustands anders als am Minimum der Grundzustandsfläche. Emission von Licht erfolgt dann mit anderer Frequenz als vorherige Absorption (*Stokessche Verschiebung*).

4.5.3   Moleküldynamik

Die quantenmechanische Lösung der Kerngleichung (4.143) ist nicht möglich. Deshalb betrachtet man die Kerne als klassische Teilchen, die sich im Feld der übrigen Kerne und der Elektronen bewegen. Bezeichnet $\vec{R}_a(t)$ ($a = 1, \ldots, K$) die Koordinaten der Kerne und $E = E(\vec{R}_1, \ldots, \vec{R}_K)$ das effektive Potenzial, dann hat man mit $-\partial E / \partial \vec{R}_a$ die Kräfte, die auf die Kerne wirken. Die Newtonschen Bewegungsgleichungen

$$M_a \ddot{\vec{R}}_a = -\frac{\partial E}{\partial \vec{R}_a} \qquad (a = 1, \ldots, K) \tag{4.148}$$

beschreiben die zeitliche Entwicklung des Systems. Auch diese Gleichungen sind nicht geschlossen lösbar, da die Potenzialfläche nicht geschlossen vorliegt. Für jede Kernanordnung, die sich im Verlaufe der Bewegung ergibt, ist damit eine (im Prinzip) vollständige Berechnung der Elektronenstruktur (Lösung der elektronischen Schrödinger-Gleichung) erforderlich, um die Kräfte zu berechnen, die zum nächsten Schritt führen (*Born-Oppenheimer-Moleküldynamik*). Das ist bei größeren Systemen extrem zeitaufwendig und erschwert die routinemäßige Anwendung beträchtlich.[132]

Mit der *Car-Parrinello-Moleküldynamik* wurde ein Verfahren entwickelt, das die Veränderung der Elektronenstruktur im Verlaufe der Bewegung („*on the fly*") in pragmatischer, sehr effektiver Weise erfasst. Mit Blick darauf, dass die routinemäßige Berechnung der Elektronenstruktur meist mit Hilfe der Dichtefunktionaltheorie erfolgt, bei der die (exakte) Grundzustandsfunktion als Slater-Determinante aus Einelektronenfunktionen (Kohn-Sham-Orbitalen) zusammengesetzt ist, wird die zeitliche Entwicklung dieser Orbitale verfolgt.

---

[131] Die Analyse solcher Wege ist ein kompliziertes Problem der Differenzialgeometrie.
[132] Genau dieses Problem wird bei den *Kraftfeldmethoden* umgangen. Die Energie und damit die Kräfte werden sehr schnell aus (mathematisch sehr einfachen) parametrisierten Kraftfeldern berechnet.

Die Ableitung der Bewegungsgleichungen für die Car-Parrinello-Moleküldynamik erfolgt zweckmäßig im Lagrange-Formalismus (s. Abschn. 1.1.1). In die Lagrange-Funktion wird zusätzlich zu den Lagekoordinaten $\vec{R}_a(t)$ $(a = 1, \ldots, K)$ der Kerne noch ein Satz von Orbitalen $\psi_i(\vec{r}, t)$ $(i = 1, \ldots, N)$ als „elektronische Freiheitsgrade" eingefügt:

$$L(\vec{R}_1, \ldots, \vec{R}_K, \dot{\vec{R}}_1, \ldots, \dot{\vec{R}}_K, \psi_1, \ldots, \psi_N, \dot{\psi}_1, \ldots, \dot{\psi}_N, t). \tag{4.149}$$

Ganz formal hat man dann die Lagrangeschen Gleichungen

$$\frac{\mathrm{d}}{\mathrm{d}t} \frac{\partial L}{\partial \dot{\vec{R}}_a} = \frac{\partial L}{\partial \vec{R}_a} \qquad (a = 1, \ldots, K), \tag{4.150}$$

$$\frac{\mathrm{d}}{\mathrm{d}t} \frac{\delta L}{\delta \dot{\psi}_i^*} = \frac{\delta L}{\delta \psi_i^*} \qquad (i = 1, \ldots, N). \tag{4.151}$$

Die Lagrange-Funktion (4.149) ist eine Funktion der Kernkoordinaten, aber ein *Funktional* der Orbitale, deshalb enthalten die Gleichungen (4.150) partielle Ableitungen (in Übereinstimmung mit (1.2)), die Gleichungen (4.151) dagegen funktionale Ableitungen, die Variation von L bezüglich der Orbitale bzw. deren zeitlicher Ableitungen.[133]

Für die Lagrange-Funktion $L = T - V$ wird folgender Ausdruck formuliert:

$$L = \sum_{a=1}^{K} \frac{1}{2} M_a \dot{\vec{R}}_a^2 + \sum_{i=1}^{N} \mu \left\langle \dot{\psi}_i, \dot{\psi}_i \right\rangle + \langle \Psi_0, \mathbf{H}_e \Psi_0 \rangle + \sum_{i=1}^{N} \sum_{j=1}^{N} \lambda_{ij} \left[\langle \psi_i, \psi_j \rangle - \delta_{ij} \right]. \tag{4.152}$$

Der erste Term ist der bekannte Ausdruck für die kinetische Energie der Kerne, der zweite ist ein fiktiver Beitrag zur kinetischen Energie, der von der zeitlichen Veränderung der Orbitale herrührt und einen Parameter μ enthält.[134] $\langle \Psi_0, \mathbf{H}_e \Psi_0 \rangle = E$ ist der Mittelwert der Energie für die aus Kohn-Sham-Orbitalen gebildete Grundzustandsdeterminante Ψ_0. Dieser Term repräsentiert die potenzielle Energie des Systems. Mit dem letzten Beitrag in (4.152) werden Nebenbedingungen hinzugefügt, die sichern, dass die Orbitale im Verlauf der Prozedur orthonormiert bleiben (vgl. Abschn. 4.2.3). Mit (4.152) ergeben sich aus (4.150) und (4.151) die *Car-Parrinelloschen Bewegungsgleichungen*

$$M_a \ddot{\vec{R}}_a = -\frac{\partial E}{\partial \vec{R}_a} \qquad (a = 1, \ldots, K), \tag{4.153}$$

$$\mu \ddot{\psi}_i = -\frac{\delta E}{\delta \psi_i^*} + \sum_{j=1}^{N} \lambda_{ij} \psi_j \qquad (i = 1, \ldots, N). \tag{4.154}$$

(4.153) ist identisch mit (4.148). Der orbitalabhängige Beitrag zur kinetischen Energie in (4.152) wurde so gewählt, dass (4.154) die analytische Form klassischer Newtonscher Bewegungsgleichungen hat. Damit repräsentieren die funktionalen Ableitungen in (4.154) die

---

[133]Wie bei früheren Variationsproblemen variieren wir nach den konjugiert komplexen Funktionen, damit die resultierenden Gleichungen die „eigentlichen" Funktionen enthalten.

[134]Zuweilen wird auch der Faktor $\mu/2$ verwendet. μ kann als „fiktive Masse" aufgefasst werden, hat aber die Dimension Energie $\cdot$ Zeit^2.

„Kräfte", die auf die als klassische Variable aufgefassten Orbitale wirken. Die Gleichungen (4.153) und (4.154) beschreiben also eine *fiktive Dynamik*, bei der die zeitliche Entwicklung nicht nur der Kernpositionen, sondern auch der Orbitale durch klassische Gleichungen vom Newtonschen Typ beschrieben wird.

Moleküldynamik-Simulationen auf der Grundlage der Gleichungen (4.153) und (4.154) sind heute die Methode der Wahl bei der Bearbeitung einer Vielzahl von Fragestellungen aus Chemie, Physik und insbesondere auch Biochemie. Da keine empirischen Parameter enthalten sind, spricht man auch von ab-initio-Moleküldynamik. Bei der praktischen Anwendung verwendet man Pseudopotenziale anstelle der Rumpfelektronen (vgl. Abschn. 4.3.4) und eine Basis aus ebenen Wellen für die Elektronen des Valenzbereichs. Die ständige Verbesserung der Simulationsalgorithmen und die Erweiterung des Anwendungsbereichs sind Gegenstand intensiver Forschungsarbeit.

A   Molekülsymmetrie

Jedes Molekül hat gewisse Symmetrieeigenschaften, es lässt sich einer bestimmten Symmetriepunktgruppe zuordnen. Damit können die Methoden der Gruppentheorie angewandt werden. Dies gestattet eine weitgehend einheitliche Behandlung der verschiedensten Probleme und führt so zu einer Systematik und damit zu einem tieferen Verständnis der Zusammenhänge, so zum Beispiel in der Atom- und Molekülspektroskopie oder bei der Behandlung der Struktur molekularer Systeme. Verschiedene Theorien sind überhaupt erst mit Hilfe der Gruppentheorie entstanden; dazu gehört die Ligandenfeldtheorie. Molekülsymmetrie und Gruppentheorie sind damit unentbehrliche Hilfsmittel für eine moderne chemische Forschung.

Literaturempfehlungen: [38], [39], [43], [13e] und [44] (auch [1], [2], [8] und [40] bis [42]).

A.1   Symmetriepunktgruppen

A.1.1   Symmetrieelemente und Symmetrieoperationen

„Symmetrische" Körper, etwa Moleküle, enthalten *Symmetrieelemente*, das sind geometrische Objekte, auf die sich die Angaben zur Symmetrie beziehen. Bei Molekülen kann es folgende Symmetrieelemente geben: Drehachsen, Spiegelebenen, Drehspiegelachsen und das Inversionszentrum. *Symmetrieoperationen* sind spezielle Bewegungen. Unter den Bewegungen, den längen- und winkeltreuen Abbildungen eines geometrischen Körpers (Moleküls), sind die Symmetrieoperationen diejenigen, die den betrachteten Körper in eine von der ursprünglichen nicht unterscheidbare Lage überführen, d.h. ihn mit sich zur Deckung bringen. Symmetrieelemente und Symmetrieoperationen bedingen sich gegenseitig: eine Symmetrieoperation kann nur in Bezug auf ein Symmetrieelement definiert und ausgeführt werden, während das Vorhandensein eines Symmetrieelements nur gezeigt werden kann, wenn entsprechende Symmetrieoperationen existieren. Wir erläutern dies an den in Bild A.1 dargestellten geometrischen Körpern.

In allen Beispielen sind *Drehachsen* C_n enthalten. Bezüglich dieser Symmetrieelemente können Drehungen (Symmetrieoperationen) ausgeführt werden, die mit dem gleichen Symbol C_n bezeichnet werden. Eine *Drehung* C_n ist gekennzeichnet durch die Angabe der Drehachse und des Drehwinkels. C_n ist eine Drehung um den Winkel $2\pi/n$. Der Index n heißt *Zähligkeit* der Drehachse C_n. Die trigonale Pyramide hat eine dreizählige Drehachse, die durch die Spitze und die Mitte der Grundfläche verläuft. Bei einer Drehung C_3 um diese

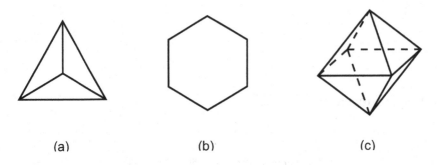

(a)   (b)   (c)

Bild A.1 Reguläre trigonale Pyramide („von oben gesehen") (a), reguläres planares Sechseck (b) und reguläres Oktaeder (c). Molekülbeispiele sind für (a) NH_3, für (b) Benzen und für (c) die oktaedrischen Metallkomplexe ML_6.

Drehachse C_3 wird die Pyramide um $2\pi/3$, d.h. 120°, gedreht (Bild A.2a).[1] Es ergibt sich eine von der ursprünglichen nicht unterscheidbare Lage der Pyramide im Raum. Mehrfache Drehungen werden durch Potenzen bezeichnet, sie sind ebenfalls Symmetrieoperationen. So führt die Drehoperation $C_3^2 = C_3 C_3$ die Pyramide durch Drehung um $4\pi/3$, d.h. 240°, in eine nichtunterscheidbare Lage über (Bild A.2b). Dreifache Drehung (um $6\pi/3$, d.h. 360°) ent-

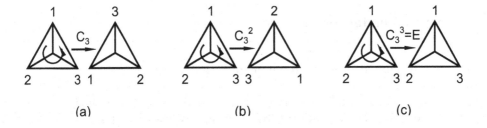

(a)   (b)   (c)

Bild A.2 Drehoperationen an der regulären trigonalen Pyramide.

spricht der *identischen Symmetrieoperation E* (Bild A.2c). Das planare Sechseck (Bild A.1b) hat eine Drehachse C_6, sie verläuft senkrecht zur Ebene des Sechsecks durch dessen Mitte. Bezüglich dieses Symmetrieelements C_6 lassen sich folgende Drehoperationen ausführen: C_6, C_6^2, C_6^3, C_6^4, C_6^5, $C_6^6 = E$. Die Indizes können – wenn möglich – durch die Exponenten gekürzt werden: $C_6^2 = C_3$, $C_6^3 = C_2$. Im Sechseck sind sechs weitere Drehachsen vorhanden, die *in* seiner Ebene liegen: drei C_2', die jeweils durch zwei gegenüberliegende Eckpunkte und drei C_2'', die jeweils durch die Mitten zweier gegenüberliegender Seiten verlaufen.[2] Im Oktaeder (Bild A.1c) gibt es eine Vielzahl von Drehachsen: drei C_4, die jeweils durch zwei gegenüberliegende Eckpunkte, vier C_3, die jeweils durch die Mitten zweier gegenüberliegender Flächen, und sechs C_2', die jeweils durch die Mitten zweier gegenüberliegender Kanten verlaufen. In Bild A.3 sind Beispiele für die Symmetrieoperationen C_3 und C_2' dargestellt.

---

[1]Man vereinbart mathematisch positiven Drehsinn, d.h. Drehung entgegengesetzt zum Uhrzeigersinn.
[2]Durch C_2, C_2' und C_2'' unterscheidet man verschiedene „Typen" von Drehachsen bzw. Drehungen (s. später).

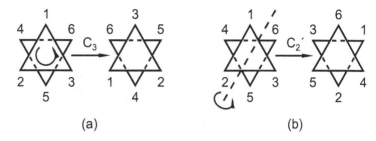

(a)   (b)

Bild A.3 Beispiele für Drehungen am Oktaeder. Zur Veranschaulichung der Drehungen C_3 (a) und C_2' (b) ist die hier gewählte Oktaederansicht zweckmäßiger als die in Bild A.1.

Wir bemerken, dass jeweils drei Drehachsen C_2' in einer Ebene liegen, die sich genau in der Mitte zwischen zwei gegenüberliegenden Oktaederflächen befindet.

Jede Drehung C_n *erzeugt* durch wiederholte Anwendung n *verschiedene* Symmetrieoperationen: C_n, C_n^2, C_n^3, ..., $C_n^n = E$, $C_n^{n+1} = C_n$, ... Für $n = 1$ entspricht die Drehung der identischen Symmetrieoperation E. Von Bedeutung sind deshalb nur die Fälle $n \geq 2$. Für $n \to \infty$ werden infinitesimale Drehwinkel möglich (rotationssymmetrische Körper bzw. lineare Moleküle); man gebraucht dann das Symbol C_∞. Gibt es für einen Körper mehrere Drehachsen, dann heißt die mit der höchsten Zähligkeit *Referenzachse* oder *Hauptachse* (beim Sechseck die C_6). Auf diese Achse bezieht sich die Bezeichnung der weiteren Symmetrieelemente und Symmetrieoperationen. Liegen mehrere Achsen höchster Zähligkeit vor, ist die Auswahl der Referenzachse aus diesen willkürlich (*eine* der drei C_4 im Oktaeder).

Neben den Drehachsen enthalten die in Bild A.1 dargestellten Körper als weitere Symmetrieelemente *Spiegelebenen* σ. An einer Spiegelebene σ kann eine *Spiegelung* σ ausgeführt werden, bei der der Körper in eine von der ursprünglichen nicht unterscheidbare Lage überführt wird. Durch wiederholte Anwendung erzeugt die Spiegelung σ zwei verschiedene Symmetrieoperationen: σ, $\sigma^2 = E$, $\sigma^3 = \sigma$, ... Eine Spiegelebene (und die zugehörige Spiegelung) wird mit σ_v oder σ_d bezeichnet, wenn die Referenzachse *in* der Spiegelebene liegt, mit σ_h, wenn die Referenzachse *senkrecht auf* der Spiegelebene steht.[3] Bei der trigonalen Pyramide gibt es drei Spiegelebenen σ_v, sie verlaufen jeweils durch die Spitze sowie durch einen Eckpunkt und die Mitte der diesem gegenüberliegenden Seite der Grundfläche (Bild A.4a). Beim Sechseck ist die Ebene, in der das Sechseck liegt, eine Spiegelebene σ_h. Es gibt sechs weitere Spiegelebenen, sie stehen alle senkrecht auf dieser σ_h und enthalten die Referenzachse C_6: drei σ_v, die jeweils zwei gegenüberliegende Ecken des Sechsecks enthalten, und drei σ_d, die „zwischen" diesen σ_v liegen, d.h. jeweils durch die Mitten zweier gegenüberliegender Seiten verlaufen. Beim Oktaeder gibt es drei Spiegelebenen vom Typ σ_h in Übereinstimmung damit, dass alle drei C_4 als Referenzachse dienen können. Zusätzlich sind sechs Spiegelebenen

---

[3] Der Index h bedeutet „horizontal" in Übereinstimmung damit, dass man sich ebene Moleküle in die (horizontale) Papierebene gelegt denkt und die Referenzachse dann senkrecht auf dieser Ebene steht. v bedeutet „vertikal"; Spiegelebenen σ_v enthalten die Referenzachse und sind damit „vertikale" Ebenen. d bedeutet „diagonal"; Spiegelebenen σ_d sind ebenfalls „vertikale" Ebenen, die die Referenzachse enthalten, sie halbieren die Winkel zwischen vorhandenen zweizähligen Drehachsen senkrecht zur Referenzachse oder zwischen vorhandenen Spiegelebenen σ_v.

σ_d vorhanden, deren Schnittlinien mit den σ_h gerade zwischen den Drehachsen C_2' liegen (Bild A.4b).

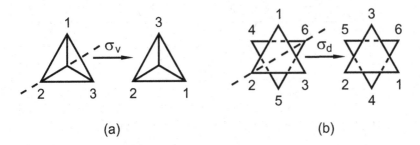

(a)   (b)

Bild A.4 Beispiele für Spiegelungen. Die Spiegelebenen stehen jeweils senkrecht auf der Papierebene und sind durch ihre Schnittlinie mit dieser gekennzeichnet.

Drehungen und Spiegelungen sind *eigentliche* Symmetrieoperationen. Aus ihnen lassen sich weitere Symmetrieoperationen zusammensetzen, die Drehspiegelung und die Inversion, die als *uneigentliche* Symmetrieoperationen bezeichnet werden.

Eine *Drehspiegelung* S_n besteht aus einer Drehung um den Winkel $2\pi/n$ und einer Spiegelung an einer Ebene senkrecht zur Drehachse. Dabei ist die Reihenfolge beider Teiloperationen gleichgültig; es handelt sich um *eine* Symmetrieoperation. Das zugehörige Symmetrieelement ist die *Drehspiegelachse* S_n. Beim planaren Sechseck gibt es eine S_6, die kolinear ist zur Drehachse C_6 (d.h. mit dieser zusammenfällt) (Bild A.5a), beim Oktaeder vier S_6

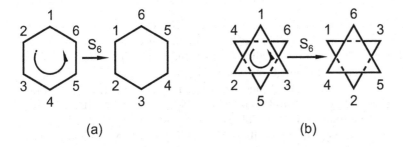

(a)   (b)

Bild A.5 Beispiele für Drehspiegelungen.

kolinear zu den C_3 (Bild A.5b). Die Teiloperationen C_n und σ einer Drehspiegelung S_n können als Einzeloperationen existieren, müssen dies aber nicht. So existieren zur Drehspiegelachse S_6 im Sechseck auch die C_6 und die σ_h. Im Oktaeder dagegen gibt es keine zu den S_6 kolinearen C_6 und auch keine Spiegelebenen senkrecht dazu. Eine Drehspiegelung erzeugt durch wiederholte Anwendung die Symmetrieoperationen S_n, $S_n^2 = C_n^2\sigma^2 = C_n^2, \ldots$ Für gerades n gilt $S_n^n = C_n^n\sigma^n = E$, für ungerades n dagegen ist $S_n^n = C_n^n\sigma^n = \sigma$ und erst $S_n^{2n} = C_n^{2n}\sigma^{2n} = E$.[4] Die S_n erzeugt also im ersten Fall n, im zweiten Fall $2n$ verschiedene Symmetrieoperationen.

---

[4]Daraus folgt, dass für ungerades n zu einer Drehspiegelachse S_n auch eine kolineare Drehachse C_n und eine dazu senkrechte Spiegelebene σ existieren muss.

Die *Inversion i* an einem Punkt, dem *Inversionszentrum i*, kann auch als Drehspiegelung S_2 aufgefasst werden. Wegen ihrer speziellen Bedeutung erhält sie jedoch ein eigenes Symbol. Die Inversion erzeugt zwei verschiedene Symmetrieoperationen: i, $i^2 = E$, $i^3 = i, \ldots$ Planares Sechseck und Oktaeder enthalten ein Inversionszentrum (Bild A.6a bzw. A.6b).

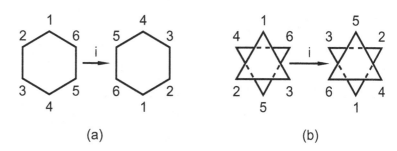

(a)   (b)

Bild A.6 Beispiele für die Inversion. Die Operation ist identisch mit $S_6^3 = S_2$.

A.1.2 Produkte von Symmetrieoperationen

Wir konzentrieren uns auf das Beispiel der regulären trigonalen Pyramide (NH_3). Die möglichen verschiedenen Symmetrieoperationen sind in Bild A.7 zusammengestellt. Unter dem

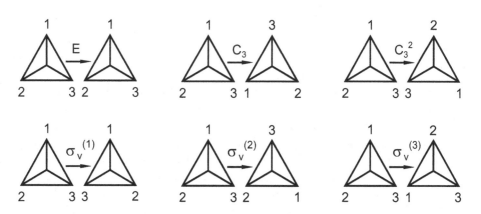

Bild A.7 Symmetrieoperationen an der regulären trigonalen Pyramide.

Produkt $R_1 R_2$ zweier Symmetrieoperationen R_1 und R_2 versteht man ihre Nacheinanderausführung in der Weise, dass *erst* der *rechte* Faktor des Produkts (R_2) und *dann* der *linke* Faktor (R_1) angewandt wird;[5] zum Beispiel bedeutet $\sigma_v^{(1)} C_3^2$, dass erst die Drehung und dann die Spiegelung ausgeführt wird (Bild A.8a). Dieses Produkt ist wieder eine Symme-

---

[5]Den Symmetrieoperationen entsprechen lineare Symmetrie*operatoren*. Diese Operatoren sind unitär, sie haben die in Abschnitt 2.1.9 behandelten Eigenschaften (insbesondere (2.55) und (2.56)).

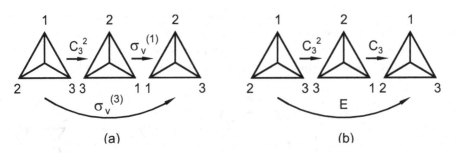

(a)   (b)

Bild A.8 Beispiel für die Bildung des Produkts zweier Symmetrieoperationen (a) und für die Bildung des Inversen einer Symmetrieoperation (b).

trieoperation: $\sigma_v^{(1)} C_3^2 = \sigma_v^{(3)}$. Alle paarweisen Produkte der sechs Symmetrieoperationen aus Bild A.7 lassen sich in einer *Multiplikationstafel* zusammenfassen:

$$
\begin{array}{c|cccccc}
 & E & C_3 & C_3^2 & \sigma_v^{(1)} & \sigma_v^{(2)} & \sigma_v^{(3)} \\
\hline
E & E & C_3 & C_3^2 & \sigma_v^{(1)} & \sigma_v^{(2)} & \sigma_v^{(3)} \\
C_3 & C_3 & C_3^2 & E & \sigma_v^{(3)} & \sigma_v^{(1)} & \sigma_v^{(2)} \\
C_3^2 & C_3^2 & E & C_3 & \sigma_v^{(2)} & \sigma_v^{(3)} & \sigma_v^{(1)} \\
\sigma_v^{(1)} & \sigma_v^{(1)} & \sigma_v^{(2)} & \sigma_v^{(3)} & E & C_3 & C_3^2 \\
\sigma_v^{(2)} & \sigma_v^{(2)} & \sigma_v^{(3)} & \sigma_v^{(1)} & C_3^2 & E & C_3 \\
\sigma_v^{(3)} & \sigma_v^{(3)} & \sigma_v^{(1)} & \sigma_v^{(2)} & C_3 & C_3^2 & E \\
\end{array}
\tag{A.1}
$$

In der Kopfleiste und in der linken Spalte sind die Symmetrieoperationen angeordnet, im quadratischen Schema die Produkte in der Weise, dass oben der rechte Faktor und links der linke Faktor des betreffenden Produkts steht. Die Produktbildung ist nicht kommutativ; zum Beispiel gilt $\sigma_v^{(1)} C_3 = \sigma_v^{(2)}$, aber $C_3 \sigma_v^{(1)} = \sigma_v^{(3)}$. Die Multiplikationstafel ist damit nicht symmetrisch zur Hauptdiagonalen.

Als *Inverses* einer Symmetrieoperation R wird diejenige Symmetrieoperation R^{-1} bezeichnet, für die $R^{-1}R = RR^{-1} = E$ gilt. An der Multiplikationstafel (A.1) sieht man, dass zu jeder Symmetrieoperation R ein eindeutiges Inverses R^{-1} existiert, denn in jeder Zeile und Spalte der Tafel tritt die identische Symmetrieoperation E genau einmal auf. So gilt etwa $C_3 C_3^2 = E$ (vgl. Bild A.8b), d.h., C_3 ist das Inverse zu C_3^2 und umgekehrt: $(C_3^2)^{-1} = C_3$ und $(C_3)^{-1} = C_3^2$. Allgemein gilt $(C_n^m)^{-1} = C_n^{n-m}$, denn durch Anwendung der Potenzgesetze erhält man $C_n^{n-m} C_n^m = C_n^n = E$ (entsprechendes gilt für die inversen Drehspiegelungen). Alle Spiegelungen und auch die Inversion sind zu sich selbst invers, $\sigma^{-1} = \sigma$ und $i^{-1} = i$, denn es gilt $\sigma^{-1}\sigma = \sigma\sigma = \sigma^2 = E$ bzw. $i^{-1}i = ii = i^2 = E$.

A.1.3   Die Punktgruppen

Die Menge der sechs Symmetrieoperationen, die wir in Bild A.7 für unser Beispiel zusammengestellt haben, ist „vollständig" in dem Sinne, dass das Produkt zweier (oder mehrerer)

Symmetrieoperationen stets wieder eine eindeutig bestimmte Symmetrieoperation aus dieser Menge ist. Das spiegelt die Multiplikationstafel (A.1) wieder. Es gibt keine weiteren Symmetrieoperationen.[6] Die Menge hat eine Reihe weiterer charakteristischer Eigenschaften. Sie enthält die identische Symmetrieoperation und zu jeder Symmetrieoperation das Inverse. Darüberhinaus ist die Produktbildung assoziativ.[7]

Eine Menge von Elementen, die die genannten Eigenschaften erfüllt, heißt *Gruppe*. Allein aus diesen Eigenschaften lässt sich – ohne Bezug zur konkreten Bedeutung der Gruppenelemente – eine Vielzahl von Folgerungen ableiten. Das leistet die *Gruppentheorie*. Die Ergebnisse dieser Theorie gelten sowohl für Gruppen mit abstrakten Elementen als auch für alle konkreten Realisierungen. Wir werden uns mit Elementen der Gruppentheorie in den Abschnitten A.2 und A.3 beschäftigen.

Analog zu den Verhältnissen bei der regulären trigonalen Pyramide lässt sich für *jeden* geometrischen Körper (d.h. auch jedes Molekül) zeigen, dass die Menge der Symmetrieoperationen eine Gruppe bildet.[8] Diese Symmetriegruppen werden als *Punktgruppen* (*Symmetriepunktgruppen*) bezeichnet, da bei allen Symmetrieoperationen mindestens *ein* Punkt des Objekts im Raum fest bleibt. Bei Drehungen sind dies alle Punkte auf der Drehachse, bei Spiegelungen alle Punkte in der Spiegelebene; bei Drehspiegelungen bleibt der Schnittpunkt zwischen Drehachse und Spiegelebene fest, bei der Inversion das Inversionszentrum.[9] Die Vielfalt der möglichen Punktgruppen ist begrenzt. Wir führen im folgenden alle Punktgruppen auf.

1. *Die Gruppen* C_n. Zur *zyklischen Gruppe* C_n gehören Moleküle, die als einziges Symmetrieelement eine *n*-zählige Drehachse C_n haben. Die Gruppe C_n besteht aus n Elementen, den durch C_n erzeugten Symmetrieoperationen E, C_n, C_n^2,..., C_n^{n-1} (vgl. Abschn. A.1.1). Die *nichtaxiale Gruppe* C_1 ist unter den Gruppen C_n als entarteter Fall mit enthalten; sie ist die Punktgruppe der völlig unsymmetrischen Moleküle und enthält als Gruppenelement nur die identische Symmetrieoperation E. Moleküle, die als einziges Symmetrieelement eine Drehachse C_n ($n \geq 2$) haben, sind relativ selten. Sie haben eine abgewinkelte propellerartige Struktur. Ein Beispiel ist Triphenylarsin (C_3).

2. *Die Gruppen* S_{2n}. Fällt die *n*-zählige Drehachse mit einer *2n*-zähligen Drehspiegelachse S_{2n} zusammen und gibt es außer dieser S_{2n} *kein weiteres* Symmetrieelement, dann liegt die Punktgruppe S_{2n} vor. Sie besteht aus $2n$ Elementen, den Symmetrieoperationen E, S_{2n}, $S_{2n}^2 = C_{2n}^2 \sigma^2 = C_n$, S_{2n}^3,..., S_{2n}^{2n-1}. Für ungerades n ist wegen $S_{2n}^n = C_{2n}^n \sigma^n = C_2 \sigma = i$ die Inversion enthalten. Für den Spezialfall $n = 1$ besteht die Gruppe nur aus den beiden Elementen E und i; sie wird dann zu den nichtaxialen Gruppen gezählt und mit C_i bezeichnet. Die Gruppe S_{2n} für $n > 1$ kommt bei Molekülen sehr selten vor.

3. *Die Gruppen* D_n. Zur *Diedergruppe* D_n gehören Moleküle, die außer einer *n*-zähligen Refe-

---

[6] Die sechs verschiedenen Symmetrieoperationen entsprechen gerade den 3! = 6 Permutationen der Punkte 1, 2, 3 (s. Bild A.7).
[7] Das heißt, es gilt $(R_1 R_2)R_3 = R_1(R_2 R_3)$ für alle Symmetrieoperationen R_i der Menge (s. Abschn. A.2.1).
[8] Man beachte: Die Elemente dieser Gruppen sind die Symmetrie*operationen*, nicht etwa die Symmetrie*elemente*!
[9] Bei unendlich ausgedehnten, periodischen Anordnungen (ideale Kristallgitter) sind auch *Translationen* Symmetrieoperationen. Dabei bleibt *kein* Punkt des Objekts im Raum fest. Symmetriegruppen, die auch Translationen als Elemente enthalten, werden *Raumgruppen* genannt.

renzachse C_n als weitere Symmetrieelemente noch n zweizählige Drehachsen $C_2^{(1)}$, $C_2^{(2)}$, ...,
$C_2^{(n)}$ haben, die in der Ebene senkrecht zur Referenzachse liegen und von denen jeweils zwei
einen Winkel von π/n einschließen. Es genügt, das Vorhandensein einer einzigen Achse C_2
senkrecht zur Referenzachse zu erkennen, die Existenz der anderen $n-1$ folgt zwangsläufig.
Die Gruppe D_n besteht aus $2n$ Elementen, den Symmetrieoperationen E, C_n, C_n^2, ..., C_n^{n-1},
$C_2^{(1)}$, ..., $C_2^{(n)}$. Es gibt relativ wenige Moleküle, die zur Punktgruppe D_n gehören. Wichtiges
Beispiel sind die Tris-Chelatkomplexe (D_3). Zur Gruppe D_2 gehört Biphenyl.

4. *Die Gruppen* C_{nv}. Fügt man zu einer n-zähligen Drehachse n Spiegelebenen hinzu, deren
Schnittgerade jeweils diese Achse ist, dann erhält man die Gruppe C_{nv}. Je zwei Ebenen
schließen den Winkel π/n ein. Wieder folgt aus der Existenz einer einzigen Spiegelebene,
die die Referenzachse enthält, die Existenz von $n-1$ weiteren solchen Ebenen. Die Gruppe
C_{nv} besteht aus $2n$ Elementen, den Symmetrieoperationen E, C_n, C_n^2, ..., C_n^{n-1}, $\sigma_v^{(1)}$, ...,
$\sigma_v^{(n)}$. Die Gruppe C_{nv} ist die Punktgruppe der regulären n-seitigen Pyramide, sie tritt bei
Molekülen sehr häufig auf. Beispiele sind H_2O (C_{2v}), der cis-Metallkomplex MA_4B_2 (C_{2v}),
NH_3 (C_{3v}) und MA_5B (C_{4v}).

5. *Die Gruppen* C_{nh}. Fügt man zu einer n-zähligen Drehachse eine Spiegelebene σ_h (senkrecht zu dieser Achse) hinzu, dann erhält man die Gruppe C_{nh}. Der entartete Fall C_{1h} ist
die (nichtaxiale) Gruppe, die nur aus den beiden Elementen E und σ_h besteht. Diese Gruppe wird als C_s bezeichnet; zu ihr gehören alle Moleküle, die außer einer Spiegelebene kein
weiteres Symmetrieelement haben. Die Gruppe C_{nh} enthält alle Elemente R der Gruppe
C_n und alle Produkte $R\sigma_h$, d.h. die $2n$ Symmetrieoperationen E, C_n, ..., C_n^{n-1}, $E\sigma_h = \sigma_h$,
$C_n\sigma_h = S_n$, ... Für gerades n gilt auch: C_{nh} enthält alle R aus C_n und alle Produkte Ri
(also wegen $Ei = i$ auch die Inversion). Zur Punktgruppe C_{nh} ($n \geq 2$) gehören relativ viele
Moleküle, zum Beispiel trans-Butadien (C_{2h}) und $[Cu(NH_3)_4]^{2+}$ (C_{4h}).

6. *Die Gruppen* D_{nh}. Kommt zu den Symmetrieelementen der Gruppe D_n noch eine Spie-
gelebene senkrecht zur Referenzachse hinzu, d.h. eine σ_h, so ergibt sich die Gruppe D_{nh}.
Die Gruppe D_{nh} enthält alle Elemente R der Gruppe D_n und alle Produkte $R\sigma_h$, d.h. $4n$
Elemente. Für gerades n gilt außerdem: D_{nh} enthält alle R aus D_n und alle Produkte Ri.
Die Gruppe D_{nh} ist die Punktgruppe des regulären n-seitigen Prismas. Es gibt viele Mo-
leküle, die zu dieser Punktgruppe gehören; Beispiele sind BF_3 (D_{3h}), quadratisch-planare
Metallkomplexe MA_4 (D_{4h}) und Benzen (D_{6h}).

7. *Die Gruppen* D_{nd}. Kommen zu den Symmetrieelementen der Gruppe D_n noch n Spiegelebenen hinzu, die die Referenzachse enthalten und die Winkel zwischen den n zweizähligen
Drehachsen halbieren (σ_d), ergibt sich die Gruppe D_{nd}. Sie enthält $4n$ Elemente. Für ungerades n sind dies alle Elemente R der Gruppe D_n und alle Produkte Ri. Die Gruppe D_{nd} ist
die Punktgruppe des regulären n-seitigen Antiprismas. Es gibt relativ viele Moleküle, die
zu dieser Punktgruppe gehören; Beispiele sind etwa gestaffeltes Ethan (D_{3d}) und Ferrocen
(D_{5d}).

8. *Die Tetraedergruppe* T_d. Die Gruppe T_d besteht aus allen Symmetrieoperationen, die
ein reguläres Tetraeder in sich überführen. Es gibt folgende Symmetrieelemente: vier Drehachsen C_3, die jeweils durch einen Eckpunkt und die Mitte der gegenüberliegenden Seite
verlaufen. Weiterhin gibt es drei Drehachsen C_2; sie verlaufen jeweils durch die Mitten
zweier gegenüberliegender Kanten. Außer den Drehachsen gibt es sechs Spiegelebenen, die

jeweils eine Kante und den Tetraedermittelpunkt enthalten, sowie drei Drehspiegelachsen S_4, die kolinear mit den Drehachsen C_2 sind. Insgesamt erzeugen diese Symmetrieelemente 24 Symmetrieoperationen.

9. *Die Oktaedergruppe* O_h. Die Gruppe O_h besteht aus allen Symmetrieoperationen, die ein reguläres Oktaeder (oder auch einen Würfel) in sich überführen. Die Drehachsen kennen wir bereits aus Abschnitt A.1.1: drei C_4 verlaufen jeweils durch gegenüberliegende Ecken, vier C_3 durch die Mitten gegenüberliegender Seiten und sechs C_2 durch die Mitten gegenüberliegender Kanten. Außer den Drehachsen hat das Oktaeder weitere Symmetrieelemente. Es gibt drei Spiegelebenen σ_h, jeweils senkrecht zu einer C_4. Demzufolge existieren drei Drehspiegelachsen S_4 kolinear mit den C_4. Da $S_4^2 = i$ ist, liegt auch ein Inversionszentrum vor. Weiterhin gibt es kolinear zu den C_3 vier Drehspiegelachsen S_6 sowie sechs Spiegelebenen σ_d. Für die Gruppe O_h ergeben sich daraus 48 Symmetrieoperationen.

Tetraeder- und Oktaedergruppen werden zusammenfassend als *kubische Gruppen* bezeichnet.

10. *Die Ikosaedergruppe* I_h. Die Gruppe I_h enthält die 120 Symmetrieoperationen, die ein reguläres Ikosaeder in sich überführen. Es gibt Borverbindungen, die diese Symmetrie haben.

11. *Die Gruppen* $C_{\infty v}$ und $D_{\infty h}$. Lässt man in den Gruppen C_{nv} und D_{nh} n gegen unendlich gehen, so werden infinitesimale Drehwinkel möglich und damit Drehungen um beliebige Winkel. Es ergeben sich die Punktgruppen $C_{\infty v}$ und $D_{\infty h}$ der linearen Moleküle. Sie enthalten unendlich viele Elemente. Beispiele für die Gruppe $C_{\infty v}$ sind CO und NO und für die Gruppe $D_{\infty h}$, die eine Spiegelebene σ_h (senkrecht zur kontinuierlichen Referenzdrehachse) enthält, CO_2 und N_2.

Wir haben damit alle bei Molekülen auftretenden Punktgruppen aufgeführt. Für jede Punktgruppe sind die Symmetrieoperationen in der Kopfleiste ihrer „Charaktertafel" (s. Anhang B) angegeben.[10]

A.1.4 Systematische Bestimmung der Punktgruppe

Um die Punktgruppe eines Moleküls zu bestimmen, ist es nicht nötig, *alle* Symmetrieelemente bzw. Symmetrieoperationen aufzusuchen, da sich die Symmetrieelemente zum Teil untereinander bedingen. Das folgt daraus, dass die Menge der Symmetrieoperationen eine Gruppe bildet und demzufolge zu je zwei Symmetrieoperationen auch deren Produkt eine Symmetrieoperation sein muss. Man braucht deshalb nur die Existenz einer minimalen Anzahl von Symmetrieelementen nachzuweisen bzw. auszuschließen, um die Punktgruppe eindeutig zu bestimmen. Effektiv lässt sich das mit Hilfe eines *Bestimmungsalgorithmus* (Bild A.9) durchführen.

Bei Anwendung des Algorithmus geht man in zwei größeren Schritten vor. Der *erste Schritt* schafft eine Einteilung der Punktgruppen nach der Art und der Anzahl der vorhandenen Drehachsen. Zunächst sucht man die Drehachse höchster Zähligkeit, die Referenzachse, auf; gibt es mehrere Achsen höchster Zähligkeit, wird eine von ihnen willkürlich als Referenzachse festgelegt. Folgende Fälle können auftreten:

---

[10]Sie sind dort in geeigneter Weise in „Klassen" zusammengefasst (s. Abschn. A.2.5). Auf die Charaktertafeln selbst werden wir erst später eingehen (Abschn. A.3.6).

a) eine C_∞; das Molekül ist linear, die Punktgruppe ist $D_{\infty h}$ oder $C_{\infty v}$;

b) mehrere C_n mit $n \geq 3$; es liegt eine der Gruppen T_d, O_h oder I_h vor;

c) eine C_n mit $n \geq 3$ bzw. eine oder mehrere C_2; die Punktgruppe ist S_{2n}, D_{nh}, D_{nd}, D_n, C_{nh}, C_{nv} oder C_n;

d) keine C_n ($n \geq 2$); das Molekül gehört zu einer der nichtaxialen Gruppen C_i, C_s oder C_1.

Im *zweiten Schritt* werden – entsprechend den Verzweigungen des Algorithmus – eventuell vorhandene weitere Symmetrieelemente aufgesucht. Dadurch wird dann die Punktgruppe festgelegt.

Als erstes Beispiel betrachten wir das NH_3-Molekül (s. Bild A.1a). Es ist eine dreizählige Drehachse C_3 vorhanden. Wir haben also zwischen den Gruppen S_6, D_{3h}, D_{3d}, D_3, C_{3h}, C_{3v} und C_3 zu unterscheiden. Dazu müssen weitere Symmetrieelemente aufgesucht werden. Es gibt keine S_6 kolinear mit der Referenzachse C_3 und keine zweizähligen Drehachsen senkrecht zu dieser Achse. Die Punktgruppe ist also eine der C-Gruppen. Da keine σ_h, jedoch (drei) σ_v vorhanden sind, liegt die Punktgruppe C_{3v} vor. Bei Benzen (vgl. Bild A.1b) gibt es eine Referenzdrehachse C_6 (dazu keine kolineare S_{12}) und sechs Drehachsen C_2 senkrecht zur C_6. Es liegt also eine D-Gruppe vor. Da eine Spiegelebene σ_h (senkrecht zur Referenzachse) vorhanden ist, resultiert die Punktgruppe D_{6h}. Das dritte Beispiel in Bild A.1 hat natürlich die Punktgruppe O_h.

Äußerlich sehr verschiedene Moleküle können zur gleichen Punktgruppe gehören und damit gleiche Symmetrieeigenschaften haben. Die Bestimmung der Punktgruppe eines vorgegebenen Moleküls ist daher eine wichtige Voraussetzung für das Verständnis vieler Moleküleigenschaften. Allein schon mit der Festlegung der Punktgruppe gewinnt man wichtige Informationen über manche Eigenschaften. Als Beispiel wählen wir die Frage nach der Existenz eines permanenten *Dipolmoments*. Das Dipolmoment ist eine vektorielle Größe; der Dipolvektor muss invariant gegenüber allen Symmetrieoperationen sein, d.h., er muss in allen Symmetrieelementen des Moleküls liegen. Moleküle mit einem Inversionszentrum, einer Drehspiegelachse oder mehreren nichtkoaxialen Drehachsen scheiden deshalb aus; ein permanentes Dipolmoment haben nur die Moleküle, die zu den Punktgruppen C_s, C_n oder C_{nv} gehören. Eine ähnliche Überlegung führt darauf, dass Moleküle nur dann *optisch aktiv* sind, wenn sie zu den Punktgruppen C_n oder D_n gehören. Beispiele für den Einfluss der Molekülsymmetrie auf die jeweiligen spektralen und Bindungseigenschaften sind für viele Moleküle im vorliegenden Buch enthalten (insbesondere auch in Abschnitt A.4). Die schnelle und zuverlässige Bestimmung der Punktgruppe eines beliebigen vorgegebenen Moleküls ist deshalb unabdingbar. Man bestimme mit Hilfe des Algorithmus in Bild A.9 die Punktgruppen für folgende Systeme:[11]

a) Quader, Würfel – reguläres Tetraeder, längs einer C_3 bzw. längs einer C_2 gestrecktes oder gestauchtes Tetraeder – reguläres Oktaeder, längs einer C_4 bzw. längs einer C_2 gleichmäßig gestrecktes oder gestauchtes Oktaeder, längs einer C_4 bzw. längs einer C_2 ungleichmäßig gestrecktes oder gestauchtes Oktaeder, längs einer C_3 gestrecktes oder gestauchtes Oktaeder – reguläre n-seitige Pyramide, reguläre n-seitige Bipyramide, reguläres n-seitiges Prisma, reguläres n-seitiges Antiprisma – gerader Kreiszylinder, schiefer Kreiszylinder, gerader

---

[11]Die Lösungen sind in der Fußnote am Ende von Anhang A angegeben.

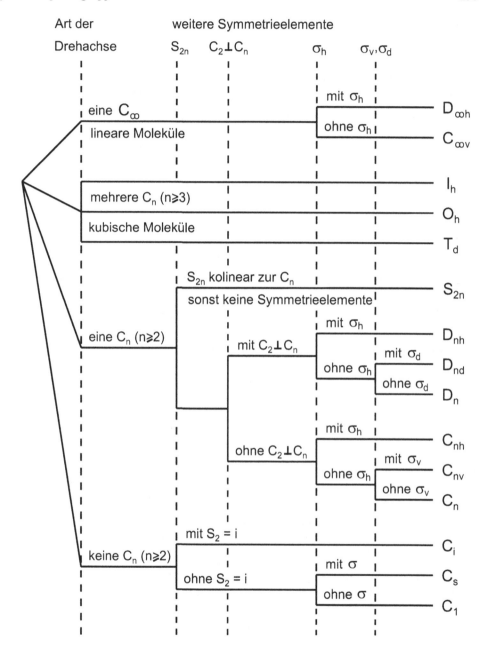

Bild A.9 Algorithmus zur Bestimmung der Punktgruppe.

Kreiskegel, schiefer Kreiskegel;

b) Methan, Trichlormethan, Naphthalin, Azulen, Pyridin, Allen − Ethan gestaffelt und ekliptisch, s-trans-Butadien, s-cis-Butadien − 1-Chlor-2-Brombenzen, 1-Chlor-3-Brombenzen, 1-Chlor-4-Brombenzen − ortho-, meta- und paradisubstituiertes Benzen (zwei gleiche Substituenten) − 1,4-Dioxan Sessel und Wanne, Cyclohexan Sessel und Wanne;

c) oktaedrische Koordination: MA_6, MA_5B, trans-MA_4B_2, cis-MA_4B_2, trans-$MA_2B_2C_2$ − trigonal-bipyramidale Koordination: MA_5, MA_4B (axiales B), MA_4B (äquatoriales B) − tetraedrische Koordination: MA_4, MA_3B, MA_2B_2 − quadratisch-planare Koordination: MA_4, MA_3B, trans-MA_2B_2, cis-MA_2B_2 − oktaedrisch koordinierte Chelate: $M(A − A)_3$, trans-$M(A − A)_2B_2$, cis-$M(A − A)_2B_2$, $M(A − A)B_4$.

A.2   Elemente der Gruppentheorie

A.2.1   Allgemeine Definitionen, Rechenregeln

Eine Menge G von Elementen $a, b, c, \ldots$ bildet eine *Gruppe*, wenn folgende Axiome erfüllt sind:

1. Zwischen den Elementen ist eine *Verknüpfung* („Multiplikation") erklärt, so dass je zwei Elementen a und b aus G eindeutig ein Element c („Produkt") aus G zugeordnet ist: $ab = c$.
2. Die Verknüpfung erfüllt das *Assoziativgesetz*: $(ab)c = a(bc)$.
3. In G existiert genau ein Element e (*Einselement*), mit dem für jedes a aus G gilt: $ae = ea = a$.
4. Zu jedem a aus G gibt es genau ein Element x (*inverses Element*) aus G, so dass $ax = xa = e$ erfüllt ist, was man mit der Bezeichnung $x = a^{-1}$ als $aa^{-1} = a^{-1}a = e$ schreibt.

Besteht die Gruppe aus endlich vielen Elementen, heißt sie *endlich*, anderenfalls *unendlich*. Die Anzahl der Elemente wird *Ordnung der Gruppe* genannt. Gilt $ab = ba$ für alle Elemente der Gruppe, dann wird sie als *kommutative* oder *abelsche* Gruppe bezeichnet.

Diese Definitionen nehmen keinen Bezug auf die konkrete Bedeutung der Gruppenelemente und auf die Art und Weise ihrer Verknüpfung. Die Gruppentheorie geht von abstrakten Gruppen aus. Alle Folgerungen der Theorie gelten für jede Realisierung.

Aus den Gruppenaxiomen folgt unmittelbar, dass auch jedes mehrfache Produkt Element der Gruppe ist und dass auch für mehrfache Produkte das Assoziativgesetz gilt.[12] Für das Inverse des Produkts zweier beliebiger Elemente a und b gilt $(ab)^{-1} = b^{-1}a^{-1}$, denn es ist $(ab)(b^{-1}a^{-1}) = a(bb^{-1})a^{-1} = e$. Für das Inverse des Produkts mehrerer Elemente folgt daraus $(ab \cdots c)^{-1} = c^{-1} \cdots b^{-1}a^{-1}$.

Das Produkt eines Elements a mit sich selbst bezeichnet man zweckmäßigerweise mit a^2. Entsprechend lassen sich mehrfache Produkte a^k, *Potenzen* von a, bilden. Definiert man

---

[12]Ein Produkt aus beliebig vielen Gruppenelementen ist damit eindeutig durch die *Reihenfolge* der Faktoren bestimmt; man kann in dem Produkt beliebig Klammern setzen oder weglassen. Die Reihenfolge der Faktoren aber darf im allgemeinen − außer in abelschen Gruppen − nicht vertauscht werden.

durch $a^{-k} = (a^{-1})^k$ auch negative Potenzen, dann lassen sich Potenzgesetze formulieren:

$$a^k a^l = a^{k+l} \qquad \text{und} \qquad (a^k)^l = a^{kl} \qquad (k, l \text{ ganz}).$$

Durch die Potenzgesetze wird die Bezeichnung $a^0 = e$ sinnvoll. Sind zwei Gruppenelemente a und b vertauschbar, dann gilt $(ab)^k = a^k b^k$, da $(ab)^k = ab \cdots ab = a \cdots a \, b \cdots b = a^k b^k$ ist.

Wegen des ersten Gruppenaxioms liegen alle Potenzen $a^2, a^3, \ldots$ eines Elements a aus G selbst in G. In endlichen Gruppen müssen deshalb gewisse Potenzen von a übereinstimmen; es sei etwa $a^k = a^l$, d.h. $a^{k-l} = a^0 = e$. Wir nehmen $k > l$ an und bezeichnen mit n die kleinste natürliche Zahl, für die $a^n = e$ gilt. Damit ergeben sich folgende Potenzen von a:

$$a^1 = a, a^2, a^3, \ldots, a^{n-1}, a^n = e, a^{n+1} = a, a^{n+2} = a^2, \ldots$$

Die Potenzierung von a liefert also die verschiedenen Elemente $a, a^2, a^3, \ldots, a^n = e$. Zwischen diesen Elementen bestehen folgende Relationen: Das Inverse zu a^k ist a^{n-k}, da $a^k a^{n-k} = a^n = e$ ist; ist $k + l > n$ ($k < n, l < n$), dann gilt für das Produkt $a^k a^l = a^{n+(k+l-n)} = a^{k+l-n}$.

Man sagt, das Element a *erzeugt* die Elemente $a, a^2, a^3, \ldots$ Die kleinste natürliche Zahl n, für die $a^n = e$ gilt, ist die *Ordnung des Elements* a; existiert kein solches n, so ist a von unendlicher Ordnung. In einer endlichen Gruppe kann es nur Elemente endlicher Ordnung geben, eine unendliche Gruppe kann auch Elemente unendlicher Ordnung enthalten.[13]

Eine Gruppe, die nur aus den Potenzen eines einzigen Elements besteht, heißt *zyklische Gruppe*. Die Gruppenordnung stimmt mit der Ordnung des Elements überein. Eine zyklische Gruppe ist immer abelsch, da sich Produkte von Potenzen des gleichen Elements stets vertauschen lassen.

A.2.2 Beispiele

Um die Allgemeinheit des Gruppenbegriffs zu demonstrieren, geben wir zunächst eine Reihe verschiedenartiger Beispiele an. Anhand der vier Gruppenaxiome überprüft man jeweils, dass es sich tatsächlich um eine Gruppe handelt.

Beispiel 1: Die Menge der reellen Zahlen $a \neq 0$ bildet bezüglich der gewöhnlichen Multiplikation als Verknüpfung eine unendliche Gruppe. Das Produkt zweier reeller Zahlen ist wieder eine reelle Zahl. Die Multiplikation ist assoziativ. Aus $ae = a$ folgt $e = 1$ für das Einselement. Das Inverse a^{-1} zu a ist $1/a$, denn es gilt $a(1/a) = 1$. Da für die Multiplikation das Kommutativgesetz gilt, liegt eine abelsche Gruppe vor.

Beispiel 2: Die Menge der ganzen Zahlen p bildet bezüglich Addition eine Gruppe. Verknüpfung („Gruppenmultiplikation") ist hier die gewöhnliche Addition. Für solche Gruppen verwendet man vorteilhafter eine additive Schreib- und Sprechweise. Die Summe $p + p'$ zweier ganzer Zahlen p und p' ist wieder eine ganze Zahl. Die Addition ist assoziativ. $p + e = p$ wird mit $e = 0$ erfüllt; man spricht deshalb in additiven Gruppen von einem *Nullelement*. Aus $p + p^{-1} = 0$ folgt $p^{-1} = -p$ für das Inverse zu p. Auch diese Gruppe ist abelsch.

---

[13]Sie muss es aber nicht; sie kann aus unendlich vielen Elementen endlicher Ordnung bestehen.

Beispiel 3: Die Gesamtheit aller Vektoren des $\mathcal{R}_n$ bildet bezüglich Addition eine abelsche Gruppe. Dies ergibt sich aus der Definition und den Eigenschaften eines linearen Raums (s. Abschn. 2.1.2).

Beispiel 4: Die Gesamtheit aller quadratischen n-reihigen Matrizen aus reellen Zahlen mit nichtverschwindender Determinante (*reguläre* Matrizen) bildet bezüglich der Matrizenmultiplikation als Verknüpfung eine Gruppe.[14] Wir überprüfen die vier Gruppenaxiome für $n \geq 2$: Das Produkt zweier Matrizen A und B ist eine Matrix C mit den Elementen $c_{ik} = \sum_{\nu=1}^{n} a_{i\nu} b_{\nu k}$. Die Matrizenmultiplikation ist assoziativ. Die Einheitsmatrix E mit den Elementen δ_{ik} ist das Einselement der Matrizenmultiplikation: AE = A. Eine inverse Matrix A^{-1} zu A, die $AA^{-1} = E$ erfüllt, ist nur erklärt, wenn $\det(A) \neq 0$ ist. Deshalb bildet nur die Menge der regulären Matrizen eine Gruppe. Die Gruppe ist für $n \geq 2$ nichtabelsch.

Beispiel 5: Die Symmetrieoperationen, die ein geometrisches Objekt in eine äquivalente, von der ursprünglichen nicht unterscheidbare Lage überführen, dabei aber wenigstens einen Punkt des Objekts im Raum festlassen, bilden eine Gruppe, die Punktgruppe des betrachteten Objekts. Verknüpfung (Produkt) ist die Nacheinanderausführung der Operationen. Die verschiedenen Punktgruppen haben wir in Abschnitt A.1.3 bereits vorgestellt. Die Gruppen $C_{\infty v}$ und $D_{\infty h}$ sind unendliche Gruppen, alle anderen Punktgruppen sind endlich. Da das Produkt zweier Symmetrieoperationen im allgemeinen nicht vertauschbar ist (das Kommutativgesetz also nicht gilt), sind Punktgruppen im allgemeinen nichtabelsch. Einzelne Gruppen sind jedoch abelsch, zum Beispiel die zyklischen Gruppen C_n. Drehungen sind Gruppenelemente der Ordnung n (es gilt $C_n^n = E$), Drehspiegelungen der Ordnung n bzw. $2n$ für gerades bzw. ungerades n (vgl. Abschn. A.1.1). Spiegelungen und die Inversion haben die Ordnung 2 ($\sigma^2 = E$, $i^2 = E$).

A.2.3   Die Gruppenmultiplikationstafel

Die Eigenschaften einer endlichen Gruppe lassen sich am besten mit Hilfe der *Gruppenmultiplikationstafel* übersehen. Dies ist ein quadratisches Schema, das alle möglichen Produkte (Verknüpfungen) der Gruppenelemente enthält:

$$
\begin{array}{c|ccccccc}
 & . & . & . & b & . & . & . \\
\hline
. & . & . & . & . & . & . & . \\
a & . & . & . & ab & . & . & . \\
. & . & . & . & . & . & . & . \\
\end{array}
\qquad\qquad (A.2)
$$

In der Kopfleiste und in der linken Spalte werden die Gruppenelemente angeordnet, im quadratischen Schema die Produkte in der Weise, dass links der linke Faktor und oben der rechte Faktor des betreffenden Produkts steht. Ein Beispiel für (A.2) haben wir bereits angegeben, die Gruppenmultiplikationstafel (A.1) für die Punktgruppe C_{3v}. Als zweites Beispiel betrachten wir die abstrakte Gruppe, die aus den Elementen a, a^2, $a^3 = e$ besteht, also die zyklische Gruppe der Ordnung 3 (eine konkrete Realisierung ist die Punktgruppe

---

[14]Für $n = 1$ ist dies die im ersten Beispiel behandelte abelsche Gruppe der reellen Zahlen bezüglich der gewöhnlichen Multiplikation.

C_3 mit den Elementen C_3, C_3^2, $C_3^3 = E$). Es ergibt sich die Gruppenmultiplikationstafel

$$
\begin{array}{c|ccc}
 & e & a & a^2 \\
\hline
e & e & a & a^2 \\
a & a & a^2 & e \\
a^2 & a^2 & e & a
\end{array}
\tag{A.3}
$$

Für die Gruppenmultiplikationstafeln lassen sich einige ganz allgemeingültige Gesetzmäßigkeiten angeben:

a) In jeder Zeile (Spalte) stehen nur verschiedene Elemente, d.h., jede Zeile (Spalte) enthält *alle* Elemente der Gruppe.

b) Das Schema ist dann und nur dann symmetrisch zur Hauptdiagonalen, wenn die Gruppe abelsch ist.

c) Die Einselemente liegen entweder symmetrisch zur Hauptdiagonalen oder auf dieser.

Mit der Aufstellung der Gruppenmultiplikationstafel beherrscht man das Rechnen in einer endlichen Gruppe vollständig. Meist ist diese Methode jedoch unnötig umständlich (bei unendlichen Gruppen versagt sie ohnehin). Man verwendet zur Charakterisierung von Gruppen mit Vorteil die Angabe einer minimalen Anzahl *erzeugender Elemente* und *definierender Relationen*. So reicht für die Charakterisierung der zyklischen Gruppe der Ordnung 3 anstelle der Multiplikationstafel (A.3) die Angabe des einen erzeugenden Elements a und der einen definierenden Relation $a^3 = e$ vollständig aus; alle Eigenschaften der Gruppe lassen sich daraus ableiten.

A.2.4 Untergruppen

Eine Teilmenge U von Elementen einer Gruppe G heißt *Untergruppe* von G, wenn U bezüglich der in G definierten Verknüpfung selbst eine Gruppe ist. Jede Gruppe hat zwei *triviale* Untergruppen: die ganze Gruppe G und das Einselement e, das für sich allein bereits alle Gruppenaxiome erfüllt. Von eigentlichem Interesse sind nur die *nichttrivialen* Untergruppen.

Wir geben Beispiele für Untergruppen der in Abschnitt A.2.2 vorgestellten Gruppen an: Wie man leicht nachprüft, bilden die beiden Zahlen $+1$ und -1 eine Untergruppe der Gruppe der reellen Zahlen bezüglich Multiplikation (Beispiel 1). Bei allen paarweisen Produkten ergibt sich wieder $+1$ oder -1. Einselement ist $+1$, da $(+1)e = +1$ und $(-1)e = -1$ durch $e = +1$ erfüllt wird. Aus $(+1)^{-1}(+1) = +1$ und $(-1)^{-1}(-1) = +1$ folgt $(+1)^{-1} = +1$ und $(-1)^{-1} = -1$, d.h., jedes Element ist zu sich selbst invers. Die Untergruppe ist zyklisch (von der Ordnung 2), da sie aus den Potenzen des Elements -1 besteht: $(-1)^1 = -1$ und $(-1)^2 = +1$. Eine unendliche Untergruppe der gleichen Gruppe bilden die rationalen Zahlen p/q. Das Produkt zweier rationaler Zahlen ist wieder rational, das Einselement $1/1$ ist rational, und zu jeder Zahl p/q gehört als Inverses wieder eine rationale Zahl q/p.

Die geraden Zahlen bilden eine Untergruppe der additiven Gruppe der ganzen Zahlen (Beispiel 2). Die Summe zweier gerader Zahlen ist wieder gerade, das Nullelement 0 ist gerade, und wenn p gerade ist, dann ist es auch $-p$.

In der Gruppe der quadratischen n-reihigen Matrizen (Beispiel 4) bilden etwa die Matrizen mit der Determinante 1 eine Untergruppe. Wenn $\det(A) = 1$ und $\det(B) = 1$ gilt, dann ist auch $\det(AB) = 1$. Es gilt $\det(E) = 1$, und zu jeder Matrix A mit $\det(A) = 1$ existiert eine inverse Matrix A^{-1} mit $\det(A^{-1}) = 1$.

Betrachtet man in einer endlichen Gruppe G alle von einem beliebigen Gruppenelement a erzeugten Elemente a, a^2, $a^3,\ldots$, $a^n = e$, so bilden diese eine zyklische Untergruppe von G. Die Ordnung dieser Untergruppe stimmt mit der Ordnung des Elements a überein. Auf diese Weise lassen sich in einer vorgegebenen Gruppe Untergruppen finden. Erschöpfen die Potenzen eines einzigen Elements bereits die ganze Gruppe, dann ist diese zyklisch.

Ohne Beweis geben wir an: Die Ordnung einer Untergruppe ist Teiler der Gruppenordnung (*Satz von Lagrange*). Damit kann eine Gruppe von Primzahlordnung keine (nichttrivialen) Untergruppen haben. Da sich aus allen Gruppenelementen zyklische Untergruppen von der Ordnung des Elements bilden lassen, sind auch die Ordnungen aller Elemente Teiler der Gruppenordnung.

Wir betrachten die Punktgruppe C_{3v} mit den Elementen E, C_3, C_3^2, $\sigma_v^{(1)}$, $\sigma_v^{(2)}$, $\sigma_v^{(3)}$. Sie enthält die vier zyklischen Untergruppen $\{E, C_3, C_3^2\}$, $\{E, \sigma_v^{(1)}\}$, $\{E, \sigma_v^{(2)}\}$, $\{E, \sigma_v^{(3)}\}$. Ihre Ordnungen (3 bzw. 2) sind Teiler der Gruppenordnung 6. Da Untergruppen selbst Gruppen sind, müssen sich bei endlichen Gruppen die Multiplikationstafeln für die Untergruppen aus der für die Gesamtgruppe herauslösen lassen. In der Tat erhält man aus (A.1)

$$
\begin{array}{c|ccc}
 & E & C_3 & C_3^2 \\
\hline
E & E & C_3 & C_3^2 \\
C_3 & C_3 & C_3^2 & E \\
C_3^2 & C_3^2 & E & C_3
\end{array}
\qquad
\begin{array}{c|cc}
 & E & \sigma_v^{(k)} \\
\hline
E & E & \sigma_v^{(k)} \\
\sigma_v^{(k)} & \sigma_v^{(k)} & E
\end{array}
\tag{A.4}
$$

mit $k = 1, 2, 3$.

Bild A.10 zeigt die Untergruppenhierarchie der Punktgruppen. Aufgenommen wurden dabei nur die Untergruppen der Punktgruppen O_h und D_{6h}.[15]

A.2.5   Konjugierte Elemente, Klassen konjugierter Elemente

Ein Element a aus G heißt *konjugiert* (oder *ähnlich*) zu einem Element b aus G, wenn es in G ein Element t gibt, so dass gilt:

$$
t^{-1}at = b.
\tag{A.5}
$$

Die Konjugiertheit erfüllt folgende Eigenschaften:

1. Jedes Element ist zu sich selbst konjugiert (*Reflexivität*), da $t^{-1}at = a$ durch $t = e$ immer erfüllt werden kann.

---

[15]Bild A.10 enthält damit die 32 als *Kristallklassen* auftretenden Punktgruppen. Bei Punktgruppen, die in Kristallen auftreten, können nur Symmetrieachsen der Zähligkeit 2, 3, 4 und 6 vorkommen. T und O sind diejenigen Untergruppen von T_d bzw. O_h, die nur die Drehungen enthalten. T_h besteht aus allen Symmetrieoperationen R aus T sowie allen Produkten Ri.

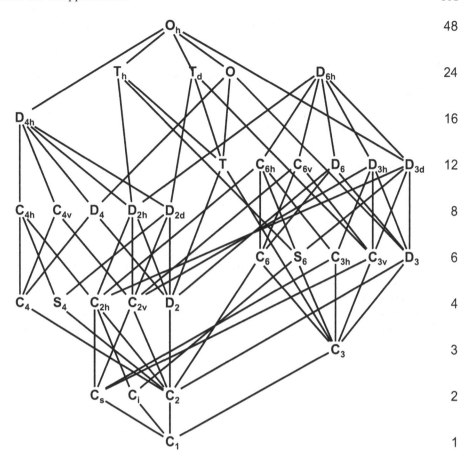

Bild A.10 Untergruppenhierarchie der Punktgruppen. Für die Punktgruppen in den einzelnen „Zeilen" ist jeweils die Gruppenordnung angegeben.

2. Wenn a zu b konjugiert ist, dann ist es auch b zu a (*Symmetrie*); wenn es nämlich ein t gibt mit $t^{-1}at = b$, dann lässt sich das als $a = tbt^{-1}$ schreiben, und mit $s = t^{-1}$ wird daraus $s^{-1}bs = a$.

3. Wenn a zu b und b zu c konjugiert ist, dann ist auch a zu c konjugiert (*Transitivität*); aus $t^{-1}at = b$ und $s^{-1}bs = c$ folgt wegen $s^{-1}t^{-1}ats = c$, dass $r^{-1}ar = c$ mit $r = ts$ gilt.

Eine Relation, die diese drei Eigenschaften erfüllt, wird ganz allgemein als *Äquivalenzrelation* bezeichnet. Mit Hilfe einer solchen Relation lassen sich die Elemente einer Menge (die keine Gruppe zu sein braucht) in *Äquivalenzklassen* einteilen. Alle zueinander äquivalenten Elemente und nur diese gehören zu einer Klasse. Die ganze Menge wird damit in paarweise elementefremde Klassen zerlegt. Jedes Element gehört genau einer Klasse an.

Jede Gruppe lässt sich also in *Klassen konjugierter Elemente* zerlegen. Als allgemeine Gesetzmäßigkeiten lassen sich formulieren:

a) Das Einselement bildet immer eine Klasse für sich, denn e ist wegen $t^{-1}et = t^{-1}te = ee = e$ (für alle t aus G) stets nur zu sich selbst konjugiert.

b) In abelschen Gruppen bildet jedes Element eine Klasse für sich, denn in einer solchen Gruppe ist wegen $t^{-1}at = t^{-1}ta = ea = a$ (für alle t aus G) jedes Gruppenelement nur zu sich selbst konjugiert.

c) Alle Elemente einer Klasse haben die gleiche Ordnung, denn aus $a^n = e$ folgt mit (A.5) auch $b^n = (t^{-1}at)^n = (t^{-1}at) \cdots (t^{-1}at) = t^{-1}a^n t = t^{-1}et = e$.

Mit Hilfe der Gruppenmultiplikationstafel (A.1) überzeugt man sich, dass die Punktgruppe C_{3v} in drei Klassen konjugierter Elemente zerfällt:

$$\{E\}, \quad \{C_3, C_3^2\}, \quad \{\sigma_v^{(1)}, \sigma_v^{(2)}, \sigma_v^{(3)}\}. \tag{A.6}$$

So erhält man bei der Bildung von $t^{-1}C_3 t$ und $t^{-1}C_3^2 t$ mit allen t aus C_{3v} stets C_3 oder C_3^2. Das Produkt $t^{-1}\sigma_v^{(k)} t$ ($k = 1, 2, 3$) ergibt mit allen t aus C_{3v} wieder eine der drei Spiegelungen $\sigma_v^{(k)}$. Die beiden Drehoperationen und die drei Spiegelungen sind also jeweils „ähnlich" zueinander. Sie haben als Symmetrieoperationen ähnliche Eigenschaften.[16] Drehungen und Spiegelungen dagegen sind „wesentlich" verschieden voneinander. Es genügt, für jede Klasse nur einen Repräsentanten (d.h. ein typisches Element) anzugeben und die Anzahl der in der Klasse befindlichen Elemente. Anstelle von (A.6) schreibt man deshalb kurz

$$\{E\}, \quad \{2C_3\}, \quad \{3\sigma_v\}. \tag{A.7}$$

Entsprechend der Einteilung (A.7) für die Gruppe C_{3v} lassen sich die Symmetrieoperationen aller Punktgruppen in Klassen konjugierter („ähnlicher") Elemente einteilen. Für die einzelnen Punktgruppen ist diese Klasseneinteilung in der Kopfleiste der Charaktertafeln angegeben (Anhang B).

A.2.6 Isomorphie, Homomorphie

Zwei Gruppen G und G′ sind *isomorph* zueinander (die Gruppe G ist isomorph auf die Gruppe G′ abgebildet, G $\cong$ G′) wenn

1. jedem Element a aus G genau ein Element a' aus G′ zugeordnet ist und umgekehrt,
2. das Bild jedes Produkts gleich dem Produkt der Bilder ist:

$$(ab)' = a'b'. \tag{A.8}$$

Die Abbildung ist eineindeutig (jedem Element der einen Gruppe wird *genau* ein Element der anderen Gruppe zugeordnet). Isomorphe Gruppen müssen deshalb von gleicher Ordnung sein. Das Einselement von G geht in das Einselement von G′ über: aus $ae = a$ folgt nämlich wegen (A.8) $a'e' = a'$; das Bild e' des Einselements e aus G ist also gerade das Einselement in G′. Das Inverse a^{-1} eines Elements a geht in das Inverse a'^{-1} des Bildes a' über: aus

---

[16]Die drei Spiegelebenen können durch bloße Drehung des Koordinatensystems um 120° ineinander überführt werden. Beide Drehoperationen entsprechen einer Drehung um 120°, einmal im positiven und einmal im negativen Drehsinn.

$aa^{-1} = e$ erhält man bei der Abbildung $a'(a^{-1})' = e'$, zum anderen gilt in G' $a'a'^{-1} = e'$; der Vergleich beider Ausdrücke ergibt gerade $(a^{-1})' = a'^{-1}$.

Der Isomorphiebegriff ist eine Äquivalenzrelation (vgl. den vorigen Abschnitt). Aus der Definition folgt unmittelbar die Reflexivität ($G \cong G$), die Symmetrie (aus $G \cong G'$ folgt $G' \cong G$) und die Transitivität (aus $G \cong G'$ und $G' \cong G''$ folgt $G \cong G''$). Alle Gruppen lassen sich damit in Klassen einteilen. In einer Klasse befinden sich jeweils alle zueinander isomorphen Gruppen. Aus den beiden Bedingungen für die Isomorphie folgt, dass alle zueinander isomorphen Gruppen die gleichen abstrakten Gruppeneigenschaften haben. Jede Relation zwischen den Elementen einer Gruppe geht durch die isomorphe Abbildung in entsprechende Relationen zwischen den Elementen der anderen Gruppen über. So werden Untergruppen, Klassen konjugierter Elemente usw. aufeinander abgebildet. Gruppentheoretisch braucht deshalb für jede Klasse isomorpher Gruppen nur eine repräsentative Gruppe mit abstrakten Elementen untersucht zu werden; alle konkreten Gruppen, die isomorph zu dieser sind, haben die gleichen Eigenschaften. Für endliche isomorphe Gruppen stimmen insbesondere – bis auf die konkrete Bedeutung und Bezeichnung der Elemente – die Multiplikationstafeln überein.

Die Untergruppe dritter Ordnung der Punktgruppe C_{3v} ist isomorph zur abstrakten zyklischen Gruppe dritter Ordnung aus den Elementen e, a, a^2 (man vgl. die Multiplikationstafeln (A.3) und (A.4)) sowie zur Punktgruppe C_3. Die drei Untergruppen zweiter Ordnung in (A.4) sind isomorph zueinander und zur abstrakten zyklischen Gruppe zweiter Ordnung aus den Elementen e und a. Auch die Punktgruppen C_2, C_i und C_s sind dazu isomorph. Ohne Beweis geben wir weitere Isomorphiebeziehungen zwischen Punktgruppen an:

$$D_n \cong C_{nv}, \ D_2 \cong C_{2v} \cong C_{2h}, \ D_4 \cong C_{4v} \cong D_{2d}, \ D_6 \cong C_{6v} \cong D_{3h} \cong D_{3d}.$$

Eine Gruppe G ist *homomorph auf* die Gruppe G' abgebildet ($G \to G'$), wenn

1. jedem Element a aus G genau ein Element a' aus G' zugeordnet ist,
2. das Bild jedes Produkts gleich dem Produkt der Bilder ist:

$$(ab)' = a'b'. \tag{A.9}$$

Die Abbildung ist im allgemeinen *nicht* umkehrbar eindeutig. Jedem Element aus G' entspricht mindestens ein Element (möglicherweise aber mehrere) aus G. Füllen die Bildelemente die Gruppe G' nicht aus, liegt eine homomorphe Abbildung von G *in* G' vor.

Wir betrachten ein Beispiel. Ordnet man jeder regulären quadratischen n-reihigen Matrix ihre Determinante zu, so liegt eine homomorphe Abbildung der (für $n > 1$ nichtabelschen) Gruppe dieser Matrizen *auf* die multiplikative abelsche Gruppe der von 0 verschiedenen reellen Zahlen vor. Bedingung (A.9) ist erfüllt wegen $\det(AB) = \det(A)\det(B)$.[17] Die Abbildung ist in der Tat nicht umkehrbar eindeutig (d.h. kein Isomorphismus), denn es gibt viele Matrizen, deren Determinante den gleichen Zahlenwert hat.

Ein trivialer (aber sehr wichtiger) Homomorphismus liegt vor, wenn die Gruppe G' nur aus dem Einselement besteht. Jedes Element aus G wird dann auf das eine Element e' abgebildet.[18]

---

[17]Die Gruppe in Beispiel 4 (Abschn. A.2.2) wird homomorph *auf* die Gruppe in Beispiel 1 abgebildet.
[18]Wir kommen auf diesen Fall in Abschnitt A.3.2 zurück.

Homomorphe Abbildungen spielen bei der Anwendung der Gruppentheorie auf Symmetriepunktgruppen eine außerordentlich wichtige Rolle. Die Punktgruppen werden homomorph
in die Gruppe der regulären quadratischen n-reihigen Matrizen (Beispiel 4 in Abschnitt
A.2.2) abgebildet. Jeder Symmetrieoperation einer betrachteten Punktgruppe wird eine
reguläre quadratische n-reihige Matrix zugeordnet, so dass das Produkt zweier Symmetrieoperationen dem Produkt der zugehörigen Matrizen entspricht. Auf diese Weise erhalten
die bisher „geometrisch-anschaulich" eingeführten Symmetrieoperationen eine „mathematische Gestalt", sie werden durch quadratische Matrizen „dargestellt". Erst dadurch wird es
möglich, mathematische Formalismen zur Untersuchung der Eigenschaften der Symmetrieoperationen und der Symmetriepunktgruppen einzusetzen (s. Abschn. A.3 und A.4).

A.2.7   Direkte Produkte von Gruppen

Wenn alle Elemente a einer Gruppe G_A mit allen Elementen b einer Gruppe G_B vertauschbar
sind (d.h. wenn $ab = ba$ für alle a aus G_A und alle b aus G_B gilt), dann heißt die Gruppe
G_C, die aus der Menge aller Produkte ab besteht, *direktes Produkt der Gruppen* G_A und
G_B. Man schreibt dafür[19]

$$\mathsf{G}_C = \mathsf{G}_A \times \mathsf{G}_B. \tag{A.10}$$

Dabei ist nicht notwendig, dass G_A und G_B abelsche Gruppen sind. Wir wollen hier nicht
zeigen, dass G_C tatsächlich eine Gruppe ist. Aus der Konstruktion des direkten Produkts
(A.10) ist aber klar, dass G_A und G_B Untergruppen von G_C sind. Haben die Gruppen G_A
und G_B die Ordnungen h_A bzw. h_B, dann hat G_C die Ordnung $h_C = h_A h_B$.

Direkte Produkte von Punktgruppen haben wir in Abschnitt A.1.3 bereits kennengelernt.
Etwa C_{nh} ist das direkte Produkt von C_n und C_s: $\mathsf{C}_{nh} = \mathsf{C}_n \times \mathsf{C}_s$. Die Elemente von C_{nh}
ergeben sich, wenn jedes Element R aus C_n ($R = E, C_n, \ldots, C_n^{n-1}$) mit jedem Element aus
C_s (E, σ_h) multipliziert wird; man erhält die Elemente RE und $R\sigma_h$. Etwa für C_{3h} sind
das die Elemente $EE = E$, $C_3 E = C_3$, $C_3^2 E = C_3^2$, $E\sigma_h = \sigma_h$, $C_3 \sigma_h = S_3$, $C_3^2 \sigma_h = S_3^5$.[20]
Für gerades n gilt auch $\mathsf{C}_{nh} = \mathsf{C}_n \times \mathsf{C}_i$, d.h., C_{nh} besteht aus den Elementen $RE = R$ und
Ri. Weitere Punktgruppen lassen sich als direkte Produkte schreiben (s. Abschn. A.1.3):
$\mathsf{D}_{nh} = \mathsf{D}_n \times \mathsf{C}_s$ (für alle n), $\mathsf{D}_{nh} = \mathsf{D}_n \times \mathsf{C}_i$ (für gerades n), $\mathsf{D}_{nd} = \mathsf{D}_n \times \mathsf{C}_i$ (für ungerades
n).

A.3   Darstellungen

A.3.1   Einführung

Wir knüpfen an die Ausführungen am Ende des Abschnitts A.2.6 an. Will man die Wirkung der Symmetrieoperationen auf bestimmte „Basisobjekte" – für die wir im folgenden

---

[19]In unmittelbarer Verallgemeinerung lässt sich das direkte Produkt mehrerer Gruppen bilden: $\mathsf{G}_A \times \mathsf{G}_B \times$
$\mathsf{G}_C \times \cdots$
[20]Man vergleiche dazu die Kopfleisten der Charaktertafeln für C_3, C_s und C_{3h}.

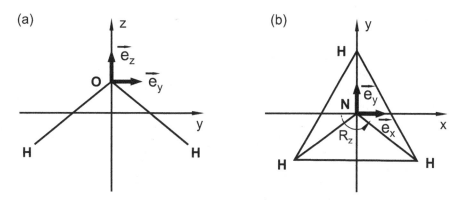

Bild A.11 Wahl des Koordinatensystems für H_2O (a) und NH_3 (b) sowie Beispiele für „Basisobjekte".

eine Reihe von Beispielen angeben werden – untersuchen, muss man ihnen eine geeignete „mathematische Gestalt" geben, sie geeignet „darstellen".[21] Als Beispiel diene zunächst die Punktgruppe C_{2v}, etwa ein H_2O-Molekül in dem in Bild A.11a festgelegten Koordinatensystem.

Wir untersuchen, wie die vier Symmetrieoperationen $R = E$, C_2, $\sigma_v(xz)$, $\sigma'_v(yz)$ auf verschiedene „Basisobjekte" wirken. Wir beginnen mit einem Einheitsvektor, der an O angeheftet ist und in y-Richtung zeigt: $\vec{e}_y$ (s. Bild A.11a). Allgemein schreiben wir

$$\vec{e}_y\,' = \mathbf{R}\,\vec{e}_y, \tag{A.11}$$

die Symmetrieoperation R (der Symmetrieoperator $\mathbf{R}$) führt den Basisvektor $\vec{e}_y$ in einen neuen Vektor $\vec{e}_y\,'$ über. Für die identische Symmetrieoperation E gilt $\vec{e}_y\,' = \vec{e}_y$, für C_2 (eine Drehung von $\vec{e}_y$ um 180° um die z-Achse) $\vec{e}_y\,' = -\vec{e}_y$, für σ_v (eine Spiegelung an der xz-Ebene) $\vec{e}_y\,' = -\vec{e}_y$ und für σ'_v (eine Spiegelung an der yz-Ebene) $\vec{e}_y\,' = \vec{e}_y$. Die Wirkung der Symmetrieoperationen besteht also in der Multiplikation des Vektors $\vec{e}_y$ mit $(+1)$ bzw. (-1). Für diesen Satz von multiplikativen Faktoren schreiben wir

$$\Gamma(E) = 1, \quad \Gamma(C_2) = -1, \quad \Gamma(\sigma_v) = -1, \quad \Gamma(\sigma'_v) = 1. \tag{A.12}$$

Will man also das „Transformationsverhalten" des vorgegebenen Basisvektors $\vec{e}_y$ unter dem Einfluss der vier Symmetrieoperationen untersuchen, so hat man diese in Form der multiplikativen Faktoren (A.12) „darzustellen". Der Vektor $\vec{e}_z$ (s. Bild A.11a) hat ein anderes Transformationsverhalten. Er geht bei jeder Symmetrieoperation in sich über, wird also jeweils mit dem Faktor $(+1)$ multipliziert. In diesem Fall werden die vier Symmetrieoperationen also durch den Satz

$$\Gamma(E) = 1, \quad \Gamma(C_2) = 1, \quad \Gamma(\sigma_v) = 1, \quad \Gamma(\sigma'_v) = 1 \tag{A.13}$$

---

[21]Den Symmetrie*operationen* werden damit Symmetrie*operatoren* zugeordnet, die auf die jeweils betrachteten Objekte wirken (vgl. Abschn. A.1.2).

dargestellt. Ohne Mühe überzeugt man sich, dass für $\vec{e}_x$

$$\Gamma(E) = 1, \quad \Gamma(C_2) = -1, \quad \Gamma(\sigma_v) = 1, \quad \Gamma(\sigma_v') = -1 \tag{A.14}$$

gilt. Untersuchen wir das Transformationsverhalten der drei Einheitsvektoren nicht einzeln, sondern zusammen, d.h. das Transformationsverhalten eines an O angehefteten Basisdreibeins, dann wird (A.11) zu

$$\begin{pmatrix} \vec{e}_x{}' \\ \vec{e}_y{}' \\ \vec{e}_z{}' \end{pmatrix} = \Gamma(R) \begin{pmatrix} \vec{e}_x \\ \vec{e}_y \\ \vec{e}_z \end{pmatrix}. \tag{A.15}$$

Die Spaltenmatrix aus den drei Einheitsvektoren wird durch Anwendung einer Symmetrieoperation R in eine neue Spaltenmatrix aus den drei neuen Einheitsvektoren überführt. (A.15) ist eine lineare Transformation, die $\Gamma(R)$ sind jetzt quadratische dreireihige Matrizen. Im vorliegenden Fall sind diese Matrizen Diagonalmatrizen, die sich aus (A.14), (A.12) und (A.13) zusammensetzen lassen:

$$\Gamma(E) = \qquad \Gamma(C_2) = \qquad \Gamma(\sigma_v) = \qquad \Gamma(\sigma_v') =$$

$$\begin{pmatrix} 1 & 0 & 0 \\ 0 & 1 & 0 \\ 0 & 0 & 1 \end{pmatrix}, \quad \begin{pmatrix} -1 & 0 & 0 \\ 0 & -1 & 0 \\ 0 & 0 & 1 \end{pmatrix}, \quad \begin{pmatrix} 1 & 0 & 0 \\ 0 & -1 & 0 \\ 0 & 0 & 1 \end{pmatrix}, \quad \begin{pmatrix} -1 & 0 & 0 \\ 0 & 1 & 0 \\ 0 & 0 & 1 \end{pmatrix}. \tag{A.16}$$

Für die Untersuchung des Transformationsverhaltens des betrachteten Dreibeins aus Einheitsvektoren hat man also die Symmetrieoperationen der Punktgruppe C_{2v} durch die quadratischen dreireihigen Matrizen (A.16) darzustellen.

Als weiteres Beispiel betrachten wir die Punktgruppe C_{3v}, etwa das NH_3-Molekül (s. Bild A.11b). Für die Transformation eines an N angehefteten Einheitsvektors in z-Richtung ($\vec{e}_z$) hat man

$$\begin{aligned} \Gamma(E) &= 1, & \Gamma(C_3) &= 1, & \Gamma(C_3^2) &= 1, \\ \Gamma(\sigma_v^{(1)}) &= 1, & \Gamma(\sigma_v^{(2)}) &= 1, & \Gamma(\sigma_v^{(3)}) &= 1. \end{aligned} \tag{A.17}$$

Für die Transformation eines ganzen Basisdreibeins gilt wieder (A.15). Mit Hilfe von Bild A.11b lässt sich nachprüfen, dass die sechs Darstellungsmatrizen $\Gamma(R)$ folgende Form haben:

$$\Gamma(E) = \qquad\qquad \Gamma(C_3) = \qquad\qquad\qquad \Gamma(C_3^2) =$$

$$\begin{pmatrix} 1 & 0 & 0 \\ 0 & 1 & 0 \\ 0 & 0 & 1 \end{pmatrix}, \quad \begin{pmatrix} -\frac{1}{2} & \frac{\sqrt{3}}{2} & 0 \\ -\frac{\sqrt{3}}{2} & -\frac{1}{2} & 0 \\ 0 & 0 & 1 \end{pmatrix}, \quad \begin{pmatrix} -\frac{1}{2} & -\frac{\sqrt{3}}{2} & 0 \\ \frac{\sqrt{3}}{2} & -\frac{1}{2} & 0 \\ 0 & 0 & 1 \end{pmatrix},$$

$$\Gamma(\sigma_v^{(1)}) = \qquad\qquad \Gamma(\sigma_v^{(2)}) = \qquad\qquad\qquad \Gamma(\sigma_v^{(3)}) =$$

$$\begin{pmatrix} -1 & 0 & 0 \\ 0 & 1 & 0 \\ 0 & 0 & 1 \end{pmatrix}, \quad \begin{pmatrix} \frac{1}{2} & -\frac{\sqrt{3}}{2} & 0 \\ -\frac{\sqrt{3}}{2} & -\frac{1}{2} & 0 \\ 0 & 0 & 1 \end{pmatrix}, \quad \begin{pmatrix} \frac{1}{2} & \frac{\sqrt{3}}{2} & 0 \\ \frac{\sqrt{3}}{2} & -\frac{1}{2} & 0 \\ 0 & 0 & 1 \end{pmatrix}. \tag{A.18}$$

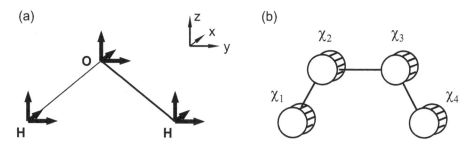

Bild A.12 Beispiele für „Basisobjekte" zur Untersuchung ihrer Transformationseigenschaften.

Die Vielfalt der Objekte, deren Transformationsverhalten bezüglich einer bestimmten Punktgruppe untersucht werden kann, ist unbegrenzt. Zwei weitere Beispiele für C_{2v} sind in Bild A.12 angegeben. Man kann an jedem Atom des H_2O-Moleküls ein Dreibein aus Einheitsvektoren anheften (Bild A.12a) und das Transformationsverhalten der Gesamtheit dieser Einheitsvektoren (die die möglichen Verrückungen der Atome im Molekül beschreiben) untersuchen. Bei der Behandlung des Schwingungsproblems wird man auf diese Aufgabe geführt (s. Abschn. A.4.3). Die Symmetrieoperationen werden dann durch vier quadratische neunreihige Matrizen dargestellt. Das Transformationsverhalten der vier zu den einzelnen C-Atomen des cis-Butadiens gehörenden p_π-Atomorbitale (p_x bei unserer Wahl des Koordinatensystems; Bild A.12b) wird durch die Darstellungsmatrizen

$$\Gamma(E) = \qquad\qquad \Gamma(C_2) =$$

$$\begin{pmatrix} 1 & 0 & 0 & 0 \\ 0 & 1 & 0 & 0 \\ 0 & 0 & 1 & 0 \\ 0 & 0 & 0 & 1 \end{pmatrix}, \qquad \begin{pmatrix} 0 & 0 & 0 & -1 \\ 0 & 0 & -1 & 0 \\ 0 & -1 & 0 & 0 \\ -1 & 0 & 0 & 0 \end{pmatrix},$$

$$\Gamma(\sigma_v) = \qquad\qquad \Gamma(\sigma_v') =$$

$$\begin{pmatrix} 0 & 0 & 0 & 1 \\ 0 & 0 & 1 & 0 \\ 0 & 1 & 0 & 0 \\ 1 & 0 & 0 & 0 \end{pmatrix}, \qquad \begin{pmatrix} -1 & 0 & 0 & 0 \\ 0 & -1 & 0 & 0 \\ 0 & 0 & -1 & 0 \\ 0 & 0 & 0 & -1 \end{pmatrix}. \qquad (A.19)$$

beschrieben.[22]

„Basisobjekte" können also nicht nur Vektoren, sondern auch Atom- oder Molekülorbitale sowie weitere Größen sein. So lassen sich die Vektoren in den eben behandelten Beispielen als p-Orbitale „uminterpretieren". Etwa die drei p-AOs des O-Atoms im H_2O-Molekül transformieren sich unter dem Einfluss der Symmetrieoperationen der Punktgruppe C_{2v} nach den Matrizen (A.16). d-Orbitale transformieren sich nach fünfreihigen Matrizen. Auch das Transformationsverhalten von Rotationen lässt sich untersuchen. So gilt etwa für den

---

[22]Wir kommen auf die in diesem Abschnitt angegebenen Darstellungsmatrizen im weiteren mehrfach zurück.

Drehsinn R_z um die z-Achse im NH_3-Molekül (s. Bild A.11b)

$$\Gamma(E) = 1, \qquad \Gamma(C_3) = 1, \qquad \Gamma(C_3^2) = 1,$$
$$\Gamma(\sigma_v^{(1)}) = -1, \qquad \Gamma(\sigma_v^{(2)}) = -1, \qquad \Gamma(\sigma_v^{(3)}) = -1. \tag{A.20}$$

Fasst man die multiplikativen Faktoren in (A.12) bis (A.14), (A.17) sowie (A.20) als quadratische einreihige Matrizen auf, so erfüllen die Sätze von Matrizen (A.12) bis (A.14) und (A.16) bis (A.20) folgende Eigenschaften:

a) Jeder Symmetrieoperation R der betrachteten Punktgruppe ist eine quadratische Matrix $\Gamma(R)$ zugeordnet, der identischen Symmetrieoperation E die Einheitsmatrix.

b) Dem Produkt $R_3 = R_1 R_2$ zweier Symmetrieoperationen R_1 und R_2 entspricht das Produkt der Matrizen: $\Gamma(R_3) = \Gamma(R_1)\Gamma(R_2)$. Speziell gilt wegen $RR^{-1} = E$ und $\Gamma(R)\Gamma(R^{-1}) = \Gamma(E)$ auch $\Gamma(R^{-1}) = \Gamma(R)^{-1}$, d.h., der zu R inversen Symmetrieoperation R^{-1} entspricht die inverse Matrix $\Gamma(R)^{-1}$.[23]

Wir prüfen die zweite der genannten Eigenschaften exemplarisch nach. Für die Punktgruppe C_{3v} gilt $\sigma_v^{(1)} C_3^2 = \sigma_v^{(3)}$ (s. Bild A.8a). Auch für die Matrizen in (A.17), (A.18) und (A.20) gilt $\Gamma(\sigma_v^{(1)})\Gamma(C_3^2) = \Gamma(\sigma_v^{(3)})$, wie man leicht nachprüft. Ebenso überzeugt man sich, dass für alle drei Sätze von Matrizen gilt: $\Gamma(C_3)\Gamma(C_3^2) = \Gamma(E)$ und $\Gamma(\sigma_v^{(k)})\Gamma(\sigma_v^{(k)}) = \Gamma(E)$ ($k = 1, 2, 3$), d.h. $\Gamma(C_3)^{-1} = \Gamma(C_3^2)$ und $\Gamma(\sigma_v^{(k)})^{-1} = \Gamma(\sigma_v^{(k)})$.

Damit bildet jeder Satz Γ von Matrizen $\Gamma(R)$, der die Symmetrieoperationen R einer Punktgruppe G „darstellt", selbst eine Gruppe. Die Multiplikationstafeln für alle Sätze stimmen miteinander und mit derjenigen für die Symmetrieoperationen R der Gruppe G überein. Alle Sätze von Matrizen, die diese Eigenschaften haben, werden als „Darstellungen" der Gruppe G bezeichnet. Im folgenden Abschnitt geben wir eine etwas abstraktere Definition.

A.3.2 Definitionen

Eine Gruppe regulärer quadratischer n-reihiger Matrizen, die homomorph zu einer Gruppe G ist, heißt *n-dimensionale Darstellung* von G.

Alle Matrizengruppen, die homomorph sind zu G, sind Darstellungen von G. Es gibt prinzipiell unendlich viele Darstellungen einer Gruppe. Von spezieller Bedeutung sind *eindimensionale* Darstellungen. Den Gruppenelementen werden in diesem Falle einreihige Matrizen, d.h. Zahlen, zugeordnet. Insbesondere lässt sich in jeder Gruppe allen Gruppenelementen die Zahl 1 zuordnen. Die Gruppenmultiplikationstafel wird dann trivialerweise erfüllt ($\Gamma(R_1)\Gamma(R_2) = \Gamma(R_3)$) reduziert sich auf $1 \cdot 1 = 1$). Diese Darstellung wird als *totalsymmetrische, identische* oder *Einsdarstellung* bezeichnet. Es kann außer der totalsymmetrischen noch weitere eindimensionale Darstellungen geben (etwa (A.12) und (A.14) für C_{2v} und (A.20) für C_{3v}).

Die Abbildung der Gruppenelemente auf Matrizen, die zu den Darstellungen der Punktgruppen führt, ist im allgemeinen ein Homomorphismus (s. Abschn. A.2.6), d.h., sie ist

---

[23]Als Matrizen kommen deshalb nur reguläre in Betracht (also Matrizen, deren Determinante nicht 0 ist, denn nur für solche Matrizen existiert eine inverse Matrix).

nicht umkehrbar eindeutig. So werden bei eindimensionalen Darstellungen *alle* Gruppen-elemente auf die beiden „Matrizen" (+1) und (−1) abgebildet, bei der totalsymmetrischen Darstellung sogar sämtlich auf die *eine* „Matrix" (+1). Im speziellen kann die Abbildung auch ein Isomorphismus sein.[24] So ist bei den Darstellungen (A.16), (A.18) und (A.19) die Zuordnung zwischen Symmetrieoperationen und Matrizen umkehrbar eindeutig.

Ein beliebiger Satz von „Objekten", der sich nach einer bestimmten Darstellung transformiert, ist eine *Basis* dieser Darstellung. Die Basis spannt einen n-dimensionalen Raum auf, den *Darstellungsraum*.

Wir betonen, dass man bei der „abstrakten" Definition einer Darstellung keinen Bezug nimmt auf eine konkrete Basis, d.h. auf irgendwelche Objekte, die sich nach dieser Darstellung transformieren (wie wir dies bei der anschaulichen Einführung des Darstellungsbegriffs im vorigen Abschnitt getan haben). *Jede* Gruppe von Matrizen, die der Definition genügt, ist Darstellung der betrachteten Gruppe.

A.3.3 Äquivalente und inäquivalente Darstellungen

Für eine Gruppe G sei eine n-dimensionale Darstellung Γ mit den Darstellungsmatrizen $\Gamma(R)$ gegeben. T bezeichne eine beliebige reguläre quadratische n-reihige Matrix. Dann ist auch die Menge Γ' der Matrizen

$$\Gamma'(R) = \mathrm{T}^{-1}\,\Gamma(R)\,\mathrm{T} \tag{A.21}$$

(für alle R aus G) eine Darstellung der Gruppe G.[25]

Von einer Darstellung Γ kann man also mit jeder beliebigen regulären Matrix T (regulär, damit die inverse Matrix T^{-1} existiert) gemäß (A.21) zu einer neuen Darstellung übergehen. Alle auf diese Weise gewonnenen Darstellungen haben die gleiche Dimension n.

Eine Darstellung Γ' heißt *äquivalent* zur Darstellung Γ, wenn es eine reguläre Matrix T gibt, so dass (A.21) erfüllt ist. Zwei Darstellungen Γ und Γ' heißen *inäquivalent*, wenn es keine solche Matrix gibt.

Da die Ähnlichkeitstransformation (A.21) eine Äquivalenzrelation ist (s. Abschn. A.2.5), zerfallen alle Darstellungen gleicher Dimension einer Gruppe G in Klassen zueinander äquivalenter Darstellungen. Zu je zwei Darstellungen einer Klasse gibt es eine Matrix T, die die Darstellungen gemäß (A.21) ineinander überführt. Zwei Darstellungen aus verschiedenen Klassen sind inäquivalent, es gibt keine solche Matrix. Wir werden später sehen, dass für die meisten darstellungstheoretischen Fragestellungen zueinander äquivalente Darstellungen als nicht wesentlich verschieden angesehen werden können. Wesentlich verschieden voneinander sind nur die inäquivalenten Darstellungen. Damit wird die Anzahl der zu betrachtenden Darstellungen einer Gruppe ganz wesentlich eingeschränkt.

Der Übergang zu einer äquivalenten Darstellung gemäß (A.21) entspricht dem Übergang zu einer neuen Basis im Darstellungsraum (einer *Basistransformation*).

---

[24]Solche Darstellungen werden als *treu* bezeichnet.
[25]Zum Beweis dieses Satzes hätte man zu zeigen, dass die Gruppe Γ' isomorph ist zur Gruppe Γ.

A.3.4 Reduzible und irreduzible Darstellungen

Neben der Beschränkung auf inäquivalente Darstellungen gibt es eine zweite Möglichkeit, die Vielzahl aller denkbaren Darstellungen wesentlich einzuschränken: durch die Unterscheidung in reduzible und irreduzible Darstellungen.

Eine Darstellung Γ heißt *reduzibel*, wenn *alle* Darstellungsmatrizen $\Gamma(R)$ dieser Darstellung in der *gleichen* Weise *ausgeblockt* sind:[26]

$$
\Gamma(R) = \begin{pmatrix}
\Gamma^{(1)}(R) & & & & \\
& \Gamma^{(2)}(R) & & -0- & \\
& & \Gamma^{(3)}(R) & & \\
& -0- & & \ddots &
\end{pmatrix}
\tag{A.22}
$$

(für *alle* R aus G) bzw. wenn es eine Matrix T gibt, mit der man zu einer äquivalenten Darstellung Γ' übergehen kann, so dass alle Matrizen $\Gamma'(R) = T^{-1}\Gamma(R)T$ in dieser Weise ausgeblockt sind.

Die einander entsprechenden Blöcke $\Gamma^{(i)}(R)$ aus allen Matrizen $\Gamma(R)$ können unabhängig multipliziert werden, d.h., wenn $\Gamma(R_1)\Gamma(R_2) = \Gamma(R_3)$ ist, dann gilt auch $\Gamma^{(i)}(R_1)\Gamma^{(i)}(R_2) = \Gamma^{(i)}(R_3)$ für alle i. Damit bilden die $\Gamma^{(i)}(R)$ ($i = 1, 2, \ldots$) selbst Darstellungen, die reduzible Darstellung Γ zerfällt also in Darstellungen kleinerer Dimension. Der Darstellungsraum der Darstellung Γ zerfällt in invariante Unterräume, die bei allen Symmetrieoperationen R aus G jeweils nur in sich transformiert werden.

Gibt es unter allen zu Γ äquivalenten Darstellungen keine, bei der alle Matrizen in gleicher Weise ausgeblockt sind, dann heißt die Darstellung *irreduzibel*. Irreduzible Darstellungen lassen sich also nicht weiter zerlegen oder „ausreduzieren". Zwar können einzelne Matrizen durchaus Blockform haben (z.B. besteht die Einheitsmatrix $\Gamma(E)$ in jeder Darstellung nur aus „Einerblöcken"), aber nicht *alle* Matrizen sind in *gleicher* Weise ausgeblockt.

Eindimensionale Darstellungen sind trivialerweise immer irreduzibel, mehrdimensionale können reduzibel oder irreduzibel sein. In (A.16) sind alle vier Matrizen in gleicher Weise ausgeblockt, die dreidimensionale Darstellung ist reduzibel, sie zerfällt in die drei eindimensionalen Darstellungen (A.14), (A.12) und (A.13). Die Darstellung (A.18) ist ebenfalls reduzibel, sie zerfällt in eine zweidimensionale und in die eindimensionale Darstellung (A.17). Die zweidimensionale Darstellung ist irreduzibel, sie lässt sich nicht weiter ausreduzieren. Dagegen kann man von der Darstellung (A.19) mit einer geeigneten Matrix T gemäß (A.21) zu einer äquivalenten Darstellung übergehen, bei der *alle* Matrizen Diagonalform haben. Die Darstellung (A.19) ist damit reduzibel und zerfällt in vier eindimensionale Darstellungen.[27] Kriterien dafür, ob eine vorgegebene mehrdimensionale Darstellung reduzibel oder

---

[26] Längs der Hauptdiagonalen befinden sich quadratische Blöcke, außerhalb dieser Blöcke steht stets 0.

[27] Wir zeigen dies in Abschnitt A.4.2.

irreduzibel ist, werden wir im folgenden Abschnitt angeben.

Die Anzahl der reduziblen Darstellungen einer Gruppe ist unendlich. Aus vorgegebenen (reduziblen oder irreduziblen) Darstellungen lassen sich sofort neue bilden, indem man die Matrizen der gegebenen Darstellungen blockweise aneinanderfügt und so (reduzible) Darstellungen höherer Dimension konstruiert. Das haben wir in Abschnitt A.3.1 getan, als wir aus (A.12) bis (A.14) die Darstellungsmatrizen (A.16) gebildet haben. Dieses Vorgehen bezeichnet man als Bildung der *direkten Summe von Darstellungen*. Die direkte Summe Γ von Darstellungen $\Gamma^{(1)}$, $\Gamma^{(2)}$, $\Gamma^{(3)}$, ... schreibt man als

$$\Gamma = c_1 \Gamma^{(1)} + c_2 \Gamma^{(2)} + c_3 \Gamma^{(3)} + \ldots, \tag{A.23}$$

wobei c_i angibt, wie oft die Darstellung $\Gamma^{(i)}$ in Γ enthalten ist. Der Vergleich dieses Vorgehens mit (A.22) zeigt, dass sich die Zerlegung einer reduziblen Darstellung in irreduzible Darstellungen auch umgekehrt interpretieren lässt: die reduzible Darstellung ist die direkte Summe ihrer irreduziblen Bestandteile.

Aus dem Gesagten folgt, dass von eigentlichem Interesse nur die irreduziblen Darstellungen einer Gruppe sind. Für endliche Gruppen gelten ganz allgemein die folgenden wichtigen Sätze:[28]

1. Die Ausreduktion einer reduziblen Darstellung nach ihren irreduziblen Bestandteilen ist eindeutig (bis auf Äquivalenz).[29]
2. Die Anzahl der (inäquivalenten) irreduziblen Darstellungen einer Gruppe ist gleich der Anzahl der Klassen konjugierter Elemente. In endlichen Gruppen gibt es also nur endlich viele irreduzible Darstellungen.
3. Die Dimensionen der irreduziblen Darstellungen sind Teiler der Gruppenordnung.
4. (*Satz von Burnside*) Die Summe der Quadrate der Dimensionen g_i aller n irreduziblen Darstellungen $\Gamma^{(i)}$ einer Gruppe ist gleich der Gruppenordnung h:

$$g_1^2 + g_2^2 + \ldots + g_n^2 = h. \tag{A.24}$$

5. Für die Darstellungskoeffizienten $\Gamma(R)_{kl}$ zweier (inäquivalenter) irreduzibler Darstellungen $\Gamma^{(i)}$ und $\Gamma^{(j)}$ gilt die folgende Orthogonalitätsrelation:

$$\sum_R \Gamma^{(i)}(R)_{kl}^* \, \Gamma^{(j)}(R)_{k'l'} = \frac{h}{\sqrt{g_i g_j}} \delta_{ij} \, \delta_{kk'} \, \delta_{ll'}; \tag{A.25}$$

die Summation läuft dabei über alle Gruppenelemente R.[30]

Als Beispiel betrachten wir die Gruppe C_{3v}. Sie hat drei Klassen konjugierter Elemente (s. Abschn. A.2.5) und damit drei irreduzible Darstellungen (Satz 2). Ihre Ordnung (die Anzahl der Elemente) ist 6, deshalb muss für die Dimensionen g_1, g_2 und g_3 der drei irreduziblen Darstellungen gelten: $g_1^2 + g_2^2 + g_3^2 = 6$ (Satz 4). Die Gruppe C_{3v} hat damit zwei eindimensionale und eine zweidimensionale irreduzible Darstellung (Satz 3 ist erfüllt). Die beiden

---

[28]Für die Beweise dieser Sätze muss auf spezielle Lehrbücher der Gruppentheorie verwiesen werden.

[29]Dieser Satz gilt auch für unendliche Gruppen, wie die Punktgruppen $C_{\infty v}$ und $D_{\infty h}$.

[30]Dieser Satz gilt strenggenommen nur für *unitäre* Darstellungen (das sind Darstellungen, bei denen alle Matrizen unitär sind). Jede Darstellung ist aber äquivalent zu einer unitären Darstellung.

eindimensionalen Darstellungen haben wir in (A.17) und (A.20) bereits kennengelernt, die zweidimensionale ist als irreduzibler (linker oberer) Bestandteil in (A.18) enthalten.

In abelschen Gruppen bildet jedes Element eine Klasse für sich (s. Abschn. A.2.5). Aus Satz 2 und (A.24) folgt für diesen Fall, dass nur eindimensionale irreduzible Darstellungen existieren. Ihre Anzahl stimmt mit der Gruppenordnung überein.

Es zeigt sich also, dass in endlichen Gruppen nur eine relativ kleine Anzahl (inäquivalenter) irreduzibler Darstellungen existiert (Satz 2). Nur diese sind die wesentlich verschiedenen Darstellungen, die für die Interpretation der Symmetrieeigenschaften der Moleküle relevant sind.

A.3.5   Charaktere

Für die Lösung der meisten darstellungstheoretischen Fragestellungen und für praktisch alle Anwendungen ist die explizite Kenntnis der Darstellungsmatrizen nicht erforderlich. Es genügt vielmehr die Kenntnis des *Charakterensystems* der jeweiligen Darstellungen.

Als *Charakter* $\chi^{(i)}(R)$ des Gruppenelements R in der g_i-dimensionalen Darstellung $\Gamma^{(i)}$ bezeichnet man die Spur der Matrix $\Gamma^{(i)}(R)$, d.h. die Summe ihrer Diagonalelemente:

$$\chi^{(i)}(R) = \sum_{k=1}^{g_i} \Gamma^{(i)}(R)_{kk}. \tag{A.26}$$

So ergibt sich mit (A.26) etwa für den Charakter der Symmetrieoperation $\sigma_v^{(2)}$ in der Darstellung (A.18) $\chi(\sigma_v^{(2)}) = 1$ und für den Charakter der Drehung C_2 in der Darstellung (A.19) $\chi(C_2) = 0$. Es ist unmittelbar klar, dass bei eindimensionalen Darstellungen die Charaktere mit den Darstellungsmatrizen zusammenfallen und dass für *jede* Darstellung $\chi(E) = g_i$ gilt, da $\Gamma(E)$ die Einheitsmatrix ist.

Wir zeigen zunächst, dass zwei durch eine Ähnlichkeitstransformation verknüpfte Matrizen A und $B = T^{-1}AT$ die gleiche Spur haben:

$$
\begin{aligned}
\sum_k B_{kk} &= \sum_k \sum_\nu \sum_\sigma (T^{-1})_{k\nu}\, A_{\nu\sigma}\, T_{\sigma k} \\
&= \sum_\nu \sum_\sigma A_{\nu\sigma} \sum_k T_{\sigma k}(T^{-1})_{k\nu} = \sum_\nu \sum_\sigma A_{\nu\sigma}\, \delta_{\sigma\nu} = \sum_\nu A_{\nu\nu}
\end{aligned}
$$

(summiert wird jeweils von 1 bis zur Zeilenzahl der Matrizen). Die Spur ist also invariant gegenüber Ähnlichkeitstransformationen. Daraus ergeben sich zwei wichtige Folgerungen:

1. Alle zueinander äquivalenten Darstellungen, die ja untereinander durch Ähnlichkeitstransformationen (A.21) verknüpft sind, haben das gleiche Charakterensystem. Die Beschreibung einer Darstellung durch ihr Charakterensystem spezifiziert also die Darstellung nur bis auf Äquivalenz.

2. Da die Gruppenelemente innerhalb einer Klasse konjugierter Elemente durch eine Ähnlichkeitstransformation (A.5) verknüpft sind, haben in jeder Darstellung alle Elemente einer Klasse den gleichen Charakter. Der Charakter ist eine Klassenfunktion.[31]

Für die Charaktere zweier irreduzibler Darstellungen $\Gamma^{(i)}$ und $\Gamma^{(j)}$ erhält man aus (A.25) durch Summation über die Diagonalelemente $(k = l, k' = l')$ folgende Orthogonalitätsrelation:

$$\sum_R \chi^{(i)}(R)^* \chi^{(j)}(R) = h\,\delta_{ij}. \tag{A.27}$$

Für eindimensionale Darstellungen sind (A.25) und (A.27) identisch. Sind etwa $\Gamma^{(i)}$ und $\Gamma^{(j)}$ die Darstellungen (A.17) und (A.20) der Gruppe C_{3v}, so bedeuten (A.25) bzw. (A.27) $1 \cdot 1 + 1 \cdot 1 + 1 \cdot 1 + 1 \cdot (-1) + 1 \cdot (-1) + 1 \cdot (-1) = 0$. Ist $\Gamma^{(i)} = \Gamma^{(j)}$ die Darstellung (A.20), dann hat man $1^2 + 1^2 + 1^2 + (-1)^2 + (-1)^2 + (-1)^2 = 6.$[32]

Da die Charaktere innerhalb einer Klasse konjugierter Elemente übereinstimmen, kann man in (A.27) von der Summation über die Elemente R zur Summation über die Klassen k übergehen:

$$\sum_k h_k \, \chi^{(i)}(R_k)^* \chi^{(j)}(R_k) = h\,\delta_{ij}; \tag{A.28}$$

h_k ist dabei die Anzahl der Elemente der jeweiligen Klasse k, R_k ein beliebiges Element dieser Klasse. Für die eben betrachteten Beispiele bedeutet das $1 \cdot 1 + 2 \cdot 1 \cdot 1 + 3 \cdot 1 \cdot (-1) = 0$ bzw. $1^2 + 2 \cdot 1^2 + 3 \cdot (-1)^2 = 6$. Für $i = j$ liefern (A.27) bzw. (A.28) ein Kriterium für die Reduzibilität bzw. Irreduzibilität einer Darstellung: Eine Darstellung Γ ist dann und nur dann irreduzibel, wenn für ihre Charaktere $\chi(R)$

$$\sum_R \chi(R)^* \chi(R) = \sum_k h_k \, \chi(R_k)^* \chi(R_k) = h \tag{A.29}$$

gilt. Mit (A.29) zeigt man leicht, dass die Darstellung (A.19) reduzibel ist: $4^2 + 0^2 + 0^2 + (-4)^2 = 32 \neq 4$, der linke obere Zweierblock der Darstellung (A.18) aber irreduzibel: $1 \cdot 2^2 + 2 \cdot (-1)^2 + 3 \cdot 0^2 = 6$.

Aus der Definition (A.23) der direkten Summe von Darstellungen folgt unmittelbar, dass sich die Charaktere einer Darstellung $\Gamma = c_1 \Gamma^{(1)} + c_2 \Gamma^{(2)} + \dots$ als

$$\chi(R) = \sum_j c_j \, \chi^{(j)}(R) \tag{A.30}$$

(für alle R aus G) ergeben.[33] Multipliziert man (A.30) mit $\chi^{(i)}(R)^*$ und summiert über alle Gruppenelemente (bzw. über alle Klassen), so erhält man unter Ausnutzung der Orthogonalitätsrelation (A.27) bzw. (A.28)

$$c_i = \frac{1}{h} \sum_R \chi^{(i)}(R)^* \chi(R) = \frac{1}{h} \sum_k h_k \, \chi^{(i)}(R_k)^* \chi(R_k). \tag{A.31}$$

---

[31]In der Tat gilt etwa für die Darstellung (A.18) der Gruppe C_{3v} $\chi(C_3) = \chi(C_3^2) = 0$ und $\chi(\sigma_v^{(1)}) = \chi(\sigma_v^{(2)}) = \chi(\sigma_v^{(3)}) = 1$; formal sehr verschiedene Darstellungsmatrizen haben also die gleiche Spur.

[32]Die Orthogonalitätsrelation (A.27) erlaubt folgende geometrische Interpretation: Die Charaktere einer irreduziblen Darstellung sind die Komponenten eines Vektors in einem Raum der Dimension h; der Betrag des Vektors ist $\sqrt{h}$, zwei Vektoren zu verschiedenen irreduziblen Darstellungen sind orthogonal zueinander.

[33]So ergibt sich jeder Charakter der Darstellung (A.16) als Summe der entsprechenden Charaktere der drei Darstellungen (A.12) bis (A.14).

Diese Beziehung erlaubt die *Ausreduktion* einer beliebigen vorgegebenen Darstellung Γ nach ihren irreduziblen Bestandteilen $\Gamma^{(i)}$, wenn deren Charaktere bekannt sind.

Von zentraler Bedeutung für die Lösung fast sämtlicher darstellungstheoretischer und daraus abgeleiteter Fragestellungen ist daher die Kenntnis der Charaktere der irreduziblen Darstellungen einer Gruppe.

Wir zeigen zunächst am Beispiel der Punktgruppe C_{3v}, wie man mit Hilfe der im vorigen Abschnitt angegebenen Sätze und der Orthogonalitätsrelationen (A.27) bzw. (A.28) die Charaktere der irreduziblen Darstellungen einer Gruppe ermitteln kann.[34]

Die Gruppe C_{3v} hat drei irreduzible Darstellungen, zwei eindimensionale und eine zweidimensionale (s. den vorigen Abschnitt). Wir wollen sie mit $\Gamma^{(1)}$, $\Gamma^{(2)}$ und $\Gamma^{(3)}$ bezeichnen. Da der Charakter eine Klasseninvariante ist, muss für alle drei Darstellungen gelten:

$$\chi(C_3) = \chi(C_3^2) \quad \text{und} \quad \chi(\sigma_v^{(1)}) = \chi(\sigma_v^{(2)}) = \chi(\sigma_v^{(3)}).$$

$\Gamma^{(1)}$ sei die totalsymmetrische Darstellung, die in jeder Gruppe vorhanden ist: $\chi^{(1)}(R) = 1$ für alle R aus G. Für die zweite eindimensionale Darstellung $\Gamma^{(2)}$ erhält man (wenn (A.27) bzw. (A.28) erfüllt sein soll) $\chi^{(2)}(E) = \chi^{(2)}(C_3) = 1$ und $\chi^{(2)}(\sigma_v) = -1$. $\Gamma^{(3)}$ ist eine zweidimensionale Darstellung. Zunächst gilt $\chi^{(3)}(E) = 2$; die beiden noch unbekannten Charaktere $\chi^{(3)}(C_3)$ und $\chi^{(3)}(\sigma_v)$ ergeben sich wieder aus (A.27) bzw. (A.28) (der „Charaktervektor" von $\Gamma^{(3)}$ muss orthogonal sein zu denen von $\Gamma^{(1)}$ und $\Gamma^{(2)}$): $\chi^{(3)}(C_3) = -1$ und $\chi^{(3)}(\sigma_v) = 0$. Die Charaktere *aller* irreduziblen Darstellungen werden in einer *Charaktertafel* zusammengefasst. Für die Punktgruppe C_{3v} hat sie die Form[35]

	E	$2C_3$	$3\sigma_v$	
$\Gamma^{(1)} = A_1$	1	1	1	
$\Gamma^{(2)} = A_2$	1	1	-1	(A.32)
$\Gamma^{(3)} = E$	2	-1	0	

Die Charaktertafeln für die Punktgruppen sind in Anhang B zusammengestellt. Sie werden im folgenden Abschnitt erläutert.

Wir betonen, dass wir die Charaktere, d.h. die Spuren der Darstellungsmatrizen der irreduziblen Darstellungen mit Hilfe der Sätze des vorigen Abschnitts und der Relationen (A.27) bzw. (A.28) ermittelt haben, *ohne* die Matrizen selbst zu kennen. Ohne Bezug auf konkrete „Basisobjekte" haben wir damit die Darstellungen (A.17), (A.20) und den linken oberen Zweierblock der Darstellung (A.18) als *einzige* irreduzible Darstellungen identifiziert.

Eine beliebige reduzible Darstellung einer Gruppe G lässt sich – bei Kenntnis der Charaktere aller irreduziblen Darstellungen (d.h. der Charaktertafel) der Gruppe – mit Hilfe der Beziehung (A.31) in ihre irreduziblen Bestandteile zerlegen („ausreduzieren"). Wir betrachten als Beispiel die Darstellung (A.18) der Gruppe C_{3v}. Sie hat die Charaktere $\chi(E) = 3$, $\chi(C_3) = 0$, $\chi(\sigma_v) = 1$. Die Darstellung ist reduzibel (schon deshalb, weil es in C_{3v} nur ein-

---

[34]In der angegebenen Weise kann man nur für einen Teil der Punktgruppen die Charaktertafeln aufstellen. Für die anderen sind allgemeinere Algorithmen aus der Darstellungstheorie endlicher Gruppen nötig.

[35]Die hier bereits angegebene übliche Nomenklatur der irreduziblen Darstellungen erläutern wir im folgenden Abschnitt.

und zweidimensionale irreduzible Darstellungen gibt). Mit Hilfe der Charaktertafel (A.32) erhält man mit (A.31) die Koeffizienten

$$
\begin{aligned}
c_1(A_1) &= \tfrac{1}{6}\left[1\cdot 3 + 2\cdot(+1)\cdot 0 + 3\cdot(+1)\cdot 1\right] &= 1 \\
c_2(A_2) &= \tfrac{1}{6}\left[1\cdot 3 + 2\cdot(+1)\cdot 0 + 3\cdot(-1)\cdot 1\right] &= 0 \\
c_3(E) &= \tfrac{1}{6}\left[2\cdot 3 + 2\cdot(-1)\cdot 0 + 3\cdot(+0)\cdot 1\right] &= 1
\end{aligned}
$$

für die direkte Summe (A.23), also: $\Gamma = \Gamma^{(1)} + \Gamma^{(3)} = A_1 + E$. Durch Aufsummation der Charaktere der enthaltenen irreduziblen Darstellungen gemäß (A.30) lässt sich die Richtigkeit der Ausreduktion überprüfen:

$$
\begin{aligned}
\chi(E) &= 1\cdot\chi^{(1)}(E) &+ 1\cdot\chi^{(3)}(E) &= 1\cdot 1 + 1\cdot 2 &= 3 \\
\chi(C_3) &= 1\cdot\chi^{(1)}(C_3) &+ 1\cdot\chi^{(3)}(C_3) &= 1\cdot 1 + 1\cdot(-1) &= 0 \\
\chi(\sigma_v) &= 1\cdot\chi^{(1)}(\sigma_v) &+ 1\cdot\chi^{(3)}(\sigma_v) &= 1\cdot 1 + 1\cdot 0 &= 1.
\end{aligned}
$$

Auf die gleiche Weise ergibt sich (mit Hilfe der Charaktertafel für die Punktgruppe C_{2v} in Anhang B) für die Darstellung (A.19) mit den Charakteren $\chi(E) = 4$, $\chi(C_2) = 0$, $\chi(\sigma_v) = 0$ und $\chi(\sigma_v') = -4$ die Zerlegung $\Gamma = 2A_2 + 2B_1$, denn man hat

$$
\begin{aligned}
c_1(A_1) &= \tfrac{1}{4}\left[1\cdot 4 + (+1)\cdot 0 + (+1)\cdot 0 + (+1)\cdot(-4)\right] &= 0 \\
c_2(A_2) &= \tfrac{1}{4}\left[1\cdot 4 + (+1)\cdot 0 + (-1)\cdot 0 + (-1)\cdot(-4)\right] &= 2 \\
c_3(B_1) &= \tfrac{1}{4}\left[1\cdot 4 + (-1)\cdot 0 + (+1)\cdot 0 + (-1)\cdot(-4)\right] &= 2 \\
c_4(B_2) &= \tfrac{1}{4}\left[1\cdot 4 + (-1)\cdot 0 + (-1)\cdot 0 + (+1)\cdot(-4)\right] &= 0.
\end{aligned}
$$

A.3.6 Die Charaktertafeln der Punktgruppen

In Anhang B am Ende des Buches sind die Charaktertafeln für die in Abschnitt A.1.3 aufgeführten Punktgruppen zusammengestellt.[36] Die Kopfleiste einer jeden Tafel enthält die Elemente der jeweiligen Punktgruppe, die Symmetrieoperationen; sie sind in Klassen konjugierter Elemente zusammengefasst. Angegeben wird jeweils ein repräsentatives Element der Klasse und davor die Anzahl der Elemente in dieser Klasse. Fehlt diese Zahl, dann bildet das angegebene Element eine Klasse für sich. Die linke Spalte enthält die Bezeichnungen für die irreduziblen Darstellungen der Gruppe.[37] Sie haben folgende Bedeutung:

1. Eindimensionale Darstellungen: A, B
Zweidimensionale Darstellungen: E
Dreidimensionale Darstellungen (nur bei kubischen Gruppen und der Gruppe I_h): T
2. Eine eindimensionale Darstellung wird mit A(B) bezeichnet, wenn sie symmetrisch (antisymmetrisch) bezüglich einer Drehung um $2\pi/n$ um die Referenzachse C_n ist. *Symmetrisch (antisymmetrisch)* bedeutet, dass für diese Darstellung $\chi(C_n) > 0$ (< 0) gilt.
3. Ein Strich (Doppelstrich) wird angefügt, wenn die Darstellung symmetrisch (antisymmetrisch) bezüglich der Spiegelebene σ_h ist.

---

[36]Es fehlt die Charaktertafel für die Ikosaedergruppe. Man findet sie in (fast) allen speziellen Lehrbüchern über Molekülsymmetrie.

[37]Diese in der Molekültheorie übliche Bezeichnungsweise stammt von Schoenflies. In der Kristalltheorie wird die Bezeichnungsweise von Hermann und Mauguin bevorzugt.

4. Der Index g (u) bedeutet, dass die Darstellung symmetrisch (antisymmetrisch) bezüglich der Inversion ist.[38]

5. Indizes $1, 2, \dots$ an den Darstellungssymbolen klassifizieren die Darstellungen bezüglich weiterer Symmetrieoperationen.

Da Klassenanzahl und Anzahl der irreduziblen Darstellungen übereinstimmen, sind die Charaktertafeln quadratische Schemata. Als erste Darstellung wird jeweils die totalsymmetrische Darstellung angegeben; sie hat für alle Symmetrieoperationen den Charakter $+1$.

Zusätzlich sind in den Charaktertafeln noch Koordinatenfunktionen („Basisobjekte") angegeben, die sich nach den jeweiligen irreduziblen Darstellungen transformieren. Dabei ist angenommen, dass die z-Achse des Koordinatensystems mit der Referenzachse des Moleküls zusammenfällt. So transformiert sich z.B. z in der Gruppe C_{3v} nach der totalsymmetrischen Darstellung A_1; x und y transformieren sich gemeinsam nach der zweidimensionalen Darstellung E (werden also bei Anwendung der Symmetrieoperationen gemischt). x, y, z stehen für die Einheitsvektoren $\vec{e}_x$, $\vec{e}_y$, $\vec{e}_z$ (d.h. für Verrückungen von Kernpositionen), für die reellen Kugelflächenfunktionen S_1^m (d.h. für die Atomorbitale p_x, p_y, p_z), für die drei Komponenten des molekularen Dipoloperators, für Translationen des ganzen Moleküls u.a. Alle genannten Größen transformieren sich in gleicher Weise, d.h. sind Basis der jeweiligen irreduziblen Darstellung. Außerdem sind binäre Produkte von x, y, z bzw. Linearkombinationen solcher binärer Produkte angegeben. In dieser Weise transformieren sich die reellen Kugelflächenfunktionen S_2^m (d.h. die Atomorbitale d_{z^2}, d_{xz}, d_{yz}, $d_{x^2-y^2}$, d_{xy}) sowie die Komponenten des Polarisierbarkeitstensors. Schließlich bezeichnen R_x, R_y, R_z den Drehsinn um die durch den Index angegebene Koordinatenachse (d.h. Rotationen des ganzen Moleküls). Wir werden das Transformationsverhalten aller genannten Größen bei den Anwendungen in Abschnitt A.4 benötigen.

Zueinander isomorphe Gruppen haben identische Charakterensysteme und damit gleiche Charaktertafeln (man vergleiche etwa die Tafeln für C_{3v} und D_3). Die Tafeln unterscheiden sich nur in der Bezeichnung der Gruppenelemente und der irreduziblen Darstellungen. Es sei darauf hingewiesen, dass sich eine bestimmte Koordinatenfunktion in isomorphen Gruppen durchaus nach verschiedenen Darstellungen transformieren kann. So transformiert sich etwa z in der Gruppe D_3 nach der Darstellung A_2, in der zu D_3 isomorphen Gruppe C_{3v} dagegen nach der totalsymmetrischen Darstellung A_1.

A.3.7 Direkte Produkte von Darstellungen

In Abschnitt A.3.4 hatten wir die direkte Summe Γ zweier (oder mehrerer) Darstellungen einer Gruppe eingeführt. Die Matrizen der Darstellung Γ ergaben sich durch blockweises Aneinanderfügen der jeweiligen Matrizen der Einzeldarstellungen. Für die Charaktere galt (A.30). Es gibt eine zweite Möglichkeit der Verknüpfung von Darstellungen, das *direkte Produkt von Darstellungen*. Das direkte Produkt zweier Darstellungen $\Gamma^{(a)}$ und $\Gamma^{(b)}$ einer Gruppe G wird mit

$$\Gamma = \Gamma^{(a)} \times \Gamma^{(b)} \tag{A.33}$$

---

[38] g von *gerade*, u von *ungerade*

bezeichnet.[39] Die Matrizen $\Gamma(R)$ der Darstellung Γ werden durch das direkte Produkt der jeweiligen Matrizen $\Gamma^{(a)}(R)$ und $\Gamma^{(b)}(R)$ gebildet.[40] Zur Erläuterung dieser Produktbildung bei Matrizen bilden wir das direkte Produkt der beiden Matrizen

$$A = \begin{pmatrix} a_{11} & a_{12} & a_{13} \\ a_{21} & a_{22} & a_{23} \\ a_{31} & a_{32} & a_{33} \end{pmatrix} \quad \text{und} \quad B = \begin{pmatrix} b_{11} & b_{12} \\ b_{21} & b_{22} \end{pmatrix}.$$

Als direktes Produkt $A \otimes B$ bezeichnet man die quadratische sechsreihige Matrix

$$\begin{pmatrix} a_{11}b_{11} & a_{12}b_{11} & a_{13}b_{11} & a_{11}b_{12} & a_{12}b_{12} & a_{13}b_{12} \\ a_{21}b_{11} & a_{22}b_{11} & a_{23}b_{11} & a_{21}b_{12} & a_{22}b_{12} & a_{23}b_{12} \\ a_{31}b_{11} & a_{32}b_{11} & a_{33}b_{11} & a_{31}b_{12} & a_{32}b_{12} & a_{33}b_{12} \\ a_{11}b_{21} & a_{12}b_{21} & a_{13}b_{21} & a_{11}b_{22} & a_{12}b_{22} & a_{13}b_{22} \\ a_{21}b_{21} & a_{22}b_{21} & a_{23}b_{21} & a_{21}b_{22} & a_{22}b_{22} & a_{23}b_{22} \\ a_{31}b_{21} & a_{32}b_{21} & a_{33}b_{21} & a_{31}b_{22} & a_{32}b_{22} & a_{33}b_{22} \end{pmatrix}.$$

Es lässt sich zeigen, dass die auf diese Weise gebildeten Matrizen $\Gamma^{(a)}(R) \otimes \Gamma^{(b)}(R)$ (für alle R der betrachteten Gruppe G) tatsächlich eine Gruppe bilden.

Aus der Definition des direkten Produkts Γ zweier Darstellungen ist unmittelbar klar, dass für die Dimension g der Darstellung Γ

$$g = g_a\, g_b$$

gilt, wenn g_a und g_b die Dimensionen der Darstellungen $\Gamma^{(a)}$ bzw. $\Gamma^{(b)}$ sind. Entsprechend gilt

$$\chi(R) = \chi^{(a)}(R)\, \chi^{(b)}(R) \tag{A.34}$$

(für alle R aus G); der Charakter jedes Gruppenelements in der Produktdarstellung ergibt sich als Produkt der jeweiligen Charaktere der Einzeldarstellungen.[41] Sind beide Darstellungen eindimensional (und damit irreduzibel), so ist das direkte Produkt auch eindimensional. Ist eine Darstellung (oder sind beide) reduzibel, dann ist auch das direkte Produkt reduzibel. Sind beide Darstellungen irreduzibel und ist wenigstens eine Darstellung eindimensional, dann ist das direkte Produkt wieder irreduzibel, anderenfalls ist es reduzibel. Allgemein schreibt man für die Zerlegung des direkten Produkts zweier irreduzibler Darstellungen in irreduzible Bestandteile

$$\Gamma^{(a)} \times \Gamma^{(b)} = \sum_i c_{iab}\, \Gamma^{(i)}. \tag{A.35}$$

(A.35) wird als *Clebsch-Gordan-Zerlegung* bezeichnet. Die Koeffizienten c_{iab} (*Clebsch-Gordan-Koeffizienten*) ergeben sich mit Hilfe von (A.31) und (A.34) zu

$$c_{iab} = \frac{1}{h} \sum_R \chi^{(i)}(R)^* \, \chi^{(a)}(R) \, \chi^{(b)}(R). \tag{A.36}$$

---

[39](A.33) lässt sich unmittelbar auf mehr als zwei Faktoren erweitern.

[40]Das *direkte Produkt* (oder *Kronecker-Produkt*) ist neben der Summe und dem „normalen" Produkt eine weitere Möglichkeit, Matrizen miteinander zu verknüpfen.

[41]Man vergewissere sich an unserem Beispiel, dass die Spur der Matrix $A \otimes B$ das Produkt der Spuren der Matrizen A und B ist.

Man erkennt, dass die totalsymmetrische Darstellung das Einselement des direkten Produkts von Darstellungen ist.

Als Beispiel betrachten wir die direkten Produkte der irreduziblen Darstellungen der Gruppe C_{3v} (weitere Beispiele haben wir bereits in den Abschnitten 3.1.5, 3.1.9 und 3.3.6 behandelt). Mit Hilfe der Charaktertafel (A.32) ergibt sich etwa $A_2 \times E = E$, denn für die Produkte der Charaktere gilt $1 \cdot 2 = 2$ (für $\chi(E)$), $1 \cdot (-1) = (-1)$ (für $\chi(C_3)$) und $(-1) \cdot 0 = 0$ (für $\chi(\sigma_v)$). Entsprechend bildet man sofort $A_1 \times A_1 = A_1$, $A_1 \times A_2 = A_2$, $A_1 \times E = E$, $A_2 \times A_2 = A_1$. Für das direkte Produkt $E \times E$ hat man eine Clebsch-Gordan-Zerlegung durchzuführen. Anstatt (A.36) anzuwenden, bildet man aber zweckmäßigerweise erst die Charaktere des direkten Produkts $E \times E$ gemäß (A.34): $\chi(E) = 4$, $\chi(C_3) = 1$ sowie $\chi(\sigma_v) = 0$ und reduziert dann mit (A.31) aus:

$$
\begin{aligned}
c_1(A_1) &= \tfrac{1}{6}\left[1 \cdot 4 + 2 \cdot (+1) \cdot 1 + 3 \cdot (+1) \cdot 0\right] &= 1 \\
c_2(A_2) &= \tfrac{1}{6}\left[1 \cdot 4 + 2 \cdot (+1) \cdot 1 + 3 \cdot (-1) \cdot 0\right] &= 1 \\
c_3(E) &= \tfrac{1}{6}\left[2 \cdot 4 + 2 \cdot (-1) \cdot 1 + 3 \cdot 0 \cdot 0\right] &= 1.
\end{aligned}
$$

(A.35) nimmt also für den vorliegenden Fall die Form $E \times E = A_1 + A_2 + E$ an.

Für verschiedene Fragestellungen (s. Abschn. A.4) ist es wichtig zu entscheiden, ob das direkte Produkt (A.35) zweier vorgegebener irreduzibler Darstellungen $\Gamma^{(a)}$ und $\Gamma^{(b)}$ die totalsymmetrische Darstellung $\Gamma^{(1)}$ enthält. Der Koeffizient c_{1ab} der totalsymmetrischen Darstellung ergibt sich aus (A.36) zu

$$
c_{1ab} = \frac{1}{h} \sum_R \chi^{(1)}(R)^* \, \chi^{(a)}(R) \, \chi^{(b)}(R) = \frac{1}{h} \sum_R 1 \cdot \chi^{(a)}(R) \, \chi^{(b)}(R).
$$

Für irreduzible Darstellungen wird daraus mit der Orthogonalitätsrelation (A.27)

$$
c_{1ab} = \delta_{ab}.
$$

Wir haben damit den für die Anwendungen (Abschnitt A.4) außerordentlich wichtigen Satz: Das direkte Produkt zweier irreduzibler Darstellungen enthält dann und nur dann die totalsymmetrische Darstellung, wenn die beiden Darstellungen gleich sind. Sie ist dann genau einmal enthalten.[42]

A.4   Anwendungen

A.4.1   Symmetriekennzeichnung molekularer Elektronenzustände

Der Hamilton-Operator bzw. die Schrödinger-Gleichung für ein Atom oder Molekül kann nicht von der Orientierung des für die mathematische Behandlung gewählten Koordinatensystems abhängen, sonst würden sich in Abhängigkeit von dieser Wahl unterschiedliche Energieeigenwerte ergeben.[43] Der Hamilton-Operator muss damit auch invariant sein

---

[42]Für die paarweisen Produkte der irreduziblen Darstellungen der Punktgruppe C_{3v} ergab sich gerade dieser Sachverhalt.

[43]Die *physikalischen* Eigenschaften eines Systems können nicht von der Art und Weise der *mathematischen* Behandlung abhängen.

bezüglich aller Symmetrietransformationen des Systems. Das bedeutet $\mathbf{R}\mathbf{H}\psi = \mathbf{H}\mathbf{R}\psi$ für alle Symmetrieoperatoren $\mathbf{R}$ der Punktgruppe des Moleküls, da ja $\mathbf{H}$ nicht durch $\mathbf{R}$ beeinflusst wird.[44] Anwendung von $\mathbf{R}$ auf die Schrödinger-Gleichung $\mathbf{H}\psi_i = E\psi_i$, d.h. $\mathbf{R}(\mathbf{H}\psi_i) = \mathbf{R}(E\psi_i)$, führt so auf $\mathbf{H}(\mathbf{R}\psi_i) = E(\mathbf{R}\psi_i)$. Wie ψ_i sind damit auch alle Funktionen $\mathbf{R}\psi_i$ Eigenfunktionen von $\mathbf{H}$ zum Eigenwert E_i. Im Falle von (etwa k-facher) Entartung werden bei Anwendung von $\mathbf{R}$ aus den k Eigenfunktionen k Linearkombinationen dieser Funktionen gebildet, die ihrerseits einen Satz von Eigenfunktionen zum k-fach entarteten Eigenwert bilden. Die Eigenfunktionen zu einem Eigenwert transformieren sich also bei Anwendung aller Symmetrieoperationen der betreffenden Punktgruppe „in sich", d.h., sie bilden eine Basis für eine irreduzible Darstellung dieser Gruppe. Damit lässt sich jedes Energieniveau (Eigenwert und Eigenfunktionen) durch die irreduzible Darstellung kennzeichnen, nach der sich die Eigenfunktionen bei Anwendung der Symmetrieoperationen der betreffenden Punktgruppe transformieren. So werden etwa die Energieniveaus, die ein einzelnes d-Elektron in einem oktaedrischen Ligandenfeld annehmen kann, durch e_g und t_{2g} bezeichnet.

Der Entartungsgrad eines Energieniveaus stimmt mit der Dimension der Darstellung überein. Höhere als zweifache Entartung tritt nur bei kubischen Gruppen (und bei I_h) auf. Geometrisch bedeutet dies, dass bei diesen Gruppen alle drei Raumrichtungen äquivalent sind. x, y und z werden bei Anwendung der Symmetrieoperationen gemischt. Sie transformieren sich „in sich", d.h. nach einer dreidimensionalen irreduziblen Darstellung (s. die Charaktertafeln der Punktgruppen T_d und O_h). Bei Gruppen, die *eine* Referenzachse C_n ($n > 2$) (bzw. eine S_{2n} ($n \geq 2$)) enthalten, sind x und y äquivalente Koordinatenrichtungen. Sie werden bei Anwendung der Symmetrieoperationen gemischt, d.h., sie transformieren sich nach einer zweidimensionalen irreduziblen Darstellung. Die Referenzachse fällt mit der z-Achse des Koordinatensystems zusammen. Damit ist z eine ausgezeichnete Koordinatenrichtung, z transformiert sich nach einer eindimensionalen Darstellung. In allen anderen Punktgruppen haben x, y und z unterschiedliches Symmetrieverhalten, sie transformieren sich jeweils nach einer eindimensionalen Darstellung.

Einen scheinbaren Widerspruch gibt es bei den Gruppen C_n und C_{nh} ($n > 2$) sowie S_{2n}. Nach dem eben Festgestellten sind x und y äquivalente Raumrichtungen, andererseits sollten diese Gruppen als abelsche Gruppen nur eindimensionale Darstellungen haben (s. Abschn. A.3.4). Lässt man auch *komplexe* irreduzible Darstellungen zu (d.h. Darstellungen mit komplexen Charakteren), dann sind in der Tat alle Darstellungen eindimensional (s. die Charaktertafeln der genannten Gruppen). Von den komplexen Darstellungen sind jedoch jeweils zwei zueinander konjugiert komplex. Sie können durch Bildung der direkten Summe zu einer zweidimensionalen reellen Darstellung zusammengefasst werden; die reellen „Basisobjekte" x und y transformieren sich nach einer solchen Darstellung.[45]

Bei der Bezeichnung der molekularen Einelektronenzustände (Molekülorbitale) durch irreduzible Darstellungen wählt man Kleinbuchstaben. Molekulare Mehrelektronenzustände werden durch Großbuchstaben bezeichnet. Das Transformationsverhalten der Mehrelektronenzustände ergibt sich durch Bildung des direkten Produkts der irreduziblen Darstellungen

---

[44] $\mathbf{H}$ kommutiert also mit allen Symmetrieoperatoren $\mathbf{R}$.

[45] Die umgekehrte Interpretation dieses Sachverhalts ist folgende: Die zweidimensionalen Darstellungen sind irreduzibel, wenn man „im Reellen bleibt". Sie lassen sich ausreduzieren, wenn komplexe Charaktere zugelassen werden.

(s. Abschn. A.3.7), nach denen sich die besetzten Einelektronenzustände transformieren. Sind alle diese irreduziblen Darstellungen eindimensional, so sind auch deren direkte Produkte eindimensional, d.h., die Mehrelektronenzustände sind nicht bahnentartet (s. Abschn. 3.1.5 und 3.1.9). Wenn mehrdimensionale irreduzible Darstellungen vorhanden sind, können die direkten Produkte reduzibel sein (s. Abschn. 3.3.6 und A.3.7); dann hat man auszureduzieren. Es ergeben sich mehrere Mehrelektronenzustände, die sich nach verschiedenen irreduziblen Darstellungen transformieren, also unterschiedliches Symmetrieverhalten und demzufolge unterschiedliche Energie haben. Als Beispiel betrachten wir die Elektronenkonfiguration $(e)^2$ in einem Molekül der Punktgruppe C_{3v}. Das direkte Produkt $e \times e$ haben wir in Abschnitt A.3.7 bereits gebildet und ausreduziert: $e \times e = A_1 + A_2 + E$. Aus dieser Konfiguration ergeben sich also drei Mehrelektronenzustände unterschiedlicher Energie, von denen einer zweifach bahnentartet ist.[46]

Abgeschlossene Schalen geben stets einen totalsymmetrischen Beitrag zum direkten Produkt. Systeme mit nur abgeschlossenen Schalen haben demzufolge einen totalsymmetrischen Grundzustand. Bei Systemen mit offenen Schalen brauchen nur diese für die Bildung des direkten Produkts herangezogen zu werden (s. etwa Abschn. 3.1.5).

Symmetrieerniedrigung (durch Substitution, infolge des Jahn-Teller-Effekts (s. Abschn. 3.3.9) oder durch den Einfluss eines äußeren Feldes) bedeutet den Übergang von einer Punktgruppe G „höherer" Symmetrie zu einer Untergruppe U „geringerer" Symmetrie. Der Hamilton-Operator ist dann nur noch invariant bezüglich der Symmetrieoperationen der Gruppe U. Im allgemeinen werden dann die mehrdimensionalen irreduziblen Darstellungen von G zu reduziblen Darstellungen von U. Ausreduktion in irreduzible Bestandteile bedeutet die Aufspaltung der ursprünglich entarteten Energieniveaus. Beispiele wurden in Abschnitt 3.3.9 behandelt; oft genügt bereits „Inspektion" der Charaktertafeln.

A.4.2 Bestimmung der Symmetrie aller MOs eines Moleküls

Die Gesamtheit aller n Atomorbitale, die in eine LCAO-MO-Rechnung für ein Molekül einbezogen werden, bildet eine Basis für eine n-dimensionale Darstellung der Punktgruppe des Moleküls.[47] Diese Darstellung ist stets reduzibel. Ihre Ausreduktion liefert das Symmetrieverhalten und damit die Symmetriekennzeichnung aller MOs des Moleküls. Bei der LCAO-MO-Rechnung werden gerade solche Linearkombinationen der AOs gebildet, dass Eigenfunktionen des molekularen Hamilton-Operators (MOs) entstehen. Diese Eigenfunktionen transformieren sich nach irreduziblen Darstellungen der betreffenden Punktgruppe (s. den vorigen Abschnitt). Der Übergang von AOs zu MOs entspricht damit dem Übergang von einer vorgegebenen Basis zu einer neuen Basis im n-dimensionalen Darstellungsraum. Bezüglich dieser neuen Basis zerfällt der Darstellungsraum in invariante Teilräume, die jeweils einem molekularen Energieniveau entsprechen.

Wir betrachten als Beispiel das cis-Butadien (C_{2v}) in der π-Näherung (s. dazu Bild A.12b). Die vier AOs χ_k $(k = 1, \ldots, 4)$ bilden eine Basis für eine vierdimensionale Darstellung Γ der Gruppe C_{2v}. Die Darstellungsmatrizen sind in (A.19) angegeben. Für die Ausreduktion benötigt man aber die konkrete Gestalt der Matrizen nicht, sondern lediglich die Charaktere.

---

[46]Weitere Beispiele s. Abschn. 3.3.6.

[47]Dabei ist es gleichgültig, ob es sich um eine semiempirische oder eine ab-initio-Rechnung handelt.

Man überlegt sie sich wie folgt: Bei der Symmetrieoperation E geht jedes AO χ_k in sich über, das ergibt jeweils eine 1 in der Diagonalen der Darstellungsmatrix, sonst steht überall 0; die Spur ist 4. Bei der Spiegelung $\sigma'_v(yz)$ geht jedes AO in sein Negatives über, das ergibt die Spur -4. Bei den beiden anderen Symmetrieoperationen werden jeweils zwei Atome und damit auch deren AOs miteinander vertauscht (χ_1 mit χ_4 und χ_2 mit χ_3). In der Diagonalen steht damit überall 0, d.h., die Spur ist für beide Operationen 0. Für die Charaktere der Darstellung Γ haben wir also

C_{2v}	E	C_2	σ_v	σ'_v
Γ	4	0	0	-4

Ausreduktion ergibt $\Gamma = 2a_2 + 2b_1$ (s. Abschn. A.3.5). Die LCAO-MO-Rechnung wird also vier MOs liefern, von denen sich zwei nach a_2, die anderen zwei nach b_1 transformieren. Über die relative energetische Lage dieser MOs kann mit gruppentheoretischen Mitteln nichts ausgesagt werden. Dazu ist die konkrete Rechnung auszuführen (s. Abschn. 3.1.2 und 3.1.4).

Man erkennt, dass nur solche Atome mit ihren AOs zum Charakter beitragen, die bei der betrachteten Symmetrieoperation an ihrem Platz bleiben. Ein AO eines solchen Atoms trägt mit 1 zum Charakter bei, wenn es selbst bei der Symmetrieoperation unverändert bleibt, mit -1, wenn es in sein Negatives übergeht, oder mit einem Wert zwischen 1 und -1, wenn es in eine Linearkombination aus sich selbst und anderen AOs übergeht. Alle Atome, die bei der betrachteten Symmetrieoperation ihren Platz wechseln, können ignoriert werden. Ihre AOs ergeben nur nichtdiagonale Beiträge zur Darstellungsmatrix und tragen damit nicht zur Spur bei.

Für den allgemeinen Fall (s-, p- und d-Orbitale an den einzelnen Atomen) lassen sich geschlossene Formeln angeben. Dazu betrachten wir zunächst drei Einheitsvektoren an einem Atom. Die Darstellungsmatrizen für eine Drehung und eine Drehspiegelung dieses Dreibeins um den Winkel φ um die z-Achse haben die Form[48]

$$\Gamma(C(\varphi)) = \begin{pmatrix} \cos\varphi & -\sin\varphi & 0 \\ \sin\varphi & \cos\varphi & 0 \\ 0 & 0 & 1 \end{pmatrix}, \quad \Gamma(S(\varphi)) = \begin{pmatrix} \cos\varphi & -\sin\varphi & 0 \\ \sin\varphi & \cos\varphi & 0 \\ 0 & 0 & -1 \end{pmatrix}.$$

Das gleiche Transformationsverhalten wie die drei orthogonalen Einheitsvektoren haben auch die drei p-Orbitale. Die p-Orbitale der vorgegebenen Basis geben damit die Beiträge

$$\begin{aligned} \chi(C(\varphi)) &= n_C(1 + 2\cos\varphi), \\ \chi(S(\varphi)) &= n_S(-1 + 2\cos\varphi) \end{aligned} \tag{A.37}$$

zum Charakter, wobei n_C bzw. n_S die Anzahl der Atome bezeichnet, die bei der betreffenden Symmetrieoperation an ihrem Platz bleiben. $S(\varphi)$ umfasst für $\varphi = 0$ auch die Spiegelung und für $\varphi = \pi$ auch die Inversion. Die d-Orbitale liefern in Verallgemeinerung von (A.37) die Beiträge

$$\begin{aligned} \chi(C(\varphi)) &= n_C(1 + 2\cos\varphi + 2\cos 2\varphi), \\ \chi(S(\varphi)) &= n_S(1 - 2\cos\varphi + 2\cos 2\varphi). \end{aligned} \tag{A.38}$$

---

[48]Man vergleiche dazu die Darstellung (A.18).

Für die s-Orbitale schließlich gilt einfach

$$\begin{aligned}
\chi(C(\varphi)) &= n_C, \\
\chi(S(\varphi)) &= n_S,
\end{aligned} \qquad (A.39)$$

d.h., jedes Atom, das an seinem Platz bleibt, liefert den Beitrag 1 zum Charakter.[49]

Wir betrachten eine minimale Allvalenzbasis für H_2O: ein s-AO und drei p-AOs an O sowie je ein s-AO an H. Für die sechsdimensionale Darstellung Γ, nach der sich die AOs transformieren, ergeben sich folgende Charaktere:

C_{2v}	E	C_2	σ_v	σ_v'
Γ	6	0	2	4

Es ist klar, dass $\chi(E) = 6$ gilt; dies korrespondiert damit, dass bei E alle sechs AOs in sich übergehen. Bei C_2 und $\sigma_v(xz)$ tauschen die beiden H-Atome ihre Plätze (man vgl. etwa Bild A.11a), sie geben keinen Beitrag. Aus (A.37) erhält man mit $\varphi = \pi$ $\chi(C_2) = -1$ und mit $\varphi = 0$ $\chi(\sigma) = 1$ für die p-Orbitale an O.[50] Dazu kommt jeweils der Beitrag 1 vom s-Orbital an O. Bei $\sigma_v'(yz)$ hat man für die p-Orbitale an O analoge Verhältnisse wie bei $\sigma_v(xz)$. Jetzt tragen aber alle drei Atome mit ihren s-Orbitalen zum Charakter bei. Ausreduktion der Darstellung ergibt $\Gamma = 3a_1 + b_1 + 2b_2$. Von den sechs MOs, die man bei einer Allvalenzelektronenrechnung mit einer minimalen Basis erhält, transformieren sich also drei nach a_1, eines nach b_1 und zwei nach b_2 (vgl. Bild 3.30).

Wir geben ein weiteres Beispiel an. Für einen oktaedrischen Übergangsmetallhydridokomplex (s-, p-, d-Orbitale am Zentralatom, s-Orbitale an den sechs Liganden; minimale Basis) ergibt sich mit (A.37), (A.38) und (A.39)

O_h	E	$8C_3$	$3C_2$	$6C_4$	$6C_2'$	i	$8S_6$	$3\sigma_h$	$6S_4$	$6\sigma_d$
Γ	15	0	3	3	1	3	0	7	-1	5

Dabei kann man sich aus jeder Klasse eine beliebige Symmetrieoperation zur Ermittlung des Charakters auswählen, denn alle Symmetrieoperationen einer Klasse haben den gleichen Charakter. Stets hat man sorgfältig darauf zu achten, wieviele der Ligandatome bei der jeweils betrachteten Symmetrieoperation an ihrem Platz bleiben. Die Ausreduktion der 15-dimensionalen Darstellung ergibt $\Gamma = 2a_{1g} + 2e_g + t_{2g} + 2t_{1u}$, was der Symmetriekennzeichnung der Molekülorbitale, die wir in Bild 3.48a angegeben haben, entspricht.

A.4.3 Bestimmung der Symmetrie aller Schwingungen eines Moleküls

So wie wir im vorigen Abschnitt die Symmetrie aller Molekülorbitale bestimmt haben, können wir auch die Symmetrie aller Molekülschwingungen rein gruppentheoretisch ermit-

---

[49] Dabei sind wir davon ausgegangen, dass jedes Atom maximal mit einem s-Orbital und maximal einem Satz von p- bzw. d-Orbitalen zur Basis beiträgt (minimale Basis). Bei erweiterten Basen bedeuten n_C bzw. n_S die Anzahl sämtlicher Sätze von s-, p- bzw. d-Orbitalen an den bei der Symmetrieoperation festbleibenden Atomen.

[50] Man verifiziert: bei C_2 gehen p_z in sich und p_x und p_y in ihr Negatives über; bei $\sigma_v(xz)$ bleiben p_x und p_z fest, und nur p_y wechselt das Vorzeichen.

teln. Dazu sind an jedem der N Atome des Moleküls (in beliebiger Weise) drei orthogonale Einheitsvektoren anzuheften, die die $3N$ Freiheitsgrade bei der Bewegung der Atome charakterisieren. Diese $3N$ Einheitsvektoren sind Basis einer $3N$-dimensionalen reduziblen Darstellung der Punktgruppe des Moleküls. Ausreduktion führt (neben der Translation und der Rotation des Moleküls als Ganzes) auf die $3N - 6$ *Normalschwingungen*, die durch die irreduziblen Darstellungen charakterisiert werden, nach denen sie sich transformieren.

Als Beispiel betrachten wir das H_2O-Molekül. An jedem der drei Atome heften wir ein Basisdreibein an (Bild A.12a). Diese neun Vektoren sind Basis einer neundimensionalen Darstellung, deren Charaktere wir zu bestimmen haben. Dazu dienen die Ausdrücke (A.37), denn orthogonale Einheitsvektoren transformieren sich wie p-Orbitale. Man erhält

C_{2v}	E	C_2	σ_v	σ'_v
Γ	9	-1	1	3

Ausreduktion ergibt $\Gamma = 3a_1 + a_2 + 2b_1 + 3b_2$. Allgemein zerfällt die die $3N$ Freiheitsgrade beschreibende Darstellung Γ in drei Bestandteile:

$$\Gamma = \Gamma_{trans} + \Gamma_{rot} + \Gamma_{vib}. \tag{A.40}$$

Γ_{trans} und Γ_{rot} sind dreidimensionale Darstellungen, die die Translation und die Rotation des Moleküls als Ganzes beschreiben; Γ_{vib} ist eine $(3N - 6)$-dimensionale Darstellung, sie beschreibt die Schwingungen der Atome im Molekül.[51] In der Charaktertafel jeder Punktgruppe ist (in der rechten Spalte) angegeben, nach welchen irreduziblen Darstellungen sich die Translationen (charakterisiert durch die Koordinatenfunktionen x, y, z) und die Rotationen (charakterisiert durch die Drehsinne R_x, R_y, R_z) transformieren. In unserem Beispielfall (C_{2v}) hat man $\Gamma_{trans} = a_1 + b_1 + b_2$ und $\Gamma_{rot} = a_2 + b_1 + b_2$. Damit bleibt gemäß (A.40) $\Gamma_{vib} = 2a_1 + b_2$. Es gibt also zwei (verschiedene) Schwingungen, die sich wie a_1, und eine Schwingung, die sich wie b_2 transformiert. Im Schwingungsspektrum können also maximal drei Linien auftreten.[52]

Mittels einer *Normalkoordinatenanalyse* können diejenigen drei Linearkombinationen der vorgegebenen neun Einheitsvektoren gebildet werden, die den drei *Normalschwingungen* entsprechen (*Normalkoordinaten*).[53] Für den vorliegenden Fall sind die drei Normalschwingungen in Bild A.13 grafisch dargestellt. Die symmetrische Streckschwingung und die Deformationsschwingung haben die Symmetrie a_1; bei allen Symmetrieoperationen der Gruppe C_{2v} wird der Schwingungszustand „in sich" überführt. Die asymmetrische Streckschwingung hat die Symmetrie b_2, ihr Transformationsverhalten entspricht dem eines Vektors in y-Richtung (vgl. Bild A.11).

Als zweites Beispiel soll Benzen dienen (Punktgruppe D_{6h}). An jedem der zwölf Atome sind drei Einheitsvektoren anzuheften. Für die 36-dimensionale Darstellung ermittelt man mit

---

[51]Im speziellen Fall linearer Moleküle hat man $3N - 5$ Schwingungen, da die Rotation um die Molekülachse kein Freiheitsgrad ist.

[52]Ob diese Linien tatsächlich zu finden sind, hängt davon ab, ob die Schwingungsübergänge erlaubt oder verboten sind (s. den folgenden Abschnitt).

[53]Aus gruppentheoretischer Sicht entspricht die Normalkoordinatenanalyse einer LCAO-MO-Rechnung, also einer Basistransformation. Die Linearkombinationen der vorgegebenen Basisobjekte sind einmal Normalkoordinaten, zum anderen Molekülorbitale.

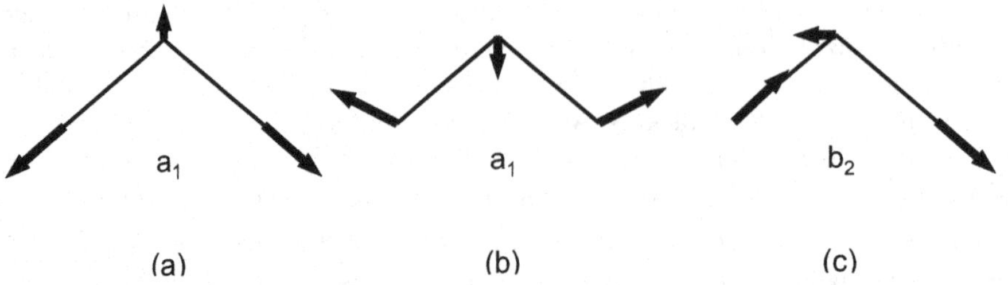

Bild A.13 Normalschwingungen für ein dreiatomiges gewinkeltes Molekül (Punktgruppe C_{2v}): (a) symmetrische Streckschwingung a_1, (b) Deformationsschwingung a_1, (c) asymmetrische Streckschwingung b_2.

(A.37) folgende Charaktere:

D_{6h}	E	$2C_6$	$2C_3$	C_2	$3C_2'$	$3C_2''$	i	$2S_3$	$2S_6$	σ_h	$3\sigma_d$	$3\sigma_v$
Γ	36	0	0	0	-4	0	0	0	0	12	0	4

Ausreduktion ergibt $\Gamma = 2a_{1g} + 2a_{2g} + 2b_{2g} + 2e_{1g} + 4e_{2g} + 2a_{2u} + 2b_{1u} + 2b_{2u} + 4e_{1u} + 2e_{2u}$. Durch „Subtraktion" von $\Gamma_{trans} = a_{2u} + e_{1u}$ und $\Gamma_{rot} = a_{2g} + e_{1g}$ bleibt $\Gamma_{vib} = 2a_{1g} + a_{2g} + 2b_{2g} + e_{1g} + 4e_{2g} + a_{2u} + 2b_{1u} + 2b_{2u} + 3e_{1u} + 2e_{2u}$. Damit ist die Symmetriekennzeichnung der 30 Normalschwingungen gegeben. Wegen der Entartung mehrerer Schwingungen ist die Anzahl der möglichen Linien im Spektrum entsprechend reduziert (maximal 20 Linien).

A.4.4 Auswahlregeln

Die Übergangswahrscheinlichkeit für einen Dipolübergang zwischen zwei stationären Zuständen, einem Anfangszustand ψ_a und einem Endzustand ψ_e, ist bestimmt durch die Übergangsmomente [54]

$$\int \psi_a(\vec{r},\sigma)\,\vec{r}\,\psi_e(\vec{r},\sigma)\,\mathrm{d}\vec{r}\,\mathrm{d}\sigma. \tag{A.41}$$

ψ_a und ψ_e sind Einelektronen-Zustandsfunktionen, die von den Elektronenkoordinaten (Ort und Spin) abhängen. Die Integration ist über den gesamten Definitionsbereich der Koordinaten auszuführen.[55] (A.41) enthält eigentlich den Dipolvektor $\vec{\mu}$, der aber wegen $\vec{\mu} = e\vec{r}$ proportional zum Ortsvektor $\vec{r}$ ist. (A.41) steht für drei Übergangsmomente, entsprechend den drei Komponenten x, y, z des Ortsvektors.

Verschwinden alle drei Übergangsmomente (A.41), so ist der Übergang von ψ_a nach ψ_e *verboten* , ist wenigstens eines von ihnen ungleich Null, so *kann* er *erlaubt* sein . In nichtkubischen Gruppen (in denen sich x, y, z *nicht* nach der gleichen irreduziblen Darstellung transformieren) können einzelne Übergangsmomente Null, andere ungleich Null sein. Dann

[54] Man vergleiche dazu die Abschnitte 2.5.4 und 3.1.9.

[55] Für Übergänge zwischen Mehrelektronenzuständen gilt (A.41) entsprechend.

verschwindet der betrachtete Übergang, wenn das eingestrahlte Licht geeignet polarisiert ist. Haben die nichtverschwindenden Übergangsmomente große (kleine) Werte, wird die Intensität des Übergangs hoch (gering) sein.

Für die Aufstellung von Auswahlregeln für die Übergänge ist es deshalb wichtig zu entscheiden, ob die Übergangsmomente (A.41) verschwinden oder nicht. Dies kann man mit gruppentheoretischen Methoden, ohne die Integrale tatsächlich zu berechnen. Dazu betrachten wir zunächst ein Integral über eine einzelne Ortsfunktion $f(\vec{r})$:

$$\int f(\vec{r})\,\mathrm{d}\vec{r} \tag{A.42}$$

(integriert werde über den gesamten Konfigurationsraum). Ist $f(\vec{r})$ Basisfunktion einer *nicht*-totalsymmetrischen Darstellung der Punktgruppe des betrachteten Moleküls, dann verschwindet das Integral. Es kann nur dann von Null verschieden sein, wenn sich der Integrand nach der totalsymmetrischen Darstellung transformiert.[56]

Wir schreiben nun den Integranden in (A.42) als Produkt zweier Funktionen $f_1(\vec{r})$ und $f_2(\vec{r})$:

$$\int f_1(\vec{r})\,f_2(\vec{r})\,\mathrm{d}\vec{r}. \tag{A.43}$$

Der Integrand transformiert sich nach dem direkten Produkt der beiden Darstellungen, nach denen sich $f_1(\vec{r})$ und $f_2(\vec{r})$ transformieren. Nach dem Satz am Ende von Abschnitt A.3.7 ergibt sich beim direkten Produkt zweier irreduzibler Darstellungen genau dann die totalsymmetrische Darstellung, wenn die beiden Darstellungen gleich sind.[57]

Integrale, die dem Typ (A.43) zuzuordnen sind, sind uns bereits mehrfach begegnet. So sind Überlappungsintegrale $S_{kl} = \int \psi_k\,\psi_l\,\mathrm{d}\vec{r}$ nicht Null, wenn die beiden Atomorbitale gleiches Symmetrieverhalten haben, etwa rotationssymmetrisch bezüglich der Kernverbindungslinie (σ-Überlappung) oder antisymmetrisch bezüglich der Spiegelung an einer Ebene, die die Kernverbindungslinie enthält (π-Überlappung). Haben die Orbitale unterschiedliches Symmetrieverhalten (in diesem Sinne), verschwindet das Überlappungsintegral (vgl. dazu Bild 3.16). Sind die Funktionen in (A.43) nicht einzelne Atomorbitale, sondern symmetriegerechte Linearkombinationen mehrerer AOs, dann kann das Integral nur dann von Null verschieden sein, wenn sich beide symmetriegerechten Orbitale nach der gleichen irreduziblen Darstellung transformieren.

---

[56]Zur Plausibilität betrachten wir folgenden einfachen Analogiefall (mit nur *einer* „Symmetrieoperation"): Es gilt $\int_{-a}^{+a} \sin x\,\mathrm{d}x = 0$ (unabhängig von a), da die Funktion $\sin x$ antisymmetrisch bezüglich der Inversion am Koordinatenursprung ist ($\sin(-x) = -\sin x$); bei der Integration heben sich positive und negative Beiträge zum Integral auf. Dagegen ist im allgemeinen $\int_{-a}^{+a} \cos x\,\mathrm{d}x \neq 0$ (außer für spezielle Werte von a), da $\cos x$ symmetrisch bezüglich der Inversion ist ($\cos(-x) = \cos x$).

[57]Für die Plausibilitätsbetrachtung bedeutet das: Die Integrale $\int_{-a}^{+a} \cos^2 x\,\mathrm{d}x$ und $\int_{-a}^{+a} \sin^2 x\,\mathrm{d}x$ sind (im allgemeinen) ungleich 0, da beide Funktionen im Integranden jeweils das gleiche Symmetrieverhalten haben (symmetrisch bzw. antisymmetrisch bezüglich der Inversion). Dagegen ist $\int_{-a}^{+a} \sin x \cos x\,\mathrm{d}x = 0$; die Funktionen haben unterschiedliches Symmetrieverhalten, der Integrand ist damit antisymmetrisch bezüglich der Inversion.

Wir kommen nun zu Integralen, deren Integrand sich als Produkt dreier Funktionen schreiben lässt:

$$\int f_1(\vec{r})\, f_2(\vec{r})\, f_3(\vec{r})\, \mathrm{d}\vec{r}. \tag{A.44}$$

Jetzt hat man das direkte Produkt dreier irreduzibler Darstellungen zu bilden. Dabei ist die Reihenfolge der Produktbildung gleichgültig (für das direkte Produkt von Darstellungen gilt das Kommutativgesetz). Nur wenn das direkte Produkt zweier (beliebig ausgewählter) Darstellungen mit der dritten Darstellung übereinstimmt (bzw. – nach etwa nötiger Ausreduktion – diese enthält), kann das Integral (A.44) von Null verschieden sein.

Ein wichtiger Spezialfall von (A.44) sind die Matrixelemente des Hamilton-Operators: $H_{kl} = \int \psi_k \mathbf{H} \psi_l\, \mathrm{d}\vec{r}$. Da $\mathbf{H}$ sich stets nach der totalsymmetrischen Darstellung transformiert (s. Abschn. A.4.1) und diese das Einselement des direkten Produkts von Darstellungen ist (vgl. Abschn. A.3.7), hat man die gleichen Verhältnisse wie bei den Überlappungsintegralen. Dies hat zur Folge, dass bei Verwendung symmetriegerechter Orbitale nur diejenigen miteinander mischen, die zur gleichen irreduziblen Darstellung gehören. Das Säkularproblem zerfällt in Teilprobleme, die jeweils zu einer irreduziblen Darstellung gehören.

Wir kehren zu den Übergangsmomenten (A.41) zurück. Sie sind Integrale vom Typ (A.44), enthalten jedoch neben den Ortskoordinaten noch die Spinkoordinate. Gehen wir von einem nichtrelativistischen Hamilton-Operator aus (der also keine Spinanteile enthält), so lässt sich $\psi(\vec{r}, \sigma)$ in einen Orts- und einen Spinanteil separieren: $\psi(\vec{r}, \sigma) = \phi(\vec{r})\, \eta(\sigma)$ (vgl. Abschn. 4.1.4). Da $\vec{r}$ nur eine Ortsfunktion ist, kann (A.41) dann als Produkt

$$\int \phi_a(\vec{r})\, \vec{r}\, \phi_e(\vec{r})\, \mathrm{d}\vec{r} \int \eta_a(\sigma)\, \eta_e(\sigma)\, \mathrm{d}\sigma \tag{A.45}$$

geschrieben werden. Aus $\int \eta_a(\sigma)\, \eta_e(\sigma)\, \mathrm{d}\sigma = \delta_{\eta_a \eta_e}$, der Orthonormalitätsrelation für die Spinfunktionen, folgt, dass (A.45) nur dann von Null verschieden sein kann, wenn Anfangs- und Endzustand gleichen Spin haben. Übergänge mit Spinumkehr sind verboten. Dies ist die *Spinauswahlregel*.[58]

Das Ortsintegral in (A.45) entspricht (A.44) und entscheidet darüber, ob der Übergang symmetrieerlaubt oder -verboten ist (*Symmetrieauswahlregel*). Wir betrachten einige Beispiele. In der Punktgruppe C_{4v} sind Dipolübergänge $a_1 \to b_1$ verboten. Es gilt nämlich (s. die Charaktertafel) $a_1 \times b_1 = b_1$, und dies stimmt nicht mit den Darstellungen überein, nach denen sich die Komponenten des Ortsvektors transformieren (a_1, e); also gilt $a_1 \times a_1 \times b_1 \neq a_1$ und $a_1 \times e \times b_1 \neq a_1$. Dagegen sind etwa Übergänge $a_1 \to a_1$ erlaubt (es gilt $a_1 \times a_1 \times a_1 = a_1$) und auch $a_1 \to e$ (da $e \times e$ die totalsymmetrische Darstellung a_1 enthält; vgl. den Satz am Ende von Abschnitt A.3.7). Ein spezieller Fall der Symmetrieauswahlregel ist die *Laporte-Auswahlregel*: In Systemen mit Inversionszentrum können Dipolübergänge nur dann erlaubt sein, wenn sich die Parität von Anfangs- und Endzustand unterscheidet. Da die Komponenten des Ortsvektors ungerade Parität haben, dürfen Anfangs- und Endzustand nicht beide gerade oder ungerade Parität haben (sonst hätte das direkte Produkt insgesamt ungerade

---

[58]Übergänge zwischen Mehrelektronenzuständen sind verboten, wenn Anfangs- und Endzustand unterschiedliche Multiplizität haben (vgl. Abschn. 3.3.7).

Parität und wäre damit nicht totalsymmetrisch). So sind reine d-d-Übergänge verboten (s. Abschn. 3.3.7).

Bei der Aufstellung von Auswahlregeln geht man von bestimmten Modellannahmen aus. Sind diese Annahmen nicht streng gültig, können Übergangsverbote „gelockert" werden, und die Übergänge treten – zwar mit vergleichsweise geringer Intensität – im Spektrum auf. So treten bei Übergangsmetallkomplexen spinverbotene Übergänge zwischen Zuständen unterschiedlicher Multiplizität auf (*Interkombinationsbanden*; s. Abschn. 3.3.7). Ursache dafür ist, dass der exakte (relativistische) Hamilton-Operator auch Terme enthält, die die *Spin-Bahn-Kopplung* beschreiben. Dadurch werden Orts- und Spinkoordinaten miteinander vermischt, eine Faktorisierung der Zustandsfunktionen in einen Orts- und einen Spinanteil ist nicht möglich. Dadurch entfällt die Produktzerlegung (A.45), und die Orthogonalitätsrelationen für Spinfunktionen können nicht ausgenutzt werden. Strenggenommen kann für die Zustände gar keine Multiplizität angegeben werden. Da die Abweichungen vom Modellfall jedoch – im allgemeinen – relativ gering sind, stellen die Spinauswahlregeln doch ein wichtiges Hilfsmittel zur Interpretation der Übergangsintensitäten dar.

Bei der Diskussion der Symmetrieauswahlregeln sind wir bisher davon ausgegangen, dass das Kerngerüst ruht, d.h., vor und nach der Elektronenanregung befindet sich das System im Schwingungsgrundzustand. Durch *Schwingungskopplung* (*vibronische Kopplung*) können bei der Elektronenanregung aber auch Schwingungen angeregt werden. Dies kann man dadurch erfassen, dass im Ortsanteil von (A.45) nicht nur elektronische Ortsfunktionen, sondern auch Schwingungsfunktionen berücksichtigt werden. Ausgangszustand ist dann $\phi_{a,el}\phi_{a,vib}$, Endzustand $\phi_{e,el}\phi_{e,vib}$.[59] $\phi_{a,vib}$ ist immer als totalsymmetrisch anzunehmen, deshalb ist jetzt das direkte Produkt von vier irreduziblen Darstellungen zu bilden. Damit kann ein zunächst als symmetrieverboten geltender Elektronenübergang erlaubt werden, wenn gleichzeitig eine geeignete Schwingungsanregung erfolgt.

Zur Untersuchung, ob die mit dem in Abschnitt A.4.3. dargestellten Verfahren ermittelten Normalschwingungen tatsächlich angeregt werden können, hat man Übergangsmomente mit den Schwingungsfunktionen zu bilden. Dabei ist zwischen *IR-Anregung* und *Raman-Anregung* zu unterscheiden. Im ersten Fall liegen Dipolübergänge vor; als Operator im Übergangsmoment hat man den Ortsvektor $\vec{r}$ bzw. seine Komponenten x, y, z:

$$\int \phi_{a,vib}\{x,y,z\}\phi_{e,vib}\,\mathrm{d}\vec{r}. \tag{A.46}$$

Im zweiten Fall sind die binären Produkte der Koordinaten einzusetzen, die sechs verschiedenen Komponenten des Polarisierbarkeitstensors:[60]

$$\int \phi_{a,vib}\{x^2,y^2,z^2,xy,xz,yz,\}\phi_{e,vib}\,\mathrm{d}\vec{r}. \tag{A.47}$$

Ein Schwingungsübergang ist *IR-aktiv* (d.h. tritt bei IR-Anregung im Spektrum auf), wenn wenigstens eines der drei Übergangsmomente (A.46) verschieden von Null ist, er ist *Raman-*

---

[59]Die Produktschreibweise entspricht der Born-Oppenheimer-Näherung (Separation von Elektronen- und Kernbewegung).
[60]Klassisch stellt man sich vor, dass eine Schwingung IR-aktiv bzw. Raman-aktiv ist, wenn sich bei der Schwingung das Dipolmoment bzw. die Polarisierbarkeit ändert.

aktiv (tritt also bei Raman-Anregung auf), wenn wenigstens eines der sechs Übergangsmomente (A.47) verschieden von Null ist. Ob dies der Fall ist, kann mit Hilfe der Gruppentheorie schnell entschieden werden. Da der Ausgangszustand $\phi_{a,vib}$ stets totalsymmetrisch ist, reduziert sich das Problem auf den Fall (A.43): Der Schwingungsübergang nach $\phi_{e,vib}$ ist IR-aktiv, wenn sich wenigstens eine der drei Komponenten x, y, z nach der gleichen Darstellung transformiert wie $\phi_{e,vib}$, er ist Raman-aktiv, wenn sich wenigstens eine der sechs Komponenten $x^2, y^2, z^2, xy, xz, yz$ (oder eine geeignete Linearkombination von diesen) wie $\phi_{e,vib}$ transformiert.

Im konkreten Fall kann man das unmittelbar aus der Charaktertafel der Punktgruppe des betrachteten Moleküls ablesen. Etwa bei H_2O (s. den vorigen Abschnitt) sind alle drei Normalschwingungen (a_1, a_1 und b_2) IR-aktiv (denn z transformiert sich nach a_1 und y transformiert sich nach b_2) und auch Raman-aktiv (denn z.B. z^2 transformiert sich nach a_1 und yz transformiert sich nach b_2). Alle drei möglichen Linien werden also im Spektrum auftreten. Bei Benzen sind von den Normalschwingungen nur a_{2u} und e_{1u} IR-aktiv und nur a_{1g}, e_{1g} und e_{2g} Raman-aktiv. Damit sind bei IR-Anregung vier, bei Raman-Anregung sieben Linien im Schwingungsspektrum zu erwarten.[61]

[61]Punktgruppen für die am Ende von Abschnitt A.1.4 angegebenen Beispiele:

a) D_{2h}, O_h − T_d, C_{3v}, D_{2d} − O_h, D_{4h}, D_{2h}, C_{4v}, C_{2v}, D_{3d} − C_{nv}, D_{nh}, D_{nh}, D_{nd} − $D_{\infty h}$, C_{2h}, $C_{\infty v}$, C_s;

b) T_d, C_{3v}, D_{2h}, C_{2v}, C_{2v}, D_{2d} − D_{3d}, D_{3h}, C_{2h}, C_{2v} − C_s, C_s, C_{2v} − C_{2v}, C_{2v}, D_{2h} − C_{2h}, C_{2v}, D_{3d}, C_{2v};

c) O_h, C_{4v}, D_{4h}, C_{2v}, D_{2h} − D_{3h}, C_{3v}, C_{2v} − T_d, C_{3v}, C_{2v} − D_{4h}, C_{2v}, D_{2h}, C_{2v} − D_3, D_{2h}, C_2, C_{2v}.

B   Charaktertafeln

1. Die nichtaxialen Gruppen

C_1	E
A	1

C_s	E	σ_h	
A$'$	1	1	$x, y, R_z, x^2, y^2, z^2, xy$
A$''$	1	-1	z, R_x, R_y, xz, yz

C_i	E	i	
A$_g$	1	1	$R_x, R_y, R_z, x^2, y^2, z^2, xy, xz, yz$
A$_u$	1	-1	x, y, z

2. Die Gruppen C_n $(n \geq 2)$

C_2	E	C_2	
A	1	1	$z, R_z, x^2, y^2, z^2, xy$
B	1	-1	x, y, R_x, R_y, xz, yz

C_3	E	C_3	C_3^2	$\epsilon = \exp{(2\pi i/3)}$
A	1	1	1	$z, R_z, x^2 + y^2, z^2$
E	$\begin{Bmatrix} 1 \\ 1 \end{Bmatrix}$	$\begin{matrix} \epsilon \\ \epsilon^* \end{matrix}$	$\begin{matrix} \epsilon^* \\ \epsilon \end{matrix}$ $\Bigr\}$	$(x, y), (R_x, R_y), (x^2 - y^2, xy), (xz, yz)$

C_4	E	C_4	C_2	C_4^3	
A	1	1	1	1	$z, R_z, x^2 + y^2, z^2$
B	1	-1	1	-1	$x^2 - y^2, xy$
E	$\left\{\begin{matrix}1\\1\end{matrix}\right.$	$\begin{matrix}i\\-i\end{matrix}$	$\begin{matrix}-1\\-1\end{matrix}$	$\left.\begin{matrix}-i\\i\end{matrix}\right\}$	$(x, y), (R_x, R_y), (xz, yz)$

C_5	E	C_5	C_5^2	C_5^3	C_5^4	$\epsilon = \exp(2\pi i/5)$
A	1	1	1	1	1	$z, R_z, x^2 + y^2, z^2$
E_1	$\left\{\begin{matrix}1\\1\end{matrix}\right.$	$\begin{matrix}\epsilon\\\epsilon^*\end{matrix}$	$\begin{matrix}\epsilon^2\\\epsilon^{2*}\end{matrix}$	$\begin{matrix}\epsilon^{2*}\\\epsilon^2\end{matrix}$	$\left.\begin{matrix}\epsilon^*\\\epsilon\end{matrix}\right\}$	$(x, y), (R_x, R_y), (xz, yz)$
E_2	$\left\{\begin{matrix}1\\1\end{matrix}\right.$	$\begin{matrix}\epsilon^2\\\epsilon^{2*}\end{matrix}$	$\begin{matrix}\epsilon^*\\\epsilon\end{matrix}$	$\begin{matrix}\epsilon\\\epsilon^*\end{matrix}$	$\left.\begin{matrix}\epsilon^{2*}\\\epsilon^2\end{matrix}\right\}$	$(x^2 - y^2, xy)$

C_6	E	C_6	C_3	C_2	C_3^2	C_6^5	$\epsilon = \exp(2\pi i/6)$
A	1	1	1	1	1	1	$z, R_z, x^2 + y^2, z^2$
B	1	-1	1	-1	1	-1	
E_1	$\left\{\begin{matrix}1\\1\end{matrix}\right.$	$\begin{matrix}\epsilon\\\epsilon^*\end{matrix}$	$\begin{matrix}-\epsilon^*\\-\epsilon\end{matrix}$	$\begin{matrix}-1\\-1\end{matrix}$	$\begin{matrix}-\epsilon\\-\epsilon^*\end{matrix}$	$\left.\begin{matrix}\epsilon^*\\\epsilon\end{matrix}\right\}$	$(x, y), (R_x, R_y), (xz, yz)$
E_2	$\left\{\begin{matrix}1\\1\end{matrix}\right.$	$\begin{matrix}-\epsilon^*\\-\epsilon\end{matrix}$	$\begin{matrix}-\epsilon\\-\epsilon^*\end{matrix}$	$\begin{matrix}1\\1\end{matrix}$	$\begin{matrix}-\epsilon^*\\-\epsilon\end{matrix}$	$\left.\begin{matrix}-\epsilon\\-\epsilon^*\end{matrix}\right\}$	$(x^2 - y^2, xy)$

3. Die Gruppen S_{2n} $(n \geq 2)$

S_4	E	S_4	C_2	S_4^3	
A	1	1	1	1	$R_z, x^2 + y^2, z^2$
B	1	-1	1	-1	$z, x^2 - y^2, xy$
E	$\left\{\begin{matrix}1\\1\end{matrix}\right.$	$\begin{matrix}i\\-i\end{matrix}$	$\begin{matrix}-1\\-1\end{matrix}$	$\left.\begin{matrix}-i\\i\end{matrix}\right\}$	$(x, y), (R_x, R_y), (xz, yz)$

S_6	E	C_3	C_3^2	i	S_6^5	S_6	$\epsilon = \exp(2\pi i/3)$
A_g	1	1	1	1	1	1	$R_z, x^2 + y^2, z^2$
E_g	$\left\{\begin{matrix}1\\1\end{matrix}\right.$	$\begin{matrix}\epsilon\\\epsilon^*\end{matrix}$	$\begin{matrix}\epsilon^*\\\epsilon\end{matrix}$	$\begin{matrix}1\\1\end{matrix}$	$\begin{matrix}\epsilon\\\epsilon^*\end{matrix}$	$\left.\begin{matrix}\epsilon^*\\\epsilon\end{matrix}\right\}$	$(R_x, R_y), (x^2 - y^2, xy), (xz, yz)$
A_u	1	1	1	-1	-1	-1	z
E_u	$\left\{\begin{matrix}1\\1\end{matrix}\right.$	$\begin{matrix}\epsilon\\\epsilon^*\end{matrix}$	$\begin{matrix}\epsilon^*\\\epsilon\end{matrix}$	$\begin{matrix}-1\\-1\end{matrix}$	$\begin{matrix}-\epsilon\\-\epsilon^*\end{matrix}$	$\left.\begin{matrix}-\epsilon^*\\-\epsilon\end{matrix}\right\}$	$(x.y)$

S_8	E	S_8	C_4	S_8^3	C_2	S_8^5	C_4^3	S_8^7	$\epsilon = \exp\left(2\pi i/8\right)$
A	1	1	1	1	1	1	1	1	$R_z, x^2 + y^2, z^2$
B	1	-1	1	-1	1	-1	1	-1	z
E_1	$\begin{Bmatrix} 1 \\ 1 \end{Bmatrix}$	$\begin{matrix} \epsilon \\ \epsilon^* \end{matrix}$	$\begin{matrix} i \\ -i \end{matrix}$	$\begin{matrix} -\epsilon^* \\ -\epsilon \end{matrix}$	$\begin{matrix} -1 \\ -1 \end{matrix}$	$\begin{matrix} -\epsilon \\ -\epsilon^* \end{matrix}$	$\begin{matrix} -i \\ i \end{matrix}$	$\begin{matrix} \epsilon^* \\ \epsilon \end{matrix}$	$(x,y), (R_x, R_y)$
E_2	$\begin{Bmatrix} 1 \\ 1 \end{Bmatrix}$	$\begin{matrix} i \\ -i \end{matrix}$	$\begin{matrix} -1 \\ -1 \end{matrix}$	$\begin{matrix} -i \\ i \end{matrix}$	$\begin{matrix} 1 \\ 1 \end{matrix}$	$\begin{matrix} i \\ -i \end{matrix}$	$\begin{matrix} -1 \\ -1 \end{matrix}$	$\begin{matrix} -i \\ i \end{matrix}$	$(x^2 - y^2, xy)$
E_3	$\begin{Bmatrix} 1 \\ 1 \end{Bmatrix}$	$\begin{matrix} -\epsilon^* \\ -\epsilon \end{matrix}$	$\begin{matrix} -i \\ i \end{matrix}$	$\begin{matrix} \epsilon \\ \epsilon^* \end{matrix}$	$\begin{matrix} -1 \\ -1 \end{matrix}$	$\begin{matrix} \epsilon^* \\ \epsilon \end{matrix}$	$\begin{matrix} i \\ -i \end{matrix}$	$\begin{matrix} -\epsilon \\ -\epsilon^* \end{matrix}$	(xz, yz)

4. Die Gruppen D_n

D_2	E	$C_2(z)$	$C_2(y)$	$C_2(x)$	
A	1	1	1	1	x^2, y^2, z^2
B_1	1	1	-1	-1	z, R_z, xy
B_2	1	-1	1	-1	y, R_y, xz
B_3	1	-1	-1	1	x, R_x, yz

D_3	E	$2C_3$	$3C_2$	
A_1	1	1	1	$x^2 + y^2, z^2$
A_2	1	1	-1	z, R_z
E	2	-1	0	$(x,y), (R_x, R_y), (x^2 - y^2, xy), (xz, yz)$

D_4	E	$2C_4$	C_2	$2C_2'$	$2C_2''$	
A_1	1	1	1	1	1	$x^2 + y^2, z^2$
A_2	1	1	1	-1	-1	z, R_z
B_1	1	-1	1	1	-1	$x^2 - y^2$
B_2	1	-1	1	-1	1	xy
E	2	0	-2	0	0	$(x,y), (R_x, R_y), (xz, yz)$

D_5	E	$2C_5$	$2C_5^2$	$5C_2$	
A_1	1	1	1	1	$x^2 + y^2, z^2$
A_2	1	1	1	-1	z, R_z
E_1	2	$2\cos 72^o$	$2\cos 144^o$	0	$(x,y), (R_x, R_y), (xz, yz)$
E_2	2	$2\cos 144^o$	$2\cos 72^o$	0	$(x^2 - y^2, xy)$

D_6	E	$2C_6$	$2C_3$	C_2	$3C_2'$	$3C_2''$	
A_1	1	1	1	1	1	1	$x^2 + y^2, z^2$
A_2	1	1	1	1	-1	-1	z, R_z
B_1	1	-1	1	-1	1	-1	
B_2	1	-1	1	-1	-1	1	
E_1	2	1	-1	-2	0	0	$(x, y), (R_x, R_y), (xz, yz)$
E_2	2	-1	-1	2	0	0	$(x^2 - y^2, xy)$

5. Die Gruppen C_{nv}

C_{2v}	E	C_2	$\sigma_v(xz)$	$\sigma_v'(yz)$	
A_1	1	1	1	1	z, x^2, y^2, z^2
A_2	1	1	-1	-1	R_z, xy
B_1	1	-1	1	-1	x, R_y, xz
B_2	1	-1	-1	1	y, R_x, yz

C_{3v}	E	$2C_3$	$3\sigma_v$	
A_1	1	1	1	$z, x^2 + y^2, z^2$
A_2	1	1	-1	R_z
E	2	-1	0	$(x, y), (R_x, R_y), (x^2 - y^2, xy), (xz, yz)$

C_{4v}	E	$2C_4$	C_2	$2\sigma_v$	$2\sigma_d$	
A_1	1	1	1	1	1	$z, x^2 + y^2, z^2$
A_2	1	1	1	-1	-1	R_z
B_1	1	-1	1	1	-1	$x^2 - y^2$
B_2	1	-1	1	-1	1	xy
E	2	0	-2	0	0	$(x, y), (R_x, R_y), (xz, yz)$

C_{5v}	E	$2C_5$	$2C_5^2$	$5\sigma_v$	
A_1	1	1	1	1	$z, x^2 + y^2, z^2$
A_2	1	1	1	-1	R_z
E_1	2	$2\cos 72°$	$2\cos 144°$	0	$(x, y), (R_x, R_y), (xz, yz)$
E_2	2	$2\cos 144°$	$2\cos 72°$	0	$(x^2 - y^2, xy)$

C_{6v}	E	$2C_6$	$2C_3$	C_2	$3\sigma_v$	$3\sigma_d$	
A_1	1	1	1	1	1	1	z, x^2+y^2, z^2
A_2	1	1	1	1	-1	-1	R_z
B_1	1	-1	1	-1	1	-1	
B_2	1	-1	1	-1	-1	1	
E_1	2	1	-1	-2	0	0	$(x,y), (R_x, R_y), (xz, yz)$
E_2	2	-1	-1	2	0	0	(x^2-y^2, xy)

6. Die Gruppen C_{nh}

C_{2h}	E	C_2	i	σ_h	
A_g	1	1	1	1	R_z, x^2, y^2, z^2, xy
B_g	1	-1	1	-1	R_x, R_y, xz, yz
A_u	1	1	-1	-1	z
B_u	1	-1	-1	1	x, y

C_{3h}	E	C_3	C_3^2	σ_h	S_3	S_3^5	$\epsilon = \exp(2\pi i/3)$
A'	1	1	1	1	1	1	R_z, x^2+y^2, z^2
E'	$\begin{Bmatrix} 1 \\ 1 \end{Bmatrix}$	$\begin{matrix} \epsilon \\ \epsilon^* \end{matrix}$	$\begin{matrix} \epsilon^* \\ \epsilon \end{matrix}$	$\begin{matrix} 1 \\ 1 \end{matrix}$	$\begin{matrix} \epsilon \\ \epsilon^* \end{matrix}$	$\begin{Bmatrix} \epsilon^* \\ \epsilon \end{Bmatrix}$	$(x,y), (x^2-y^2, xy)$
A''	1	1	1	-1	-1	-1	z
E''	$\begin{Bmatrix} 1 \\ 1 \end{Bmatrix}$	$\begin{matrix} \epsilon \\ \epsilon^* \end{matrix}$	$\begin{matrix} \epsilon^* \\ \epsilon \end{matrix}$	$\begin{matrix} -1 \\ -1 \end{matrix}$	$\begin{matrix} -\epsilon \\ -\epsilon^* \end{matrix}$	$\begin{Bmatrix} -\epsilon^* \\ -\epsilon \end{Bmatrix}$	$(R_x, R_y), (xz, yz)$

C_{4h}	E	C_4	C_2	C_4^3	i	S_4^3	σ_h	S_4	
A_g	1	1	1	1	1	1	1	1	R_z, x^2+y^2, z^2
B_g	1	-1	1	-1	1	-1	1	-1	x^2-y^2, xy
E_g	$\begin{Bmatrix} 1 \\ 1 \end{Bmatrix}$	$\begin{matrix} i \\ -i \end{matrix}$	$\begin{matrix} -1 \\ -1 \end{matrix}$	$\begin{matrix} -i \\ i \end{matrix}$	$\begin{matrix} 1 \\ 1 \end{matrix}$	$\begin{matrix} i \\ -i \end{matrix}$	$\begin{matrix} -1 \\ -1 \end{matrix}$	$\begin{Bmatrix} -i \\ i \end{Bmatrix}$	$(R_x, R_y), (xz, yz)$
A_u	1	1	1	1	-1	-1	-1	-1	z
B_u	1	-1	1	-1	-1	1	-1	1	
E_u	$\begin{Bmatrix} 1 \\ 1 \end{Bmatrix}$	$\begin{matrix} i \\ -i \end{matrix}$	$\begin{matrix} -1 \\ -1 \end{matrix}$	$\begin{matrix} -i \\ i \end{matrix}$	$\begin{matrix} -1 \\ -1 \end{matrix}$	$\begin{matrix} -i \\ i \end{matrix}$	$\begin{matrix} 1 \\ 1 \end{matrix}$	$\begin{Bmatrix} i \\ -i \end{Bmatrix}$	(x,y)

C_{5h}	E	C_5	C_5^2	C_5^3	C_5^4	σ_h	S_5	S_5^7	S_5^3	S_5^9	$\epsilon = \exp\,(2\pi i/5)$
A'	1	1	1	1	1	1	1	1	1	1	R_z, x^2+y^2, z^2
E_1'	$\left\{\begin{matrix}1\\1\end{matrix}\right.$	$\begin{matrix}\epsilon\\\epsilon^*\end{matrix}$	$\begin{matrix}\epsilon^2\\\epsilon^{2*}\end{matrix}$	$\begin{matrix}\epsilon^{2*}\\\epsilon^2\end{matrix}$	$\begin{matrix}\epsilon^*\\\epsilon\end{matrix}$	$\begin{matrix}1\\1\end{matrix}$	$\begin{matrix}\epsilon\\\epsilon^*\end{matrix}$	$\begin{matrix}\epsilon^2\\\epsilon^{2*}\end{matrix}$	$\begin{matrix}\epsilon^{2*}\\\epsilon^2\end{matrix}$	$\left.\begin{matrix}\epsilon^*\\\epsilon\end{matrix}\right\}$	(x,y)
E_2'	$\left\{\begin{matrix}1\\1\end{matrix}\right.$	$\begin{matrix}\epsilon^2\\\epsilon^{2*}\end{matrix}$	$\begin{matrix}\epsilon^*\\\epsilon\end{matrix}$	$\begin{matrix}\epsilon\\\epsilon^*\end{matrix}$	$\begin{matrix}\epsilon^{2*}\\\epsilon^2\end{matrix}$	$\begin{matrix}1\\1\end{matrix}$	$\begin{matrix}\epsilon^2\\\epsilon^{2*}\end{matrix}$	$\begin{matrix}\epsilon^*\\\epsilon\end{matrix}$	$\begin{matrix}\epsilon\\\epsilon^*\end{matrix}$	$\left.\begin{matrix}\epsilon^{2*}\\\epsilon^2\end{matrix}\right\}$	(x^2-y^2, xy)
A''	1	1	1	1	1	-1	-1	-1	-1	-1	z
E_1''	$\left\{\begin{matrix}1\\1\end{matrix}\right.$	$\begin{matrix}\epsilon\\\epsilon^*\end{matrix}$	$\begin{matrix}\epsilon^2\\\epsilon^{2*}\end{matrix}$	$\begin{matrix}\epsilon^{2*}\\\epsilon^2\end{matrix}$	$\begin{matrix}\epsilon^*\\\epsilon\end{matrix}$	$\begin{matrix}-1\\-1\end{matrix}$	$\begin{matrix}-\epsilon\\-\epsilon^*\end{matrix}$	$\begin{matrix}-\epsilon^2\\-\epsilon^{2*}\end{matrix}$	$\begin{matrix}-\epsilon^{2*}\\-\epsilon^2\end{matrix}$	$\left.\begin{matrix}-\epsilon^*\\-\epsilon\end{matrix}\right\}$	$(R_x, R_y), (xz, yz)$
E_2''	$\left\{\begin{matrix}1\\1\end{matrix}\right.$	$\begin{matrix}\epsilon^2\\\epsilon^{2*}\end{matrix}$	$\begin{matrix}\epsilon^*\\\epsilon\end{matrix}$	$\begin{matrix}\epsilon\\\epsilon^*\end{matrix}$	$\begin{matrix}\epsilon^{2*}\\\epsilon^2\end{matrix}$	$\begin{matrix}-1\\-1\end{matrix}$	$\begin{matrix}-\epsilon^2\\-\epsilon^{2*}\end{matrix}$	$\begin{matrix}-\epsilon^*\\-\epsilon\end{matrix}$	$\begin{matrix}-\epsilon\\-\epsilon^*\end{matrix}$	$\left.\begin{matrix}-\epsilon^{2*}\\-\epsilon^2\end{matrix}\right\}$	

C_{6h}	E	C_6	C_3	C_2	C_3^2	C_6^5	i	S_3^5	S_6^5	σ_h	S_6	S_3	$\epsilon = \exp\,(2\pi i/6)$
A_g	1	1	1	1	1	1	1	1	1	1	1	1	R_z, x^2+y^2, z^2
B_g	1	-1	1	-1	1	-1	1	-1	1	-1	1	-1	
E_{1g}	$\left\{\begin{matrix}1\\1\end{matrix}\right.$	$\begin{matrix}\epsilon\\\epsilon^*\end{matrix}$	$\begin{matrix}-\epsilon^*\\-\epsilon\end{matrix}$	$\begin{matrix}-1\\-1\end{matrix}$	$\begin{matrix}-\epsilon\\-\epsilon^*\end{matrix}$	$\begin{matrix}\epsilon^*\\\epsilon\end{matrix}$	$\begin{matrix}1\\1\end{matrix}$	$\begin{matrix}\epsilon\\\epsilon^*\end{matrix}$	$\begin{matrix}-\epsilon^*\\-\epsilon\end{matrix}$	$\begin{matrix}-1\\-1\end{matrix}$	$\begin{matrix}-\epsilon\\-\epsilon^*\end{matrix}$	$\left.\begin{matrix}\epsilon^*\\\epsilon\end{matrix}\right\}$	$(R_x, R_y), (xz, yz)$
E_{2g}	$\left\{\begin{matrix}1\\1\end{matrix}\right.$	$\begin{matrix}-\epsilon^*\\-\epsilon\end{matrix}$	$\begin{matrix}-\epsilon\\-\epsilon^*\end{matrix}$	$\begin{matrix}1\\1\end{matrix}$	$\begin{matrix}-\epsilon^*\\-\epsilon\end{matrix}$	$\begin{matrix}-\epsilon\\-\epsilon^*\end{matrix}$	$\begin{matrix}1\\1\end{matrix}$	$\begin{matrix}-\epsilon^*\\-\epsilon\end{matrix}$	$\begin{matrix}-\epsilon\\-\epsilon^*\end{matrix}$	$\begin{matrix}1\\1\end{matrix}$	$\begin{matrix}-\epsilon^*\\-\epsilon\end{matrix}$	$\left.\begin{matrix}-\epsilon\\-\epsilon^*\end{matrix}\right\}$	(x^2-y^2, xy)
A_u	1	1	1	1	1	1	-1	-1	-1	-1	-1	-1	z
B_u	1	-1	1	-1	1	-1	-1	1	-1	1	-1	1	
E_{1u}	$\left\{\begin{matrix}1\\1\end{matrix}\right.$	$\begin{matrix}\epsilon\\\epsilon^*\end{matrix}$	$\begin{matrix}-\epsilon^*\\-\epsilon\end{matrix}$	$\begin{matrix}-1\\-1\end{matrix}$	$\begin{matrix}-\epsilon\\-\epsilon^*\end{matrix}$	$\begin{matrix}\epsilon^*\\\epsilon\end{matrix}$	$\begin{matrix}-1\\-1\end{matrix}$	$\begin{matrix}-\epsilon\\-\epsilon^*\end{matrix}$	$\begin{matrix}\epsilon^*\\\epsilon\end{matrix}$	$\begin{matrix}1\\1\end{matrix}$	$\begin{matrix}\epsilon\\\epsilon^*\end{matrix}$	$\left.\begin{matrix}-\epsilon^*\\-\epsilon\end{matrix}\right\}$	(x,y)
E_{2u}	$\left\{\begin{matrix}1\\1\end{matrix}\right.$	$\begin{matrix}-\epsilon^*\\-\epsilon\end{matrix}$	$\begin{matrix}-\epsilon\\-\epsilon^*\end{matrix}$	$\begin{matrix}1\\1\end{matrix}$	$\begin{matrix}-\epsilon^*\\-\epsilon\end{matrix}$	$\begin{matrix}-\epsilon\\-\epsilon^*\end{matrix}$	$\begin{matrix}-1\\-1\end{matrix}$	$\begin{matrix}\epsilon^*\\\epsilon\end{matrix}$	$\begin{matrix}\epsilon\\\epsilon^*\end{matrix}$	$\begin{matrix}-1\\-1\end{matrix}$	$\begin{matrix}\epsilon^*\\\epsilon\end{matrix}$	$\left.\begin{matrix}\epsilon\\\epsilon^*\end{matrix}\right\}$	

7. Die Gruppen D_{nh}

D_{2h}	E	$C_2(z)$	$C_2(y)$	$C_2(x)$	i	$\sigma(xy)$	$\sigma(xz)$	$\sigma(yz)$	
A_g	1	1	1	1	1	1	1	1	x^2, y^2, z^2
B_{1g}	1	1	-1	-1	1	1	-1	-1	R_z, xy
B_{2g}	1	-1	1	-1	1	-1	1	-1	R_y, xz
B_{3g}	1	-1	-1	1	1	-1	-1	1	R_x, yz
A_u	1	1	1	1	-1	-1	-1	-1	
B_{1u}	1	1	-1	-1	-1	-1	1	1	z
B_{2u}	1	-1	1	-1	-1	1	-1	1	y
B_{3u}	1	-1	-1	1	-1	1	1	-1	x

D_{3h}	E	$2C_3$	$3C_2$	σ_h	$2S_3$	$3\sigma_v$	
A_1'	1	1	1	1	1	1	x^2+y^2, z^2
A_2'	1	1	-1	1	1	-1	R_z
E'	2	-1	0	2	-1	0	$(x,y), (x^2-y^2, xy)$
A_1''	1	1	1	-1	-1	-1	
A_2''	1	1	-1	-1	-1	1	z
E''	2	-1	0	-2	1	0	$(R_x, R_y), (xz, yz)$

D_{4h}	E	$2C_4$	C_2	$2C_2'$	$2C_2''$	i	$2S_4$	σ_h	$2\sigma_v$	$2\sigma_d$	
A_{1g}	1	1	1	1	1	1	1	1	1	1	x^2+y^2, z^2
A_{2g}	1	1	1	-1	-1	1	1	1	-1	-1	R_z
B_{1g}	1	-1	1	1	-1	1	-1	1	1	-1	x^2-y^2
B_{2g}	1	-1	1	-1	1	1	-1	1	-1	1	xy
E_g	2	0	-2	0	0	2	0	-2	0	0	$(R_x, R_y), (xz, yz)$
A_{1u}	1	1	1	1	1	-1	-1	-1	-1	-1	
A_{2u}	1	1	1	-1	-1	-1	-1	-1	1	1	z
B_{1u}	1	-1	1	1	-1	-1	1	-1	-1	1	
B_{2u}	1	-1	1	-1	1	-1	1	-1	1	-1	
E_u	2	0	-2	0	0	-2	0	2	0	0	(x,y)

D_{5h}	E	$2C_5$	$2C_5^2$	$5C_2$	σ_h	$2S_5$	$2S_5^3$	$5\sigma_v$	
A_1'	1	1	1	1	1	1	1	1	x^2+y^2, z^2
A_2'	1	1	1	-1	1	1	1	-1	R_z
E_1'	2	$2\cos72^\circ$	$2\cos144^\circ$	0	2	$2\cos72^\circ$	$2\cos144^\circ$	0	(x,y)
E_2'	2	$2\cos144^\circ$	$2\cos72^\circ$	0	2	$2\cos144^\circ$	$2\cos72^\circ$	0	(x^2-y^2, xy)
A_1''	1	1	1	1	-1	-1	-1	-1	
A_2''	1	1	1	-1	-1	-1	-1	1	z
E_1''	2	$2\cos72^\circ$	$2\cos144^\circ$	0	-2	$-2\cos72^\circ$	$-2\cos144^\circ$	0	$(R_x, R_y), (xz, yz)$
E_2''	2	$2\cos144^\circ$	$2\cos72^\circ$	0	-2	$-2\cos144^\circ$	$-2\cos72^\circ$	0	

D_{6h}	E	$2C_6$	$2C_3$	C_2	$3C_2'$	$3C_2''$	i	$2S_3$	$2S_6$	σ_h	$3\sigma_d$	$3\sigma_v$	
A_{1g}	1	1	1	1	1	1	1	1	1	1	1	1	x^2+y^2, z^2
A_{2g}	1	1	1	1	-1	-1	1	1	1	1	-1	-1	R_z
B_{1g}	1	-1	1	-1	1	-1	1	-1	1	-1	1	-1	
B_{2g}	1	-1	1	-1	-1	1	1	-1	1	-1	-1	1	
E_{1g}	2	1	-1	-2	0	0	2	1	-1	-2	0	0	$(R_x, R_y), (xz, yz)$
E_{2g}	2	-1	-1	2	0	0	2	-1	-1	2	0	0	(x^2-y^2, xy)
A_{1u}	1	1	1	1	1	1	-1	-1	-1	-1	-1	-1	
A_{2u}	1	1	1	1	-1	-1	-1	-1	-1	-1	1	1	z
B_{1u}	1	-1	1	-1	1	-1	-1	1	-1	1	-1	1	
B_{2u}	1	-1	1	-1	-1	1	-1	1	-1	1	1	-1	
E_{1u}	2	1	-1	-2	0	0	-2	-1	1	2	0	0	(x, y)
E_{2u}	2	-1	-1	2	0	0	-2	1	1	-2	0	0	

8. Die Gruppen D_{nd}

D_{2d}	E	$2S_4$	C_2	$2C_2'$	$2\sigma_d$	
A_1	1	1	1	1	1	x^2+y^2, z^2
A_2	1	1	1	-1	-1	R_z
B_1	1	-1	1	1	-1	x^2-y^2
B_2	1	-1	1	-1	1	z, xy
E	2	0	-2	0	0	$(x, y), (R_x, R_y), (xz, yz)$

D_{3d}	E	$2C_3$	$3C_2$	i	$2S_6$	$3\sigma_d$	
A_{1g}	1	1	1	1	1	1	x^2+y^2, z^2
A_{2g}	1	1	-1	1	1	-1	R_z
E_g	2	-1	0	2	-1	0	$(R_x, R_y), (x^2-y^2, xy), (xz, yz)$
A_{1u}	1	1	1	-1	-1	-1	
A_{2u}	1	1	-1	-1	-1	1	z
E_u	2	-1	0	-2	1	0	(x, y)

D_{4d}	E	$2S_8$	$2C_4$	$2S_8^3$	C_2	$4C_2'$	$4\sigma_d$	
A_1	1	1	1	1	1	1	1	x^2+y^2, z^2
A_2	1	1	1	1	1	-1	-1	R_z
B_1	1	-1	1	-1	1	1	-1	
B_2	1	-1	1	-1	1	-1	1	z
E_1	2	$\sqrt{2}$	0	$-\sqrt{2}$	-2	0	0	(x,y)
E_2	2	0	-2	0	2	0	0	(x^2-y^2, xy)
E_3	2	$-\sqrt{2}$	0	$\sqrt{2}$	-2	0	0	$(R_x, R_y), (xz, yz)$

D_{5d}	E	$2C_5$	$2C_5^2$	$5C_2$	i	$2S_{10}^3$	$2S_{10}$	$5\sigma_d$	
A_{1g}	1	1	1	1	1	1	1	1	x^2+y^2, z^2
A_{2g}	1	1	1	-1	1	1	1	-1	R_z
E_{1g}	2	$2\cos 72^\circ$	$2\cos 144^\circ$	0	2	$2\cos 72^\circ$	$2\cos 144^\circ$	0	$(R_x, R_y), (xz, yz)$
E_{2g}	2	$2\cos 144^\circ$	$2\cos 72^\circ$	0	2	$2\cos 144^\circ$	$2\cos 72^\circ$	0	(x^2-y^2, xy)
A_{1u}	1	1	1	1	-1	-1	-1	-1	
A_{2u}	1	1	1	-1	-1	-1	-1	1	z
E_{1u}	2	$2\cos 72^\circ$	$2\cos 144^\circ$	0	-2	$-2\cos 72^\circ$	$-2\cos 144^\circ$	0	(x,y)
E_{2u}	2	$2\cos 144^\circ$	$2\cos 72^\circ$	0	-2	$-2\cos 144^\circ$	$-2\cos 72^\circ$	0	

D_{6d}	E	$2S_{12}$	$2C_6$	$2S_4$	$2C_3$	$2S_{12}^5$	C_2	$6C_2'$	$6\sigma_d$	
A_1	1	1	1	1	1	1	1	1	1	x^2+y^2, z^2
A_2	1	1	1	1	1	1	1	-1	-1	R_z
B_1	1	-1	1	-1	1	-1	1	1	-1	
B_2	1	-1	1	-1	1	-1	1	-1	1	z
E_1	2	$\sqrt{3}$	1	0	-1	$-\sqrt{3}$	-2	0	0	(x,y)
E_2	2	1	-1	-2	-1	1	2	0	0	(x^2-y^2, xy)
E_3	2	0	-2	0	2	0	-2	0	0	
E_4	2	-1	-1	2	-1	-1	2	0	0	
E_5	2	$-\sqrt{3}$	1	0	-1	$\sqrt{3}$	-2	0	0	$(R_x, R_y), (xz, yz)$

9. Kubische Gruppen

T_d	E	$8C_3$	$3C_2$	$6S_4$	$6\sigma_d$	
A_1	1	1	1	1	1	$x^2+y^2+z^2$
A_2	1	1	1	-1	-1	
E	2	-1	2	0	0	$(2z^2-x^2-y^2, x^2-y^2)$
T_1	3	0	-1	1	-1	(R_x, R_y, R_z)
T_2	3	0	-1	-1	1	$(x,y,z), (xy, xz, yz)$

O_h	E	$8C_3$	$3C_2$	$6C_4$	$6C_2'$	i	$8S_6$	$3\sigma_h$	$6S_4$	$6\sigma_d$	
A_{1g}	1	1	1	1	1	1	1	1	1	1	$x^2 + y^2 + z^2$
A_{2g}	1	1	1	-1	-1	1	1	1	-1	-1	
E_g	2	-1	2	0	0	2	-1	2	0	0	$(2z^2 - x^2 - y^2, x^2 - y^2)$
T_{1g}	3	0	-1	1	-1	3	0	-1	1	-1	(R_x, R_y, R_z)
T_{2g}	3	0	-1	-1	1	3	0	-1	-1	1	(xy, xz, yz)
A_{1u}	1	1	1	1	1	-1	-1	-1	-1	-1	
A_{2u}	1	1	1	-1	-1	-1	-1	-1	1	1	
E_u	2	-1	2	0	0	-2	1	-2	0	0	
T_{1u}	3	0	-1	1	-1	-3	0	1	-1	1	(x, y, z)
T_{2u}	3	0	-1	-1	1	-3	0	1	1	-1	

10. Die Gruppen $C_{\infty v}$ und $D_{\infty h}$

$C_{\infty v}$	E	$2C_\infty^\Phi$	$\dots$	$\infty\sigma_v$	
$A_1 \equiv \Sigma^+$	1	1	$\dots$	1	$z, x^2 + y^2, z^2$
$A_2 \equiv \Sigma^-$	1	1	$\dots$	-1	R_z
$E_1 \equiv \Pi$	2	$2\cos\Phi$	$\dots$	0	$(x, y), (R_x, R_y), (xz, yz)$
$E_2 \equiv \Delta$	2	$2\cos 2\Phi$	$\dots$	0	$(x^2 - y^2, xy)$
$E_3 \equiv \Phi$	2	$2\cos 3\Phi$	$\dots$	0	
$\dots$	$\dots$	$\dots$	$\dots$	$\dots$	

$D_{\infty h}$	E	$2C_\infty^\Phi$	$\dots$	$\infty\sigma_v$	i	$2S_\infty^\Phi$	$\dots$	∞C_2	
Σ_g^+	1	1	$\dots$	1	1	1	$\dots$	1	$x^2 + y^2, z^2$
Σ_g^-	1	1	$\dots$	-1	1	1	$\dots$	-1	R_z
Π_g	2	$2\cos\Phi$	$\dots$	0	2	$-2\cos\Phi$	$\dots$	0	$(R_x, R_y), (xz, yz)$
Δ_g	2	$2\cos 2\Phi$	$\dots$	0	2	$2\cos 2\Phi$	$\dots$	0	$(x^2 - y^2, xy)$
$\dots$	$\dots$	$\dots$	$\dots$	$\dots$	$\dots$	$\dots$	$\dots$	$\dots$	
Σ_u^+	1	1	$\dots$	1	-1	-1	$\dots$	-1	z
Σ_u^-	1	1	$\dots$	-1	-1	-1	$\dots$	1	
Π_u	2	$2\cos\Phi$	$\dots$	0	-2	$2\cos\Phi$	$\dots$	0	(x, y)
Δ_u	2	$2\cos 2\Phi$	$\dots$	0	-2	$-2\cos 2\Phi$	$\dots$	0	
$\dots$	$\dots$	$\dots$	$\dots$	$\dots$	$\dots$	$\dots$	$\dots$	$\dots$	

Literaturverzeichnis

[1]   P. W. Atkins, R. S. Friedman: *Molecular Quantum Mechanics*. 5. Aufl. Oxford Univ. Press 2010.

[2]   D. A. McQuarrie: *Quantum Chemistry*. 2nd ed. Univ. Science Books 2008.

[3]   F. Jensen: *Introduction to Computational Chemistry*. 2nd ed. Wiley 2007.

[4]   I. N. Levine: *Quantum Chemistry*. 7th ed. Prentice Hall 2013.

[5]   M. Springborg: *Methods of Electronic-Structure Calculations. From Molecules to Solids*. Wiley 2000.

[6]   A. Hinchliffe: *Modelling Molecular Structures*. 2nd ed. Wiley 2000.

[7]   J. Simons: *An Introduction to Theoretical Chemistry*. Cambridge Univ. Press 2003.

[8]   H. Haken, H. C. Wolf: *Molekülphysik und Quantenchemie*. 5. Aufl. Springer-Verlag Berlin 2006.

[9]   P. W. Atkins, J. de Paula: *Physikalische Chemie*. 5. Aufl. Wiley-VCH 2013.

[10] P. W. Atkins: *Quanten*. VCH Weinheim 1993.

[11] W. Kutzelnigg: *Einführung in die Theoretische Chemie*. Wiley-VCH 2001.

[12] H.-H. Schmidtke: *Quantenchemie*. 2. Aufl. VCH Weinheim 1994.

[13a] L. Zülicke: *Quantenchemie - Ein Lehrgang*. Bd. 1: *Grundlagen und allgemeine Methoden*. Dt. Verlag d. Wiss. Berlin 1973 und Dr. Alfred Hüthig Heidelberg 1978.

[13b] L. Zülicke: *Quantenchemie - Ein Lehrgang*. Bd. 2: *Atombau, chemische Bindung und molekulare Wechselwirkungen*. Dt. Verlag d. Wiss. Berlin und Dr. Alfred Hüthig Heidelberg 1985.

[13c] M. Scholz, H.-J. Köhler: *Quantenchemie - Ein Lehrgang*. Bd. 3: *Quantenchemische Näherungsverfahren und ihre Anwendungen in der organischen Chemie*. Dt. Verlag d. Wiss. Berlin und Dr. Alfred Hüthig Heidelberg 1981.

[13d] W. Haberditzl: *Quantenchemie - Ein Lehrgang*. Bd. 4: *Komplexverbindungen*. Dt. Verlag d. Wiss. Berlin und Dr. Alfred Hüthig Heidelberg 1979.

[13e] H.-J. Glaeske, J. Reinhold, P. Volkmer: *Quantenchemie - Ein Lehrgang*. Bd. 5: *Ausgewählte mathematische Methoden der Chemie*. Dt. Verlag d. Wiss. Berlin und Dr. Alfred Hüthig Heidelberg 1987.

[14] L. D. Landau, E. M. Lifschitz: *Lehrbuch der Theoretischen Physik*. Bd. 3: *Quantenmechanik*. 9. Aufl. H. Deutsch Frankfurt am Main 2007.

[15] D. ter Haar: *Quantentheorie - Einführung und Originaltexte*. Friedr. Vieweg & Sohn Braunschweig und Akademie-Verlag Berlin 1969.

[16] G. Ludwig: *Wellenmechanik - Einführung und Originaltexte*. Friedr. Vieweg & Sohn Braunschweig und Akademie-Verlag Berlin 1969.

[17] H. Margenau, G. M. Murphy: *Die Mathematik für Physik und Chemie*. H. Deutsch Frankfurt am Main 1986.

[18] T. A. Albright, J. K. Burdett, M.-H. Whangbo: *Orbital Interactions in Chemistry*. 2nd ed. Wiley 2013.

[19] I. Fleming: *Molecular Orbitals and Organic Chemical Reactions*. Wiley 2009.

[20] E. Heilbronner, H. Bock: *Das HMO-Modell und seine Anwendungen*. Bd. 1: *Grundlagen und Handhabung*. VCH Weinheim 1968.

[21] R. B. Woodward, R. Hoffmann: *Die Erhaltung der Orbitalsymmetrie*. Angew. Chem. 81 (1969) 797-869.

[22] M. Klessinger: *Elektronenstruktur organischer Moleküle*. VCH Weinheim 1982.

[23] H. L. Schläfer, G. Gliemann: *Einführung in die Ligandenfeldtheorie*. Akademische Verlagsgesellschaft Frankfurt am Main und Leipzig 1967.

[24] R. Hoffmann: *Brücken zwischen Anorganischer und Organischer Chemie*. Angew. Chem. 94 (1982) 725-808.

[25] R. Hoffmann: *Die Begegnung von Chemie und Physik im Festkörper*. Angew. Chem. 99 (1987) 871-906.

[26] W. J. Hehre, L. Radom, P. v. R. Schleyer, J. A. Pople: *Ab Initio Molecular Orbital Theory*. Wiley 1986.

[27] A. Szabo, N. S. Ostlund: *Modern Quantum Chemistry*. Dover Publ. 1996.

[28] T. Helgaker, P. Jorgensen, J. Olsen: *Molecular Electronic-Structure Theory*. Wiley 2013.

[29] C. J. Cramer: *Essentials of Computational Chemistry*. 2nd ed. Wiley 2004.

[30] P. v. R. Schleyer (Ed.): *Encyclopedia of Computational Chemistry*. Wiley 1998.

[31] J. A. Pople, D. L. Beveridge: *Approximate Molecular Orbital Theory*. McGraw-Hill 1970.

[32] R. M. Dreizler, E. K. U. Gross: *Density Functional Theory*. Springer-Verlag Berlin 1990.

[33] R. G. Parr, W. Yang: *Density-Functional Theory of Atoms and Molecules*. Oxford Univ. Press 1994.

[34] W. Koch, M. C. Holthausen: *A Chemists Guide to Density Functional Theory*. 2nd ed. Wiley-VCH 2001.

[35] M. A. L. Marques, E. K. U. Gross: *Time-dependent Density Functional Theory*. Ann. Rev. Phys. Chem. 55 (2004) 427-455.

[36] N. L. Doltsinis: *Time-dependent Density Functional Theory*. In: J. Grotendorst et al. (Eds): *Computational Nanoscience: Do It Yourself!* J. v. Neumann Inst. for Computing Jülich 2006.

[37] D. Marx, J. Hutter: *Ab Initio Molecular Dynamics*. Cambridge Univ. Press 2012.

[38] F. A. Cotton: *Chemical Applications of Group Theory*. 3rd ed. Wiley 1990.

[39] D. Bishop: *Group Theory and Chemistry*. Dover Publ. 1993.

[40] D. Steinborn: *Symmetrie und Struktur in der Chemie*. VCH Weinheim 1993.

[41] D. Wald: *Gruppentheorie für Chemiker*. VCH Weinheim 1985.

[42] S. F. A. Kettle: *Symmetrie und Struktur*. B.G. Teubner Stuttgart 1994.

[43] D. C. Harris, M. D. Bertolucci: *Symmetry and Spectroscopy*. Oxford Univ. Press 1989.

[44] T. Heine, J.-O. Joswig, A. Gelessus: *Computational Chemistry Workbook*. Wiley-VCH 2009.

Sachverzeichnis

ab-initio-Methoden, 72, 151, 256

abgeschlossene Schalen, 57, 72, 141, 244

Abschirmung, 49, 53

18-Elektronen-Regel, 77

AIII/BV-Verbindungen, 173

aktiver Raum, 262

Aktivierungsenergie, 146, 176

Akzeptororbitale, 161, 201

Allelektronenrechnungen, 258

Allvalenzelektronensysteme, 151

Allyl, 133, 135, 140, 141, 174

AM1-Methode, 264

Ammoniak, 156, 166, 168, 170, 286, 289, 294, 305

Anfangsbedingungen, 14, 119

Anregungsenergien, 137, 148

Anti-Hückel-Systeme, 146

Antisymmetrisierungsoperator, 235

Äquivalenzklassen, 301

Äquivalenzrelation, 301, 309

atomare Energieeinheit, 45

atomare Längeneinheit, 43

Atomorbitale, 44, 70, 73, 320

Atomterme, 55, 188, 250

Aufbauprinzip, 53, 72, 250

Aufenthaltswahrscheinlichkeit, *siehe* Wahrscheinlichkeit

Austausch-Korrelations-Kern, 275

Austausch-Korrelations-Potenzial, 271

Austauschentartung, 229

Austauschintegrale, 238, 244

Austauschoperatoren, 240

Austauschwechselwirkung, 238, 244

Auswahlregeln, 122, 124, 149, 324

    IR-Aktivität, 327

    Laporte-, 194, 326

    Paritäts-, 194

    Raman-Aktivität, 328

    Spin-, 194, 326

    Symmetrie-, 326

Bahnkurven, 14, 15, 119, 279

Basis einer Darstellung, 309

Basis einer LCAO-MO-Rechnung, 70

    erweiterte, 152

    minimale, 152, 153, 263

    orthogonale, 130, 263

    Überlappungsbasis, 152, 158

Basis in einem linearen Raum, 81, 85

Basissätze, 257

    double-zeta-, 257

    erweiterte, 257

    minimale, 257

    mit diffusen Funktionen, 258

    mit Polarisationsfunktionen, 257

    single-zeta-, 257

    valence-split-, 257

bathochrome Verschiebung, 142, 173

Benzen, 128, 144, 286, 294, 323, 328

Besetzungszahlen, 54, 135

Bindungen

    2-Elektronen-3-Zentren-, 174

    4-Elektronen-3-Zentren-, 174

    delokalisierte, 78, 136, 137

    Donor-Akzeptor-, 161

    koordinative, 161

    kovalente, 60, 160

    lokalisierte, 75, 78, 136, 137, 165

    π-, 75, 162

    polare, 161

    Rück-, 206

    σ-, 75, 162

Bindungsenergie, 62, 67, 69

Bindungsorbitale, 75, 166

Bindungsordnung, 136, 160, 163
Bindungsordnungsmatrix, 136
Bloch-Funktionen, 213
Bohr, *siehe* atomare Längeneinheit
Bohrsches Atommodell, 17, 48, 126
Borhydride, 173
Born-Oppenheimer-Näherung, 277, 327
Bosonen, 228
Brillouinsches Theorem, 249
Brioullin-Zone, 213
Bruttoladung, 159
Bruttopopulation, 159
Butadien, 128, 129, 135, 138, 141, 147, 148, 307, 320

Car-Parrinellosche Gleichungen, 283
CASSCF-Verfahren, 262
Charaktere, 312
Charaktertafeln, 314, 315, 329
charge-transfer-Übergänge, 161, 194, 207
Chromophore, 172
Clebsch-Gordan-Zerlegung, 125, 317
CNDO-Methode, 263
Coulomb-Integrale, 130, 238, 244
Coulomb-Operatoren, 240
Coulomb-Potenzial, 42, 49
Cyclobutadien, 144
Cyclobuten, 147
Cycloheptatrienyl, 145
Cyclooctatetraen, 146
Cyclopentadienyl, 144
Cyclopropenyl, 144, 174

d-d-Übergänge, 194, 207, 327
Darstellung von Operatoren
    durch Differenzialoperatoren, 22
    durch Matrizen, 23, 50, 83, 119
    Impulsdarstellung, 89
    Ortsdarstellung, 32, 89
Darstellungen von Gruppen, 304, 308
    äquivalente, 309
    Ausreduktion, 314
    Basis, 309
    Darstellungsraum, 309
    Dimension, 308, 319
    direkte Summe, 311

direktes Produkt, 316
    eindimensionale, 308
    Eins-, 308
    identische, 308
    inäquivalente, 309
    irreduzible, 310
    komplexe, 319
    Matrix-, 308
    reduzible, 310
    totalsymmetrische, 308
Delokalisierungsenergie, 137
Dichtefunktionale, 266
    Austausch-Korrelations-Funktional, 270
    Austauschfunktional, 272
    gradientenkorrigierte, 272
    Hybridfunktionale, 273
    Korrelationsfunktional, 272
    lokale Dichtenäherung, 272
    Thomas-Fermi-Funktional, 266
Dichtefunktionaltheorie, 264, 282
    zeitabhängige, 273
Dichtematrix, 253
differenzielle Überlappung, 263
Dipolmoment, 294, 327
Diracsche Deltafunktion, 98
Dissoziationsenergie, 62
DODS, 246
Donororbitale, 161, 201
Drehachsen, 285
    Hauptachse, 287
    Referenzachse, 287
    Zähligkeit, 285
Drehimpulskopplung, *siehe* Kopplung von Drehimpulsen
Drehimpulsoperatoren, 32, 34, 36, 89
Drehspiegelachsen, 288
Drehspiegelungen, 288
Drehungen, 285
Dualismus von Wellen und Korpuskeln, 17

effektive Potenziale, 233, 244, 252, 271, 275, 278
    effektive Rumpfpotenziale, 151, 258
EHT-Methode, 151, 264
    Parametrisierung, 156

Eigenfunktionen, 19, 22, 33
Eigenvektoren, 23, 50, 71, 134
Eigenwerte, 19, 22, 33, 94, 134
Eigenwertgleichungen, 33, 94
Eigenwertprobleme
 für das Drehimpulsquadrat, 36
 für die Energie, *siehe* Schrödinger-
  Gleichung, zeitunabhängige
 für die schwingende Saite, 18
 für eine Drehimpulskomponente, 34
 für Ort und Impuls, 97
Eigenwertspektrum
 diskretes, 26, 34
 gemischtes, 34
 kontinuierliches, 26, 34, 98
Eindeterminantenansatz, 261
Einelektronenintegrale, 237, 254
Einteilchenoperatoren, 224
Einzentrenintegrale, 254, 256, 263
Elektronenanregung, 72, 137, 148, 186,
  194, 207, 261, 282
Elektronendichte, 27, 68, 135, 265
Elektronenkonfigurationen, 54, 72, 141,
  163, 189, 229, 232
 angeregte, 72, 248
 führende, 248, 261
 substituierte, 248
Elektronenkorrelation, 248, 260
Elektronenmangelverbindungen, 173
Elektronenpaar-Abstoßungs-Modell, 76,
  167
Elektronenpaarabstoßung, 161, 163
Elektronenpopulation
 Bruttopopulation, 159
 Nettopopulation, 159
 Überlappungspopulation, 159
Elektronenspin, 50
Elektronenübergänge
 charge-transfer-, 161, 194, 207
 d-d-, 194, 207, 327
 erlaubte, 125, 149, 324
 Interkombinationsbanden, 195, 327
 $n \rightarrow \pi^*$, 172
 $n \rightarrow \sigma^*$, 170, 172
 $\pi \rightarrow \pi^*$, 148, 172

 Rydberg-, 173
 $\sigma \rightarrow \sigma^*$, 170, 172
 verbotene, 125, 149, 324
Elektronenüberschussverbindungen, 173
Elektronenwechselwirkung, 51, 188, 230,
  233, 238, 242, 264, 270
Elektronenwechselwirkungsintegrale, 252,
  254, 263
elektronische Energie, 61, 253, 278
elektrophile Substitution, 135
Elementarladung, 17
Energiebänder, 213
 abfallende, 214
 ansteigende, 214
 Bandbreite, 214
 Bandgap, 215
 Bandkanten, 214
 Bandlücke, 215
 Dispersion, 214
 symmetrische, 213
 unsymmetrische, 214
Energiefunktionale, *siehe* Dichtefunktio-
  nale
Entartung, 33, 103, 110, 319
 Austausch-, 229
Erwartungswerte, *siehe* Mittelwerte
Ethan, 168
Ethen, 75, 128, 132, 135, 140, 167, 168
Ethin, 75, 168
Euler-Lagrange-Gleichungen, *siehe* La-
  grangesche Gleichungen
Eulersche Gleichungen, *siehe* Lagrange-
  sche Gleichungen

Fermi-Niveau, 215
Fermionen, 228
Festkörper, 211
 dreidimensionaler Fall, 221
 eindimensionaler Fall, 211
 zweidimensionaler Fall, 219
Fluorwasserstoff, 166, 170
Fock-Matrix, 253
Fock-Operator, 241
fotoelektrischer Effekt, 16
Fragmentorbitale, 168, 209
freie Elektronen, 26, 34, 98

Frontorbitale, *siehe* Grenzorbitale
Frostscher Kreis, 144, 213
Furan, 128

Gauß-Exponenten, 255
Gauß-Funktionen, 255
    kartesische, 255
    kontrahierte, 256
    primitive, 256
Geometrieoptimierung, 279
Gesamtenergie, 136, 160, 242
Gitterkonstante, 211
Gleichgewichtsabstand, 62
Gradient der Energie, 280
Gradientenverfahren, 280
Gradientextremalwege, 281
Grenzorbitale, 169, 209
Gruppen, 291, 296
    abelsche, 296
    Darstellungen, *siehe* Darstellungen
        von Gruppen
    definierende Relationen, 299
    direktes Produkt, 304
    Elemente, *siehe* Gruppenelemente
    endliche, 296
    Gruppenaxiome, 296
    Homomorphie, 303, 308
    Isomorphie, 302
    kommutative, 296
    Multiplikationstafeln, 290, 298
    Ordnung, 296
    Punkt-, *siehe* Punktgruppen
    unendliche, 296
    Unter-, 299, 320
    zyklische, 297
Gruppenelemente
    ähnliche, 300
    Einselement, 296
    erzeugende, 299
    inverse, 296
    konjugierte, 300
    Nullelement, 297
    Ordnung, 297
    Potenzen, 296
    Produkte, 296

Gruppenmultiplikationstafeln, 290, 298
Gruppentheorie, 291, 296

Hamilton-Formalismus, 14
Hamilton-Funktion, 14, 22, 32, 119
Hamilton-Jacobi-Gleichung, 21, 119
Hamilton-Matrix, 64, 70
Hamilton-Operator, 22, 32, 120, 318
    elektronischer, 61, 277
    für Atome, 51
    für Moleküle, 60
    Matrixdarstellung, 119, 326
    Zeitabhängigkeit, 120
Hamilton-Prinzip, 14
Hamiltonsche Gleichungen, 14
harmonischer Oszillator, 16, 27, 103
Hartree, *siehe* atomare Energieeinheit
Hartree-Fock-Formalismus, 233
Hartree-Fock-Gleichung, 238, 253
Hartree-Fock-Limit, 256
Hartree-Fock-Orbitale, 232, 241
Hartree-Fock-Verfahren, 234
    beschränktes, 246
    unbeschränktes, 246
Hartree-Formalismus, 243
Hartree-Gleichungen, 243
Hartree-Produkte, 243
Hauptachse, 287
Hermitesche Differenzialgleichung, 28
Hermitesche Polynome, 29
Hesse-Matrix, 280
Heteroatome, 128, 172
high-spin-Komplexe, 196
Hilbert-Raum, 80, 82
    Folgenraum, 83
    Funktionenraum, 83
HMO-Methode, 128, 211, 264
Hohenberg-Kohn-Theoreme, 268
    erstes, 268, 273
    zweites, 268, 273
HOMO, 72, 137
homogenes Elektronengas, 265
Hückel-Matrix, 131
Hückel-Regel, 145
Hückel-Systeme, 145

Hückelsche MO-Methode, *siehe* HMO-Methode
Hundsche Regel, 58, 63, 251
Hybridisierung, 73
Hybridorbitale, 73, 166
Hydride, 76, 166, 173
hypsochrome Verschiebung, 173

identische Teilchen, 227
Impulsdarstellung, 89
Impulsoperatoren, 32, 88, 91, 97
INDO-Methode, 263
Inert-Paar-Effekt, 77
Integrale
    atomare, 254
    Austausch-, 238, 244
    Coulomb-, 130, 238, 244
    der kinetischen Energie, 254
    Einelektronen-, 237, 254
    Einzentren-, 254, 256, 263
    Elektronenwechselwirkungs-, 252, 254, 263
    Kernanziehungs-, 254
    Mehrzentren-, 254, 256, 263
    molekulare, 254
    Resonanz-, 130
    Überlappungs-, 64, 152, 254, 325
    Zweielektronen-, 237, 254
Interkombinationsbanden, 195, 327
Inversion, 289
Inversionszentrum, 289
Ionisierungsenergien, 137, 155, 242
IR-Aktivität, 327
Isolobalität, 169, 208

Jahn-Teller-Effekt, 199

k-Raum, 213
Kernabstoßungsenergie, 61, 278
Kernanziehungsintegrale, 254
Kernverbindungssystem, 154
Klassen konjugierter Elemente, 301
Knoten, 19
Knotenflächen, 46, 49, 131, 144
Kohlenwasserstoffe
    gesättigte, 172

    ungesättigte, 128, 172
Kohn-Sham-Formalismus, 269
Kohn-Sham-Gleichung, 271
Kohn-Sham-Orbitale, 270, 282
Kohn-Sham-System, 270
Kommutator, 88
Komplexfragmente, 208
Konfigurationswechselwirkung, 232, 248, 260, 264
    beschränkte, 249, 260
    CID, 260
    CISD, 260
    3×3-CI, 261
    in der Ligandenfeldtheorie, 193
    MR-CI, 262
    volle, 260
Koopmannsches Theorem, 242
Koordinationsverbindungen, 73, 77, 177
Kopplung von Drehimpulsen, 58
    jj-Kopplung, 59
    Russel-Saunders-Kopplung, 58
Korrelationsdiagramme, 148
Korrelationsenergie, 247, 260, 264
Kraftfeldmethoden, 282
Kraftkonstante, 28, 62, 281
Kristallklassen, 300
Kristallorbitale, 211
Kugelflächenfunktionen
    komplexe, 36
    reelle, 46
    Reihenentwicklung, 125, 182, 251
Kugelkoordinaten, 33

Ladungsdichte, *siehe* Elektronendichte
Lagrange-Formalismus, 14
Lagrange-Funktion, 14
Lagrangesche Gleichungen, 14, 283
Laguerresche Differenzialgleichung, 42
Laguerresche Polynome, 43
Laplace-Operator
    in kartesischen Koordinaten, 21
    in Kugelkoordinaten, 39
Laporte-Auswahlregel, 194, 326
LCAO-MO-Verfahren, 64, 70, 117, 252
Legendresche Differenzialgleichung, 36
Legendresche Polynome, 36

Ligandenfeld, 177
Ligandenfeldoperator, 177
Ligandenfeldpotenzial, 181
    oktaedrisches, 183
    quadratisch-planares, 184
    tetraedrisches, 184
Ligandenfeldstärke, kritische, 197
Ligandenfeldstärkeparameter, 186
Ligandenfeldstabilisierungsenergie, 186
Ligandenfeldtheorie, 114, 177
        Konsequente Behandlung, 192
        Methode des schwachen Feldes, 188
        Methode des starken Feldes, 189
linear-response-Funktion, 274
lineare Räume, 80, 82
Lokalisierung, 78, 166
low-spin-Komplexe, 196
LUMO, 72, 137

Matrizenmechanik, 23
MCSCF-Verfahren, 262
Mehrdeterminantenansatz, 261
Mehrelektronenatome, 51, 250
Mehrelektronensysteme, 52, 72, 223, 264
Mehrelektronenzustände, 55, 149, 163,
        232, 319
        Symmetriekennzeichnung, 141
Mehrzentrenintegrale, 254, 256, 263
Messung von Observablen, 94
        mehrere Observable, 100, 101
        Messung als Projektion, 104
        Mittelwerte, 95
        mögliche Messwerte, 33, 94
        Wahrscheinlichkeit von Messwerten,
        97
Methan, 166, 170
Minimum-Energie-Weg, 281
Mittelwerte, 95, 107, 121
MNDO-Methode, 264
Modell der unabhängigen Teilchen, 233,
        244, 248, 250
Moleküldynamik
        Born-Oppenheimer-, 282
        Car-Parrinello-, 282
Molekülkoordinatensystem, 154

Molekülorbitale, 63, 70
    antibindende, 78, 135
    bindende, 76, 78, 135
    delokalisierte, 165
    kanonische, 78, 165
    lokalisierte, 78, 165
    nichtbindende, 135
    normierte, 135, 158
    Symmetriekennzeichnung, 138, 318
Molekülschwingungen, siehe Schwingun-
        gen eines Moleküls
Molekülsymmetrie, 138, 285
Møller-Plesset-Störungstheorie, 261
Multiplizität, 56

Nabla-Operator, 21
Näherungsmethoden, 79
NDDO-Methode, 263
Nettoladung, 159
Nettopopulation, 159
Newtonsche Gleichungen, 13, 119, 282
Newtonsche Verfahren, 280
Nichtkreuzungsregel, 175, 262
Normalkoordinaten, 323
Normalschwingungen, 323
Normierbarkeit, 21, 23
Normiertheit, 20, 83, 135, 158
Normierungsfaktor, 20
nukleophile Substitution, 135
Nullpunktsschwingungsenergie, 30, 62

Observable, 15, 22, 32, 33, 50, 88, 94, 97
offene Schalen, 57, 72, 246
Oktettaufweitung, 77, 173
Oktettlücke, 173
Oktettregel, 76
Operatoren, 21, 31, 86
        adjungierter, 90
        Antisymmetrisierungs-, 235
        Austausch-, 240
        Coulomb-, 240
        Definitionsbereich, 86
        der Gesamtenergie, 22, 32
        der kinetischen Energie, 22, 32
        der potenziellen Energie, 22, 32
        Differenzial-, 22, 32

Drehimpuls-, 32, 34, 36, 89
Eins-, 31, 92, 93
Einteilchen-, 224
Fock-, 241
Hamilton-, *siehe* Hamilton-Operator
hermitesche, 90, 94
Impuls-, 32, 88, 91, 97
inverser, 92
kommutierende, 88, 100, 103
Laplace-, 21, 39
Ligandenfeld-, 177
lineare, 87, 88
Matrixdarstellung, 23, 50, 83, 119
multiplikative, 22, 32
Nabla-, 21
Null-, 32, 88
Orts-, 32, 88, 91, 98
Permutations-, 227
Projektions-, 93, 235
Spin-, 50
Symmetrie-, 289, 305, 319
unitäre, 92, 289
Vertauschbarkeit, 88
Vertauschungs-, 227
vollständige Sätze kommutierender
        Operatoren, 103
Wertevorrat, 86
Zweiteilchen-, 224
Operatorengleichungen, 87
optische Aktivität, 294
Orbitale
    aktive, 262
    Akzeptor-, 161, 201
    Atom-, 44, 70, 73, 320
    Bindungs-, 75, 166
    Donor-, 161, 201
    Fragment-, 168, 209
    Gauß-, 255
    Grenz-, 169, 209
    Hartree-Fock-, 232, 241
    Hybrid-, 73, 166
    inaktive, 262
    Kohn-Sham-, 270, 282
    Kristall-, 211
    Molekül-, *siehe* Molekülorbitale

    natürliche, 248
    nichtbindende, 76
    Slater-, 154, 255
    Spin-, 228
    symmetriegerechte, 203
    virtuelle, 241
Orbitalenergien, 44, 54, 71, 136, 160, 241
Orbitalsymmetrie
    Erhaltung der, 146, 176
Orbitalwechselwirkungen, 160, 168, 201
Orgel-Diagramme, 195
Orthogonalität, 20, 94, 158
Orthonormalbasen, 81, 84, 85, 95
Orthonormalsysteme, 85
    vollständige, 85, 95, 232
Orthonormiertheit, 20, 35
Ortsdarstellung, 32, 89
Ortsoperatoren, 32, 88, 91, 98

Parametrisierung
    Dichtefunktionaltheorie, 273
    EHT-Methode, 156
    semiempirische Methoden, 264
Paritätsverbot, 194
Pauli-Prinzip, 54, 230
Peierls-Verzerrung, 211
Periodensystem, 54, 250
Permutationsoperatoren, 227
π-Akzeptorwirkung, 206
π-Bindungsordnung, 136
π-Donorwirkung, 206
π-Elektronendichte, 135
π-Elektronenenergie, 136
π-Elektronensysteme, 128
        unendliche Kette, 211
        unverzweigte lineare, 142
        unverzweigte zyklische, 143
Plancksche Konstante, 16, 103
PM3-Methode, 264
Polardiagramme, 46
Polarisierbarkeit, 327
Polyene, 142, 143, 211
Polymethine, 142
Populationsanalyse
    Mullikensche, 159
Potenzialflächen, 279

Potenzialkasten
 dreidimensionaler Fall, 266
 eindimensionaler Fall, 24
Potenzialkurven, 61, 67
PPP-Methode, 264
Prinzip der kleinsten Wirkung, *siehe*
 Hamilton-Prinzip
Projektionsoperatoren, 93, 235
Pseudopotenziale, *siehe* effektive Rumpf-
 potenziale
Punktgruppen, 290, 298
 Charaktertafeln, 314, 315, 329
 der linearen Moleküle, 293
 Diedergruppen, 291
 Ikosaedergruppe, 293
 kubische, 293
 nichtaxiale, 291, 292
 Oktaedergruppen, 293, 300
 systematische Bestimmung, 293
 Tetraedergruppen, 292, 300
 Unter-, 300
 zyklische, 291
Punktladungspotenzial, *siehe* Coulomb-
 Potenzial
Pyridin, 128
Pyrrol, 128

Quantenmechanik, 15, 23, 79
 Matrizenmechanik, 23
 Postulate, 79, 80, 89, 94, 95, 120
 Wellenmechanik, 18, 23
 Zustandsraum, 82
Quantenzahlen, 25, 44, 51, 55, 59
Quantisierung, 15, 17, 18, 25
Quasi-Newton-Verfahren, 280

Racah-Parameter, 188, 251
Raman-Aktivität, 328
Randbedingungen, 18, 19, 21, 23, 33, 228
Rayleigh-Quotient, 115
Reaktionswege, 281
reduzierte Masse, 42
Referenzachse, 287
Resonanzintegrale, 130
reziproker Raum, 213
RHF-Verfahren, 246

Richtungsquantisierung, 38, 59
Roothaan-Hall-Formalismus, 252
Roothaan-Hall-Gleichungen, 253, 254
Rotationen eines Moleküls
 Symmetriekennzeichnung, 323
Rückbindung, 206
Rumpfpotenziale, *siehe* effektive Rumpf-
 potenziale
Runge-Gross-Theorem, 273
Rydberg-Konstante, 17, 45
Rydberg-Übergänge, 173

Säkulardeterminante, 65, 71, 111, 118
Säkulargleichungssystem, 65, 71, 111, 118
Sattelpunkte, 281
Sauerstoffmolekül, 164
SCF-Verfahren, 234, 264, 272
 CASSCF-Verfahren, 262
 direktes, 254
 MCSCF-Verfahren, 262
Schrödinger-Gleichung
 elektronische, 61, 278
 für Atome, 51
 für die Kernbewegung, 278
 für Moleküle, 59
 Matrixdarstellung, 23, 71, 119
 nichtstationäre, *siehe* zeitabhängige
 stationäre, *siehe* zeitunabhängige
 zeitabhängige, 15, 119
 zeitfreie, *siehe* zeitunabhängige
 zeitunabhängige, 20, 33, 94, 121, 318
Schwerpunktsatz, 185
schwingende Saite, 18, 24
Schwingungen eines Moleküls
 Symmetriekennzeichnung, 322
Schwingungskopplung, 327
selbstkonsistentes Feld, 234, 244
semiempirische Methoden, 72, 151, 256,
 262
 AM1, 264
 CNDO, 263
 EHT, *siehe* EHT-Methode
 HMO, *siehe* HMO-Methode
 INDO, 263
 MNDO, 264
 NDDO, 263

PM3, 264
PPP, 264
Separation von
    Kern- und Elektronenbewegung, 276
    Orts- und Zeitabhängigkeit, 120
    Radial- und Winkelabhängigkeit, 41
    σ- und π-Elektronensystem, 128
    Valenzelektronen- und Rumpfelek-
        tronensystem, 151, 258
σ-Donorwirkung, 201
Skalarprodukte, 81, 82
Slater-Condon-Parameter, 251
Slater-Determinanten, 57, 229, 230, 260
Slater-Exponenten, 154, 255
Slater-Funktionen, 154, 255
SOMO, 72
Spiegelebenen, 287
Spiegelungen, 287
Spin-Bahn-Kopplung, 58, 195, 327
Spinauswahlregel, 194, 326
Spindichte, 135, 246
Spinkontamination, 246
Spinorbitale, 228
Spinpolarisation, 246
Störungstheorie, 105
    bei Entartung, 110, 177
    linear-response-Theorie, 274
    Møller-Plesset-, 261
    ohne Entartung, 105
    zeitabhängige, 122
Standardüberlappungen, 153
Stark-Effekt, 110, 112, 177
starrer Rotator, 38
steilster Abstieg, 280
Stokessche Verschiebung, 282
Superpositionsprinzip, 80
Symmetrieauswahlregel, 326
Symmetrieelemente, 285
    Drehachsen, *siehe* Drehachsen
    Drehspiegelachsen, 288
    Inversionszentrum, 289
    Spiegelebenen, 287
Symmetrieerniedrigung, 198, 320
Symmetrieoperationen, 285
    Drehspiegelungen, 288

Drehungen, 285
    eigentliche, 288
    Erzeugung, 287
    identische, 286
    inverse, 290
    Inversion, 289
    Produkte, 289
    Spiegelungen, 287
    uneigentliche, 288
Symmetrieoperatoren, 289, 305, 319
Symmetriepunktgruppen, *siehe* Punkt-
    gruppen

Tanabe-Sugano-Diagramme, 195
Termwechselwirkung, 192
tight-binding-Methode, 213
topologische Matrix, 131
Totalenergie, 61, 278
Trajektorien, *siehe* Bahnkurven
Translationen eines Moleküls
    Symmetriekennzeichnung, 323

Übergangsmomente, 124, 149, 324
Übergangswahrscheinlichkeit, *siehe*
    Wahrscheinlichkeit
Übergangszustände, 281
Überlappungsintegrale, 64, 152, 254, 325
Überlappungsmatrix, 64, 70
Überlappungspopulation, 159
UHF-Verfahren, 246
unabhängige Teilchen, 225, 228
Unschärferelation, 15, 62, 101

Valenzelektronensysteme, 151, 258
variable Metrik, 280
Variationsrechnung, 114
    Hartree-Fock-Verfahren, 234, 238
    linearer Variationsansatz, 70, 117,
        252
    Ritzsches Verfahren, 117
VB-Methode, 78, 167, 201
Vektorraum, n-dimensionaler, 80, 298
vermiedene Kreuzung, *siehe* Nichtkreu-
    zungsregel
Vertauschungsoperatoren, 227
Vertauschungsrelationen, 89, 90

vibronische Kopplung, 327

Vollständigkeitsrelation, 85

Volumenelement
in kartesischen Koordinaten, 23
in Kugelkoordinaten, 33
Radialanteil, 44
Winkelanteil, 37

VSEPR-Modell, 76

Wahrscheinlichkeit
Aufenthalts-, 15, 23, 26, 62, 68, 75, 100, 121, 135, 224
Übergangs-, 124, 324
von Messwerten, 97

Wahrscheinlichkeitsdichte, 23

Walsh-Diagramme, 175

Wasser, 166, 170, 305, 322, 323, 328

wasserstoffähnliche Atome, 49, 109

Wasserstoffatom, 17, 21, 42, 44, 51, 96, 97, 103, 112, 116, 125

Wasserstoffmolekül, 162, 247, 261

Wasserstoffmolekülion, 60, 63

Wellenfunktion, 20, 23, 62, 119

Wellenmechanik, 18, 23

Wellenvektor, 213

Wirkungintegral, 14

Wirkungsquantum, *siehe* Plancksche Konstante

Wolfsberg-Helmholz-Formel, 155

Woodward-Hoffmann-Regeln, 146

Xenondifluorid, 175

ZDO-Methoden, 151, 263

zeitabhängige Theorie, 119, 273, 282

Zentralfeld, 40, 52, 177, 250

Zustände, 80, 95
Einelektronen-, *siehe* Orbitale
Mehrelektronen-, *siehe* Mehrelektronenzustände
stationäre, 120
zeitliche Änderung, 120

Zustandsdichten, 216

Zustandsfunktionen, 23, 79, 84, 264
Antisymmetrie, 228
statistische Interpretation, 23, 100, 224

Zustandsvektoren, 79, 83

zweiatomige Moleküle, 60, 63, 162

Zweielektronenintegrale, 237, 254

Zweiteilchenoperatoren, 224

Printed in the United States
By Bookmasters